PROGRAMME.

D'UN COURS ÉLÉMENTAIRE

DE PHYSIQUE.

Les formalités prescrites par la loi ayant été remplies, tout exemplaire qui ne serait pas revêtu de la signature des éditeurs, sera réputé contrefait.

Fr. çois Vimaux   Ed. Privat

TOULOUSE, IMPRIMERIE DE A. CHAUVIN ET COMP.

PROGRAMME

D'UN COURS ÉLÉMENTAIRE

DE PHYSIQUE,

A L'USAGE

DES ÉTABLISSEMENTS D'INSTRUCTION PUBLIQUE,

ET DES ASPIRANTS AUX GRADES UNIVERSITAIRES

ET AUX ÉCOLES SPÉCIALES DU GOUVERNEMENT.

Par Aug. PINAUD,

ANCIEN ÉLÈVE DE L'ÉCOLE NORMALE, PROFESSEUR DE PHYSIQUE A LA FACULTÉ DES SCIENCES
DE TOULOUSE, MEMBRE DE PLUSIEURS SOCIÉTÉS SAVANTES.

SEPTIÈME ÉDITION.
revue, corrigée et augmentée.

TOULOUSE,

Ed. PRIVAT, LIBRAIRE-ÉDITEUR,
RUE DES TOURNEURS, 45.

PARIS,

L. HACHETTE ET Cie, LIBRAIRES, RUE PIERRE-SARRAZIN, 14.

—

1853.

AVIS DES ÉDITEURS

SUR LA SEPTIÈME ÉDITION DU PROGRAMME D'UN COURS ÉLÉMENTAIRE
DE PHYSIQUE.

Le succès toujours croissant que ne cesse d'obtenir cet ouvrage, si éminemment utile à la jeunesse des écoles, est une preuve de la sympathie avec laquelle continuent de l'accueillir les nombreux professeurs qui l'ont adopté dans leur enseignement. Cette faveur marquée dont il jouit est un encouragement pour nous, et, malgré le décès de l'auteur, qu'une mort prématurée a retranché du nombre des savants, l'on peut être assuré que, avec le bienveillant concours d'habiles collaborateurs, nous ne négligerons rien pour le tenir constamment à la hauteur des progrès de la science, de telle sorte qu'il ne laisse rien à désirer aux jeunes gens qui aspirent aux grades universitaires et aux écoles spéciales du gouvernement.

Dans l'édition précédente, nous avons donné quelques nouveaux aperçus sur la *limite des sons graves percepti-*

bles, sur *les pouvoirs émissif et absorbant* et sur *les télé-graphes électriques*. A cette septième édition, revue et corrigée avec soin, que nous faisons précéder d'une notice sur l'auteur, nous ajoutons trois articles détaillés : 1° sur le *pyromètre à air* de M. Pouillet ; 2° sur les *phénomènes de caléfaction*, ou *phénomènes présentés par les liquides à l'état sphéroïdal* ; 3° sur la *chaleur dégagée dans la combustion*.

Dans la table de ce volume, nous avons marqué du signe * les articles qui ne font point partie du programme du baccalauréat ès-lettres, et du double signe ** ceux qui ne sont pas exigés pour le baccalauréat ès-sciences.

AVERTISSEMENT DE L'AUTEUR

SUR LA QUATRIÈME ÉDITION DU PROGRAMME D'UN COURS ÉLÉMENTAIRE
DE PHYSIQUE.

Le succès rapide et soutenu de ce livre, en sanctionnant le plan sur lequel il a été conçu, m'a imposé le devoir d'y rester fidèle.

Mon but, en composant cet ouvrage élémentaire, a été, non d'écrire un Traité de Physique présentant un tableau complet de la science actuelle, mais d'offrir aux jeunes gens qui abordent son étude l'exposé méthodique et précis des phénomènes physiques les plus généraux et les mieux connus, des lois qui les régissent et de leurs principales applications. Ecartant toutes les théories qui exigent les secours d'un calcul élevé, toutes les questions douteuses qui sont encore du domaine de la discussion, j'ai cherché à renfermer dans un cadre aussi étroit que possible, le développement des matières qui font l'objet de l'enseignement de la Physique dans les Etablissements d'instruction publique, et sur lesquelles les Aspirants au grade de bachelier sont appelés à répondre.

C'est donc surtout aux élèves des collèges que ce livre est destiné. Or, j'ai toujours pensé qu'il était plus utile de mettre entre leurs mains un résumé succinct qu'un traité complet de la science. Lorsque les jeunes gens trouvent leur travail tout fait dans un ouvrage, ils prêtent aux explications une attention moins sérieuse ; souvent aussi leur étude individuelle se ressent de cette facilité trop indulgente : ils lisent au lieu d'approfondir.

En conséquence, je me suis attaché à exposer les faits et l'ensemble des lois physiques, dans un langage clair, mais concis, laissant aux professeurs le soin d'ajouter à ce PROGRAMME les développements propres à en faciliter l'intelligence, et me bornant à présenter à l'élève l'analyse exacte des vérités scientifiques soumises à ses méditations.

Mais, sans ôter à cet ouvrage son caractère élémentaire, j'ai dû y faire quelques changements propres à le rendre plus complet, et à le mettre en harmonie, soit avec l'état actuel de la science, soit avec les exigences possibles de l'enseignement universitaire. Les principales additions que je signalerai dans cette édition sont relatives aux beaux travaux de M. Regnault sur la chaleur. On y trouvera une analyse succincte de ses recherches récentes sur les dilatations des gaz, sur les forces élastiques et la densité des vapeurs, et sur l'hygrométrie.

En outre, j'ai cru devoir, conformément à l'avis de quelques professeurs distingués, et dans l'intérêt des Aspirants à l'Ecole Polytechnique auxquels l'étude des mathématiques est familière, joindre à divers chapitres, mais presque toujours en note ou en petit texte, les développements analytiques qu'ils comportent. Ainsi, par exemple, on y trouvera la démonstration des lois du mouvement uniformément varié, de la force centrifuge, et, en optique, la théorie des foyers et des images dans les miroirs sphériques et dans les lentilles.

Quant à l'électricité dynamique, cette partie, traitée déjà dans l'édition précédente avec beaucoup de détails, n'a pas reçu ici de nouveaux développements. — Pour mettre cette branche importante de la physique moderne à la portée des jeunes intelligences, et en faire un ensemble dont toutes les parties s'enchaînent par un lien nécessaire, j'ai conservé scrupuleusement la méthode expérimentale, l'ordre simple autant que rationel, que j'ai depuis longtemps adopté dans mon enseignement. Je commence par établir, à l'aide de l'expérience, trois principes fondamentaux relatifs à l'action des courants sur les courants. J'en déduis ensuite toutes les lois essentielles de l'électro-dynamique et la théorie des solénoïdes. Enfin, me conformant aux idées théoriques d'Ampère sur la constitution électrique des aimants, je parviens à démontrer, à l'aide des mêmes principes, tous les faits importants de l'électro-magnétisme, et à justifier suffisamment l'hypothèse de l'identité des fluides électrique et magnétique. Mes appareils flotteurs et quelques instruments nouveaux que j'y ai ajoutés, comme le double solénoïde astatique, m'ont été d'un grand secours pour simplifier cette théorie, d'ordinaire si compliquée.

Les nombreux professeurs qui ont adopté mon ouvrage dans leur enseignement, et dont quelques-uns ont bien voulu m'aider de leurs observations éclairées, reconnaîtront, je l'espère, que je n'ai rien négligé pour rendre ce modeste travail moins indigne du bienveillant accueil qu'il a reçu. Tous mes désirs seront remplis si j'ai réussi à en faire une œuvre utile, qui contribue à populariser parmi la jeunesse de nos écoles le goût d'une des plus belles sciences et à lui en faciliter l'étude.

NOTICE [1]

SUR

M. AUGUSTE PINAUD,

PAR M. HAMEL.

Parmi les pertes que l'Académie a faites dans ces dernières années, il n'en est point qu'elle ait plus douloureusement ressentie que celle dont j'ai la triste mission de vous entretenir. M. Pinaud n'était pas seulement un confrère pour nous tous, c'était aussi pour la plupart un ami, et déjà, à ce double titre, il méritait tous nos regrets. Mais ce qui en a augmenté l'amertume, c'est la jeunesse de celui qui était enlevé à notre amitié et à nos travaux, cette jeunesse qui, pour avoir beaucoup donné, promettait bien plus encore, et dont les fruits précoces n'étaient que le gage d'un plus riche avenir.

M. AUGUSTE PINAUD est né le 3 mars 1812, à Ruffec, département de la Charente. Son père était alors Principal du collége de cette ville, qu'il devait bientôt quitter pour passer à Nîmes en qualité d'Inspecteur de l'Université ; et c'est dans les divers colléges de cette Académie, à Nîmes, à Avignon, à Tournon, que M. Pinaud a commencé et terminé ses études, sous la direction spéciale de son père. Doué d'un esprit facile et vif, il fit des progrès rapides : à quinze ans, il avait parcouru le cercle entier des études universitaires, et, en attendant que son âge lui permît de se présenter aux examens du baccalauréat ès-lettres, il se prépa-

. (1) Extrait des Mémoires de l'Académie des Sciences de Toulouse. (*Séance du mois de juin* 1849.)

rait aux concours plus sérieux de l'École normale pour les Sciences et pour les Lettres à la fois. Il fut reçu, dès le premier concours, dans la section des Sciences, à l'âge de seize ans et demi.
Sorti au bout de trois ans, en 1831, avec le double titre de
licencié ès-sciences mathématiques et de licencié ès-sciences physiques, reçu à la même époque premier agrégé pour les classes
des Sciences, il fut nommé professeur des sciences physiques au
collège royal de Grenoble. Un mois après, sur la proposition de
M. Poisson, il était appelé comme professeur suppléant à la chaire
de mathématiques transcendantes dans la Faculté des Sciences de
la même ville. Il n'avait pas encore vingt ans, lorsqu'il menait de
front ces deux enseignements, et préparait en même temps ses
thèses pour le doctorat : son activité suffit à tout. C'est deux ans
après que la chaire de physique à la Faculté des Sciences de Toulouse, vacante par le passage de M. Boisgiraud à la chaire de
chimie, et où il n'avait pu encore être remplacé, fut confiée à
M. Pinaud, que l'appréciation éclairée de M. Thénard avait désigné au choix du Ministre de l'instruction publique. Vous savez,
Messieurs, avec quel succès le jeune professeur débuta sur ce
nouveau théâtre, que devaient lui faire redouter les souvenirs
laissés par son prédécesseur, et plus encore la présence de celui-
ci dans une chaire voisine non moins brillamment remplie que la
première. Depuis lors, pendant les quatorze ans qu'il a occupé la
chaire de physique, soit comme chargé du cours, soit comme
professeur, M. Pinaud a toujours été accompagné de la faveur de
son auditoire, dont il savait soutenir et aviver l'attention par un
enseignement sans cesse renouvelé, par une parole facile et
animée, par l'adresse heureuse avec laquelle il menait à bien les
expériences les plus délicates.

C'est dans cet intervalle que M. Pinaud fut nommé membre de
cette Académie. Pour recevoir le titre de professeur, il devait
obtenir plus tard une dispense d'âge : plus sévère dans ses statuts
que l'Université, l'Académie n'avait pu lui accorder une dispense
semblable ; mais à peine eut-il atteint l'âge requis par les règlements, qu'elle s'empressa de l'appeler dans son sein, où il fut
reçu au mois de mai 1837. Cette fois encore, il eut le bonheur
d'être distingué par un homme dont l'Académie honore la mémoire,
M. d'Aubuisson, alors secrétaire perpétuel, qui, en annonçant à

M. Pinaud sa nomination, s'empressait de lui apprendre qu'elle avait été faite sur sa proposition spéciale. Ainsi chaque pas de la carrière de notre jeune confrère devait être marqué par l'intervention bienveillante de ceux qui chaque fois étaient les plus propres à l'apprécier.

Depuis le jour de son entrée à l'Académie, M. Pinaud s'est montré un des membres les plus zélés de la Société, et il n'a cessé de lui apporter chaque année le tribut de son travail. Les qualités qui distinguaient en lui le professeur se retrouvent chez l'écrivain, et quelques-unes à un degré encore supérieur : la sagacité de l'observation s'y traduit en aperçus ingénieux ; la facilité de l'exposition y devient une clarté élégante et soutenue. M. Pinaud croyait que la simplicité et la précision sont le principal mérite du style d'un mémoire scientifique ; aussi les siens n'offrent-ils aucun ornement ambitieux, aucune recherche de pensée ou de langage. Un goût sûr et délicat en choisit les termes, en arrête les contours, et en mesure tous les développements.

M. Pinaud se sentait porté par la nature de son esprit vers l'étude des problèmes les plus nouveaux de la science. Les Mémoires de l'Académie renferment plusieurs travaux de lui, se rapportant presque tous à l'électro-dynamique et à la galvano-plastique. On lui doit en particulier des recherches neuves et originales sur la coloration par l'électricité des papiers impressionnables à la lumière, et sur une nouvelle classe d'empreintes électriques. Chacun sait que l'admirable découverte de M. Daguerre a pour base l'action de la lumière sur certaines substances chimiques, action dont l'effet est de conserver fidèlement reproduite l'image des corps. M. Pinaud eut l'heureuse idée de rechercher si l'électricité ordinaire ne pourrrait pas produire des résultats analogues; ses expériences furent couronnées d'un plein succès. Il constata : 1° qu'une série d'étincelles électriques agit effectivement sur des plaques de cuivre argenté convenablement préparées, en noircissant la partie affectée ; 2° qu'une série d'étincelles très-faibles, tombant sur des plaques non préparées, y forme à la longue des taches irisées, et même que les premières étincelles laissent une trace rendue visible par le souffle humide de l'haleine ; 3° que des papiers enduits de diverses substances chimiques étaient impres-

sionnés plus facilement par le fluide électrique que par la lumière ;
4º que deux électricités, positive et négative, produisent des
effets différents, la première ramenant au blanc-jaunâtre les
papiers noircis par la seconde ; 5º que la sensibilité électrique de
ces papiers offre un moyen nouveau de produire des dessins pho-
thographiques. Nous n'insisterons pas sur les conséquences de cet
important travail, soit au point de vue de la science, soit au point
de vue de l'art : l'Académie doit se féliciter de le voir figurer dans
ses Mémoires.

Parmi plusieurs rapports présentés à l'Académie par M. Pinaud,
nous citerons d'abord celui qu'il fit, en 1844, sur le concours pour
le prix de physique. Le sujet était la *détermination de la quantité
de chaleur dégagée dans la combustion des principales substances
dont on se sert pour l'éclairage et pour le chauffage*. Ce rapport
peut être considéré comme un traité spécial sur la matière, par le
soin que met le rapporteur à indiquer toutes les conditions d'un
bon mode d'expérimentation, et par l'analyse approfondie de la
méthode qu'avaient employée les auteurs du mémoire couronné (1).

On doit une mention toute particulière au beau rapport fait, en
1845, au Conseil de salubrité, sur les moyens d'assainissement
que réclamait l'état des hôpitaux et des autres établissements com-
munaux de la ville de Toulouse. Ce travail, où la question se
trouvait traitée avec une véritable supériorité, était en même
temps une bonne œuvre : il devait servir à améliorer l'état physique de la partie la plus malheureuse de la population. Les mesures
qu'il proposait pour divers établissements, comme les salles
d'asile, les maisons de charité, les ouvroirs, les hôpitaux, sont
dictées par les données les plus certaines de la science, et parfaitement appropriées à l'état des lieux où elles devaient être appliquées. Il aurait été fort à désirer que ces sages conseils eussent pu
être promptement suivis ; l'état d'imperfection et même de déla-
brement de quelques-uns de ces établissements le réclamait impé-

(1) MM. *Dauriac* et *Sahuqué.* — L'un des auteurs, M. *Dauriac*, a bien
voulu nous prêter son secours pour la publication de cette édition, s'estimant
heureux de rendre à son ancien professeur une très-minime portion des soins
qu'il s'était donné pour encourager ses premiers pas dans la science.

                                                       (Note des Éditeurs.)

rieusement, et cet état n'a pu qu'empirer. La tâche de la ville de
Toulouse sera singulièrement facilitée par les indications si pré-
cises et si complètes que donnait notre confrère dans ce mémoire,
dont la lecture fut écoutée avec tant d'intérêt.

Citons encore une notice remarquable sur l'éclipse totale de
soleil du 8 juillet 1842. Ce phénomène, qui n'apparaît qu'à d'assez
longs intervalles en un même lieu de la terre, était attendu avec
impatience par le monde savant, qui y cherchait là solution de
plusieurs problèmes sur la constitution du soleil et de la lune.
Parmi les nombreux travaux que publièrent à cette occasion les
astronomes et les physiciens, on distingua les observations que
firent à Narbonne MM. Pinaud et Boisgiraud ; la notice où elles
sont consignées contient l'analyse complète du phénomène envi-
sagé sous toutes ses faces, et fournit des éléments précieux pour
éclairer quelques points importants de la physique céleste.

Bien que livré spécialement à l'étude des sciences physiques,
M. Pinaud n'oublia jamais qu'il avait débuté dans l'enseignement
supérieur par les sciences mathématiques, et il aimait à y faire de
temps en temps quelques excursions. Il a publié dans nos Mémoires des notes où se trouve un théorème curieux et nouveau
sur la théorie des nombres.

Enfin, Messieurs, en dehors de ces travaux académiques, je
rappellerai que M. Pinaud est l'auteur d'un Traité élémentaire de
physique, adopté dans un grand nombre d'établissements d'instruction secondaire, et dont le succès est toujours allé croissant,
à mesure que chaque édition nouvelle y a apporté de nouveaux
perfectionnements. C'est là que ressortent dans tout leur jour les
qualités de son talent, là qu'il en a fait peut-être la plus heureuse
application. Cette clarté, cette méthode, ce tour aisé et naturel
qui lui étaient propres, se trouvaient mieux que partout ailleurs
à leur place dans un traité destiné à présenter à de jeunes intelligences l'ensemble et les diverses parties de la science ; et il n'en
est point de si ardue, qu'il n'ait su la rendre aisément accessible et
même attrayante.

Jusqu'ici, Messieurs, je vous ai présenté dans M. Pinaud l'associé
assidu de vos travaux, le brillant professeur, le savant dont les
vues lumineuses éclairaient toutes les questions. Il me reste à
vous parler de l'homme, de ces qualités sociales et privées qui le

faisaient rechercher de tous, aimer de ceux qui l'approchaient de plus près. Vous vous rappelez, Messieurs, les succès qu'obtenait M. Pinaud ailleurs encore que dans les graves enceintes où l'appelait sa vie officielle. Il le devait à la grâce, à la vivacité d'un esprit toujours aimable, à son goût pour les Arts, où il eût pu réussir comme dans les Sciences, comme dans les lettres, tant il avait le génie facile et propre à toutes choses. C'est ce goût des Arts, c'est ce désir de tout connaître et de tout embrasser, qui l'entraînait tour à tour en Italie, en Espagne, dans ces moments de loisir que lui laissaient les devoirs du professorat, et dont il savait encore tourner l'agréable emploi au profit de la science. Il avait rapporté de ses voyages des notes nombreuses qu'il n'a pas eu le temps de mettre en ordre, mais qui témoignent de la variété de ses connaissances et de son universelle aptitude.

C'est au fort de sa jeunesse, à l'époque où l'âge mûrissait son esprit pour de plus solides travaux, c'est dans la plénitude des affections développées de jour en jour davantage autour de lui, que la mort est venu le frapper. Déjà auparavant sa santé avait reçu plus d'une secousse ; cependant la vie paraissait en lui si active, qu'on pouvait croire que ces atteintes seraient toutes passagères, lorsqu'à la fin de l'année 1846 il fut pris d'une manière plus continue, et dut interrompre son cours à la Faculté. Des symptômes alarmants se manifestèrent, sans indiquer toutefois une maladie déterminée. A deux ou trois reprises, on eut l'espoir de le voir revenir à la santé ; il assista même, dans l'intervalle d'une rechute, à quelques-unes de vos séances. Mais au mois d'avril 1847, au retour d'un petit voyage qu'il avait fait chez un de ses frères, à Revel, où il était allé demander la vie à un air plus pur, le mal fit tout-à-coup de rapides progrès, les accidents graves se succédèrent de plus en plus rapprochés, et, dans la nuit du 5 mai 1847, il s'éveilla subitement étouffé par le sang, et n'eut que le temps d'appeler son frère pour expirer entre ses bras.

Quelques jours avant sa mort, M. Pinaud avait reçu les secours de la religion. Elevé par un père et par une mère d'une grande piété, il garda toujours dans son cœur les sentiments dont sa première jeunesse avait été nourrie. Il avait pu en négliger l'expression régulière, au milieu des occupations et des dissipations de la vie ; ,mais, depuis quelques années , il revenait sensiblement aux·pratiques extérieures. D'ailleurs, sous cette légèreté , sous cette gaîté vive que vous lui connaissiez , se cachait je ne sais quelle tristesse qui. le portait vers des idées sérieuses dès qu'il était rendu à lui-même et à la solitude. Dans sa conversation intime, on pouvait même parfois saisir des projets de retraite , qu'il eût peut-être , s'il eût vécu, réalisés dans un avenir peu éloigné. On n'a pas su s'il avait prévu sa fin prochaine; mais les idées de plus en plus graves qui le préoccupaient , l'empressement avec lequel il accueillit les secours religieux qui lui étaient offerts, feraient croire que, pour ne pas affliger le cœur de ceux qui l'entouraient, il renfermait en lui-même le secret de ses pensées. C'était une dernière preuve d'affection qu'il donnait à sa famille et à ses amis.

Qu'il me soit permis, en finissant , de rappeler quelques paroles prononcées sur sa tombe, et sorties d'un cœur encore tout ému de sa perte. Elles manqueraient à cet éloge , à vos souvenirs , aux pieux regrets qu'elles ont alors un moment adoucis. Voici les adieux que M. Barry adressait à notre ami commun.

« C'est à moi, Messieurs, qu'était réservée la partie la plus triste
» peut-être de cette tâche si triste. Le savant dont on vient d'énu-
« mérer devant vous les titres , qui auraient suffi à une plus lon-
» gue carrière, le professeur attachant, l'écrivain sensé et facile,
» ne seront remplacés qu'avec peine ; mais qui nous rendra jamais,
» mais , à nous qui l'avons si longtemps aimé, les grâces , les
» charmes, les ressources infinies de son amitié ! Notre vie de
» travail et d'études avait commencé presque en même temps,
» sous le même toit, sur les mêmes bancs. Une sorte de hasard
» que nous avons béni bien des fois semblait s'être complu à
» associer nos destinées et notre vie. Séparés un instant , nous
» nous étions retrouvés ici avec un autre de nos collègues, dont
» les larmes se mêlent aux miennes, livrés aux mêmes travaux ,
» aux mêmes tristesses , aux mêmes plaisirs, unis d'une amitié
» si intime que l'on en venait souvent à nous confondre, et que
» nous nous étions habitués à répondre au même nom , sûrs que
» l'on ne se trompait pas tout à fait. Quel charme il savait jeter
» sur ces réunions qui ont été pendant dix ans toute notre famille!

» ceux de vous qui y étaient admis le savent et le diront avec
» moi. Savant sans pédanterie, judicieux sans froideur, homme
» de goût et d'esprit avant tout peut-être, il savait maintenir
» dans un heureux accord sa raison, ses sentiments, ses convic-
» tions même, qui étaient sincères, mais qui n'allaient jamais
» jusqu'à l'aveuglement ou à l'intolérance. C'était une de ces na-
» tures charmantes qui savent donner de la grâce, et je ne sais
» quel agrément familier et riant aux choses les plus sévères de
» la science, du devoir et de la vertu.

» Quelle perfection n'auraient point ajoutée l'âge et la maturité
» à un cœur aussi bon, à une intelligence aussi heureuse ! Qui
» pouvait prévoir le terme d'une carrière si brillante déjà dès le
» début, si riche de promesses pour l'avenir ! Et c'est au moment
» d'en recueillir les premiers fruits, dans la fleur de la jeunesse,
» pour ainsi dire, que la mort vient nous le ravir d'une manière
» plus sûre, parce qu'elle était plus lente ; c'est au bord d'une
» fosse et au milieu des larmes que je vous fais ces tristes confi-
» dences d'une amitié que la mort vient de briser ; c'est lui, le plus
» jeune de nous trois, le plus aimable, le mieux doué peut-être,
» qui nous quitte le premier. O vanité de nos espérances, de nos
» mérites, de nos succès eux-mêmes !

» Conservons au moins un souvenir doux et serein, comme
» l'était son âme, de cette vie restée pure, laborieuse, sans
» reproches, qui savait attendre avec patience, car elle était cer-
» taine de l'affection et de l'estime universelle, les récompenses
» que le mérite appelle rarement tout seul ; et que ce souvenir
» nous suive comme une consolation et un encouragement
» éternel. »

PROGRAMME

D'UN

COURS DE PHYSIQUE.

INTRODUCTION.

CHAPITRE PREMIER.

PROPRIÉTÉS GÉNÉRALES.

§ 1. — *Notions générales sur la matière et les agents.*

1. En jetant les yeux sur le spectacle de la *nature*, nous y reconnaissons l'existence d'une multitude d'êtres divers, étendus, résistants, mobiles, variables de dimensions et de formes, capables en un mot d'impressionner nos sens. On leur donne le nom de *corps* ou *êtres matériels*.

Naturellement *inertes*, ils sont continuellement soumis à des *forces* ou à des *agents* qui en modifient la manière d'être ou les propriétés.

2. Nous n'avons, à priori, que très-peu de notions sur la *matière*. De toutes les propriétés qu'elle possède, et par lesquelles elle nous manifeste à chaque instant sa présence en excitant nos sensations, nous n'en connaissons que deux sans lesquelles il nous est impossible de concevoir son existence, et qu'on appelle, pour cette raison, *essentielles*. Ces deux attributs distinctifs de la matérialité sont l'*étendue* et l'*impénétrabilité*.

L'*étendue* est la propriété d'occuper une certaine portion de l'espace.

L'*impénétrabilité* consiste en ce que deux éléments matériels ne peuvent jamais occuper en même temps le même espace.

Nature.

Matière.

1

Ces deux propriétés, dont la seconde suppose la première, sont évidemment nécessaires à l'existence de la matière ; de telle sorte qu'on pourrait la définir de l'*étendue impénétrable*.

orps.

3. Les·*corps*, qu'il convient de distinguer de la matière qu'ils renferment, ne sont point des substances continues et dont toutes les parties se touchent. Il faut les considérer comme des réunions, en nombre illimité, de petits éléments étendus, impénétrables et *physiquement indivisibles* (nº 14), séparés les uns des autres par des intervalles vides (nº 15) et continuellement soumis à deux forces opposées (nº 6) : l'une qui tend à les rapprocher, c'est l'attraction ; l'autre qui agit pour les écarter sans cesse, c'est la force répulsive du calorique avec lequel ils tendent à rester unis.

Ces dernières particules matérielles des corps ont été appelées *atomes*. Les atomes se groupent entre eux pour former des *molécules* ou petites masses de matières, insensibles encore, mais auxquelles on attribue le plus souvent des formes déterminées et qui sont de même nature que les corps dont elles font partie : *simples*, ou formées d'atomes de même nature, si le corps est simple (or, mercure, oxygène) ; *composées*, ou formées d'atomes de nature différente, si le corps est composé (eau, marbre, acide sulfureux....). — Du reste, les mots molécule et atome sont souvent pris l'un pour l'autre.

tats
corps.

4. L'agrégation des molécules dans les corps peut avoir lieu de trois manières différentes ; de là les trois états sous lesquels ils se présentent à nous, savoir : l'état *solide*, l'état *liquide*, et l'état *gazeux*. Les liquides et les gaz portent conjointement le nom de *fluides*.

Le caractère distinctif des *solides* (bois, pierres, cuivre, fer...) est la *cohésion* ou l'adhérence mutuelle des parties. Il en résulte que tout corps solide a une forme déterminée dont il ne peut changer sans l'influence d'une cause extérieure, et qu'il oppose une résistance plus ou moins grande à la séparation des molécules qui le composent.

Dans les *liquides* (eau, mercure, alcool...), l'attribut distinctif est la *mobilité des molécules* ; elles glissent librement les unes sur les autres. Aussi ces corps n'ont-ils aucune forme qui leur soit propre ; ils prennent celle des vases où ils sont contenus. Cette mobilité relative des particules liquides n'exclut pas néanmoins une certaine cohésion entre ces mêmes parties ; elles sont à peu près dans le même état qu'une boule de fer-doux qui, posée sur la surface d'un aimant, roulerait avec la plus grande facilité sur cette surface, et pourtant ne pourrait en être détachée sans effort. Toutefois la cohésion dans les liquides est incomparablement plus faible que dans les solides.

Enfin, le caractère distinctif des gaz (air, hydrogène...) est *l'expansibilité* : c'est-à-dire que leurs molécules, outre qu'elles sont les unes à l'égard des autres dans une indépendance absolue, sont constamment soumises à une répulsion mutuelle, en vertu de laquelle ces fluides tendent sans cesse à occuper un plus grand espace, et exercent contre les parois des vases où ils sont enfermés une *pression* variable, analogue à celles des ressorts contre les obstacles qui s'opposent à leur extension. Cette pression a été désignée sous le nom de *force élastique* ou de *tension*, et les gaz eux-mêmes sont souvent appelés *fluides élastiques*.

Les gaz, en raison même de leur élasticité, sont et doivent être éminemment *compressibles*. Cette compressibilité est un nouveau caractère qui les distingue des liquides ; car ces derniers, qu'on a longtemps regardés comme incompressibles, ne diminuent que très-peu de volume sous les plus fortes pressions.

Il y a cela de remarquable que souvent un même corps, en conservant la même composition intime, peut affecter chacun des trois états ; témoin, l'eau que nous trouvons dans la nature à l'état de glace, d'eau liquide et de vapeur. Il est des corps, au contraire, qui n'ont jamais pu changer d'état : l'air est toujours gazeux, le charbon toujours solide. Enfin, d'autres corps peuvent être obtenus sous deux états différents : le fer devient liquide par l'action d'une vive chaleur, mais ne se transforme pas en gaz ; l'alcool se change aisément en une *vapeur* élastique, mais les plus grands froids connus ne peuvent le solidifier.

On comprend sous le nom de *vapeurs* tous les gaz qu'un refroidissement peu intense ou une faible augmentation de pression peut ramener à l'état liquide.

5. Les variations continuelles que les corps éprouvent dans leur état et dans leurs propriétés nous donnent la notion d'un *phénomène*. Dans le langage de la science, ce mot ne se prend pas avec son acception vulgaire ; il ne signifie pas quelque chose de surprenant ou de merveilleux ; mais, conservant son sens étymologique, il exprime toute modification, tout changement que nous observons dans les corps. Par exemple : la chute d'une pierre, la fusion de la glace, la formation de la rosée, les vibrations sonores de l'air, l'oxydation du fer, la réflexion d'un rayon lumineux. *Phénomène.*

6. Tout phénomène suppose une cause génératrice. *Forces et agents.*

La cohésion ou l'adhérence des molécules dans les corps solides, la répulsion mutuelle des particules dans les gaz, les changements d'état, enfin toutes les actions réciproques que les corps peuvent exercer les uns sur les autres, prouvent qu'en dehors de la matière il existe quelque chose qui agit sur elle pour la mouvoir et la modifier. Tout ce qui peut ainsi agir sur les corps, leur imprimer des mouvements, leur faire subir des modifications quelconques, en un mot produire des phénomènes, est une *force* ou un *agent*.

Les causes premières des phénomènes ou les agents, dont la nature intime est un secret pour nous, peuvent être divisés en trois grandes classes, savoir :

1o La *vie*, dont l'action mystérieuse n'est pas du domaine des sciences physiques ;

2o L'*attraction universelle*, en vertu de laquelle toutes les parties de la matière tendent à se porter les unes vers les autres. Elle comprend la *gravitation*, qui préside aux mouvements des corps célestes dans l'espace ; la *pesanteur*, qui entraîne les corps terrestres vers le centre de notre globe ; enfin l'*attraction moléculaire*, dont l'action s'exerce entre les particules des corps à des distances insensibles. L'attraction moléculaire prend le nom de *cohésion* quand elle unit des molécules similaires, et celui d'*affinité* quand elle unit des atomes hétérogènes. C'est l'affinité qui préside aux combinaisons et décompositions chimiques ;

3o Les *fluides impondérables* : calorique, magnétisme, électricité, lumière.

Le *calorique* est la cause des sensations de chaleur et de froid que les corps nous font éprouver. Ses principaux effets sont les changements de volume et les changements d'état des corps.

Le *magnétisme* est l'agent en vertu duquel les aimants attirent le fer et s'attirent ou se repoussent eux-mêmes.

L'*électricité* donne aux corps le pouvoir d'attirer des corps légers, de s'attirer ou de se repousser mutuellement, de laisser jaillir des étincelles de leur surface ; elle engendre la foudre.

La *lumière* nous rend le monde extérieur visible ; elle colore les corps et donne à l'arc-en-ciel ses vives nuances.

Ces divers agents ne sont probablement pas tous distincts es uns des autres. L'ensemble des faits naturels tend à prouver que le calorique et la lumière sont deux modifications d'un même principe ; que le magnétisme et l'électricité ne diffèrent pas non plus l'un de l'autre. Beaucoup de physiciens pensent même que les progrès de la science conduiront à démontrer l'identité des agents et à les réduire à un seul.

Indépendamment de ces agents immédiats, nous observons dans la nature beaucoup de causes secondaires de mouvement, auxquelles on donne plus particulièrement le nom de forces. Telles sont la pression, le choc, la traction, l'élasticité.... Ce sont des effets produits par l'action de notre volonté sur la matière, ou par celle des agents physiques, qui sont eux-mêmes une émanation de la volonté suprême du Créateur. Ces effets peuvent à leur tour devenir causes de nouveaux phénomènes, ceux-ci en produire d'autres qui eux-mêmes pourront agir comme *forces* nouvelles. Comme exemple, je laisserai au lecteur le soin d'analyser la succession et l'enchaînement des faits qui se passent lorsque, une pierre étant posée sur une branche flexible, on ploie la branche par un effort musculaire, qu'on l'abandonne brusquement, et que la branche, revenant sur elle-même, lance la pierre qui va briser un vase fragile. Dans la transmission successive de ces mouvements, qui sont alternativement effets et causes, la matière intervient passivement par son impénétrabilité.

7. Sous l'empire des mêmes causes, un même phénomène se reproduit toujours de la même manière et d'après une règle invariable. L'énoncé de cette règle, le théorème qui la formule, constitue la *loi physique* du phénomène.

Lois physiques.

Ainsi l'on dit : les espaces parcourus par un corps pesant tombant librement dans le vide sont proportionnels aux carrés des temps employés à les parcourir. — Les volumes d'un même gaz, à une température constante, sont en raison inverse des pressions qu'il supporte. — Un rayon lumineux, tombant sur une surface polie, se réfléchit en faisant un angle de réflexion égal à l'angle d'incidence.

Une *théorie physique* est *l'explication* d'un phénomène considéré dans ses rapports avec les causes qui lui donnent naissance, et dans la succession et l'enchaînement des faits qui le préparent ou le complètent. On dit en ce sens : la théorie du mouvement uniformément varié, la théorie de la rosée, de l'arc-en-ciel (1)....

Théories physiques.

Enfin, on entend par *système* une hypothèse faite sur la nature même des agents pour enchaîner tous les faits dépendant d'une même cause et toutes les lois qui les régissent à un principe unique, dont ces lois partielles découleraient toutes comme des corollaires. Tel est le système des ondulations dans les phénomènes calorifiques et lumineux. La valeur d'un système est toujours subordonnée à son accord parfait avec les faits.

Systèmes.

8. Les phénomènes qu'on étudie dans les sciences de la nature sont toujours, ou des effets plus ou moins complexes dus à des causes différentes, ou des effets divers simultanés dus à une cause unique. L'*observation*, qui prend ces phénomènes

Observation. Expérience.

---

(1) Le mot *théorie* sert aussi quelquefois à désigner l'ensemble coordonné des lois relatives à une même classe de phénomènes ; c'est ainsi qu'on dit : la théorie de la chaleur, du son, etc.

avec toute leur complication, n'est pas toujours suffisante pour en faire découvrir la loi. L'*art de l'expérience* consiste alors à isoler autant que possible chaque couple de force et d'effet, ou chacun des effets multiples d'une même force, afin de saisir plus aisément la part qui revient à chacun d'eux dans le phénomène qui en est l'ensemble.

Observer les faits, en assigner les lois à l'aide de l'expérience, du raisonnement, et souvent de l'analogie, les coordonner en théories, enfin les rattacher à un système, telle est la marche des *sciences physiques*.

Objet
a chimie et
a physique.
9. On comprenait autrefois sous le nom général de sciences physiques, toutes les connaissances qui ont la nature pour objet. Mais aujourd'hui on a fait des sciences à part de l'astronomie et des diverses branches de l'histoire naturelle. La physique générale, ainsi bornée à l'étude des phénomènes inorganiques et terrestres, s'est trouvée restreinte à deux sciences, la chimie et la physique proprement dite, dont le but commun est de mettre les corps en rapport d'action les uns avec les autres, et d'étudier les phénomènes que les agents naturels développent en eux. Ces deux sciences, malgré le grand nombre de points de contact qu'elles ont entre elles, se distinguent pourtant en général aux caractères suivants :

La *chimie* analyse les corps, étudie les lois de leurs combinaisons et de leurs décompositions, tous les phénomènes, en un mot, qui se passent entre leurs derniers éléments, à des distances inappréciables, et qui altèrent plus ou moins profondément leur nature.

La *physique* a pour objet l'étude des phénomènes inorganiques qui se passent, à des distances perceptibles et mesurables, entre des masses sensibles de matière et qui n'entraînent pas en général de changement permanent dans la constitution intime des corps.

Après avoir exposé les propriétés générales des corps, et emprunté à la mécanique quelques notions sur la composition des forces et les lois du mouvement, nous étudierons les agents naturels dans l'ordre suivant : pesanteur et attraction moléculaire, calorique, magnétisme, électricité, lumière.

§ 2. — *Propriétés générales des corps.*

priétés des
corps.
10. Les corps, regardés comme des agglomérations de molécules, possèdent un certain nombre de propriétés, dont quelques-unes n'appartiennent pas, au moins nécessairement, aux éléments matériels dont ils sont composés.

Parmi ces propriétés, les unes sont *particulières* à certains corps ou à certains états des corps; telles sont la dureté, la couleur, la forme cristalline, etc. Ces propriétés forment en quelque sorte le signalement de chaque substance prise individuellement, et le naturaliste doit les étudier avec soin.

Il en est d'autres qui appartiennent à tous les corps sous quelque état qu'ils se présentent, et qu'on appelle *générales*. Ces propriétés sont : l'étendue, la porosité, la divisibilité, la compressibilité, l'élasticité, la mobilité et l'inertie.

Nous ne parlons pas ici de la pesanteur, quoiqu'elle soit le caractère général le plus facilement observable de la matérialité; nous l'étudierons comme force dans un chapitre spécial.

Nous ne mettrons pas l'*impénétrabilité* au nombre des propriétés générales des *corps*; en effet, elle n'appartient en réalité qu'aux atomes, et non pas aux corps eux-mêmes. Nous verrons, en parlant de la porosité, comment l'impénétrabilité des éléments se concilie parfaitement avec la pénétrabilité du corps qui en est l'ensemble.

11. *Etendue.* — Les corps partagent avec leurs molécules la propriété d'être *étendus*. La portion de l'espace qu'ils occupent s'appelle leur *volume*. Nous verrons bientôt que le volume *apparent* est toujours plus grand que le volume *réel* du corps, qui serait la somme des espaces infiniment petits occupés par les molécules qui le composent.

Quand le volume d'un corps est compris sous une des formes que la géométrie définit, cette science apprend en même temps à l'évaluer par la connaissance de certaines lignes qui en font partie. Mais lorsque ce volume est irrégulier, comme celui d'une pierre, il n'est plus susceptible ni d'une définition ni d'une évaluation géométrique exactes, et la physique possède des principes féconds qui suppléent merveilleusement à l'impuissance du calcul. Du reste, lors même que, pour mesurer l'étendue, on n'a qu'à faire aux corps de la nature l'application pratique des règles établies par la géométrie, c'est encore aux procédés mécaniques ou physiques qu'il faut recourir. La question se réduit en définitive, presque toujours, à mesurer des longueurs.

Or, quelque simple que soit en apparence l'opération qui sert à évaluer une longueur, s'il arrive que la longueur qu'on veut estimer ne renferme pas un nombre exact de fois l'unité qui sert de mesure, le millimètre par exemple, on ne pourra arriver qu'à une approximation souvent fort insuffisante. On a recours alors au *vernier*.

12. Le *vernier* est un instrument destiné à évaluer une fraction donnée d'une unité linéaire, avec tout le degré d'exactitude que l'on est en droit d'exiger dans les opérations physiques comme dans les mesures astronomiques.

Etendue.

Vernier.

Pour faire comprendre à la fois l'utilité et la théorie de cet ingénieux procédé, je supposerai que l'on veuille mesurer la hauteur du mercure dans un baromètre, c'est-à-dire déterminer à quelle division de l'échelle verticale, jointe au tube barométrique, correspond le sommet de la colonne liquide.

La règle principale AB est divisée en millimètres. — Sur cette règle glisse, à frottement doux, une autre règle CD qui constitue le vernier. Sa longueur est de 9 divisions de la première, et elle est partagée en 10 parties égales. — Chaque division du vernier vaut donc $9/_{10}$ de millimètre. — Alors, toutes les fois que le zéro du vernier coïncidera exactement avec une des divisions a de l'échelle, le n° 1 du vernier sera en arrière de $1/_{10}$ de millimètre sur la division suivante b; le n° 2 en arrière de $2/_{10}$ sur celle qui vient après; et ainsi de suite jusqu'au n° 10, qui sera en arrière de $10/_{10}$ ou de 1 millimètre. Alors, qu'on fasse glisser le vernier de manière que le n° 1 vienne coïncider avec le trait b de la règle, le vernier aura marché de $1/_{10}$ de millimètre; si le n° 2 est amené à coïncider avec le point c, le vernier aura marché de $2/_{10}$ de millimètre; si c'est le n° 7 qui est venu en coïncidence, le vernier se sera avancé de $7/_{10}$, et ainsi de suite.

Cela posé, imaginons que le sommet de la colonne mercurielle du baromètre tombe entre 754 et 755: on fera glisser le vernier de manière que son zéro soit exactement au niveau du mercure; et si on trouve que la coïncidence existe entre la 6e division du vernier et une des divisions de l'échelle, on en conclura que la hauteur demandée est de 754 millimètres et 6 dixièmes.

En donnant au vernier 19 millimètres de longueur, et le partageant en 20 parties égales, on évaluerait des 20es de millimètre. Toutefois l'extension de ce principe a une limite. — Le vernier peut également servir à évaluer des fractions de minute dans les divisions circulaires.

13. *Divisibilité.* — On appelle ainsi la propriété qu'ont les corps de pouvoir être partagés en un grand nombre de parties.

La division des corps peut être poussée excessivement loin, comme on peut s'en convaincre par quelques exemples:

Les feuilles d'or battu: — 250,000 superposées font à peine l'épaisseur d'un centimètre.

Les fils de platine ont été réduits par le docteur Wollaston à $1/_{1200}$ de millimètre de diamètre.

Les bulles de savon, dont la pellicule extérieure donne de si vives couleurs, sont de minces lames d'eau dont Newton a mesuré l'épaisseur. Elles n'ont, près de leur sommet, que

0,0001 de millimètre; elles se réduisent à 0,00001, quand elles laissent voir une tache noire au moment d'éclater.

Les substances colorantes et odorantes se divisent en un nombre effrayant de parties excessivement ténues.

Le sang est composé de globules rouges flottant dans un liquide incolore appelé *sérum*; ces globules, dans le sang de l'homme, sont arrondis et n'ont que $1/150$ de millimètre de diamètre. Une goutte de sang suspendue à la pointe d'une aiguille en contient près d'un million.

Enfin, les animaux microscopiques nous donnent encore un exemple plus frappant de division, par la ténuité extrême des particules qui forment leurs téguments ou qui servent à leur nutrition.

14. C'est dans les combinaisons et dans les décompositions chimiques que la division des corps est poussée le plus loin possible. Les parties entre lesquelles l'affinité s'exerce sont tellement petites, qu'elles échappent à nos sens, même aidés des instruments d'optique les plus puissants. On a longtemps discuté la question de savoir si la divisibilité physique avait ou non une limite. Cette question, l'imperfection de nos organes et de nos moyens d'observation ne nous permet pas de la résoudre ; et du reste sa solution importe très-peu à l'avancement de la science. Néanmoins on admet en physique et en chimie comme une hypothèse infiniment probable, que la division matérielle des corps, quelque immense qu'elle soit, a cependant une limite ; qu'elle s'arrête à des parties insécables, indestructibles, d'une petitesse incalculable, d'une forme et d'une grosseur inconnues et pourtant invariables : ce sont les *atomes* des corps.

Atomes.

Tout porte à croire, en effet, que les propriétés chimiques des corps simples et des composés qui en résultent, dépendent de la forme et de la grosseur de leurs parties constituantes; si ces dimensions pouvaient être altérées, il en résulterait dans les propriétés des corps des changements correspondants. Or, comme en réunissant les mêmes atomes dans les mêmes proportions, on reproduit, à toutes les époques, les mêmes corps jouissant des mêmes propriétés, il faut en conclure qu'il y a certaines limites au-dessous desquelles il est impossible, à l'aide des agents connus, de réduire les dimensions de la matière. C'est pour avoir cru que les éléments matériels des corps étaient divisibles, et que par conséquent leur nature intime était susceptible de changer, que les alchimistes ont cru pouvoir transformer tous les corps les uns dans les autres, et qu'ils ont travaillé à les transformer tous en or, métal le plus précieux. Leurs longs et infructueux travaux, les tortures de tout genre qu'ils ont fait inutilement subir aux corps, sont certes plus que suffisants pour prouver que les corps simples ou élémentaires passent, sans éprouver la moindre altération, par le creuset des analyses les plus variées.

Mais c'est surtout dans les belles lois des proportions définies et des proportions multiples, qui président aux combinaisons chimiques, qu'il faut chercher la preuve de l'existence des atomes. — Du reste, non-seulement la chimie les admet, elle va même jusqu'à en déterminer les poids relatifs. — (*Voyez* Chimie.)

rosité. 15. *Porosité.* — Les molécules des corps ne sont jamais en contact immédiat ; elles sont séparées les unes des autres par des intervalles vides appelés *pores.*

La porosité peut être rendue sensible par des expériences directes dans les corps solides ; car la plupart de ces substances sont susceptibles de se laisser imbiber ou traverser par des fluides. Je citerai pour exemples :

1o Dans le règne inorganique :

Les métaux, — témoin l'expérience des académiciens de Florence. (*Voy.* Compressibilité.)

Les pierres, — qui souvent contiennent de l'air dans leurs interstices et peuvent s'imbiber plus ou moins aisément de liquides (craie, hydrophane...) — Le verre est une heureuse exception.

2o Dans le règne organique :

Les bois, — qui se gonflent par l'absorption de l'humidité ;

La peau de l'homme et des animaux, qui est criblée de pores par lesquels s'échappe, à l'aide de la transpiration, une partie des aliments qui ne contribuent pas à la nutrition.

Une capsule, ayant pour fond une peau de chamois ou une plaque de bois taillé perpendiculairement à ses fibres, laisse passer à travers ses pores, sous la forme d'une pluie argentée, le mercure dont elle est remplie, aussitôt que ce liquide est comprimé ou qu'on fait le vide au-dessous de la capsule.

On peut, du reste, démontrer d'une manière générale que la porosité est un attribut commun à tous les corps solides, liquides ou gazeux en faisant voir qu'ils possèdent tous, à divers degrés, la propriété de se contracter par le refroidissement, de se dilater par la chaleur (*Voy.* Chaleur), et de diminuer de volume par la pression. Car, à moins d'admettre que les atomes sont pénétrables les uns aux autres, la contraction et la compression d'un corps ne peuvent s'expliquer que par le rapprochement de ses molécules, ce qui suppose qu'elles sont séparées par des intervalles vides dont la grandeur varie sous l'influence des causes extérieures ; de même la dilatation ne peut provenir que de l'écartement des atomes ou l'agrandissement des pores.

Conséquences.

16. Les changements de volume qu'un corps éprouve par la compression, et lorsqu'on y introduit ou qu'on en fait sortir des quantités diverses de chaleur, pouvant être très-grands sans que le nombre de ses molécules ait changé, il s'ensuit que, dans un corps d'un volume donné, non-seulement tout n'est pas matière, mais que les dimensions des parties vides doivent être comparables et généralement supérieures à celles des parties pleines. C'est dans ces interstices, d'où la matière pondérable est absente, que se passent la plupart des phénomènes dus à la chaleur et aux affinités.

Anomalies expliquées.

17. Le principe de la porosité est le seul à l'aide duquel on puisse expliquer comment deux corps peuvent, soit par leur mélange (eau et alcool), soit par leur combinaison (zinc et cuivre, — eau et gaz ammoniac, — gaz ammoniac et gaz acide chlorhydrique), donner naissance à un composé dont le volume est moindre que la somme des volumes composants. Il s'opère alors entre les éléments des corps mis en contact une union intime, de laquelle il résulte que les molécules du composé sont plus rapprochées, plus resserrées que ne l'étaient celles des deux substances qui en font partie.

18. La porosité des corps, quoiqu'elle ait pour conséquence que ces corps sont plus ou moins pénétrables, n'infirme évidemment en rien le principe de l'impénétrabilité de leurs éléments. Quand un corps solide s'imbibe d'eau, les molécules liquides pénètrent dans ses pores, sans que jamais un atome d'eau et un atome du corps solide puissent occuper ensemble le même espace. Du reste, une foule d'expériences directes peuvent servir à démontrer l'impénétrabilité des éléments matériels des gaz, ceux de tous les corps dans lesquels cette propriété semble se prêter le plus difficilement à l'observation immédiate.

Ainsi, dans le briquet pneumatique, l'air se comprime sans que son volume puisse jamais être réduit à zéro. — Qu'un entonnoir à col étroit soit adapté à l'une des tubulures d'un flacon dans lequel l'air est emprisonné, l'entonnoir pourra être rempli de liquide sans qu'il y ait écoulement; qu'on donne une issue à l'air du flacon, le liquide s'écoulera aussitôt en chassant devant lui les molécules du gaz qui lui résistait. — Enfin tout le monde connaît les prodigieux effets de l'air en mouvement, qui, opposant son impénétrabilité à celle des corps solides ou liquides qu'il rencontre, peut soulever la masse des eaux, renverser des édifices et déraciner des arbres.

Compressibilité et élasticité.

19. La *compressibilité* est la propriété dont jouissent les corps de pouvoir diminuer de volume sous l'action d'une pression extérieure.

L'*élasticité* consiste en ce que les corps, quand ils ont été comprimés ou déformés d'une manière quelconque, tendent à revenir à leur premier état, à reprendre leur premier arrangement moléculaire.

Je n'entrerai pas ici dans de plus longs développements sur ces propriétés, parce qu'il en sera parlé avec détail au chapitre II du 2e livre.

Mobilité. 20. La *mobilité* est la propriété que possèdent tous les corps de pouvoir être mis en *mouvement*, c'est-à-dire de changer de position dans l'espace.

On divise le mouvement en mouvement absolu et mouvement relatif; de même le repos peut être absolu ou relatif.

Le mouvement *absolu* d'un corps est le mouvement de ce corps tel qu'il s'effectue par rapport à certains points fixes dans l'espace; le repos *absolu* serait l'état d'un corps qui ne changerait pas de position par rapport à ces points fixes.

Mais un corps peut paraître en repos, tandis qu'il est réellement emporté dans l'espace; alors son repos n'est que relatif: témoin le globe terrestre. Tous les corps qui le composent sont en repos, les uns par rapport aux autres; mais en réalité ils sont emportés dans l'espace et participent au double mouvement de la terre, rotation autour de son axe, translation autour du soleil. — De même un corps peut paraître se mouvoir quand il est réellement immobile, ou du moins animé d'un mouvement tout autre que celui que nous observons. Ainsi le soleil nous offre l'exemple d'un corps qui nous semble se mouvoir et qui pourrait être fixé dans l'espace; son mouvement par rapport à nous n'est donc qu'un mouvement apparent. — Une pierre qu'on laisse tomber du haut du mât d'un navire voguant à pleines voiles descend le long de ce mât et nous paraît avoir décrit une ligne droite. Cependant le navire s'étant déplacé pendant sa chute, il est évident que la pierre a décrit une courbe : c'est l'exemple d'un mouvement relatif, en ce sens que le corps nous paraît animé d'un mouvement qui n'est pas le sien dans la réalité.

Inertie. 21. *Inertie.* — Lorsqu'un corps est en repos, il ne peut jamais se communiquer par lui-même du mouvement; et réciproquement un corps en mouvement ne peut de lui-même altérer son état. Cette inaptitude, dans laquelle est la matière d'altérer en rien, soit son état de repos, soit son état de mouvement, constitue l'*inertie* de la matière.

Tous les phénomènes qui se passent journellement sous nos yeux nous prouvent, en effet, qu'un corps en repos y persiste indéfiniment, à moins qu'une cause extérieure ne vienne l'en faire sortir.

Mais, en outre, un corps en mouvement ne peut changer de lui-même ni la direction ni la vitesse de ce mouvement. Si, à la surface de la terre, les mobiles finissent toujours par s'arrêter tôt ou tard, c'est qu'il existe diverses résistances qui éteignent peu à peu la vitesse que l'impulsion initiale leur avait communiquée. — Les causes qui s'opposent à la perpétuité du mouvement peuvent se réduire à trois :

1° La résistance des milieux. — Quand un mobile traverse l'air, il est obligé d'en déplacer à chaque instant les molécules, et il ne peut évidemment leur communiquer du mouvement qu'en perdant une partie du sien propre. La résistance qu'il éprouve augmente avec le volume du mobile, avec sa vitesse, et avec la *densité* du milieu, c'est-à-dire le nombre de molécules qu'il contient dans un même espace. Qu'on imagine, par exemple, deux pendules ou balanciers d'horloge identiques ; qu'on les fasse osciller, l'un dans l'air, l'autre dans l'eau ; le second s'arrêtera en peu d'instants, tandis que le premier exécutera, avant de s'arrêter, de très-longues oscillations.

2° Les frottements. — La bille qui roule sur le tapis d'un billard est à chaque instant ralentie par les aspérités du drap, par les filaments qu'elle presse et infléchit. La perte de mouvement qui en résulte est d'autant moindre que le tapis est plus doux. Sur un plan de marbre poli, le frottement serait moindre encore, et la bille se mouvrait plus longtemps sous l'action d'une même force impulsive.

3° La pesanteur. — L'attraction terrestre rappelle sans cesse vers la surface du globe les corps lancés dans une direction quelconque, oblique ou verticale ; elle modifie et la vitesse et la direction de leur mouvement.

Mais on doit concevoir qu'un mobile qui serait lancé dans un espace vide de matière pondérable, qui serait soustrait à toute espèce de frottement et à toute attraction, se mouvrait indéfiniment sous l'action de l'impulsion la plus faible, suivant une ligne toujours droite, avec une vitesse constante.

Tel est le double caractère qui constitue à nos yeux l'*inertie* de la matière : persévérance indéfinie dans le repos, tant qu'une cause extérieure ne vient pas agir sur elle ; persévérance dans le mouvement, suivant la même ligne droite, avec la même vitesse, si une cause extérieure ne vient en modifier la rapidité ou la direction.

CHAPITRE II.

NOTIONS DE MÉCANIQUE.

§ 1. — *Statique.* — *Composition et décomposition des forces.*

Forces.
22. La matière étant inerte, le passage d'un corps du repos au mouvement, ou toute modification dans le mouvement dont il est animé, résulte d'une cause étrangère à ce corps. Cette cause, quelle qu'elle soit, a été déjà désignée sous le nom de *force*.

Une force quelconque est définie par trois éléments, savoir :

1º Son point d'application. — L'élément matériel auquel elle est immédiatement appliquée.

2º Sa direction. — La ligne, toujours droite, suivant laquelle elle *tend* à entraîner le point matériel qu'elle sollicite.

3º Son intensité ou sa puissance. — Pour *mesurer* l'intensité d'une force, il faut la comparer à une force de même nature prise pour *unité.* — A cet effet, on remarque que deux forces sont *égales* quand, étant appliquées à un même point, en sens contraire, elles se détruisent mutuellement et maintiennent ce point en *équilibre*. — Qu'une force est double, triple... d'une autre, s'il faut deux, trois... forces égales à celle-ci pour lui faire équilibre. — On conçoit d'après cela qu'une force arbitraire étant représentée par le nombre 1, ou par une ligne égale à l'unité linéaire, toutes les autres pourront être représentées par des nombres ou par des lignes proportionnelles à ces nombres. — La représentation des forces par des lignes droites a l'avantage de faire connaître à la fois leur point d'application, leur direction et leur intensité.

Résultante.
23. Lorsqu'un point matériel est sollicité à la fois par plusieurs forces, il ne peut évidemment se mouvoir que dans une direction. Il existe donc une force unique qui, appliquée au point matériel dans cette direction, produirait sur lui le même effet que toutes les forces qui le sollicitent : cette force s'appelle leur *résultante*. — On peut dire encore que, si au point matériel on appliquait une force d'une grandeur conve-

nable, en sens contraire du mouvement qu'il tend à prendre,
elle maintiendrait ce point en équilibre. Alors la *résultante*
des forces qui sollicitent le point matériel est une force égale
et directement opposée à celle qui ferait équilibre à tout le
système.

Composer deux ou plusieurs forces, c'est chercher leur
résultante ; réciproquement une force donnée peut être remplacée par deux ou plusieurs autres forces, qui en sont
appelées les *composantes*. Le problème de la composition et de
la décomposition des forces fait l'objet de la *statique*. Nous
empruntons à cette partie de la mécanique les principes
suivants :

1º Quand deux ou plusieurs forces agissent sur un même
point matériel, dans le même sens et suivant la même ligne
droite, leur résultante est égale à leur somme. — Si un point
matériel est sollicité par des forces agissant suivant la même
ligne droite, mais en sens opposé, la résultante est égale à la
différence entre la somme des forces qui tirent dans un sens
et la somme des forces qui tirent en sens contraire, et elle
agit dans le sens de la plus grande des deux sommes ;

2º Si deux forces agissent sur un même point matériel suivant deux directions qui forment un angle, leur résultante est
égale en grandeur et en direction à la diagonale du parallélogramme construit sur les lignes qui représentent ces deux
forces. — Ce principe sert à trouver la résultante d'un nombre quelconque de forces concourantes ; il donne aussi le
moyen de décomposer une force en deux autres, suivant des
directions déterminées ;

3º La résultante de deux forces parallèles et de même sens
appliquées aux extrémités d'une droite est égale à leur somme,
parallèle à leur direction, et son point d'application divise la
droite en deux parties réciproquement proportionnelles aux
forces adjacentes. — On déduit de là le moyen de déterminer
la résultante d'un nombre quelconque de forces parallèles et
de même sens.

Si deux forces inégales, parallèles et de sens contraire sollicitent les extrémités d'une droite, leur résultante sera parallèle à leur direction, égale en intensité à leur différence, et
son point d'application sera situé sur le prolongement de la
droite, du côté de la force la plus grande, de telle manière
que ses distances aux points d'application des deux composantes soient encore en raison inverse de ces forces ; elle agira
en outre dans le sens de la force la plus grande.

Deux forces *égales*, parallèles et de sens contraire, appliquées aux extrémités d'une droite, n'ont pas de résultante.
Leur ensemble constitue un *couple*. La perpendiculaire com-

mune aux deux forces s'appelle le *bras de levier* du couple , et le produit d'une des forces par le bras de levier en est le *moment*. Un couple tend à imprimer un mouvement de rotation au corps qu'il sollicite.

Division des forces motrices. 24. Au lieu de supposer que des forces sont en équilibre , on peut les considérer dans le cas où elles impriment un mouvement au mobile qu'elles sollicitent. Ainsi envisagées, elles se divisent en deux classes , savoir :

1° Les forces *instantanées*, qui agissent pendant un instant très-court sur un mobile et l'abandonnent ensuite à lui-même ;

2° Les forces *continues*, qui sollicitent le mobile pendant toute la durée de son mouvement. Ces dernières s'appellent aussi forces *accélératrices*.

Nous allons étudier succinctement leurs principaux effets.

§ 2. — *Mouvement rectiligne et uniforme.* — *Mesures des forces instantanées.*

Mouvement rectiligne et uniforme. 25. Le mouvement est rectiligne ou curviligne.

Le mouvement rectiligne est uniforme ou varié.

Le mouvement rectiligne et uniforme est celui dans lequel un mobile, décrivant une ligne droite, parcourt des espaces égaux en temps égaux.

La *vitesse* est ce quelque chose qui existe dans tout corps en mouvement ; cet élément indéfinissable. qui fait qu'un mobile parcourt, dans un temps donné, un espace plus ou moins grand, qui par conséquent le distingue d'un corps en repos ou d'un corps animé d'un autre mouvement.

Si nous ne pouvons pas définir la vitesse d'une manière plus précise, nous pouvons cependant la mesurer. Ainsi , dans le mouvement uniforme, la vitesse est évidemment *constante*. Si deux mobiles se meuvent chacun uniformément, mais que, le premier parcourant 5 mètres par seconde , le second en parcoure 10 dans le même temps , celui-ci a une vitesse double de celle du premier. Dans deux mouvements uniformes, les vitesses sont donc proportionnelles aux espaces parcourus dans une même unité de temps. Il s'ensuit que, si l'on prend pour unité de vitesse celle d'un corps qui parcourt un mètre par seconde , la vitesse d'un corps qui parcourt v mètres en une seconde sera mesurée par v, c'est-à-dire *l'espace parcouru par le mobile dans l'unité de temps*. En désignant par e l'espace parcouru uniformément dans t secondes avec la vitesse v, on aura donc la relation $e = vt$ ou $v = \dfrac{e}{t}$.

26. En vertu de l'inertie de la matière, le mouvement rectiligne et uniforme est nécessairement le résultat de l'action d'une force instantanée qui, après avoir sollicité le mobile, l'a abandonné à lui-même. Le mobile n'est donc plus alors soumis à aucune force; il n'a que de la vitesse. Mais une même impulsion ne communiquera pas à tous les mobiles une égale vitesse. La quantité de poudre qui lance au loin une balle, ne lancerait un boulet qu'à quelques pas. Pour pouvoir mesurer la force qui a imprimé à un mobile un mouvement rectiligne et uniforme, il faut connaître et la vitesse de ce mobile et sa *masse*. Entrons à cet égard dans quelques explications.

Mesure des forces instantanées.

27. On définit la *masse* d'un corps la quantité de matière que ce corps renferme.

De la masse.

Pour concevoir le sens de cette définition et comprendre comment on peut mesurer ou comparer les masses des corps, il faut observer que, la matière étant inerte, la plus petite force suffit pour imprimer à un corps un mouvement indéfini, en supposant qu'il n'ait aucune résistance à vaincre. Mais deux corps différents exigeront en général des forces inégales pour acquérir la même vitesse. Cela posé, deux corps ont des *masses égales*, si la même force leur imprime la même vitesse; ou si, venant à la rencontre l'un de l'autre avec des vitesses égales et opposées, ils se réduisent mutuellement au repos. De là il est facile de s'élever à l'idée d'une masse double, triple... d'une autre.

28. Il suit de ces considérations que *deux forces qui impriment à des masses différentes des vitesses égales, sont entre elles comme ces masses.*

Proportionnalité des forces aux masses.

En effet, considérons deux masses égales sollicitées par deux forces égales et parallèles; elles se mouvront simultanément avec la même vitesse et en conservant sans cesse leurs mêmes positions relatives. Rien ne sera donc changé dans leur état si, au lieu de les supposer indépendantes et isolées, on les conçoit invariablement liées l'une à l'autre. Mais alors elles constituent un corps d'une masse double, sollicité par deux forces parallèles égales, qui peuvent être remplacées par une seule double de chacune d'elles, et la vitesse du mobile n'a pas changé. — On verrait de même qu'une force triple communiquerait à une masse triple la même vitesse. Le principe est donc démontré.

29. *Si deux forces instantanées impriment à une même masse des vitesses différentes, ces forces seront entre elles comme les vitesses.*

Proportionnalité des vitesses aux forces.

Cet important théorème est susceptible d'une démonstration physique. On part de ce principe d'observation : toutes les fois qu'un système de corps est animé d'un mouvement com-

mun, si l'on imprime à l'un des corps du système un mouvement particulier, ce mouvement s'effectuera *relativement* aux
autres parties du système, comme si elles étaient en repos.
En d'autres termes, *le mouvement relatif de deux corps est*
indépendant des mouvements qui leur sont communs.

L'observation la plus remarquable qu'on puisse citer à l'appui de ce théorème est celle du mouvement pendulaire. Deux
horloges, parfaitement réglées, marquent la même heure,
quel que soit le plan dans lequel oscille le balancier de l'une
et de l'autre. Le mouvement particulier de chacun de ces balanciers est donc indépendant du mouvement général du globe
auquel ils participent. Car, si le mouvement terrestre influençait celui des pendules, cette influence varierait avec l'orien-
tation des horloges, et leur accord serait détruit dès que les
balanciers cesseraient d'osciller dans des plans parallèles.

Concevons, d'après cela, deux billes égales, entraînées par
une même force, sur deux droites parallèles, avec une vitesse
commune d'un mètre par seconde. Imprimons à l'une d'elles,
après la première unité de temps, une force égale à celle qui
l'a mise en mouvement. Cette bille devra s'écarter de la première, dans une seconde, d'une quantité égale à l'espace qu'elle
aurait parcouru en vertu de la deuxième impulsion toute seule,
si elles avaient été l'une et l'autre en repos. Elle devra donc
la devancer d'un mètre. Mais comme, dans la deuxième unité
de temps, la première bille a continué à parcourir un mètre,
il faudra que la seconde bille en ait parcouru deux dans le
même temps, sous l'action des deux impulsions réunies.

Donc une force double imprime à une même masse une
vitesse double ; ce qu'il fallait démontrer.

Quantité de mouvement. 30. On déduit de ce qui précède que *deux forces instanta-*
nées quelconques sont entre elles comme le produit des masses
qu'elles sollicitent par les vitesses qu'elles leur impriment.

En effet, soient F, F′ deux forces qui communiquent aux
deux masses M, M′ les vitesses V, V′. — Soit f une troisième
force imprimant à la première masse M, la seconde vitesse V′ :
on aura, d'après ce qui précède, les proportions :

$$F : f :: V : V'$$
$$f : F' :: M : M'$$

d'où, en multipliant terme à terme,

$$F : F' :: MV : M'V'.$$

1re *Conséquence.* — Si l'on prend pour unité de force celle
qui, agissant sur l'unité de masse, lui imprime l'unité de
vitesse, on pourra poser à la fois F′ = 1, M′ = 1, V′ = 1, et il

restera F=MV. Le produit MV de là masse d'un mobile par sa vitesse s'appelle *quantité de mouvement ;* et l'on voit qu'*une force instantanée a pour mesure la quantité de mouvement qu'elle communique au mobile.*

2e *Conséquence.* — Supposons F=F', on aura MV=M'V', ou bien M : M' :: V' : V, c'est-à-dire que *les vitesses imprimées par une même force à deux masses différentes sont en raison inverse de ces masses.* — Application au recul des armes à feu.

34. 3e *Conséquence.* — Si deux boules, dépourvues d'élasticité, se meuvent uniformément sur la même ligne droite, et qu'elles viennent à se rencontrer, elles se comprimeront mutuellement à l'instant du choc, jusqu'à ce qu'elles aient une vitesse commune, avec laquelle elles continueront à se mouvoir, en conservant les formes qu'elles auront prises et en ne formant plus qu'une seule masse.

Si les deux mobiles vont dans le même sens, leurs quantités de mouvement devront nécessairement s'ajouter; de sorte qu'en appelant x la vitesse commune, après le choc, on aura

$$(M + M') x = MV + M'V', \text{ d'où } x = \frac{MV+M'V'}{M+M'}.$$

Si les deux mobiles marchent à la rencontre l'un de l'autre, la quantité de mouvement, après le choc, sera la différence des deux quantités primitives, et l'on aura

$$(M + M') x = MV - M'V', \text{ d'où } x = \frac{MV-M'V'}{M+M'}.$$

Enfin, si l'un des deux corps M' est en repos, on aura V'=0, et par conséquent $(M + M') x = MV$, d'où $x = \frac{MV}{M+M'}.$

Dans le second cas, si MV=M'V', on a $x=o$; c'est-à-dire que deux masses différentes se réduisent mutuellement au repos, lorsqu'à l'instant de leur choc elles ont des quantités égales de mouvement, ou bien des vitesses inversement proportionnelles à leurs masses.

§ 3. — *Mouvement rectiligne uniformément varié.* — *Mesure des forces accélératrices constantes.*

32. Le mouvement rectiligne *varié* est celui dans lequel le mobile parcourt des espaces inégaux dans des temps égaux.

Il est nécessairement le résultat d'une force continue, qui sollicite le mobile pendant toute la durée de son mouvement, soit pour en accélérer, soit pour en ralentir la vitesse. Cette force prend le nom, dans les deux cas, de force *accélératrice.*

Mouvement varié.

Vitesse. Dans un pareil mouvement, la vitesse change à chaque instant. Pour la mesurer, on observe que si, à une époque donnée, on supprimait tout à coup la force accélératrice, le mobile, en raison de son inertie, devrait continuer à se mouvoir, mais d'un mouvement *uniforme*, à partir de la suspension de la force, et en conservant la vitesse qu'il avait alors acquise. — Cela posé, on appelle vitesse du mouvement varié, à un moment déterminé, la vitesse du mouvement uniforme qui succéderait au mouvement primitif si, à l'instant que l'on considère, la force accélératrice était subitement anéantie.

Mouvement uniformément varié. Une force continue peut agir sur un mobile avec une intensité variable ou *constante*. Dans ce dernier cas, le mouvement communiqué au mobile est dit *uniformément varié*. En voici les lois :

1re loi. — *La vitesse croît ou décroît proportionnellement au temps.* — En effet, si l'on représente par g la quantité dont la vitesse a augmenté ou diminué dans une seconde, par l'action constante de la force accélératrice, au bout de t secondes elle aura varié de gt. En désignant par a la vitesse initiale, la vitesse v après t'', sera $v = a \pm gt$, suivant que le mouvement sera accéléré ou retardé. Si le mobile part du repos, $a = o$ et $v = gt$.

2e loi. — *Les espaces parcourus varient proportionnellement au carré des temps employés à les parcourir.* — Si l'on suppose que le corps n'ait été soumis à aucune impulsion initiale, l'espace parcouru après le temps t sera exprimé par la formule $e = \frac{1}{2} gt^2$. Dans le cas d'une vitesse impulsive égale à a, la formule devient $e = at \pm \frac{1}{2} gt^2$ (1).

---

(1) Pour le prouver, je considère un mobile partant du repos, et se mouvant pendant t secondes, sous l'action continue d'une force accélératrice capable de lui imprimer la vitesse g au bout d'une seconde. Après t'' la vitesse acquise serait $v = gt$. Partageons le temps t en n instants très-petits $\theta = \frac{t}{n}$, et soit x l'espace parcouru dans le premier instant. La vitesse acquise à la fin de cet intervalle sera $\frac{gt}{n}$. Dans l'instant suivant, le mobile parcourra : d'abord x en vertu de la force accélératrice, et $\frac{gt}{n} \times \frac{t}{n}$ ou $\frac{gt^2}{n^2}$ en vertu de la vitesse acquise; la nouvelle vitesse à la fin du 2e instant sera $2\frac{gt}{n}$. Dans le 3e instant, il parcourra encore x par l'effet de la force accélératrice, et $2\frac{gt}{n} \times \frac{t}{n}$ ou $2\frac{gt^2}{n^2}$ à cause de sa vitesse acquise. On verra de même que l'espace parcouru dans le 4e instant sera $x + 3\frac{gt^2}{n^2}$ et pendant le $n$ième $x + \frac{(n-1)gt^2}{n^2}$. Par conséquent l'espace parcouru total sera

1ʳᵉ Conséquence. — La vitesse acquise par un mobile parti du repos, et animé d'un mouvement uniformément varié, est exprimée, en fonction de l'espace parcouru, par la relation $v = \sqrt{2ge}$.

2ᵉ Conséquence. — Si, après un temps θ, la force accélératrice cesse d'agir, le mobile, dans un temps égal à θ, parcourra d'un mouvement uniforme, avec la vitesse acquise $g\theta$, un espace $g\theta^2$ double de celui qu'il avait déjà parcouru.

33. Ce que nous avons dit de la mesure des forces instantanées peut aisément s'étendre à la mesure des forces accélératrices constantes.

Mesure des forces accélératrices constantes.

En effet, une *force continue* d'intensité constante peut être considérée comme la succession d'une série de petites forces instantanées égales, agissant à des intervalles égaux et infiniment rapprochés. D'où il suit nécessairement :

1° Que si deux forces accélératrices égales agissent pendant le même temps sur le même mobile, elles lui communiqueront le même accroissement de vitesse ;

2° Que deux forces accélératrices constantes qui, agissant sur deux masses différentes, leur communiquent la même vitesse dans le même temps, sont proportionnelles à ces masses ;

3° Que deux forces continues d'intensité constante, mais différentes, sont entre elles comme les vitesses qu'elles impriment à l'unité de masse dans des temps égaux.

Par conséquent, si l'on prend pour unité de force accélératrice celle qui, agissant sur l'unité de masse, lui communique, dans l'unité de temps, un accroissement de vitesse égal à l'unité, une force accélératrice constante quelconque

$e = nx + \frac{gt^2}{n^2}\left(1 + 2 + 3 + \ldots + (n-1)\right) = nx + \frac{gt^2}{n^2}\frac{(n-1)n}{2}$. Cette expression peut s'écrire $e = nx + \frac{gt^2}{2}\left(1 - \frac{1}{n}\right)$; ou encore comme $n = \frac{t}{\theta}$, $e = t$ $\frac{x}{\theta} + \frac{gt^2}{2}\left(1 - \frac{1}{n}\right)$. Pour faire maintenant disparaître l'inconnue x, il faut supposer le nombre n infiniment grand, ou l'intervalle θ infiniment petit. Le rapport $\frac{x}{\theta}$ qui représente l'espace parcouru dans le premier instant divisé par cet instant θ, approchera d'autant plus de représenter la vitesse à l'origine du mouvement, que θ sera plus petit ; et comme le mobile est parti du repos, on aura *limite de* $\frac{x}{\theta} = o$; d'ailleurs $\frac{1}{n} = \frac{1}{\infty} = o$: donc enfin $e = 1/2\, gt^2$.

Si le mobile, au lieu de partir du repos, était à l'origine animé d'une vitesse a, on aurait *limite de* $\frac{x}{\theta} = a$, d'où $e = at + 1/2\, gt^2$. Et si la force accélératrice agissait en sens contraire de la vitesse initiale, $e = at - 1/2\, gt^2$.

aura pour mesure l'accroissement g de vitesse qu'elle imprime, dans l'unité de temps, à l'unité de masse.

Il suit encore de ces principes et de l'indépendance des mouvements relatifs (n° 29), que si un mobile est sollicité simultanément par deux forces obliques capables de lui faire parcourir en 1″, l'une l'espace MA, l'autre l'espace MB, ce mobile, soumis à leur double influence, se trouvera, au bout d'une seconde, à l'extrémité C de la diagonale du parallélogramme construit sur MA et MB.

arallélogram- des vitesses.

§ 4. — *Mouvement curviligne.* — *Force centrifuge.*

Mouvement curviligne.

34. Le mouvement curviligne, dans lequel un corps parcourt une ligne courbe appelée *trajectoire*, résulte de l'action d'une force continue oblique à la direction de la vitesse initiale du mobile, ou bien d'une résistance qui altère à chaque instant le mouvement qui lui a été communiqué par une force instantanée. — Nous ne parlerons ici que du mouvement circulaire.

Fig. 2.

Concevons un point matériel, sans pesanteur, attaché à l'extrémité d'un fil inextensible, libre de tourner autour d'un point fixe *o*. Imprimons à ce point matériel une impulsion perpendiculaire au fil. Astreint à rester à une distance constante du point fixe, le mobile va décrire un cercle dont ce point fixe sera le centre ; et, en faisant abstraction de toute résistance, il le décrira d'un mouvement uniforme. Cela posé, nous pouvons considérer le cercle de rotation comme un polygone d'un nombre infini de côtés infiniment petits. Or, quand le mobile aura décrit l'élément BM, il tendra, en vertu de son inertie, à suivre le prolongement MRT de cet élément, c'est-à-dire la tangente au cercle qu'il parcourt. Pour concevoir comment le mouvement s'infléchit, il faut décomposer la vitesse MR en deux autres : l'une MS dirigée suivant le second élément MN, l'autre MI perpendiculaire à cet élément. La composante MI, qui tend à éloigner le mobile du centre de son mouvement, et qui agit suivant le prolongement du rayon du cercle, constitue la *force centrifuge*. Elle est et doit être constamment détruite par la résistance ou la tension du fil. — Cette résistance ou cette tension pourrait être remplacée par une force centrale équivalente, et alors le mobile serait entièrement libre.

Force centrifuge.

35. La force centrifuge, qui naît à chaque instant, dans le mouvement curviligne, de l'inertie du mobile ou de sa tendance à se mouvoir suivant le prolongement rectiligne du dernier élément qu'il a parcouru, sera constante d'intensité dans le mouvement circulaire et uniforme ; par exemple, dans celui de la terre autour de son axe. On démontre que, dans ce cas,

a mesure dans le cercle.

la force centrifuge a pour expression $f = \dfrac{v^2}{r}$, en supposant la masse du mobile égale à l'unité, r le rayon du cercle, v la vitesse de rotation. En désignant par T le temps d'une révolution complète, on aura $v = \dfrac{2\pi r}{T}$ et $f = \dfrac{4\pi^2 r}{T^2}$ (1).

Conséq. — 1re *Loi.* — La première formule prouve que, dans le même cercle, la force centrifuge croît comme le carré de la vitesse du mobile. — Exemple, dans une fronde.

2e *Loi.* — La seconde formule fait voir que, si plusieurs cercles, de rayons différents, sont décrits dans des temps égaux, la force centrifuge sera proportionnelle au rayon du cercle décrit. — C'est ce qui arrive pour les corps terrestres : la force centrifuge décroît depuis l'équateur où elle est maximum, jusqu'aux pôles où elle est nulle.

3e *Loi* — Si un corps d'une masse quelconque m tourne dans un cercle d'un rayon r, avec une vitesse v, la force centrifuge dont il sera animé ou la pression qu'il exercera sur la circonférence du cercle de rotation sera m fois plus grande que pour l'unité de masse, et l'on aura $F = \dfrac{mv^2}{r}$.

36. Les effets et les lois de la force centrifuge peuvent être constatés par plusieurs expériences dignes d'intérêt.

L'appareil dont on se sert consiste en un rectangle aMNb mobile autour d'un pivot vertical passant par le milieu de la barre horizontale MN. Une tige métallique ab est fixée entre les deux supports Ma, Nb, et sur cette tige on peut enfiler des boules d'ivoire. Voici les différentes expériences que l'on peut faire avec cet instrument :

1o On place en O une boule d'ivoire dont le centre se trouve sur l'axe de rotation. — Ses différentes parties étant sollicitées par des forces centrifuges égales et contraires, la boule reste immobile.

(marginalia : Lois. Effets. Fig. 3.)

(1) En effet, soit MR l'espace que le point matériel M parcourrait, en vertu de sa vitesse acquise v, s'il était libre, pendant le temps θ qu'il met à parcourir uniformément l'arc très-petit MN. La force centrifuge, qui agit continuellement sur lui, lui ferait décrire, dans le même temps θ, l'espace MI, ou son égal MK, d'un mouvement uniformément varié. En désignant par f l'intensité constante de cette force, on aurait donc (no 32), MK $= \frac{1}{2} f \theta^2$; mais MK $= \dfrac{MN^2}{2r}$; et, puisque le mouvement circulaire du mobile est uniforme, MN $= v\theta$ (no 25) : donc MK $= \dfrac{v^2\theta^2}{2r}$; et en substituant $\dfrac{v^2\theta^2}{2r} = \frac{1}{2} f \theta^2$, d'où $f = \dfrac{v^2}{r}$.

2º Deux boules égales, liées par un fil de soie, sont placées à des distances différentes du centre de rotation. — La plus éloignée entraîne l'autre. (2e loi.)

3º Deux boules égales, placées à égale distance du centre de rotation, acquièrent des forces centrifuges égales, brisent le fil qui les unit, et vont frapper les deux supports verticaux Ma, Nb.

4º Deux boules inégales ont leurs centres à égale distance du centre de rotation. La plus grosse acquiert la plus grande quantité de mouvement et entraîne l'autre. On les suppose unies par un fil. (3e loi.)

5º Les centres de ces deux mêmes boules sont placés à des distances de l'axe de rotation inversement proportionnelles à leurs masses; les forces centrifuges développées sont différentes, mais les quantités de mouvement sont égales et de sens contraires; les boules brisent le fil qui les unit et vont chacune frapper le montant le plus voisin. (Nos 30 et 34.)

Fig. 4.

37. On peut, dans l'appareil qui vient d'être décrit, substituer à la baguette métallique ab deux tubes inclinés CK, CL, contenant des liquides. Pendant le mouvement de rotation, chaque molécule E sera sollicitée par une force centrifuge dirigée suivant le prolongement du rayon horizontal du cercle qu'elle décrit. Cette force pourra se décomposer en deux autres : l'une, perpendiculaire aux parois du tube, qui sera détruite par leur résistance et n'aura aucun effet; l'autre, dirigée suivant l'axe du tube, et qui fera monter le liquide. L'expérience prouve en effet que, dès que le mouvement de rotation est assez rapide pour vaincre l'action de la pesanteur, les liquides s'élèvent au sommet des tubes inclinés.

Supposons que l'un des tubes contienne du mercure, l'autre de l'eau. Ces deux liquides étant soutenus par la force centrifuge à la partie supérieure des tubes, et décrivant des cercles égaux, il est évident que le mercure, en raison de son excès de masse, aura la plus grande quantité de mouvement (3e loi.) — C'est ce qui explique pourquoi, lorsque deux liquides d'inégale densité sont contenus dans *le même* tube tournant, le liquide le plus dense est celui qui, pendant le mouvement de rotation, se tient toujours à la partie la plus élevée ou la plus éloignée du centre.

38. En supposant qu'une masse liquide de forme sphérique soit animée d'un mouvement de rotation autour d'un axe passant par son centre, ses différents points seront sollicités par des forces centrifuges d'intensités différentes, et il faudra, pour que l'équilibre existe, que la sphère liquide se renfle dans les parties équatoriales et s'aplatisse vers les pôles. Cet effet peut être rendu sensible à l'aide d'un appareil fort simple. Il

Fig. 5.

consiste en deux cercles d'acier croisés à angle droit et réunis par deux anneaux. L'anneau inférieur est fixé à un axe de rotation; l'anneau supérieur est libre. Dès que l'on fait tourner l'appareil autour de son axe, les cercles d'acier se renflent à l'équateur, et s'aplatissent aux pôles d'une quantité d'autant plus grande que la vitesse de rotation est plus rapide.

La terre et tous les corps planétaires sont des sphéroïdes aplatis vers leurs pôles de rotation; ce fait indique d'une manière positive que tous ces globes ont été originairement à l'état fluide, et qu'ils ne se sont solidifiés par le refroidissement qu'après avoir reçu le mouvement de rotation dont ils sont animés.

LIVRE PREMIER.

PESANTEUR.

CHAPITRE PREMIER.

PESANTEUR. — LOIS DE LA CHUTE DES CORPS.

Pesanteur.

39. La pesanteur est la force qui fait tomber les corps vers le centre de la terre, dès qu'ils ne sont plus soutenus.

Elle est un caractère de la matérialité.

Cette force agit sur tous les corps sans exception, et peut être prise pour un caractère distinctif de la matérialité. En effet, toutes les fois que l'on prouvera qu'une substance est pesante, c'est-à-dire qu'elle est capable de faire pencher le plateau d'une balance, ce déplacement ne pourra être attribué qu'à l'action que la substance exerce en vertu de l'impénétrabilité de ses éléments sur ceux du plateau. Or, nous avons vu que l'impénétrabilité constitue la matière.

40. La pesanteur, considérée comme force, a trois éléments nécessaires à connaître, savoir : son point ou ses points d'application, sa direction et son intensité.

Points d'application.

1º *Point d'application.* — La pesanteur est appliquée à tous les atomes des corps; car un corps a exactement le même poids lorsqu'il est réduit en poudre impalpable, que lorsque ses particules sont unies par la cohésion.

Verticale.

2º *Direction.* — La direction de la pesanteur est la ligne droite suivant laquelle tombent les corps librement abandonnés à eux-mêmes. On l'appelle *verticale.* — La verticale d'un lieu est déterminée par la direction du fil-à-plomb en équilibre (nº 47). — On peut dire encore qu'elle est perpendiculaire à la surface libre d'une eau tranquille. (*Voyez* hydrostatique.)

La terre étant à peu près sphérique, toutes les verticales vont sensiblement concourir au centre; il en résulte que les verticales de deux lieux éloignés font l'une avec l'autre un angle sensible; telles sont, par exemple, celles de Paris et de

Toulouse. — Mais, pour les différents points d'un même corps ou même pour des points éloignés d'un certain nombre de mètres, les verticales sont essentiellement parallèles ; car la distance à laquelle elles se rencontrent (le rayon terrestre étant de 1500 lieues) est infinie par rapport à la distance qui les sépare.

3º *Intensité.* — La pesanteur étant évidemment une force du genre de celles que nous avons appelées continues, sa mesure dépend de la nature du mouvement qu'elle imprime aux mobiles. — Etudions en conséquence les lois de la chute des corps. *(Intensité.)*

41. La connaissance de ces lois est due à Galilée. *(Chute des corps.)*

1er *principe.* — *Tous les corps tombent, dans le vide, avec la même vitesse.* — Si dans l'air on observe des inégalités dans les temps de leur chute, la résistance de l'air en est la seule cause.

Pour le démontrer, on fait le vide dans un tube de verre de cinq ou six pieds de longueur, contenant des corps de densités très-diverses, comme des balles de plomb, de liége, du papier, du duvet... En retournant rapidement le tube, tous ces corps viennent frapper le fond au même instant. En laissant rentrer un peu d'air, les corps les plus légers commencent à rester en arrière, et quand l'air est entièrement rendu, ils tombent dans des temps très-inégaux.

Autre expérience. — Un disque de cuivre et un disque égal de papier, tombant séparément de la même hauteur, arrivent à terre longtemps l'un après l'autre ; mais posez le disque de papier sur le disque de cuivre, sans le coller, dès ce moment ils ne se sépareront plus, pendant toute la durée de leur chute, et le papier, soustrait à la résistance de l'air, tombera aussi vite que le métal.

42. 2me *principe.* — La pesanteur, à peu de distance du globe, est une force accélératrice *constante*, imprimant aux corps qu'elle sollicite librement un mouvement uniformément varié, c'est-à-dire dans lequel *la vitesse croît proportionnellement au temps, et l'espace parcouru proportionnellement au carré du temps.*

Pour démontrer ces faits, il faut trouver le moyen de ralentir la vitesse du mobile sans altérer les lois de sa chute. On y est parvenu de deux manières.

Concevons une boule métallique qui, au lieu de tomber verticalement, roule sur un plan incliné. — Quelle que soit la position de ce mobile, son poids P, qui est appliqué verticalement en son centre I, pourra se décomposer en deux forces : l'une IS, perpendiculaire au plan et détruite par sa résistance ; l'autre IR, parallèle au plan et qui est seule effective. *(Plan incliné de Galilée. Fig. 6.)*

Or, les deux triangles rectangles et semblables ABC, RIP donnent la proportion IR : IP :: AB : AC. D'où l'on conclut que la pesanteur effective IR est à la pesanteur réelle IP comme la hauteur du plan incliné est à sa longueur. La force génératrice du mouvement pouvant ainsi être affaiblie à volonté, le mobile (abstraction faite du frottement) tombera le long du plan incliné, comme il tomberait en ligne verticale sous l'action d'une force 2, 3, 4.... fois plus faible que la pesanteur à laquelle il est soumis, et il sera facile d'observer les lois de son mouvement.

Machine d'Atwood.

43. La machine d'Atwood remplit le même but d'une manière encore plus satisfaisante.

Fig. 7.

Elle se compose d'une poulie fort légère, tournant avec une mobilité parfaite autour d'un axe horizontal. Sur la gorge de la poulie s'enroule un fil de soie très-fin, aux extrémités duquel sont suspendus des poids égaux. Ces poids se font mutuellement équilibre dans toutes les positions possibles. Alors, si sur l'un de ces poids on pose une petite masse additionnelle m, l'équilibre sera rompu, et la masse m entraînera tout le système d'un mouvement commun.

Mais il est facile de voir que cette masse additionnelle tombera beaucoup moins vite que si elle était seule. Pour savoir dans quel rapport la vitesse sera ralentie, observons qu'après $1''$, le poids m ayant acquis une vitesse v en chute libre, aurait une quantité de mouvement égale à mv. Soit x la vitesse acquise, après le même temps, par le système des deux poids M et de la masse m, la quantité de mouvement sera $(2M + m)x$. Or, la force qui le produit étant la même dans les deux cas, les quantités de mouvement seront égales, et l'on aura $(2M + m)x = mv$, d'où $\dfrac{x}{v} = \dfrac{m}{2M+m}$. Supposons que l'on prenne $m = 1^{gr}$ et $2M = 99^{gr}$, on aura $x = \dfrac{1}{100}v$, c'est-à-dire que la vitesse du système ne sera que la centième partie de celle qu'aurait acquise, dans le même temps, la masse m tombant seule. Le rapport de ces deux vitesses étant le même après un temps quelconque, on voit que la machine d'Atwood ralentit la chute des corps pesants sans en changer les lois.

Cela posé, pour se servir de l'appareil, on dispose sur le trajet du poids M une règle verticale, divisée en parties égales, sur laquelle se meut un curseur destiné à arrêter le mobile après un temps donné. On adapte à la machine un compteur qui bat les secondes.

Vérification de la loi des espaces.

Supposons qu'on ait marqué 0 et 1 aux extrémités de l'espace que parcourt le poids mobile en une seconde. En plaçant successivement l'arrêt fixe aux distances 4, 9, 16…, on reconnaîtra que le poids vient frapper l'arrêt au bout de 2, 3, 4… secondes, ce qui démontre la loi énoncée. — On voit aussi que le mobile ayant parcouru une division dans la première seconde, en parcourt trois dans la deuxième, cinq dans la troisième et ainsi de suite.

Nous savons que, pour mesurer la vitesse acquise au bout d'un temps quelconque, dans un mouvement varié, il faut suspendre à cet instant la force accélératrice et mesurer la vitesse du mouvement uniforme qui succède alors au mouvement varié. — A cet effet, on fixe sur l'échelle divisée un curseur D qui a la forme d'un anneau : le diamètre de cet anneau est assez grand pour laisser passer le poids M, sans le toucher ; mais ses bords arrêtent la masse additionnelle m qui a une forme allongée. A partir de cet instant, le mouvement devient uniforme. Or, l'expérience prouve qu'en laissant alors le mobile se mouvoir, pendant un temps égal à celui qui s'est écoulé jusqu'à l'enlèvement du poids additionnel, il parcourt un espace double de celui qu'il avait parcouru d'abord. On pourra donc former le tableau suivant :

Vérification de la loi de vitesses.

TEMPS de la chute.	ESPACE PARCOURU d'un mouvement varié.	ESPACE PARCOURU uniformément dans un temps égal.	VITESSE acquise à la fin de chaque unité.
1″	1	2	2
2″	4	8	4
3″	9	18	6
4″	16	32	8

En comparant la première et la quatrième colonne, on voit que les vitesses sont proportionnelles au temps.

44. Puisque la pesanteur imprime aux corps qui obéissent librement à son action un mouvement uniformément varié, il faut en conclure que c'est une force accélératrice constante ; ainsi elle aura pour mesure (n° 33) la vitesse qu'elle communique, dans une seconde, à l'unité de masse. — On désigne habituellement par g cette vitesse, ou bien l'intensité de la pesanteur à laquelle elle sert de mesure. Nous prouverons bientôt qu'à Paris $g = 9^m,8088$, et que, par conséquent, un

Intensité de la pesanteur.

corps parcourt , dans la première seconde de sa chute, 4^m,9044 (1).

Décroissement de la pesanteur avec l'élévation.

45. L'intensité de la pesanteur n'est réellement constante qu'à de très-petites distances de la surface du globe; quand la distance est comparable au rayon terrestre, la gravité décroît comme le carré de la distance augmente. Au sommet des hautes montagnes du globe, ce décroissement est déjà sensible.

CHAPITRE II.

DU PENDULE ET DE SES APPLICATIONS.

Pendule,

Simple,

Composé.

46. On distingue deux espèces de pendules, le pendule simple et le pendule composé.

Le pendule simple ou idéal serait formé d'un point matériel pesant, suspendu à un fil inextensible, sans pesanteur, mobile autour d'un point fixe. Le pendule composé est un corps de forme et de dimensions quelconques, susceptible de se mouvoir autour d'un axe horizontal. Tels sont les balanciers de nos horloges. De tous les pendules composés, celui qui se rapproche le plus du pendule simple consiste en une boule d'ivoire ou de métal suspendue à un fil de soie très-délié.

Oscillations du pendule simple.

47. Le pendule ne sera en équilibre qu'autant que la direction du fil auquel est suspendu le point matériel sera verticale; car alors seulement l'action de la pesanteur sur ce mobile sera détruite par la résistance du point fixe auquel il est suspendu.

(1) Les formules propres à analyser toutes les circonstances de la chute des corps pesants dans le vide sont les suivantes :

1° Pour un corps tombant librement $v=gt$, $e=\frac{1}{2} gt^2$;

2° Pour un corps lancé de haut en bas avec une vitesse d'impulsion égale à a, $v=a+gt$, $e=at+\frac{1}{2} gt^2$;

3° Pour un corps lancé de bas en haut avec cette même vitesse impulsive $v=a-gt$, $e=at-\frac{1}{2} gt^2$.

Enfin, si un corps était lancé obliquement dans l'espace, on démontre qu'il décrirait une ligne courbe que les géomètres nomment *parabole*. On en concevra aisément la génération, en décomposant le temps en une infinité de très-petits intervalles, et remplaçant l'action continue de la pesanteur par une série de petites forces instantanées égales, agissant au commencement de chacun de ces instants.

Fig. 8.

Écartons maintenant ce pendule de sa position d'équilibre pour lui faire prendre la direction inclinée FB, et abandonnons-le à lui-même. Alors il descendra pour reprendre sa position primitive, et exécutera autour d'elle des allées et des venues que l'on nomme *oscillations*, et qui dans le vide ont des *amplitudes* et des durées égales.

En effet, la pesanteur qui sollicite le point matériel B est une force verticale que l'on peut décomposer en deux : l'une dirigée suivant le prolongement du fil — elle est détruite par la résistance du point fixe; l'autre perpendiculaire au fil — elle a tout son effet et entraîne le mobile. Cette décomposition de la pesanteur peut se faire en chaque point de l'arc parcouru par le mobile, et il est visible que, plus le pendule se rapproche de la verticale, plus la composante effective diminue. Ainsi, la force qui produit le mouvement est ici une force accélératrice d'intensité variable ; le mouvement du point A n'est ni uniforme, ni uniformément varié ; cependant, dans l'arc BA, le mouvement est accéléré, car la force accélératrice augmente à chaque instant la vitesse.

Le mobile étant arrivé au point A, la pesanteur qui le sollicite est entièrement détruite ; mais le pendule, en vertu de sa vitesse acquise, dépasse cette position d'équilibre et remonte du côté opposé. Dès cet instant, la pesanteur agit de nouveau sur lui, mais comme force qui a pour effet de ralentir sa vitesse. Or, si l'on considère le pendule dans deux positions C, C', équidistantes de la verticale FA, il est évident qu'en raison de la symétrie de la figure, la composante accélératrice CI aura la même intensité que la composante retardatrice C'I'. Il suit de là que, pendant le mouvement ascensionnel du pendule, la pesanteur ôtera successivement au mobile tous les accroissements de vitesse qu'elle lui avait communiqués pendant sa descente. Il en résulte encore que la vitesse du pendule sera anéantie quand le point mobile sera parvenu, à droite de la verticale, à une hauteur égale à celle d'où il est parti. A ce moment, il commencera à redescendre et exécutera une seconde oscillation entièrement semblable à la première. — En supposant que le pendule se meuve dans le vide et soit soustrait à toute espèce de frottement, les oscillations auront constamment la même durée, la même amplitude, et se perpétueront indéfiniment.

48. Voici maintenant les lois du mouvement pendulaire que nous venons d'analyser.

1re *Loi.* — Les oscillations sont isochrones. — Il faut entendre par là que, si le pendule, au lieu de partir du point B pour décrire l'arc BAB', était parti du point C pour décrire l'arc CAC', le temps de l'oscillation aurait été le même ; en un mot,

Lois du mouvement pendulaire.

la durée d'une oscillation pendulaire est indépendante de son amplitude; pourvu toutefois que l'angle BFB′ ou CFC′, formé par les deux positions initiale et finale, soit très-petit.

2e *Loi.* — La durée d'une oscillation est en raison directe de la racine carrée de la longueur du pendule. — Ainsi, un pendule quatre fois plus long qu'un autre met plus de temps à exécuter une oscillation, ou n'en effectue qu'une seule, tandis que l'autre en fait deux; un pendule neuf fois plus long qu'un autre met trois fois plus de temps à exécuter son oscillation, ou n'en effectue qu'une pendant que celui-ci en fait trois.

3e *Loi.* — La durée de l'oscillation est en raison inverse de la racine carrée de la pesanteur, c'est-à-dire que, si la pesanteur avait 4, 9, 16... fois plus d'intensité, le pendule battrait 2, 3, 4... fois plus vite.

Ces trois lois sont implicitement renfermées dans la formule $t = \pi \sqrt{\dfrac{l}{g}}$ dans laquelle t est le temps d'une oscillation, π le rapport 3,1416 de la circonférence au diamètre, l la longueur du pendule, et g l'intensité de la pesanteur.

49. Nous venons de raisonner sur un pendule simple, c'est-à-dire sur un pendule que nous ne pouvons pas réaliser. — Les pendules composés, dont on se sert dans la science et dans les arts, sont en général formés d'une tige cylindrique ou prismatique, à laquelle est suspendue une lentille en platine ou en cuivre, et qui repose, par un couteau d'acier, sur deux plans polis également en acier ou en agate. Quand un pareil pendule sera mis en mouvement, la liaison qui existe entre toutes les parties de l'appareil exigera nécessairement que toutes les molécules, à quelque distance qu'elles soient de l'axe de suspension, exécutent leurs oscillations dans le même temps. Or, si la molécule A, qui en est très-voisine, était libre, elle oscillerait beaucoup plus vite que la molécule B, qui en est la plus éloignée. Par suite de la liaison du système, la vitesse de A sera ralentie, celle de B sera accélérée, et entre ces deux points extrêmes il y en aura nécessairement un C, dont le mouvement ne sera ni accéléré ni ralenti. Ce point et tous ceux qui sont à la même distance de l'axe de rotation oscilleront comme s'ils étaient libres; on les appelle *centres d'oscillations.* — Le calcul les fait connaître.

50. On voit par là que tout pendule composé exécute son oscillation dans le même temps qu'un pendule simple qui aurait pour longueur la distance du centre de suspension au centre d'oscillation.

Il y a cependant une différence : un pendule simple, n'ayant aucune résistance à vaincre, se meut indéfiniment sans que l'amplitude ni la durée de ses oscillations varie. Dans un pendule composé, le frottement de l'axe de suspension contre les supports, la résistance de l'air qu'il est obligé de déplacer, usent peu à peu sa vitesse et le ramènent tôt ou tard au repos. Fort heureusement le calcul démontre que, malgré la diminution qu'éprouve continuellement l'amplitude des oscillations du pendule composé, leur durée, quand elles sont très-petites, reste constante. Cela vient de ce que la résistance de l'air et le frottement allongent la demi-oscillation descendante d'une quantité égale à celle dont ces mêmes causes diminuent la demi-oscillation ascendante. La durée de l'oscillation totale reste en définitive la même, et toutes les lois contenues dans la formule

$$t = \pi \sqrt{\frac{l}{g}}$$ sont applicables au pendule composé, pourvu que

l'on entende par l, longueur de ce pendule, la longueur du pendule simple *synchrone* avec lui.

51. 1° *Mesure de l'intensité de la pesanteur.* — On déduit de la formule ci-dessus la valeur suivante $g = \dfrac{\pi^2 l}{t^2}$. Il suffira

donc, pour calculer g, de connaître la longueur du pendule et le temps d'une oscillation. Ces mesures ont été prises à Paris, par Borda, avec une grande précision. On obtient d'abord la longueur l, en mesurant avec des appareils micrométriques la distance de l'axe de suspension au centre d'oscillation. — Pour avoir la durée t d'une oscillation, il faut compter combien le pendule fait d'oscillations dans un temps donné, et diviser ce temps, exprimé en secondes, par le nombre des oscillations. Mais, comme il serait très-pénible de compter ces mouvements un à un, que d'ailleurs on pourrait facilement commettre de grandes erreurs de chiffres, Borda élude ces deux inconvénients par la *méthode des coïncidences*. Il place le pendule près d'une horloge bien réglée dont le balancier bat ou un peu plus vite ou un peu plus lentement. A un instant donné, il fait partir ensemble le balancier et le pendule. Dès la première oscillation ils cessent de marcher ensemble ; et au bout d'un certain temps ils se retrouvent en coïncidence comme au point de départ. On peut alors compter exactement combien il y a eu d'oscillations pendulaires dans l'intervalle de deux coïncidences. Ce nombre sera constant. Il suffira dès ce moment, de compter les coïncidences, pour en déduire le nombre total des oscillations effectuées dans un temps marqué par l'horloge, et par suite la durée de chacune d'elles. Cette méthode est susceptible d'une extrême précision.

On a trouvé ainsi que $g = 9^m,8088$. On en conclut (n° 42) qu'à Paris, un corps pesant, tombant dans le vide, parcourt,

Application

dans la première seconde de sa chute, 4^m,9044. Le nombre g étant connu, si dans la formule $g = \dfrac{\pi^2 l}{t^2}$ on suppose $t = 1''$, on pourra calculer la longueur du pendule qui bat la seconde à la latitude de Paris ; on a trouvé $l = 993^{mm},8565$. A Toulouse, $g = 9^m,8047$, $l = 993^{mm},4326$.

arialion de la
pesanteur avec
les latitudes.

52. 2° *Variation de la pesanteur avec les latitudes.* — L'intensité de la pesanteur à la surface de la terre varie avec la latitude. Elle va en augmentant de l'équateur aux pôles. — Pour constater ce fait, il suffit de transporter successivement un même pendule, un pendule *invariable*, en différents lieux du globe, et de mesurer, dans chacun d'eux, le temps de l'oscillation pendulaire, ou le nombre d'oscillations effectuées dans un temps donné. En effet, d'après la troisième loi, si l'intensité de la pesanteur augmente, la durée de l'oscillation diminue. Or il a été manifestement reconnu, par un grand nombre d'observations, que *le même pendule* oscille plus lentement à l'équateur que dans les régions polaires, et que l'oscillation devient de plus en plus lente à mesure qu'on s'approche de la ligne équinoxiale.

Ses causes.

53. Quelles sont les causes de cette diminution d'intensité que signale le pendule dans l'action de la gravité, en allant des pôles à l'équateur ? — Il y en a deux : 1° l'aplatissement du globe terrestre; 2° la force centrifuge.

La terre est renflée à l'équateur et aplatie vers les pôles. D'après les calculs astronomiques, le rayon de l'équateur surpasse le rayon du pôle de 20660 mètres. Or, c'est un principe de mécanique que l'attraction d'une masse sphérique ou sphéroïdale, sur un point placé à sa surface, est la même que si toute la masse attirante était concentrée en son centre. Donc les points qui sont à l'équateur, étant plus éloignés du centre d'attraction terrestre que ceux des pôles, doivent être moins fortement attirés, puisque la pesanteur décroît comme le carré de la distance augmente (n° 45).

En second lieu, la terre tourne en un jour sur son axe; dans chaque cercle parallèle, il se développe donc une force centrifuge d'autant plus grande que le rayon du parallèle est plus grand, et, puisque l'équateur est le plus grand de tous, la force centrifuge y est maximum. — En outre, à l'équateur, la force centrifuge est directement opposée à l'action de la gravité, car elle agit suivant le prolongement du rayon terrestre O E ou de la verticale. Dans les autres parallèles, la direction de la force centrifuge *cf*, qui agit suivant le prolongement des rayons de ces cercles, est d'autant plus inclinée à la verticale que le cercle est plus rapproché des pôles. Une partie seulement de cette force (la composante verticale CI) est

Fig. 10.

alors employée à combattre la pesanteur, et elle est d'autant moindre que l'inclinaison est plus grande.

54. Au pôle, la force centrifuge est nulle. On calcule qu'à l'équateur, la force centrifuge est $1/289$ de la gravité; donc, si la terre tournait 17 fois plus vite, la force centrifuge serait égale à la pesanteur, et les corps ne pèseraient pas.

55. Le pendule a encore beaucoup d'autres applications. Non-seulement il peut servir à démontrer que la pesanteur décroît en allant des pôles à l'équateur, mais aussi à déterminer la loi de ce décroissement, et par suite l'aplatissement du globe et par conséquent sa figure.

L'isochronisme de ces oscillations en fait l'instrument le plus exact et le plus précieux pour la mesure du temps, et il sert aujourd'hui de régulateur à toutes nos horloges.

Enfin, les lois du mouvement pendulaire sont surtout importantes, parce qu'elles trouvent leur application dans un très-grand nombre de phénomènes physiques.

CHAPITRE III.

POIDS. — CENTRE DE GRAVITÉ. — BALANCE.

56. Avant d'entrer en matière, je rappellerai ce principe de statique : Quand un système de forces parallèles, de même sens, agit sur différents points matériels liés entre eux, ces forces se composent en une résultante unique, égale en *intensité* à leur somme, parallèle à la *direction* commune des composantes, et *appliquée* en un point particulier qui reste le même lorsqu'on fait tourner tout le système d'une même quantité angulaire, sans altérer les rapports de grandeur des forces, ni leur parallélisme. Ce point s'appelle *centre des forces parallèles*. Composition de forces parallèles

Or, on sait que la pesanteur exerce sur toutes les molécules d'un corps des actions parallèles (n° 40). Cela posé :

57. On appelle *poids* d'un corps la résultante des actions que la pesanteur exerce sur tous ses éléments matériels. Cette résultante mesure la pression que le corps exercerait, dans le vide, sur un plan horizontal s'opposant à sa chute. — Il suit de cette définition et du lemme précédent que : Poids.

1° Le poids d'un corps est égal à la somme des forces élémentaires qui le composent.

2º Le poids d'un corps est une force verticale.

3º Le poids d'un corps est une force qui passe constamment par un même point intérieur, quelle que soit la position du corps par rapport à l'horizon. Ce point prend ici le nom de *centre de gravité*.

58. Désignons par *g* le poids de l'unité de masse d'un corps, par M sa masse, et par P son poids absolu ; on aura évidemment P = M*g*. — La quantité *g* est la même pour tous les corps, quelle que soit leur nature : en effet, deux forces qui sollicitent des masses égales sont entre elles comme les vitesses qu'elles leur communiquent dans le même temps (nº 29) ; or la pesanteur imprime à tous les corps des vitesses égales ; donc la résultante des actions de la pesanteur sur les molécules qui composent l'unité de masse d'un corps, résultante que nous appelons *g*, est indépendante de la nature de ce corps. Pour un second corps, on aurait donc P′ = M′*g*, d'où M : M′ : : P : P′, c'est-à-dire que les masses de deux corps sont proportionnelles à leurs poids.

59. Tous les corps, sous le même volume, ne renferment pas la même masse et n'ont pas le même poids. On appelle *densité* d'un corps la masse ou la quantité de matière qu'il contient sous l'unité de volume, ou bien, ce qui revient au même, le rapport de sa masse à son volume. En désignant le volume par V, la densité par D, on aura donc $D = \dfrac{M}{V}$ ou M = VD, et par suite P = VD*g*, formule dont nous verrons plus tard les applications. (*Voy.* le chap. V.)

Les différences que l'on remarque entre les densités des corps, et par suite entre les poids de ces corps, sous le même volume, peuvent provenir, soit de ce que les molécules de ces corps, supposées de même masse, sont plus rapprochées dans l'un que dans l'autre ; c'est ce qui arrive pour un même corps pris à deux températures différentes : soit de ce que les molécules mêmes de ces corps ont des masses inégales, et par suite des poids différents ; soit enfin de ces deux causes réunies.

60. La connaissance du centre de gravité des corps, dont la détermination appartient à la statique, a cela d'important qu'elle permet de faire abstraction de la pesanteur à laquelle leurs molécules sont individuellement soumises, pour les considérer comme un simple assemblage de points matériels liés entre eux, dont un seul, le centre de gravité, serait sollicité par une force unique appliquée en ce point et égale au poids du corps. En voici un exemple :

Pour qu'un corps pesant soit en équilibre, il faut et il suffit que son centre de gravité soit soutenu par un point, un axe ou un plan fixe; car alors le poids de ce corps sera détruit par la résistance du point, de l'axe ou du plan fixe.

Voilà pourquoi un corps pesant, suspendu par un fil, n'est en équilibre que lorsque le fil est vertical, et dans ce cas, le fil prolongé passe nécessairement par le centre de gravité du corps. On en déduit un procédé pratique pour déterminer le centre de gravité d'un corps, quelque irrégulier qu'il soit, et lorsque les méthodes analytiques sont insuffisantes.

Si un corps pesant est mobile autour d'un axe horizontal, il faudra, pour l'équilibre, que la verticale du centre de gravité passe par l'axe. Seulement l'équilibre aura alors trois manières d'être : *Corps suspendus a un axe.*

1o Il sera *stable*; si le centre de gravité est au-dessous de l'axe : le corps, écarté de sa position d'équilibre, tendra à y revenir, en exécutant autour d'elle des oscillations semblables à celles d'un pendule;

2o Il sera *instable*, si le centre de gravité est au-dessus de l'axe : le corps, pour peu qu'il soit écarté de sa position d'équilibre, s'en éloignera sans retour;

3o Il sera *indifférent*, si l'axe passe par le centre de gravité; car alors le poids du corps, dans toutes ses positions, sera toujours détruit.

Enfin, supposons que le corps pesant repose sur un plan horizontal. *Corps reposant sur un plan.*

S'il n'y a qu'un point de contact avec le plan, il faudra, pour l'équilibre, que la verticale abaissée du centre de gravité passe par ce point.

S'il y en a plusieurs, on joindra ces points deux à deux, de manière à former un polygone, et l'équilibre existera lorsque la verticale abaissée du centre de gravité tombera dans l'intérieur de la base à laquelle ce polygone sert de contour.

Ces principes trouvent leur application dans tous les jeux d'équilibre, dans l'équilibre du corps humain, dans la construction et le chargement des voitures, et dans une foule d'autres circonstances.

Des balances.

64. Avant de décrire la balance, j'emprunterai à la statique les notions suivantes sur les leviers. *Des leviers.*

Un *levier* est une barre inflexible, droite ou courbe, mobile autour d'un de ses points appelés *point d'appui*, et sollicitée par deux forces qu'on nomme en général *la puissance* et *la résistance*. — En théorie, on suppose le levier sans pesanteur; dans l'application, le poids du levier est une force de plus appliquée en son centre de gravité et dont on doit tenir compte.

On distingue trois sortes de leviers : dans le levier du premier genre, le point d'appui est situé entre la puissance et la résistance ; dans celui du second genre, la résistance est placée entre la puissance et le point d'appui ; dans le levier du troisième genre, la puissance est située entre le point d'appui et la résistance.

Pour que les deux forces qui sollicitent le levier se fassent équilibre, les conditions suivantes doivent être remplies :

1o Ces deux forces doivent être dans un même plan avec le point d'appui ;

2o Elles doivent tendre à faire tourner leur *bras de levier* en sens contraire ;

3o Les moments de ces forces par rapport au point d'appui, c'est-à-dire les produits de chacune d'elles par la perpendiculaire abaissée du point d'appui sur sa direction, doivent être égaux.

Si le levier est droit et que les forces qui en sollicitent les extrémités soient parallèles, les conditions d'équilibre se réduisent à celle-ci : la puissance et la résistance sont en raison inverse des deux bras de levier ; quand les deux bras de levier sont égaux, les forces qui en sollicitent parallèlement les extrémités doivent aussi être égales pour se faire équilibre.

Poids.
Unité de poids.

62. Le poids d'un corps, comme toutes les *quantités*, ne saurait être estimé d'une manière absolue. Peser un corps, c'est comparer le poids de ce corps à un autre poids arbitraire pris pour unité. L'unité de poids est le *gramme*, ou le poids d'un centimètre cube d'eau distillée ramenée à la température de 4o,1 environ, qui correspond à son maximum de densité.

Balance.

Les appareils destinés à peser les corps s'appellent *balances*.

La balance ordinaire consiste en un levier droit du premier genre, mobile autour d'un axe horizontal. Les deux bras du levier sont égaux en poids et en longueur ; à leurs extrémités sont suspendus deux plateaux ou bassins d'égal poids, destinés à recevoir les corps que l'on veut peser et les poids qui

Fig. 11.

doivent leur faire équilibre. Le levier s'appelle *fléau* ; quand la balance est vide, il se tient de lui-même horizontal ; car son centre de gravité se trouve alors dans la verticale du point d'appui. Pour juger rigoureusement de cette horizontalité, on adapte, au-dessus de l'axe de suspension, une longue aiguille perpendiculaire au fléau, qui descend verticalement le long du pied de la balance, et dont l'extrémité inférieure parcourt, pendant les oscillations du fléau, une petite division circulaire. Le zéro de cette division correspond à la position verticale de l'aiguille et à l'horizontalité du levier.

Pour peser un corps, on le met dans un des plateaux ;

dans le plateau opposé on met les poids nécessaires pour rendre le fléau horizontal. Alors le poids du corps est égal à la charge du bassin opposé; car ces deux poids sont deux forces parallèles qui se font équilibre aux extrémités de deux bras de levier égaux.

Pour être bonne, une balance doit remplir plusieurs conditions.

1re *Condition.* — La balance doit être *sensible.* — On dit qu'une balance est sensible lorsque le fléau, étant écarté de sa position d'équilibre, tend à y revenir par une suite d'oscillations lentes; et la sensibilité est d'autant plus grande qu'il faut un poids plus faible pour faire pencher le fléau d'une quantité donnée.

Sensibilité de la balance.

La sensibilité de la balance dépend de trois éléments, savoir :

1o La mobilité du fléau autour de l'axe de suspension. — Pour rendre cette mobilité parfaite, on suspend le fléau par un *couteau* d'acier dont le tranchant repose sur deux plans très-polis en acier ou en agate. Deux fourchettes mobiles servent à soutenir le couteau au-dessus de son support, pendant que la balance n'est pas en expérience, afin qu'ils ne s'usent pas par leur frottement mutuel.

2o La stabilité de l'équilibre. — Le centre de gravité du fléau doit être plus bas que le centre de suspension. — S'il était au contraire plus élevé, l'équilibre serait instable, et la balance serait *folle.* — Si le centre de gravité et le centre de suspension coïncidaient, le fléau serait en équilibre dans toutes les positions possibles (no 60).

3o La distance du centre de gravité au centre de suspension.—On démontre que la balance est d'autant plus sensible que le centre de gravité est plus près du centre de suspension, tout en restant plus bas que lui; car un même poids fait pencher le fléau d'une quantité d'autant plus grande que les deux points dont il s'agit sont plus rapprochés l'un de l'autre.

2e *Condition.* — Les points de suspension des bassins doivent être à des distances constantes de l'axe de suspension, et cela pour deux raisons :

Fixité des points de suspension des bassins.

1o Afin que la résultante de deux poids égaux situés dans les bassins passe toujours par l'axe de suspension, quelle que soit la position du fléau, et soit constamment détruite; de telle sorte que le fléau ne trébuche que par l'excès du poids placé dans un bassin sur le poids placé dans l'autre;

2o Afin que chaque poids agisse toujours à l'extrémité du même bras de levier, pendant une même pesée.

Dans les balances de Fortin, on remplit la condition dont

il s'agit en suspendant les bassins par un système de couteaux croisés.

Égalité des bras du fléau.

3e *Condition.* — Les bras du fléau, c'est-à-dire les distances de l'axe de suspension de ce fléau aux points de suspension des plateaux, doivent avoir une égalité parfaite. C'est, en effet, dans ce cas seulement que deux poids égaux placés dans les bassins seront en équilibre et maintiendront le fléau dans une position horizontale. Si l'un des bras était plus court que l'autre, le poids placé dans le bassin correspondant devrait être plus fort que le poids placé dans le bassin opposé, pour lui faire équilibre.

Méthode des doubles pesées.

Cette importante condition de l'égalité des bras du fléau dans une balance est excessivement difficile à remplir d'une manière rigoureuse ; aussi, dans les pesées délicates, il faut toujours opérer de manière à se mettre à l'abri des erreurs provenant de l'inexactitude de l'appareil. On y parvient à l'aide de la méthode des doubles pesées que l'on doit à Borda, et qui permet de peser très-exactement avec une balance inexacte.

Cette méthode est la suivante : On met dans l'un des bassins le corps que l'on veut peser ; dans le bassin opposé, des corps réduits en fragments (grenaille de plomb, sable) en quantité suffisante pour établir parfaitement l'équilibre. — Alors on ôte le corps placé dans le premier bassin, et on met à sa place des poids marqués, jusqu'à ce que l'équilibre existe de nouveau, comme dans la première opération. — Ce résultat obtenu, il est évident que les poids marqués représenteront exactement le poids du corps, puisque, agissant dans les mêmes circonstances, ils font équilibre à la même force. — La pesée sera donc rigoureusement bonne, malgré l'inexactitude possible de la balance.

La *balance* que je viens de décrire est la seule qui puisse servir à des pesées exactes. Mais, dans le commerce et l'industrie, on emploie beaucoup d'autres balances. Une des plus simples est la *romaine*, qui consiste en un levier droit du premier genre dont les deux bras sont inégaux, et dans laquelle on pèse les corps à l'aide d'un poids unique, mobile le long d'un des bras du fléau, de manière à pouvoir être placé à différentes distances du point de suspension.

CHAPITRE IV.

HYDROSTATIQUE.

63. L'hydrostatique a pour objet d'étudier les lois de l'équilibre des liquides et les pressions qu'ils exercent.

Un liquide est un amas d'atomes cédant au moindre effort que l'on fait pour les séparer. On regarde, en hydrostatique, les liquides comme incompressibles, et par conséquent comme pouvant changer de forme sans changer de volume. (*Voyez* chap. Ier de l'Introd.)

Les liquides que nous trouvons dans la nature s'éloignent un peu de cette fluidité parfaite que notre définition suppose; mais les lois établies dans cette hypothèse sont applicables, sans erreur sensible, aux liquides naturels.

Toutes les lois de l'hydrostatique sont fondées sur un principe unique, dont la vérité découle de la définition même des liquides ou de la parfaite mobilité des particules qui les composent. Voici ce principe :

Les liquides transmettent *également, dans tous les sens*, les pressions qu'ils supportent.

Pour concevoir ce principe, imaginons un vase de forme quelconque ABCD rempli d'un liquide, que nous supposerons momentanément dépourvu de pesanteur et incompressible. Sur la surface supérieure AB découpons une petite ouverture dont nous représenterons l'étendue par 1, et fermons cette ouverture par un piston. Cela posé, exerçons sur le piston une pression quelconque p; cette pression va se transmettre instantanément sur toutes les parois intérieures du vase, dans des directions perpendiculaires à ces parois, et aussi dans tout l'intérieur de la masse liquide; de plus, elle se transmettra *également*, c'est-à-dire que chaque portion de paroi plane égale à 1 éprouvera une pression égale à p; une étendue de paroi égale à 2, 3... supportera une pression égale à $2p$, $3p$...; en un mot, un élément de paroi, plan ou courbe, sera pressé dans un sens perpendiculaire à sa surface par une force proportionnelle à l'étendue de cet élément. On pourrait en dire autant d'un petit plan m qui serait placé d'une manière quelconque dans l'intérieur du liquide. Les pressions transmises sont toujours normales aux éléments pressés, car il n'y a que les pressions normales qu'une surface résistante puisse détruire.

Si l'on considère maintenant un liquide pesant, il transmettra les pressions de la même manière que lorsqu'il est dépouillé de pesanteur; mais, outre ces pressions étrangères, il exercera sur les parois du vase et sur les molécules liquides intérieures une pression due à son poids et variable d'un point à un autre. Ces deux pressions, l'une égale pour tous les points et dans tous les sens, l'autre variable avec la profondeur du liquide, s'ajoutent en chaque point pour former la pression totale.

Conditions d'équilibre des liquides pesants.

64. Pour qu'un liquide pesant soit en équilibre, deux conditions doivent être remplies : la première est relative aux molécules situées à la surface du liquide, l'autre aux molécules intérieures.

1re *Condition.* — La surface libre d'un liquide pesant en équilibre est, en chaque point, perpendiculaire à la direction de la pesanteur qui le sollicite (1).

Fig. 13.

En effet, si cette surface ne lui était pas perpendiculaire, la pesanteur qui sollicite la molécule quelconque *m* pourrait se décomposer en deux forces : l'une, perpendiculaire à la surface du liquide, serait détruite par sa résistance; l'autre, tangente à la surface, n'étant détruite par rien, ferait glisser la molécule à laquelle elle est appliquée. Il ne pourrait donc pas y avoir équilibre.

Conséquences. — Un liquide pesant, contenu dans un vase, est toujours terminé par une surface plane et horizontale; car la pesanteur agit sur les molécules suivant des directions verticales et parallèles. — La masse des eaux qui recouvrent la plus grande partie du globe est terminée par une surface courbe à laquelle la verticale, c'est-à-dire la direction de la pesanteur effective, est partout perpendiculaire.

2e *Condition.* — Une molécule prise à volonté dans l'intérieur d'une masse liquide en équilibre doit nécessairement

(1) Ce principe n'est rigoureusement vrai, dans le sens de son énoncé, que lorsque la pesanteur est la seule force qui sollicite le liquide. Pour le rendre général, il faudrait l'énoncer ainsi : la surface libre d'un liquide soumis à des forces quelconques est, en chaque point, perpendiculaire à la résultante des forces qui sollicitent ce point. — Ainsi modifié, ce principe sert à démontrer qu'une masse liquide, abandonnée dans l'espace à l'attraction seule de ses propres molécules, doit prendre une forme sphérique; que si elle est animée d'un mouvement de rotation autour d'un axe central, elle doit, en vertu de la force centrifuge, se renfler à l'équateur et s'aplatir aux pôles; il trouve encore son application dans la théorie des phénomènes capillaires, etc.

éprouver dans tous les sens des pressions égales et contraires qui se détruisent.

Si l'on considère seulement la pression que cette molécule éprouve de haut en bas dans une direction verticale, on trouvera qu'elle a évidemment pour mesure le poids du filet liquide vertical qui repose sur cette molécule. Il en sera de même de toutes les molécules situées dans une même tranche horizontale parallèle à la surface du liquide. Cette tranche s'appelle surface ou couche de niveau, et l'équilibre exige, comme on le voit, que *les molécules d'une même surface de niveau soient toutes également pressées*.

Pressions exercées par un liquide pesant.

65. La pression qu'un liquide pesant en équilibre exerce sur le fond horizontal d'un vase est indépendante de la forme de ce vase ; elle ne dépend que de l'étendue de la paroi pressée et de la hauteur du liquide au-dessus de cette paroi : *elle a pour valeur le poids d'une colonne verticale de liquide qui aurait pour base le fond du vase et pour hauteur la distance de ce fond au niveau*. Son expression est $p = bhdg$.

Ce principe remarquable se démontre par le raisonnement et par l'expérience. On se sert, dans ce dernier cas, de l'appareil imaginé par M. de Haldat.

Cet appareil se compose d'un tube en fonte de fer, deux fois recourbé, et terminé d'un côté par un tube de verre solidement mastiqué, de l'autre par un réservoir cylindrique d'un diamètre beaucoup plus grand que le tube. Sur ce réservoir peuvent se visser trois vases en verre de différentes formes, l'un cylindrique A, l'autre élargi vers le haut B, le troisième, au contraire, rétréci dans la partie supérieure C. — On commence par mettre du mercure dans le tube en fonte ; les niveaux du liquide M, N, dans les deux branches, se placent d'eux-mêmes (nᵒ 72) dans un plan horizontal. Puis, sur le cylindre M, on visse successivement chacun des trois vases A, B, C, que l'on remplit d'eau jusqu'à la même hauteur. La pression que cette eau exerce sur la surface horizontale M du mercure, qui constitue le fond du vase, fait monter le mercure d'une certaine quantité dans le tube latéral. Or, dans les trois cas, la quantité dont le mercure s'élève dans ce tube est exactement la même : donc la pression exercée sur la surface M est constante. D'ailleurs, quand le vase est cylindrique, la pression qu'exerce sur le fond horizontal le liquide qu'il contient est évidemment égale au poids total de ce liquide ; ainsi la pression aura encore la même mesure, *quelle que soit la*

Pressions
verticales de haut
en bas.

Fig. 14.

forme du vase, pourvu que le fond et la hauteur du liquide au-dessus ne changent pas.

66. Si l'on considère un vase à double fond de la forme EABCD, il résulte du principe d'égalité de pression que le fond supérieur AD éprouve de *bas en haut* une pression égale au poids d'une colonne liquide ayant pour base la surface de la paroi, et pour hauteur la hauteur EF du niveau au-dessus de cette paroi. — Ce principe est d'ailleurs indépendant du diamètre du tube EF, de sorte qu'avec un simple filet d'eau d'une hauteur suffisante, on pourra exercer, contre les parois de la caisse ABCD, des pressions énormes. — C'est l'expérience du crève-tonneau.

67. Si, dans l'intérieur d'une masse liquide, on conçoit une tranche horizontale quelconque *mn*, cette tranche éprouvera, comme toute paroi horizontale, une pression de haut en bas égale au poids du cylindre liquide *cmnd*; mais comme cette tranche est en équilibre, il faut nécessairement qu'elle éprouve de bas en haut une pression verticale égale et contraire. On le prouve, par expérience, en prenant un cylindre de verre fermé inférieurement par un plan de verre appelé *obturateur*. En enfonçant le cylindre dans la masse liquide, la pression exercée de bas en haut par le liquide maintient l'obturateur pressé contre le cylindre, et l'eau ne pénètre pas dans l'intérieur. Alors, si l'on verse du liquide dans le cylindre, on reconnaît que l'obturateur ne se détache et ne tombe qu'au moment où le niveau intérieur de l'eau atteint le niveau extérieur. S'il se détache un peu plus tôt, c'est uniquement en vertu de l'excès de son poids sur le poids du liquide déplacé.

68. Les liquides pesants n'exercent pas seulement des pressions sur les parois horizontales des vases qui les contiennent, ils en exercent aussi sur les parois latérales; car si l'on pratiquait une ouverture en un point quelconque d'une semblable paroi, le liquide jaillirait à l'instant.

Fig. 17.

Toute pression exercée par un liquide pesant sur une paroi résistante agit dans une direction perpendiculaire à cette paroi. Cela posé, la pression exercée sur un élément de paroi *m*, devant être la même que sur un élément quelconque de la tranche horizontale *mn*, a pour mesure le poids du filet liquide vertical qui a pour base l'élément pressé et pour hauteur sa distance au niveau. On voit, d'après cela, que la pression, supportée par les éléments de la paroi latérale AB, va en augmentant proportionnellement à la profondeur de ces éléments au-dessous du niveau. Si maintenant on fait la somme de toutes ces petites pressions élémentaires, on trouvera que la pression totale supportée par la paroi inclinée AB a pour mesure le poids d'une colonne liquide ayant pour base la paroi pressée, et pour hauteur une distance moyenne entre celles des éléments de la paroi au niveau, c'est-à-dire la distance de son centre de gravité à la surface terminale du liquide.

69. Considérons le vase cylindrique ABCD plein de liquide, et deux éléments opposés *m, n*, pris à volonté sur les parois latérales. Ces deux éléments éprouvent, dans des directions contraires, des pressions égales et opposées qui sont détruites par la résistance des parois. Mais imaginons que l'on pratique un orifice au point *n*, le liquide jaillira, et la pression qui s'exerçait sur l'élément *n* n'existera plus. La pression opposée qui agit sur l'élément *m*, n'étant plus détruite par rien, aura tout son effet, et si le vase est mobile, il prendra, en vertu de cette pression, un mouvement de recul en sens contraire de l'écoulement.

Ce principe se vérifie à l'aide du *tourniquet hydraulique* : c'est un cylindre vertical, terminé inférieurement par deux tubes horizontaux ouverts à leur extrémité et recourbés en sens contraire, de manière à figurer à peu près un *z* allongé. L'appareil étant rempli d'eau et mobile autour d'un axe vertical, on le voit, aussitôt que l'écoulement a lieu, prendre un mouvement rapide de rotation en sens contraire.

C'est par ce même principe que l'on explique le recul des armes à feu, l'ascension des fusées, la rotation des soleils d'artifice, etc.

70. Quoique trois vases de même fond, mais de forme différente, remplis de liquide jusqu'à la même hauteur, exercent sur leur fond horizontal la même pression, il ne faudrait pas croire que, placés dans le plateau d'une balance, ils eussent le même poids. Cela tient à ce que les pressions latérales, estimées suivant la verticale, s'ajoutent aux pressions supportées par le fond, ou bien s'en retranchent, suivant le sens de leur action; de sorte qu'en définitive l'effort exercé par le vase sur un obstacle, sur un plan horizontal qui le soutient, est toujours égal au poids total du liquide et du vase.

71. Quand plusieurs liquides de nature et de densité différentes sont contenus dans le même vase, ces liquides se disposent les uns au-dessus des autres par tranches horizontales. Cette condition est nécessaire pour l'équilibre; car si elle n'était pas remplie, la pression ne serait pas la même dans tous les points d'une même couche de niveau. (2e condition d'équilibre.)

Du reste, il est indifférent pour l'équilibre mathématique de la masse liquide que les liquides les plus lourds soient au-dessus ou au-dessous; seulement l'équilibre sera instable et physiquement impossible, si l'on suppose les liquides les plus denses placés à la partie supérieure; l'équilibre sera sta-

Mouvement de recul produit par l'écoulement d'un liquide.
Fig. 18.

Fig. 19.

Paradoxe hydrostatique.
Fig. 14.

Liquides superposés.

ble, si les liquides sont superposés d'après l'ordre de leurs densités. — On peut faire l'expérience en mettant dans un même vase du mercure, de l'eau et de l'huile. On aura beau agiter le mélange, les liquides se sépareront toujours d'eux-mêmes en tranches horizontales et superposées dans l'ordre suivant, à partir du fond : mercure, eau et huile.

Vases communicants.

72. Lorsque deux vases de forme et de grandeur quelconques communiquent entre eux, ils peuvent contenir, ou un liquide homogène, ou plusieurs liquides de différente densité.

Liquides homo-
gènes.

1er *Cas.* — Liquide homogène. — Pour qu'un liquide homogène soit en équilibre dans deux vases communicants, il faut que les niveaux de ce liquide dans les deux vases soient sur un même plan horizontal.

Fig. 20.

En effet, considérons dans le canal de communication une tranche verticale *m*. Puisqu'il y a équilibre, cette tranche doit éprouver de chaque côté des pressions égales. Or, la pression de droite à gauche a pour mesure le poids d'une colonne liquide ayant pour base la paroi *m*, et pour hauteur la distance verticale de son centre de gravité au niveau du liquide dans le vase A. La pression de gauche à droite a également pour mesure le poids d'une colonne liquide ayant pour base la même paroi *m*, et pour hauteur la distance verticale de son centre de gravité au niveau du liquide dans le vase B. Donc, la base pressée étant la même, ainsi que la densité du liquide, les pressions seront égales si les niveaux A et B sont sur un même plan horizontal.

Ce principe étant indépendant du diamètre des vases, un simple filet d'eau A fera équilibre à une masse d'eau considérable contenue dans le réservoir B.

Liquides hétéro-
gènes.

2e *Cas.* — Liquides hétérogènes. — Quand deux liquides hétérogènes sont contenus dans deux vases communicants, les hauteurs des colonnes liquides qui se font équilibre sont en raison inverse de leurs densités.

Fig. 21.

Supposons que, dans les deux vases communicants A et B, on ait versé d'abord du mercure, puis dans le vase A de l'eau. Soient *r* le niveau de l'eau dans le vase A, *p* celui du mercure dans le vase B, et *m* la surface de séparation de l'eau et du mercure. Prolongeons jusqu'en *n* le plan horizontal *m* qui sépare ces deux liquides. La masse de mercure *m*CD*n* (principe précédent) est en équilibre d'elle-même, et la colonne de mercure *pn* fait équilibre à la colonne d'eau *mr*. Cela posé, la cloison *xy*, prise à volonté dans le canal de communication, éprouve de chaque côté deux pressions, savoir : 1° la pression de la colonne de mercure nD, et celle de la colonne de mercure mC qui lui est égale et opposée; 2° de droite à gauche, la pression de la colonne liquide pn qui est égale au poids d'un cylindre de mercure ayant pour base xy, et pour hauteur pn; de gauche à droite, la pression de la colonne d'eau mr qui a pour valeur le poids d'un cylindre d'eau ayant pour base xy, et pour hauteur mr. Ces poids doivent être égaux pour qu'il y ait équilibre. Or, soit b l'étendue de la paroi xy, h la hauteur pn de la colonne de mercure et d sa densité; soit h' la hauteur mr de la colonne d'eau et d' la densité de ce liquide : la pression du mercure aura pour valeur $b.h.d.g$, celle de l'eau $b.h'd'g$, et on devra avoir l'égalité $bhdg=bh'd'g$ ou $hd=h'd'$, d'où l'on tire $h : h' :: d' : d$. Ce qui démontre le principe énoncé.

La densité du mercure est 13,59, celle de l'eau étant prise pour unité; c'est-à-dire que, sous le même volume, le mercure pèse 13,59 fois plus que l'eau. Donc la hauteur mr de la colonne d'eau devra être 13,59 fois plus grande que la hauteur np du mercure qui lui fait équilibre.

73. Les principes précédents trouvent une application immédiate dans une foule de circonstances. — Nous citerons seulement un appareil fort ingénieux, inventé par Pascal, et qui est fondé sur le principe d'égalité de pression et l'équilibre des liquides dans les vases communicants; c'est la *presse hydraulique*. — En voici la théorie succincte.

Presse hydraulique.

A et B sont deux cylindres en fonte, à parois très-épaisses, l'un d'un grand diamètre, l'autre d'un diamètre très-petit. Dans chaque cylindre se meut, à frottement très-exact, un piston. Les deux cylindres communiquent par un tuyau de fonte et sont entièrement remplis d'eau. Supposons les niveaux de l'eau sur un même plan horizontal, et par conséquent le liquide en équilibre. Sur le petit piston p exerçons une pression quelconque de 10 kilogr., je suppose. Cette pression va se transmettre dans toute la masse liquide de telle manière que chaque portion de la surface du grand piston, égale à la section du petit, supportera une pression de bas en haut égale à 10 kilogr. — Par conséquent, si la surface du grand piston est 100 fois plus grande que celle du petit, la pression totale supportée par le premier sera de 10×100, ou 1000 kilogr.

Fig. 22.

Le piston P est surmonté d'une plaque métallique très-épaisse, sur laquelle on place les corps que l'on veut comprimer. Au-dessus est un châssis métallique très-solide, et c'est entre le châssis et la plaque que l'on met les corps soumis à la compression.

Le petit piston est mû par un levier; on adapte en outre au

petit cylindre B un système de soupapes et un réservoir alimentaire propres à rendre la compression continue.

Il est facile, d'après la théorie précédente, de juger des effets
énormes que peut produire cette machine, avec une très-faible
dépense de force. Un cylindre de bois placé entre la plaque et
le châssis est écrasé en un instant.

La presse hydraulique, dont je ne décris point tous les perfectionnements, est en usage dans la fabrication de la poudre
de guerre, dans la compression des draps, des graines oléa-
gineuses, des argiles à briques, des substances destinées à la
fabrication du papier ; elle est encore employée à extraire du
suif l'oléine et à en séparer la stéarine dont on fait aujourd'hui
des bougies.

CHAPITRE V.

DES CORPS PLONGÉS. — PRINCIPE D'ARCHIMÈDE. — DENSITÉS. ARÉOMÉTRIE.

Principe d'Ar-
chimède.

74. Toute la théorie des corps plongés ou flottants dans les
liquides repose sur un seul principe qui est dû à Archimède,
et dont voici l'énoncé :

*Tout corps plongé dans un fluide perd une partie de son
poids égale au poids du volume de fluide qu'il déplace.*

Ce principe peut se démontrer par le raisonnement et par
l'expérience.

Fig. 23.

1°. Considérons une masse liquide en équilibre ABCD ; iso-
lons par la pensée une portion quelconque *m* de cette masse ;
l'équilibre ne sera pas troublé si l'on suppose que cette portion de liquide soit tout à coup solidifiée. Or elle éprouve, de
la part du liquide environnant, des pressions normales qui
peuvent se décomposer toutes en pressions horizontales et en
pressions verticales. Les premières se détruisent évidemment
d'elles-mêmes, puisque la masse *m* ne tend à se mouvoir latéralement dans aucun sens. Quant aux autres pressions verticales,
leur résultante est évidemment égale au poids de la masse
liquide *m*, puisqu'elle s'oppose à sa chute, et elle agit de bas
en haut. Cette pression est ce qu'on appelle la *poussée du
fluide.* — Substituons maintenant à la masse *m* un corps
quelconque qui ait exactement la même forme ; ce corps
éprouvera nécessairement de la part du liquide qui l'entoure

la même poussée, et par conséquent son poids sera diminué d'une quantité égale au poids de la masse liquide dont il tient la place.

2º *L'expérience conduit au même résultat.* — Au-dessous de l'un des plateaux d'une balance, on suspend, à l'aide d'un crochet, un cylindre creux en cuivre, et au-dessus du cylindre creux un autre cylindre plein qui remplirait exactement le premier. Quand on a établi l'équilibre, on fait plonger le cylindre plein dans un vase rempli d'eau. Aussitôt l'équilibre est détruit, et l'expérience prouve que, pour le rétablir, il suffit de remplir d'eau le cylindre creux. On en conclut que la perte de poids que le cylindre massif a faite par son immersion dans l'eau est égale au poids d'un volume de liquide égal au sien.

Fig. 24.

75. Lorsqu'un corps est plongé dans un liquide, il peut arriver trois cas :

Conséquences.

1er Cas. — Le corps plongé est plus dense que le liquide. — Dans ce cas, le poids du corps est plus grand que la poussée du fluide, et ce corps tombe au fond du vase avec une force égale à leur différence.

2me Cas. — Le corps plongé a le même poids que le fluide déplacé. — Alors, le poids du corps plongé étant égal à la poussée du fluide, le corps reste en équilibre au milieu de la masse liquide. L'ambre, les résines en poudre peuvent ainsi rester suspendues au milieu de l'eau ordinaire ou légèrement salée.

L'équilibre d'un corps entièrement plongé dans un fluide peut être stable, instable ou indifférent, suivant les positions relatives de son centre de gravité et du *centre de poussée ;* on appelle ainsi le centre de gravité du volume de fluide déplacé. L'équilibre du corps plongé exige d'abord que le centre de gravité de ce corps et le centre de poussée soient sur la même verticale. Alors il y a stabilité, si le centre de gravité du corps est au-dessous du centre de poussée ; instabilité, si le centre de gravité du corps est au-dessus du centre de poussée ; indifférence, si ces deux centres coïncident.

3me Cas. — Le corps plongé pèse moins que le liquide déplacé. — Dans ce cas, la poussée du fluide qui agit sur le corps de bas en haut étant plus grande que son poids, le corps remonte à la surface du liquide (liége, bois, cire...). Mais il arrive toujours dans cette circonstance que le corps sort en partie du liquide, à la surface duquel il vient *flotter.* Quand il a pris sa position d'équilibre, il est évident que le poids du corps *flottant* est égal au poids de l'eau déplacée par *la partie immergée* de ce corps.

Corps flottants.

La manière d'être de l'équilibre du corps flottant dépend ici, non du centre de poussée, mais de la position d'un point particulier, situé un peu plus haut que le centre de poussée, et que l'on nomme *métacentre*. Le calcul apprend à le déterminer. L'équilibre du corps flottant est stable, si le centre de gravité de ce corps est situé au-dessous du métacentre; instable, s'il est situé au-dessus et toujours sur la même verticale.

Ces différents cas d'immersion, de suspension ou de flottaison sont assez bien représentés dans les mouvements d'un petit appareil plongeur appelé *ludion*, qui a passé du cabinet du physicien sur la table de l'escamoteur, et qu'il nous suffira d'avoir mentionné.

Détermination des densités relatives des corps solides et des liquides.

76. Nous avons appelé *densité absolue* d'un corps la quantité de matière que ce corps renferme sous l'unité de volume, ou le rapport $\frac{M}{V}$ de sa masse à son volume (n° 59). — Nous avons en outre démontré qu'il existe toujours entre le poids absolu P d'un corps, son volume V et sa densité D, la relation P=VDg. On déduit de cette formule les conséquences suivantes :

1° Pour un second corps dont le poids serait P′, le volume V′, la densité D′, on aurait de même P′=V′D′g; d'où l'on tire P : P′ :: VD : V′D′.... (*a*).

2° Si l'on suppose D′=D, la proportion (*a*) devient P : P′ :: V : V′. — Donc, *quand deux corps ont la même densité, leurs poids sont proportionnels à leurs volumes.*

3° Supposons P′=P, on aura VD=V′D′, et par suite V : V′ :: D′ : D. — Donc, *lorsque deux corps hétérogènes ont le même poids, leurs volumes sont en raison inverse de leurs densités.*

4° Soit enfin V=V′, la proportion (*a*) donne P : P′ :: D : D′; d'où l'on conclut que *les densités de deux corps sont proportionnelles à leurs poids, sous des volumes égaux.*

Cette dernière conséquence est d'une grande importance; en effet, il n'existe aucune grandeur qui puisse être évaluée d'une manière absolue. Pour mesurer les densités des corps, il faut donc les comparer à la densité d'un corps particulier que l'on choisit pour unité. Le corps à la densité duquel on compare celle des solides et des liquides est l'eau distillée, et l'on appelle *densités relatives* ou *poids spécifiques* des corps, les rapports de leurs densités absolues à celle de l'eau. Et puisque, sous le même volume, les densités des corps sont proportionnelles à leurs poids, il en résulte que, pour obtenir la densité ou le poids spécifique d'un corps par rapport à l'eau, il suffira de peser ce corps et l'eau distillée, sous le même volume, et de diviser le poids du corps par celui de l'eau.

Remarque. — Reprenons la proportion P : P′ :: VD : V′D′. Pour peu qu'on réfléchisse aux unités de poids, de volume et de densité que l'on a adoptées, on reconnaîtra que si V′ représente un centimètre cube d'eau, on aura à la fois V′=1, D′=1 (puisque c'est alors la densité de l'eau), et P′=1^{gr} (poids d'un centimètre cube d'eau distillée), de sorte que la proportion précédente deviendra P : 1^{gr} :: VD : 1, ou bien P=VD. Dans cette formule nouvelle, P est le poids d'un corps quelconque exprimé en grammes, D sa densité par rapport à l'eau, et V son volume en centimètres cubes.

Ces principes posés, il nous reste à indiquer les méthodes expérimentales qui servent à déterminer les poids spécifiques des corps.

Densités des corps solides.

77. 1re *méthode.* — *Balance hydrostatique.* — Cette balance porte un crochet au-dessous de chaque plateau. — On détermine le poids P du corps solide dont il s'agit, suspendu par un fil très-fin au-dessous de l'un des plateaux. — On détermine ensuite le poids P′ de ce même corps entièrement immergé dans l'eau distillée. — La différence des poids P—P′ exprime (principe d'Archimède) le poids du volume d'eau déplacé, c'est-à-dire d'un volume d'eau égal à celui du corps. — Donc la densité cherchée sera $D = \dfrac{P}{P-P'}$.

2e *méthode.* — *Méthode du flacon.* — On pèse un flacon bouché à l'émeri, exactement plein d'eau distillée. Soit P son poids. — On pèse, à côté du flacon, le corps dont on veut déterminer la densité. Soit p ce nouveau poids. — Alors on introduit ce corps dans le flacon, et on le referme exactement; on le pèse de nouveau après l'avoir essuyé avec soin. Le poids P′ que l'on obtient diffère de P+p d'une quantité égale au poids de l'eau que l'immersion du corps a fait sortir, c'est-à-dire d'un volume d'eau égal au sien. — Donc la densité cherchée sera exprimée par le rapport $\dfrac{p}{P+p-P'}$.

Cas particuliers. — Aucune des deux méthodes précédentes n'est applicable aux corps solubles dans l'eau. Dans ce cas, on commence par déterminer la densité du corps par rapport à un liquide auxiliaire, tel que l'huile, qui n'ait aucune action chimique sur lui; on cherche ensuite, par un des moyens qui vont suivre, la densité de l'huile relativement à l'eau dis-

Corps soluble dans l'eau.

tillée; alors, pour obtenir le poids spécifique du corps comparativement à l'eau, il suffit de faire le produit des deux densités trouvées. En effet, si l'on désigne par P, H, E, les poids du corps, de l'huile et de l'eau, sous le même volume, on aura évidemment $\dfrac{P}{E} = \dfrac{P}{H} \times \dfrac{H}{E}$.

rps en poudre. Lorsqu'on veut déterminer la densité d'un corps solide en poudre, on emploie la méthode du flacon; mais il est indispensable d'expulser l'air qui adhère aux parcelles du corps et qui se dégage difficilement. A cet effet, le corps étant introduit dans l'eau du flacon, on place celui-ci sous le récipient de la machine pneumatique, et l'on fait le vide : l'air se dégage à travers l'eau sous forme de bulles. L'opération se continue ensuite comme à l'ordinaire.

orps poreux. Pour les corps poreux, on peut, ou les pulvériser pour obtenir la densité de leurs particules, ou les enduire d'une couche mince de cire qui, lorsqu'on les plonge dans l'eau, s'oppose à leur imbibition et permet alors de déterminer leur densité sous leur volume apparent.

Densité des liquides.

78. La densité des liquides s'obtient aussi par plusieurs moyens.

1re *méthode. — Balance hydrostatique.* — Supposons, pour fixer les idées, qu'il s'agisse de déterminer la densité de l'alcool. — On suspendra par un fil très-fin, au-dessous d'un des plateaux de la balance hydrostatique, un corps solide, dont on déterminera successivement le poids P dans l'air, le poids P' quand il est immergé dans l'alcool, le poids P'' dans l'eau distillée. D'après le principe d'Archimède, P—P' et P—P'', qui sont les pertes de poids faites par le corps dans l'alcool et dans l'eau, représentent les poids des deux liquides déplacés par le corps; et comme ils ont évidemment le même volume, la densité de l'alcool sera $D = \dfrac{P-P'}{P-P''}$.

2e *méthode du flacon.* — Cette méthode est indépendante du principe d'Archimède. — On prend un petit flacon de verre bouché à l'émeri. Alors, 1° on le pèse vide, P; 2° on le pèse plein d'eau distillée, P'; 3° plein du liquide dont on cherche la densité, P''. Si des deux derniers poids on retranche le premier, les différences P'—P, P''—P représenteront les poids de l'eau et du liquide qui remplissent le même flacon, et qui ont conséquemment le même volume. Divisant donc ces poids l'un par l'autre, on aura la densité cherchée $D = \dfrac{P''-P}{P'-P}$.

Aréométrie.

Aréomètres.

79. On donne le nom d'*aréomètres* à des appareils *flotteurs* destinés à faire connaître les densités relatives des corps, ou les proportions dans lesquelles certaines substances se trouvent mélangées.

On en distingue de deux sortes : 1° les aréomètres à volume constant; 2° les aréomètres à poids constant.

Les premiers sont au nombre de deux, savoir : l'aréomètre de Nicholson, qui sert à déterminer la densité des corps solides, et qui est très-usité en minéralogie à cause de sa simplicité et de la promptitude des opérations; et l'aréomètre de Farenheit, qui sert pour les liquides.

Aréomètres de Nicholson.

Fig. 25.

80. L'aréomètre de Nicholson se compose d'un cylindre en fer-blanc terminé par deux cônes opposés base à base ; c'est ce qui forme le *corps* de l'aréomètre. Le cône supérieur porte une tige très-mince, surmontée d'une capsule destinée à recevoir des poids. A la partie inférieure est suspendu un *lest* qui a la forme d'une espèce de panier propre à recevoir les corps solides dont on cherche le poids spécifique. Sur la tige supérieure est marqué un trait *a* qu'on appelle *point d'affleurement*, parce que, dans toutes les expériences, l'appareil doit s'enfoncer dans l'eau jusqu'à ce point, et déplacer un *volume constant* de liquide.

Pour se servir de l'aréomètre, on le plonge dans l'eau distillée ; on met dans la capsule supérieure les poids marqués nécessaires pour faire affleurer jusqu'en *a;* soit A ce poids d'affleurement. — On le retire de la capsule pour y placer le corps dont on cherche la densité, un poids A′ doit être ajouté au corps pour faire affleurer de nouveau; de sorte que la différence A—A′ représente le poids du corps. — Alors on transporte le corps de la capsule supérieure dans la capsule inférieure, et on le plonge dans l'eau avec l'aréomètre; l'appareil n'affleure plus, il faut ajouter dans la capsule un nouveau poids d'affleurement A″, qui représente évidemment la perte de poids qu'a faite le corps par son immersion dans le liquide, c'est-à-dire le poids d'un volume d'eau égal au sien. La densité cherchée sera donc égale au rapport $\dfrac{A-A'}{A''}$.

Aréomètre de Farenheit.

Fig. 26.

81. L'aréomètre de Farenheit est un cylindre de verre, surmonté d'une tige très-déliée sur laquelle est marqué un point d'affleurement, et qui se termine par une capsule. Un lest, suspendu à la partie inférieure, sert à donner au flotteur une position d'équilibre stable dans les liquides (n° 75).

Pour se servir de l'appareil, on doit connaître d'avance son poids P. Alors on le plonge dans l'eau distillée, et on trouve qu'il faut mettre dans la capsule un poids P' pour faire affleurer; il en résulte que le poids de l'eau déplacée par le flotteur est P+P'. — On plonge ensuite l'aréomètre dans le liquide dont on veut connaître la densité; le poids d'affleurement étant P'', le poids du liquide déplacé sera P+P''. Or, l'aréomètre s'enfonçant jusqu'au même point, les liquides déplacés ont le même volume; donc la densité cherchée s'obtiendra en divisant l'un par l'autre les deux poids trouvés

$$D = \frac{P+P''}{P+P'}.$$

Aréomètres à poids constant.

Fig. 27.

82. Les aréomètres à poids constant, ou aréomètres proprement dits, sont tous formés d'une boule de verre soufflée à l'extrémité d'un tube, et lestée par une boule plus petite contenant du mercure ou de la grenaille de plomb. Le tube porte intérieurement une graduation dont les divisions correspondent à des parties d'égale capacité.

Si l'on plonge un pareil instrument dans un liquide quelconque, il s'enfoncera d'autant plus que le liquide pèsera moins sous le même volume; car le poids du flotteur ne changeant pas, le volume du liquide déplacé sera en raison inverse de sa densité. Ainsi, la simple immersion de l'aréomètre dans des liquides donnés fera immédiatement connaître l'ordre de leurs densités.

83. Les aréomètres servent dans le commerce à estimer soit le degré de concentration d'un acide, soit la quantité de sel contenue dans une dissolution saline, ou bien la quantité d'alcool ou d'*esprit* que contient une liqueur spiritueuse. Malheureusement leur graduation est en général arbitraire et ne repose sur aucune base. Ainsi, l'aréomètre de Beaumé, qui est le plus en usage, est gradué de la manière suivante : 1° s'il doit être employé comme *pèse-acide* ou *pèse-sels*, auquel cas le liquide dont il doit accuser la richesse est plus pesant que l'eau, on donne au flotteur un poids tel, que, plongé dans l'eau pure, il s'enfonce jusqu'au sommet du tube, et à ce point on marque zéro. On le plonge ensuite dans une dissolution contenant 85 parties d'eau et 15 de sel marin, et l'on marque 15 au point d'affleurement; on partage l'intervalle en 15 parties égales ou degrés, et l'on prolonge les divisions jusqu'à la naissance de la boule. — 2° S'il doit être employé comme *pèse-liqueurs*, on lui donne un poids tel, que, plongé dans un mélange de 90 parties d'eau avec 10 parties de sel marin, il s'enfonce jusqu'à la naissance du tube, et on marque à ce point zéro. On marquera ensuite 10° au point d'affleurement dans l'eau distillée, on partagera l'intervalle en 10 parties égales, et l'on prolongera la division jusqu'au sommet du tube. — Cette

Aréomètre de Beaumé.

nouvelle division n'est nullement comparable à la première, et de plus elle est en ordre inverse. — L'aréomètre de Cartier porte une graduation tout aussi arbitraire.

84. Il est cependant très-facile de faire de ces instruments des appareils véritablement propres à indiquer non-seulement l'ordre, mais les rapports exacts des densités des liquides. M. Gay-Lussac leur donne alors le nom de *volumètres*, et les gradue de la manière suivante : Volumètre.

1º Cas où l'aréomètre doit servir à mesurer les densités des liquides plus denses que l'eau. — On fait l'appareil assez lourd pour que, plongé dans l'eau pure, il s'enfonce jusqu'au sommet de la tige. On marque 100 à ce point. On compose ensuite une dissolution saline dont la densité soit $4/3$. Le poids du flotteur restant le même, les volumes des liquides déplacés sont en raison inverse de leurs densités : ainsi, le premier étant 1, le second sera $3/4$, ou bien, le premier étant 100, le second sera 75. On partagera l'intervalle compris entre les degrés 100 et 75 en 25 parties d'égale capacité que l'on prolongera jusqu'au bas de la tige. Si, plongé dans un liquide, l'aréomètre s'enfonce jusqu'à la division 80, il est clair que la densité de ce liquide est à celle de l'eau : : 100 : 80, et qu'elle est par conséquent égale à $100/80$ ou 1, 25.

2º Pour rendre le volumètre applicable aux liquides moins denses que l'eau, on le fait assez léger pour que son point d'affleurement dans l'eau distillée soit à peu près à la naissance du tube. On attache alors au sommet de la tige un poids qui soit le quart de celui de l'aréomètre ; le poids primitif étant 4, le nouveau poids sera 5 : il en sera de même des volumes d'eau déplacés dans les deux cas. Si donc on a marqué 100 au premier point d'affleurement, on marquera 125 au second ; on partagera l'intervalle en 25 parties égales, et l'on prolongera la division jusqu'au haut du tube.

85. Quand on fait servir les aréomètres à estimer la richesse d'un liquide spiritueux, il s'agit moins de connaître la densité de ce liquide que le nombre de parties en volume d'alcool pur qu'il contient. L'alcoomètre centésimal de M. Gay-Lussac remplit parfaitement ce but. On le gradue en le plongeant successivement dans des mélanges artificiels d'eau et d'alcool pur, en diverses proportions, et l'on marque 100, 95, 85, 80..... aux points d'affleurement dans les mélanges qui, sur 100 parties en volume, en contiennent 100, 95, 85, 80... d'alcool pur. Alcoomètre centésimal.

Cette graduation ne donne des résultats exacts que pour une certaine température. Si la température change, la densité du liquide change aussi, et on doit alors faire subir aux résultats obtenus des corrections qui se trouvent consignées dans des tables construites empiriquement par M. Gay-Lussac avec le plus grand soin.

86. La connaissance des densités relatives des corps solides, liquides ou gazeux, se lie à l'explication d'un très-grand nombre de phénomènes naturels. Aussi en physique, et même dans les arts et le commerce, on a souvent besoin de consulter les tables de poids spécifiques.

En minéralogie, la densité est un des caractères les plus importants pour la distinction des espèces minérales.

Il en est de même en chimie, où il arrive en outre très-souvent que la connaissance des densités d'un corps et de ses éléments constitutifs peut fournir des vérifications importantes de l'analyse de ce composé.

Outre ces usages généraux, théoriques ou pratiques, j'indiquerai quelques questions utiles dont la solution dépend de la connaissance des densités :

Connaissant le volume et la densité d'un corps qu'on ne peut pas mettre dans une balance, déterminer son poids. On se servira de la formule $P = V \times D$ (n° 76. *Rem.*)

Connaissant le poids et la densité d'un corps, déterminer son volume $V = \dfrac{P}{D}$. On peut aussi, pour résoudre ce problème, s'appuyer uniquement sur le principe d'Archimède. — Déterminer le diamètre d'un tube capillaire par le poids du mercure qui le remplit. — Calculer le diamètre d'un fil métallique très-fin ; — etc.

Comme pour résoudre ces problèmes et tous ceux du même genre, on a constamment besoin de connaître les densités des corps solides, liquides ou gazeux, nous donnons dans la table suivante celles des corps les plus usuels.

Solides.

Platine, variable selon son état, depuis 19,5 jusqu'à		23,0
Or.	{ forgé.	19,362
	{ fondu.	19,258
Plomb fondu.		11,352
Argent fondu.		10,474
Bismuth fondu.		9,822
Cuivre.	{ fondu.	8,788
	{ en fil.	8,878
Laiton.		8,393
Acier non écroui.		7,816
Fer.	{ en barre.	7,788
	{ fondu.	7,207

Etain fondu.. 7,291
Zinc fondu. 6,861
Diamant. . . . . de 3,531 à 3,501
Flint-glass anglais.. 3,329
Verre de Saint-Gobain. 2,488
Marbre de Paros. 2,837
Porcelaine.. } de la Chine. 2,384
             } de Sèvres. 2,145
Anthracite. 1,800
Houille compacte. 1,329
Jayet. 1,259
Bois de hêtre. 0,852
   »   frêne. 0,745
   »   orme. 0,800
   »   sapin jaune.. 0,657
   »   tilleul.. 0,604
   »   peuplier { d'Espagne.. 0,529
                  { ordinaire. 0,383
Liége. 0,240

Liquides.

Eau distillée. 1,000
Mercure.. 13,598
Acide sulfurique.. 1,841
   »   nitrique. 1,217
Lait. 1,030
Eau de mer.. 1,026
Vin. . . . . . { de Bordeaux.. 0,994
              { de Bourgogne. 0,921
Huile de térébenthine.. 0,870
Huile d'olive. 0,915
Alcool.. 0,792
Ether sulfurique.. 0,746

Gaz.

Air. 1, 000
Chlore. 2,4700
Acide sulfureux.. 2,1204
   »   carbonique. 1,5240
   »   hydrochlorique. 1,2474
   »   hydrosulfurique.. 1,1912
Oxigène.. 1,1057
Azote. 0,9720
Vapeur d'eau.. 0,6235

Ammoniaque. 0,5967
Hydrogène carboné. 0,5550
Hydrogène. 0,0688

Pour établir une liaison entre les pesanteurs spécifiques des gaz et celles des corps solides ou liquides, MM. Biot et Arago ont déterminé la densité de l'air par rapport à l'eau et l'ont trouvée $= \frac{1}{770} = 0,001298$.

CHAPITRE VI.

DES GAZ.

87. Les *gaz* sont des fluides dont les molécules, douées d'une mobilité parfaite, sont dans un état constant de répulsion mutuelle qui constitue leur *expansibilité*. Ils sont par cela même éminemment *compressibles*, et peuvent changer à la fois de forme et de volume ; enfin, quand la pression qu'on a exercée sur eux est anéantie, ils reviennent exactement à leur premier état et sont parfaitement *élastiques*. (*Voyez* chap. Ier de l'Introduction.)

On démontre ces propriétés en mettant, sous le récipient de la machine pneumatique, une vessie close contenant un peu d'air ; aussitôt qu'on fait le vide autour d'elle, cette vessie se gonfle par l'expansion du gaz, de manière à remplir toute la capacité du réservoir. Quand on laisse rentrer l'air extérieur, la vessie se comprime et reprend son premier volume.

88. Le principe d'égalité de pression en tout sens convient aux fluides élastiques comme aux liquides ; mais, relativement aux premiers, il n'est pas nécessaire qu'on exerce des pressions sur leurs surfaces, pour qu'ils pressent eux-mêmes les parois des vases qui les contiennent ; il suffit pour cela de leur élasticité, en vertu de laquelle ces fluides font continuellement effort pour occuper un plus grand volume.

89. Les gaz sont, comme tous les corps de la nature, soumis à l'action de la pesanteur.

Si l'on fait le vide dans un ballon de verre à robinet, de quelques litres de capacité, et qu'on pèse ce ballon successivement vide et plein d'air ou d'un gaz quelconque, on trouvera dans le second cas un poids plus fort, et l'excès de la deuxième pesée sur la première représentera le poids du fluide qui remplit le ballon.

Il suit de ces propriétés que les gaz sont susceptibles d'exercer deux sortes de pressions, savoir : 1º une pression due à leur poids : elle n'est très-sensible que pour de grandes masses gazeuses, comme l'atmosphère ; 2º une pression due à leur expansibilité : elle est indépendante de la pesanteur. Un vase plein d'un gaz dépourvu de pesanteur n'en éprouverait pas moins perpendiculairement à ses parois une pression uniforme, qu'on nomme la *tension* ou la *force élastique* du gaz, et qui varie avec sa densité et sa température.

§ 1er. — *Atmosphère.* — *Pression exercée par les gaz en vertu de la pesanteur.*

90. L'atmosphère est cette couche d'air qui enveloppe le globe et qui est emportée avec lui par son double mouvement de rotation autour de son axe et de translation dans l'espace. Sa hauteur est d'environ 15 lieues métriques : au-delà est le vide des espaces célestes (1).

Atmosphère.

91. Si l'air atmosphérique n'était pas pesant et que sa température fût partout la même, il aurait partout la même densité et une homogénéité parfaite ; seulement, en raison de son expansibilité, il se répandrait uniformément dans le vide planétaire. Mais la pesanteur l'empêche de se dissiper ainsi, et l'atmosphère ne s'étend autour du globe que jusqu'à la distance limite pour laquelle il y a égalité entre la force d'attraction qui sollicite les molécules à tomber vers le centre de la terre, et la force d'expansion des dernières couches d'air, très-affaiblie par le grand écartement de leurs atomes et par le froid de ces hautes régions.

Équilibre de l'atmosphère.

Si l'on redescend, par la pensée, des limites de l'atmosphère jusqu'à la surface terrestre, on traversera successivement des couches d'air qui supporteront le poids progressivement croissant des couches supérieures, et seront de plus en plus comprimées. L'air n'est donc pas homogène ; mais sa

(1) Considéré au point de vue de sa composition chimique, l'air atmosphérique est un mélange de plusieurs gaz qui y entrent, les uns en proportion constante, les autres en proportion variable. Les premiers sont l'oxygène et l'azote D'après les recherches récentes de MM. Dumas et Boussingault, l'air contient ces deux fluides dans le rapport de 23 oxyg. à 77 d'az. sur 100, *en poids* : ou dans celui de 20,80 à 79,20 *en volume.* — Outre ces deux gaz, l'air renferme encore de 4 à $^6/_{10000^{es}}$ d'acide carbonique et une quantité variable de vapeur d'eau.

densité décroît d'une manière continue depuis la surface du globe jusqu'au vide.

Pour que l'équilibre existât dans cette masse de fluide, on démontre qu'il faudrait que, dans chaque couche de niveau, la température fût constante ainsi que la densité. Cela n'a jamais lieu, parce que le soleil échauffe inégalement les différents points de la surface terrestre et de chaque couche atmosphérique ; aussi existe-t-il des vents permanents qu'on observe près de l'équateur ; et, dans les hautes latitudes, l'air est irrégulièrement, mais toujours plus ou moins agité.

92. En supposant l'atmosphère en repos, la pression exercée par elle sur une surface plane quelconque, horizontale, verticale ou inclinée, de haut en bas, ou de bas en haut, aurait pour mesure, d'après les lois de l'hydrostatique, le poids d'une colonne d'air ayant pour base la surface pressée, et pour hauteur la distance de son centre de gravité aux limites de l'atmosphère. On peut conclure de là, qu'en raison de la hauteur considérable de l'atmosphère, cette pression est la même dans tous les sens.

Mais il nous est impossible de la mesurer *à priori*, soit parce que nous ne connaissons ni la hauteur exacte de l'air atmosphérique, ni la loi du décroissement de sa densité, soit enfin parce que l'état plus ou moins agité de l'air, sa température et son degré d'humidité variables modifient sans cesse cette pression. Ayons donc recours à l'expérience.

L'instrument destiné à mesurer la pression atmosphérique s'appelle *baromètre*. Voici le principe de sa construction :

Dans un vase contenant du mercure on plonge un tube de verre ouvert à ses deux bouts ; le liquide conserve le même niveau dans le tube et au dehors. Mais si l'on verse de l'eau autour de ce tube, cette eau ne pouvant exercer aucune pression sur la surface intérieure du mercure, le niveau s'élèvera dans le tube jusqu'à ce que la pression de la colonne de mercure soulevée intérieurement fasse équilibre à la pression exercée par l'eau sur la surface extérieure de ce liquide. D'après les lois de l'équilibre des liquides dans les vases communicants, les hauteurs des colonnes d'eau et de mercure, qui se font mutuellement équilibre, seront en raison inverse de leurs densités ou :: 13,59 : 1.

Supposons maintenant qu'au lieu de verser de l'eau autour du tube, on ait, par un moyen quelconque, privé entièrement ce tube d'air et qu'on l'ait fermé à la partie supérieure. La surface intérieure du mercure étant soustraite à la pression que le fluide exerce sur les parties environnantes, le mercure devra s'élever dans le tube jusqu'à ce que la pression

exercée par la colonne soulevée, sur l'unité de surface, soit
égale à celle que l'air atmosphérique exerce sur cette même
surface.

Fig. 29.

Pour en faire l'expérience, on prend un tube de verre
d'environ 30 pouces de longueur, fermé à l'une de ses extrémités; on le remplit de mercure, puis, après avoir posé le
doigt sur l'extrémité ouverte, on le renverse dans une cuvette
pleine du même liquide. On voit aussitôt le mercure descendre jusqu'à une certaine hauteur à laquelle il s'arrête, et une
colonne de 28 pouces environ reste suspendue dans le tube,
au-dessus du niveau extérieur. On en conclut que la pression
atmosphérique sur une surface donnée équivaut au poids
d'une colonne de mercure ayant pour base la surface pressée
et pour hauteur à peu près 28 pouces ou 76 centimètres.

93. Si, au lieu de mercure, on se sert d'un autre liquide,
la hauteur de la colonne liquide qui fera équilibre à la pression de l'atmosphère, sera en raison inverse de sa densité.
Pour l'eau, par exemple, cette hauteur serait $0^m,76 \times 13,59 = 10^m,330$, ou environ 32 pieds.

94. La pression exercée par une colonne liquide dépendant
uniquement de sa hauteur verticale et de l'étendue de la surface pressée, la hauteur barométrique est absolument indépendante de la forme du tube et même de son diamètre, pourvu
qu'il ne soit pas capillaire. (*Voyez* chapitre Ier, liv. 2.)

95. Enfin, la hauteur de la colonne barométrique doit diminuer à mesure qu'on s'élève dans l'atmosphère, puisqu'on se
trouve alors soustrait au poids de toutes les couches d'air
placées au-dessous de soi. Ces faits ont été vérifiés par expérience; le dernier sert de principe à la mesure des hauteurs
par le baromètre (nº 100).

96. Dans la construction du baromètre, on a choisi de préférence le mercure: 1º à cause de sa grande densité;
2º parce qu'il est très-peu volatil; 3º parce qu'il ne mouille
pas le verre; 4º parce qu'on peut partout et en tout temps
l'obtenir au même degré de pureté.

Construction du
baromètre.

Un baromètre, quelle que soit sa forme, ne saurait être
parfait qu'autant que l'intérieur du tube sera: 1º parfaitement
sec; 2º entièrement purgé de tout l'air qui pourrait adhérer
à ses parois; car l'air ou la vapeur d'eau, en passant dans la
chambre barométrique, exercerait sur la colonne mercurielle
une force élastique qui déprimerait cette colonne.

C'est pour atteindre ce double but que l'on doit faire bouillir peu à peu tout le mercure, en chauffant successivement
toutes les parties du tube que l'on tient dans une position
légèrement inclinée. On doit, en outre, se servir de mercure bien pur et renverser l'instrument, quand il est rem-

pli, dans une cuvette contenant du mercure bouilli et distillé.

97. On distingue, quant à la forme, deux espèces de baromètres : 1° les baromètres à cuvette ; 2° les baromètres à siphon.

Fig. 29.

Pour graduer le baromètre à cuvette ordinaire, destiné à ne pas sortir du cabinet, on adapte au trumeau de bois qui porte le tube une échelle verticale dont le zéro correspond au niveau habituel du mercure dans la cuvette ; le niveau supérieur s'observe au moyen d'un vernier. La cuvette doit avoir des dimensions assez grandes pour que les variations de niveau du mercure dans le tube n'entraînent que des changements inappréciables dans le niveau inférieur, auquel le zéro de la division est toujours censé correspondre.

98. Dans le baromètre portatif de Fortin, la cuvette est munie d'un fond mobile en peau de daim, qu'une vis peut élever ou abaisser à volonté. La division est tracée sur un étui en cuivre qui enveloppe le tube, et le zéro correspond à l'extrémité d'une pointe d'ivoire fixe qui pénètre par le couvercle dans la cuvette. A chaque observation on doit soulever le fond mobile jusqu'à ce que le niveau du mercure rase l'extrémité de la pointe d'ivoire.

99. Le tube du *baromètre à siphon* est un tube recourbé à deux branches inégales. La plus courte, qui est ouverte, tient lieu de cuvette. La hauteur de la colonne mercurielle, qui fait équilibre à la pression de l'air extérieur, est la distance verticale des deux niveaux.

Le seul baromètre à siphon qui puisse servir à des recherches scientifiques est celui dont les deux branches ont le même diamètre. La capillarité du tube n'a, dans ce cas, aucune influence sur la hauteur barométrique. Cette hauteur se mesure à l'aide d'une échelle verticale dont le zéro peut être placé, soit entre les deux niveaux, soit au-dessous du niveau inférieur. Il faut alors faire deux observations qui consistent à lire la distance verticale du zéro au niveau supérieur et sa distance au niveau inférieur ; dans le premier cas, on fait la somme, dans le second la différence des deux distances observées.

Pour rendre cet instrument portatif, M. Gay-Lussac a imaginé de réunir les deux branches du siphon par un tube capillaire : la courte branche est fermée et ne communique avec l'air extérieur que par un orifice conique très-étroit *o*, dont la pointe est rentrante. Lorsqu'on ne se sert plus de l'instrument, on le renverse de manière à faire passer le mercure dans la longue branche ; s'il y a un excès de liquide, il tombe dans la petite et ne peut pas sortir, à moins d'un choc violent, par l'orifice capillaire *o*, en supposant même qu'il reste assez de mercure pour couvrir cet orifice. Pour remettre le baromètre en expérience, on le retourne avec précaution ; et comme dans un tube capillaire deux fluides ne peuvent pas se livrer passage l'un au travers de l'autre, le mercure descend tout d'une pièce, sans permettre à l'air de passer dans la chambre barométrique, auquel cas l'instrument ne pourrait plus servir.

L'appareil est enfermé dans un étui métallique muni de deux fentes longitudinales parallèles, destinées à laisser voir les deux niveaux. Deux curseurs mobiles, faisant l'office de vernier, permettent de calculer la distance de ces niveaux à moins d'un dixième de millimètre. Le baromètre de Gay-Lussac est très en usage dans les voyages, à cause de sa légèreté et de la promptitude avec laquelle se font les observations.

Il existe un baromètre, nommé baromètre à cadran, qui est assez usité dans les salons et les lieux publics ; ce baromètre, qui n'est autre chose qu'un baromètre à siphon, marque sur un cadran, au moyen d'une aiguille mobile autour d'un axe, les variations de la pression atmosphérique. On a marqué sur ce cadran les mots *beau, variable, pluie*, etc., et l'on fait en sorte que ces mots correspondent le mieux possible à la pression sous laquelle ces phénomènes ont ordinairement lieu. L'aiguille est mise en mouvement par les oscillations d'un petit flotteur en fer qui plonge dans le mercure de la branche ouverte. A ce flotteur est attaché un fil passé sur une petite poulie fixée à l'axe de l'aiguille, et un contre-poids est lié à l'autre extrémité du fil afin de le tenir toujours tendu.

Baromètre à cadran.

100. La hauteur moyenne du baromètre, au niveau de la mer, est de 0m,76. La pression d'une pareille colonne de mercure équivaut à celle d'une colonne d'eau de 10m,330, ce qui donne une pression moyenne de 103 kil.,30 par décimètre carré, ou environ 1 kilog. par centimètre carré. Si l'on calcule la pression que l'air exerce sur la surface du corps d'un homme de moyenne taille, on trouve le poids énorme de 18000 kilog. Il y a des poissons qui vivent à 2 ou 300 pieds au-dessous de la surface des mers, soumis à une pression proportionnellement beaucoup plus forte.

Hauteur moyenne.

Lorsqu'on s'élève dans l'atmosphère au-dessus du niveau de la mer, sur le sommet d'une montagne, par exemple, la colonne de mercure dans le baromètre descend graduellement, suivant une loi que le calcul apprend à déterminer et qui permet de mesurer avec une grande exactitude, au moyen de cet instrument, les hauteurs verticales des différentes stations où on

Mesure des hauteurs par le baromètre.

l'aura transporté (1). Au sommet du Grand-Saint-Bernard, la hauteur barométrique se réduit à 0m,57; elle n'est plus que de 0m,417 au sommet du Mont-Blanc.

§ 2. — Pressions exercées par les gaz en vertu de leur expansibilité.

rce élastique.

104. On appelle *tension* ou *force élastique* d'un gaz la pression qui s'exerce, également et dans tous les sens, autour de chacune de ses molécules, en vertu de la répulsion mutuelle et constante à laquelle elles sont soumises.

le est égale à pression supportée.

Dans une grande masse gazeuse en équilibre, comme l'atmosphère, la tension ou force expansive des molécules est, en chaque point, égale à la pression due à la pesanteur de la colonne d'air qui est au-dessus; car elle lui fait équilibre. — Ainsi, qu'on plonge dans l'eau un large tube ouvert à ses deux bouts, l'eau aura le même niveau au-dedans et au-dehors du tube; qu'on ferme alors la partie supérieure du tube, afin d'isoler la masse d'air contenue dans son intérieur, le niveau du liquide dans le tube n'aura pas changé. Ce qui prouve que la force élastique du gaz intérieur est égale à la pression de l'atmosphère avec laquelle il était précédemment en communication.

le varie avec le olume du gaz.

Mais si l'on comprime l'air intérieur, ou si au contraire on le dilate en aspirant, sa tension changera. Dans le premier cas, elle augmentera, et le niveau du liquide baissera dans le tube au-dessous du niveau extérieur; dans le second cas, elle diminuera, et la pression extérieure fera monter l'eau dans le tube, jusqu'à ce que le poids de la colonne liquide soulevée compense la perte de tension provenant de l'augmentation de volume.

On voit d'après cela que la force élastique d'un gaz est indépendante de son poids, mais qu'elle a une relation importante avec le volume qu'on lui fait occuper. Cette relation est connue sous le nom de *loi de Mariotte*. En voici l'énoncé :

(1) La formule relative à la mesure des hauteurs par le baromètre ne pouvant être complètement et rigoureusement démontrée que par une analyse élevée, je me borne à la citer : la distance verticale x de deux points situés à la latitude λ, a pour expression : $x = 18393^m$ $[1+0,002837 \cos 2\lambda][1+0,002(T+T')]\left[\log. h - \log. h'\left(1+\frac{t-t'}{5550}\right)\right]$; dans laquelle T et T' désignent les températures de l'air, t et t' celle du baromètre, à la station supérieure et à la station inférieure, h et h' les hauteurs correspondantes de la colonne mercurielle.

102. Les volumes occupés par une masse donnée de gaz, à
une température constante, sont en raison inverse des pressions qu'elle supporte.

Pour démontrer cette loi, on se sert d'un tube recourbé en Fig. 33.
forme de siphon. La courte branche est fermée et divisée en
parties d'égale capacité. La plus longue est ouverte et divisée
en parties d'égale longueur. On verse d'abord un peu de mercure de manière à remplir la courbure du tube, et on parvient,
par tâtonnement, à mettre les deux niveaux sur un même
plan horizontal. Alors il est évident que l'air contenu dans la
branche fermée possède une force élastique exactement égale à
la pression de l'atmosphère. — Cela posé, on versera du mercure dans la grande branche jusqu'à ce que le volume de l'air
intérieur soit réduit de moitié. Cet air supportera alors une
pression atmosphérique, plus la pression de la colonne de
mercure comprise entre le niveau supérieur et le prolongement horizontal du niveau inférieur. Or, on trouve que cette
hauteur est exactement égale à celle du mercure dans le baromètre, et par suite qu'elle équivaut à une pression atmosphérique ; d'où l'on voit que, lorsque la pression supportée par le
gaz est double, son volume est deux fois moindre ; on verrait
de même que, pour une pression triple, le volume se réduirait au tiers, et ainsi de suite.

MM. Arago et Dulong ont démontré, par expérience, que
la loi de Mariotte est vraie pour l'air jusqu'à 27 atmosphères,
et tout porte à croire qu'elle l'est encore au-delà.

La loi de Mariotte est également vraie pour des pressions Fig. 34.
moindres qu'une atmosphère. Pour le prouver, on prend un
tube de verre contenant un peu d'air, et renversé dans un
manchon plein de mercure. On enfonce d'abord le tube de
manière que les niveaux intérieur et extérieur soient sur un
même plan horizontal ; alors l'élasticité de l'air intérieur est
égale à la pression atmosphérique ; puis on soulève le tube,
de manière que le volume de l'air intérieur devienne double
de ce qu'il était : le mercure monte alors dans le tube au-
dessus du niveau extérieur, d'une quantité égale à la moitié
de la hauteur barométrique. Or, comme la pression de cette
colonne soulevée, jointe à la force élastique de l'air raréfié,
fait équilibre à la pression atmosphérique, il s'ensuit que la
force élastique du gaz, dont le volume a doublé, n'est plus
que d'une demi-pression ou a été réduite à la moitié de ce
qu'elle était d'abord.

103. Dans les expériences qui précèdent, le poids du gaz
ne change pas ; donc sa densité varie en raison inverse de son
volume (n° 76). Et puisque le volume varie en raison inverse
de la pression, il en résulte que *la densité d'un gaz est propor-*

tionnelle à la pression qu'il supporte. Il en est de même de son poids sous un volume constant.

limites de la loi de Mariotte.

104. La loi de Mariotte est admise pour tous les gaz secs, simples ou composés, et même pour les vapeurs, tant que ces gaz ou ces vapeurs n'ont pas atteint ou ne sont pas près d'atteindre le point de leur liquéfaction. Mais elle est réellement en défaut pour tous ces gaz, quand on les soumet à une très-forte compression et à une très-basse température; car la plupart perdent alors l'état gazeux pour se transformer en liquides. Elle deviendrait probablement aussi inexacte, par une tout autre cause, sous de très-petites pressions et à de très-hautes températures; car la répulsion que les molécules des gaz exercent entre elles étant une force qui ne se manifeste qu'à de très-petites distances, lorsque ces molécules auront été suffisamment écartées les unes des autres, par la chaleur, ou par la diminution de pression, ou par ces deux causes réunies, la force expansive disparaîtra. Les gaz seront alors dans un état analogue à celui des liquides. Il est très-probable que l'air, aux limites de l'atmosphère, se trouve dans des conditions de ce genre.

sure de l'élasticité des gaz.

105. Le moyen le plus exact que l'on ait de mesurer la tension d'un gaz, c'est de chercher quelle est la hauteur de la colonne liquide à laquelle elle peut faire équilibre.

Fig. 35.

Pour les gaz dont l'élasticité diffère peu de la pression atmosphérique, on peut se servir d'un baromètre ordinaire AB dont la cuvette est placée dans le réservoir où le gaz est contenu. Si l'on raréfie le gaz, le mercure descendra, et la hauteur de la colonne barométrique mesurera toujours l'élasticité intérieure. On pourrait aussi estimer cette force élastique à l'aide d'un tube deux fois recourbé CDE contenant du mercure dans la courbure inférieure, et dont la longue branche ouverte plongerait dans le gaz. Dans ce cas, la différence des deux niveaux mesurera l'excès de la pression extérieure sur la pression intérieure. Aussi on reconnaît que la raréfaction de l'air intérieur fait monter le mercure dans la branche du milieu au-dessus du niveau extérieur E, d'une quantité égale à celle dont il baisse dans le baromètre AB. — Enfin, pour les gaz très-raréfiés, on se sert d'un baromètre tronqué. (*Voyez* n° 111.)

Manomètres.

Quand on veut mesurer la tension d'un gaz fortement comprimé, ou les pressions qui s'exercent dans les chaudières des machines à feu, on emploie des *manomètres;* ils sont tous fondés sur la loi de Mariotte. Le plus simple est représenté dans la *fig.* 36 : il consiste en un tube *abcd* deux fois recourbé; la branche *a* est fermée et contient de l'air sec; la courbure *b* contient du mercure jusqu'à une certaine hauteur,

Fig. 36.

et la branche ouverte d est en communication avec le gaz ou la vapeur comprimée. Quand les niveaux du mercure sont sur le même plan horizontal, la pression de l'air dans le manomètre est égale à celle de l'atmosphère. Si la pression augmente dans la chaudière, le mercure monte dans le tube manométrique, et la différence des niveaux jointe à l'augmentation de la pression de l'air du manomètre, déduite de son volume, fait connaître la pression intérieure. On peut graduer d'avance le tube a, de manière à lire immédiatement sous quel nombre d'atmosphères ou de fractions d'atmosphère on opère.

106. Lorsque deux fluides élastiques sont en communication l'un avec l'autre, et qu'ils sont sans action chimique mutuelle, ils se mêlent toujours dans toutes leurs parties, au bout d'un certain temps, quelle que soit la différence de leurs poids spécifiques; de telle sorte que, dans chaque partie du volume total, il entre les mêmes proportions de l'un et de l'autre gaz. Berthollet a fait cette expérience avec deux ballons à robinet remplis, l'un de gaz hydrogène, l'autre d'acide carbonique; le premier était vissé au-dessus du second. L'appareil ayant été placé dans les caves de l'Observatoire, les robinets furent ouverts; et en peu de temps on reconnut par l'analyse que les deux gaz s'étaient intimement et uniformément mélangés. — Le mélange s'opère avec d'autant plus de rapidité que la différence des densités est plus grande.

Lorsque le mélange des deux gaz s'opère, à égalité de température, dans un vase à parois inextensibles, on trouve toujours que la force élastique du mélange est égale à la somme des forces élastiques des gaz mélangés, calculées d'après le nouveau volume qu'ils occupent.

Lorsque le vase où l'on fait le mélange est extensible, et que les deux gaz sont soumis l'un et l'autre à la pression atmosphérique, la force élastique du mélange est égale à cette même pression; mais le volume de ce mélange est égal à la somme des volumes mélangés.

La loi de Mariotte est applicable à tous les mélanges de gaz, comme à tous les gaz simples.

§ 3. — Instruments fondés sur les propriétés de l'air.

107. La *machine pneumatique* est un instrument destiné à faire le vide dans un espace donné, où du moins à raréfier beaucoup l'air qu'il contient. Elle a été inventée par Otto de Guéricke, bourgmestre de Magdebourg, en 1650.

Mélange des gaz.

Machine pneumatique.

a description.

Fig. 37.

Cette machine, considérée dans son plus grand état de simplicité, se compose :

1° D'un cylindre ABCD, en verre ou en métal, appelé *corps de pompe* ;

2° D'un *piston* P, espèce de bouchon solide dont la circonférence est garnie d'un ou de plusieurs anneaux de cuir huilé, et qu'une tige fait monter ou descendre dans le corps de pompe ABCD ; il est essentiel qu'il y ait constamment coïncidence parfaite entre les parois concaves du cylindre et les parois convexes du piston ;

3° A l'extrémité inférieure du corps de pompe est soudé un tube plus étroit EF qu'on nomme tuyau d'aspiration, et qui, après s'être deux fois recourbé, vient s'ouvrir au centre d'un plateau horizontal en verre parfaitement dressé MN, que l'on nomme le *plan de glace* ou la *platine* de la machine pneumatique. Sur ce plateau se placent les vases ou *récipients* dans lesquels on se propose de faire le vide ; ces récipients sont quelquefois des ballons à robinet que l'on visse au centre de la platine ; le plus souvent ce sont des cloches en verre R dont les bords sont dressés parfaitement pour s'appliquer sur le plan de glace, et que l'on enduit préalablement d'une couche de graisse ou de suif pour mieux établir la coïncidence.

4° Enfin deux soupapes complètent le mécanisme. — L'une, S est placée au point de jonction du corps de pompe avec le tuyau d'aspiration : c'est une espèce de diaphragme mobile, qui s'ouvre de bas en haut de manière à établir ou à intercepter à volonté la communication entre le tuyau d'aspiration et le corps de pompe. L'autre soupape S′ est placée dans le piston lui-même ; ce piston est creusé à l'intérieur, en forme de canal dont la base est fermée par un diaphragme qui s'ouvre, comme le premier, de bas en haut, et se ferme quand il est pressé de haut en bas.

eu de la machine.

Cela posé, voici le jeu de la machine. — Imaginons d'abord que le piston soit au plus bas point de sa course, c'est-à-dire que la base inférieure touche le fond horizontal du corps de pompe, et soulevons ce piston : nous formerons ainsi un vide au-dessous de lui ; la soupape du piston restera fermée à cause de la pression de l'air extérieur. La soupape du tuyau d'aspiration, n'étant plus pressée de haut en bas, s'ouvrira à cause de la force élastique qu'exerce sur elle l'air contenu dans le tuyau d'aspiration et dans le récipient. Cet air, se répandant uniformément dans tout l'espace qui lui est offert, augmentera donc de volume et diminuera de densité.

Les choses étant dans cet état, la soupape inférieure retombe en vertu de son poids, et l'air du corps de pompe se trouve séparé de celui du récipient. Si nous abaissons alors le piston, l'air qui est au-dessous de lui va se comprimer de plus en plus, et lorsque l'élasticité de ce gaz sera devenue capable de vaincre et la pression de l'air extérieur qui pèse sur la soupape du piston et le poids de cette soupape, elle la forcera de s'ouvrir, et l'air du corps de pompe sera chassé dans l'atmosphère.

Voilà donc maintenant le piston redescendu au plus bas point de sa course; qu'on le relève, et un second *coup de piston* semblable au premier donnera naissance à la même série de phénomènes.

108. On voit par là comment chaque coup de piston enlève une partie de l'air contenu dans le récipient. La raréfaction de cet air s'opère, en outre, suivant une loi facile à découvrir. Admettons que la capacité du corps de pompe, comprise entre le fond du cylindre et la base du piston élevé au plus haut point de sa course, soit la cinquième partie de la capacité du tuyau d'aspiration et du récipient réunis. Après la première ascension du piston, le volume de l'air intérieur qui était 5 sera devenu 6, et, en abaissant le piston, il sortira $1/6$ de la masse totale; un deuxième coup de piston fera sortir $1/6$ de ce qui reste; un troisième enlèvera la sixième partie du nouveau reste, et ainsi de suite. Les restes successifs et les quantités d'air soustraites à chaque fois formeront donc une progression géométrique décroissante à l'infini.

Loi de la raréfaction de l'air.

109. Après un certain nombre de coups de piston, les meilleures machines pneumatiques cessent de raréfier l'air. Les obstacles qui s'opposent à ce que l'on puisse pousser cette raréfaction au-delà d'une certaine limite sont les suivants :

Limite de la raréfaction de l'air.

1o Il est impossible d'ajuster avec assez de perfection toutes les pièces de la machine pour qu'elles *tiennent le vide*, c'est-à-dire ne laissent pas rentrer l'air dans le récipient ou dans le corps de pompe ;

2o Il est également impossible de travailler le piston et les soupapes de manière que, le piston étant arrivé au plus bas point de sa course, tous les points de sa base inférieure soient en contact avec ceux de la base du cylindre. Il restera donc entre ces deux surfaces une petite couche d'air qu'on ne pourra pas expulser.

En appelant v son volume, V celui qu'elle prend quand le piston est au plus haut point de sa course, sa tension, d'abord égale à la pression atmosphérique P, deviendra $P\dfrac{v}{V}$, et dès que l'air du récipient n'aura plus qu'une élasticité égale à cette limite, il cessera de se raréfier ;

3o En outre, les soupapes ayant toujours un certain poids, il faut un certain effort pour les soulever; ainsi, quand l'air sera parvenu à un degré très-grand de raréfaction, on conçoit que l'élasticité de l'air du récipient sera insuffisante pour soulever la soupape du tuyau d'aspiration, et l'élasticité de l'air du corps de pompe insuffisante, malgré la compression que cet air éprouve, pour soulever la soupape du piston qui supporte tout le poids de l'atmosphère.

Pour remédier autant que possible à ces inconvénients, voici les dispositions que l'on adopte :

D'abord on enduit le piston d'une couche d'huile, pour éviter que l'air puisse passer entre les parois du piston et celles du corps de pompe.

Ensuite on fait la soupape du piston très-légère et se noyant, aussi parfaitement que possible, dans la surface qui le termine. Cette soupape est quelquefois une simple rondelle de cuir retenue par deux points opposés de sa circonférence.

Enfin on se sert, pour fermer l'orifice du tuyau d'aspiration, d'une soupape à tige. L'ouverture du tuyau est conique ; un petit cône métallique semblable, construit de manière à s'y engager exactement, est fixé à l'extrémité d'une tige de cuivre qui passe, à frottement dur, dans l'intérieur du piston, à travers une boîte à cuir. D'après cette disposition, c'est le mouvement même du piston qui ouvre ou ferme la soupape du tuyau d'aspiration, indépendamment de l'élasticité de l'air intérieur. Un arrêt supérieur, contre lequel vient buter la tige de la soupape, limite la course qu'elle fait pendant l'ascension du piston.

110. Si l'on n'avait qu'un seul corps de pompe et qu'un seul piston, à mesure que le vide s'opérerait, la pression de l'air sur le piston s'opposerait avec une force de plus en plus grande à son ascension. Aussi a-t-on le soin d'accoupler deux pompes semblables ; les tiges des pistons sont à crémaillères et s'engrènent sur une roue dentée que l'on fait mouvoir à l'aide d'une manivelle, de sorte que l'un des pistons monte quand

l'autre descend. Par ce moyen, le pression de l'air sur les deux pistons favorise autant la descente de l'un qu'elle gêne l'ascension de l'autre. Le vide s'opère en outre avec plus de rapidité. Le tuyau d'aspiration, qui communique avec le récipient, doit se bifurquer près des deux corps de pompe, et se terminer dans chacun d'eux par une ouverture conique destinée à recevoir la soupape correspondante.

111. On ajoute encore aux machines pneumatiques une *éprouvette* (c'est le terme consacré) destinée à évaluer le degré de raréfaction de l'air. C'est une éprouvette en verre communiquant avec le tuyau d'aspiration, et par conséquent avec le récipient, et qui porte un petit *baromètre à siphon tronqué* de 5 ou 6 pouces de hauteur. Lorsque l'air intérieur est suffisamment raréfié, le mercure qui remplissait la branche fermée commence à y descendre et à s'élever dans la branche ouverte.

La différence des niveaux mesure alors la force élastique de l'air restant. — Si l'on voulait pouvoir apprécier toutes les phases par lesquelles elle passe, on pourrait adapter au tuyau d'aspiration un tube barométrique entier, plongeant dans un bain de mercure (n° 105).

Les anciennes machines ne faisaient le vide qu'à 2 millimètres ; M. Babinet a inventé récemment un mécanisme qui permet de raréfier l'air jusqu'à moins d'un millimètre de pression. C'est encore loin du vide barométrique, vide le plus parfait que nous puissions produire, et qui cependant n'est pas encore le vide absolu, à cause de la petite quantité de vapeur mercurielle qui s'y forme.

112. Parmi les nombreuses expériences que l'on peut faire avec la machine pneumatique, je citerai de préférence celles qui peuvent nous donner une idée de la pression qu'exerce l'air atmosphérique. Expériences.

Otto de Guéricke fit avec sa machine l'expérience très-connue des hémisphères de Magdebourg. Ce sont deux hémisphères creux en métal qui peuvent se juxtaposer à l'aide d'une bande de cuir enduit de suif. L'un d'eux est muni d'un tuyau à robinet. Tant qu'ils sont pleins d'air, ils se séparent avec facilité ; mais aussitôt qu'on y fait le vide, ils adhèrent avec une force que deux hommes, tirant en sens contraire, ne peuvent pas vaincre. Hémisphères de Magdebourg. Fig. 41.

En effet, supposons que la section de la sphère soit de 3 décimètres carrés, la pression de l'air sur 1 décimètre carré étant 103^{kil},30, la pression supportée par chaque hémisphère de dehors en dedans sera de 310^{kil}.

Le crève-vessie consiste en un cylindre de verre fermé à une extrémité par une membrane tendue ; l'autre extrémité, dont les bords sont usés à l'émeri, s'applique sur le plan de glace de la machine. Quand on fait le vide dans l'intérieur, on voit, par l'excès de la pression extérieure, la vessie se creuser de dehors en dedans ; bientôt elle se brise, et l'air, rentrant avec impétuosité, produit une forte détonation. Crève-vessie. Fig. 42.

Des expériences fort simples, montrent encore que l'air est nécessaire à la vie, à la respiration et à la combustion ; qu'il y a de l'air dissous dans l'eau, et que sans cet air les poissons n'y pourraient pas vivre.

113. La machine de compression est identiquement semblable à la machine pneumatique, à cela près uniquement que les soupapes du piston et du corps de pompe s'ouvrent l'une et l'autre, quand elles sont pressées, de haut en bas, au lieu de s'ouvrir de bas en haut. Machine de compression. Fig. 43.

Le piston étant supposé au plus bas point de sa course, si on le soulève, la soupape inférieure se tiendra fermée par la Jeu de la machine.

pression de l'air intérieur. Au-dessous du piston il se formera
un vide qui sera immédiatement rempli par l'air extérieur,
lequel forcera la soupape du piston à s'ouvrir. En abaissant le
piston, la soupape de ce piston restera évidemment fermée,
tandis que l'air comprimé qui est au-dessous ouvrira la soupape du corps de pompe et passera tout entier dans le récipient. Chaque coup de piston produira le même effet et fera
pénétrer dans le récipient la même quantité d'air. Il en résulte
que la masse d'air condensée dans le réservoir croîtra comme
les termes d'une progression arithmétique.

Fig. 44.

114. On se sert assez souvent de pompes foulantes dont le
piston n'a point de soupape; il est plein. Alors on pratique
vers le haut de la paroi du corps de pompe un orifice latéral
qui est placé un peu au-dessous de la limite supérieure de la
course du piston. Quand on soulève le piston, il se forme au-
dessous de lui un vide qui se trouve rempli aussitôt que ce
piston s'est élevé au-dessus de l'orifice; en abaissant le piston,
l'air intérieur, n'ayant plus d'issue, se comprime, ouvre la
soupape inférieure et passe dans le réservoir.

**Fontaine de com-
pression.
Fig. 45.**

Si, à l'aide de la pompe foulante (*fig.* 44), on comprime fortement de l'air dans un vase rempli d'eau environ aux trois
quarts, et muni d'un tube qui plonge dans l'eau et qui s'ouvre
à l'extérieur par un orifice capillaire (*fig.* 45), à l'instant où
l'on ouvrira le robinet qui ferme ce tube, l'eau s'élancera avec
violence, et formera un jet d'autant plus élevé que la compression de l'air intérieur sera plus grande. Cette disposition
est réalisée dans la *fontaine à air comprimé.*

Fusil à vent.

Dans le fusil à vent, la crosse fait l'office de réservoir d'air.
Elle est munie d'une soupape qui s'ouvre de dehors en dedans.
Une pompe foulante, semblable à celle qui vient d'être décrite,
se visse sur la crosse et sert à y comprimer l'air. — On ôte
alors la pompe pour lui substituer une espèce de batterie tellement disposée que, quand on lâche une détente, cette détente
pousse une tige horizontale qui force la soupape à s'ouvrir
pendant un instant et qui l'abandonne aussitôt. — Un jet de
gaz sort avec impétuosité et lance le projectile qui se trouve
devant lui. — Quand l'air a été fortement comprimé, on peut
tirer une vingtaine de coups sans recharger l'arme, et la
force de projection peut égaler celle de la poudre.

§ 4. — *Aérostation.*

**Extension du
principe
d'Archimède.**

115. Lorsque nous avons démontré que tout corps plongé
dans un fluide fait une perte de poids égale au poids du volume
de fluide déplacé, nos raisonnements étaient applicables aux

fluides aériformes aussi bien qu'aux liquides. Le principe d'Archimède est donc vrai pour les gaz, et il est inutile de le démontrer de nouveau. — J'en examine les conséquences.

1re *Conséquence.* — Quand on pèse un corps dans l'air, ce n'est pas son poids réel que l'on obtient, mais bien l'excès du poids du corps sur le poids du volume d'air qu'il déplace. — Pour rendre sensible la perte de poids faite par les corps plongés dans l'air, et son influence sur les pesées, on a construit une espèce de petite balance, appelée *baroscope*, dans laquelle une grosse boule creuse en métal fait équilibre à une autre boule métallique, mais massive et d'un bien plus petit diamètre. Il est évident que la grosse boule, déplaçant un plus grand volume d'air, fait la plus grande perte de poids, et que par conséquent il faut qu'elle pèse plus que la petite pour lui faire équilibre. Aussi, quand on place l'appareil sous la machine pneumatique et qu'on fait le vide, on rend à chaque boule le poids qu'elle perdait dans l'air; on leur rend donc des poids inégaux, et l'équilibre est rompu en faveur de la boule la plus volumineuse.

Baroscope.

2me *Conséquence.* — Quand un corps est plongé dans l'air, trois cas peuvent se présenter :

Corps plongés dans l'air.

1o Le corps plongé pèse plus que l'air sous le même volume. — Alors il tombe avec une force égale à l'excès de son poids sur la poussée du fluide.

2o Le corps plongé pèse autant que l'air qu'il déplace. — Alors la poussée du fluide fait équilibre au poids du corps, et ce corps reste suspendu dans l'atmosphère.

3o Le corps plongé pèse moins que l'air déplacé. — Dans ce cas, le corps plongé s'élève, et sa force ascensionnelle a pour mesure l'excès du poids de l'air déplacé sur le poids du corps plongé. C'est ce qui arrive pour l'air chaud, la vapeur d'eau. C'est aussi le cas des aérostats ou ballons. A mesure que le corps monte, il parvient dans des couches d'air de plus en plus rares, de sorte que, la poussée du fluide diminuant progressivement, il arrive un instant où l'équilibre existe entre le poids du corps et celui de l'air déplacé.

Aérostats.

Un ballon se compose d'une enveloppe flexible en papier, ou mieux en taffetas gommé. Quand elle est gonflée, elle a en général une forme sphéroïdale ; l'hémisphère supérieur est recouvert d'un réseau de cordes auquel est suspendue la nacelle qui doit porter l'aéronaute, le lest et les instruments d'observation.

L'enveloppe doit être remplie avec un gaz plus léger que l'air. Les premiers ballons furent inventés par Montgolfier en 1783; on les gonflait avec de l'air chaud. A cet effet on ménageait à la partie inférieure du ballon une ouverture au-

Montgolfières.

dessous de laquelle on brûlait de la paille ou du papier. La *montgolfière* une fois remplie, la chaleur du gaz enfermé dans l'enveloppe était entretenue par un foyer que l'aéronaute alimentait jusqu'au moment où il voulait redescendre.

Ballons à gaz hydrogène.

Charles a substitué avec avantage à l'air chaud le gaz hydrogène, le plus léger de tous les corps connus. Il pèse environ quatorze fois moins que l'air. On le prépare en faisant réagir sur du zinc ou sur de la limaille de fer de l'eau et de l'acide sulfurique. — Quand on se sert de gaz hydrogène, l'enveloppe de l'aérostat doit être fermée de toutes parts. Au moment du départ, le ballon ne doit pas être entièrement gonflé, parce que l'expansion qu'il prendrait en parvenant dans les hautes régions de l'atmosphère, où l'air est très-raréfié, pourrait déterminer la rupture de l'enveloppe. Enfin on adapte à la partie supérieure du ballon une soupape que l'aéronaute manœuvre, comme il le veut, à l'aide d'une corde qui se rend jusque dans la nacelle. Quand on l'ouvre, une partie du gaz s'échappe et la force ascensionnelle diminue: l'aérostat tend à descendre. Dans le cas où l'on veut au contraire s'élever, on vide les sacs de sable qui servaient à lester le ballon. Enfin, en cas d'accident, on se munit encore d'un parachute, espèce de vaste parapluie en toile vernie d'une très-grande force, qui se déploie par la résistance de l'air, et ralentit progressivement la chute de la nacelle qui lui est suspendue.

Voyages aérostatiques.

Un des voyages aérostatiques les plus célèbres qui aient été entrepris dans un but scientifique est celui qu'effectua M. Gay-Lussac, en 1804. Cet intrépide observateur s'éleva à une hauteur d'environ 7000 mètres, la plus grande à laquelle l'homme soit parvenu. — A cette hauteur, le baromètre descendit de 76$^{cent.}$,52 à 32$^{cent.}$,88. Le thermomètre, qui au moment du départ marquait 30°, descendit à 10° au-dessous de zéro. La sécheresse de l'air dans ces hautes régions est si grande, que toutes les substances hygrométriques, le papier, le parchemin, perdent leur humidité, se tordent, se tourmentent comme lorsqu'on les présentent au feu. Les principales recherches auxquelles M. Gay-Lussac se livra dans son ascension furent relatives à la composition de l'air, à l'électricité amosphérique, à l'intensité magnétique du globe et au décroissement de la température. Parti du Conservatoire des arts et métiers, il descendit lentement dans les environs de Rouen, après six heures de navigation pendant lesquelles il avait parcouru plus de trente lieues en ligne horizontale.

CHAPITRE VII.

DE L'ÉCOULEMENT DES LIQUIDES.

116. L'hydrodynamique est la partie de la mécanique qui traite du mouvement des fluides. Nous examinerons un seul cas particulier de l'écoulement des liquides.

Nous supposerons qu'un liquide contenu dans un *réservoir* entretenu *constamment plein* s'écoule par un *orifice* libre, circulaire, pratiqué dans une *paroi mince* (1).

117. On démontre en mécanique que, dans cette hypothèse, la vitesse dont les molécules liquides sont animées à leur sortie de l'orifice est égale à celle qu'aurait acquise un corps pesant tombant, en chute libre, du niveau à l'orifice d'écoulement. — C'est en cela que consiste le *théorème de Toricelli*.

Pour vérifier l'exactitude de cette loi, il faut comparer la dépense effective, ou la quantité d'eau qui s'écoule dans un temps donné, à la dépense théorique, celle qui se déduit de la vitesse indiquée précédemment.

Or, la dépense effective s'obtient immédiatement en jaugeant le liquide écoulé.

Quant à la dépense théorique, on l'obtient en observant que le volume de liquide qui s'écoule serait, si les molécules conservaient la vitesse qu'elles ont à leur sortie, un cylindre ayant pour base l'orifice a qui est connu, et pour hauteur l'espace vt parcouru uniformément par un mobile, dans un temps t, avec la vitesse v d'écoulement.

Or, quand on compare la dépense effective avec la dépense calculée d'après le théorème de Toricelli, on trouve que la première n'est jamais que les 0,6 ou les 0,7 de la dépense théorique.

118. Cette différence tient au phénomène de la *contraction de la veine fluide*.

Voici en général comment sont constituées les veines liquides : considérons une veine fluide verticale de haut en bas, sortant par un orifice circulaire pratiqué dans le fond horizontal d'un vase, et suivons-la depuis sa naissance jusqu'au

Hydrodynamique.

Ecoulement par un orifice en mince paroi.

Théorème de Toricelli.

Moyen de vérifier cette loi.

Contraction de la veine fluide.

Veine verticale.

_____

(1) Nous renvoyons le lecteur, pour de plus amples développements, au traité d'hydraulique de M. d'Aubuisson de Voisins.

point où elle se divise et s'éparpille en gouttes ; nous reconnaîtrons alors qu'à l'orifice la veine a exactement le diamètre de cet orifice lui-même ; mais au delà elle va en se rétrécissant graduellement, si bien qu'à une distance égale à peu près au diamètre de l'orifice, sa section par un plan perpendiculaire à son axe, n'est plus que les $2/3$ environ de la section de l'orifice lui-même. Passé ce point, la veine ne s'élargit pas, comme on l'avait cru avant les expériences de M. Savart, mais elle continue à se rétrécir jusqu'à sa partie trouble.

Fig. 47.

La première partie de la veine *an*, qui touche à l'orifice, est calme, limpide, continue et semblable à un barreau de cristal. La seconde partie *nvn'v'* est agitée, trouble et irrégulière ; on y distingue une suite de renflements allongés dont le diamètre maximum est plus grand que celui de l'orifice. Dans cette seconde partie, le liquide n'est pas continu ; car, en se servant d'un liquide opaque (mercure), on voit au travers. M. Savart, à l'aide d'un appareil ingénieux, a fait voir qu'elle est formée d'une série de globules liquides, alternativement allongés ou aplatis, qui se suivent à des intervalles de temps assez courts pour produire une continuité apparente. Ces renflements annulaires prennent naissance sur la partie limpide elle-même, et sont engendrés par des pulsations qui ont lieu à l'orifice, et qui sont même assez rapides pour produire un son. La figure 48 montre, telle qu'elle est en réalité, la veine dont la figure 47 représente l'aspect apparent. Les ventres *v*, *v'* sont formés par des globules aplatis horizontalement, qui se déforment et s'allongent dans le sens vertical pour former les nœuds *n*, *n'*.

Veine horizontale ou oblique. La constitution des veines liquides lancées horizontalement, ou même obliquement de bas en haut, ne diffère pas essentiellement de celle des veines verticales de haut en bas.

Quelle que soit la direction de la veine, son diamètre décroît d'abord rapidement jusqu'à une petite distance de l'orifice. Ce décroissement continue jusqu'à la partie trouble dans les veines qui tombent verticalement ou qui se relèvent jusqu'à devenir horizontales. Si la veine va de bas en haut, sous une inclinaison de 25 à 45°, la contraction s'arrête près de l'orifice, et le reste de la partie limpide est à peu près cylindrique. Enfin le jet, s'approchant plus encore de la verticale, la contraction est suivie d'une dilatation.

Ces expériences de M. Savart ont démontré l'erreur que l'on avait commise autrefois en admettant que, dans tous les cas, il y avait un *maximum* de contraction auquel on donnait le nom de *section contractée*.

Cause de la contraction de la veine. 149. La contraction de la veine fluide a pour cause la convergence des filets liquides qui composent cette veine. En effet, si l'on met en suspension dans le liquide des corps réduits en poudre, ou si l'on y forme un léger précipité chimique qui ait à peu près la même densité que l'eau, ces petits corps en suspension rendront sensibles, par leur participation, les mouvements des molécules liquides. Or, l'expérience prouve qu'à partir d'une assez grande distance de l'orifice, dans l'intérieur du liquide, les molécules obéissent à une force entraînante qui les précipite vers cet orifice dans une infinité de directions convergentes ; il faut nécessairement que la convergence de ces mouvements se manifeste par un rétrécissement au dehors (1).

Il est visible, d'après cela, que les molécules, à leur sortie de l'orifice, ont des vitesses qui ne sont ni égales ni parallèles. Or, le théorème de Toricelli est établi dans l'hypothèse d'une vitesse commune à toutes, au sortir de l'orifice, vitesse qu'elles ne prennent en réalité que quand elles passent dans une section plus ou moins éloignée. Cela explique pourquoi le théorème de Toricelli se trouve en défaut, et montre que, pour obtenir par son emploi des résultats exacts, il faut réduire dans ce calcul l'orifice d'écoulement aux deux tiers environ de sa grandeur véritable. Le coefficient constant par lequel il faut ainsi multiplier la dépense théorique pour avoir sa dépense réelle, est appelé coefficient de contraction.

120. Le théorème de Toricelli étant admis, on en déduit les conséquences suivantes : — Conséquences du théorème de Toricelli.

1º La vitesse d'écoulement ne dépend que de la hauteur de la charge au-dessus de l'orifice, et nullement de la nature des liquides. — Car tous les corps, tombant de la même hauteur dans le vide, acquièrent la même vitesse. Ainsi, un vase mettra toujours le même temps à se vider, qu'il soit plein d'eau ou de mercure.

2º Les vitesses d'écoulement pour des charges différentes sont proportionnelles à la racine carrée des hauteurs du liquide au-dessus de l'orifice. Car on a $v = \sqrt{2gh}$. Un écoulement constant suppose donc un niveau constant.

121. On peut employer plusieurs moyens pour obtenir un écoulement constant de liquide. J'indiquerai les plus usités. — Écoulement constant.

La méthode du *trop plein* consiste tout simplement à alimenter le réservoir avec une source qui lui fournisse à chaque — Trop plein.

_____

(1) Si l'orifice est percé latéralement dans une paroi verticale, on voit le liquide se déprimer près de cette paroi, dès que le niveau s'est suffisamment abaissé. Si l'orifice est pratiqué au fond du vase, dans une paroi horizontale, on voit le liquide, dès qu'il est descendu à une petite distance du fond, s'arrondir en entonnoir. Cette déformation est plus prompte si le vase lui-même a la forme d'un entonnoir, ou si l'on imprime au liquide un mouvement de rotation. Ces mouvements n'ont pu jusqu'ici être analysés par le calcul.

instant plus de liquide qu'il n'en sort dans le même temps par l'orifice d'écoulement. L'excédant étant sans cesse obligé de s'écouler par un déversoir ménagé à la partie supérieure du vase, la hauteur du liquide y sera très-sensiblement constante.

122. Le *vase de Mariotte* régularise l'écoulement d'une manière fort simple et sans perdre de liquide.

Fig. 51.

Il se compose d'un flacon à large goulot, portant un orifice vers la partie inférieure de sa paroi. L'orifice étant fermé, on remplit le vase complètement de liquide; puis on ferme la tubulure avec un bouchon de liége traversé par un tube de verre ouvert à ses deux bouts qui plonge plus ou moins profondément dans le liquide.

Supposons d'abord que le tube de verre descende au-dessous de l'orifice o, et voyons ce qui doit arriver si on débouche cet orifice. — Le liquide contenu dans le tube tt' va s'écouler, mais l'écoulement s'arrêtera aussitôt que le niveau dans le tube aura atteint le plan horizontal qui passe par l'orifice. (On suppose toutefois l'orifice o assez petit pour que l'air extérieur ne puisse pas diviser la masse liquide et rentrer par cette ouverture.) Que faut-il en effet pour qu'il y ait équilibre et que l'écoulement s'arrête? Que la pression extérieure qui s'oppose à l'écoulement soit égale à la pression intérieure qui tend à le produire. Or la pression extérieure au point o est égale à la pression atmosphérique; quant à la pression intérieure, au point a et sur tous les points de la couche horizontale de niveau dao, elle est encore égale à la pression atmosphérique; au-dessous de cette tranche elle augmente, au-dessus elle diminue. On voit donc que, dans l'état actuel, il y a équilibre, et que l'eau qui est au-dessus du plan dao ne saurait s'écouler, puisqu'elle est soumise à des pressions moindres que celle de l'air extérieur.

Fig. 52.

Supposons maintenant qu'on relève le tube de manière que son extrémité soit au-dessus de l'orifice o. La pression extérieure en o n'a pas changé, c'est toujours la pression atmosphérique. — Quant à la pression intérieure au point e, extrémité du tube, elle est égale à la pression atmosphérique; mais, sur tous les points du plan horizontal dko, elle est égale au poids de l'atmosphère, plus à la pression de la colonne d'eau ek. Le liquide doit donc s'écouler en vertu de cet excès de pression intérieure; à mesure que le liquide jaillira, il sera remplacé par l'air extérieur qui affluera par l'extrémité e du tube, et qui montera sous forme de bulles à la partie supérieure du flacon, où son élasticité compensera à chaque instant la pression des couches liquides écoulées. — Tant que le niveau de l'eau dans le flacon ne sera pas descendu au-dessous de l'extrémité e du tube tt', la pression ek qui produit l'écoulement étant constante, la vitesse d'écoulement sera constante aussi.

On peut donner au vase de Mariotte bien des dispositions différentes. Quand on veut le faire servir à produire un écoulement constant de gaz, au moyen d'un écoulement uniforme de liquide, on lui donne la disposition indiquée dans la figure 53. L'eau du vase A, tombant avec une vitesse constante dans le vase B, en chasse l'air uniformément par le tube latéral T, qui sert à conduire le gaz partout où on le désire. — Dans les grands gazomètres qui servent à distribuer dans les villes le gaz de l'éclairage, l'uniformité de l'écoulement s'obtient par des procédés tout différents.

123. Le *flotteur de M. de Prony* se compose d'un vase creux c, plongeant dans l'eau du réservoir v. Au flotteur c sont suspendues deux tiges t, t' qui supportent un vase c', dans lequel le liquide écoulé du réservoir v est conduit sans secousse par un entonnoir n. Il est facile de voir que, par cette disposition, le niveau de l'eau dans le vase v doit se maintenir à une hauteur invariable, au-dessus de l'orifice d'écoulement. Car, s'il sort un kilog. d'eau, le vase c' le reçoit ; le poids du système flottant augmente d'un kilogramme, et par conséquent le flotteur c s'enfonce de manière à déplacer un kilogramme d'eau de plus : ainsi, à chaque instant, le flotteur, augmentant d'un poids égal à celui de l'eau qui s'écoule, rétablit sans cesse à la même hauteur le niveau qui tend à baisser.

124. La figure 50 représente un système qui s'explique de lui-même, par le moyen duquel le niveau de l'eau dans le réservoir A est maintenu sensiblement constant, ou du moins n'éprouve que de très-légères variations, l'eau du ballon B descendant continuellement par petites quantités pour réparer les pertes occasionées par l'écoulement.

On fait très-fréquemment usage de lampes à réservoir supérieur au bec, dans lesquelles l'huile destinée à alimenter la combustion est portée à la mèche par un mécanisme analogue. — B et C (*fig.* 54) sont deux vases communicant par un tuyau inférieur ; ils sont d'abord vides. On renverse dans le vase B un troisième vase A entièrement plein d'huile, et dont l'orifice a est fermé par une soupape s armée d'une longue tige. L'extrémité de cette tige venant buter contre le fond du vase B, la soupape s s'ouvre, et le liquide descend du vase A, tandis que de l'air afflue par l'orifice o et monte pour remplacer le liquide écoulé. Cela posé, concevons que le bord inférieur du vase A soit au-dessous du bord supérieur du vase C; le liquide qui descend du vase A se répartit dans B et C en y prenant le même niveau, et recouvre bientôt le bord inférieur de A; alors l'écoulement cesse. Mais si, à l'aide d'une mèche plongée dans l'huile du bec C, on brûle à chaque instant une partie de ce

Fig 53.

Flotteur de M. de Prony.

Fig. 49.

Ballon à long col renversé.

Fig. 50.

Lampes. Fig. 54.

liquide d'une manière continue , le niveau baissera dans l'espace qui sépare les vases A et B ; et finira par découvrir les bords inférieurs de A ; une bulle d'air y pénétrera, et le niveau du liquide se rétablira, puis il baissera de nouveau ; une seconde bulle d'air pénétrera dans le vase A pour le rétablir, et ainsi de suite.

125. La *fontaine de Héron* est un appareil fort ingénieux dans lequel un liquide s'élève au-dessus de son niveau extérieur par l'élasticité d'une colonne d'air comprimé. En voici le mécanisme : A est un vase ouvert, du fond duquel un tube *t* descend jusqu'au fond inférieur du second vase B fermé de toutes parts. De la partie supérieure de ce vase s'élève un second tube *t'* qui monte jusqu'à la paroi supérieure d'un troisième vase fermé C. Enfin, un dernier tube *t''*, ordinairement effilé et muni d'un robinet, plonge jusqu'au fond du vase C et s'ouvre au dehors. On met de l'eau dans le vase C jusqu'à ce qu'elle s'élève près du sommet du tube *t'* ; puis on verse de l'eau dans le vase A. Elle tombe dans le vase B, recouvre bientôt l'extrémité inférieure du tube *t*, remplit ce tube et une partie du vase A. L'air contenu dans les vases C, *t'*, B, n'ayant plus de communication avec l'atmosphère, se comprime et supporte, outre la pression de l'air, le poids de la colonne liquide comprise entre les niveaux de l'eau dans les vases A et B. L'élasticité de l'air intérieur réagit sur le liquide du vase C, de sorte que si le tube *t''* est assez long, l'eau du vase C montera dans ce tube jusqu'à une hauteur égale à la colonne BA ; et si ce tube est court, effilé, et qu'on ouvre le robinet, l'eau jaillira par l'orifice et tendra à s'élever à cette même hauteur. — On donne ordinairement à la fontaine de Héron la disposition indiquée dans la figure 56.

Fig. 56.

M. Girard a imaginé des lampes appelées *hydrostatiques*, dans lesquelles l'huile est portée à la mèche par une force ascensionnelle constante, au moyen d'une modification ingénieuse de la fontaine de Héron. — (Voy. *Traité de l'éclairage*, par Péclet.)

126. Le *siphon* est un instrument destiné à transvaser les liquides.

Il consiste en un tube recourbé, de verre ou de métal, à deux branches inégales. La branche la plus courte plonge dans le liquide que l'on veut faire passer du vase supérieur A dans un vase inférieur B. Supposons le siphon *amorcé*, c'est-à-dire préalablement rempli du liquide que l'on veut transvaser ; et analysons les diverses causes qui tendent à produire l'écoulement.

1° Au point M s'exercent, sur l'unité de surface du liquide intérieur, deux forces, savoir : la pression atmosphérique P qui tend à faire passer le liquide du vase A dans le vase B par l'intermédiaire du siphon , et la pression gdh exercée en sens contraire par la colonne liquide pesante MN de densité d et de hauteur h (n° 65). De sorte que, si le liquide à transvaser est de l'eau , et que la hauteur verticale de MN soit moindre que $10^m,33$, ou si le liquide est du mercure et que cette hauteur soit moindre que 76 centimètres, le liquide tendra à passer du vase A dans le vase B avec une force égale à P—gdh.

2° Au point L s'exercent également deux forces, savoir : la pression atmosphérique P qui tend à faire remonter le liquide, et la pression gdH de la colonne liquide LN qui agit en sens contraire ; de sorte que le liquide tendra à passer du vase B dans le vase A avec une force égale à P—gdH.

Il pourra alors arriver trois cas, savoir : H>h , H=h , ou H<h.

Dans le premier cas, des deux forces P—gdh et P—gdH , la plus grande est évidemment P—gdh , et par conséquent le liquide s'écoulera en vertu d'une force égale à leur différence , qui est d (H-h) , ou bien la différence de pression des deux colonnes liquides. — L'écoulement continuera ainsi de lui-même jusqu'à ce que le niveau de l'eau dans le vase A soit descendu au-dessous de l'extrémité de la courte branche du siphon.

Dans le 2e cas , on a P—gdh=P—gdH , et le liquide reste suspendu dans la branche ouverte du siphon , en supposant toutefois que l'air extérieur ne puisse pas diviser la colonne.

Dans le 3e cas, on a P—gdh<P—gdH , et le liquide, refoulé par là pression de l'air extérieur, rentre tout entier dans le vase A.

On peut amorcer le siphon de plusieurs manières. Ordinairement on se contente d'aspirer l'air par l'extrémité de la longue branche ; la pression extérieure fait alors monter le liquide dans l'appareil. Lorsqu'il s'agit de transvaser des acides , des liquides corrosifs, on aspire à l'aide d'un tube latéral qui prévient le contact du liquide avec la bouche.

Fig. 58.

126 bis. Soit A un vase alimenté par une source d'eau continue. Imaginons que dans l'intérieur on ait disposé un siphon dont la courte branche s'ouvre près du fond du vase, et dont la grande passe au dehors. — A mesure que le vase se remplira d'eau, cette eau montera à la fois et dans le vase et dans le siphon ; et quand le liquide commencera à couvrir le siphon, celui-ci se trouvera amorcé, et l'écoulement aura lieu par l'extrémité de la longue branche. Cela posé, imaginons que le siphon dépense dans un temps donné plus d'eau que la source ne lui en fournit dans le même temps : il est clair que le niveau qui s'était élevé dans le vase baissera peu à peu, jusqu'à

Siphon intermittent.

Fig. 59.

ce qu'il soit descendu au-dessous de la courte branche du siphon ; alors l'écoulement par le siphon sera interrompu. La source fournissant toujours de nouveau liquide, le niveau s'élèvera encore jusqu'à ce que le siphon soit une seconde fois amorcé ; puis, le niveau baissant, il y aura nouvelle interruption dans l'écoulement, et ainsi de suite. Telle est la théorie fort simple du *siphon intermittent* ; cette théorie sert à expliquer la cause des *fontaines intermittentes naturelles*.

Pompes.

127. Les *pompes* sont des appareils destinés à élever l'eau. On en distingue trois espèces principales, savoir : la pompe *aspirante*, la pompe *foulante*, la pompe *aspirante et foulante*.

Pompe aspirante. Fig. 60.

Pompe aspirante. — Le mécanisme et les parties constituantes de cette pompe sont les mêmes que dans la pompe pneumatique. Elle se compose de quatre parties essentielles :

1o Un grand cylindre ou corps de pompe ;

2o Un tuyau d'aspiration plongeant dans l'eau du *puisard* ;

3o Un piston qu'une tige fait monter ou descendre dans le corps de pompe ;

4o Deux soupapes, s'ouvrant l'une et l'autre de bas en haut, et placées, la première dans le piston, la seconde à la jonction du corps de pompe avec le tuyau d'aspiration.

Le piston, dans sa descente, ne vient jamais toucher le fond du corps de pompe ; l'espace qui existe entre ce fond et la base du piston, lors de son plus grand abaissement, s'appelle *espace nuisible*.

de la pompe.

Supposons que le piston, partant de la limite inférieure ab de sa course, soit soulevé : l'air contenu dans l'espace nuisible acb va se dilater et diminuera de force élastique ; la soupape s s'ouvrira en vertu de l'excès de tension de l'air contenu dans le tuyau d'aspiration, et cet air se répandra uniformément dans le corps de pompe. En même temps la pression de l'air atmosphérique fera monter l'eau dans le tuyau d'aspiration, jusqu'à ce que l'élasticité de l'air intérieur, plus la pression de la colonne d'eau soulevée, fasse équilibre à la pression de l'atmosphère. — Quand on abaissera le piston, la soupape s, déjà fermée par son propre poids, interceptera la communication entre le corps de pompe et le tuyau d'aspiration ; l'air qui est au-dessous du piston, étant alors comprimé, ouvrira la soupape supérieure et se répandra dans l'atmosphère jusqu'à ce que la force élastique de l'air qui reste dans l'espace nuisible ne soit plus égale qu'à la pression atmosphérique. Un second coup de piston donnera naissance à la même série de phénomènes, et l'eau qui s'est déjà élevée jusqu'au point m s'élèvera cette fois jusqu'en n ; après un troisième coup de piston, elle montera plus haut encore, jusqu'à ce qu'enfin elle pénètre dans le corps de pompe et remplisse totalement, et même au-delà, l'espace nuisible.

À partir de ce moment, il va se passer un autre ordre de phénomènes. Quand on abaissera le piston, l'air qui reste au-dessous de lui sera entièrement expulsé, et l'eau passera au-dessus du piston. Quand ensuite on le soulèvera, l'eau montera avec lui, poussée par la pression de l'air extérieur ; alors le piston jouera continuellement dans ce liquide, élevant avec lui, à chaque ascension, un volume d'eau égal à l'espace qu'il parcourt.

Toutefois, pour qu'il en soit ainsi, il faut évidemment que, depuis le niveau de l'eau dans le puisard jusqu'à la limite supérieure de la course du piston, il y ait moins de 10m330 de hauteur ; car c'est la plus grande élévation à laquelle la pression atmosphérique puisse faire monter l'eau dans le vide (n° 93).

Hauteur du piston au-dessus du puisard.

128. Quant à la hauteur que peut avoir le tuyau d'aspiration, elle est encore moindre ; elle dépend du rapport qui existe entre l'*espace nuisible* et l'espace compris depuis le fond du corps de pompe jusqu'au sommet de la course du piston. Supposons, par exemple, que ce rapport soit égal à $1/6$: l'air contenu dans l'espace nuisible, et dont la force élastique, au moment où le piston est au plus bas point de sa course, est égale à la pression atmosphérique, aura encore une tension égale à la 6e partie de cette pression, quand le piston sera parvenu à sa plus grande hauteur. Par conséquent, l'air contenu dans le tuyau d'aspiration ne pourra jamais être raréfié au-delà de cette limite, et le maximum d'élévation à laquelle l'eau du puisard puisse être portée dans ce même tuyau sera les $5/6$ de 10m,330, ou bien 8m,61. — Si le rapport précité était égal à $1/5$, l'élévation de l'eau dans le tuyau d'aspiration ne pourrait dépasser les $4/5$ de 10m,330, ou 8m,26. Pour que l'eau puisse s'élever jusqu'à la naissance du corps de pompe, il faut donc que le tuyau d'aspiration soit toujours plus court que cette limite calculée (1). — On conçoit, d'après cela, combien il importe de laisser entre la limite inférieure de la course du piston et la soupape dormante le moins d'espace possible.

Hauteur du tuyau d'aspiration.

129. Lorsque la pompe est en activité, c'est-à-dire lorsque

Effort nécessaire pour soulever le piston.

(1) Dans ce qui précède, nous avons supposé que la pression de l'air était au moins égale à une colonne d'eau de 10m,330 de hauteur, ce qui correspond à une hauteur barométrique de 0m,76. Mais, comme le baromètre descend souvent beaucoup plus bas, il faudra, dans chaque localité où l'on veut établir une pompe, prendre pour limite l'élévation d'une colonne d'eau équivalente au poids de l'atmosphère, lors du plus grand abaissement du baromètre.

le piston se meut dans l'eau, l'effort nécessaire pour le soulever, abstraction faite des frottements, est mesuré par le poids d'une colonne d'eau ayant pour base la section du piston, et pour hauteur la distance verticale de la surface du puisard au point de versement. Car, en appelant P la pression atmosphérique, H la pression de la colonne d'eau qui est au-dessus du piston, h la pression de la colonne d'eau qui est au-dessous, la base supérieure du piston supportera une pression de haut en bas égale à $P+H$; la base inférieure, une pression de bas en haut égale à $P-h$, et la différence ou l'effort à vaincre pour soulever le piston sera $H+h$.

La hauteur à laquelle une pompe aspirante peut élever l'eau est indéfinie, ou du moins elle n'a d'autre limite que celle de la puissance dont on peut disposer pour faire manœuvrer le piston.

Pompe aspirante et foulante. Fig. 61.

130. *Pompe aspirante et foulante.* — Dans cette pompe, le piston n'a pas de soupape; il est plein. La partie inférieure du corps de pompe communique avec un tuyau latéral appelé *tuyau d'ascension*. Une soupape, qui s'ouvre de dedans en dehors, établit ou intercepte la communication entre le tuyau d'ascension et le corps de pompe. Le jeu et la théorie de cette pompe sont les mêmes que pour la précédente, à cela près seulement qu'une fois l'eau parvenue dans le corps de pompe au-dessus de la soupape d'aspiration, le piston, au lieu de la faire passer au-dessus de lui, la refoule dans le tuyau d'ascension.

On accouple en général deux pompes semblables, dont l'un des pistons monte pendant que l'autre descend. Ces deux pompes versent leur eau dans le même tuyau d'ascension. On évite ainsi l'intermittence de l'écoulement.

Pompe foulante.

131. La *pompe foulante* n'est autre chose qu'une pompe aspirante et foulante, moins le tuyau d'aspiration. La partie inférieure du corps de pompe plonge immédiatement dans l'eau du réservoir. — Telles sont les pompes à incendie.

Réservoir d'air.

On ajoute en général à ces pompes *un réservoir d'air* dont il est bon d'indiquer l'usage. Cet appareil a pour but de rendre l'écoulement de l'eau continu et d'éviter le *temps perdu* de l'ascension du piston. Voici en quoi consiste cette disposition : le tuyau latéral s'ouvre au fond d'un réservoir plein d'air et fermé de toutes parts. Un tube métallique traverse la paroi de ce réservoir et se termine vers le fond inférieur. L'eau refoulée par le piston monte à la fois dans le réservoir et dans le tuyau ascensionnel ; mais alors elle comprime l'air qui est au-dessus d'elle ; et pendant que le piston s'élève et cesse de refouler l'eau, l'air comprimé du réservoir, réagissant sur ce liquide en vertu de sa force expansive, lui imprime une nouvelle force ascensionnelle.

Fig. 62.

LIVRE II.

ACTIONS MOLÉCULAIRES. — ACOUSTIQUE.

CHAPITRE PREMIER.

ADHÉSION. — CAPILLARITÉ.

132. Tous les corps de la nature tendent à se porter les uns vers les autres, en vertu d'une force universelle, inconnue dans son essence, à laquelle Newton a donné le nom d'attraction. Elle prend les noms de :

Gravitation, quand elle s'exerce entre les masses planétaires ;

Pesanteur, quand elle s'exerce entre la masse du globe terrestre et les corps placés à sa surface ;

Attraction moléculaire, quand elle agit entre les éléments matériels des corps *à des distances insensibles*.

L'étude de la gravitation appartient à l'astronomie. Nous avons exposé les lois générales de la pesanteur. Examinons sommairement les principaux effets physiques des forces moléculaires.

133. Le caractère de l'attraction moléculaire est de devenir nulle à des distances finies. Chaque molécule d'un corps exerce sur les molécules environnantes une action qui ne s'étend que jusqu'à une distance infiniment petite. Si autour de cette molécule, comme centre, on décrit une sphère avec un rayon égal à la distance maximum où l'attraction moléculaire se fait sentir, on aura ce que l'on appelle la *sphère d'activité* de la molécule.

134. L'attraction moléculaire peut se diviser en cohésion, affinité, adhésion.

La cohésion est l'adhérence qui s'exerce entre les parties homogènes, simples ou composées, d'un même corps, et qui s'oppose à leur séparation. Elle est plus ou moins forte dans les corps solides, très-faible dans les liquides, nulle dans les gaz. Dans ces derniers, les molécules n'obéissent qu'à la force répulsive du calorique, qui est prépondérante.

Attraction.

Gravitation.
Pesanteur.

Attraction.
moléculaire.

Sphère d'activité
des molécules.

Cohésion.

135. L'affinité est l'attraction qui s'exerce entre les molécu-les hétérogènes d'un corps composé. Ainsi, dans le sulfure de cuivre, c'est l'affinité qui, dans chaque molécule de sulfure, unit les atomes de soufre aux atomes de cuivre, et c'est la cohésion qui unit entre elles les particules homogènes de sul-fure de cuivre. L'étude de l'affinité et des phénomènes qui en dépendent appartient à la chimie.

136. L'attraction moléculaire prend le nom d'*adhésion* quand elle s'exerce entre deux corps séparés, homogènes ou hétéro-gènes, que l'on met en contact l'un avec l'autre.

Ses effets sont surtout remarquables entre deux corps solides juxtaposés par deux surfaces polies. — Deux balles de plomb fraîchement coupées, étant serrées l'une contre l'autre par leurs facettes planes, adhèrent assez fortement pour supporter un poids de plusieurs livres. — Si l'on prend deux disques de verre poli, qu'on les réunisse en les faisant glisser l'un sur l'autre, afin de chasser la petite couche d'air qui s'interpose-rait entre eux, leur adhérence sera telle, qu'il faudra exercer perpendiculairement à leur surface un effort énorme pour les séparer. Cette adhérence a également lieu dans le vide, ce qui prouve qu'on ne peut point l'attribuer à un effet de la pression de l'air extérieur, analogue à ce qui se passe dans les hémis-phères de Magdebourg. — Dans les manufactures de glaces, lorsque, après avoir été polies, les glaces sont placées de champ en magasin, les unes contre les autres, il arrive qu'elles con-tractent une adhérence mutuelle tellement forte, que souvent deux de ces glaces sont comme incorporées l'une à l'autre; et, si l'on veut les séparer par un effort puissant, en les faisant glis-ser, la séparation entraîne presque toujours leur rupture, et chacune d'elles emporte de larges lambeaux arrachés à l'autre.

L'adhésion s'exerce aussi entre les corps solides et les liqui-des. Suspendez au plateau de la balance hydrostatique un disque de verre ou de métal; puis placez au-dessous un liquide dont il touche la surface. Alors, soit que le liquide mouille ou ne mouille pas le disque, il s'établira entre eux une adhérence qu'on ne pourra vaincre qu'en mettant dans le plateau opposé de la balance un poids assez fort.

Enfin, les gaz adhèrent aussi avec beaucoup de force à la surface des corps solides. Il suffit, pour rendre cette adhérence visible, de plonger un tube ou une lame de verre sèche dans l'eau. — Quand on dissout dans ce liquide un morceau de sucre, on voit bientôt s'élever du fond de petites bulles d'air entraînant avec elles des fragments de sucre qui redescendent lorsque ces espèces de ballons sont venus crever à la surface. — On sait enfin que plusieurs corps solides poreux absorbent les gaz avec une grande puissance. — C'est en raison de cette.

adhérence qu'il est si difficile de bien purger d'air les baromètres et les thermomètres.

Capillarité.

137. L'adhésion des corps solides avec les liquides en contact donne naissance à une série de phénomènes particuliers et fort remarquables qu'on étudie sous le nom de phénomènes capillaires.

Voici les principaux faits qui s'y rapportent :

1° Quand on plonge une baguette de verre dans l'eau et qu'on l'en retire, une goutte d'eau arrondie y reste suspendue. C'est un effet de l'attraction qui s'exerce d'abord entre les molécules du verre et celles de l'eau qui le touche, puis de l'attraction que cette première couche liquide exerce sur les couches voisines.

2° Lorsque, dans une masse liquide, on plonge un corps susceptible d'être mouillé par elle (une lame de verre dans l'eau), on voit le liquide se soulever autour des parois extérieures du corps plongé, et former une espèce d'anneau concave, dont l'épaisseur augmente depuis le cercle supérieur qui est la limite de son élévation, jusqu'à sa base, où la courbure du liquide se perd dans la surface plane qui termine les parties environnantes.

Fig. 63.

3° Si, au contraire, le corps plongé n'est pas susceptible d'être mouillé par le liquide (verre et mercure), on voit le liquide se déprimer autour du corps plongé et former une surface convexe. — Ces phénomènes de soulèvement ou de dépression se manifestent d'une manière très-sensible au contact d'un liquide avec les parois du vase où il est contenu.

Fig. 64.

4° Les phénomènes capillaires prennent un caractère plus remarquable dans les tubes étroits.

Si, dans une masse d'eau, on plonge un tube de verre très-large, les niveaux de l'eau dans l'intérieur du tube et au dehors seront sur un même plan horizontal, excepté au contact même du liquide avec les parois du verre. Mais rendez le tube de plus en plus étroit, la partie plane de la surface liquide intérieure diminuera progressivement et finira par disparaître totalement; et si le diamètre du tube devient plus étroit encore, non-seulement la surface du liquide intérieur cessera d'être plane, mais on verra l'eau s'élever dans le tube plus haut que son niveau extérieur, et prendre à son sommet la forme d'un segment hémisphérique concave qu'on appelle ménisque.

Fig. 65.

5° Si, au contraire, on plonge ce même tube de verre dans un liquide qui ne le mouille pas, dans du mercure, les phénomènes se passeront en sens inverse. Le mercure se déprimera dans l'intérieur du tube, c'est-à-dire s'abaissera au-dessous de son niveau extérieur, et affectera à son sommet la forme d'un segment hémisphérique convexe.

Fig. 66.

138. Ces phénomènes, qui suffisent pour montrer comment, dans un grand nombre de circonstances, les liquides semblent déroger aux lois générales de leur équilibre, ont été pour la première fois observés dans des tubes de verre d'un diamètre très-fin que l'on comparait à celui d'un cheveu. C'est pourquoi ils ont reçu le nom de phénomènes *capillaires*, quoiqu'ils aient beaucoup plus de généralité que leur dénomination ne semble leur en prêter. La force qui produit ces effets se nomme attraction ou action capillaire, ou plus simplement *capillarité*. — Un calcul élevé peut seul en analyser les lois ; je me bornerai donc à les énoncer :

1° Les phénomènes capillaires ont lieu dans le vide ; ainsi la pression de l'air n'y joue absolument aucun rôle.

2° L'élévation et la dépression d'un liquide dans un espace capillaire est indépendante de l'épaisseur du corps en contact avec le liquide.

3° Quand on a la précaution de mouiller préalablement un tube capillaire, un même liquide s'y élève toujours à la même hauteur, quelle que soit la nature de la substance dont le tube est formé, pourvu qu'il ait un diamètre constant. — Mais cette hauteur varie dans un même tube avec la nature du liquide.

Fig. 67.

4° Les hauteurs des colonnes liquides soulevées ou déprimées, dans des tubes capillaires de différents diamètres, sont en raison inverse des diamètres de ces tubes. Si les diamètres sont entre eux comme les nombres 1, $\frac{1}{2}$, $\frac{1}{3}$..., les hauteurs des liquides soulevés ou déprimés seront entre elles comme les nombres 1, 2, 3.....

Cette loi, qui est une conséquence de la théorie, se vérifie aussi par l'expérience.

139. Voici encore d'autres faits relatifs à la capillarité :

Si l'on plonge dans l'eau deux lames de verre planes et parallèles, et qu'on les rapproche assez pour faire disparaître la partie plane de la surface liquide qui les sépare, l'eau s'élèvera entre ces deux lames à une hauteur réciproquement proportionnelle à leur distance mutuelle. Mais cette hauteur ne sera que la moitié de celle à laquelle l'eau monterait dans un tube capillaire dont le diamètre serait égal à cette distance. La même loi s'applique à deux lames parallèles plongées dans un liquide qui ne les mouille pas et qui se déprime dans l'intervalle qui les sépare.

140. Il ne faudrait pas croire que si l'élévation de l'eau dans un tube capillaire, ou entre deux lames de verre parallèles,

est un effet de l'attraction du verre pour l'eau, la dépression qu'éprouve le mercure dans les mêmes circonstances soit l'effet d'une répulsion. L'ascension et la dépression d'un liquide dans un espace capillaire dépendent essentiellement de la forme de sa courbure ; et cette courbure elle-même dépend du rapport qui existe entre l'attraction que le corps plongé dans un liquide exerce sur les molécules de ce liquide et l'attraction que ces molécules liquides exercent sur elles-mêmes. — Voici une expérience bien propre à faire sentir l'influence de la forme des surfaces liquides. ABCD est un tube de verre capillaire, partout d'égal diamètre, recourbé en forme de siphon. La petite branche est pleine d'eau, de manière que la surface concave de ce liquide rase le bord D du tube. La grande branche contient de l'eau jusqu'à la même hauteur : alors, versez de l'eau dans la grande branche jusqu'à ce que le liquide en D soit terminé par une surface plane ; vous reconnaîtrez que le niveau de la colonne liquide, dans la grande branche, s'est élevé d'une certaine quantité *mn*. Ajoutez encore de l'eau, jusqu'à ce qu'au point D le liquide soit terminé par une surface convexe dont la courbure soit égale à celle de la surface concave primitive, et vous verrez que, dans la grande branche, le niveau se sera élevé d'une quantité *mp* double de *mn*.

Fig. 66.

141. *Phénomènes de mouvement produits par le capillarié.* — L'influence de la courbure qui termine la surface d'un liquide contenu dans un espace où la capillarité s'exerce, se retrouve dans plusieurs phénomènes de mouvement auxquels cette force donne naissance.

Placez entre deux lames inclinées l'une à l'autre une goutte liquide qui mouille chacune d'elles, cette goutte sera terminée à ses deux extrémités par un *ménisque* concave ; et aussitôt vous la verrez marcher vers le sommet de l'angle formé par les deux lames.

Si, au contraire, le liquide ne les mouille pas, il formera une goutte terminée de chaque côté par un ménisque convexe et qui tendra à fuir le sommet de l'angle.

Fig. 70.

Les attractions et les répulsions qu'éprouvent les corps flottants à la surface d'un liquide reconnaissent la même influence. Faites flotter à la surface d'un liquide deux corps que je supposerai sphériques. Autour de chacun d'eux le liquide sera terminé par une surface courbe, concave ou convexe. Rapprochez les deux corps jusqu'à ce que la surface liquide qui les sépare n'ait plus de partie plane, vous observerez les phénomènes suivants :

1° Si les corps flottants sont tous les deux mouillés par le liquide, ils s'attirent fortement à la distance capillaire ;

2º Si les corps flottants ne sont mouillés ni l'un ni l'autre, ils s'attirent encore, à la distance capillaire ;

3º Si l'un d'eux est mouillé et que l'autre ne le soit pas, alors, à la distance capillaire, la surface liquide qui les sépare est en partie concave, en partie convexe, et il y a entre eux une vive répulsion.

its divers. J'indiquerai comme faits qui se rattachent à la capillarité et dont l'explication est facile :

Les aiguilles d'acier flottant sur l'eau, malgré leur excès de poids spécifique ; — les insectes flottants ; — l'imbibition des éponges, du bois, du sucre, d'un monceau de sable dont la base plonge dans l'eau ; — le mouvement de la sève dans les végétaux ; — l'ascension de l'huile dans la mèche d'une lampe, etc.

CHAPITRE II.

COMPRESSIBILITÉ ET ÉLASTICITÉ.

142. Les corps étant composés de molécules matérielles non contiguës, chaque particule doit, quand le corps conserve sa forme, être en équilibre sous l'action des forces, les unes attractives, les autres répulsives, qui la sollicitent.

Cet équilibre pouvant être dérangé, soit momentanément, soit pour toujours, de diverses manières, il en résulte des propriétés nouvelles qui ont une liaison directe avec les forces moléculaires.

Parmi ces propriétés, il en est qui ne sont pas susceptibles de se prêter à une analyse rigoureuse. Je me bornerai à énoncer les plus importantes ; ce sont :

Ductilité. La *ductilité.* — Propriété que possèdent principalement les métaux de pouvoir se réduire en fils très-fins, en passant à la filière ;

alléabilité. La *malléabilité.* — Faculté qu'ils ont de s'étendre en lames sous l'action du marteau ou du laminoir ;

Ténacité. La *ténacité.* — Qui appartient principalement aux fils métalliques, et qui consiste en ce que ces fils peuvent supporter une traction plus ou moins forte sans se rompre. — Le fer est, de tous les métaux, celui qui la possède au plus haut degré.

Il est d'autres propriétés qui conduisent à des lois physiques importantes. Telles sont la *compressibilité* et l'*élasticité.*

§ 1. — Compressibilité.

143. La compressibilité est la propriété que possèdent les corps de pouvoir être réduits à un moindre volume apparent.

Les gaz sont éminemment compressibles et élastiques. (*Voy.* Gaz, loi de Mariotte.)

La compressibilité des liquides est tellement petite qu'elle a été longtemps méconnue. Les académiciens de Florence firent sans succès, pour la constater, une expérience devenue célèbre. Ils firent construire des boules creuses d'or, d'argent et d'autres métaux. Après les avoir remplies d'eau et fermées hermétiquement, ils les comprimèrent fortement entre les mâchoires d'un étau ; mais l'eau, au lieu de diminuer sensiblement de volume, suinta à travers les pores du métal, et vint former à sa surface une couche de rosée.

Compressibilité des liquides.

Je ne parlerai pas des autres expériences sans résultat qui furent tentées par les mêmes académiciens de Florence pour démontrer que les liquides sont compressibles. Je passerai également sous silence les recherches de Canton et de Perkins, pour arriver de suite à la description de l'appareil au moyen duquel OErsted est parvenu à démontrer à la fois et à mesurer la compressibilité des liquides.

La partie essentielle de l'appareil est un grand réservoir en verre terminé par un tube très-capillaire évasé à la partie supérieure. Le tube est divisé en parties d'égale capacité, et l'on connaît le rapport d'une des divisions du tube à la capacité totale du réservoir. Ce vase étant rempli du liquide dont on veut étudier la compressibilité, on met dans la capsule supérieure un petit globule de mercure qui limite la quantité de liquide sur laquelle on opère et indique les variations de son niveau. On plonge cet appareil ainsi disposé dans un grand cylindre en cristal, à parois très-épaisses, rempli d'eau, et surmonté d'un piston qu'une vis de pression sert à abaisser pour comprimer le liquide qui est au-dessous. Un thermomètre intérieur indique à chaque instant la température de l'eau, et un petit tube de verre renversé et plein d'air sert de manomètre et fait connaître, par les variations de volume de l'air qu'il contient, les diverses pressions sous lesquelles on opère.

Appareil d'OErsted.

Fig. 72.

Quand on fait l'expérience, on voit l'index de mercure descendre progressivement dans le tube capillaire qui surmonte le réservoir : ce qui prouve que le liquide intérieur a diminué de volume.

Mais le liquide ne se comprime pas seul ; l'enveloppe de verre qui le renferme se comprime aussi, comme elle le ferait si la capacité intérieure, au lieu d'être remplie d'eau, était une substance solide de même nature que l'enveloppe et faisant corps avec elle. Ainsi, pour avoir la véritable compression supportée par le liquide intérieur, il faut à sa diminution de volume apparente ajouter la diminution de volume provenant de la compression du verre, laquelle sera toujours la même, et qu'une expérience préalable aura fait connaître.

On a trouvé ainsi qu'une masse de verre, pour une augmentation de pression d'une atmosphère, se comprime de 0,00000465 de son volume primitif ;

Que l'eau et le mercure se compriment de quantités proportionnelles aux pressions qu'ils supportent, savoir :

L'eau des 0,00004965 de son volume ⟨ par chaque pression
Le mercure des 0,00000338 ⟨ d'une atmosphère ;

Qu'enfin la compressibilité des autres liquides n'est pas proportionnelle aux pressions. — Cette compressibilité moyenne est 0,00009165 pour l'alcool, et 0,00012665 pour l'éther sulfurique.

Compressibilité es corps solides. 144. Dans les liquides et les gaz, la compression ne laisse aucune trace ; dès que les forces qui l'ont exercée cessent d'agir, ces corps reprennent aussitôt leur premier volume. Dans les corps solides, il faut distinguer la compression permanente, et la compression passagère qui disparaît avec la cause qui l'a produite. Dans le premier cas, les molécules du corps prennent de nouvelles positions d'équilibre : elles se rapprochent et le corps devient plus dense. C'est ce qui arrive pour les monnaies et les médailles qui se façonnent sous le choc du balancier. Mais si la compression n'a pas dépassé une certaine limite, le corps revient exactement à son premier volume, sans conserver l'empreinte des actions auxquelles il a été soumis.

§ 2. — Elasticité.

145. On appelle en général *élasticité* cette propriété que possèdent les corps de revenir à leur premier état lorsque les forces qui avaient dérangé leurs molécules de leurs positions d'équilibre cessent d'agir.

Cette force, quel que soit le mode employé pour la mettre en jeu, a une limite ; et lorsque l'effort qu'on exerce sur un corps est tel que ses molécules ne reviennent plus à leurs positions respectives et soient dérangées d'une manière permanente, on dit que l'on a dépassé la limite de son élasticité.

L'élasticité peut être mise en jeu de plusieurs manières :

Pression. 1° *Par pression.* — La bille d'ivoire qui tombe sur un plan de marbre et rebondit s'est comprimée et momentanément déformée pendant le choc. Car, si on a eu le soin d'étendre sur le plan de marbre une légère couche d'huile, on verra, au point que la bille a frappé, une tache circulaire d'autant plus grande que la pression aura été plus forte. La bille, transformée par la pression en un ellipsoïde aplati, revient par son élasticité à la forme sphérique, l'abandonne pour s'allonger dans le sens de son diamètre vertical, revient encore à la sphéricité, puis à l'ellipsoïde primitif, et exécute ainsi, autour de sa position ou plutôt de sa forme, des oscillations trop rapides et de trop peu d'amplitude pour pouvoir être observées.

Dans cette circonstance, le caractère d'un corps *parfaitement élastique* est de perdre, contre le plan qu'il frappe, toute sa vitesse, et d'en prendre une égale et de sens opposé. Il suit de là que, si la bille est lancée *obliquement* contre le plan de marbre, elle doit se relever en restant dans un plan perpendiculaire et en faisant avec la normale un angle de *réflexion* égal à l'angle d'incidence. Considérons en effet la bille S lancée contre le plan AB, suivant l'oblique ST. Sa vitesse ST peut être décomposée en deux autres, AT, NT, l'une parallèle, l'autre normale au plan. Au moment du choc, la vitesse parallèle n'éprouve aucune perte ; mais la vitesse normale est détruite et restituée en sens contraire au mobile. Donc, après le choc, la bille peut être regardée comme animée de deux vitesses TB=AT et TN=NT. Elle se relèvera donc suivant la diagonale TR, avec une vitesse TR=ST, en restant dans le plan normal STN, et en faisant l'angle RTN=NTS. — Ces lois du mouvement réfléchi servent à résoudre tous les problèmes relatifs au choc des corps élastiques.

2° *Par flexion.* — La lame métallique que l'on pince par une de ses extrémités entre les mâchoires d'un étau, et qu'on écarte de sa position d'équilibre, se courbe. Si on l'abandonne à elle-même, elle revient à sa position primitive en exécutant autour d'elle des oscillations rapides, dont plus tard (acoustique) nous étudierons les effets et les lois.

3° *Par tension ou traction.* — Suspendez à un point fixe un fil métallique ; attachez à son extrémité inférieure un poids suffisant pour le tendre, puis ajoutez à ce poids une certaine charge *a* ; le fil s'allongera d'une quantité qu'on pourra mesurer, 2 millim., je suppose. — Une seconde charge égale à la première le fera allonger encore de la même quantité ; et il en sera ainsi tant qu'on n'aura pas dépassé la limite de l'élasticité du fil. Alors, si on supprime tout à coup les charges additionnelles qui ont servi à le tendre, il reviendra à sa position d'équilibre ; mais, comme il y arrivera avec une certaine vitesse acquise, il dépassera cette position, se raccourcira, et son élasticité, se trouvant mise en jeu tour à tour dans deux

Mouvement réfléchi.

Fig. 81.

Flexion.

Traction.

sens opposés, il oscillera comme une espèce de pendule. Pendant l'allongement. ce sont les forces attractives, pendant le raccourcissement les forces répulsives, qui sollicitent successivement ses molécules.

Torsion.

4° *Par torsion.* — Prenez un fil métallique très-fin, suspendu à une pince, et légèrement tendu par un levier horizontal fixé à sa partie inférieure. Dans le plan horizontal qui contient ce levier, appliquez à angle droit une force quelconque à son extrémité. Le fil, que vous pouvez considérer comme un cylindre très-délié, va se tordre, c'est-à-dire que les molécules situées sur une même arête verticale n'y resteront pas ; chacune d'elles décrira, dans le plan horizontal où elle se trouve, un arc d'autant plus grand qu'elle sera plus éloignée du point de suspension ; de sorte qu'après la torsion, les molécules situées d'abord sur une même arête verticale se trouveront sur une hélice enroulée à la surface du cylindre. Si la force de torsion est tout-à-coup supprimée, le fil reviendra à son premier état, sans laisser de traces de la torsion qu'il avait subie. Toutefois il n'y revient pas de suite : en vertu de la vitesse acquise dont ses molécules sont animées, il dépasse sa position d'équilibre, se tord de nouveau en sens contraire, et exécute ainsi une série d'oscillations analogues à celles d'un pendule et isochrones comme elles.

Lois la torsion.

146. Les lois de la torsion sont très-simples et d'une application fréquente.

1re *Loi.* — Pour un même fil, les angles de torsion, ou les arcs décrits par le levier horizontal, sont proportionnels aux forces de torsion.

2e *Loi.* — Lorsqu'à deux fils de même diamètre, mais de longueurs différentes, on applique des forces égales, les angles de torsion sont proportionnels aux longueurs des fils.

3e *Loi.* — Pour des fils de même longueur, mais de diamètre différent, les angles de torsion sont inversement proportionnels à la quatrième puissance du diamètre des fils ; c'est-à-dire que, si un fil a un diamètre deux fois plus petit qu'un autre, la même force de torsion lui fera décrire un angle seize fois plus grand.

Plus les fils sont fins, plus la force de torsion nécessaire pour leur faire décrire le même angle devient faible. On voit donc qu'on peut atténuer presque indéfiniment cette force en diminuant le diamètre des fils. Or la nature nous offre souvent de très-petites forces dont il importe de mesurer l'énergie ; on conçoit donc qu'en leur opposant les forces très-faibles que la torsion d'un fil fin développe, il sera facile d'établir entre elles des comparaisons très-exactes. Aussi a-t-on appliqué les lois de la torsion à un grand nombre de phénomènes naturels.

Coulomb a, le premier, employé cette force pour mesurer les intensités des actions électriques et magnétiques. Cavendish l'a fait servir à ses belles expériences sur la densité moyenne de la terre.

Remarque. — Ce qui vient d'être dit sur l'élasticité nous conduit à ce principe général, qui en est un des caractères essentiels : lorsqu'un corps, dont les molécules ont été dérangées de leur équilibre, tend à reprendre son premier état, en vertu de l'élasticité, il n'y revient jamais qu'après avoir exécuté un certain nombre d'oscillations ou de vibrations plus ou moins rapides, qui sont en général isochrones. Ces vibrations, portées à un degré suffisant de rapidité, engendrent le son, dont nous allons aborder l'étude dans les chapitres suivants.

CHAPITRE III.

ACOUSTIQUE. — PRODUCTION ET PROPAGATION DES SONS.

147. L'acoustique a pour objet d'étudier la production et la propagation des sons et les lois des variations des corps sonores.

Du son.

Considéré par rapport à l'organe qui le perçoit, le son est une sensation excitée en nous par une certaine modification dans la matière pondérable.

Considéré soit dans le corps qui le produit, soit dans le corps qui le transmet, le son est un mouvement vibratoire imprimé à la matière pondérable et communiqué par elle à notre oreille. Les deux parties de cette deuxième définition vont être successivement démontrées.

148. 1° *Le son est le résultat d'un mouvement vibratoire dans le corps qui le produit.* — Qu'on suspende, par sa partie supérieure, une cloche de verre, et qu'on lui imprime un choc pour lui faire rendre un son ; si on approche alors de ses parois une pointe métallique ou une petite bille d'ivoire suspendue à un fil, on entendra une multitude de pulsations ou de battements distincts, dont la succession rapide mettra en évidence l'état vibratoire du corps résonnant. Mais si, en un seul point, on exerce une pression un peu forte, le mouvement vibratoire est arrêté, et le son s'éteint aussitôt avec lui.

Production du son.

Cloches ou timbres.

On peut encore tendre une corde métallique entre deux points fixes, et, après l'avoir pincée, l'écarter de sa position

Cordes vibrantes.

d'équilibre et l'abandonner à elle-même. Pendant tout le temps qu'elle fera entendre un son, on la verra vibrer ou osciller avec tant de rapidité, qu'il sera impossible de compter le nombre de ses allées et venues alternatives ; mais l'œil la verra se renfler à son centre, elle paraîtra occuper simultanément tous les points d'un fuseau dont l'axe serait la ligne qui joint les points d'attache, et il sera facile d'apprécier les limites des excursions où son élasticité l'entraîne.

Lames vibrantes.

Fig. 75.

Un troisième exemple fera voir que non-seulement tout corps qui produit un son est actuellement en vibration, mais en outre que le son est réellement l'effet de ces vibrations portées à un certain degré de rapidité. Il suffit pour cela de rendre d'abord ces oscillations très-lentes. On fixera dans un étau une longue lame d'acier qu'on abandonnera à elle-même, après l'avoir écartée de sa position naturelle d'équilibre. Ses oscillations seront lentes ; l'œil pourra les compter, mais l'oreille ne percevra aucun son. En diminuant la longueur de la partie vibrante, on rendra les vibrations de plus en plus rapides, et déjà l'œil aura cessé de pouvoir les suivre quand elles feront entendre à l'oreille un son distinct. Ce son, d'abord très-grave, deviendra de plus en plus aigu à mesure que la lame vibrante deviendra plus courte et les vibrations plus rapides.

Enfin, nous verrons bientôt que, dans les tuyaux d'orgues et dans tous les instruments à vent, ce sont les vibrations mêmes de la colonne d'air intérieur qui engendrent le son.

Hauteur des sons.

149. L'expérience fait voir que c'est du *nombre* de vibrations exécutées par un corps sonore dans un temps donné que dépend la *hauteur* du son correspondant, c'est-à-dire son degré d'*acuité* ou de *gravité*. Un son est d'autant plus aigu que les vibrations du corps sonore qui l'engendrent sont plus rapides, et d'autant plus grave que ces vibrations sont plus lentes.

imites des sons perceptibles.

150. M. Savart a démontré qu'un des sons les plus graves que l'oreille puisse percevoir correspond à 16 vibrations par seconde, et le plus aigu à environ 48000. Entre ces deux limites sont, à peu près, comprises toutes les nuances musicales que notre organe peut saisir, et qui, habilement combinées, savent diversifier ses jouissances.

Son et bruit.

151. Il faut encore distinguer le *son musical* du simple *bruit*. Le premier exige que les vibrations exécutées par le corps sonore soient non-seulement rapides, mais continues, isochrones, et qu'elles viennent affecter notre organe à des intervalles égaux et périodiques, quelque courte que soit leur durée totale. Aucune de ces conditions n'est remplie dans l'ébranlement qui occasione un simple bruit, comme un battement de mains, la chute d'une pierre sur le sol, le choc d'un marteau sur une table.

152. Deux sons musicaux correspondant à un même nombre de vibrations par seconde sont dits à l'*unisson ;* mais il se différencient encore par deux qualités nouvelles : le *timbre* et l'*intensité.* — Ainsi, la voix, une corde de violon, une clarinette peuvent faire entendre la même note, mais l'oreille distingue fort bien chacune d'elles. Ce quelque chose, impossible à définir, qui sert à différencier les sons articulés ou inarticulés, constitue leur timbre. Quant à leur intensité ou leur force, elle paraît dépendre de l'*amplitude* des vibrations qui leur donnent naissance.

Intensité et timbre des sons.

153. 2° *Le son est le résultat d'un mouvement dans le corps qui le transmet.* — Concevez une rangée d'observateurs placés sur une même ligne, à 200 mètres les uns des autres. Sur cette ligne, à une certaine distance du premier observateur, a lieu une explosion subite. Celui-ci entendra d'abord le bruit ; il aura cessé de l'entendre quand il parviendra à l'oreille du second ; tout sera rentré, pour ce dernier, dans le silence quand le troisième observateur entendra la détonation, et ainsi de suite. On voit par là que le son se propage successivement et uniformément autour du centre d'ébranlement où il a pris naissance, et que le *mouvement* est le caractère essentiel de sa transmission.

Propagation du son.

154. Puisque le son se propage par un mouvement, il faut nécessairement que ce mouvement existe et se transmette dans les molécules d'un milieu pondérable interposé entre le corps sonore et l'oreille ; l'expérience prouve en effet que le son ne se propage pas dans le vide. Sous le récipient de la machine pneumatique, et sur un coussinet de laine ou de coton dépourvu d'élasticité, on dispose un timbre dont le marteau est mis en jeu par un mouvement d'horlogerie. Dès que le vide est fait dans le récipient, on presse une détente qui lâche le ressort, et le marteau frappe le timbre à coups pressés sans qu'aucun bruit parvienne à l'oreille. Alors, si l'on rend un peu d'air, on commence à distinguer un son très-faible ; un peu plus d'air donne à ce son plus d'intensité, et quand l'air est tout-à-fait rentré, le son est fort et se fait entendre au loin. — On pourrait encore suspendre à des fils de chanvre sans torsion une petite sonnette, au centre d'un ballon de verre à robinet dans lequel on ferait le vide, ou qu'on remplirait à volonté d'un gaz quelconque ou de vapeur. En agitant la sonnette, on reconnaîtrait que, dans le vide, il n'y a point de son transmis, mais que tous les gaz et même les vapeurs peuvent servir à le propager.

Le son ne se propage pas dans le vide.

Propagation du son dans les gaz et les vapeurs.

L'expérience prouve, conformément à ce principe, que l'intensité du son décroît à mesure qu'on s'élève dans l'atmosphère. De Saussure dit qu'au sommet du Mont-Blanc un coup de pistolet tiré en plein air ne fait pas plus de bruit qu'un pétard dans la plaine. M. Gay-Lussac, dans son ascension aérostatique à 7000ᵐ de hauteur verticale, a constaté un affaiblissement notable dans sa voix quand il essayait de proférer des sons.

Il résulte des mêmes faits que nul bruit ne peut parvenir des espaces célestes à la terre ; de telle sorte que tout phénomène météorologique, accompagné d'un bruit, doit être regardé comme ayant son siége dans l'atmosphère terrestre.

155. L'air atmosphérique est le véhicule ordinaire du son. Cependant il se propage aussi, et même avec beaucoup plus de vitesse, dans les liquides et dans les solides.

Dans les liquides : car si l'on choque deux pierres sous l'eau, dans un étang, on entend du rivage le bruit qui en résulte ; on l'entend même à de très-grandes distances, surtout si l'observateur a la tête plongée dans l'eau. — L'ouvrier qui descend dans la cloche à plongeur entend au fond d'une rivière le bruit qui se fait sur les bords.

Dans les solides : tout le monde a fait l'expérience suivante : deux personnes se placent aux extrémités d'une longue poutre ; l'une d'elles a l'oreille appliquée à l'un des bouts, tandis que l'autre gratte légèrement avec une tête d'épingle le bout opposé. Celle-ci n'entend pas même à travers l'air le bruit qu'elle fait, tandis que la première le distingue à merveille. — Substituez à la poutre un long tuyau métallique de deux ou trois cents mètres de long, les deux observateurs placés aux extrémités pourront entretenir une conversation à voix basse ; et, si l'un d'eux frappe un coup de marteau sur le tuyau métallique, l'autre entendra successivement deux sons : le premier, plus rapide, lui sera apporté par le métal ; le second, plus lent, sera transmis par l'air.

156. *Mode de propagation du son dans un milieu élastique.*

Après avoir démontré que le son se propage dans tous les milieux pondérables doués d'élasticité, il faut chercher de quelle manière se fait cette transmission. Nous allons voir que *le son se propage dans un milieu élastique par une série d'ondes alternativement condensées et dilatées.* — Pour rendre compte de ce mode de transmission, nous examinerons d'abord le cas très-simple où le son se propage dans un milieu cylindrique indéfini dans un seul sens.

Soit un tuyau cylindrique indéfini AB, rempli d'air à une température et à une pression constantes. Dans l'intérieur de ce tuyau, imaginons une petite cloison mobile *ab* qui exécute, parallèlement à l'axe, des allées et des venues rapides et de très-peu d'amplitude, *a'b' a''b''* étant les limites de ses

ans les liquides.

ns les solides.

de de propation du son.

opagation du on dans un ilieu cylindrique.
Fig. 76.

excursions. Voyons comment le son engendré par ces vibrations se propagera dans l'intérieur du tuyau.

Pendant que le plan mobile se transporte de $a'b'$ en $a''b''$, où je le supposerai pour un moment arrêté, l'air situé à sa droite est comprimé; mais cette compression ne s'étend évidemment que jusqu'à une certaine distance $a''m$. Dans cet intervalle, la couche d'air $a''m$ n'aura pas partout la même densité et la même vitesse impulsive. En effet, quand un corps oscille, il part du repos, augmente de vitesse jusque vers le milieu de son oscillation et retombe au repos, quand il arrive à son terme, par un mouvement graduellement ralenti. En passant ainsi de $a'b$ en $a''b$ par une série de vitesses successivement croissantes et décroissantes, le plan mobile ab a communiqué aux couches d'air qu'il a frappées des compressions et des vitesses impulsives qui se succèdent dans le même ordre. Ainsi, la couche d'air qui touche la surface $a''b''$ du plan revenu au repos doit avoir une densité égale à sa densité primitive et une vitesse nulle; et la couche d'air qui se trouve à la limite mn de la colonne agitée, où le mouvement arrive à peine, est dans le même état. Mais, entre ces couches extrêmes, toutes les tranches parallèles et intermédiaires ont un degré de condensation et de vitesse correspondant à la vitesse du plan mobile qui a déterminé la compression. De sorte que, si on convient de représenter par des perpendiculaires au tuyau AB les densités et les vitesses de l'air dans l'étendue $a''m$, ces perpendiculaires seront égales aux extrémités a'' et m; dans l'intervalle elles iront en augmentant jusqu'à la région moyenne, puis en diminuant jusqu'à la limite; et en joignant par une ligne continue les sommets de ces perpendiculaires, on aura une courbe xdy qui, par ses sinuosités, représentera fidèlement l'état de mouvement et de condensation de la couche aérienne $a''m$. Cette partie ébranlée de la colonne d'air s'appelle *une onde condensée.* — Il est clair que cette onde condensée devra se mouvoir suivant l'axe du tuyau, en supposant même que le plan mobile se soit arrêté à la position $a''b''$; or, le calcul démontre que les mouvements des diverses tranches se succèdent comme il suit : la première tranche en avant de la cloison mobile tombant au repos, la première en avant de l'onde participe à l'impulsion, puis le mouvement se communique à la deuxième tranche à droite de l'onde quand il cesse dans la deuxième à droite de la cloison $a''b''$... et ainsi de suite; de sorte que l'onde $a''m$ se transporte parallèlement à elle-même sans s'altérer, chaque couche d'air du tuyau passant à son tour par tous les degrés de condensation et de vitesse qui se succèdent de a'' en m. Après un temps égal à celui que le plan mobile a mis à faire son excursion, l'onde $a''m$ occupera l'espace $mnpq$ égal à $a''b''mn$;

après un second intervalle égal au précédent, elle sera arrivée de p en r... et elle cheminera ainsi progressivement avec une vitesse constante.

Voilà ce qui arriverait si le plan mobile s'arrêtait quand il parvient en $a''b''$. Mais puisque nous avons supposé ce plan animé d'un mouvement oscillatoire, il est clair qu'à peine arrivé en $a''b''$ il revient en $a'b'$, en passant par les mêmes vitesses que précédemment. Seulement, sa vitesse étant alors rétrograde, il se fait une raréfaction dans l'air qui est à sa droite; et à l'instant où il est de retour en $a'b'$, il y a en avant du piston une colonne d'air dilaté de même longueur que la colonne condensée par l'effet du premier mouvement, et dans laquelle l'ordre des dilatations et des vitesses (qui sont *apulsives*) sera représenté par une courbe pareille à xdy, mais disposée en sens inverse. — Le retour du piston à sa première position fera donc naître une *onde dilatée* semblable à l'onde condensée, et qui marchera à sa suite sans l'abandonner, puisque, par le mouvement rétrograde du plan mobile, l'onde dilatée a commencé dès que l'onde condensée a fini.

La cloison vibrante ab continuant à exécuter des oscillations semblables aux deux premières, on voit qu'à la première onde dilatée succèdera une deuxième onde condensée; à celle-ci une deuxième onde dilatée... et ainsi de suite, pendant toute la durée des vibrations du corps sonore. Les mouvements de l'air dans l'étendue de la colonne cylindrique pourront donc être représentés par la courbe continue et sinueuse $x\ d\ y\ e\ z$.... qui se transporterait parallèlement à elle-même.

Longueur des ondes sonores. 157. Il résulte évidemment de l'analyse qui précède que la longueur d'une onde sonore est égale à l'espace que le son parcourt pendant la durée d'une vibration du corps qui le produit. Or, nous verrons bientôt que le son parcourt 337^m ou environ 1024 pieds par seconde. Par conséquent, un corps sonore faisant 32, 64, 128, 256, 512... vibrations par seconde, engendre dans l'air des ondulations dont les longueurs sont 32, 16, 8, 4, 2... pieds, et comme la hauteur des sons est caractérisée par le nombre des vibrations qui leur correspondent, on pourra aussi l'estimer par la longueur des ondes auxquelles ils donnent naissance.

Propagation son dans un espace illimité. 158. Ce qui vient d'être dit de la propagation d'un ébranlement sonore dans un milieu cylindrique peut être aisément étendu à la transmission du son dans un espace indéfini dans tous les sens. Le son devra se propager autour du centre d'ébranlement par une série d'ondes condensées et dilatées qui, au lieu de se développer dans une seule direction, s'étendront sphériquement tout autour du point mis en vibration. Ce mouvement oscillatoire sphérique peut être assimilé, jusqu'à un certain point, aux ondes liquides que détermine la chute d'une pierre sur la surface d'un liquide en repos, et qui se développent régulièrement, sous la forme d'anneaux concentriques successivement concaves ou convexes, autour du point ébranlé qui les a fait naître. Il y a même cela de remarquable que la même masse d'air peut être à la fois le siége de plusieurs mouvements vibratoires simultanés, émanant de centres d'ébranlement divers, et qu'elle transmet distinctement plusieurs sons coexistants, les mouvements oscillatoires qu'ils provoquent se superposant sans s'altérer ni se confondre.

Quand un son se propage dans un air libre, les ondes sonores, à mesure qu'elles s'étendent sphériquement, se répandent à la fois sur un plus grand nombre de molécules matérielles. La masse à mouvoir devenant ainsi de plus en plus grande, la vitesse imprimée va en s'affaiblissant graduellement, et l'intensité du son décroît avec la distance. On démontre que, la distance à l'origine du son devenant double, triple..., l'intensité est 4 fois, 9 fois.... plus faible. — Mais lorsque la masse d'air qui sert de véhicule au son est cylindrique, les ondes sonores ont constamment la même étendue, conservent à toute distance des vitesses sensiblement égales, et le son doit éprouver un affaiblissement inappréciable. C'est ce que M. Biot a éprouvé dans les tuyaux des aqueducs de Paris, sur une colonne d'air cylindrique de 951m de longueur. Les mots prononcés à voix basse à une extrémité de ces conduits étaient entendus très-nettement à l'extrémité opposée; et pour ne pas s'entendre, ajoute M. Biot, le seul moyen eût été de ne pas parler du tout.

Vitesse de propagation du son.

159. Je commencerai par prouver que tous les sons, graves ou aigus, se propagent avec la même vitesse dans un même milieu.

Tous les sons se propagent avec la même vitesse.

En effet, on sait qu'une phrase musicale est assujettie à une certaine mesure qui règle exactement l'intervalle des sons successifs. Si quelques-uns des sons se propageaient plus rapidement que d'autres, à une certaine distance la mesure serait détruite, la mélodie horriblement altérée; or, on sait que, dans un concert, cela n'arrive jamais, quelque éloigné que l'on soit des exécutants. — Il en est de même à de grandes distances. M. Biot, dans l'expérience que je citais tout à l'heure des tuyaux métalliques, eut l'idée de faire jouer un air de flûte à l'une des extrémités; le chant parvint à l'autre bout sans avoir éprouvé la plus légère altération, dans un trajet de 951 mètres de long. Ces sortes d'expériences ne se font avec succès que pendant la nuit, quand aucun bruit extérieur ne peut venir les troubler.

Ainsi, les sons se propagent tous avec la même vitesse : il reste à déterminer quelle est la vitesse absolue de cette propagation.

Vitesse du son dans l'air.

160. Pour la mesurer, on se fonde sur ce principe qui sera démontré en optique : la lumière parcourt la distance du soleil à la terre (plus de 35 millions de lieues) en 8′ 13″, ou environ 80000 lieues en 1″, ou enfin 1 lieue dans un 80000me de seconde. La vitesse de la lumière est donc telle, que, si un phénomène lumineux instantané, comme l'explosion d'une pièce de canon, se produit dans l'atmosphère, à 1, 2 et même 10 ou 20 lieues de distance d'un observateur, l'instant où il apercevra la lumière sera l'instant même où elle a pris naissance ; par conséquent, en comptant, sur un excellent chronomètre, l'intervalle écoulé entre l'apparition de la lumière et l'audition du bruit, il aura rigoureusement le temps employé par le son pour parvenir du lieu de la détonation à son oreille. Si cette distance est connue, en la divisant par le nombre de secondes écoulées, on aura l'espace parcouru par le son en une seconde.

Cette expérience a été faite en 1822 par les membres du bureau des longitudes, dans la nuit du 21 au 22 juin. Ils avaient choisi pour stations les hauteurs de Montlhéry et de Villejuif, sur lesquelles étaient établies des pièces de canon, tirant alternativement de 10 en 10 minutes, de manière à croiser les feux. On a conclu de ces observations :

_ 1o Que, dans un même milieu et à une même température, le son se propage *uniformément ;*

2o Que la vitesse du son augmente quand la température s'élève ;

3o Qu'à la température de 10o centigrades, le son parcourt uniformément 337 mètres par seconde de temps. — Que le ciel soit serein ou nuageux, cette vitesse reste constante.

Dans les liquides.

Quant à la vitesse du son dans l'eau, les expériences de MM. Sturm et Colladon, sur le lac de Genève, ont donné une vitesse de 1435m par seconde ; c'est plus de 4 fois la vitesse de propagation dans l'air.

Dans les solides.

La vitesse de propagation du son dans les corps solides, déduite de quelques considérations théoriques, surpasse de beaucoup ce dernier chiffre.

Réflexion du son.

161. Quand un son est excité au milieu d'une masse d'air indéfinie, il se propage, dans ce fluide, par une série d'*ondes* sphériques et concentriques qui se développent et s'étendent, sans se confondre, autour du centre ébranlé, à peu près comme

les ondulations que fait naître la chute d'une pierre sur la surface d'une eau tranquille.

Mais si les rayons sonores rencontrent un obstacle, ils sont aussitôt *réfléchis* d'après une loi générale qui s'applique à tous les mouvements des corps élastiques, à la lumière, à la chaleur. Voici cette loi :

1° Le rayon incident et le rayon réfléchi sont toujours dans un même plan perpendiculaire à la surface réfléchissante ;

2° L'angle de réflexion est toujours égal à l'angle d'incidence.

Il résulte de ces lois que, quand un son est réfléchi par un plan inébranlable, l'observateur auquel il parvient l'entend exactement comme si le centre d'ébranlement, au lieu d'être au point 0 en avant du plan, était placé derrière dans une position symétrique 0'. (*Voy.* Réflexion de la lumière.)

162. La réflexion du son, à la rencontre des obstacles qu'il vient frapper, peut donner naissance à deux effets : une *résonnance* ou un *écho*.

Il est aisé de se convaincre qu'il est à peu près impossible de prononcer nettement plus de 10 syllabes en 1″, ou bien une syllabe en moins d'un dixième de seconde. — Or, le son parcourt 337m en 1″, ou bien 33m,7 en $\frac{1}{10}$ de seconde, ou enfin 16m,9 en un demi-dixième. Si donc on se trouve à 16m,9 ou, en nombre rond, à 17m de distance d'un mur capable de réfléchir le son, et qu'on profère une syllabe, le son mettra, pour aller et revenir, juste le temps qui a été nécessaire ($\frac{1}{10}$ de seconde) pour prononcer la syllabe. La syllabe réfléchie arrivera donc à l'oreille à l'instant où la syllabe prononcée cesse de se faire entendre. — Si le corps réfléchissant est à moins de 17m de l'observateur, le son réfléchi se confondra avec le son direct, et on ne pourra pas les distinguer ; il y aura dans ce cas une résonnance dont l'effet sera de prolonger le son. — Si, au contraire, la distance surpasse 17m, les deux sons seront parfaitement distincts, et c'est alors seulement qu'il y aura un véritable écho.

A une distance de 17m, l'écho ne redit qu'une syllabe ; à 34m, il en redirait deux ; à 51m, trois, etc. : dans le premier cas, il est dit *monosyllabique* ; dans les autres, *polysyllabique*.

On distingue encore les échos *simples* et les échos *multiples*. Les premiers ne répètent qu'une fois les sons ; les seconds les répètent plusieurs fois de suite, jusqu'à ce que leur affaiblissement progressif les rende insensibles. — Les échos multiples sont en général formés par deux obstacles opposés, deux murs parallèles, par exemple, qui se renvoient alternativement les sons, comme deux glaces parallèles se renvoient les images des objets.

Il n'est point nécessaire pour qu'une surface réfléchisse le son, qu'elle soit plane ni polie. Les bois, les rochers, les voiles des navires, les nuages même peuvent *faire écho*.

CHAPITRE IV.

LOIS DES VIBRATIONS DES CORDES. — VIBRATION DE L'AIR DANS LES TUYAUX. — ÉVALUATION NUMÉRIQUE DES SONS.

163. Nous avons déjà défini ce qui caractérise les sons graves ou aigus ; il faut maintenant comparer numériquement les sons, c'est-à-dire déterminer les rapports des nombres de vibrations qu'ils exécutent dans le même temps, et les nombres absolus de vibrations qui correspondent à chacun d'eux.

§ 1. — *Vibrations transversales des cordes.*

Cordes vibrantes.

164. La recherche de ces rapports se fait de la manière la plus simple au moyen des cordes vibrantes. On doit se servir de préférence des cordes métalliques, tirées à la filière, qui possèdent à la fois une grande homogénéité et une élasticité presque parfaite.

Sonomètres.

Pour faire vibrer une corde et en obtenir un son pur, il faut la tendre par ses deux extrémités et limiter, par des pinces ou des chevalets, la longueur qui doit être soumise à l'expérience. Les instruments dont on se sert en physique pour cet objet sont appelés *sonomètres*. Une caisse rectangulaire creuse, placée au-dessous de la corde, sert à en renforcer les sons, et un chevalet mobile permet de raccourcir à volonté la partie vibrante.

Fig. 74.

Lois des vibrations des cordes.

165. Le nombre de vibrations qu'exécute une corde dans un temps donné, et par suite le son correspondant, dépend de quatre éléments, savoir : la densité de la corde, son diamètre, sa tension et sa longueur.

On démontre par le calcul les quatre lois suivantes :

1o Les nombres de vibrations de deux cordes sont, toutes choses égales d'ailleurs, réciproquement proportionnels à la racine carrée de leur densité ;

2o Ces mêmes nombres sont réciproquement proportionnels aux diamètres des deux cordes, tout étant égal d'ailleurs ;

3º Les nombres de vibrations d'une même corde sont proportionnels à la racine carrée des poids qui la tendent ;

4º (Cette dernière loi est la plus importante.) — Si deux cordes sont de même nature, de même diamètre, et également tendues, les nombres de vibrations qu'elles effectuent dans le même temps sont en raison inverse de leurs longueurs. — Par exemple, si une corde, vibrant dans toute sa longueur, fait 256 vibrations par seconde, la moitié de cette corde mise en vibration en fera 512 dans le même temps ; le tiers en fera 768, le quart 1024.

Gamme.

166. Cela posé, représentons par 1 la longueur d'une corde, et appelons *ut* le son fondamental qu'elle rend en vibrant à vide ; puis, à l'aide d'un chevalet mobile, raccourcissons progressivement la corde de manière à lui faire rendre tous les sons successifs de la *gamme* naturelle : nous trouverons que les longueurs des cordes correspondantes aux différentes notes de cette gamme seront représentées par les nombres suivants :

Notes.	ut	ré	mi	fa	sol	la	si	ut^2
Longueur des cordes.	1	$\frac{8}{9}$	$\frac{4}{5}$	$\frac{3}{4}$	$\frac{2}{3}$	$\frac{3}{5}$	$\frac{8}{15}$	$\frac{1}{2}$.

Et comme les nombres de vibrations sont en raison inverse des longueurs des cordes, si nous appelons 1 le nombre de vibrations correspondant au son fondamental *ut*, nous pourrons former le tableau suivant :

Notes.	ut	ré	mi	fa	sol	la	si	ut^2
Nombre de vibrations..	1	$\frac{9}{8}$	$\frac{5}{4}$	$\frac{4}{3}$	$\frac{3}{2}$	$\frac{5}{3}$	$\frac{15}{8}$	2.

Tons et demi-tons.

167. On mesure l'intervalle de deux sons par le rapport des nombres de vibrations qui leur correspondent. Les intervalles des notes successives de la gamme sont caractérisés par les rapports et ont reçu les noms suivants :

ut-ré	$\frac{9}{8}$	ton majeur.
ré-mi	$\frac{10}{9}$	ton mineur.
mi-fa	$\frac{16}{15}$	demi-ton majeur.
fa-sol	$\frac{9}{8}$	ton majeur.
sol-la	$\frac{10}{9}$	ton mineur.
la-si	$\frac{9}{8}$	ton majeur.
si-ut	$\frac{16}{15}$	demi-ton majeur.

Les intervalles de tierce (*ut-mi*), de quinte (*ut-sol*) et d'octave (*ut_1-ut_2*), sont représentés par les rapports $\frac{5}{4}$, $\frac{3}{2}$ et 2.

Telle est la composition de la gamme naturelle ; en la prolongeant dans les octaves supérieures et inférieures, on aura une longue série de sons, dont les intervalles seront tous représentés par les rapports que nous venons d'établir.

168. Les besoins de la musique ont conduit à intercaler entre les sons de cette première série des notes intermédiaires que l'on a appelées *dièses* et *bémols*. L'expérience a prouvé que, pour diéser une note, c'est-à-dire pour la hausser d'un demi-ton, il faut multiplier le nombre de vibrations qui lui correpond par $^{25}/_{24}$; et qu'il faut le multiplier par $^{24}/_{25}$ pour la bémoliser, ce qui revient à la baisser d'un demi-ton. Lorsque les nombres de vibrations de deux notes sont entre eux commé 80 : 81, elles se confondent sensiblement pour l'oreille ; l'intervalle caractérisé par le rapport $^{80}/_{81}$ s'appelle un *comma*.

169. Quand une corde vibre dans toute sa longueur, une oreille exercée distingue non-seulement le son fondamental *ut*, mais plusieurs autres sons plus faibles qu'on appelle *sons harmoniques*, et qui, en désignant par 1 le nombre de vibrations du son fondamental, sont représentés dans l'échelle musicale par la série 2, 3, 4, 5.... Ce sont, en conséquence, l'octave ut_2, la double quinte sol_2, la triple tierce mi_3...., etc. — On explique ce fait en admettant que, pendant que la corde vibre tout entière, chacune de ses moitiés, chacun de ses tiers, chacun de ses quarts... vibre séparément, et que tous ces petits mouvements vibratoires simultanés coïncident et se superposent sans se confondre.

Cette explication paraît justifiée par l'expérience suivante : si au-dessous de la corde d'un sonomètre, au tiers de la longueur, on place un petit chevalet mobile qui la touche sans la presser, et qu'on fasse résonner le premier tiers de la corde, les deux autres tiers vibreront aussi et isolément, de telle sorte qu'au milieu de la partie de la corde qui n'a pas été directement ébranlée, il y aura un point immobile qu'on appelle *nœud* de vibration. Les extrémités de la corde seront aussi des nœuds, et dans l'intervalle il y aura des *ventres* de vibration. Aussi, si l'on dispose sur la corde, aux nœuds et aux ventres de vibrations, de petits chevrons de papier, les premiers resteront immobiles ou n'éprouveront qu'un léger frémissement, tandis que les autres seront vivement projetés. Au lieu du tiers de la corde, on pourrait faire vibrer seulement le quart, le cinquième, et on observerait encore la formation des nœuds et des ventres dans les trois quarts ou dans les quatre cinquièmes restants.

Les cordes peuvent, outre les vibrations transversales, exécuter des vibrations longitudinales, quand elles sont tendues et frottées dans le sens de leur longueur. Nous n'examinerons point ici ce genre de vibrations.

§ 2. — *Vibrations de l'air dans les tuyaux.*

170. L'air, que nous n'avons considéré jusqu'ici que comme véhicule du son, peut aussi entrer lui-même en vibrations sonores. C'est ce qui arrive dans tous les instruments à vent.

Il y a deux modes principaux d'ébranlement adoptés pour mettre en vibration la colonne d'air contenue dans un tuyau. L'un et l'autre ont pour but d'exciter à une de ses extrémités une succession rapide de condensations et de dilatations qui se transmettent de proche en proche à toute la colonne.

Le premier consiste à faire arriver à l'extrémité du tuyau une lame d'air très-rapide contre un obstacle taillé en biseau. Le vent sortant d'un soufflet arrive par le *pied ab*, tube cylindrique ou conique, renflé à la partie supérieure, et presque totalement fermé par une plaque *c*. Le courant d'air sort par une fente transversale qu'on nomme la *lumière*, et vient se briser contre le tranchant *ec* d'un biseau qui forme la *lèvre* supérieure de la *bouche ed*. Ce brisement est accompagné de vibrations dont on ne connaît pas parfaitement la cause génératrice, et qui se transmettent à la mase d'air du tuyau. Ce mode d'embouchure est analogue à celui de la flûte, du flageolet.

Embouchure de flûte.
Fig. 77.

Le second système d'ébranlement est réalisé dans les instruments à *anche*. L'anche est une lame métallique flexible *n*, superposée à une rigole creusée dans une des parois d'un canal étroit. L'air, amené avec vitesse par le tuyau porte-vent, presse la *languette* et agrandit l'ouverture; l'élasticité de cette lame métallique la ramène à sa position primitive; elle la dépasse et ferme la rigole, puis elle se relève et s'abaisse de nouveau. Delà, dans l'écoulement de l'air, une série d'intermittences qui se succèdent assez rapidement pour produire un son. On peut allonger ou raccourcir à volonté la partie vibrante de la languette à l'aide d'une tige mobile *abm*, qu'on nomme *rasette*, et qui presse la première contre les bords de la rigole. — Les anches ainsi construites ont toujours un son rauque et criard qui provient du battement de la languette contre les bords solides de la rigole; mais, par une modification aussi simple qu'ingénieuse, M. Grenié est parvenu à faire disparaître ces défauts. Il forme la languette d'une lame de laiton bien plane, coupée en rectangle, de manière à entrer exactement dans la rigole sans en toucher les bords. Les vibrations de cette lame produisent un son beaucoup plus doux et plus harmonieux, parce qu'au lieu de battre contre un corps dur qui lui oppose une résistance brusque, elle n'a plus qu'à re-

Anches.

Fig. 78.

fouler sur lui-même un fluide élastique et homogène. — C'est par une anche que l'on fait résonner la clarinette, le basson, le cor... Dans ce dernier, ce sont les lèvres qui servent d'anche.

171. Il est aisé de démontrer que, dans les instruments à vent, c'est uniquement la colonne d'air qui entre en vibration et engendre le son. Pour cela, on prend des tuyaux d'orgue, de même longueur, de même diamètre, mais de substances différentes. L'un est en bois, par exemple, l'autre en métal, un troisième en carton... On les place sur une soufflerie, et on les fait résonner. Ils font entendre le même son ; le timbre seul varie de l'un à l'autre. Cette différence tient, sans doute, à un léger mouvement vibratoire qui se communique aux parois de l'enveloppe.

Toutefois le principe précédent n'est vrai que pour des tuyaux dont les parois ont une épaisseur et une résistance suffisantes. M. Savart a démontré qu'avec des tuyaux de papier collé, le son peut varier beaucoup, surtout quand on les humecte ; il peut alors baisser de plus d'une octave.

172. *Lois des vibrations des colonnes d'air dans les tuyaux cylindriques.* — Daniel Bernouilli a démontré que, lorsque des tuyaux sont cylindriques, d'une grande longueur par rapport à leur diamètre, et qu'ils sont ébranlés à plein orifice, par exemple, lorsque les vibrations intérieures sont excitées par celles d'une plaque mince oscillant perpendiculairement à l'axe, les sons rendus sont soumis aux lois suivantes :

Tuyaux fermés par un bout. — 1º Un même tuyau fermé peut faire entendre une série de sons qui, depuis le plus grave jusqu'au plus aigu, correspondent à des nombres de vibrations représentés par la série des nombres impairs 1, 3, 5, 7..., etc.

2º Les sons de même ordre rendus par deux tuyaux de longueur différente correspondent à des nombres de vibrations inversement proportionnels à ces longueurs. De sorte que, pour monter une gamme avec une série de tuyaux semblables, il faudrait leur donner les longueurs relatives suivantes : 1, $8/9$, $4/5$, $3/4$, $2/3$, $3/5$, $8/15$, $1/2$.

3º Quand un tuyau résonne, la colonne d'air intérieure se divise spontanément en parties égales qui vibrent séparément et à l'unisson. — La longueur de chaque tranche vibrante est égale à la longueur de l'onde sonore correspondante au son produit. — Les surfaces de séparation de ces tranches sont immobiles et n'éprouvent que des changements de densité ; on les nomme les nœuds de vibrations. Le fond du tuyau est toujours un nœud. — Les milieux des parties vibrantes ont toujours la même densité et n'éprouvent que des mouvements oscillatoires. On les nomme des ventres de vibration. L'orifice libre est toujours un ventre.

Tuyaux ouverts par les deux bouts. — Les lois précédentes subsistent pour les tuyaux ouverts, sauf les modifications suivantes : les extrémités ouvertes du tuyau sont toujours deux *ventres* de vibration. — Les sons successifs que peut faire entendre un même tuyau ouvert sont caractérisés par la série naturelle des nombres 1, 2, 3, 4, 5, 6... — Enfin, le son fondamental d'un tuyau ouvert est toujours à l'octave aiguë du son fondamental d'un tuyau fermé de même longueur.

Les lois de Bernouilli ne sont vraies qu'autant que les tuyaux, ébranlés à plein orifice, ont une grande longueur par rapport à leur diamètre. — On peut les vérifier par expérience à l'aide d'un tuyau à embouchure de flûte, dans lequel se meut un piston que l'on transporte successivement à chaque nœud de vibration. Le son ne change pas. — En pratiquant des orifices dans les points où doivent se former des ventres, le son reste encore le même, que ces trous soient ouverts ou fermés.

§ 3. — *Détermination du nombre absolu de vibrations correspondant à un son donné.*

173. Cette détermination peut se faire de plusieurs manières : au moyen de la *sirène*, des lames vibrantes, des battements produits par deux sons voisins.

Détermination d'un son fixe.

J'indiquerai d'abord chacune de ces méthodes, que je complèterai par une analyse succincte des procédés de M. Savart, pour l'évaluation numérique des sons et la détermination des limites entre lesquelles sont compris les sons perceptibles à l'oreille humaine.

174. *Lames vibrantes.* — Une lame élastique, pincée par un bout dans un étau, exécute des vibrations transversales, quand on l'écarte de sa position d'équilibre pour l'abandonner à elle-même ou quand on la frotte avec un archet. Le nombre de ces vibrations est d'autant plus grand que la lame est plus courte. Or, le calcul démontre que, si la lame est successivement réduite à la moitié, au tiers, au quart... de sa longueur, le nombre de vibrations qu'elle effectue devient 4 fois, 9 fois, 16 fois... plus grand dans le même temps. — Cela posé, on prendra d'abord une lame assez longue pour qu'on puisse compter ses oscillations. Supposons qu'elle en fasse 4 par seconde : alors on en fera vibrer seulement la moitié, elle en fera 16 dans le même temps; puis le quart, qui donnera 4 × 16, ou 64 vibrations par seconde. On aura alors un

Lames vibrantes.

Fig. 75.

son très-grave et peu distinct. Mais on pourra diminuer la longueur de la lame vibrante jusqu'à ce qu'elle rende un son bien connu dans l'échelle musicale, l'*ut* du violoncelle, par exemple. Supposons que la longueur de la partie vibrante qui produit ce son ne soit que la 8e partie de la longueur totale qui faisait quatre vibrations par seconde, on en conclura que l'*ut* du violoncelle correspond à 4 × 64, ou 256 vibrations par seconde. Les rapports indiqués ci-dessus feront alors connaître les nombres absolus de vibrations qui correspondent à toutes les autres notes de la gamme.

Battements.   175. *Battements.* — Lorsqu'on fait résonner simultanément deux cordes, ou mieux deux tuyaux d'orgue, qui donnent deux sons très-rapprochés l'un de l'autre, on entend à de petits intervalles un renflement très-sensible dans le son; c'est à ce phénomène qu'on donne le nom de *battements*. Les battements sont plus ou moins éloignés suivant l'intervalle des sons qui les engendrent. — Voici comment on explique ce fait.

— Faites résonner ensemble les notes *ut* et *ré*; la première faisant 8 vibrations pendant que l'autre en fait 9, il est évident qu'il y aura coïncidence dans les agitations de l'air ou dans les ondes sonores après chaque 8 vibrations de la première note ou après chaque 9 vibrations de la seconde. Ces coïncidences produiront donc un renflement marqué dans le son.

Cela posé, faites résonner deux tuyaux dont les sons soient tellement près l'un de l'autre, que les coïncidences, et par suite les battements résultants, n'arrivent qu'à des intervalles assez éloignés pour qu'on puisse les compter pendant quatre ou cinq minutes : vous pourrez facilement calculer combien il y a eu de battements dans une seconde. C'est ce qui arrive en faisant résonner simultanément *ut* et *ut* dièse, par exemple. Or, supposons qu'il y ait eu 5 battements par seconde; comme l'*ut* naturel fait 24 vibrations pendant que l'*ut* dièse en fait 25, il en résulte que chaque battement arrive après 24 vibrations d'*ut*, et que par conséquent *ut* fait 5 × 24, ou 120 vibrations par seconde.

Le *la* du diapason du théâtre de l'Opéra-Français fait 431 vibrations doubles par seconde; celui du Théâtre-Italien n'en fait que 424. Il est donc un peu plus bas.

Sirène.
Fig. 79 et 80.   176. *Sirène.* — La sirène est un instrument d'acoustique inventé par M. Cagniard de La Tour. Elle doit son nom à la propriété qu'elle a de pouvoir produire des sons au sein d'une masse liquide. La partie essentielle consiste en une caisse cylindrique FF', recevant par la partie inférieure le vent d'un soufflet, et fermée supérieurement par une table métallique percée de trous un peu obliques *v*, *v*'; disposés régulièrement

en cercle autour du centre. Au-dessus de ce couvercle et à une très-petite distance est posé un plateau PP', mobile autour de l'axe vertical X qui le porte et percé aussi de trous u, u' en regard des premiers, mais inclinés en sens contraire et également espacés. — Le reste de l'appareil est un compteur que je ne décrirai pas et qui sert à calculer le nombre de tours et de centaines de tours que fait le plateau dans un temps donné.

Aussitôt que l'on donne le vent, le plateau mobile tourne sur son axe et bientôt on entend un son qui monte par degrés insensibles à mesure que la rotation s'accélère. Pour le comprendre, supposons d'abord qu'il n'y ait qu'un seul trou dans la table fixe et vingt dans le plateau mobile : alors, pendant une révolution du plateau, l'orifice de la table sera vingt fois ouvert et vingt fois fermé, l'écoulement de l'air vingt fois libre et vingt fois interrompu. Il en résultera des dilatations et condensations alternatives qui, devenues assez rapides, engendreront un son. Si le plateau fait 10, 20, 100 tours par seconde, il y aura évidemment 200, 400, 2000 vibrations dans le même temps; le son montera donc graduellement du plus grave au plus aigu. Maintenant donnons au couvercle de la boîte 20 orifices comme au plateau mobile, nous aurons un son 20 fois plus intense, car chaque trou produira son effet comme s'il était seul.

Pour faire servir cet instrument à calculer le nombre de vibrations correspondant à un son donné, imaginons qu'ayant adapté la sirène à une soufflerie, on arrive à produire un son bien pur et à le soutenir pendant 4 ou 5 minutes. A un moment donné, on poussera à la fois le bouton d'un chronomètre pour mesurer le temps, et le bouton du compteur de la sirène pour calculer le nombre de tours du plateau. Après quelques instants, on arrêtera simultanément et le compteur et le chronomètre, et on pourra calculer très-exactement à combien de vibrations par seconde correspond le son donné. — On en déduira ensuite les valeurs numériques de tous les autres.

177. On doit à M. Savart deux modes nouveaux de produire les sons et de compter les nombres absolus de vibrations qui leur correspondent.

1° Une roue dentée, dont l'axe repose sur un banc très-solide, reçoit un mouvement de rotation rapide d'une roue plus grande, au moyen d'une courroie qui s'enroule sur la circonférence de la grande roue et sur la gorge d'une poulie fixée à l'axe de la première. Aux dents de cette roue on présente le tranchant d'une carte qu'elles viennent frapper successivement pendant la rotation. A chaque dent qui passe, la carte est soulevée, glisse et revient à sa première position par son

Roues dentées.
Fig. 82.

élasticité ; elle est saisie par la dent suivante, qu'elle abandonne à son tour pour être ébranlée par la troisième. La carte effectue ainsi deux fois autant de vibrations simples (allées et venues) qu'elle reçoit de chocs alternatifs, et l'on obtient un son pur et soutenu, qui s'élève graduellement à mesure que la vitesse de rotation ou le nombre des chocs dans le même temps augmente. Ce nombre est aisé à connaître : l'axe de la roue dentée porte une vis sans fin qui engrène avec une autre roue dentée servant de compteur ; celle-ci passe une dent à chaque tour de la première, et une aiguille mobile sur un cadran marque chacun de ses pas. Cela posé, si la roue qui engendre le son est armée de 400 dents et qu'elle fasse 20 tours par seconde, la carte recevra 8000 chocs et exécutera 16000 vibrations simples dans ce même temps. M. Savart a trouvé 880 vibrations pour le *la* de notre diapason.

Comparaison des sons.

On peut varier les sons, soit en modifiant la vitesse d'une même roue, soit en prenant des roues de différents diamètres et d'un nombre de dents plus ou moins grand. On démontre ainsi avec la dernière exactitude que, lorsque les nombres de vibrations sont entre eux comme 1, $5/4$, $3/2$, 2, il en résulte : un son fondamental, sa tierce majeure, sa quinte et son octave aiguë. Aussi, en montant sur un même arbre 4 roues de différents diamètres, dont les dents soient au nombre de 200, 250, 300 et 400, et leur imprimant une même vitesse de rotation, les sons résultants forment un accord parfait.

Limite des sons aigus perceptibles.

178. Lorsqu'on imprime à une même roue dentée une vitesse croissante, le son monte et en même temps augmente d'intensité ; mais, à une certaine limite, son intensité baisse à mesure qu'il devient plus aigu et il finit par s'éteindre. On peut reculer la limite des sons aigus perceptibles en augmentant le diamètre et le nombre des dents de la roue. M. Savart a pris une roue en laiton de 82 centimètres de diamètre, et dont la circonférence était divisée en 720 dents ; il lui a fait faire jusqu'à 33 et 34 tours par seconde, ce qui donnait sur la carte 24000 battements, et par suite 48000 vibrations simples. Quoique le son, d'abord très-intense, eût alors diminué quand la vitesse de rotation augmentait, il était encore parfaitement perceptible, malgré son extrême acuité.

Barre tournante.

179. 2° Pour déterminer la limite des sons graves perceptibles à l'oreille, M. Savart a fait usage d'un autre appareil qui mérite d'être décrit. Il est composé d'une grande roue motrice, destinée à imprimer un mouvement de rotation à une barre de fer ou de bois, de 2 pieds et demi de longueur, traversée en son milieu par un axe perpendiculaire à ses plus larges faces, et tournant sur des coussinets fixés à un banc très-solide. De chaque côté du plan circulaire décrit par la

Fig. 83.

barre, et suivant un de ses diamètres, sont disposées deux planchettes minces qui reposent sur les faces supérieures du banc et qui peuvent à volonté se rapprocher plus ou moins des faces de la barre qui doit circuler entre elles. Un compteur permet de calculer le nombre des tours effectués en 1″; le nombre des passages de la barre mobile vis-à-vis les planchettes est double dans le même temps, puisqu'il y a un passage à chaque demi-révolution; enfin, à chaque passage, l'air est une fois intercepté et une fois rendu libre, ce qui fait deux vibrations simples. — L'appareil commençant à tourner lentement, on entend à chaque coïncidence des coups semblables à de petites explosions, qui deviennent plus serrés et plus forts à mesure que la vitesse s'accélère. Enfin, quand le mouvement est assez rapide, on obtient un son soutenu, extrêmement plein et d'une intensité assourdissante. Cette intensité est telle que, dans une grande pièce où l'appareil est en jeu, il est impossible d'entendre le moins du monde le son d'un orgue, d'une contre-basse, non plus que les sons de la voix humaine.

M. Savart a constaté, au moyen de ce nouvel appareil que, dès que la barre tourne assez vite pour exécuter 7 ou 8 passages par seconde et par suite pour imprimer à l'air 14 ou 16 vibrations simples dans le même temps, on distingue nettement un son soutenu et très-grave. L'oreille humaine a donc assez de délicatesse pour apprécier tous les sons compris entre 15 et 48000 vibrations par seconde. Ces limites, beaucoup plus étendues que celles qu'on avait fixées autrefois, M. Savart pense qu'on pourra les reculer encore.

Limite des sons graves perceptibles.

La limite des sons graves a été depuis contestée par M. Desprets, qui a remarqué qu'en faisant passer la barre entre quatre systèmes de fentes équidistants au lieu de deux, le son n'est pas changé, quand la vitesse de rotation reste la même; d'où l'on doit conclure que ce son ne provient pas des chocs que produit la barre. M. Desprets admet le nombre de 96 vibrations simples pour le son le plus grave que l'oreille humaine puisse percevoir.

180. La méthode des roues dentées est la plus simple et la plus exacte que l'on puisse adopter pour déterminer les nombres absolus de vibrations correspondant aux sons d'une gamme, et par suite les rapports qui caractérisent les intervalles musicaux. Cet ingénieux procédé a acquis d'autant plus d'importance que M. Savart, dans des mémoires dont il a donné récemment une analyse dans son cours au collège de France, a fait voir que les lois adoptées encore aujourd'hui sur les vibrations des cordes, lois déterminées par le calcul, ne sont qu'approximatives. Par exemple, si l'on tend fortement une

Observations sur les lois des vibrations des cordes et sur les battements.

corde métallique très-mince, à l'aide de deux étaux puissants, et qu'après l'avoir fait vibrer dans toute sa longueur, on en fasse vibrer seulement la moitié en la pinçant en son milieu à l'aide d'un étau très-lourd, pour éviter que les vibrations de la corde soient altérées par celles des corps voisins, on obtient, au lieu de l'octave aiguë du son fondamental, un son plus grave de près d'un quart de ton. Les autres lois des vibrations des cordes, celles des lames fixées par un bout et libres à l'autre, ne se vérifient pas mieux. Enfin, M. Savart a encore démontré que jusqu'ici la véritable cause des battements que font entendre deux sons voisins, n'avait point été convenablement assignée ; que la superposition des ondes sonores à des intervalles périodiques n'était ni exacte ni suffisante pour l'explication du phénomène ; que deux corps sonores à l'unisson pouvaient dans certains cas donner lieu à des battements ; que par conséquent on ne pouvait déterminer *à priori* le son résultant que la résonnance simultanée de deux cordes ou de deux tuyaux doit produire, ni se servir avec exactitude de ce fait pour déterminer le nombre absolu des vibrations sonores.

LIVRE III.

CALORIQUE.

CHAPITRE PREMIER.

EFFETS GÉNÉRAUX. — CONSTRUCTION DES THERMOMÈTRES.

181. On donne le nom de *calorique* à la cause inconnue des impressions de chaleur et de froid que les corps font éprouver à nos organes, soit au contact, soit à distance (1).

Cet agent, que les physiciens assimilent à un fluide matériel, bien qu'il soit incoercible et impondérable, exerce son influence, non-seulement sur les êtres organisés, mais sur tous les éléments du règne inorganique. Sans parler des combinaisons et des décompositions chimiques qu'il provoque, le calorique, dans l'ordre des faits purement physiques, donne naissance à deux grandes classes de phénomènes : les dilatations et les changements d'état. 1º Sans cesse en lutte avec l'attraction moléculaire, il détermine, suivant que son énergie augmente ou diminue, l'écartement ou le rapprochement des molécules des corps, et par suite leur changement de volume ; 2º les variations de son intensité peuvent être telles, que les distances relatives des molécules se modifient au point que le corps auquel elles appartiennent change d'état : d'où résultent la fusion des solides et la solidification des liquides, la vaporisation des liquides et la liquéfaction des vapeurs et des gaz.

182. Il importe, dès ce moment, de démontrer par expérience le premier de ces effets, que l'on peut formuler en ce principe général : tous les corps se dilatent, c'est-à-dire augmentent de volume par l'accroissement de la chaleur, et se contractent ou diminuent de volume par le refroidissement. Il s'agit seulement ici de constater le fait, plus tard nous apprendrons à le mesurer.

Calorique.

Ses effets généraux.

Dilatation.

Changement d'état.

Dilatabilité des corps par le calorique.

---

(1) Les mots *chaleur* et *calorique* sont très-souvent pris l'un pour l'autre.

1º *Corps solides.* — Pour démontrer la dilatabilité des corps solides par l'action du calorique, un des instruments les plus simples est le pyromètre à cadran. Il se compose d'une tige métallique AB retenue à l'un de ses bouts A par un talon fixe, et libre à l'autre. Cette seconde extrémité touche le bras le plus court CO d'un petit levier coudé COD dont la longue branche se meut sur un cadran divisé. Le point O est le centre du cadran. On chauffe la barre, en plaçant au-dessous une lampe à esprit-de-vin, dont la flamme l'enveloppe dans toute sa longueur. Aussi la tige s'allonge dans le sens AB; puisqu'elle est retenue dans le sens contraire; elle pousse le bras de levier OC, dont les déplacements sont rendus parfaitement sensibles par les déviations correspondantes et beaucoup plus étendues de la longue branche OD. — Si la chaleur est assez forte, l'aiguille OD parcourt en peu d'instants toute l'étendue du cadran.

2º *Liquides.* — Nous n'aurons pas besoin d'un artifice aussi délicat pour démontrer la dilatabilité des liquides, qui est bien plus grande que celle des corps solides. — A un réservoir en verre d'un assez grand diamètre nous souderons un tube long et étroit. Nous remplirons de liquide la boule et le tube jusqu'à une certaine hauteur; puis nous plongerons le réservoir dans un bain d'eau chaude. On verra bientôt le liquide, dilaté par la chaleur de l'eau environnante, monter dans le tube et même déborder par son extrémité ouverte.

Encore la dilatation observée n'est-elle ici que l'excès de la dilatation réelle du liquide sur celle de l'enveloppe qui le contient. Car, dans le premier moment de l'expérience, on voit la colonne liquide descendre subitement au-dessous de son niveau primitif, et ne commencer à remonter que quelques instants après. Cela tient à ce que l'enveloppe solide, recevant la première l'impression de la chaleur, se dilate avant que le liquide en ait ressenti l'influence. La capacité intérieure de la boule ayant alors augmenté, le liquide descend d'abord; mais bientôt il se dilate à son tour dans une plus grande proportion, et son niveau s'élève avec rapidité.

3º *Gaz.* — Enfin, la dilatabilité des gaz est de beaucoup supérieure à celle des liquides. — Une boule de verre soudée à un tube étroit étant pleine d'air ou d'un autre gaz, et un index de mercure étant placé dans le tube pour intercepter la communication entre l'air extérieur et le gaz intérieur, il suffit d'approcher la main de la boule pour que la chaleur dilate l'air qui y est contenu et repousse hors du tube la petite colonne mercurielle.

Dans chacun de ces trois cas, si, après avoir chauffé un solide, un liquide, ou un gaz, on le laisse refroidir jusqu'à ce qu'il se retrouve exactement dans les circonstances où il était d'abord, ce corps reprendra exactement son premier volume. Alors un nouvel accroissement de chaleur, égal au précédent, augmentera ses dimensions d'une quantité égale à leur accroissement primitif.

183. Il est à remarquer que ces divers phénomènes, comme tous ceux que la chaleur peut produire, n'auraient pas lieu si son énergie, si son *intensité* était constante, ou si les corps en contenaient toujours la même *quantité*. — Les différents degrés de chaleur sensible d'un corps, qui sont intimement liés avec ses variations de volume, quand il ne change pas d'état, constituent les diverses *températures* par lesquelles ce corps peut passer. Voici ce qu'il faut entendre par là :

Quantité de chaleur.

Température.

Si plusieurs corps, renfermés dans une même enceinte, se trouvent placés dans des circonstances telles qu'ils ne subissent aucune modification, aucun changement d'état ni de volume, ce corps, quoique pouvant posséder individuellement des quantités de chaleur fort différentes, auront la même température sensible; on dit alors qu'ils sont en *équilibre de température.*

Si les circonstances où ces corps étaient placés changent, et que les quantités de chaleur qu'ils possédaient augmentent ou diminuent pour devenir de nouveau stationnaires, il en résultera un autre état d'équilibre calorifique, une autre température. La température nouvelle sera plus élevée ou plus basse, suivant qu'il y aura eu gain ou perte de chaleur.

On appelle *thermomètre* tout instrument propre à mesurer, c'est-à-dire à comparer les températures des corps et à apprécier leurs variations.

Thermomètre.

184. Toute modification apportée à l'état d'un corps par les changements de température pourra servir de base à la construction d'un thermomètre, pourvu que le corps reprenne exactement son premier état lorsque les circonstances où il sera placé redeviendront les mêmes. Nous trouvons cette condition remplie dans le phénomène général de la dilatation des corps par le calorique, phénomène sur lequel repose la construction des thermomètres ordinaires.

Principe de sa construction.

Tous les corps, se dilatant quand on les chauffe et se contractant quand on les refroidit, peuvent servir à construire un thermomètre. Mais les solides, se dilatant très-peu, ne peuvent être employés que pour mesurer de très-grandes variations dans l'intensité de la chaleur. Les gaz, au contraire, se dilatant beaucoup, ne peuvent servir qu'à accuser de très-faibles changements dans la température.

Choix du corps.

Les liquides, dont la dilatabilité est intermédiaire entre celles des solides et des gaz, et dont il est facile d'observer les changements de volume en les mettant dans une enveloppe transparente, sont employés de préférence.

hoix du liquide. Enfin, parmi les liquides, on choisit toujours l'alcool et le mercure : l'alcool, parce qu'il résiste aux plus grands froids connus sans se congeler; le mercure, parce qu'il se dilate plus uniformément que les autres liquides, qu'il est toujours facile de l'obtenir pur, qu'il n'adhère pas aux parois des instruments, qu'enfin il ne gèle qu'à un froid très-vif et ne bout qu'à une température fort élevée.

hermomètre à mercure.

Fig. 85.

185. Le thermomètre à mercure se compose d'un tube de verre capillaire soudé à un réservoir sphérique ou cylindrique d'un assez grand diamètre. La boule et le tube sont remplis de mercure distillé jusqu'à une certaine hauteur. Par cet artifice, de très-faibles variations de volume dans la masse totale du liquide sont rendues sensibles par une élévation ou une dépression considérable de niveau.

Pour remplir l'appareil de mercure, on commence par souder à l'extrémité supérieure du tube capillaire un tube de verre beaucoup plus large servant d'entonnoir. On le remplit de mercure; la pression de ce liquide comprime l'air qui est au-dessous et fait pénétrer dans la boule une certaine quantité de mercure. En inclinant et redressant alternativement le tube, on parvient ainsi à remplir presque entièrement de liquide la capacité du réservoir.

Pour terminer l'opération, on pose le tube thermométrique sur une grille de fer inclinée, et on l'entoure de charbons ardents et sans flamme dans toute sa longueur. La chaleur ne tarde pas à faire bouillir le mercure, dont la vapeur chasse complètement du tube l'air et l'humidité qu'il peut contenir. En laissant refroidir, la vapeur se condense et le mercure remplit complètement et le tube et le réservoir. On casse le tube capillaire un peu au-dessous de l'entonnoir supérieur, et par une chaleur modérée on chasse du tube une partie du mercure, afin de n'y laisser que la quantité de liquide correspondant aux températures que l'instrument doit servir à mesurer.

Alors on effile à la lampe l'extrémité du tube; mais, avant de le fermer, il est bon de chasser l'air qui reste au-dessus du mercure, afin que la compression qu'il éprouverait, quand l'appareil serait soumis à une forte chaleur, ne puisse pas rompre l'instrument. A cet effet on chauffe légèrement la boule, jusqu'à ce que le liquide intérieur soit parvenu jusqu'à l'extrémité du tube; on présente aussitôt cette extrémité au dard de la flamme du chalumeau; elle se fond, et on l'arrondit pour en diminuer la fragilité. — On peut aussi laisser de l'air dans la partie supérieure du thermomètre; mais alors on doit ménager un renflement au sommet du tube.

186. L'appareil étant construit, il s'agit de le graduer. — Pour cela, il faut trouver deux points fixes de chaleur, c'est-à-dire deux phénomènes que l'on puisse reproduire à volonté et qui exigent toujours pour s'accomplir la même intensité calorifique.

Or, on a reconnu que, lorsque la glace entre en fusion, sa température reste invariable pendant toute la durée de la fusion. En effet, si on prend de la glace pilée provenant d'une eau pure, qu'on la mette dans un vase dont le fond soit percé de trous afin de laisser égoutter l'eau provenant de la fusion, et qu'on y plonge le thermomètre, on verra le niveau du mercure baisser rapidement jusqu'à ce qu'il ait atteint un point fixe auquel il demeurera stationnaire. La température de la glace fondante est le premier point fixe que l'on a choisi. On y marque zéro.

On a reconnu de même que, lorsque l'eau entre en ébulli- tion, sa température reste constante, quelle que soit l'intensité du foyer de chaleur qui détermine sa conversion en vapeur. La température de l'eau bouillante nous fournira un second point fixe. Mais ici plusieurs précautions sont nécessaires à prendre, si l'on veut que les thermomètres soient comparables; en effet :

1º La température d'ébullition de l'eau varie avec la nature et la quantité des substances qu'elle tient en dissolution; il faudra donc prendre de l'eau distillée.

2º Cette température varie avec la nature du vase où l'eau est contenue : par exemple, l'eau bout plus tard dans le verre que dans un métal; on est convenu d'opérer avec un vase métallique.

3º Elle varie encore avec la pression atmosphérique qui s'exerce sur la surface du liquide. On est convenu de faire bouillir l'eau quand le baromètre indique une pression normale de $0^m,76$; ou si la pression, dont on n'est pas le maître de disposer, est différente de $0^m,76$, on devra faire une correction. (*Voy.* Ebullition.)

4º Enfin, le tube thermométrique ne doit pas plonger dans la masse d'eau en ébullition, parce que les couches inférieures sont alors d'autant plus chaudes qu'elles sont plus éloignées de la surface liquide. Le thermomètre doit être ou étendu horizontalement dans les couches supérieures de l'eau bouillante ou plongé dans le courant de vapeur qui s'en élève et qui a la même température. A cet effet, le vase où l'on fait bouillir l'eau doit être surmonté d'un tuyau, à la partie supérieure duquel on ménage deux issues pour la vapeur. Le tube thermométrique est suspendu dans le tuyau de manière que sa boule ne fasse qu'effleurer la surface liquide et qu'il soit constamment entouré d'un bain de vapeur d'eau bouillante. Quand le niveau du mercure, dans la tige, est parvenu à une position stationnaire, on marque 100 au point où il s'est arrêté.

Echelle centigrade. 187. L'intervalle compris entre les deux points fixes est alors divisé en 100 parties d'*égale capacité*, qui sont appelées les degrés du thermomètre (1). On prolonge les divisions au-dessus de 100° et au-dessous de zéro. Les températures indiquées par cet instrument appartiennent à l'échelle *centigrade*. Celles qui sont supérieures à zéro sont marquées du signe +; celles qui sont inférieures à zéro, du signe —. On les appelle vulgairement les degrés de froid.

Echelle Réaumur. Outre l'échelle centigrade, on suit encore en France l'échelle de Réaumur. Dans celle-ci, l'intervalle compris entre les deux points fixes est divisé en 80 parties égales.

Echelle Farenheit. Enfin, en Angleterre, l'échelle usitée est celle de Farenheit. Le point de la glace fondante correspond à 32°, celui de l'eau bouillante est marqué 212, et la distance de l'un à l'autre comprend par conséquent 180 degrés.

Conversion des échelles. Il résulte de là que 100° cent. = 80° R. = 180° F., ou bien 5° C. = 4° R. = 9° F. — Donc, pour convertir en degrés Réaumur un certain nombre de degrés centigrades, il faut multiplier ce nombre par $4/5$ ou en retrancher le 5e. — Réciproquement, pour convertir un certain nombre de degrés R. en degrés centig., il faut multiplier ce nombre par $5/4$, ou lui ajouter le quart de ce nombre lui-même. Enfin, pour convertir un certain nombre de degrés Farenheit en degrés centigrades, on commencera par retrancher 32 du nombre donné, afin d'avoir le nombre de degrés au-dessus de la glace fondante et on prendra les $5/9$ du reste. — On n'en prendrait que les $4/9$ pour avoir des degrés Réaumur.

Déplacement du zéro. *Remarque.* — On a observé qu'au bout d'un certain temps le zéro du thermomètre se déplace; il s'élève graduellement (et toute l'échelle avec lui) comme si le réservoir diminuait de capacité. Ce déplacement peut aller jusqu'à deux degrés. Il cesse au bout de deux ou trois ans après la confection de l'instrument. On l'attribue à une espèce de trempe que prennent les molécules de l'enveloppe de verre qui, après avoir été souf-

(1) A cet effet, le tube qui doit servir à la construction du thermomètre doit être partagé d'avance en parties d'égale capacité. Si, ce qui n'arrive presque jamais, le tube avait partout le même diamètre, il suffirait de le diviser en parties d'égale longueur. Cette division préalable et arbitraire étant faite, on note à quels points correspondent les degrés 0 et 100 de l'échelle qu'on veut former, et alors une simple proportion fait connaître chacun des degrés intermédiaires.

flée, se refroidit rapidement. On conçoit alors que ces molécules, abandonnant peu à peu l'état forcé où elles se trouvent pour prendre un nouvel arrangement définitif, la boule de verre peut éprouver une sorte de retrait qui modifie sa capacité intérieure. On est donc obligé de relever le zéro afin de rectifier toute l'échelle.

188. Le thermomètre à esprit-de-vin exige, pour sa construction, beaucoup moins de précaution que le thermomètre à mercure. On commence par chauffer la boule afin de dilater l'air intérieur et de le chasser en partie ; on plonge aussitôt l'extrémité ouverte dans un bain d'alcool coloré. L'air intérieur se refroidissant diminue de force élastique, et la pression extérieure fait monter une certaine quantité de liquide dans la boule. Alors on chauffe de nouveau ; l'alcool entre bientôt en ébullition (il bout à 79°) ; la vapeur alcoolique chasse l'air ; on plonge rapidement l'extrémité ouverte dans le bain du même liquide ; et cette fois, quand l'intérieur du tube se refroidit, la vapeur se condense et l'appareil se remplit bientôt d'alcool.

Thermomètre à alcool.

Si, ce qui arrive presque toujours, il reste encore dans l'intérieur du tube ou de la boule, après cette deuxième opération, une petite bulle d'air, on peut la chasser mécaniquement d'une manière fort simple. On attache le tube à l'extrémité d'une ficelle et on le fait tourner rapidement comme une fronde. La force centrifuge, développée dans ce mouvement de révolution, repousse à la partie la plus éloignée du centre le liquide le plus dense (*Voy.* force centrifuge) et refoule l'air vers l'extrémité supérieure du tube.

Le thermomètre à alcool étant rempli, on le ferme à la partie supérieure, mais on a soin de ne pas le purger d'air. Quand ensuite l'appareil est soumis à une haute température, l'air comprimé, qui se trouve au haut du tube, s'oppose à l'ébullition du liquide, dont le moment se trouve ainsi retardé, et le thermomètre peut servir alors à mesurer des températures bien supérieures à 79°. On le gradue, soit directement, soit en comparant sa marche à celle d'un bon thermomètre à mercure.

189. Le mercure se congèle à la température de — 39° et entre en ébullition à + 360°. Aussi c'est entre les limites — 36° et + 360° que sont renfermées les indications du thermomètre à mercure.

Limites de l'emploi du thermomètre à mercure.

La sensibilité d'un thermomètre à mercure est d'autant plus grande que les degrés ont plus d'étendue. Or, plus le tube sera fin et la boule volumineuse, plus la longueur des degrés augmentera. Néanmoins il ne faudrait pas croire qu'un thermomètre à grand réservoir pût donner des indications pré-

cises. Car l'instrument exigera d'autant plus de temps pour se
mettre en équilibre de température avec les corps qui l'entourent, que la masse liquide qu'il contient sera plus grande.
Un pareil instrument serait donc paresseux; il courrait sans
cesse après la température de l'air où il est plongé sans jamais
l'atteindre, à moins qu'elle ne fût invariable. Dans tous les
cas, il serait absolument impropre à accuser des variations
brusques de température, ainsi qu'à indiquer le degré de chaleur d'une petite masse de matière. Aussi doit-on préférer les
thermomètres à petites boules et dont les tubes ont un diamètre extrêmement capillaire.

Pyromètres. 190. Les pyromètres sont des instruments destinés à évaluer
approximativement les températures très-élevées qui dépassent le point d'ébullition du mercure, et même le degré de
chaleur auquel le verre entre en fusion. — On les emploie
dans les fourneaux d'usines.

Pyromètre à cadran. Celui que nous avons décrit au commencement de ce chapitre peut servir pour mesurer la température d'un fourneau,
en plaçant la barre métallique dans une rainure creusée dans
Fig. 87. une plaque de porcelaine et séparant l'extrémité de cette
barre du bras de levier OC par une petite tige de porcelaine
dont l'extrémité ainsi que le cadran seraient hors du fourneau.

Pyromètre de Wedgwood. Le pyromètre le plus en usage est celui de Wedgwood. —
Il est fondé sur le retrait qu'éprouve l'argile quand elle est
soumise à l'action de la chaleur. Après avoir pulvérisé l'argile,
on en fait une pâte aussi homogène que possible; on en forme
ensuite de petits cylindres égaux que l'on fait sécher en les
exposant à la chaleur du rouge obscur. Si on soumet ensuite
ces petits cylindres à une température plus élevée, ils se con-
tracteront d'une quantité d'autant plus grande que la chaleur
aura été plus forte, et conserveront ensuite le nouveau volume auquel ils auront été réduits. — Cela posé, sur une
plaque de cuivre on fixe deux barres du même métal légèrement inclinées l'une à l'autre, afin de former une espèce de
Fig. 88. rainure conique. L'un des côtés de la rainure est divisé en
240 parties égales ou degrés du pyromètre. Chaque cylindre
d'argile desséché s'enfonce jusqu'au zéro. Si maintenant on
veut connaître la température d'un fourneau, on soumet un
cylindre d'argile à cette température, on le retire du fourneau,
et après son refroidissement on le fait glisser autant que possible dans la rainure. Si le cylindre s'enfonce alors, en vertu
du retrait qu'il a éprouvé, jusqu'au degré 52, on en conclura
que la température du fourneau est de 52° du pyromètre. —
Ces degrés ne sont point comparables aux degrés du thermomètre à mercure; ils sont même rarement comparables entre

eux ; mais ils suffisent pour les besoins des arts. On admet ordinairement que le zéro du pyromètre correspond à 580° du thermomètre centigrade, et que chaque degré du pyromètre représente 72° du même thermomètre.

191. Nous parlerons du thermomètre à air et de ses usages au chapitre *Dilatation des gaz*.

Leslie a imaginé un thermomètre à air, propre à indiquer seulement des différences de température, et qu'il a nommé, pour cette raison, *thermomètre différentiel.*

Il se compose d'un tube de verre deux fois recourbé et terminé par deux boules égales d'un assez grand diamètre. Une colonne liquide (acide sulfurique coloré) remplit la branche horizontale du tube, et s'élève dans les deux branches verticales à une certaine hauteur. Lorsque l'air contenu dans les deux boules est à la même température, les niveaux du liquide doivent être sur un même plan horizontal. Mais si l'une d'elles s'échauffe, tandis que la température de la seconde reste stationnaire, l'équilibre est rompu ; l'air échauffé se dilate, fait baisser le liquide dans la branche correspondante, et le fait monter dans l'autre jusqu'à ce que l'équilibre entre les forces élastiques des deux gaz se soit rétabli. Les variations du niveau pourront donc servir à mesurer la différence de température des deux boules.

Pour graduer l'instrument, on commence par marquer zéro au point où se tient le niveau du liquide dans l'une des branches, quand les températures des deux boules sont égales. Puis on chauffe la première en l'entourant d'un manchon dans lequel on met de l'eau à 10°, tandis que la seconde est environnée de glace fondante et par conséquent à la température de zéro. On marque alors sur le tube 10 au point où s'arrête l'index. On divise l'intervalle compris entre zéro et 10° en 100 parties égales, dont chacune correspond conséquemment à des 10es de degré centigrade de différence entre les températures des deux boules.

Le thermoscope de Rumford ne diffère du précédent qu'en ce que la branche horizontale est très-longue, les branches verticales très-courtes, et que l'index est une simple goutte de liquide coloré qui occupe dans la branche horizontale une étendue de quelques centimètres. Cette branche doit alors être assez longue pour contenir toute la graduation.

Thermomètre à gaz.

Thermomètre différentiel de Leslie.

Fig. 89.

Thermoscope de Rumford.

Fig. 90.

CHAPITRE II.

MESURE DES DILATATIONS. — APPLICATIONS. — DENSITÉ
DES GAZ.

Nous allons maintenant étudier les effets généraux du calorique, en commençant par le phénomène de la dilatation des corps, avec lequel la marche des thermomètres est intimement liée, et dont la connaissance peut seule nous donner des idées justes sur la valeur des indications que nos instruments thermométriques fournissent.

Nous étudierons successivement la dilatation des liquides, celle des solides, puis celle des fluides élastiques.

§ 1. — *Dilatation des liquides.*

192. La 2me expérience du n° 182 prouve que l'on doit distinguer, dans les liquides, deux sortes de dilatations, savoir :

Dilatation absolue. 1° La dilatation réelle ou *absolue*, c'est-à-dire l'augmentation de volume que prend une masse liquide considérée indépendamment du vase qui la contient;

Dilatation apparente. 2° La dilatation *apparente*, ou l'augmentation sensible que prend le volume d'un liquide renfermé dans une enveloppe solide qui se dilate comme lui, mais moins que lui.

Nous appellerons *coefficient de dilatation* l'accroissement que prend l'unité de volume d'un corps lorsque sa température, comptée sur le thermomètre à mercure, augmente de 1° centigrade.

Dans tout ce qui va suivre nous mesurerons les températures au moyen du thermomètre à mercure, en nous rappelant (n° 187) que, dans cet instrument, le tube a été partagé en parties d'égale capacité; de telle sorte que, dans toute l'étendue de son échelle, une élévation de 1° dans la température correspond toujours à un accroissement égal du volume apparent du liquide. Nous ne préjugeons rien, d'ailleurs, sur la question de savoir si les degrés du thermomètre varient proportionnellement ou non à l'intensité de la chaleur.

Dilatation apparente du mercure dans le verre. 193. *Dilatation apparente des liquides.* — Nous commencerons par mesurer la dilatation apparente du mercure dans le verre, dilatation qui, d'après ce qui vient d'être dit, est nécessairement et toujours uniforme. A cet effet, prenons un thermomètre ordinaire à mercure dont nous considérons l'enveloppe comme ne se dilatant pas, nous raisonnerons alors sur les volumes apparents du liquide comme s'ils étaient des volumes réels. Si nous plongeons successivement cet appareil dans de la glace fondante à 0° et dans une source de chaleur à t°, le mercure, en passant de l'une à l'autre, montera du point a au point b. Soient v le volume de la boule et du tube jusqu'à zéro, v' le volume jusqu'à t°, et $v'-v$ l'accroissement de volume ab. Concevons en outre que, par un moyen quelconque, on puisse déterminer le poids total P du mercure, le poids p du mercure contenu de a en b, et par suite le poids P$-p$ du liquide restant. La densité étant partout la même, les poids sont proportionnels aux volumes, et l'on a $\dfrac{v'-v}{v}=\dfrac{p}{P-p}$. Divisons les deux membres de cette égalité par t, il viendra $\dfrac{v'-v}{vt}=\dfrac{p}{(P-p)t}$. Or, la fraction $\dfrac{v'-v}{vt}$ représente évidemment l'accroissement apparent de l'unité de volume du mercure pour 1° centigrade, c'est-à-dire le coefficient de dilatation apparente du mercure dans le verre. Pour le connaître, il suffit donc de déterminer p, P et t (1).

Pour cela, MM. Petit et Dulong, au lieu d'un thermomètre ordinaire, se sont servis d'un *thermomètre à poids*. C'est un cylindre de verre terminé par un petit tube recourbé et capillaire. Le poids de ce tube étant connu, on le remplit de mercure à la température de 0°; on le pèse de nouveau, et la différence des deux pesées donne le poids P du mercure. On plonge ensuite l'appareil dans un bain d'eau ou d'huile a t°; le mercure se dilate, et une partie, celle qui dans le thermomètre ordinaire remplirait l'espace ab, s'écoule par le tube capillaire. On la recueille et on mesure avec soin son poids p. En substituant dans la formule aux lettres p, P et t leurs valeurs déduites de l'expérience, on a trouvé que le coefficient de dilatation apparente du mercure est égal à $1/6480$; c'est-à-dire que, pour chaque degré du thermomètre centigrade, le mercure se dilate, dans le verre, de la 6480e partie de son volume à zéro.

Ce coefficient étant une fois connu, si on le substitue dans la formule ci-dessus, elle devient $\dfrac{1}{6480}=\dfrac{p}{(P-p)t}$ ou bien $t=\dfrac{6480.p}{P-p}$. Elle fournit alors le moyen de mesurer les températures à l'aide

Fig. 91.

Fig. 92.

---

(1) On pourrait calculer directement la valeur du coefficient $x=\dfrac{v'-v}{v}$ par la méthode indiquée dans la note du n° 202.

du thermomètre à poids comme avec un thermomètre ordinaire.

La méthode précédente est applicable à tous les liquides.

194. *Dilatation absolue du mercure.* — Méthode de MM. Dulong et Petit. — Leur appareil se compose essentiellement de deux tubes verticaux réunis par un tube capillaire horizontal, et remplis de mercure. Si les deux colonnes liquides sont à la même température, à 0° par exemple, la densité sera partout la même, et les niveaux du liquide dans les deux branches seront dans un même plan horizontal. Supposons, au contraire, que la première branche soit entourée d'un manchon rempli de glace fondante pour maintenir sa température à 0°, et que la seconde soit environnée d'un autre manchon plein d'eau ou d'huile dont on élève la température à t° au moyen d'un fourneau, le liquide contenu dans cette branche va se dilater, mais il ne cessera pas de faire équilibre à la pression de la colonne à zéro. Donc, d'après un principe connu d'hydrostatique, les hauteurs verticales des deux colonnes liquides qui se font équilibre seront en raison inverse de leurs densités. Ces hauteurs doivent évidemment être comptées au-dessus et à partir de l'axe du tube de communication, qui est le point de séparation des deux colonnes liquides inégalement chaudes.

Soient donc h et d la hauteur et la densité de la colonne liquide à zéro; h' et d' la hauteur et la densité de la colonne à t°, on aura d'abord la proportion $h : h' : : d' : d$; mais, si l'on considère dans cette colonne l'unité de masse de mercure, dont le volume primitif v soit devenu v', son poids n'aura pas changé, et l'on aura $vd = v'd'$, et conséquemment $v : v' : : d' : d$. De la comparaison de ces deux proportions on tire successivement $v : v' : : h : h'$, et $v'-v : v : : h'-h : h$. D'où enfin, en écrivant cette proportion sous la forme de l'égalité de deux rapports et divisant par t, $\dfrac{v'-v}{vt} = \dfrac{h'-h}{ht}$. Or, le premier membre représente le coefficient moyen de dilatation absolue du mercure de 0 à t°; par conséquent la détermination de ce coefficient se réduit à la mesure de trois quantités, savoir:

$h'-h$. Différence des hauteurs des 2 colonnes liquides;

h.   Hauteur absolue de la colonne à zéro;

t.   Température de la seconde.

La différence $h'-h$ se mesure avec une lunette horizontale, munie d'un fil micrométrique, et pouvant glisser par un mouvement très-lent sur une règle verticale divisée. On vise alternativement vers chacun des deux niveaux, et la quantité dont il faut faire monter ou descendre la lunette pour aller de l'un à l'autre, mesure la distance cherchée. Cet instrument se nomme cathétomètre.

La hauteur h se mesure de la même manière, et une fois pour toutes.

La température t se détermine à l'aide du thermomètre à poids.

Résultats.

En observant la dilatation du mercure de 10 en 10 degrés à partir de zéro, on trouve que :

1º De 0º à 100º, le mercure se dilate *uniformément*, pour chaque degré centigrade, de la 5550e partie de son volume à zéro.

2º Au-delà de 100º, la dilatation *absolue* du mercure cesse d'être uniforme ; le coefficient de dilatation *moyen* est $1/5425$ entre 0 et 200º, et $1/5300$ entre 0 et 300. — Ainsi, en passant de 100 à 150º, une masse donnée de mercure se dilate plus que de 0 à 50º ; de 200 à 250º, elle se dilaterait plus encore.

Dilatation absolue du verre.

195. Avant d'aller plus loin, il est nécessaire de montrer comment la connaissance des coefficients de dilatation apparente et absolue du mercure conduit, sans expérience nouvelle, au coefficient de dilatation absolue du verre, entre les mêmes limites.

Il est évident, *à priori*, que la dilatation apparente d'un liquide, dans un thermomètre, est l'excès de sa dilatation absolue sur l'accroissement de capacité intérieure du réservoir. —

Lemme.

Or, cet accroissement est égal à la dilatation qu'éprouverait, en subissant le même changement de température, un corps solide de même nature que l'enveloppe et qui aurait pour volume sa capacité intérieure. Pour le prouver, considérez un corps solide, homogène, de forme quelconque, et décomposez-le par la pensée en couches contiguës. Dans la dilatation du volume total, chaque couche se dilatera évidemment comme si elle était seule, et sans être gênée en rien par les couches voisines. La dilatation de la couche extérieure sera donc la même, soit qu'on la laisse unie aux autres, soit qu'on enlève le solide intérieur. On voit par là que le vide intérieur résultant de cette suppression augmentera d'une quantité égale à celle dont se dilaterait, pour la même élévation de température, le solide qui le remplit.

D'après ce principe, on démontre que si D représente le coefficient de dilatation absolue d'un liquide, d son coefficient de dilatation apparente dans une enveloppe solide, et k le coefficient de dilatation absolue de la substance dont cette enveloppe est formée, on aura, sans erreur sensible, la relation $d = D - k$, ou $k = D - d$. Deux des trois quantités qui y entrent étant connues, la 3e s'en déduira. Or, on a pour le mercure $D = 1/5550$, $d = 1/6480$, donc le coefficient de dilatation absolue du verre sera $k = 1/5550 - 1/6480 = 1/38700$. Et puisque la dilatation absolue du mercure est uniforme de 0 à 100º, celle du verre le sera aussi. Donc le verre se dilate uniformément ;

entre 0 et 100°, de la 38700ᵉ partie de son volume à zéro pour chaque degré centigrade. — Toutefois on s'exposerait à de graves erreurs si l'on adoptait ce coefficient de dilatation pour toute espèce de verre. M. Regnault (Recherches sur la dilatation des gaz, *Ann. de ch. et de physiq.*, 1842) a fait voir que la dilatation des diverses espèces de verre varie entre des limites assez étendues, et, de plus, que le même verre ne présente pas le même coefficient, suivant qu'il est sous forme de tube ou qu'il a été soufflé en boules de différentes grosseurs.

Dilatation es liquides autres que le mercure.

196. Pour déterminer la dilatation absolue d'un liquide quelconque, on déterminera par expérience sa dilatation apparente dans le verre à l'aide du thermomètre à poids, comme nous l'avons fait pour le mercure. Alors, dans la formule $d = D - k$, d et k seront connus, et le coefficient de dilatation absolue cherché sera fourni par la relation $D = d + k$.

De tous les liquides connus, le mercure est le seul qui se dilate uniformément; encore cette uniformité ne s'étend pas au-delà de 100°. Quant aux autres liquides, leur dilatation est encore moins uniforme que la sienne, car même entre les températures 0 et 100° comptées sur le thermomètre à mercure, elle n'est pas régulière. La dilatation moyenne pour chaque degré, entre ces deux limites, est $1/2200$ pour l'eau, $1/1710$ pour l'acide sulfurique, $1/900$ pour l'acool, $1/1400$ pour l'éther sulfurique.

Maximum de ensité de l'eau.

197. L'eau présente, dans une partie de l'échelle thermométrique, une exception remarquable aux lois générales de la dilatation. Si l'on prend une masse d'eau à 100° et qu'on abaisse progressivement sa température, on trouvera que jusqu'à 4°, 1 environ, son volume diminue et sa densité augmente. Mais si elle continue à se refroidir, l'eau, au lieu de se contracter, se dilate et diminue de densité; de telle sorte qu'à 3°, 2°, 1° et 0, elle a sensiblement les mêmes volumes et par suite les mêmes densités qu'à 5, 6, 7 et 8°. L'eau a donc, à une température voisine de 4°, un *maximum* de densité. Cet élément important entre, comme on sait, dans le nouveau système des poids et mesures.

Fig. 94.

Le fait du maximum de condensation de l'eau près de 4° centigrades se constate aisément par expérience. On prend un cylindre de verre rempli d'eau distillée; on adapte à la partie moyenne un manchon de cuivre où l'on met un mélange réfrigérant. Deux thermomètres sont plongés, l'un dans les couches supérieures du liquide, l'autre dans les couches inférieures, qui sont nécessairement les plus denses. On reconnaît alors que le dernier atteint et conserve la température de 4°, tandis que le premier descend à zéro. L'eau peut même se congeler dans le haut du cylindre, sans que le thermomètre inférieur cesse de marquer 4º environ.

Pour déterminer exactement la température du maximum de contraction de l'eau, M. Hàllstrom s'est servi du procédé suivant : après avoir pesé exactement dans l'air une petite boule de verre lestée et suspendue au-dessous du plateau d'une balance très-sensible, il a pesé successivement cette même boule plongée dans de l'eau pure, dont il a progressivement élevé la température à partir de zéro. En comparant alors entre elles les températures et les pertes de poids correspondantes, il lui a été facile de calculer à quel degré l'eau a son maximum de densité; car c'est alors que la boule de verre, sous un même volume, doit, d'après le principe d'Archimède, éprouver la perte de poids la plus forte. Nous admettrons avec M. Hallstrom le nombre 4º,1.

Le phénomène de la contraction de l'eau sert à expliquer comment, dans les lacs profonds, la température des couches d'eau inférieures se maintient presque constamment à 4º au-dessus de zéro. Il explique également la formation de ces trous profonds auxquels on a donné le nom de *puits de glace*, et qui se rencontrent fréquemment dans les glaciers des Alpes.

§ 2. — *Dilatation des corps solides.*

Rapport des coefficients de dilatation linéaire et de dilatation cubique.

198. On distingue, dans les solides, deux espèces de dilatation, savoir: la dilatation *linéaire* ou en longueur, et la dilatation *cubique* ou en volume.

Mais, l'une d'elles étant connue, l'autre s'en déduit immédiatement; car nous allons prouver que le *coefficient de dilatation cubique est toujours triple du coefficient de dilatation linéaire.* —Pour cela, considérons un cube dont chaque arête ait l'unité de longueur à la température de zéro. En passant de 0 à 1º, chacune des arêtes deviendra $1+\lambda$, et le volume du cube, qui était l'unité, deviendra $1+k$, et l'on aura $1+k=(1+\lambda)^3=1+3\lambda+3\lambda^2+\lambda^3$. Mais la fraction λ étant toujours fort petite, son carré λ^2 et *à fortiori* son cube λ^3 sont des quantités d'un ordre tellement petit qu'on peut les négliger, et il reste $k=3\lambda$. C. Q. F. D.

Conséquences.

199. Il résulte de ce principe que l'on peut suivre deux méthodes opposées dans la recherche des coefficients de dilatation des corps solides, savoir: 1º déterminer d'abord leur coefficient de dilatation cubique (accroissement de l'unité de volume correspondant à un degré d'élévation dans la température), pour en déduire le coefficient de dilatation linéaire (accroissement de l'unité de longueur correspondant à une élévation de

température de 1°); 2° calculer, au contraire, directement le coefficient de dilatation linéaire pour en conclure le coefficient de dilatation cubique.

La première méthode a l'avantage de conduire à des résultats plus exacts que la seconde; car si l'on fait une erreur sur le coefficient de dilatation cubique, cette erreur se trouve divisée par 3 en passant à la dilatation linéaire. Le contraire a lieu dans l'autre procédé.

Méthode
u thermomètre
à poids.

200. Nous avons déjà vu comment, à l'aide des thermomètres à poids, on peut calculer avec beaucoup de précision le coefficient de dilatation cubique du verre $k=^1/_{38700}$. On en conclut que son coefficient de dilatation linéaire est $^1/_3 k=^1/_{116100}$; c'est-à-dire qu'en passant de 0 à 100, une lame de verre s'allonge de $^1/_{1161}$.

Le même procédé peut servir à calculer la dilatation cubique et par suite la dilatation linéaire de tous les solides, des métaux, par exemple. Supposons, en effet, que l'on ait construit un thermomètre à poids dont l'enveloppe, au lieu d'être en verre, soit en platine. On pourra déterminer le coefficient de dilatation apparente δ du mercure dans ce métal (V. n° 193). On en conclura que le coefficient de dilatation cubique x du platine a pour valeur $x=^1/_{5550}-\delta$.

Toutefois, les parois de ce thermomètre métallique étant opaques, on peut craindre que l'intérieur n'ait pas été entièrement plein de mercure et qu'il n'y soit resté quelque bulle d'air.

MM. Dulong et Petit ont alors modifié le procédé de la manière suivante. Ils introduisent dans un thermomètre à poids en verre une barre du métal dont ils veulent déterminer la dilatation; ils le remplissent de mercure et portent successivement la température à 0 et à $t°$, en ayant soin de recueillir et de peser le mercure qui sort. Cela posé, soient :

p le poids du métal solide et d sa densité à 0 ;

P le poids du mercure qui remplit le thermomètre à 0°, et D sa densité à cette même température ;

π le poids du mercure sorti à $t°$;

$\frac{1}{5550}$, k et x les coefficients de dilatation cubique du mercure, du verre et du métal.

Le volume du mercure, en passant de 0 à $t°$ deviendra $\frac{P}{D}\left(1+\frac{t}{5550}\right)$; celui du métal solide $\frac{p}{d}(1+tx)$; la capacité intérieure du tube de verre, qui était, à zéro, $\frac{P}{D}+\frac{p}{d}$, deviendra à $t°$ $\left(\frac{P}{D}+\frac{p}{d}\right)(1+kt)$. Enfin, le volume du mercure sorti à $t°$ sera $\frac{\pi}{D}\left(1+\frac{t}{5550}\right)$; et l'on aura évidemment la relation $\frac{\pi}{D}\left(1+\frac{t}{5550}\right)=\frac{P}{D}\left(1+\frac{t}{5550}\right)+\frac{p}{d}(1+tx)-\left(\frac{P}{D}+\frac{p}{d}\right)(1+kt)$, formule d'où l'on déduira la valeur inconnue de x.

201. La méthode précédente n'a été employée par Dulong et Petit que pour trouver les dilatations du fer et du platine. Pour les autres corps solides, ils ont eu recours au pyromètre de Borda, qui donne immédiatement la dilatation linéaire d'un métal quand on connaît celle d'un autre métal. Deux règles (*Fig.* 95) sont superposées dans toute leur longueur : l'une est de fer, l'autre est formée de la substance dont on cherche la dilatation. Ces deux règles sont réunies invariablement, à l'une de leurs extrémités, par une forte traverse en fer à laquelle elles sont fixées par des vis. Chaque règle porte, à son autre extrémité, une tige de laiton qui s'élève d'abord verticalement et se recourbe ensuite horizontalement. Les deux parties horizontales sont divisées, l'une en cinquièmes de millimètre, l'autre en parties telles que 20 de ces parties forment une longueur égale à 19 divisions de la première ; il en résulte que ces deux échelles constituent un *vernier* propre à faire apprécier des vingtièmes de cinquièmes ou des centièmes de millimètre.

Les deux règles sont placées dans une caisse que l'on remplit d'abord de glace pilée, et puis d'huile chauffée à t^o. On note d'abord à 0° les traits du vernier qui se correspondent ; puis, l'action de la chaleur dilatant inégalement les deux règles, la pièce graduée que porte la plus dilatable glisse sur la pièce additionnelle de l'autre, en sorte que la correspondance des traits est changée. Mais à l'aide de ces traits, il est aisé de mesurer, à 0,01 de millimètre près, de combien la dilatation de l'une des règles surpasse la dilatation de l'autre. Et comme la dilatation de la règle de fer est connue, il est alors facile de trouver celle de la seconde.

Résultats. Entre 0 et 100° les dilatations des corps solides ont été trouvées uniformes ; les métaux, par exemple, se dilatent, entre ces limites, de quantités proportionnelles à la température évaluée en degrés du thermomètre à mercure. Au-delà, les coefficients de dilatation deviennent irréguliers et croissants. — L'acier trempé se contracte, au lieu de se dilater, dans une certaine étendue de l'échelle thermométrique.

§ 3. — *Dilatation des gaz.*

202. Les lois de la dilatation des gaz ont été découvertes par M. Gay-Lussac, qui, le premier, a eu le soin de dessécher parfaitement les fluides élastiques soumis à l'expérience, et a éloigné ainsi une cause d'erreurs dont les observations antérieures étaient entachées. Voici l'appareil dont il a fait usage :

Cet appareil est un véritable *thermomètre à gaz.* — A l'extrémité d'un tube de verre presque capillaire, divisé en parties d'égale capacité, on souffle une boule. — Par une expérience préalable, on détermine à combien de divisions du tube équivaut la capacité du réservoir (1). — On remplit alors l'appareil de mercure, que l'on fait bouillir afin de chasser les bulles d'air et l'humidité adhérente aux parois. On adapte ensuite à l'extrémité ouverte un tube large contenant des fragments de chlorure de calcium ou de toute autre substance desséchante. En inclinant le tube, on fait écouler le mercure qui sera remplacé par le gaz dont on veut étudier la dilatabilité. Ce gaz sera sec, puisque, avant de pénétrer dans le thermomètre, il aura déposé dans le tube additionnel la vapeur d'eau dont il pouvait être imprégné. Pour faciliter l'écoulement du mercure et l'introduction de l'air sec, on fait passer dans l'intérieur du tube et jusque dans le réservoir un fil très-fin de platine ; ce métal n'étant pas mouillé par le mercure, il se forme autour de lui une espèce de gaîne cylindrique, à la faveur de laquelle le gaz peut traverser la colonne mercurielle ; de légères secousses achèvent le remplissage. Quand on retire le fil de platine, il faut avoir soin de ne pas faire tomber tout le mercure, mais de laisser dans l'intérieur du tube une petite colonne liquide destinée à servir d'index, et à intercepter toute communication entre le gaz intérieur et l'air atmosphérique.

Après avoir supprimé le tube additionnel, il ne reste plus qu'à porter la masse d'air ou de gaz sur laquelle on doit opérer, à diverses températures.

On commence par plonger l'appareil dans la glace pilée et fondante, et on lit sur le tube la division à laquelle s'arrête l'index. On connaît ainsi le volume du gaz à zéro. — On porte ensuite le thermomètre dans une caisse rectangulaire en fer-blanc, dont la paroi latérale est percée pour laisser passer le tube, et où cet appareil est maintenu, à l'aide d'un bouchon de liége, dans une position horizontale. La caisse étant remplie d'eau, on élève progressivement la température à l'aide d'un

---

(1) Pour cela on pèse l'appareil vide. On le remplit de mercure, de manière qu'étant plongé dans la glace fondante, le liquide s'arrête à une division quelconque, 120 je suppose. On pèse de nouveau ; la différence représente le poids P du mercure qui remplit la capacité N du réservoir et 120 divisions. — On fait sortir, par l'action de la chaleur, une certaine quantité de mercure. Supposons que, l'appareil étant de nouveau plongé dans la glace fondante, le liquide s'arrête à la division 35 : on pèsera l'appareil dans cette nouvelle circonstance ; la différence entre la 2e et la 3e pesée donnera le poids p du mercure sorti ou qui remplissait 85 divisions. Or, comme les poids du mercure, à température égale, sont proportionnels à son volume, on aura $N+120 : 85 :: P : p$, proportion qui fera connaître la capacité du réservoir, par rapport à une division du tube.

fourneau. A mesure que l'index marche, on enfonce le tube dans la caisse, de manière que le gaz éprouvé soit toujours plongé tout entier dans le bain. On note ainsi exactement les divers points de division auxquels correspond l'index de 5 en 5 degrés, et on obtient facilement les volumes successifs par lesquels passe la masse gazeuse. — Le gaz étant soumis à la pression atmosphérique, on doit consulter le baromètre pour savoir si la pression reste la même, et corriger les résultats observés si elle venait à varier.

En opérant ainsi, M. Gay-Lussac était parvenu à cette loi générale, admise jusqu'à ces derniers temps : *Lois de la dilatation des gaz.*

1° Sous une pression constante, quelle qu'elle soit, pourvu qu'elle ne varie pas pendant le cours de l'expérience, l'air et tous les gaz secs, simples ou composés, se dilatent de la même fraction de leur volume pour une même élévation de température.

2° Leur dilatation est uniforme de 0 à 100°, et chacun d'eux, pour un accroissement d'un degré dans la température, augmente de $1/_{267}$ ou des 0,00375 de son volume à zéro. — De sorte qu'un litre de gaz à zéro devient 1 lit. $+ {}^{100}/_{267}$ ou 1 lit. $+ {}^3/_8$, ou enfin 1 lit., 375 à 100°.

MM. Dulong et Petit ont entrepris d'autres expériences, desquelles ils ont conclu que ces lois étaient encore vraies de 0 à — 36°. Enfin, ils ont étudié la dilatation des gaz dans les températures élevées jusqu'à 350°. Ils ont trouvé que le coefficient de dilatation est encore le même pour tous les gaz, quelle que soit leur nature, mais que ce coefficient diminue à mesure que la température, comptée sur le thermomètre à mercure, s'élève au-dessus du point de l'ébullition de l'eau.

203. Les belles lois de M. Gay-Lussac avaient été adoptées par tous les physiciens, et le coefficient 0,375 ou ${}^{100}/_{267}$ était employé dans tous les calculs, lorsque, dans ces dernières années, la question de la dilatation des gaz a été étudiée de nouveau par MM. Rudberg en Suède, Magnus en Allemagne, Regnault en France. Leurs travaux ont démontré que le coefficient donné par M. Gay-Lussac était généralement trop fort, et que de plus le coefficient de dilatation n'est ni rigoureusement le même pour tous les gaz, ni constant pour un même gaz sous toutes les pressions. Je me bornerai à donner ici une description sommaire de l'une des méthodes employées par M. Regnault dans ce genre de recherches. *Recherches de M. Regnault.*

L'esprit de la méthode consiste à comparer les volumes d'une même masse de gaz, à 0 et à T°, sous des pressions connues. Qu'on se représente un thermomètre à air AB, pouvant contenir de 800 à 1000 grammes de mercure; formé d'un réservoir cylindrique en verre terminé par un tube thermométrique *Fig. 98.*

recourbé à angle droit et effilé en pointe à son extrémité. Cet appareil est plongé verticalement dans un bain de vapeur d'eau bouillante, au moyen d'une chaudière en fer-blanc CD, au fond supérieur de laquelle le tube thermométrique s'engage par un bouchon. Quand l'eau est en pleine ébullition et que la vapeur circule librement autour du réservoir, on adapte, à l'aide d'un tube en caoutchouc, la pointe extérieure du tube thermométrique à un appareil de dessiccation, composé de plusieurs tubes *xyz* remplis de fragments de pierre-ponce imbibés d'acide sulfurique concentré. Avec une petite pompe on fait le vide 25 ou 30 fois dans le réservoir, et à chaque fois on laisse rentrer très-lentement de l'air desséché. Enfin, le réservoir étant ainsi rempli d'air bien sec, on le laisse pendant une demi-heure prendre la température T de la vapeur d'eau bouillante; puis on détache l'appareil de dessiccation, et on ferme au chalumeau la pointe effilée du tube thermométrique.

Fig. 99.

L'appareil étant refroidi et retiré de la chaudière, on le dispose verticalement au-dessus d'une petite cuve à mercure, en faisant plonger le tube thermométrique au moins de 5 à 6 centimètres dans le liquide. A l'aide d'une petite pince, on casse sous le mercure la pointe du tube immergé, sur lequel on a fait d'avance un petit trait de lime. Le mercure pénètre aussitôt dans le tube et s'élève jusqu'à ce que la force élastique de l'air froid intérieur, jointe à la hauteur de la colonne mercurielle soulevée, fasse équilibre à la pression atmosphérique (1). Avant de mesurer cette hauteur (h), on entoure le réservoir de glace pilée, et, quand il a pris la température de la glace fondante, on bouché, sous le mercure, l'orifice capillaire du tube thermométrique avec une petite cuiller de fer

---

(1) Il est important de s'assurer que le mercure pénètre *seul* dans le réservoir; car ce liquide, ne mouillant ni le verre, ni le fer, il arrive que, quand on y plonge ces corps, une petite couche d'air reste adhérente à leur surface, et lorsqu'on casse la pointe du tube thermométrique, cette couche d'air, et peut-être un peu d'air extérieur, est aspirée avec le mercure et s'élance avec lui dans le réservoir sous la forme de petites bulles. Pour éviter cette cause d'erreur, M. Regnault entoure la partie plongée du tube thermométrique de petits disques de laiton bien décapé que le mercure mouille; on peut aussi verser à la surface du mercure une petite couche d'acide sulfurique concentré; enfin il faut avoir le soin de tenir la pince assez éloignée du trait de lime où doit se faire la cassure.

Cette cause d'erreur a dû influer beaucoup sur l'exactitude des résultats fournis par la méthode de M. Gay-Lussac. Car, dans cette méthode, l'index de mercure ne bouche pas parfaitement le tube; aussi l'index ne revient presque jamais deux fois de suite au même point quand on entoure l'appareil de glace fondante, lorsque dans l'intervalle on l'a chauffé jusqu'à 100°. En outre, il y a toujours incertitude sur l'horizontalité du tube et sur la régularité de la marche de l'index.

remplie de cire molle. Alors on enlève la glace, et, quand le mercure soulevé s'est mis en équilibre de température avec l'air ambiant, on détermine sa hauteur au-dessus du niveau dans la cuvette.

Enfin, on pèse le réservoir avec le mercure qu'il contient alors (P). On le pèse de nouveau plein de mercure à la température de 0° (P′), et en dernier lieu on suspend le réservoir plein de mercure dans le même appareil qui a servi à dilater l'air, où il prend la température T_1 de l'eau bouillante; le mercure qui sort est recueilli et pesé avec soin (p).

La hauteur du baromètre doit être soigneusement notée : 1° au moment où l'on a fermé au chalumeau la pointe effilée du tube (H); 2° au moment où l'on a bouché à la cire la pointe du tube plongé sous le mercure (H′). — En joignant à toutes ces données les températures T, T_1 de l'ébullition de l'eau, on a tout ce qu'il faut pour déterminer :

1° La dilatation δ de l'enveloppe de verre, car on connaît les poids P′ et P′ —p du mercure qui la remplit à 0° et à T_1°, et l'on trouve aisément la formule $(P'-p)\left(1+\dfrac{T_1}{5550}\right)=P'$ $(1+\delta T_1)$;

2° La dilatation x de l'air; car on connaît les poids du mercure qui occuperait le même volume que cet air, d'abord à zéro et ensuite à la température T de l'eau bouillante, sous des pressions déterminées H′—h et H; et en tenant compte de la dilatation du verre, la formule est : $(P'-P)(1+xT)\dfrac{H'-h}{H}=P'(1+\delta T)$.

204. En opérant ainsi, M. Regnault a trouvé pour le coefficient de dilatation de l'air, sous la pression ordinaire, le nombre 0,003665; de sorte qu'un volume d'air qui est 1 à 0° devient à 100° 1,3665. En adoptant la fraction décimale périodique 0,36666..., le coefficient de dilatation de l'air entre 0 et 100 serait représenté par la fraction ordinaire $^{11}/_{30}$ qui est très-simple.

M. Regnault s'est encore servi de plusieurs autres méthodes qui lui ont permis d'étudier la dilatation des différents gaz, sous des pressions diverses. Il a trouvé ainsi que, sous la pression ordinaire, les gaz se dilatent entre 0 et 100° dans les rapports suivants : air 1,3665; azote 1,36682; hydrogène 1,36613; oxyde de carbone 1,36688; acide carbonique 1,37099; cyanogène 1,38767; protoxyde d'azote 1,37195; gaz acide sulfureux 1,39028....

Enfin, il a démontré que les coefficients de dilatation des gaz augmentent avec la pression qu'ils supportent. Par exemple, en passant d'une pression de 109^{mil},72 à celle de 4992^{mil},09, le coefficient de dilatation de l'air varie de 1,36482 à 1,37091. — Celui de l'acide carbonique s'élève de 1,36856 à 1,38598 lorsque la pression passe de 758mm,47 à 1759mm,03....

205. M. Regnault se demande, en résumant ses travaux, si les lois de Gay-Lussac doivent être à l'avenir bannies de la science, et il ajoute : « Je ne le crois pas. Je crois que ces » lois, de même que toutes celles qui ont été reconnues pour » les gaz, telles que la loi des volumes...., sont vraies à *la* » *limite*, c'est-à-dire qu'elles s'approchent d'autant plus de » satisfaire aux résultats de l'observation, que l'on prendra » les gaz dans un plus grand état de dilatation. — Ces lois » s'appliquent à un état gazeux parfait, dont les gaz que nous » présente la nature approchent plus ou moins, suivant leur » nature chimique, suivant la température à laquelle on les » considère, et qui peut être plus ou moins éloignée, pour » chacun d'eux, des points où il y a changement d'état; » enfin et surtout suivant leur état de moins ou de plus » grande compression. »

Résumé général. 206. *Comparaison des thermomètres.* — Si, rapprochant les divers résultats auxquels nous venons de parvenir, nous comparons entre elles les dilatations du mercure, du verre, des métaux et des gaz, voici les conséquences auxquelles nous serons amenés par les lois précédemment établies.

L'appareil qui nous a servi de guide, dans l'étude des dilatations, est un thermomètre ordinaire, fondé sur la dilatation apparente du mercure dans le verre, gradué au moyen des températures fixes de la glace fondante et de l'eau bouillante, et dont les degrés correspondent tous à des accroissements égaux du volume apparent. — Imaginons que l'on ait construit et *gradué de la même manière*, à l'aide des deux mêmes points fixes, les thermomètres suivants : 1° un thermomètre fondé, non plus sur la dilatation apparente, mais sur la dilatation absolue du mercure, et dont les degrés accuseraient des accroissements égaux du volume *absolue;* 2° un thermomètre en verre et des thermomètres métalliques, dont les degrés correspondraient à des accroissements égaux en longueur; 3° enfin des thermomètres à gaz dont les degrés indiqueraient des accroissements égaux et absolus de volume.

Il est évident que, d'après la graduation même, tous ces thermomètres marqueront en même temps 0 et 100°. Mais il résulte en outre des lois de la dilatation qu'ils s'accorderont encore pour tous les degrés intermédiaires, et que, si l'un d'eux marque 75°, tous les autres indiqueront la même température.

Au-delà de 100°, cet accord cessera d'exister. Et comme d'une part les gaz se dilatent tous de quantités presque égales, que, de l'autre, les coefficients de dilatation du mercure, du verre et des métaux croissent plus rapidement que ceux des fluides élastiques, il est évident que les thermomètres à gaz s'accorderont toujours, à de très-légères différences près, qui seraient nulles pour un état gazeux parfait ; mais quand ils marqueront, je suppose, 300°, tous les autres thermomètres indiqueront des températures plus élevées, et chacun une température différente. Cette température serait, pour le mercure seul, 344°,15 ; pour le verre, 352°,9 ; pour le fer, 372°,6 ; pour le cuivre, 328°,5, et pour le platine, 344°,6.

Or, quel est celui ou quels sont ceux de tous ces corps dont il est permis de regarder la dilatation comme la plus régulière ? Voici notre réponse : dans les gaz, les molécules sont à une distance telle que l'attraction moléculaire est sans influence sensible sur leur état, et par conséquent sur les changements de volume que la chaleur leur fait éprouver. — Dans les corps solides et liquides, au contraire, les molécules sont encore dans la sphère d'attraction les unes des autres ; cette attraction, qui varie avec la masse et la distance des particules, complique et modifie nécessairement l'action de la chaleur sur ses substances, et c'est à elle qu'il faut attribuer la diversité des lois de leur dilatation et l'inégalité des accroissements qu'ils subissent pour les mêmes changements de température.

Adoption du thermomètre à air.

Puis donc que tous les gaz se dilatent, sous toutes les pressions, de quantités à peu près constantes, que cette dilatation n'est nullement influencée par l'attraction moléculaire, qu'elle ne reconnaît d'autre cause directe que l'action du calorique dont les effets se trouvent ici en quelque sorte isolés, il est évident que le thermomètre à air doit être adopté de préférence à tout autre, comme un instrument normal dont les indications ont, avec l'énergie absolue de la chaleur, la relation la plus simple. Jusqu'à la température de 100° le thermomètre à mercure pourra être employé sans correction ; mais, pour les températures supérieures, ses indications devront subir une correction et être évaluées en degrés du thermomètre à air, avec lequel elles cessent d'être d'accord.

§ 4. — *Application des coefficients de dilatation.*

Problèmes.

207. La connaissance des coefficients de dilatation fournira le moyen de résoudre les questions suivantes que je me bornerai à énoncer. (*Voir* note 1.)

1° Connaissant le volume V_0 d'un corps à la température de zéro, trouver le volume V de ce corps à la température $t°$,

— Question inverse. — Si k est le coefficient de dilatation cubique du corps, on trouvera $V = V_0 (1+kt)$.

2º Etant donné le volume V d'un corps à t^o, quel sera son volume V′ à une autre température t'^o? On trouvera $V' = V.\dfrac{1+kt'}{1+kt}$.

S'il s'agit d'un gaz, on peut faire varier à la fois sa température et sa pression ; il faudra donc avoir, de plus, recours à la loi de Mariotte pour résoudre les questions suivantes :

3º Connaissant le volume V d'un gaz à une température t et sous une pression H, trouver le volume V′ de ce même gaz à une autre température t' et sous une autre pression H′. On aura $V' = V\dfrac{H}{H'}.\dfrac{1+at'}{1+at}$. Même question pour les densités de ce gaz (a désigne le coefficient de dilatation du gaz).

4º Etant donné le poids P d'un certain volume de gaz à t^o et sous la pression H, trouver le poids P′ d'un égal volume de ce gaz à t'^o et sous une pression nouvelle H′. On aura $P' = P.\dfrac{H'}{H}.\dfrac{1+at}{1+at'}$. Si la température nouvelle $t' = 0^o$ et la pression $H' = 0^m,76$, le poids du gaz ramené à ces circonstances normales sera $P_0 = P.\dfrac{0,76}{H}.(1+at.)$

Réduction des hauteurs barométriques à 0º.

208. *Application au baromètre.* — Les observations des hauteurs barométriques ne sauraient être comparables qu'autant que les colonnes de mercure qui mesurent les pressions de l'air seront ramenées à ce qu'elles seraient si la température était constante. La question est alors celle-ci : la hauteur barométrique étant h à t^o, que sera-t-elle à la température de 0º, qu'on a choisie pour température normale? On trouvera aisément la formule $h_0 = h\dfrac{5550}{5550+t}$.

209. *Pendules compensateurs.* — Le pendule est, par l'isochronisme de ses oscillations, l'instrument le plus propre à donner une série de durées égales et par conséquent à mesurer le temps. Mais la durée de l'oscillation pendulaire varie avec la longueur du pendule. Aussi, dans l'été, la température s'élevant, la tige du pendule s'allonge, et l'horloge, qu'il devait servir à régulariser, retarde. Dans l'hiver, au contraire, la température s'abaissant, la tige se raccourcit, le pendule bat plus vite et l'horloge avance. On a imaginé diverses méthodes pour remédier à ces variations. Elles consistent toutes à former la tige du pendule de deux substances inégalement dilatables et à opposer la dilatation de l'une à la dilatation de l'autre, de manière que le centre d'oscillation se trouve à une distance invariable du centre de suspension. — Les pendules ainsi rectifiés portent le nom de *pendules compensateurs*.

La figure 100 représente le pendule compensateur le plus généralement usité. Les tiges marquées *f* sont en fer, celles marquées *c* sont en laiton. D'après leur disposition, la dilatation des tiges de fer a lieu de haut en bas, celle des tiges de cuivre a lieu de bas en haut, et tend à faire remonter la lentille. Or, comme le cuivre se dilate plus que le fer, il est facile de calculer les longueurs relatives qu'on doit donner aux tiges métalliques pour opérer la compensation.

Autre mode de compensation. — Soient *ab*, *cd* deux lames, l'une en fer, l'autre en cuivre, soudées ensemble dans leur longueur, et terminées de chaque côté par une tige taraudée recevant une petite boule métallique. Supposons qu'à une température donnée, le système soit rectiligne : si la température s'élève, le cuivre se dilatant plus que le fer, la double lame deviendra curviligne, tournera sa convexité vers le bas, et les deux petites boules s'élèveront. Si la température s'abaisse, le cuivre se contractant plus que le fer, il y aura courbure en sens contraire et abaissement des boules. Un appareil de ce genre, étant fixé par son milieu à la tige d'un pendule, aura pour effet de faire remonter le centre d'oscillation quand la dilatation de la tige l'abaissera, de le faire redescendre quand la contraction de la tige tendra à le relever. On arrivera alors par tâtonnements à établir une compensation exacte. — Ce mode de compensation est adopté dans les chronomètres.

Thermomètre de Bréguet. — C'est sur le principe précédent qu'est fondé le thermomètre métallique inventé par Bréguet. — Il est formé d'un ruban métallique, composé de deux métaux soudés et contournés en spirale. Les deux métaux sont : l'argent à l'intérieur, le platine à l'extérieur. La partie supérieure de l'hélice est fixe ; la partie inférieure est libre et terminée par une aiguille horizontale qui se meut sur un cadran divisé. — Quand la température s'élève, l'argent se dilatant plus que le platine, toutes les spires de l'hélice tendent à s'ouvrir, à se dérouler, et l'aiguille est entraînée dans un sens. — Si la température s'abaisse, l'aiguille marche en sens contraire. — Entre les deux métaux, platine et argent, Bréguet intercale une troisième lame métallique ; elle est en or, métal dont la dilatabilité est intermédiaire entre celle des deux autres, et rend ainsi moins brusques les variations de courbure.

Le thermomètre de Bréguet peut être gradué à l'aide d'un thermomètre à mercure. — Son grand avantage est d'être extrêmement sensible et d'indiquer presque instantanément des variations très-légères dans la température.

Fig. 100.

Fig. 101.

Thermomètre de Bréguet.

Fig. 102.

210. *Densité des gaz.* — La connaissance des lois de la dilatation des gaz était nécessaire pour pouvoir déterminer avec exactitude leurs densités, et nous pouvons maintenant indiquer les principes de cette recherche.

Dans l'évaluation des densités des gaz, on prend pour unité celle de l'air atmosphérique.

Comme tous les fluides élastiques se dilatent sensiblement de la même quantité et sont soumis à la même loi de compression, si on pouvait peser successivement dans un même vase tous les gaz à la même température et sous la même pression, il suffirait de diviser les poids de ces gaz par le poids d'un égal volume d'air, pris dans les mêmes circonstances, pour obtenir leurs densités relatives. Les rapports ainsi obtenus seraient les mêmes à toute température et à toute pression.

Pour y parvenir, on suit une méthode analogue à celle qui a été employée pour les liquides. On pèse d'abord un ballon de verre à robinet rempli d'air, on le pèse ensuite vide, et enfin plein du gaz dont on cherche la densité. En retranchant la seconde pesée de la première, on a le poids de l'air qui remplit le ballon ; en la retranchant de la troisième, on a le poids d'un égal volume de gaz ; divisant le poids du gaz par celui de l'air, on a, *sans correction*, la densité cherchée.

Mais il y a ici plusieurs causes d'erreur qu'il faut éviter.

1° On doit opérer sur les gaz secs afin de n'avoir pas égard, dans les pesées, à la quantité variable de vapeur d'eau qu'ils pourraient contenir. A cet effet, on fait passer le gaz, avant son entrée dans le ballon vide, sur des matières desséchantes (chlorure de calcium, potasse, chaux caustique, ponce imbibée d'acide sulfurique concentré), sur lesquelles il dépose son humidité.

2° Quand on fait le vide dans un ballon, même avec les meilleures machines pneumatiques, il reste toujours un peu de gaz que l'on ne peut extraire. Afin de n'en pas tenir compte dans les pesées, on fera le vide à chaque fois, de manière que l'air restant ait toujours le même degré de force élastique *e* indiqué par l'*éprouvette*.

3° Quand on pèse un ballon de verre dans l'air, le poids obtenu est (principe d'Archimède) plus petit que le poids réel de tout le poids de l'air déplacé ; or, le poids de l'air déplacé varie avec la température et avec la pression. Si ni l'une ni l'autre ne change dans l'intervalle des pesées, en faisant la différence, l'erreur dont il s'agit disparaîtra d'elle-même. Or, comme il faut, pour faire le vide dans un ballon, trop peu de temps pour que la température et la pression extérieure varient, on devra, immédiatement après chaque pesée du ballon plein de gaz, faire la pesée du même ballon vide et prendre la différence.

4° Enfin, on devra noter avec soin, pour chaque gaz, la température et la pression sous lesquelles on opère ; on s'arrange toujours de manière que cette température et cette pression soient les mêmes que celles de l'air extérieur.

En opérant ainsi, on connaîtra : 1° le poids P d'un certain volume d'air sec, à la température t et sous la pression H—e ; 2° le poids π d'un égal volume de gaz sec, à la température t' sous la pression H'—e. Ces deux poids n'étant pas immédiatement comparables, il faudra, avant de les diviser l'un par l'autre, les ramener à ce qu'ils seraient à la température fixe de 0° et sous la pression normale 0m,76 (n° 207,4°). La formule corrigée, qui fera connaître alors la densité du gaz par rapport à l'air, sera :

$$D = \frac{\pi}{P} \cdot \frac{H-e}{H'-e} \cdot \frac{1+\alpha' t'}{1+\alpha t}$$

α' et α sont les coefficients de dilatation de l'air et du gaz.

211. Le mode d'expérience qui vient d'être décrit peut servir à connaître le poids d'un volume donné d'air sec, lorsque, par un jaugeage préalable, on a déterminé le volume du ballon. On a trouvé qu'un litre d'air sec, à la température 0°, sous la pression 0m,76, pèse toujours 1gr,3. On en conclura, d'après les numéros 204 et 207, qu'un litre d'air sec à t° et sous une pression H, pèse $P = 1^{gr},3 \cdot \dfrac{H}{0,76} \cdot \dfrac{1}{1+\alpha t}$. — Le poids d'un litre d'eau à la température de 4°, 1 étant 1000 grammes, il en résulte que la densité de l'air, par rapport à l'eau, est $\dfrac{1,3}{1000} = \dfrac{1}{770}$. — La densité du mercure à zéro étant 13,59, il en résulte que la densité de l'air, par rapport au mercure, a pour valeur $\dfrac{1}{770 \times 13,59} = \dfrac{1}{10466}$.

212. La méthode précédente n'est pas applicable quand le gaz dont on cherche la densité attaque les robinets de métal. On opère alors de la manière suivante : on prend un flacon de verre bouché à l'émeri, dont on détermine préalablement la capacité en le pesant vide et plein d'eau pure. La différence donne le poids de l'eau en grammes et, par conséquent, le volume en centimètres cubes ; ensuite on pèse alternativement le flacon plein d'air sec et plein du gaz sec que l'on veut éprouver. On trouvera entre ces deux poids une différence p que je supposerai être en faveur du gaz. Alors, connaissant le volume du flacon, la température t et le poids 1gr,3 d'un

Poids de l'air.

2e méthode.

litre d'air sec à 0° et à 0ᵐ,76 de tension, il sera facile de calculer le poids P de l'air qui remplit le flacon dans les circonstances où l'on a opéré. Le poids d'un égal volume de gaz sec
sera donc P+p et la densité cherchée $d=\dfrac{P+p}{P}$. Si la diffé-

rence p eût été en faveur de l'air, on aurait eu $d=\dfrac{P-p}{P}$.

Remarque. — Les densités des corps solides et liquides,
comme celles des gaz, ne sont comparables qu'autant que ces
corps sont pris à une température fixe. On est convenu de
ramener tous les résultats à ce qu'ils seraient, si l'eau, qui
sert de terme de comparaison, était à la température de 4°,1
et les autres corps à celle de la glace fondante. D'après cela,
les diverses méthodes indiquées précédemment pour la détermination des densités des corps solides et liquides ne conduiront à des résultats rigoureux qu'autant que l'on tiendra compte
des effets de la dilatation. Nous laissons aux élèves le soin de
calculer les diverses corrections à faire.

Pyromètre
à air
de M. Pouillet. 212 bis. Nous citerons encore comme une application des
coefficients de dilatation le *pyromètre à air* de M. Pouillet.

Cet instrument peut servir à déterminer en degrés centigrades les températures les plus élevées.

1° *Description de l'appareil.* — Il se compose de trois parties :
1° d'un réservoir M (*réservoir de chauffe*), en platine quand on
veut évaluer les très-hautes températures ; il devrait être en
verre pour les températures qui ne dépasseraient pas 100° à
120°, l'expérience ayant appris qu'au-dessous de cette limite,
le platine condensait de l'air dans sa masse ; 2° d'un tube continuateur $\delta\alpha$, dont la partie qui tient au réservoir de chauffe
est en platine et le reste en argent. Son diamètre intérieur est
extrêmement petit, et on le réduit encore en y engageant un
fil de platine de dimensions connues, qui laisse cependant une
libre circulation à l'air intérieur ; 3° d'un tube en verre αabc
composé de deux branches verticales, l'une αa (*réservoir de dilatation*) divisée en parties d'égale capacité, l'autre bc s'ouvrant
dans l'atmosphère et de même diamètre que αa pour que la
capillarité ne donne pas de différence de niveau au mercure
qui se tiendra dans les deux branches αa et bc. Nous supposerons qu'il y ait de l'air sec dans le réservoir de chauffe, dans
le tube $\alpha\delta$ et dans la partie supérieure du réservoir de dilatation, et que, tout étant à 0°, le mercure qui occupe partie
des branches αa, bc se tienne au même niveau des deux côtés,
si bien que le gaz intérieur soit sous la pression atmosphérique.

Cela posé, si on élève la température du gaz contenu dans
le réservoir de chauffe, une partie du gaz dilaté passera dans
le réservoir de dilatation : il y déprimerait le mercure, et

la pression augmenterait. Mais, au moyen du robinet r, on fera sortir du mercure de manière à avoir sans cesse le même niveau dans les deux branches aa, bc, et par là à maintenir constamment sous la pression atmosphérique le gaz qui se dilate.

2° *Méthode de calcul.* — Soit R la capacité mesurée du réservoir de chauffe, en comprenant dans cette capacité une portion du tube ba qui participera à l'échauffement de la boule M ; soit C la capacité, d'ailleurs très-minime, du restant du tube ab ; soit enfin B le volume occupé par l'air sec dans le réservoir de dilatation : ces trois volumes sont censés à 0°. Le volume total de l'air intérieur à 0° est donc R+C+B sous la pression atmosphérique du moment, que nous nommerons P.

Si le réservoir de chauffe est porté à la température inconnue τ, sous une pression atmosphérique P′, la partie de l'appareil qui fait suite au réservoir de chauffe étant d'ailleurs maintenue à 0°, on observera dans le réservoir de dilatation un volume D′ de gaz. Si tout le gaz était resté à 0°, le volume occupé dans ce même tube serait B′ donné par l'équation :

$$(R+C+B)\, P = (R+C+B')\, P'.$$

On connaîtra donc la différence D′—B′=D, qui exprime ce qui est dû à l'influence seule de l'augmentation de température.

Or, des quantités observées R, C, D, du coefficient α de dilatation de l'air de 0° à τ° et de celui du platine k, il est aisé de déduire la température inconnue τ.

On raisonnera ainsi : le volume R du gaz à 0° devient, à τ°, R $(1+\alpha\tau)$. Dans l'appareil cette *quantité* d'air se compose de deux parties : l'une à la température τ, occupe un volume R $(1+k\tau)$, l'autre à 0° occupe D, car D représente le volume qui a passé dans le réservoir de dilatation et y a pris la température 0°. Ce volume D serait, à τ°, D $(1+\alpha\tau)$; de sorte qu'on a l'équation :

$$R\,(1+\alpha\tau) = R\,(1+k\tau, +D)\,(1+\alpha\tau)$$

d'où $\tau = \dfrac{D}{R\,(\alpha-k)-D\alpha}.$

Nous n'avons pas besoin de faire observer que, si τ était connu, l'équation ci-dessus ferait connaître α ; l'appareil peut donc servir aussi à la détermination du coefficient de dilatation des gaz.

3° *Méthode d'expérience.* — Nous avons, pour la facilité de la démonstration, réduit l'appareil et le procédé expérimental à leur dernier degré de simplicité. Il nous reste à donner quelques détails essentiels sur la constitution réelle de l'appareil et la manière de s'en servir.

La partie de l'appareil, qui fait suite au tube continuateur soudé lui-même au réservoir de chauffe, se compose en réalité des trois tubes verticaux et parallèles *r, s, t*, ce dernier communiquant au réservoir de chauffe. Ils sont mastiqués par leur partie inférieure dans une pièce de fer *q*, munie d'un robinet à *deux eaux, z*. Les tubes *t* et *s* communiquent toujours entre eux, et ils communiquent au tube *r* (*tube de remplissage*) quand le robinet est dans la position (1). Ils communiquent au dehors, quand le robinet est dans la position (2). Enfin dans la position (3) du robinet, ils ne communiquent ni au dehors ni avec le tube de remplissage.

Pour remplir l'appareil d'air sec, on met le robinet dans la position (3); on adapte à l'extrémité du tube *s* une série de tubes en U qui contiennent de la ponce imbibée d'acide sulfurique; par cette série de tubes on fait le vide dans l'appareil un grand nombre de fois, et on rend à la fin l'air *à une force élastique moindre que la pression atmosphérique*. Du mercure bien sec ayant été versé dans le tube *r*, on met le robinet dans la position (1); le mercure passe alors du tube *r* dans les tubes *s* et *t*, et il est facile d'arriver à avoir le même niveau dans tous les trois.

Voici maintenant comment on procède à la détermination *d'une température* : on tourne le robinet dans la position (3). Le réservoir de chauffe est logé dans une moufle en fer assujettie dans un fourneau. A mesure que la température s'élève, l'air dilaté passe dans le réservoir de dilatation, exerce sa pression sur le mercure; mais on rétablit l'égalité de niveau dans *s* et *t* en mettant le robinet dans la position (2) de manière à faire sortir du mercure.

Voici les résultats auxquels M. Pouillet est arrivé pour les températures correspondantes aux différentes nuances que présente le platine à partir du rouge naissant :

Rouge naissant...	525°	Orange foncé....	1,100°
Rouge sombre. ..	700°	Orange clair. ...	1,200°
Cerise naissant...	800°	Blanc........	1,300°
Cerise.	900°	Blanc suant.....	1,400°
Cerise clair.....	1,000°	Blanc éblouissant..	1,500°

Ces valeurs ont été calculées avec l'ancien coefficient de dilatation de l'air 0,00375.

CHAPITRE III.

DES CHANGEMENTS D'ÉTAT.

213. Les molécules des corps sont, ainsi que nous l'avons dit dès le commencement de cet ouvrage, de petites masses de matière, formées d'atomes indestructibles, séparées par des intervalles vides, et constamment soumises à deux forces opposées, dont l'une tend à les rapprocher, l'autre à les écarter sans cesse : l'attraction moléculaire et la force répulsive du calorique.

Des forces qui constituent l'état solide, liquide ou gazeux.

Chacune de ces forces diminue d'intensité quand la distance des molécules, entre lesquelles elle s'exerce, augmente. Pour concevoir les trois états des corps, il suffit d'admettre que la répulsion calorifique diminue alors dans un plus grand rapport que l'attraction, et que réciproquement elle augmente suivant une loi plus rapide quand la distance diminue. En effet : dans les corps solides, la répulsion calorifique et la force de cohésion se détruisent, et les molécules sont, les unes à l'égard des autres, dans un état d'équilibre doublement stable : 1º stable par rapport à la distance mutuelle qui les sépare ; 2º stable par rapport à leurs positions relatives sur lesquelles leur forme a une influence. Si l'énergie de la chaleur augmente, les molécules s'écartent, leur attraction décroît ; mais en même temps la répulsion calorifique décroît elle-même dans une plus grande proportion, et les molécules prennent un nouvel état d'équilibre. Le corps a été simplement dilaté et sa température sensible s'est élevée. L'intensité de la chaleur croissant toujours, l'écart des molécules finira par les porter à des distances telles que leur forme deviendra sans influence sur leurs positions relatives ; leur équilibre sera encore stable quant à la distance mutuelle qui les sépare, mais il sera indifférent quant à leurs positions respectives. Les molécules seront alors mobiles et le corps prendra l'état liquide. Si l'on conçoit maintenant que l'intensité de la chaleur continue à augmenter progressivement, le liquide se dilatera ; mais les molécules, s'éloignant sans cesse, finiront par être portées à des distances mutuelles plus grandes que le rayon de leur sphère d'attraction sensible : dès-lors la répulsion calorifique demeurera seule, agira sans obstacle, et le corps deviendra gazeux. Telle est l'idée qu'il faut se faire des forces qui constituent l'état solide et l'état fluide.

L'étude des changements d'état comprend : 1º la *fusion* ou le passage de l'état solide à l'état liquide, et la *solidification* ou le passage inverse de l'état liquide à l'état solide ; 2º la *vaporisation* ou la transformation des liquides en vapeurs, et la *condensation* des vapeurs et des gaz ou leur retour à la liquidité. Nous traiterons dans ce chapitre de la fusion et de la solidification.

§ 1er. — *Fusion.*

Fusion. 214. Les corps passent de l'état solide à l'état liquide par l'action du calorique ; et toutes les fois qu'un corps se liquéfie, il est aisé de s'assurer que la chaleur est la seule cause de sa fusion, soit qu'on ait emprunté visiblement cette chaleur à un foyer, soit qu'elle ait été développée par une action mécanique, telle que la percussion ou le frottement, soit qu'elle ait eu pour origine une action chimique, un courant électrique, etc. Que l'étain fonde par l'action du feu, que deux morceaux de glace se fondent quand on les frotte vivement l'un contre l'autre, que le plomb se liquéfie quand on le bat à coups redoublés sur une enclume, c'est que, dans ces diverses circonstances, la combustion, le frottement, la percussion ont été des sources abondantes de chaleur.

Lois de la fusion. 215. La fusion est soumise à deux lois que l'on constate à l'aide du thermomètre : 1º *pour un même corps, la fusion a toujours lieu à la même température ;* 2º *la température demeure constante pendant toute la durée de la fusion.*

Points de fusion des principales substances. 216. Les corps présentent de très-grandes différences dans leur fusibilité. — Les uns résistent sans se liquéfier aux plus hauts degrés de chaleur : tel est le *charbon*, qui est infusible, et quelques autres substances appelées *réfractaires.* — D'autres ne se fondent qu'à de hautes températures, exemples : le *platine*, fusible seulement au chalumeau ou par l'action d'un courant électrique puissant ; le *fer* à 130º du pyromètre de Wedgwood, l'*or* à 32º *id.* ; le *cuivre* à 27º *id.* ; l'*argent* à 20º *id.* Le *zinc* fond à 360º du thermomètre centigrade ; le *plomb* à 334º ; le *bismuth* à 256º ; l'*étain* à 230º. — Enfin, il y a des corps qui fondent à des températures beaucoup moins élevées : le *soufre* à 109º ; le *potassium* à 58º ; le *phosphore* à 43º ; la *cire* à 61º ; le *beurre* à 32º ; la *glace* à zéro ; le *mercure* à —39º.

Alliages fusibles. 217. M. d'Arcet a fait avec le plomb, l'étain et le bismuth des alliages qui peuvent entrer en fusion à des températures variables depuis 100 jusqu'à 200º. Celui qui est formé de 2 parties de plomb, 3 d'étain, 5 de bismuth, fond à 100º. Un autre de 1 de plomb, 4 d'étain, 4 de bismuth, se liquéfie à 94°. Ces divers alliages sont utilisés pour éviter l'explosion des chaudières à vapeur. On pratique à la paroi supérieure de la chaudière une ouverture que l'on ferme avec une plaque fusible à un degré moins élevé que celui où la tension de la vapeur pourrait dépasser la résistance des parois.

248. La composition des substances organiques, qui ont pour éléments l'oxygène, l'hydrogène, le carbone et l'azote, les rend, pour le plus grand nombre, incapables de se fondre. Elles se décomposent par l'action de la chaleur, et la majeure partie des éléments se séparent à l'état gazeux, dès que l'affinité qui les unissait est anéantie. Il y a destruction et non fusion.

Substances organiques.

Quelques substances inorganiques présentent des phénomènes analogues. La craie soumise à l'action de la chaleur se décompose ; l'acide carbonique se dégage à l'état gazeux, et la chaux reste seule dans le creuset. Hall est cependant parvenu à fondre la craie en remplissant de craie pulvérisée et fortement tassée un canon de fusil, scellé ensuite et luté avec soin. Quand on soumet l'appareil à l'action d'un feu très-vif, l'acide carbonique emprisonné ne peut s'échapper, et la craie se fond au lieu de se décomposer. Après le refroidissement, elle se trouve convertie en marbre.

Fusion de la
craie.

249. L'invariabilité de la température d'un corps pendant toute la durée de sa fusion nous conduit à une conséquence importante : c'est que la chaleur cédée au corps par le foyer, quelle qu'en soit l'activité, est tout entière employée à opérer son changement d'état. Cette chaleur devient insensible au thermomètre, elle se combine avec le corps, s'interpose et se dissimule entre ses particules pour le constituer à l'état liquide ; de telle sorte que le corps liquéfié peut avoir la même température sensible que ce même corps solide encore et au moment de sa fusion, mais qu'il contient beaucoup plus de chaleur. Pour exprimer cet état de la chaleur, on dit qu'elle est *latente*.

Chaleur latente.

La quantité de chaleur latente qu'un corps absorbe pendant sa fusion est très-considérable. Nous apprendrons plus tard à la mesurer. Contentons-nous pour le moment de citer ce fait : que l'on mêle 1 kil. de glace pilée à 0° avec 1 kil. d'eau à 79°, la glace fondra et l'on obtiendra 2 kil. d'eau liquide à 0°. On voit donc que la glace, pour se fondre, a rendu latente une quantité de chaleur capable d'échauffer un poids égal d'eau de 0 à 79°.

220. La dissolution d'un corps solide dans un liquide est une véritable fusion. M. Gay-Lussac compare ce phénomène à celui de l'évaporation spontanée d'un liquide dans l'air, à des températures inférieures à son degré d'ébullition. Cette fusion

Dissolution.

a lieu à une température bien inférieure à celle qui serait nécessaire pour fondre le corps seul ; souvent même elle est accompagnée d'un refroidissement très-vif.

Pour expliquer ces faits et montrer comment ils rentrent dans les lois générales de la fusion, il faut remarquer que la dissolution d'un solide dans un liquide est généralement un phénomène complexe. Deux effets ont lieu simultanément, ayant chacun une cause distincte : 1o une combinaison chimique, résultant de l'affinité des deux substances ; 2o la fusion du composé provenant de cette combinaison, fusion qui est due à la chaleur.

La fusion qui s'opère alors ne peut avoir lieu qu'autant qu'une certaine quantité de chaleur devient latente ; mais la combinaison qu'a provoquée l'affinité chimique est elle-même une source de calorique. Il pourra donc arriver trois cas : 1o ou la quantité de chaleur dégagée par la combinaison sera plus grande que la chaleur latente dont le composé a besoin pour se fondre, et alors il y aura élévation de température ; 2o ou ces deux quantités de chaleur seront égales, et il n'y aura, pendant la dissolution, ni abaissement ni élévation sensible de température ; 3o ou la quantité de chaleur latente nécessaire à la fusion du composé sera plus grande que le calorique dégagé par la combinaison : alors ce composé absorbera, outre la chaleur développée par l'action chimique, celle des corps qui le touchent et l'environnent, et il y aura refroidissement.

La vérité de ces principes ressort avec une pleine évidence des deux faits suivants : mêlez 4 parties d'acide sulfurique concentré avec une partie de glace pilée : la glace se fond, et le thermomètre plongé dans le mélange monte d'un grand nombre de degrés ; — mêlez au contraire 4 parties de glace pilée avec 1 partie d'acide sulfurique étendu d'eau, le thermomètre descend à — 20o. Dans le premier cas, il y a eu plus de chaleur dégagée par l'action chimique que de calorique latent absorbé par la fusion ; dans le second cas, c'est le contraire.

Mélanges réfrigérants. 221. Les principes précédents expliquent le froid produit par la dissolution de la plupart des sels dans l'eau et dans les acides, et surtout par les mélanges des sels et des acides avec la glace pilée ou la neige. Ces *mélanges réfrigérants* ou *frigorifiques* sont fréquemment utilisés dans les sciences et dans l'industrie pour produire des froids artificiels. Voici un tableau des principaux mélanges et des effets qu'on peut en obtenir.

Nos	MATIÈRES MÉLANGÉES.	PROPORTIONS.	ABAISSEMENT DU THERMOMÈTRE.
1	Sel ammoniac. Azotate de potasse. Eau.	5 parties. 5 16	de $+10°$ à $-12°,22$.
2	Azotate d'ammoniaque. Carbonate de soude. Eau.	1 partie. 1 1	de $+10°$ à $-13°,88$.
3	Sulfate de soude. Acide nitrique faible.	3 parties. 2	de $+10°$ à $-16°,11$.
4	Sulfate de soude. Acide chlorhydrique.	8 parties. 5	de $+10°$ à $-17°,77$.
5	Neige. Sel marin.	1 partie. 1	de $0°$ à $-17°,77$.
6	Neige. Chlorure de calcium hy-draté.	2 parties. 3	de $0°$ à $-27°,77$.
7	Neige ou glace pilée. Sel marin.	2 parties. 1	de $-17°,77$ à $-20°,55$.
8	Neige. Chlorure de calcium hy-draté.	1 partie. 2	de $-17°,77$ à $-54°,44$.
9	Neige. Acide sulfurique étendu.	8 parties. 10	de $-54°,44$ à $-68°$.

L'intensité du froid produit par ces mélanges dépend de plusieurs éléments : 1° La nature du sel; les sels déliquescents sont évidemment les plus avantageux. — 2° Les quantités relatives de glace et de sel mélangées; ces quantités doivent, pour donner le maximum de froid, être telles que leur fusion soit complète. — 3° Les substances doivent être très-divisées; aussi la neige récemment tombée convient mieux que la glace. — 4° Quand on se sert de glace pilée et d'un acide, il faut d'avance étendre l'acide d'eau et laisser dégager la chaleur produite par cette combinaison, chaleur qui nuirait beaucoup au succès de l'expérience. — 5° Le mélange doit être fait promptement, dans des vases minces, incapables de lui céder beaucoup de chaleur, dans un lieu frais et sur des masses considérables. — 6° Enfin, la température initiale des substances mélangées exerce sur le froid obtenu une grande influence. Car, si le mélange de la neige avec le chlorure de calcium détermine un abaissement de 27° dans leur température commune, quand cette température est d'abord 0°, il est clair qu'en refroidissant préalablement ces deux corps, on pourra pousser plus loin le froid obtenu. C'est ainsi que 2 parties de chlorure de calcium et 1 de neige, préalablement abaissées à — 17°,77 dans des vases séparés, puis intimement mélangées, donnent un froid de —54°,44.

Toutefois il ne faudrait pas croire que l'on pût employer ce nouveau mélange comme on a employé le premier, et ainsi de suite, de manière à obtenir un refroidissement indéfini. Ce refroidissement a une limite. Le composé qui résulte de la combinaison des substances mélangées n'est liquide que jusqu'à une température plus ou moins basse, passé laquelle il se solidifie. Il est clair que cette température est le maximum de froid que le mélange puisse donner, puisque alors la cause même du froid n'existe plus.

Le tableau qui précède montre que l'on peut se procurer, sans glace, des froids bien inférieurs à zéro. On a inventé récemment des appareils particuliers destinés à la confection des mélanges frigorifiques. Ces appareils sont ingénieusement conçus et disposés de manière à obtenir à volonté de la glace ou à préparer ce que, dans l'art du limonadier, on appelle *des glaces*.

Les mélanges nos 8 et 9 peuvent servir à congéler le mercure, qui se solidifie à — 39°.

§ 2. — *Solidification ou congélation.*

Lois de la congélation. 222. Si, après avoir liquéfié un corps, on abaisse progressivement sa température, le liquide repassera bientôt à l'état solide; ce retour est soumis aux deux lois suivantes : 1° *la température de solidification est la même que la température de fusion ; 2° le liquide dégage, en se congélant, toute la chaleur latente qui avait été absorbée pendant la fusion.*

Retard de la congélation de l'eau. 223. Quelques corps semblent faire exception à la première de ces lois. L'eau, par exemple, lorsqu'elle est parfaitement limpide et à l'abri de toute agitation, peut être abaissée à 8, 10 et même 12 degrés au-dessous de zéro, sans se congeler. Mais alors si l'on imprime un léger ébranlement à la masse liquide, qu'on y projette un corps étranger et surtout quelques petits glaçons, aussitôt elle se solidifie en masse et le thermomètre remonte à zéro. Une dissolution concentrée de sulfate de soude, enfermée chaude dans un tube purgé d'air, présente un phénomène analogue, et se prend en masse dès que l'on casse le tube refroidi. L'élévation subite de température qui se manifeste est due à la chaleur latente dégagée pendant la solidification.

Force expansive de la glace. 224. Au moment où l'eau se convertit en glace, elle prend un accroissement considérable de volume et exerce alors une

force d'expansion à laquelle aucun vase ne résiste. Pour en
donner une idée, je citerai l'expérience qui fut faite en Angleterre. Une bombe fut remplie d'eau et son orifice bouché avec
un tampon de bois. On soumit la bombe à un froid très-vif ;
au moment de la congélation le tampon de bois fut lancé avec
explosion, et il sortit par l'orifice un bourlet cylindrique de
glace. Un canon de fusil très-épais, placé dans des circonstances semblables, fut fendu en plusieurs morceaux par l'effort
de la glace intérieure. — On comprend, d'après cela, pourquoi
les vases pleins d'eau, à goulot étroit, se brisent par la gelée.
— La même chose arrive dans certaines pierres appelées *géli-
ves*, qui se fendillent quand l'eau dont elles se sont imprégnées
vient à se congeler. — L'altération des matières organiques et
des végétaux par la gelée est encore due à la congélation de
l'eau interposée entre leurs cellules, et dont l'expansion déchire
et altère leur tissu. Les fruits et les viandes qui ont éprouvé
cet effet deviennent mous et sujets à une prompte putréfaction.
— La dilatation de l'eau, au moment où elle se congèle, explique pourquoi les glaçons flottent à la surface de ce liquide.

La fonte de fer et le bismuth, en passant de l'état liquide
à l'état solide, augmentent aussi de volume.

La solidification, suivant qu'elle s'effectue avec plus ou
moins de rapidité, peut donner à certains corps des propriétés
et des aspects très-divers. — Ex. : phosphore, soufre, verre
(larmes bataviques).

225. Lorsqu'un corps solide a été fondu ou dissous et qu'il
repasse lentement et sans trouble à son état primitif, ses molécules se disposent symétriquement de manière à donner nais-
sance à un solide régulier, géométrique, que l'on nomme *cristal*. *Cristallisation.*

Il y a deux procédés généraux pour faire cristalliser les
corps : la *voie sèche* et la *voie humide*.

La cristallisation des corps par la voie sèche se fait de deux
manières : en les fondant ou en les volatilisant. — Dans le pre- *Voie sèche.*
mier cas, après avoir fait fondre le corps dans un têt ou dans
un creuset, on le laisse refroidir tranquillement jusqu'à ce
qu'il se forme une croûte à la surface ; alors on perce la croûte,
on décante les parties intérieures, qui sont encore liquides, et
les autres restent adhérentes au vase sous forme d'une couche
solide et cristalline. Ex. : soufre et bismuth. — Le second
moyen s'applique aux corps solides volatils, qui sont en très-
petit nombre. Il consiste à les faire vaporiser au moyen de la
chaleur, et à les condenser peu à peu par le refroidissement
dans une autre partie du vase distillatoire. Ex. : arsenic.

La voie humide s'emploie aussi de deux manières. — La *Voie humide.*
première consiste à faire dissoudre les corps dans l'eau à l'aide
de la chaleur, et à abandonner la dissolution à un refroidisse-

ment lent. L'eau a, en général, un plus grand pouvoir dissolvant à chaud qu'à froid; si donc la quantité du corps dissous est assez abondante, une partie devra, par l'effet du refroidissement, se déposer sous forme cristalline. Ex. : alun. — Le second moyen consiste à abandonner la dissolution refroidie à une évaporation spontanée. L'eau s'évaporant alors peu à peu, la partie non vaporisée ne peut plus tenir la totalité du corps en dissolution, et ce corps se dépose encore lentement sous forme de cristaux qui augmentent progressivement de volume. C'est ainsi que l'on fait cristalliser la plupart des sels.

Eau d'interposition. Eau de cristallisation.

226. Les cristaux formés par la voie humide contiennent ordinairement une certaine quantité d'eau; mais cette eau peut y exister de deux manières : tantôt elle est simplement interposée entre les particules du cristal, et elle prend le nom d'*eau d'interposition*; tantôt elle est combinée chimiquement avec la substance cristallisée et fait partie intégrante du cristal : on la nomme alors *eau de cristallisation*.

Les cristaux qui ne contiennent que de l'eau d'interposition décrépitent au feu, sans perdre leur transparence, parce que l'eau qu'ils contiennent, se vaporisant, brise par son expansion les particules cristallines. En outre, pulvérisés et comprimés entre deux feuilles de papier Joseph, ces cristaux mouillent le papier.

Fusion aqueuse. Fusion ignée.

Les cristaux qui possèdent de l'eau de cristallisation éprouvent, sous l'influence de la chaleur, une double fusion. Ils se fondent d'abord, sans se décomposer, dans leur eau de cristallisation; puis ils perdent leur eau qui se vaporise, redeviennent solides et se fondent de nouveau à une température bien plus élevée. La première de ces fusions est appelé *fusion aqueuse*, la seconde *fusion ignée*.

On peut encore faire cristalliser certains corps en les dissolvant dans l'alcool. On opère alors comme avec l'eau. L'étude des formes cristallines des corps est d'une haute importance en chimie et surtout en minéralogie.

CHAPITRE IV.

DES VAPEURS.

De la vaporisation en général.

227. La plupart des liquides peuvent passer, soit spontanément, soit par l'action d'un foyer de chaleur, à l'état de fluides élastiques. On dit alors qu'ils se *volatilisent* ou se transforment en *vapeurs*.

Pour apprécier les caractères de ce nouvel état, il faut opérer la transformation en vase clos. On prend un tube de verre recourbé à deux branches inégales et non parallèles. Une goutte d'éther occupe la partie supérieure de la plus courte branche, qui est fermée et remplie de mercure, ainsi qu'une partie de la grande. Si l'on plonge le tube dans un bain d'eau chaude à 45 ou 50°, la goutte d'éther se vaporisera et sera remplacée par un gaz dont la force expansive refoulera le mercure dans la grande branche. Si l'on retire le tube du bain où il est plongé pour le laisser refroidir, on verra le mercure remonter dans la petite branche, le gaz disparaître peu à peu et la goutte se reformer. Enfin, si, laissant le tube plongé dans la source de chaleur, on verse du mercure dans la grande branche pour augmenter la pression supportée par la vapeur, elle repassera encore à l'état liquide, et il faudra une température plus élevée pour lui donner de nouveau naissance. — On voit, par cette expérience, que les vapeurs sont de véritables gaz doués d'une force élastique qui croît avec la température ; mais elles se distinguent des gaz ordinaires en ce qu'elles ont la propriété de repasser facilement à l'état liquide, soit par un abaissement de température, soit par un accroissement de pression. Nous verrons bientôt quelle est la valeur de cette distinction.

228. Il n'est pas nécessaire, pour qu'un liquide forme des vapeurs, qu'il soit porté à sa température d'ébullition. — Quelques liquides éminemment volatils (eau, alcool, éther...) fournissent des vapeurs à toutes les températures. Il en est d'autres, comme les huiles grasses, la plupart des métaux fondus, qui n'en fournissent jamais. Il en est enfin qui, au-dessous d'une certaine température, ne donnent plus de vapeurs. L'acide sulfurique n'en forme pas à la température ordinaire : en effet, qu'on recouvre d'une même cloche de verre deux capsules remplies, l'une d'acide sulfurique étendu d'eau, l'autre d'une dissolution de nitrate de barite, il ne se formera dans cette dernière aucun précipité blanc de sulfate, ce qui arriverait infailliblement si l'acide sulfurique se vaporisait. — Le mercure cesse de former des vapeurs sensibles à la température de 6 à 7° au-dessous de zéro. On s'en assure en mettant un peu de mercure au fond d'un flacon, au bouchon duquel on suspend une feuille d'or qui ne touche pas le liquide. Si la température est de—6,—7°... la feuille d'or n'est pas attaquée ; mais si la température est de 12 ou 15°, au bout de quelques jours l'or blanchit, ce qui indique la présence d'une quantité sensible de vapeur mercurielle.

Pour dégager le phénomène de la vaporisation de toutes les circonstances qui peuvent le compliquer, nous étudierons suc-

Fig. 103.

cessivement la formation de la vapeur dans le vide et dans les gaz.

§ 1. — *Des vapeurs dans le vide.*

229. *La vapeur se forme instantanément dans le vide.* — On prend deux baromètres bien purgés d'air, plongeant dans une même cuvette et dont les niveaux sont par conséquent sur un même plan horizontal. On fait passer dans l'un de ces tubes quelques gouttes d'un liquide volatil, tel que l'eau ou l'éther. A l'instant où la couche liquide, après avoir traversé la colonne de mercure, pénètrera dans le vide barométrique, elle se vaporisera au moins en partie, et la force élastique de la vapeur spontanément et instantanément formée fera baisser la colonne mercurielle. La dépression occasionée par la vapeur, ou la différence des hauteurs du mercure dans les deux baromètres, mesure la *tension* ou la force élastique de cette vapeur.

Tension
maximum de la
vapeur à une
température
constante.

Fig. 104.

230. *Maximum de tension.* — Supposons que le *baromètre à vapeur* de l'expérience précédente soit plongé dans une cuvette profonde, et qu'au-dessus du mercure, dans le tube, il reste une couche d'éther non vaporisé. On pourra faire varier deux choses dans la vapeur formée : 1° son volume, 2° sa température.

Supposons d'abord que, *la température restant constante*, le volume seul varie. Il suffit, pour cela, d'enfoncer ou de soulever le tube. Or, en faisant l'expérience, on reconnaît que, soit que l'on enfonce, soit que l'on soulève le tube, le niveau du mercure dans le baromètre, *tant qu'il y a encore du liquide à vaporiser*, reste toujours à la même hauteur au-dessus du niveau de la cuvette ; d'où il suit que la tension de la vapeur reste constante. En même temps, l'épaisseur de la couche liquide qui engendre la vapeur augmente quand on enfonce le tube, diminue quand on le soulève. On tire de là les conséquences suivantes : quand une vapeur contenue dans un espace donné est en contact avec son liquide générateur, elle prend *d'elle-même* une *tension maximum* ; si on la comprime, une partie de la vapeur se liquéfie ; si on la dilate, une partie du liquide se vaporise ; de telle sorte que, le volume augmentant ou diminuant, la force élastique et la densité de la vapeur restent constantes. L'espace où la vapeur est renfermée, contenant alors toute la vapeur qu'il peut contenir, est dit *saturé* ; et la vapeur prend elle-même le nom de *vapeur à saturation* ou au *maximum de tension*.

Mais si on agrandit assez le volume occupé par la vapeur pour que le liquide générateur soit entièrement volatilisé, alors, à mesure que son volume augmentera, la vapeur s'éloignera de plus en plus de son maximum de tension, sa force élastique et sa densité iront en diminuant, et suivront dans cette diminution la même loi que les gaz, la loi de Mariotte. Réciproquement, si l'on comprime cette vapeur éloignée de son point de saturation, sa force élastique et sa densité augmenteront comme celles des gaz, jusqu'à l'instant où elle saturera l'espace qui la contient, c'est-à-dire où elle aura atteint de nouveau la tension limite qu'elle possédait primitivement quand elle était en contact avec son liquide. Dès-lors, une diminution plus grande de volume n'aura pour effet que d'amener une condensation partielle de la vapeur sans augmenter sa tension.

231. Supposons en second lieu que l'on fasse varier la température de la vapeur. Il y aura deux cas à examiner : celui où la vapeur est saturée ou en contact avec son liquide générateur, et celui où la vapeur est éloignée de son maximum de tension. Nous examinerons d'abord la première hypothèse, ce qui nous conduit à la question suivante :

Mesure des tensions maximum de la vapeur à différentes températures. — Nous supposerons ici qu'il s'agit de la vapeur d'eau, dont les tensions sont les plus importantes à connaître ; ce qui va suivre pourra d'ailleurs s'appliquer aux autres liquides.

Tension maximum à diverses températures.

232. 1o *Entre* 0 *et* 100o. — *Appareil de Dalton.* — Il se compose de deux tubes barométriques, plongeant dans une même cuvette en fonte ; au-dessus du mercure, dans l'un de ces baromètres, on a fait passer une couche d'eau *privée d'air.* Ils sont entourés d'un manchon de verre rempli d'eau, dont on peut élever progressivement la température jusqu'au degré d'ébullition, à l'aide d'un fourneau placé sous la cuvette ; des volants, convenablement disposés, servent à agiter la masse liquide et à y répandre uniformément la chaleur. — A mesure que la température s'élève, une partie du liquide se vaporise dans le baromètre à vapeur, le niveau du mercure baisse, et la force élastique est toujours mesurée par la différence de niveau du mercure dans les deux baromètres. Cette différence s'obtient à l'aide d'une lunette horizontale mobile sur une règle verticale divisée ; on dirige successivement l'axe de la lunette vers chacun des deux niveaux, et la course verticale de la lunette représente la dépression cherchée. On pourra ainsi déterminer les forces élastiques maximum de la vapeur pour toutes les températures comprises entre 0 et 100o.

Vapeur d'eau. Tension entre 0 et 100o.

Fig. 106.

Quand l'eau qui environne les tubes est portée à la température d'ébullition du liquide qui fournit la vapeur, à 100o si c'est de l'eau, à 79o pour l'alcool, à 35o pour l'éther... on observe que le mercure du baromètre à vapeur est déprimé jusqu'au niveau extérieur de la cuvette. Ainsi, *la force élas-tique de la vapeur formée par un liquide quelconque, à la température de son ébullition à l'air libre, est égale à la pression atmosphérique.*

233. La méthode de Dalton ne peut guère être employée avec succès que dans les limites des températures atmosphériques; car, dans les degrés plus élevés, il devient fort difficile de maintenir uniforme la température des couches d'eau contenues dans le manchon.

M. Regnault (1) a modifié la méthode en ne chauffant, dans l'appareil des deux baromètres, l'un sec, l'autre mouillé, que les sommets des deux colonnes de mercure. — Deux baromètres, *ha*, *ob*, aussi semblables que possible, sont disposés

Fig. 107.

l'un à côté de l'autre sur une planche PP' (*fig.* 107); ils traversent le fond d'une caisse en tôle galvanisée VV'V'', et sont maintenus, à l'aide de caoutchouc, dans les tubulures qui leur donnent passage. Ces baromètres plongent dans une même cuvette U. La caisse VV'V'' porte, sur un de ses côtés, une ouverture rectangulaire EFGH, qui se ferme, à l'aide d'une lame de caoutchouc et d'un double cadre en fer, par une glace à faces parallèles, serrée à vis, au travers de laquelle il est facile de relever au cathétomètre la différence de niveau des deux baromètres, différence qui mesure la tension de la vapeur dans le baromètre humide. L'eau de la caisse VV' est sans cesse agitée, sauf au moment de l'observation. Quand on opère à la température de l'air ambiant, l'eau se met d'elle-même en équilibre avec lui; pour les températures plus élevées, on enlève une partie de l'eau froide qu'on remplace par de l'eau chaude, et on entretient la température à un degré constant à l'aide d'une lampe à alcool. Cette température ne doit pas dépasser 50°, et le niveau du mercure dans le baromètre mouillé ne doit pas descendre trop près du fond du vase VV'.

234. M. Regnault a encore adopté la disposition suivante, dont nous verrons l'utilité pour l'étude du mélange des gaz et des vapeurs. *efd* (*fig.* 107 et 108) est une pièce creuse en cuivre à trois branches. Un ballon A de 500 centimètres cubes de capacité, renfermant une certaine quantité d'eau, est soudé à un tube de verre recourbé, mastiqué dans la première tubulure *d*. Dans la seconde tubulure *e* est mastiqué un second tube *egh* soudé à la partie supérieure du baromètre *ha*. Dans la troisième tubulure *f* est mastiqué un tube *fl* qui communique avec une machine pneumatique, par l'intermédiaire d'un tube à dessication, rempli de pierre-ponce imbibée d'acide sulfurique.

_____

(1) *Ann. de chimie et de physique*, tome **XI**, juillet 1844.

L'appareil étant ainsi disposé, on fait le vide avec la machine pneumatique ; on chauffe le ballon A avec quelques charbons, de manière à faire distiller une petite quantité d'eau qui vient se condenser dans le tube barométrique *ah*. En continuant à faire jouer la machine pneumatique, on produit une distillation continuelle de l'eau du ballon et de celle du tube barométrique ; cette eau vient se condenser dans le tube à ponce sulfurique. Après avoir ainsi distillé plusieurs grammes d'eau sous une très-faible pression, on peut admettre que l'air a été complètement expulsé de l'appareil ; on ferme à la lampe le tube *fl* en *l* ; puis on procède à la détermination de la force élastique de la vapeur à partir de 0º, en enveloppant d'abord le ballon de glace fondante, et en remplaçant ensuite la glace pilée par de l'eau bien limpide à 5, 10, 15, 20, etc. degrés.

235. 2º *Tensions de la vapeur à des températures élevées.* — Pour déterminer les tensions de la vapeur d'eau à de hautes températures, M. Regnault s'est servi d'un procédé qui avait été déjà employé, à quelques modifications près, par MM. Dulong et Arago, et qui repose sur ce principe : *La force élastique de la vapeur fournie par un liquide en ébullition est égale à la pression de l'atmosphère naturelle ou artificielle qui repose sur le liquide.* Le problème se réduit donc à déterminer exactement la température à laquelle l'eau bout sous des pressions déterminées, et pour cela à faire bouillir l'eau dans un vase qui communique librement avec un espace un peu vaste, dans lequel on puisse dilater l'air ou comprimer de l'air à volonté. Cet air formera une atmosphère artificielle exerçant à la surface du liquide une pression égale à celle de la vapeur provenant de son ébullition.

L'appareil de M. Regnault (*fig.* 109) consiste en une cornue de cuivre rouge A, contenant de l'eau jusqu'au tiers environ ; elle est fermée par un couvercle boulonné ; son col s'engage dans un tube TT', long de 1 mètre, enveloppé d'un manchon en cuivre, dans lequel circule un courant continuel d'eau froide. Ce tube communique avec un ballon B en cuivre, de 24 litres de capacité, renfermé dans un vase VV' plein d'eau à la température ambiante. Le ballon porte à sa partie supérieure un ajutage à deux branches ; dans l'une des branches *xs*, on mastique le tube barométrique *egha* de l'appareil (*fig.* 108) lorsqu'on fait des expériences sous des pressions plus faibles que celle de l'atmosphère, et le tube manométrique *pqgk* (*fig.* 110) dans les expériences qui se font sous des pressions plus considérables. La seconde branche *rt* peut communiquer, au moyen d'un tube de plomb *tt'*, soit avec une machine pneumatique pour raréfier l'air du ballon, soit avec une pompe foulante pour le comprimer.

Tension de la vapeur à de hautes températures.

Fig. 109.

Fig. 108.

Fig. 110.

La cornue A est placée sur un fourneau. Pour avoir exactement la température d'ébullition de l'eau, on se sert de 4 thermomètres à mercure, contenus dans 4 tubes en fer, pleins de mercure, fermés par le bas, et qui font corps avec le couvercle (*fig.* 112). Deux de ces tubes plongent jusque près du fond de la cornue, dans l'eau qu'elle contient ; les deux autres descendent seulement jusqu'au milieu et ne plongent que dans la vapeur.

Fig. 112.

Cela posé, on fait le vide dans l'appareil, de manière à n'y laisser qu'une faible pression. On chauffe l'eau à l'ébullition dans la cornue. La vapeur vient se condenser dans le réfrigérant TT′, et retombe à l'état liquide dans la cornue pour se vaporiser de nouveau. Il en résulte, entre la vapeur qui afflue sans cesse et se condense en TT′, et l'air qui, alternativement, est repoussé par elle ou remplit le vide qu'elle a laissé, un petit mouvement oscillatoire qui se communique au mercure des appareils manométriques. Mais ces oscillations très-légères n'empêchent pas de mesurer avec précision la force élastique moyenne de l'air du ballon, et par suite celle de la vapeur elle-même qui lui est égale. — Pour obtenir des pressions plus grandes dans l'appareil, on ouvre avec précaution le robinet *r*, et on laisse rentrer la quantité d'air nécessaire pour avoir la pression désirée. On peut ainsi mesurer successivement les températures d'ébullition de l'eau depuis des pressions très-faibles jusqu'à celle de l'atmosphère.

Pour déterminer les températures auxquelles l'eau bout sous des pressions plus grandes que la pression atmosphérique, on met le tube *tt′* en communication avec une pompe foulante, et on opère dans l'air comprimé comme avec l'air dilaté. La pression se mesure par la hauteur du baromètre augmentée de la différence du niveau des tubes *pq*, *gk* relevée à l'aide du cathétomètre.

MM. Dulong et Arago ont mesuré les tensions maximum de la vapeur d'eau, jusqu'à 24 atmosphères, à l'aide d'un appareil plus compliqué, dont la description ne saurait trouver place dans ces éléments.

Table
les tensions de
a vapeur d'eau.

On a formé des tables des forces élastiques de la vapeur d'eau pour toutes les températures. J'extrairai de celles qu'a publiées récemment M. Regnault les nombres suivants :

TEMPÉRA-TURES.	TENSION DE LA VAPEUR D'EAU, EN MILLIMÈTRES DE MERCURE.	TEMPÉRA-TURES.	TENSION DE LA VAPEUR.		
	mm		mm		
—32°	0, 310	45	71, 391		
—30	0, 336	50	91, 982		
—25	0, 553	55	117, 478		
—20	0, 841	60	148, 791		
—15	1, 284	65	186, 945		
—10	1, 963	70	233, 093		
— 5	3, 004	75	288, 517		
— 1	4, 224	80	354, 643		
0	4, 600	85	433, 041		
5	6, 534	90	525, 450		
10	9, 165	95	633, 778		
15	12, 699	100	760, 000	1	atmosph.
20	17, 391	105, 08	904, 870	1, 2	
25	23, 550	112, 50	1040,	1, 5	
30	31, 548	121, 40	1520,	2	
35	41, 827	128, 80	1900,	2, 5	
40	54, 906	135, 10	2280,	3	

236. A l'inspection seule de ce tableau, on reconnaît que la tension maximum d'une vapeur saturée, en contact dans un vase clos avec son liquide générateur, ou, pour parler plus exactement, la tension de la vapeur qu'un liquide tend à former, croît avec la température, mais dans une bien plus grande proportion qu'elle ; si bien qu'à une température élevée, une augmentation d'un petit nombre de degrés dans la chaleur suffit pour faire croître d'une atmosphère la force élastique de cette vapeur.

Conséquences.

Il n'en serait pas ainsi si la vapeur que l'on chauffe n'était pas en contact avec un excès de liquide ; car la tension de cette vapeur, considérée indépendamment du liquide qui lui a donné naissance, n'augmenterait, par l'action du calorique, que proportionnellement à la température, comme cela arrive pour les gaz ordinaires. Mais, s'il y a du liquide en excès, une partie de ce liquide doit se vaporiser sans cesse à mesure qu'on en élève la température, afin que, la nouvelle vapeur s'ajoutant à celle qui existe déjà, la tension totale fasse équilibre à celle de la vapeur que le liquide restant tend à former, laquelle croît plus que proportionnellement à la température.

Vapeur non saturante.

Si, au contraire, on refroidit une vapeur à saturation, une partie de la vapeur doit nécessairement se condenser ou repasser à l'état liquide, de telle sorte que la vapeur restante n'ait plus que le maximum de tension correspondant à sa température nouvelle.

Maximum de
nsion dans un
space inégale-
ment chaud.
Fig. 113.

237. Il n'est pas même nécessaire que l'on refroidisse toute l'étendue des parois de l'enceinte qui contient la vapeur, pour opérer la condensation. — Considérons, par exemple, deux vases A et B, réunis par un tuyau à robinet, l'un à la température de 10°, l'autre à 90°, contenant tous les deux de la vapeur d'eau et un excès de liquide. La tension de la vapeur sera de 9^{mill},5 dans le premier, et de 525 dans le second. Si l'on ouvre le robinet R, l'équilibre ne saurait exister; alors la vapeur saturée à 90° ira se condenser en partie dans le vase froid; le liquide du vase B fournira de nouvelle vapeur qui ira se condenser à son tour, et le même phénomène se reproduira jusqu'à ce que tout le liquide du vase B ait disparu et qu'il ne reste plus dans ce vase que de la vapeur dont la force élastique soit seulement égale à 9^{mill},5. — On exprime ce résultat d'une manière générale en disant : *Dans un espace inégalement chaud, la tension d'une vapeur en contact avec son liquide générateur est partout la même et partout égale à la tension maximum correspondant à la température la plus basse.*

Tension de la
peur d'eau au-
dessous de 0.

Fig. 114.

238. 3° *Tensions de la vapeur d'eau au-dessous de 0°.* — C'est sur le principe précédent qu'est fondé l'appareil imaginé par M. Gay-Lussac pour mesurer les forces élastiques de la vapeur fournie par l'eau, ou plutôt par la glace, à des températures égales ou inférieures à zéro. Dans son appareil, le baromètre à vapeur est recourbé à sa partie supérieure et entouré dans cette partie d'un mélange réfrigérant. On voit alors le liquide qui recouvre le sommet de la colonne mercurielle se vaporiser peu à peu en totalité, pour aller se condenser et même se congeler dans la partie froide du tube. Quand l'équilibre est établi, la vapeur ne possède plus que la tension maximum correspondante à la température de la glace qui lui donne naissance. Cette tension est mesurée par la différence de niveau du mercure dans les deux baromètres. C'est ainsi que M. Gay-Lussac a fait voir que la glace, à des températures bien inférieures à zéro, fournit encore de la vapeur.

Fig. 107.

239. L'appareil de M. Regnault, décrit au n° 233, peut remplacer celui de M. Gay-Lussac pour la mesure des tensions de la vapeur d'eau au-dessous de zéro. Le ballon A, après avoir été d'abord enveloppé de glace fondante, est ensuite plongé dans une cloche remplie d'une dissolution concentrée de chlorure de calcium dont on abaisse progressivement la température, en y dissolvant de la glace. Pour de très-grands froids, on emploie le chlorure de calcium cristallisé, que l'on mélange, couche par couche avec de la neige. (*Voir, pour les nombres, le tableau de la page* 159.)

240. Dans tout ce qui précède, nous avons pris de la vapeur à son maximum de tension. Toutes les fois, au contraire, que la vapeur n'est plus en présence de son liquide, qu'elle est éloignée de son point de saturation, elle se comporte exactement comme un gaz et est soumise aux mêmes lois de compression ou de dilatation, jusqu'au moment où elle est amenée à son maximum de tension, soit par une diminution de volume, soit par le refroidissement.

En résumant les propriétés des vapeurs, il serait facile de former un tableau des caractères qui les distinguent en apparence des gaz appelés permanents. Il n'existe entre ces deux espèces de fluides de différences réelles que lorsque les vapeurs sont saturées ou voisines de leur point de saturation, ce qui est leur état normal. Les gaz, au contraire, peuvent être assimilés à des vapeurs plus ou moins éloignées de leur maximum de tension. Il en est, en effet, qui, comme le chlore, l'acide sulfureux..., se liquéfient sous la pression ordinaire, à une température de — 8 ou — 10°; d'autres, comme l'acide carbonique, peuvent également passer à l'état liquide quand on leur fait subir à la fois un grand accroissement de pression et un abaissement de température. Quelques-uns seulement (air, hydrogène, oxygène, azote) ont résisté jusqu'à présent à ce double moyen de liquéfaction. — Sous ce point de vue, il y a donc identité entre les gaz et les vapeurs.

241. L'affinité chimique des corps pour l'eau se manifeste dans le vide en diminuant la tension de sa vapeur. Ainsi la tension maximum de la vapeur émise par une dissolution de potasse, de soude, ou par un mélange d'eau et d'acide sulfurique concentré, est moindre que celle de la vapeur émise par l'eau pure, à température égale. Il en est de même des dissolutions salines; et pourtant, dans ces circonstances, la substance combinée avec l'eau n'étant pas volatile, la vapeur fournie par le composé n'est réellement que de la vapeur d'eau pure.

242. Les méthodes précédemment décrites peuvent être employées pour déterminer les tensions des vapeurs de tous les liquides volatils. Dans les expériences que Dalton fit à ce sujet, il crut reconnaître la loi suivante : *Les vapeurs des différents liquides, lorsqu'elles saturent l'espace qui les renferme, ont des tensions égales à des températures également éloignées de leur point d'ébullition.* Ainsi, l'eau qui bout à 100°, l'éther à 35°,66, l'alcool à 79°... forment, à ces températures, des vapeurs dont la tension maximum est pour tous de 0m,76. Diminuons de 20°

Analogie entre les gaz et les vapeurs.

Vapeur fournie par des dissolutions.

Loi de Dalton

11

chaque température, les vapeurs fournies par l'eau à 80°, par l'éther à 15°,66, par l'alcool à 59°, auraient encore une même tension maximum 554mm,643. De même, aux températures 100°+21°,4, 35°,66+21°,4, 79°+21°,4, la vapeur fournie par l'eau, l'éther ou l'alcool, aurait une tension égale à deux atmosphères.

On conçoit combien une pareille loi serait utile, puisque, les tensions de la vapeur d'eau une fois connues, la recherche des tensions des différentes vapeurs se réduirait à la détermination du point d'ébullition des liquides générateurs. Malheureusement des expériences postérieures à celles de Dalton ont prouvé que la loi énoncée n'est ni rigoureuse ni générale. Quoi qu'il en soit, cette loi est utile à connaître comme pouvant donner une approximation suffisante dans un grand nombre de cas. Par exemple, elle indique que les vapeurs mercurielles ne sauraient produire dans le vide barométrique aucune pression sensible, ni par conséquent aucun abaissement dont il faille tenir compte. En effet, à la température moyenne de 10°, le mercure qui bout à 360° se trouve à 350° au-dessous de son point d'ébullition ; la tension des vapeurs qu'il formera sera donc égale à celle de la vapeur d'eau à — 250°, tension inappréciable, puisque à — 20° seulement la tension de la vapeur d'eau n'est que de 0mm,844. Cet exemple explique le fait exposé au n° 228.

§ 2. — *Formation de la vapeur dans les gaz.*

243. Pour étudier les lois du mélange des gaz et des vapeurs, on se sert de l'appareil suivant, qui est dû à M. Gay-Lussac.

Appareil de Gay-Lussac.

Fig. 123.

Il consiste en un large tube de verre, divisé en parties d'égale capacité et terminé par deux viroles métalliques munies de robinets. La virole inférieure est en fer. Le cylindre AB communique par sa partie inférieure avec un tube plus étroit, qui se recourbe verticalement pour s'ouvrir dans l'atmosphère et qui est divisé en parties d'égale longueur. L'appareil étant plein de mercure, on y introduit une certaine quantité d'air ou de gaz sec; il suffit pour cela de visser, au-dessus de la virole supérieure, un ballon rempli du gaz sur lequel on veut opérer, puis d'ouvrir les robinets. Le mercure s'écoule en partie et est remplacé par le gaz. Alors on ferme les robinets et on verse du mercure par le petit tube jusqu'à ce que les deux niveaux soient sur un même plan horizontal, afin que la force élastique de l'air intérieur soit égale à la pression atmosphérique.

On visse ensuite sur la virole supérieure, à la place du ballon, un robinet particulier, surmonté d'un entonnoir, et qui diffère des robinets ordinaires en ce qu'au lieu d'être percé de part en part, il est simplement creusé jusqu'à une certaine profondeur. Puis, l'entonnoir ayant été rempli de liquide, on fait tourner le robinet supérieur de manière à ce qu'il présente sa cavité, tantôt au liquide, tantôt au gaz qui est au-dessous. A chaque fois qu'on répétera ce double mouvement, une goutte de liquide tombera dans le grand tube et se réduira peu à peu en vapeur. On fera couler ainsi, à la surface du mercure, une quantité de liquide suffisante pour saturer de vapeurs l'espace occupé par le gaz; ce point de saturation sera atteint lorsque le mercure cessera de monter dans le tube latéral.

Pour mesurer la force élastique de la vapeur formée, on commencera par ramener le niveau du mercure, qui a baissé dans la grande branche, au point où il se trouvait précédemment; il suffira pour cela de verser du mercure dans le petit tube. On sera certain alors que, le gaz occupant le même volume que précédemment, sa force élastique est la même, et par conséquent la différence de niveau du mercure dans les deux tubes sera la mesure exacte de la tension de la vapeur. Or, si l'on compare cette tension, ainsi mesurée, à celle qu'aurait la vapeur du même liquide, dans le vide barométrique, à la même température, on trouve qu'il y a identité parfaite. On déduit de ces expériences les conséquences suivantes :

1° Quand un espace limité, contenant un gaz, est en contact avec un liquide, il se sature de vapeurs comme s'il était vide; et la tension de la vapeur saturée est la même que la tension maximum dans le vide, à température égale.

2° Les vapeurs se forment dans les gaz comme dans le vide; la seule différence, c'est que leur formation dans le vide est instantanée, et qu'elle est lente dans les fluides élastiques. Les gaz ne font donc que leur opposer une résistance passive qui en ralentit la production, mais qui ne les empêche pas de parvenir à leur maximum de tension ordinaire.

Il est à remarquer que, dans l'expérience précédente, la surface intérieure du mercure supporte une pression qui se compose de la somme des forces élastiques de l'air et de la vapeur. En faisant écouler du mercure par le robinet inférieur pour dilater le gaz, ou bien en ajoutant du mercure par le petit tube pour le comprimer, on trouverait toujours que la force élastique du mélange, quel que soit son volume, est égale à la somme des forces élastiques de la vapeur et du gaz mélangés.

244. L'appareil que nous venons de décrire ne remplit évidemment aucune des conditions nécessaires pour pouvoir déterminer les tensions de la vapeur d'eau à saturation dans l'air et dans les gaz, *à toutes les températures*. M. Regnault, dans un

Méthode de M. Regnault.

travail tout récent (*Ann. de ch. et de phys.*, oct. 1845), vient de
calculer ces tensions, dans l'air et dans l'azote, au moyen de
Fig. 107. l'appareil (*fig.* 107) que nous avons déjà décrit. Seulement,
on y remplace l'appareil des deux baromètres *ha*, *ok* par le
système des deux tubes communicants *pq*, *gk* représentés
Fig. 110. dans la figure 110, et l'on a soin, dans chaque expérience,
de ramener le niveau du mercure à un même trait de repère,
tracé sur le tube *pq*, afin que le volume d'air reste constant
et que sa force élastique seule varie.

On a placé préalablement dans le ballon A une petite ampoule *m* remplie d'eau et fermée à la lampe. On dessèche parfaitement le ballon et on le remplit finalement d'air sec sous la
pression de l'atmosphère, pendant que le ballon est enveloppé
de glace fondante. Le mercure est amené exactement au trait
de repère sur le tube *pq*, pendant que le ballon communique
encore librement avec l'air; on ferme ensuite à la lampe le
tube *lf*. On enlève la glace qui entoure le ballon et l'on remplit le vase VV′ d'eau, que l'on porte successivement à des
températures de plus en plus élevées. A chaque observation,
on amène le mercure au point de repère sur le tube *pq*; on
maintient l'eau du vase à une température stationnaire; on
détermine la différence de hauteur des deux colonnes de
mercure, et l'on y ajoute la hauteur du baromètre pour avoir
l'élasticité de l'air intérieur. L'appareil fonctionne ainsi comme
thermomètre à air.

On enlève ensuite l'eau du vase; on détermine la rupture de
l'ampoule *m* en approchant quelques charbons du fond du
ballon; on remet l'eau dans le vase et l'on recommence sur
l'air saturé d'humidité la même série d'observations qui a été
faite précédemment sur l'air sec. Là différence des forces
élastiques trouvées dans les deux cas, et correspondant à la
même température, est évidemment égale à la tension de la
vapeur aqueuse à saturation dans l'air ou dans le gaz pour
cette même température.

M. Regnault, en opérant ainsi, a toujours trouvé que les
tensions de la vapeur d'eau dans l'air sont un peu plus faibles
que celles qui ont été obtenues dans le vide, à température
égale. Mais cette différence est extrêmement petite; on peut
craindre qu'elle ne provienne d'une cause d'erreur inaperçue
dans le procédé; et en attendant de nouvelles expériences,
il n'y a pas lieu à modifier la loi précédemment énoncée du
mélange de la vapeur avec les gaz.

Résumé. 245. Ces principes établis, il est évident que les propriétés
des vapeurs sont les mêmes dans les gaz et dans le vide. En
voici le résumé :

A une température donnée, toute vapeur a un maximum de

tension qui est le même dans le vide que dans un gaz, et qu'elle prend d'elle-même toutes les fois qu'elle se trouve en contact avec un excès du liquide générateur.

Lorsqu'une vapeur à saturation, en contact avec son liquide, ne change pas de volume, sa température peut varier. Si elle augmente, une partie du liquide se vaporise ; la tension et la densité de la vapeur augmentent, mais suivant une loi bien plus rapide que celle que suivrait un gaz dans les mêmes circonstances. Si la température s'abaisse, une partie de la vapeur se précipite à l'état liquide, et celle qui reste ne conserve plus que la tension et la densité qui conviennent à la température nouvelle. — Lorsque l'espace n'est pas saturé de vapeur, cette vapeur, qui n'est plus en contact avec son liquide, se comporte exactement comme un gaz, soit qu'on élève sa température, soit qu'on l'abaisse ; mais seulement, dans ce dernier cas, il arrive un instant où l'espace se trouve saturé. On rentre alors dans le cas précédent, et un nouvel abaissement de température déterminerait la condensation d'une partie de la vapeur.

Lorsque la température d'une vapeur à saturation reste constante, on peut faire varier son volume. S'il augmente, une partie du liquide se vaporise, et la tension et la densité de la vapeur restent invariables. S'il diminue, une partie de la vapeur se liquéfie, et celle qui reste conserve encore la même pression et la même densité. — Mais si la vapeur n'est plus en contact avec son liquide, sa tension et sa densité diminuent comme celle d'un gaz, suivant la loi de Mariotte, quand son volume augmente ; sa tension augmente, suivant cette même loi, quand son volume diminue, mais seulement jusqu'à ce que ce volume ait été suffisamment réduit pour que l'espace soit saturé avec la quantité de vapeur qu'il contient. On rentre alors dans le cas qui précède.

Ainsi une vapeur éloignée de son maximum de tension se comporte comme un gaz quand elle est soumise à des variations de température et de volume ; mais elle suit des lois particulières et très-différentes de celles des gaz permanents lorsqu'elle est amenée à saturation.

246. La loi du mélange des gaz et des vapeurs, combinée avec la loi de Mariotte, les formules de dilatation et la table des forces élastiques de la vapeur d'eau, permettra de résoudre les problèmes suivants : Problèmes.

1o A une température t, sous une pression H, le volume d'un gaz *sec* est v ; que deviendra ce volume s'il est saturé d'humidité ? — On trouvera $v' = v\frac{H}{H-F}$, en représentant par F la tension maximum de la vapeur d'eau à to.

2º Même question, en supposant que la température soit devenue t' et la pression H'. Alors $v'=v.\dfrac{H}{H'-F}\dfrac{1+\alpha t'}{1+\alpha t}$.

3º Un gaz toujours en contact avec un liquide, et conséquemment saturé de vapeur, occupe à t^o, et sous la pression H, un volume v : quel sera son volume v' à t'^o, sous la pression H' ? — Ce sera $v'=v\dfrac{H-F}{H'-F'}.\dfrac{1+\alpha t'}{1+\alpha t}$.

§ 3. — *Densité des vapeurs.*

Méthode de Gay-Lussac.

247. La méthode qui a été suivie dans la mesure des densités des gaz n'est pas applicable aux vapeurs, parce qu'elles se condenseraient sur les parois du ballon et qu'il serait impossible d'obtenir le poids exact de la vapeur seule. Le procédé de M. Gay-Lussac consiste à déterminer, non le poids d'un volume connu de vapeur, mais le volume qu'occuperait un poids connu de liquide en se vaporisant. A cet effet, on remplit de liquide une petite ampoule de verre très-mince m terminée par une pointe effilée que l'on ferme à la lampe, en ayant soin de ne pas laisser d'air dans l'intérieur. On la fait ensuite passer sous une éprouvette pleine de mercure et renversée sur une cuvette en fonte. L'éprouvette est entourée d'un manchon de verre rempli d'eau, et on chauffe tout l'appareil à l'aide d'un fourneau placé au-dessous. La liquide contenu dans l'ampoule s'échauffant, la vapeur qui tend à se former brise l'ampoule, le mercure baisse dans l'éprouvette, et tout le liquide se volatilise. Le poids p de ce liquide est connu d'avance : ce sera le poids de la vapeur, en supposant que tout le liquide soit vaporisé. Le volume v de cette vapeur sera également connu, car l'éprouvette est graduée, et il suffira de lire à quelle division correspond le niveau du mercure ; enfin la force élastique de la vapeur est égale à la hauteur du baromètre H, moins l'élévation h du mercure dans l'éprouvette au-dessus du niveau extérieur. — Si cette différence, qui mesure la tension de la vapeur, est moindre que la force élastique maximum de cette même vapeur, à la température du manchon, on sera sûr que tout le liquide est vaporisé, condition qui est ici essentielle.

Connaissant alors le poids d'un volume donné de vapeur, à une température et sous une pression déterminées, il sera facile d'avoir le poids d'un égal volume d'air sec, à la même température et sous la même pression, puisqu'on sait qu'un litre d'air sec à 0º et 0m,76 de force élastique pèse 1gr,3. Divisant alors le poids de la vapeur par le poids de l'air, on aura la densité cherchée. La formule est : $d = \dfrac{p}{v.\,18,3.\dfrac{H-h}{0,76}.\dfrac{1}{1+\alpha t}}$.

Densité
de la vapeur
d'eau dans l'air
saturation.

248. M. Regnault a cherché à déterminer, par diverses méthodes, soit la densité de la vapeur d'eau à diverses températures, dans le vide, soit la densité de la vapeur aqueuse dans l'air. J'indiquerai en peu de mots la marche qu'il a suivie pour la détermination de cette densité dans l'air saturé de vapeur d'eau.

Le principe de la méthode consiste à peser la quantité d'humidité qu'un volume connu d'air saturé renferme aux différentes températures. Pour cela, on remplit d'eau un grand vase de Mariotte V, en tôle galvanisée, servant d'aspirateur. L'air qui doit remplacer à chaque instant le liquide qui s'écoule par le robinet R est obligé de passer dans des tubes A, B, C, renfermant des matières desséchantes et qui ont été exactement pesées. Cet air y dépose toute la vapeur d'eau dont il s'est saturé, soit en passant dans un ballon o, rempli d'éponge imbibée d'eau, soit en circulant dans le manchon en fer-blanc MN, qui repose sur une assiette pleine d'eau et qui recouvre en outre un autre manchon en toile métallique RS, enveloppé d'un linge mouillé baignant dans l'eau que contient le fond de l'assiette. Quand l'écoulement du vase aspirateur a cessé, on pèse les tubes absorbants, et l'augmentation de poids que signale la balance représente le poids de la vapeur saturée contenue à la température du manchon, dans un volume d'air égal au volume connu d'avance de l'aspirateur. De là il est facile de déduire la densité de la vapeur d'eau.

Fig. 119.

249. Le procédé de M. Gay-Lussac ne peut pas servir pour les liquides qui entrent en ébullition au-dessus de 100°. Pour déterminer les densités de leurs vapeurs, M. Dumas se sert d'un ballon en verre, dont on connaît d'avance le volume à 0°, et le poids quand il est vide de matière pondérable. Le col de ce ballon est effilé à la lampe ; on met au fond une certaine quantité de la substance, solide ou liquide, qui doit fournir les vapeurs ; puis on le plonge dans un bain d'huile fixe, de mercure ou d'alliage fusible, suivant le degré de chaleur qui est nécessaire. Quand le liquide intérieur est en pleine ébullition, la vapeur chasse entièrement l'air que le ballon renferme ; et aussitôt que tout le liquide est vaporisé, ce qu'on reconnaît à la cessation du jet de vapeur, on ferme au chalumeau l'orifice effilé du ballon. Quand il est refroidi, on le pèse, et en retranchant de ce poids le poids du ballon vide, on en déduit le poids de la vapeur qui le remplissait, à une température connue, et sous une pression connue aussi, puisque c'était celle de

Méthode
de M. Dumas.

Fig. 118.

l'atmosphère au moment de l'expérience. On a alors toutes les données nécessaires pour déterminer la densité cherchée.

Résultat. 250. On a trouvé que la densité de la vapeur d'eau comparée à celle de l'air, dans les mêmes circonstances, a pour expression 0,622, c'est-à-dire qu'elle est les $5/8$ environ de celle de l'air pris à la même température et sous la même pression. On calcule, d'après cela, qu'un gramme d'eau occuperait en se vaporisant, à la température de 100°, un volume 1700 fois plus grand qu'à l'état liquide.

Problème. Avec ces données, et en s'appuyant sur les lois du mélange des gaz et des vapeurs, on résoudra sans peine le problème suivant : trouver le poids d'un litre d'air saturé de vapeur d'eau à $t°$, sous la pression H. On calculera séparément le poids de la vapeur, dont la tension donnée par les tables est F, et le poids de l'air mêlé avec elle, dont l'élasticité est H—F, et l'on trouvera en faisant la somme $P = 1^{gr},3 \dfrac{1}{1+\alpha t} \cdot \dfrac{H - 3/8 F}{0,76}$.

Rapports entre le volume d'un liquide et celui de sa vapeur. 251. La densité *absolue* de la vapeur augmente rapidement avec la température, quand elle est à l'état de saturation. En chauffant fortement un tube de verre à parois très-épaisses, rempli d'eau au quart de son volume, et privé d'air, puis hermétiquement fermé, on est parvenu à faire vaporiser complètement l'eau dans un espace de trois à quatre fois plus grand que celui qu'elle occupait à l'état liquide. — M. Cagniard a trouvé que l'éther sulfurique se réduit totalement en vapeur à 200°, dans un espace moindre que le double de son volume à l'état liquide, et sa vapeur possède alors une tension de 38 atmosphères. L'alcool, à 259°, se gazéifie dans un espace triple de son volume, et possède une tension de 119 atmosphères. Pour l'eau, il faut une température de plus de 350°, et la pression de sa vapeur surpasse alors 200 atmosphères.

§ 4. — *Notions sur les machines à vapeur.*

252. Nous terminerons ce chapitre par quelques notions générales sur le mécanisme des machines à vapeur, à basse ou à haute pression.

Le principe sur lequel est fondé l'appareil de M. Gay-Lussac, pour mesurer les tensions de la vapeur d'eau au-dessous de zéro, sert aussi de base à la théorie du *Condenseur de Watt* dans les machines à vapeur. Voici de quelle manière la vapeur agit pour imprimer au piston son mouvement de va-et-vient.

Machines à simple effet. Fig. 115. Dans les *machines à simple effet*, le cylindre B, dans lequel se meut le piston, communique par la partie supérieure avec l'atmosphère ; par la partie inférieure, il est en communica-

tion : 1º au moyen du robinet R, avec la chaudière où se
forme la vapeur A ; 2º au moyen du robinet R', avec le condenseur C, cavité dans laquelle on fait constamment arriver
un courant d'eau froide. La tige du piston est fixée, par une
articulation, à un balancier portant à son autre extrémité un
contre-poids. — Quand le robinet R est ouvert, le cylindre est
en communication par sa base avec la chaudière ; la vapeur
à 100º, qui la remplit, presse de bas en haut le piston avec
une force élastique égale à celle de l'atmosphère, et ce piston,
également pressé en dessus et en dessous, est soulevé par le
contre-poids. Quand il arrive au plus haut point de sa course,
le robinet R se ferme, le robinet R' s'ouvre, et aussitôt la
vapeur du cylindre se liquéfie presque en totalité dans le condenseur, en ne conservant plus qu'une tension correspondante
à la température de l'eau froide (15 ou 20º), c'est-à-dire une
tension de quelques centimètres de mercure. Dès cet instant,
le piston, pressé plus fortement en dessus par l'air atmosphérique, s'abaisse en vertu de cet excès de force et entraîne
avec lui le contre-poids. Quand le piston est parvenu au
point le plus bas de sa course, les communications s'établissent en ordre inverse, et la même série de phénomènes
se reproduit.

Dans la *machine à double effet*, le piston ne reçoit son mouvement que de la vapeur et non plus de l'air atmosphérique.
La chaudière communique par un double robinet avec le haut
et avec le bas du cylindre. Il en est de même du condenseur.
Alors les robinets situés aux extrémités d'une même diagonale
sont toujours ouverts ensemble ou fermés ensemble. Ainsi,
supposons que R_1 R_3 soient ouverts : la vapeur, au-dessous du
piston, aura une force élastique correspondante à la température de la chaudière, au-dessus une tension presque nulle, à
cause de sa communication avec le condenseur ; par conséquent le piston se soulèvera. Les communications s'établiront
d'elles-mêmes en ordre inverse aussitôt que le piston sera
parvenu au haut du cylindre, et alors la vapeur au-dessous
du piston, étant en contact avec le condenseur, ne conservera
que quelques centimètres de tension ; au-dessus, sa tension
sera la même que dans la chaudière, et le piston s'abaissera.
La tige du piston traverse le fond supérieur du cylindre, dans
une boîte à cuir, et communique son mouvement à la tige
d'un balancier. Ce mouvement oscillatoire peut ensuite être
facilement transformé en mouvement de rotation et appliqué à
vaincre toutes sortes de résistances.

Dans un grand nombre de machines on emploie la vapeur à
une température supérieure à 100º, et à une tension de plusieurs atmosphères. On les appelle *machines à haute pression*.

Machines
à double effet.

Fig. 116.

Machines à haute
pression.

Le condenseur peut encore être employé dans ces machines, surtout quand elles sont établies à demeure et qu'on peut disposer d'une grande quantité d'eau. Cette eau du condenseur, où la vapeur vient se liquéfier et déposer son calorique latent, peut d'ailleurs être avantageusement utilisée. Mais, dans les machines locomotives, le condenseur ne peut plus exister; alors on se contente de mettre en communication avec l'air extérieur la partie du cylindre où la vapeur a produit son effet, et où l'on veut diminuer la pression; l'air est dans ce cas le véritable condenseur.

Tel est le principe sur lequel repose l'effet des machines à feu; mais, pour avoir une idée complète de ces machines, il faut les étudier dans toutes les parties de leur mécanisme, et recourir, à cet égard, aux traités spéciaux.

CHAPITRE V.

DE L'ÉBULLITION ET DE L'ÉVAPORATION.

253. Tous les phénomènes précédemment étudiés concernent la formation de la vapeur dans le vide ou dans un volume limité de gaz. Examinons maintenant le phénomène de la vaporisation à l'air libre, c'est-à-dire dans une atmosphère indéfinie.

Définition. Un liquide peut se réduire en vapeurs, dans l'air, de deux manières distinctes : 1° on dit qu'il se vaporise par *ébullition*, quand la vapeur formée prend naissance dans tous les points de la masse liquide; 2° on dit qu'il *s'évapore*; quand la vapeur ne se forme qu'à la surface.

De l'ébullition. 254. *Ebullition.* — Quand un liquide est exposé, au milieu de l'air, à l'action d'un foyer de chaleur, sa température s'élève progressivement, jusqu'au moment où il change d'état. On voit alors des bulles de vapeur se former soit sur les parois du vase, soit dans le sein de la masse liquide, s'élever et venir éclater à la surface, en mélangeant toutes les parties du liquide, et y produisant cette agitation plus ou moins tumultueuse qui accompagne le phénomène de l'ébullition. On observe alors les faits suivants :

1° Un thermomètre plongé dans le liquide indique une température stationnaire pendant toute la durée de l'ébullition. Cette fixité de température prouve que toute la chaleur cédée au liquide par le foyer est employée à opérer sa transformation en gaz, et passe dans la vapeur à l'état de *chaleur latente*.

2º La vapeur à la surface du liquide en ébullition a une force élastique exactement égale à la pression de l'atmosphère qui l'entoure. (*Voyez* n°s 232, 235.)

255. Les deux principes précédents ne sont rigoureusement vrais que pour la température des couches supérieures du liquide, et pour la tension de la vapeur à sa surface. Considérons en effet, au-dessous de la surface, un point quelconque *m* de la masse liquide ; la vapeur qui tend à se former, en ce point, ne peut y prendre naissance qu'autant qu'elle possédera une tension capable de vaincre et la pression atmosphérique et la pression des couches liquides situées au-dessus du point *m*. Ainsi, la tension de la vapeur doit augmenter avec la profondeur de la couche liquide où elle se forme. Or, la tension maximum de la vapeur ne peut croître que quand sa température s'élève ; donc la température d'un liquide en ébullition croît à mesure que l'on descend au-dessous de sa surface. Si le liquide est de l'eau distillée, et la pression extérieure égale à 760 millimètres, la vapeur, *à la surface*, aura 100º de température ; mais, au-dessous, la température des couches liquides augmentera avec la profondeur.

Température des différentes couches d'un liquide en ébullition.

256. Plusieurs causes contribuent à faire varier le point d'ébullition d'un liquide.

Causes qui influent sur la température d'ébullition d'un liquide.

1º *La nature du liquide.* — Sous la pression de 0^m,76, l'eau pure bout à 100º, l'éther à 35º,66, l'alcool à 79º ; le mercure à 360º. En outre, si le liquide est visqueux, l'ébullition se fait en général par *soubresauts*.

2º *La nature du vase.* — M. Gay-Lussac a observé que l'eau bout plus tard dans le verre que dans un vase métallique. Il suffit de jeter au fond du vase de verre quelques fragments de métal, pour ramener le point d'ébullition à ce qu'il serait dans un vase métallique. De plus, on évite par là les soubresauts qui risquent de faire éclater le vase. Il est à remarquer que la vapeur se forme toujours de préférence sur les parties anguleuses des substances qu'on a projetées dans le liquide.

3º *Les substances tenues en dissolution dans le liquide.* — La température d'ébullition d'un liquide varie avec la nature et les proportions des substances qu'il tient en dissolution. — Ainsi, l'eau pure bouillant à 100º, l'eau saturée de sel marin bout à 109º ; de nitrate de potasse, à 115º,6 ; de sous-carbonate de potasse, à 140º. — La cause en est simple : l'attraction moléculaire qui s'exerce entre les molécules de l'eau et du sel dissous est une force qui s'ajoute à la pression extérieure pour combattre la force répulsive du calorique et retarder le moment de l'ébullition. Du reste, si la substance dissoute dans l'eau n'est pas volatile par elle-même, la vapeur qu'elle forme est

Vapeur fournie par des liquides mixtes.

toujours de la *vapeur d'eau pure;* seulement la force élastique de cette vapeur, à température égale, est évidemment moindre que celle de la vapeur d'eau distillée. On peut former, avec l'eau et l'acide sulfurique, des mélanges qui, à la température ordinaire de 12 ou 15°, donnent de la vapeur dont la tension maximum sera aussi faible que l'on voudra, suivant la proportion d'acide qu'ils contiendront (*Voyez* n° 241). — Mais si la substance en dissolution dans l'eau était elle-même volatile, le liquide donnerait naissance à une vapeur mixte, dont la tension pourrait être ou moindre ou plus grande que celle de l'eau pure, à température égale.

4° *La pression extérieure.* — Cette cause est celle qui influe le plus puissamment sur le point d'ébullition d'un liquide. En effet, la tension de la vapeur qui s'élève de la surface du liquide en ébullition devant être égale à la pression de l'atmosphère naturelle ou artificielle qui pèse sur elle, le liquide s'échauffera jusqu'à ce qu'il ait atteint la température pour laquelle la tension maximum de la vapeur est égale à la pression extérieure.

Ainsi, au niveau de la mer, sous une pression de 760 millimètres, l'eau distillée bout à 100°. Au sommet d'une montagne, où la pression est moindre, elle bout à une température inférieure à 100°. Au sommet du Mont-Blanc, la pression moyenne de l'air est de 417 millimètres, et l'eau bout à 84° environ.

En raréfiant artificiellement l'air, sous le récipient de la machine pneumatique, on parvient au même résultat, et l'eau peut facilement entrer en ébullition à une température de 20, 15, 10 degrés, et même à zéro. En effet, la tension maximum de la vapeur à 0° étant de 4,60 millimètres, lorsque l'air intérieur du récipient sera réduit à 4,6 millimètres de pression, l'eau bouillira à la température de la glace fondante. Pour faire cette expérience avec succès, il faut placer sous le récipient un corps avide d'humidité (chaux vive, acide sulfurique concentré) qui absorbe les vapeurs à mesure qu'elles se forment, et produise ainsi, autour du liquide, comme un vide indéfini.

Fig. 120. On peut encore faire bouillir l'eau à une température inférieure à celle de son ébullition à l'air libre par le procédé suivant : on prend un matras à long col, à moitié rempli d'eau ; on fait bouillir cette eau ; la vapeur chasse l'air intérieur ; alors on bouche le matras et on le renverse dans la position indiquée par la figure. On voit alors l'ébullition continuer pendant quelque temps, bien que le liquide se refroidisse sans cesse. Cela provient de ce que les parois supérieures du matras se refroidissant le plus vite, la vapeur intérieure s'y condense en partie ;

un vide se forme ainsi au-dessus du liquide, qui se vaporise aussitôt pour le remplir. Lorsque l'équilibre s'est établi entre la tension de la vapeur intérieure et celle de la vapeur que le liquide tend à former, l'ébullition cesse. Mais il suffit, pour la faire recommencer avec force, de verser un courant d'eau froide sur la surface supérieure du matras. Cette expérience est analogue à celle du n° 237. Un courant d'eau chaude arrêterait subitement l'ébullition.

257. Si, au lieu de diminuer la pression qui s'exerce à la surface d'un liquide, on l'augmente, la température d'ébullition de ce liquide pourra être considérablement élevée. C'est ce qui arrive dans l'appareil connu sous le nom de *Marmite ou digesteur de Papin.* C'est un vase en bronze dont le couvercle, fortement serré contre les parois par des vis de pression, est percé d'un orifice que l'on ferme à l'aide d'une soupape. Le vase étant rempli d'eau jusqu'aux deux tiers environ, on chauffe fortement. Voici alors ce qui se passe : supposons la partie supérieure de la marmite purgée d'air et remplie de vapeur à 100°. Si l'on continue à chauffer, la force élastique de la vapeur déjà existante, considérée indépendamment du liquide qui l'a fournie, augmenterait proportionnellement à la température ; mais la force élastique de la vapeur que le liquide tend à former, qui est une tension maximum, croît plus que proportionnellement à l'accroissement de la chaleur (n° 236) ; par conséquent une petite quantité de liquide va se vaporiser ; la vapeur formée n'ayant à se loger que dans un espace très-limité, il n'y aura pas d'ébullition sensible, et la force élastique de cette vapeur s'ajoutant à celle de la vapeur préexistante, arrêtera à chaque instant l'ébullition prête à commencer. On voit donc qu'à chaque instant, la température du liquide s'élèvera et la tension de la vapeur deviendra plus forte. On pourrait ainsi retarder indéfiniment l'ébullition du liquide, si les parois du vase avaient une résistance suffisante. La soupape est chargée d'un poids assez faible pour que la vapeur intérieure la soulève et s'échappe avant d'avoir acquis une élasticité suffisante pour briser le vase. Quand on ouvre cette soupape, la vapeur s'élance au dehors sous la forme d'un jet rapide et sifflant ; la température intérieure tombe bientôt à 100°, et le phénomène se réduit à l'ébullition ordinaire de l'eau.

258. On peut juger, d'après ce qui précède, combien étaient nécessaires les précautions que nous avons indiquées dans la fixation du 100° degré du thermomètre centigrade. — On a observé que, pour un abaissement ou une élévation de 27 millimètres dans le baromètre, il y avait en moins ou en plus une variation de 1° dans la température d'ébullition de

Marmite
de Papin.

Fig. 121.

Correction
relative au 2°
point fixe
du thermomètre.

l'eau distillée. Ce résultat donne le moyen de calculer le degré qu'il faut marquer sur le thermomètre, au point d'ébullition de l'eau, si la pression extérieure n'est pas de 760 millimètres. — Supposons, par exemple, qu'elle ne soit que de 746,5, c'est-à-dire plus faible de 13$^{\text{mil.}}$,5; il faudra marquer, au degré correspondant à l'eau bouillante, $100 - \dfrac{13,5}{27}$, ou bien 99°,5.

259. Dans le phénomène de l'*évaporation*, la vapeur ne prend naissance qu'à la surface du liquide qui se volatilise. — L'eau s'évapore continuellement à la surface des lacs et des rivières; la rosée, l'humidité qui recouvre le sol après la pluie, se dissipent également dans l'atmosphère à l'état de vapeur.

Nous avons vu, en parlant du mélange des gaz avec les vapeurs, que l'air n'a aucun rôle actif dans le phénomène de la volatilisation des liquides; qu'il oppose seulement à la formation des vapeurs une résistance passive, de laquelle il résulte que la vapeur se forme lentement dans un gaz, au lieu de s'y former instantanément comme dans le vide. L'évaporation des liquides dans l'air, comme leur vaporisation dans le vide, a donc pour cause unique la force répulsive que le calorique exerce entre leurs molécules.

260. Mais plusieurs circonstances peuvent influer sur la rapidité de l'évaporation à l'air libre, savoir :

1° *L'étendue de la surface.* — Il est évident que la quantité de liquide qui s'évapore dans un temps donné est proportionnelle à l'étendue de la surface sur laquelle la vapeur prend naissance.

2° *La tension de la vapeur préexistante.* —L'air atmosphérique n'est jamais sec; il est toujours chargé de vapeur d'eau en quantité variable. Imaginons que l'air soit saturé d'humidité : il est clair qu'une masse d'eau mise en contact avec lui, à la même température, ne s'évaporera pas du tout; car la force élastique de la vapeur déjà existante sera égale à celle de la vapeur que le liquide tend à former. Il y aura équilibre, et l'évaporation sera nulle. — Mais, si l'air n'est jamais sec, il n'est jamais non plus saturé de vapeur d'eau; de sorte que la rapidité de l'évaporation de ce liquide dépendra de la différence qu'il y aura entre la tension de la vapeur qu'il tend à produire, en raison de sa température, et la tension de la vapeur déjà répandue dans l'atmosphère.

3° *La température du liquide.* — Il résulte évidemment de ce qui vient d'être dit que l'évaporation d'un liquide sera d'autant plus rapide que sa température sera plus élevée.

4° *L'agitation de l'air.* — Dans un air calme, l'évaporation

est lente, parce que la vapeur qui s'élève de la surface du liquide sature les couches d'air immédiatement superposées, et
réagit sur le liquide pour s'opposer à la formation d'une nouvelle quantité de vapeur. Au contraire, dans une atmosphère
en mouvement, l'évaporation est très-rapide, parce que les
couches d'air qui environnent le liquide sont enlevées à
mesure qu'elles se chargent de vapeurs, et remplacées par un
air moins humide. Un vent sec, animé d'une très-grande
vitesse, accélère considérablement l'évaporation.

5° *L'électricité.* — Enfin, on a reconnu que l'état électrique
d'un liquide influe sur la rapidité de son évaporation, car
l'électrisation en accélère beaucoup les progrès.

264. Quand un liquide entre en ébullition, à l'air libre, par
l'action d'un foyer de chaleur, la vapeur reçoit de la source
calorifique tout le calorique qui lui est nécessaire pour se former, et la température de la masse liquide reste constante
pendant toute la durée de l'ébullition. — Dans le phénomène
de l'évaporation, au contraire, le liquide étant obligé d'em-
prunter à lui-même et aux corps environnants la chaleur
dont il a besoin pour se transformer en vapeur, il doit
nécessairement se produire du froid, et un froid d'autant plus
vif que l'évaporation est plus rapide.

C'est ainsi que l'on explique la sensation de froid assez vive
que l'on éprouve en sortant du bain. L'éther, étant plus volatil que l'eau, absorbe dans le même temps plus de chaleur
et engendre un froid plus vif : c'est ce dont il est facile de
se convaincre en se versant quelques gouttes d'éther sur la
main.

Quand l'évaporation de l'eau est assez rapide, le froid produit
par la partie qui se volatilise suffit pour congeler la partie qui
échappe à l'évaporation. Pour en faire l'expérience, on dispose,
sous le récipient de la machine pneumatique, une capsule en
verre contenant de l'acide sulfurique concentré, au-dessus de
laquelle on suspend, par trois petits supports en fil de fer, une
seconde capsule métallique très-mince et très-évasée où l'on
a mis quelques grammes d'eau. On fait rapidement le vide;
l'eau entre en ébullition; la vapeur, à mesure qu'elle se forme,
est absorbée par l'acide sulfurique, de telle sorte que le vide
subsiste et l'ébullition continue. Mais, en se volatilisant, l'eau
emprunte à la partie non vaporisée la chaleur qui lui est nécessaire pour se transformer en vapeur : il en résulte un refroidissement progressif; au bout de quelques minutes, la température étant descendue jusqu'à zéro, on voit se former à la
surface de l'eau des aiguilles de glace, et bientôt le liquide
se prend en masse.

On peut aussi congeler l'eau par l'évaporation de l'éther.

Froid produit par l'évaporation.

Congélation de l'eau dans le vide. Fig. 122.

Pour cela on remplit d'eau de petites ampoules de verre qu'on enveloppe de coton et qu'on met dans une petite capsule, après les avoir imbibées d'éther. Le tout étant placé sous le récipient de la machine pneumatique, on fait rapidement le vide, l'éther se vaporise, et l'eau contenue dans les ampoules de verre ne tarde pas à se congeler.

Congélation du mercure. Les liquides volatils produisent d'autant plus de froid, par leur évaporation, qu'ils entrent en ébullition à une température plus basse. Aussi l'acide sulfureux liquide, qui bout à la température de — 10° centigrades, est un des liquides qui donne à cet égard le résultat le plus remarquable. En revêtant d'une petite éponge la boule d'un thermomètre à mercure, et l'arrosant d'acide sulfureux liquide, il se fait autour d'elle une évaporation tellement prompte et une si grande absorption de chaleur, que le thermomètre descend rapidement à — 20°, — 30°, et qu'au bout de quelques instants tout le mercure de la boule est solidifié. Le mercure se congelant à — 39°, le froid produit dans cette expérience est au moins de 40° au-dessous de zéro.

Alcarazas. L'usage des *alcarazas* (vases formés d'une terre poreuse), pour rafraîchir l'eau en été, repose sur le principe précédent. En ayant soin de placer l'alcarazas dans un courant d'air, une évaporation générale de l'eau qui le remplit se fait sur toute sa surface et refroidit le liquide intérieur. L'évaporation peut quelquefois être assez rapide pour qu'il se forme de la glace dans l'intérieur de l'appareil. On lui donne alors le nom de *cryophore*.

Condensation des vapeurs et des gaz. 262. Après les longs développements que nous venons de donner sur les propriétés des vapeurs, il nous reste peu de choses à dire sur leur retour à l'état liquide. Nous avons suffisamment expliqué comment, lorsqu'une vapeur est amenée à saturation, il suffit du moindre abaissement de température ou de la plus faible diminution de volume pour en condenser une partie.

Nous ferons observer seulement que la condensation des vapeurs est toujours accompagnée d'un grand dégagement de calorique; car, lorsqu'une vapeur se liquéfie, elle doit nécessairement restituer toute la chaleur latente qu'elle avait absorbée pour se former. Nous apprendrons à la mesurer.

Ajoutons encore que la plupart des gaz appelés permanents peuvent, par une augmentation de pression combinée avec un abaissement suffisant de la température, passer à l'état liquide.

Liquéfaction et solidification de l'acide carbonique. Un des plus remarquables sous ce rapport est l'acide carbonique. Il se liquéfie à 0° sous la pression de 36 atmosphères, et présente alors le phénomène curieux d'un liquide 4 fois plus dilatable que les gaz, se vaporisant à 30° dans un espace triple de son volume, et fournissant une vapeur dont la tension croît de plus d'une atmosphère par degré centigrade : à 30° elle est de 73 atmosphères. Absolument insoluble dans l'eau, ce liquide se dissout en toutes proportions dans l'alcool et l'éther, et forme avec ce dernier un mélange explosible, dont la vaporisation produit un froid si intense, que non-seulement on a pu le faire servir à solidifier le mercure, mais que ce métal a pris assez de cohésion et de ténacité pour qu'on en ait frappé des médailles. Enfin, le froid produit par la vaporisation de l'acide carbonique est tel, que l'on est parvenu à solidifier la partie de l'acide liquide qui échappe alors à la vaporisation. M. Thilorier, à qui sont dues ces belles expériences, évalue à — 100° la température de solidification de l'acide carbonique. Il s'obtient sous la forme d'une neige, dont le contact avec la peau la désorganise à l'instant, comme le ferait une vive brûlure.

Phénomènes de caléfaction, ou phénomènes présentés par les liquides à l'état sphéroïdal.

262 bis. On sait depuis longtemps que les liquides projetés à la surface de corps fortement chauffés n'entrent pas en ébullition, mais s'arrondissent en globules souvent animés d'un mouvement giratoire très-rapide, et ne s'évaporent que lentement. Pour en faire l'expérience en petit, on fait chauffer un creuset de métal et ensuite on y laisse tomber quelques gouttes d'eau ; ce liquide s'arrondit alors, car il a perdu la propriété de mouiller le métal; l'ébullition est nulle et la diminution de volume très-lente. Mais, si l'on retire le creuset du feu pour qu'il se refroidisse, il arrive un moment où le liquide s'étale à la surface du métal, bout avec violence et est projeté tumultueusement de tous côtés. On est alors rentré dans les conditions ordinaires.

Quand un liquide, par son contact avec un corps chaud, prend la forme globulaire dont nous venons de parler, on dit qu'il se *caléfie*, et on a donné à l'expérience le nom de *phénomène de caléfaction*. A ce fait déjà si curieux s'en rattachent de plus étranges encore : faire de la glace dans un fourneau chauffé à blanc, et se baigner impunément dans de la fonte incandescente.

C'est à M. Boutigny (d'Evreux) qu'on doit ces déductions surprenantes, qui prouvent que certains faits historiques sur l'épreuve du feu, les hommes incombustibles, etc., ne sont peut-être pas aussi fabuleux qu'on pourrait le croire.

Les premiers travaux de cet observateur ont eu pour objet l'analyse du phénomène primitif, c'est-à-dire le passage des liquides à la forme globulaire sur les surfaces chauffées, et il a tout d'abord rectifié plusieurs erreurs qui étaient comme sanctionnées par les physiciens.

Ainsi, il a reconnu qu'il n'était point nécessaire, comme on se l'imaginait, que la température fût au rouge blanc ; qu'il n'était point vrai que le phénomène cessât près du rouge brun. En effet, l'eau commence à prendre l'état sphéroïdal à 171° dans une capsule de platine, à 142° sur l'argent. — Tous les liquides peuvent prendre l'état sphéroïdal, mais la température à laquelle le phénomène commence est d'autant moins élevée que le liquide est plus volatil ; ainsi l'éther, plus volatil que l'eau, prend l'état sphéroïdal à la surface de l'eau chauffée à 100°.

Il est faux que l'évaporation d'un liquide à l'état globulaire sur une surface chauffée soit d'autant plus lente que la surface est plus fortement chauffée ; la durée de l'évaporation diminue, au contraire, à mesure que la température de la surface augmente ; mais, dans tous les cas, elle est beaucoup plus longue qu'à la température ordinaire de l'ébullition. C'est cette dernière particularité qui, mal interprétée et faussement généralisée, avait fait croire que la durée de l'évaporation augmentait avec la température de la surface.

La température d'un liquide à l'état sphéroïdal est toujours un peu inférieure à celle de son ébullition. Ainsi, la température de l'eau à l'état sphéroïdal dans une capsule d'argent chauffée par la flamme d'un éolipyle est à 96°,5. Les autres liquides présentent des résultats analogues. C'est ce qui a conduit M. Boutigny à ce résultat étrange, de produire de la glace dans une moufle incandescente à côté de l'or et de l'argent en fusion. Pour en faire l'expérience commodément, on fait tomber, au moyen d'un tube en U dont une des extrémités est effilée et légèrement recourbée en bas, quelques grammes d'acide sulfureux liquide dans un creuset de platine rouge de feu. L'acide sulfureux, qui bout à — 10°, prend l'état sphéroïdal et une température de — 10°,5. Si alors on laisse tomber de l'eau à sa surface, elle s'y congèle immédiatement, malgré la haute température ambiante. La glace formée a une structure spongieuse.

La chaleur semble se réfléchir à la surface des liquides amenés à l'état sphéroïdal, et c'est cette circonstance qui rend compte de l'existence même des sphéroïdes et de la lenteur de leur évaporation. Pour en faire l'expérience, on a plongé une très-petite boule contenant de l'eau au centre d'un globule d'eau à l'état sphéroïdal ; l'eau n'a pas bouilli, malgré le voisinage de la paroi incandescente du creuset.

On a supposé que le phénomène de caléfaction de l'eau pouvait jouer un rôle essentiel dans certaines explosions de chaudières à vapeur. Il paraît que Perkins a vu, dans des bouilleurs de chaudière portés au rouge, l'eau prendre la forme globulaire et ne plus donner que très-peu de vapeur. Supposons que ce phénomène se soit produit; alors, si par suspension de travail, introduction d'eau dans la chaudière, ou toute autre cause, il y a refroidissement, l'eau quitte l'état sphéroïdal, s'étend sur le métal surchauffé, donne instantanément une masse énorme de vapeur qui peut déterminer une explosion foudroyante.

Constitution physique des corps à l'état sphéroïdal. — M. Boutigny a cru pouvoir établir en principe que *les liquides à l'état sphéroïdal sont limités par une couche de matière dont la cohésion est assez grande pour que cette matière soit considérée comme étant solide, ou du moins dans un état moléculaire particulier analogue à l'état solide, qui l'isole, pour ainsi dire, du reste de la masse.*

Voici son expérience : on prend 5 centigrammes de charbon roux en poudre, chaque grain n'ayant pas plus de $1/4$ de millimètre dans sa plus grande dimension; on délaye cette poudre dans 10 grammes d'eau distillée, puis, à l'aide d'une pipette, on projette quelques gouttes de ce mélange dans une capsule en platine très-polie et rouge de feu, et l'on observe ce qui se passe; le voici : des courants innombrables se croisent dans tous les sens avec une vitesse que l'œil peut à peine suivre dans l'intérieur du sphéroïde, sans que la couche qui le limite paraisse participer en quoi que ce soit à ce mouvement. Quelquefois de petits grains de charbon traversent la couche extérieure et s'y fixent. Ce sont autant de points de repère. Quand on a eu la patience d'attendre ce résultat, il ne peut rester le plus léger doute dans l'esprit; les courants continuent à marcher en tous sens dans l'intérieur du sphéroïde, tandis que la couche extérieure reste tout-à-fait étrangère à ce mouvement.

Incombustibilité momentanée des tissus vivants. — On s'est naturellement demandé s'il n'y avait point quelque liaison entre les phénomènes de caléfaction et celui que présentent les hommes qui, dit-on, courent nu-pieds sur des coulées de fonte encore incandescente, qui plongent la main dans du plomb fondu, etc.

C'est encore M. Boutigny qui a établi qu'il y avait effectivement une relation intime entre l'état sphéroïdal et ces faits étranges qu'il n'est plus permis de révoquer en doute, puisqu'il est donné à chacun de les répéter impunément.

On conçoit que si, au moment où la main, par exemple, est plongée dans un métal en fusion, il n'y a pas contact entre

Constitutions physique des corps à l'état sphéroïdal.

Incombustibilité momentanée des tissus vivants.

elle et le métal, l'échauffement ne pourra avoir lieu que par rayonnement, et que, si le rayonnement à son tour est annulé par réflexion, ce sera comme s'il n'existait pas, et qu'en définitive, l'opérateur se trouvera placé dans des conditions normales, pour ainsi dire.

Or, c'est précisément de cette façon que les choses se passent. Nous avons, en effet, établi précédemment que les liquides à l'état sphéroïdal avaient la singulière propriété de réfléchir le calorique rayonnant, et que, dans ce cas, leur température n'atteignait jamais celle de leur ébullition, de telle sorte que le doigt étant mouillé, avec de l'eau par exemple, puis plongé dans un métal fondu, ne pouvait s'élever jusqu'à la température de 100°, *la durée de l'immersion n'étant pas, bien entendu, assez prolongée pour permettre à l'humidité de s'évaporer entièrement.*

En résumé donc, en *passant* la main dans un métal en fusion, elle s'isole, l'humidité qui la recouvre prend l'état sphéroïdal, réfléchit le calorique rayonnant, et ne s'échauffe pas assez pour bouillir ; voilà tout.

Ainsi, une expérience, en apparence pleine de dangers, est presque insignifiante en réalité.

Nombre d'observateurs l'ont répétée et variée de différentes manières, toujours avec succès, sur le plomb, le bronze, là fonte en fusion. Ainsi M. Boutigny a divisé ou coupé avec la main un jet de fonte de 5 à 6 centimètres de diamètre qui s'échappait par la percée d'un Wilkinson ; il a plongé la main dans une poche pleine de fonte incandescente, etc. L'expérience peut se faire dans le cas de la fonte en fusion, sans qu'il soit nécessaire de mouiller la main au préalable, l'humidité naturelle de cet organe suffit.

On peut plonger impunément la main dans l'eau bouillante, en la mouillant préalablement avec de l'éther. C'est une conséquence de ce que l'éther passe à l'état sphéroïdal à la température de l'ébullition de l'eau. L'expérience ne réussirait pas, dans ce cas, avec le doigt sec ou mouillé avec de l'eau.

Nous ne devons pas omettre de mentionner une particularité qui vient à l'appui de la théorie que nous avons donnée de ces phénomènes. Si, en effet, cette théorie est vraie, la sensation de chaleur éprouvée en plongeant le doigt mouillé dans un métal en fusion doit être d'autant plus faible que le liquide avec lequel on s'est mouillé est plus volatil, puisque c'est ce liquide à l'état sphéroïdal qui est censé former comme un enduit préservateur autour du doigt. Effectivement, dans le plomb fondu, la chaleur éprouvée est moins forte quand on se mouille avec de l'alcool au lieu d'eau. Avec l'éther, la sensation de chaleur est à peine perceptible. Suivant M. Boutigny, on éprouve, même dans ce cas, une fraîcheur agréable qui a, dit-il, quelque chose de velouté. Enfin, en se mouillant avec de l'acide sulfureux liquide, et plongeant le doigt dans la fonte ou le plomb en fusion, on éprouve une sensation de froid très-prononcée au milieu du métal fondu, ce qui s'explique, puisque l'acide sulfureux liquide à l'état sphéroïdal est à 10° au-dessous de zéro.

CHAPITRE VI.

HYGROMÉTRIE. — SOURCES DE CHALEUR ET DE FROID.

§ 1er. — Hygrométrie.

263. L'objet de l'hygrométrie est de déterminer la quantité de vapeur d'eau répandue dans l'air à une température quelconque.

Objet de l'hygrométrie.

Deux cas peuvent se présenter dans cette détermination.

1er cas. — Si l'air était *saturé* de vapeur, la solution du problème serait facile; car la tension de la vapeur dans un gaz saturé est la même que la tension maximum dans le vide à la même température, on la trouvera donc dans les tables. Cette tension connue, si l'on veut calculer le poids de la vapeur contenu dans un volume donné d'air, il suffira de prendre les $\frac{5}{8}$ du poids d'un égal volume d'air sec, à la même température et au même degré d'élasticité.

Cas où l'air est saturé de vapeur.

2me cas. — L'air n'est jamais ou presque jamais saturé de vapeur d'eau; la vapeur mélangée avec lui est plus ou moins éloignée de son maximum de tension. Son degré d'humidité peut alors être très-variable.

Cas où l'air n'est pas saturé.

On définit l'*état hygrométrique* ou la *fraction de saturation* de l'air, le rapport de la quantité de vapeur d'eau qu'il renferme, à une température donnée, à la quantité qu'il en contiendrait, à la même température, s'il était saturé; ou bien le rapport de la tension actuelle de la vapeur d'eau, à la tension maximum correspondante à la même température. Cette définition revient à la première; car, à égalité de température et de volume, les poids de la vapeur sont comme ses tensions.

Définition de l'état hygrométrique et des hygromètres.

Tout appareil propre à déterminer la fraction de saturation de l'air atmosphérique s'appelle un *hygromètre*.

Cette détermination se fait par plusieurs procédés; je décrirai les trois suivants : 1° la méthode chimique ; 2° l'hygromètre à condensation ; 3° l'hygromètre fondé sur la propriété qu'ont certaines substances organiques de s'allonger par l'humidité.

264. *Méthode chimique.* — Cette méthode consiste à puiser, au moyen d'un long tube, dans le lieu dont on veut connaître l'état hygrométrique, un volume connu d'air atmosphérique, et à l'amener, par aspiration, dans des tubes desséchants. L'appareil (*fig.* 119) déjà décrit, mais réduit à l'aspirateur V et aux tubes A, B, C, convient parfaitement pour cet objet. L'augmentation de poids que subit la substance desséchante, mesure le poids de la vapeur d'eau contenue dans le volume d'air aspiré. La température de cet air est donnée par un thermomètre très-sensible qu'on observe de loin avec une lunette, à des intervalles assez rapprochés, pendant la durée de l'expérience. De là il est facile de déduire la fraction de saturation. Cette méthode est très-rigoureuse, mais elle est un peu embarrassante et exige de longues manipulations ; elle est très-utile pour contrôler la marche des autres hygromètres.

265. *Hygromètre à condensation.* — Dans ce genre d'hygromètres, on détermine la tension de la vapeur contenue dans l'air, en abaissant sa température jusqu'à ce qu'il se trouve saturé avec la quantité de vapeur d'eau qu'il renferme.

Concevons un vase cylindrique, ayant pour fond supérieur une cloison mobile, et rempli d'air non saturé d'humidité, à la température de 20°, je suppose ; si l'on refroidit peu à peu cet air, son volume diminuera et la cloison mobile descendra, de manière que l'équilibre ne cesse pas d'exister entre les pressions intérieure et extérieure. Or, je dis que la force élastique de la vapeur sera la même que précédemment. En effet, la force élastique du mélange d'air et de vapeur est toujours égale à la pression atmosphérique ; celle de l'air supposé sec est aussi demeurée constante, car elle diminue autant par l'abaissement de température, qu'elle augmente par la diminution de volume qui en résulte. Donc, puisque la tension du mélange et celle d'un des gaz mélangés sont restées les mêmes, la tension de la vapeur est aussi restée la même. Ainsi dans leur refroidissement graduel et simultané, l'air et la vapeur se contractent ensemble, en conservant chacun leur élasticité primitive. — Mais la température diminuant sans cesse, elle arrivera à un point où la force élastique de la vapeur sera égale à la tension maximum correspondante ; à cet instant l'air sera saturé : on appelle ce point le *point de rosée*, parce que, si l'on abaisse tant soit peu la température, une partie de la vapeur repasse à l'état liquide et se dépose sur les parois du vase. Connaissant la température *t* du point de rosée, on cherchera dans la table de

Dalton la tension correspondante f de la vapeur ; on y cherchera également la tension maximum F correspondante à la température de l'air, et son état hygrométrique sera exprimé par le rapport $\frac{f}{F}$. Ce que j'ai dit du refroidissement d'une masse d'air contenue dans un vase à parois mobiles, est également vrai quand c'est l'air extérieur lui-même que l'on refroidit ; car les couches d'air qui environnent le corps froid font, les unes à l'égard des autres, l'office de la cloison mobile dont j'avais admis l'existence. Tel est le principe sur lequel sont fondés les hygromètres que nous allons décrire.

266. *Hygromètre de Julien Leroy.* — C'est un simple verre à pied, dont les parois extérieures sont nettes et polies ; on y met de l'eau pure, dont la température, indiquée par un petit thermomètre très-sensible, est progressivement abaissée à l'aide de petits fragments de glace ou de sel ammoniac que l'on y jette. La seule difficulté est de saisir l'instant précis où la vapeur commence à se condenser sur la paroi du verre, et à y déposer une couche de rosée analogue à celle que produit l'haleine projetée sur un corps froid. On note la température correspondante. Comme cette température est en général un peu trop basse, on laisse le liquide se réchauffer par le rayonnement, et l'on saisit le moment où la rosée qui s'était précipitée commence à disparaître ; la température correspondante à cette disparition est un peu trop haute, et, en prenant la moyenne entre les deux degrés thermométriques observés, on aura, sans erreur sensible, la température réelle du point de rosée.

267. *L'hygromètre de Daniel* se compose de deux boules en verre, réunies par un tube deux fois recourbé. L'une d'elles est colorée en noir et remplie d'éther, l'autre est terminée par un tube effilé. En faisant bouillir l'éther, la vapeur qui se forme chasse l'air intérieur ; aussitôt on dirige sur la pointe effilée du tube la flamme du chalumeau, afin de fermer l'appareil. Le centre de la boule noire A est occupé par le réservoir d'un petit thermomètre, dont la tige s'élève dans l'axe du tube correspondant ; l'autre boule B est recouverte d'une gaze, sur laquelle on verse de l'éther. Ce liquide s'évaporant avec rapidité produit du froid et détermine la condensation de la vapeur intérieure. Aussitôt l'éther, contenu dans la boule noircie, se vaporise pour remplir le vide formé ; mais, la vapeur qu'il fournit se condensant de nouveau dans la seconde boule, la vaporisation du liquide continue dans la première qui se refroidit graduellement, et bientôt la vapeur d'eau, répandue dans l'air extérieur, se condense et se dépose sur la surface du verre. Le thermomètre intérieur donne alors la température du point de rosée. Un thermomètre, enchâssé dans le pied de

Hygromètre de Julien Leroy.

Hygromètre de Daniel.
Fig. 124.

l'instrument, fait connaître la température de l'air ambiant, et l'on a tous les éléments nécessaires pour déterminer son état hygrométrique.

nvénients de
hygromètre.

L'hygromètre de Daniel peut, entre des mains exercées, donner approximativement la température du point de rosée ; mais il présente plusieurs inconvénients qui ne permettent pas de compter sur son exactitude absolue : 1° l'éther de la boule colorée n'a pas dans toutes ses couches la même température, et le thermomètre intérieur ne donne que leur température moyenne, qui peut différer sensiblement de celle qui amène le premier dépôt de rosée ; 2° la manipulation exige la présence prolongée de l'observateur dans le voisinage de l'appareil, ce qui doit influer sur la température et l'état hygrométrique de l'air ; 3° il en est de même de la vaporisation d'une grande quantité d'éther sur la boule B (éther qui n'est jamais anhydre), dans un espace voisin de celui dans lequel on détermine le dépôt de rosée ; 4° enfin, quand l'air est très-sec et la température élevée, on ne peut souvent pas réussir à amener le dépôt de rosée sur la boule A, même en versant de grandes quantités d'éther en B, et l'appareil refuse le service.

Hygromètre
ndenseur de
1. Regnault.

Fig 126.

268. M. Regnault a cherché à écarter tous ces inconvénients dans un instrument qu'il a proposé sous le nom d'*hygromètre condenseur (Ann. de ch. et de phys.*, oct. 1845).

Cet appareil se compose d'un dé en argent très-mince et parfaitement poli, *abc*, qui s'ajuste exactement sur un tube de verre *cd*, ouvert par les deux bouts. L'ouverture supérieure est fermée par un bouchon qui est traversé par la tige d'un thermomètre très-sensible qui en occupe l'axe ; le réservoir cylindrique de ce thermomètre se trouve placé au milieu du dé en argent. Un tube de verre mince *fg*, ouvert par les deux bouts, traverse le même bouchon et descend jusqu'au fond du dé. On verse de l'éther dans le tube jusqu'en *mn*, et l'on met la tubulure latérale *t* en communication, au moyen d'un tube de plomb, avec un aspirateur de 3 à 4 litres de capacité, rempli d'eau. Quand on fait couler l'eau de l'aspirateur, l'air pénètre par le tube *gf* ; il traverse, bulle à bulle, l'éther, qu'il refroidit en enlevant de la vapeur ; le refroidissement devient d'autant plus rapide que l'écoulement de l'eau est plus abondant, et la masse d'éther présente d'ailleurs une température uniforme, à cause de la vive agitation qu'elle éprouve. Lorsque le dépôt de rosée a commencé, on peut, en modérant la vitesse d'écoulement de l'aspirateur, le faire disparaître et reparaître plusieurs fois de suite en quelques minutes, de manière à mesurer, à $\frac{1}{20}$ de degré près, la température du point de rosée. On lit cette température, de loin, avec une lunette.

Comme il importe d'avoir très-exactement la température de l'air sec, dans le point de l'espace dont on détermine l'état hygrométrique, on place un thermomètre très-sensible dans un second petit appareil tout semblable au premier, à cette différence près qu'il ne renferme pas de liquide. La fig. 127 représente la disposition donnée par M. Regnault à son appareil. *ab* est le condenseur qui fonctionne, la tubulure *t* est mastiquée dans un tube en cuivre *tcd*, auquel on attache en *d* le tube de plomb qui communique avec l'aspirateur. La tubulure *t'* du second appareil est bouchée. — On peut, dans l'opération, remplacer l'éther par l'alcool, et l'aspirateur par une insufflation continue.

Fig. 127.

269. Les hygromètres précédents sont certainement les plus exacts, mais ils exigent un peu de temps et d'habileté dans les observations. On a cherché à construire des hygromètres propres à indiquer, à leur seule inspection, l'état hygrométrique de l'air ; malheureusement leurs indications ne méritent généralement pas de confiance. — Ils sont fondés sur l'affinité qu'ont pour la vapeur d'eau certaines substances animales, telles que les cheveux, les fanons de baleine détachés dans un sens perpendiculaire aux fibres..., et sur la propriété que possèdent ces mêmes substances de s'allonger par l'absorption de l'humidité, et de se raccourcir par l'émission de la vapeur qu'elles avaient absorbée.

270. L'hygromètre *à cheveu*, ou hygromètre de *Saussure*, est le plus en usage et celui qui a été l'objet des recherches les plus complètes.

Hygromètre de Saussure.

Le cheveu, dans son état ordinaire, est enduit d'une matière grasse dont il importe de le dépouiller pour qu'il puisse prendre, par l'absorption de l'humidité, tout l'allongement dont il est susceptible. Il suffit, pour cela, de le laver dans une eau légèrement alcaline, contenant $1/100$ de son poids de sous-carbonate de soude. Après une ébullition d'une demi-heure, on retire les cheveux ; on les lave à grande eau et on les laisse sécher à l'air libre. Ainsi préparés, les cheveux augmentent d'un 50e de leur longueur, en passant d'un air parfaitement sec dans un espace saturé de vapeur d'eau ; avant la préparation, leur allongement, dans les mêmes circonstances, n'est environ qu'un 200e.

Préparation du cheveu.

Pour mettre le cheveu en expérience, on le suspend par sa partie supérieure à une pince qui peut s'élever ou s'abaisser par un mouvement de vis, et on l'enroule par sa partie inférieure sur une poulie à deux gorges. Sur cette même poulie s'enroule, en sens contraire, un fil de soie, auquel est suspendu un poids, qui ne doit pas dépasser 2 décigrammes, destiné à donner au cheveu une tension continuelle et toujours égale.

Suspension du cheveu.

Fig. 125.

— L'axe de la poulie porte une aiguille dont l'extrémité parcourt les divisions d'un cadran vertical. Tout cet appareil est fixé à un cadre métallique.

Suivant que l'humidité de l'air augmente ou diminue, le cheveu s'allonge ou se raccourcit, la poulie tourne et l'aiguille marche vers l'une ou l'autre des extrémités du cadran.

Graduation. 271. *Graduation de l'hygromètre.* — Pour graduer l'hygromètre, il faut déterminer deux points fixes, correspondants aux deux positions que prend l'aiguille quand l'hygromètre est plongé : 1° dans un air parfaitement sec ; 2° dans un air saturé d'humidité.

Point de sécheresse extrême. 1° *Point de sécheresse extrême.* — Pour déterminer ce point, on place l'hygromètre sous une cloche qui repose sur le mercure, et dans laquelle on a introduit des substances très-déliquescentes ; on se sert ordinairement d'une plaque de tôle recouverte de carbonate de potasse calciné. Le cheveu se raccourcit et l'aiguille marche rapidement au sec ; mais ensuite son mouvement se ralentit, et il faut environ trois jours pour qu'elle devienne stationnaire. Pour s'assurer qu'elle indique alors le degré d'extrême sécheresse, on expose l'appareil à la chaleur des rayons solaires. Si le cheveu contient encore de l'humidité, elle s'évaporera et l'aiguille marchera au sec ; si, au contraire, le cheveu a perdu toute son eau hygrométrique, l'action de la chaleur sur lui n'aura pour effet que de le dilater, et l'aiguille marchera à l'humide.

Point d'humidité extrême. 2° *Point d'extrême humidité.* — Pour obtenir le point correspondant à l'extrême humidité, il faut placer l'hygromètre dans un espace saturé de vapeur d'eau. On le suspend, à cet effet, sous une cloche qui repose sur l'eau, et dont les parois ont été mouillées. L'aiguille marche rapidement vers l'humide, et au bout de deux ou trois heures elle devient stationnaire.

On marque 0° au point de sécheresse extrême, 100° au point d'extrême humidité, et on divise l'arc compris entre ces deux points en 100 parties égales qui sont les degrés de l'hygromètre.

Les points fixes de l'hygromètre sont indépendants de la température. 272. Le zéro et le 100e degré de l'hygromètre sont indépendants de la température, au moins dans les limites des variations atmosphériques. Que la température soit 5, 10, 15 ou 30°, l'appareil plongé dans un air sec marquera toujours zéro, parce que le cheveu est extrêmement peu dilatable, et que l'allongement qu'il peut prendre en passant de 0 à 30° est tout-à-fait négligeable. — Quelle que soit la température, l'hygromètre, plongé dans un air saturé d'humidité, marquera toujours 100°. L'invariabilité de ce deuxième point tient à une autre cause. Quand l'air est saturé de vapeur, la force la plus minime suffit pour précipiter à l'état liquide une partie de la vapeur d'eau; or, l'affinité du cheveu pour l'eau est une force de ce genre; une très-petite quantité d'eau satisfait cette affinité, désaltère complètement le cheveu, selon l'expression originale de Saussure; et comme cette quantité d'eau qu'exige le cheveu pour la saturation est très-peu de chose relativement à l'humidité qui se trouve dans l'air saturé, il doit en prendre toujours autant, quelle que soit la température, et subir par conséquent le même allongement. Au surplus, l'expérience prouve cette invariabilité du 100ᵉ degré de l'hygromètre.

273. Si l'espace dans lequel se trouve l'hygromètre n'est pas saturé de vapeur, alors cette vapeur ne cèdera pas à une force très-faible agissant pour la condenser; et l'effet du cheveu s'arrêtera au moment où l'action qu'il exerce sur la vapeur ne surpassera plus la pression nécessaire pour la précipiter. Or, cet effet dépendra et de la température et de l'élasticité de la vapeur. Ici se présente donc cette question : Y a-t-il un rapport simple entre les degrés intermédiaires de l'hygromètre et la tension de la vapeur qui existe dans l'atmosphère?

Rapport des degrés intermédiaires avec la tension de la vapeur.

L'expérience a prouvé que ce rapport simple n'existe pas. Il a donc fallu déterminer directement, par une suite d'observations, quel est l'état hygrométrique de l'air correspondant à chacun des degrés de l'hygromètre; ou, si l'on veut, quelle est la tension correspondante de la vapeur d'eau.

274. M. Gay-Lussac a résolu ce problème en se fondant sur ce principe : la tension maximum de la vapeur fournie par un mélange d'eau et d'une substance acide ou saline, est d'autant moindre que la dissolution est plus concentrée (nᵒˢ 241 et 255). Cela posé, on placera l'hygromètre sous une cloche que l'on fera reposer sur un mélange d'eau et d'acide sulfurique. Quand l'air sera saturé d'humidité, l'hygromètre marquera, je suppose, 96°; on fera passer dans le vide barométrique quelques gouttes du liquide mixte dont on s'est servi, et on mesurera la tension de sa vapeur à la température de l'air. En divisant cette tension par la tension maximum de la vapeur d'eau pure dans le vide, à température égale, on aura l'état hygrométrique de l'air correspondant au 96ᵉ degré de l'hygromètre. En prenant successivement des mélanges de plus en plus concentrés d'eau et d'acide, on pourra faire le même calcul pour tous les degrés de l'hygromètre.

Table de Gay-Lussac.

Une table ainsi formée, pour une température particulière, de 10° par exemple, sera sensiblement exacte pour toutes les autres, car l'affinité hygrométrique du cheveu est une force si petite, que la chaleur, dans certaines limites, ne peut la faire varier que de quantités inappréciables. — L'inspection de ces tables montre que, l'hygromètre marquant 72°, l'air contient la moitié de la vapeur qu'il pourrait contenir ; à 50° de l'hygromètre, l'air contient le quart, à 20° le dixième de la vapeur nécessaire pour le saturer.

De l'humidité la surface de la terre.

275. A la surface de la terre, l'hygromètre donne pour indication moyenne 72° ; mais il est souvent ou plus haut ou plus bas. Il ne descend presque jamais au-dessous de 30° ; et jamais il n'arrive jusqu'à 100, même lorsque, par un temps de pluie, il est placé sous un abri. En s'élevant dans les hautes régions de l'atmosphère, l'hygromètre marche généralement vers le sec : sur le sommet des Alpes, Saussure ne l'a pas vu monter plus haut que 40°, de sorte que l'air n'y contient jamais plus du quart de la vapeur capable de le saturer. M. Gay-Lussac, dans son voyage aérostatique, à 7,000 mètres de hauteur verticale, a vu l'hygromètre descendre à 26°. L'état hygrométrique de l'air n'était environ que $\frac{1}{6}$.

§ 2. — *Sources de chaleur et de froid.*

276. Les développements dans lesquels nous sommes entrés déjà, ceux que nous donnerons encore dans plusieurs chapitres de ces éléments, nous laissent peu de choses à dire sur les *sources de chaleur et de froid*. Aussi nous allons nous borner à en présenter en quelque sorte la nomenclature.

Insolation.

Le soleil est une des sources de chaleur les plus abondantes. Exposés à ses rayons, tous les corps s'échauffent rapidement, quoique de quantités variables avec la nature de leur substance et l'état de leur surface.

Chaleur propre du globe.

Le globe terrestre est aussi une source de chaleur ; car, indépendamment de celle que le soleil verse chaque année sur la surface de notre planète, et qui varie avec les saisons et avec la latitude, la terre possède une chaleur qui lui est propre. Nous verrons, en effet, en météorologie, que la température des couches intérieures de notre globe va en augmentant avec la profondeur, d'environ 1° par 30 mètres, et que cet accroissement est indépendant des variations de température que subit la croûte superficielle.

Courants électriques.

Les courants électriques sont encore une source remarquable de chaleur ; il en sera question dans un des livres suivants.

Changements d'état.

Les changements d'état des corps produisent toujours de la chaleur ou du froid. C'est ce que nous avons longuement expliqué en parlant de la chaleur latente, absorbée ou dégagée dans la fusion et la solidification, dans l'évaporation et dans le retour des vapeurs à l'état liquide. La théorie des mélanges réfrigérants repose sur le même principe.

277. Toutes les combinaisons ou les décompositions chimiques développent de la chaleur. C'est un principe général de chimie. J'en citerai deux exemples remarquables :

La combustion du bois, du charbon, des huiles... n'est autre chose que le résultat d'une action chimique plus ou moins compliquée, et c'est d'elle que nous tirons toute la chaleur et même la lumière dont nous avons besoin dans la vie domestique et dans les arts.

La respiration, véritable combustion, puisqu'il s'opère dans les poumons une combinaison entre l'oxygène de l'air et le carbone du sang, est la principale source de la chaleur animale, si même elle n'est pas la seule. C'est elle qui entretient à un degré à peu près invariable la température des corps des animaux. La température moyenne du corps humain est de 37° centigrades.

278. La plupart des actions mécaniques auxquelles les corps peuvent être soumis développent de la chaleur; ainsi la percussion est une source de chaleur assez puissante. La barre de fer que l'on bat sur l'enclume, la pièce de monnaie qui reçoit le choc du balancier, s'échauffent rapidement. On a attribué la chaleur dégagée dans cette circonstance à la compression que le corps éprouve, compression qui ferait passer à l'état sensible une partie de la chaleur latente. Cependant le plomb, qui ne diminue pas de volume par la percussion, dégage de la chaleur; il est probable qu'elle est due à un mouvement vibratoire imprimé aux molécules des corps.

C'est à ce mouvement vibratoire qu'il faut, sans doute, attribuer la chaleur développée dans le frottement; car là il n'y a pas compression, au moins continue, et cependant la chaleur produite peut être énorme. — Une roue prend feu en tournant sur son essieu. — Le sauvage enflamme deux morceaux de bois en les frottant vivement l'un contre l'autre. — Lorsqu'on soumet à l'action de la lime un alliage composé de deux parties d'antimoine et une de fer, il en jaillit de vives étincelles qui prouvent que la température est portée jusqu'à l'incandescence. — Les étincelles que donne le choc du briquet sur le caillou ne sont autre que des parcelles de fer détachées du briquet et élevées par le frottement à la chaleur rouge. — M. de Rumfort, en creusant avec un foret un canon de fusil, a obtenu assez de chaleur pour faire entrer en ébullition une masse d'eau considérable.

279. Enfin, tous les gaz produisent de la chaleur quand on les comprime, et du froid quand ils se dilatent.

Le briquet à air est un tube cylindrique dans lequel on fait mouvoir un piston. En comprimant brusquement l'air intérieur, on développe assez de chaleur pour enflammer l'amadou.

[Notes marginales :]
Combinaisons chimiques.
Combustion.
Respiration.

Percussion.

Frottement.

Compression et dilatation des gaz.
Briquet à air.

La compression de l'oxygène, dans le même appareil, donne lieu à un dégagement et de chaleur et de lumière. La lumière, dans cette circonstance, provient, ainsi que l'a démontré M. Thénard, de la combinaison qui s'opère entre les molécules de l'oxygène et les matières grasses combustibles dont on enduit le piston.

Pour prouver que la dilatation subite d'un gaz produit du froid, on fait une expérience remarquable. Après avoir fortement comprimé dans un réservoir un gaz très-humide, on lui donne une issue par un orifice étroit ; si l'on présente au courant de gaz, qui s'échappe en sifflant, une petite boule de verre, l'eau que ce gaz contient à l'état de vapeur se condense par le refroidissement, l'abaissement de température est même suffisant pour la congeler, et en peu d'instants la boule de verre se recouvre d'une couche de glace.

Enfin, si l'on place un thermomètre de Bréguet sous le récipient de la machine pneumatique, et qu'on fasse le vide, à chaque coup de piston l'air se dilate et se refroidit, et l'index du thermomètre marche au froid. L'équilibre de température s'étant établi, on laisse rentrer l'air sous le récipient ; l'air extérieur qui s'y précipite comprime l'air raréfié de l'intérieur, et la chaleur dégagée par cette compression détermine une élévation rapide de température dans le thermomètre. Le thermomètre de Bréguet est le plus propre au succès de cette expérience, en raison de son peu de masse, de sa grande conductibilité et de la faible chaleur spécifique des métaux dont il est formé. Ces conditions réunies le rendent capable d'accuser les moindres variations qui surviennent brusquement dans la température.

nition sponta-
ée du platine.

280. Je terminerai cette énumération en signalant l'action remarquable qu'exerce le platine en fil très-fin, et mieux encore en poudre ou en éponge, sur un mélange de gaz hydrogène et oxygène. Si l'on dirige à travers l'air un courant de gaz hydrogène sur un morceau de platine *spongieux*, provenant de la réduction du chlorhydrate ammoniacal de platine, à l'instant même le métal s'échauffe au point de rougir, et l'hydrogène prend feu. L'éponge de platine perd son pouvoir par une exposition trop prolongée au contact de l'air ambiant ; mais on le lui rend en la chauffant jusqu'au rouge ou en la trempant dans l'acide nitrique.

Ce phénomène curieux a été découvert en 1823 par M. Dœbereiner ; sa cause n'est pas encore parfaitement connue. On sait seulement que, placés dans des circonstances convenables, un grand nombre de corps possèdent des propriétés analogues à celles du platine, quoique à un moindre degré.

Briquet
gaz hydrogène.

On construit aujourd'hui, en se fondant sur la propriété de

l'éponge de platine, des briquets très-simples et très-élégants. Un vase de formes variées contient de l'eau aiguisée d'acide sulfurique; dans ce bain plonge une cloche renversée, terminée supérieurement par un robinet horizontal dont l'orifice est très-étroit, et dans laquelle est suspendu un morceau de zinc. Le contact du zinc avec l'eau acidulée donne naissance à du gaz hydrogène qui se comprime dans la cloche en refoulant l'eau dans le grand vase; le dégagement s'arrête aussitôt que le niveau du liquide est descendu au-dessous du morceau de zinc. Alors, en pressant un ressort, on ouvre le robinet; un jet de gaz hydrogène s'élance sur l'éponge de platine placée au-devant, s'enflamme et allume la mèche d'une petite lampe, que le mouvement du robinet qui s'ouvre conduit de lui-même dans le courant de gaz enflammé.

Fig. 128.

CHAPITRE VII.

CHALEUR RAYONNANTE.

281. Quand des corps inégalement chauds sont placés dans une même enceinte, ils échangent entre eux des quantités inégales de chaleur, et tendent à se mettre en équilibre de température. La chaleur peut se propager alors, d'un corps à un autre, dans deux circonstances différentes : 1° quand les corps sont à distance, par voie de *rayonnement* extérieur ; 2° quand les corps sont en contact, par *conductibilité* ou rayonnement moléculaire intérieur.

Modes de propagation de la chaleur.

Propagation de la chaleur à distance.

282. *Un corps chaud émet de la chaleur, autour de lui, dans toutes les directions.* Tout le monde sait, en effet, qu'un foyer de combustion agit à distance et dans toutes les directions sur nos organes. On pourrait croire, au premier abord, que c'est l'air qui, par une communication s'effectuant de couche en couche, nous transmet la chaleur du foyer. Mais il est facile de s'assurer que cette transmission se fait indépendamment de l'air. Observons, en effet, que, lorsqu'on se place devant la porte ouverte d'un poêle allumé, on éprouve une sensation de chaleur; cependant il y a un courant d'air qui se précipite dans le poêle pour y entretenir la combustion, et qui

Rayonnement.

s'échappe ensuite par le tuyau. Il se forme donc deux courants indépendants et opposés, l'un d'air, l'autre de calorique.

Du reste, ce principe est pleinement confirmé par l'expérience suivante de Rumfort, qui prouve que *la chaleur se transmet à travers le vide*. On prend un ballon de verre, au centre duquel est suspendu un petit thermomètre à mercure, et qui est soudé à un tube étroit dont la longueur surpasse la hauteur habituelle du mercure dans le baromètre. L'appareil ayant été rempli de mercure, on le renverse, afin de faire plonger l'extrémité libre du tube dans un bain du même liquide. Le mercure descend aussitôt dans le tube au-dessous du col du ballon ; en dirigeant vers ce point la flamme d'un chalumeau, on fond le tube et on le sépare du ballon qui se trouve hermétiquement fermé et vide de matière pondérable. Or, en plongeant cet appareil dans un bain d'eau bouillante, on voit à l'instant le thermomètre intérieur monter avec rapidité ; cet effet ne peut être attribué qu'à la chaleur qui lui est transmise à travers le vide.

283. *La chaleur se transmet en ligne droite quand elle traverse un milieu homogène.* En effet, si sur la ligne droite qui joint un foyer de chaleur à la boule d'un thermomètre on interpose un écran opaque, le thermomètre n'indique aucune élévation de température ; si on enlève l'écran, il monte à l'instant même.

C'est en raison de cette propriété qu'on a nommé chaleur rayonnante la chaleur qui émane des corps dans toutes les directions ; on appelle *rayon de chaleur* toute ligne droite menée du corps chaud aux corps environnants, ou toute direction rectiligne suivant laquelle le calorique se propage.

284. *Quand un rayon de chaleur vient tomber sur une surface polie, il se réfléchit, dans un plan normal à la surface, en faisant l'angle de réflexion égal à l'angle d'incidence.*

Pour démontrer la loi de la réflexion de la chaleur, nous admettrons que cette loi est vraie pour la réflexion des rayons lumineux. (*Voy.* Optique.)

Nous admettrons encore, comme des faits démontrés, les conséquences suivantes qui en découlent :

Fig. 131.

1º Si un faisceau de rayons lumineux tombe sur la surface d'un miroir sphérique concave M, dans une direction parallèle à son axe, ces rayons, après leur réflexion, viendront se concentrer sensiblement en un même point F, situé sur l'axe, au milieu du rayon, et qu'on appelle le *foyer principal* du miroir.

2º Réciproquement, si au foyer principal F d'un miroir sphérique concave est placé un point lumineux, les rayons divergents, qui, émanés de ce point, vont frapper le miroir, se réfléchiront parallèlement à son axe.

3º Si ces rayons, réfléchis par un premier miroir, viennent tomber sur la surface d'un second miroir concave M′ opposé au premier, et placé de manière que son axe coïncide avec le sien, ils se concentreront, après leur seconde réflexion, au foyer principal F′ de ce deuxième miroir, et formeront en ce point une image très-nette du point lumineux.

Ces principes admis, si aux rayons lumineux on substitue des rayons calorifiques, et que, *placés dans les mêmes circonstances*, les rayons de chaleur éprouvent les mêmes effets que les rayons de lumière, il faudra nécessairement en conclure qu'ils sont soumis à la même loi de réflexion. Or, quand, au foyer principal F du premier miroir M, on place, au lieu d'un corps lumineux, un corps chaud (des charbons ardents), au foyer principal du miroir opposé M′, au lieu d'un écran, un corps thermométrique ou un corps combustible (amadou), on reconnaît que les rayons de chaleur émis par le corps chaud et réfléchis successivement par les deux miroirs se concentrent au foyer F′, de manière à y déterminer une élévation considérable de température. — On peut de cette manière enflammer de l'amadou à une distance de plus de 25 ou 30 pieds. — La loi de la réflexion de la chaleur se trouve par là démontrée.

On explique de la même manière ce qui arrive quand on présente aux rayons du soleil la surface concave d'un miroir sphérique. Les rayons lumineux, en se concentrant au foyer principal du miroir, y apportent toute la chaleur qui leur est propre, et ce point devient, non-seulement un foyer de lumière, mais en même temps un foyer de chaleur capable d'enflammer le bois et de fondre certains métaux.

285. *Vitesse du calorique.* — Le calorique se transmet avec une vitesse si grande que toutes les expériences directes, que l'on pourrait tenter pour la mesurer, seraient faites sur une trop petite échelle pour conduire à des résultats certains. — Mais, comme les rayons du soleil apportent toujours avec eux de la chaleur, que cette chaleur nous est sensible en même temps que la lumière des rayons qui lui servent de véhicule, qu'enfin la chaleur et la lumière paraissent avoir une même origine, et que les rayons de chaleur se transforment souvent en rayons de lumière, il faut admettre que la vitesse de la chaleur rayonnante est du même ordre de grandeur que la vitesse de la lumière, c'est-à-dire de près de 80,000 lieues par seconde.

Vitesse du calorique rayonnant.

286. Lorsqu'on réfléchit à cette immense vitesse avec laquelle se propage la chaleur, vitesse qui surpasse de beaucoup celle des mouvements les plus rapides dont les corps de la nature sont animés, on est conduit à se demander si le calo-

Le calorique est impondérable.

rique est un être matériel. La question serait résolue si l'on pouvait démontrer que le calorique est pesant. Or, toutes les expériences que l'on a tentées dans ce but prouvent que cet agent n'a aucun poids sensible aux balances les plus délicates. Je citerai seulement l'expérience suivante, qui est de Lavoisier : prenez parties égales en poids d'eau et d'acide sulfurique concentré et mélangez ces deux liquides dans un flacon de verre bouché à l'émeri. En agitant le mélange, il se dégagera une quantité énorme de chaleur. Après le refroidissement, pesez de nouveau les liquides, vous trouverez un poids exactement égal (abstraction faite du vase) à la somme des poids des deux liquides mélangés ; donc le calorique qu'ils ont perdu n'a aucun poids sensible.

Hypothèses sur le calorique.

287. Les physiciens qui ont cherché quelle pouvait être la nature de cet agent, dont les effets sont si puissants et si variés, ont imaginé deux systèmes qui ont eu l'un et l'autre de nombreux partisans.

Système de l'émission.

Dans le système de l'*émission*, le calorique serait un fluide matériel, quoique impondérable, dont les molécules infiniment déliées seraient lancées par les corps, dans toutes les directions, avec une vitesse immense, et qui, se combinant avec les molécules pondérables de la matière, en quantités variables, détermineraient en elle divers degrés de chaleur.

Système des ondulations.

L'autre système, celui des *ondulations*, est fondé sur deux hypothèses : la première, que tout l'espace vide, y compris les pores des corps matériels, est rempli par un fluide éminemment subtil et impondérable qu'on appelle *éther;* la deuxième, que les molécules matérielles des corps ne sont jamais en repos les unes à l'égard des autres, mais qu'elles oscillent constamment en-deçà et au-delà d'une position d'équilibre qu'elles ne peuvent jamais atteindre. Alors le calorique résulterait du mouvement ondulatoire communiqué à l'éther par les vibrations des molécules matérielles. L'intensité de la chaleur dépendrait de la rapidité et de l'amplitude de ces vibrations. — De ces deux systèmes, qu'on a également appliqués à la théorie de la lumière, le second est aujourd'hui généralement adopté, parce qu'il rend compte de tous les faits, tandis que le premier se refuse à l'explication de plusieurs phénomènes.

Quoi qu'il en soit, et sans qu'il soit nécessaire d'adopter aucun système, nous pouvons continuer l'étude des propriétés de la chaleur rayonnante.

Lois relatives à l'intensité de la chaleur rayonnante.

288. Pour étudier les propriétés de la chaleur rayonnante,

on se sert d'un appareil imaginé par Leslie, et dont la théorie est fondée sur la loi suivante, relative au refroidissement des corps dans une enceinte. Cette loi est due à Newton.

Lorsque la température d'un corps n'excède que d'un petit Loi de Newton.
nombre de degrés celle du milieu dans lequel il se refroi-
dit, la perte de chaleur qu'il fait dans chaque instant très-
court est proportionnelle à l'excès de sa température sur celle
du milieu environnant. — L'expérience démontre que cette loi est sensiblement vraie pour des excès de température qui ne dépassent pas 15 ou 20°. Au-delà, la déperdition de la chaleur a lieu suivant une progression beaucoup plus rapide.

289. Cette loi admise, concevons que, sur l'axe d'un miroir Réflecteur de
Leslie.
sphérique concave, on place un corps chaud, et qu'au point
où les rayons émis par ce corps et réfléchis par le miroir vien- Fig. 129.
nent se concentrer, on ait placé l'une des boules d'un thermomètre différentiel. Cette boule prend le nom de boule focale;
elle doit être assez grosse pour recevoir sur sa surface tous les
rayons réfléchis; car ces rayons, émanant de différents points,
ne se concentrent pas en un foyer unique, mais dans un petit
espace qu'on pourrait appeler *surface focale.* — Cela posé, admettons que le corps chaud ait une température fixe; il enverra
sur le miroir un faisceau de rayons d'une intensité constante
aussi. — Le miroir réfléchira vers la boule focale une fraction
constante des rayons qu'il reçoit, par exemple les $9/_{10}$. Des
rayons calorifiques qui tomberont sur la boule, une partie sera
réfléchie, l'autre sera absorbée, et celle-là seule contribuera à
en élever la température. Ce sera encore une fraction constante
de la chaleur réfléchie par le miroir, par exemple les $7/_{10}$. De
sorte qu'à chaque instant la boule focale absorbera les $7/_{10}$ des
$9/_{10}$ ou les $63/_{100}$ de la chaleur émise par la source. — Le thermomètre différentiel va donc monter; mais son ascension aura
une limite, car, à mesure que sa température s'élève au-dessus
de celle de l'air ambiant, la boule perd, par voie de rayonnement, une quantité de chaleur d'autant plus grande que la
température s'élève davantage (loi de Newton). Il arrivera donc
un moment où la boule focale perdra à chaque instant autant
de chaleur qu'elle en reçoit, et dès-lors sa température demeurera stationnaire. L'excès de température qu'indiquera alors le
thermoscope pourra être pris pour mesure de l'intensité de la
chaleur émise par le corps chaud. En effet, d'après la loi de
Newton, la quantité de chaleur que la boule focale perd à
chaque instant est proportionnelle à l'excès de sa température
sur celle de l'air qui l'entoure; mais la quantité de chaleur
qu'elle perd est égale à celle qu'elle reçoit, puisqu'il y a équilibre; d'un autre côté, la quantité de chaleur reçue est une

fraction constante de la chaleur rayonnée par la source, ou bien lui est proportionnelle; donc enfin l'excès de température indiqué par le thermoscope est proportionnel à l'intensité de la chaleur émise par la source.

Si donc, dans deux circonstances données, le même thermomètre différentiel indique des excès de température stationnaire de 5° et de 2°, il faudra en conclure que, dans ces deux circonstances, les intensités de la chaleur rayonnée par le corps chaud sont entre elles comme 5 : 2.

290. *Le réflecteur de Leslie* nous fournissant le moyen de mesurer l'énergie de la chaleur rayonnante, nous allons examiner successivement les éléments dont cette intensité dépend et les lois suivant lesquelles elle varie.

1re *Loi.* — *L'intensité de la chaleur rayonnée varie en raison inverse du carré de la distance au corps qui l'émet.*

Pour démontrer cette loi, on place au-devant du réflecteur de Leslie un cube métallique rempli d'eau chaude, dont la température, indiquée par un thermomètre, ne varie pas sensiblement pendant quelques minutes. Ce cube étant successivement placé à des distances du réflecteur égales à 1, 2, 3... les excès de température auxquels parvient le thermomètre différentiel placé au foyer sont entre eux comme les nombres 1, $\frac{1}{4}$, $\frac{1}{9}$... ce qui démontre la loi énoncée.

Cette loi peut aussi se déduire du raisonnement. Soit, en effet, C un centre de rayonnement calorifique, placé au sommet d'un cône indéfini coupé par deux plans ABDE, GHIK, à des distances qui soient entre elles comme 1 : 2. Chacune de ces deux sections ABDE, GHIK, recevra la même quantité de chaleur, puisque sur chacune d'elles tombe la totalité des rayons calorifiques compris dans le cône. Mais, à cause de la distance, la section GHIK a une surface quadruple de ABDE. Ainsi, à une distance double, la même quantité de chaleur se trouvant répandue sur une surface quatre fois plus grande, l'intensité de la chaleur sur l'unité de surface y sera quatre fois moindre.

2e *Loi.* — *L'intensité de la chaleur rayonnée est proportionnelle à la température de la source d'où elle émane.*

Pour démontrer cette loi, il faut que le cube métallique reste toujours dans la même position par rapport au réflecteur. Supposons alors que l'eau dont il est rempli ait successivement les températures 90°, 80°, 70°... les excès de température correspondants indiqués par le thermoscope seront entre eux comme les nombres 9, 8, 7...

3e *Loi.* — L'intensité des rayons calorifiques varie avec leur inclinaison par rapport à la surface qui les émet; cette intensité est maximum quand les rayons sont perpendiculaires à la surface rayonnante, et elle décroît à mesure que leur obliquité augmente.

On peut énoncer ainsi la loi de cette variation : *une surface rayonnante émet dans une direction inclinée la même quantité de chaleur que sa projection sur un plan perpendiculaire aux rayons calorifiques.*

Ainsi, la surface *ab* d'un corps chaud émet dans la direction oblique *bs* un faisceau de rayons parallèles de chaleur, dont l'intensité est la même que celle de la chaleur émise, suivant la même direction, par la surface *bc* qui est beaucoup plus petite, qui contient moins de points rayonnants, mais qui est perpendiculaire à la ligne *bs*. — Par la même raison, une surface sphérique rayonnerait dans une direction donnée la même quantité de chaleur que la surface d'un grand cercle perpendiculaire à cette direction. — Cette loi peut se démontrer par expérience à l'aide de l'appareil de Leslie et d'un vase qui, au lieu d'être cubique, serait hémicylindrique. On tournerait alternativement, vers le réflecteur, la face plane et la face convexe; l'effet produit sur le thermoscope serait le même dans les deux cas.

Cette loi est applicable, non-seulement à la chaleur émise par une surface rayonnante, mais à la chaleur absorbée par une surface qui la reçoit. C'est ce qui explique pourquoi les rayons solaires n'échauffent pas également la terre à diverses époques de l'année et aux différentes heures du jour. — Il y a une loi identique pour la lumière; c'est par elle qu'on explique pourquoi les globes du soleil, de la lune, nous apparaissent comme des disques plans et dépourvus de convexité.

294. *L'intensité de la chaleur rayonnée par les corps dépend encore de leur nature et de l'état de leur surface.* — Ceci nous conduit à étudier les pouvoirs *émissifs* des corps.

On appelle *pouvoir émissif* la propriété qu'ont les corps, à température égale, d'émettre à l'extérieur une quantité de chaleur plus ou moins grande, suivant la nature de leur substance et le degré de poli de leur surface.

Au-devant du réflecteur de Leslie on place un cube rempli d'eau bouillante, dont les faces sont recouvertes de substances différentes. L'une d'elles est recouverte d'une couche de noir de fumée; l'autre, d'une lame de verre; celle-ci est en cuivre, celle-là en étain; elles peuvent encore être argentées, dorées, polies, dépolies, rayées, etc. Le cube restant toujours à la même distance du miroir, et les faces ayant toutes la même étendue, on tourne successivement chacune d'elles en face du réflecteur, dans une position perpendiculaire à son axe; et l'on reconnaît que le thermoscope placé au foyer n'est pas influencé de la même manière dans ces diverses cir-

Fig. 132.

Pouvoir émissif.

Fig. 129.

constances. Les excès de température stationnaire auxquels parvient le thermomètre peuvent servir de mesure aux pouvoirs émissifs. Le noir de fumée est de tous les corps celui qui émet le plus de chaleur, toutes choses étant d'ailleurs égales. En représentant son pouvoir émissif par 100, on trouve pour les autres substances les nombres suivants : papier, 98 ; verre, 90 ; encre de Chine, 88 ; mercure, 20 ; plomb, 19 ; fer, 15 ; étain, argent et cuivre poli, 12. — En outre, un métal rayé, dépoli, émet plus de chaleur que lorsque sa surface est polie.

Pendant longtemps ce fait a été regardé comme constant, et on l'attribuait à la présence des aspérités, qui laissaient, disait-on, écouler le calorique avec facilité. Mais M. Melloni a montré que ce résultat n'avait lieu que pour les métaux réduits en lames au moyen du laminoir, et dont les molécules à la surface sont plus serrées que celles qui sont au-dessous. Ces dernières sont mises à découvert quand on raye la surface, et leur pouvoir émissif est plus grand que celui de la même substance rendue plus dense par la pression, comme on peut s'en assurer directement. Les lames homogènes, dans toute leur épaisseur, ne rayonnent pas plus de chaleur quand elles sont dépolies que quand elles sont polies.

Pouvoir réflecteur et pouvoir absorbant. 292. Après avoir étudié les propriétés de la chaleur rayonnante par rapport au corps qui l'émet, étudions-les par rapport au corps qui la reçoit.

Quand un faisceau de rayons calorifiques tombe sur la surface d'un corps, il se partage en deux parties : l'une est *absorbée* par le corps et sert à en élever la température ; l'autre est *réfléchie* à l'extérieur suivant la loi précédemment étudiée. — Le rapport entre la quantité *absorbée* et la quantité *réfléchie* varie avec la nature des corps et avec l'état de leur surface. Cette propriété des corps de réfléchir ou d'absorber une portion plus ou moins grande de la chaleur qui tombe sur leur surface constitue leurs pouvoirs *réflecteur* et *absorbant*.

Il est facile de voir, *à priori*, que ces deux pouvoirs sont toujours, pour le même corps, en *ordre inverse* l'un de l'autre. Si, sur 100 rayons calorifiques qui tombent sur sa surface, un corps en absorbe 70, il en réfléchira 30 ; s'il en absorbe 85, il en réfléchira 15, de sorte que les quantité de chaleur absorbée et réfléchie sont toujours complémentaires l'une de l'autre, et que la connaissance des pouvoirs réflecteurs conduit à celle des pouvoirs absorbants, et réciproquement.

1re. méthode. 293. Pour déterminer les pouvoirs réflecteurs des corps, on peut, dans l'appareil de Leslie, altérer la surface du miroir. — Si le miroir est en cuivre poli, il ne s'échauffe pas sensiblement et réfléchit à son foyer à peu près toute la chaleur qui est émise par la source. Si on le recouvre d'une couche de noir de fumée, il absorbera toute la chaleur incidente et ne réfléchira rien ; aussi le thermoscope n'indiquera aucune élévation de température. En rayant la surface polie du miroir, on augmente son pouvoir absorbant et on diminue son pouvoir réflecteur. Mais ce procédé est très-dispendieux. On peut lui substituer le suivant.

Supposons que les rayons émis par le corps chaud M forment leur foyer en un point F. Entre le miroir et ce foyer on disposera, perpendiculairement à l'axe, une petite plaque du corps dont on veut connaître le pouvoir réflecteur ; les rayons qui auraient été concourir au point F, iront se concentrer, après la 2ᵉ réflexion, en un point symétrique en avant de la plaque. C'est à ce foyer secondaire qu'on placera la boule focale du thermomètre différentiel. — Leslie a trouvé par cette méthode qu'en représentant par 100 le pouvoir réfléchissant du laiton, on peut former le tableau suivant : laiton, 100 ; argent, 70 ; étain, 80 ; acier, 70 ; plomb, 60 ; noir de fumée, 0.

2ᵉ méthode.

294. En renversant ce tableau, on aurait l'ordre des pouvoirs absorbants ; les corps seraient ainsi rangés : noir de fumée, verre, plomb, acier, étain, argent et cuivre ; cet ordre est le même que celui des pouvoirs émissifs. — En outre, M. Dulong a démontré, par des expériences directes, que *les pouvoirs émissifs des corps sont toujours identiques avec leurs pouvoirs absorbants.* Voici ce qu'il faut comprendre par là : si un corps, dont la température sera, je suppose, de 10°, est plongé dans une enceinte à 0°, et qu'il perde, dans un instant très-court, une certaine quantité de chaleur, ce corps, dans un temps égal, absorbera exactement la même quantité de chaleur, lorsque, étant lui à la température de 0°, l'enceinte qui l'environne aura 10° de température. — Ou bien encore : concevons qu'un faisceau de rayons calorifiques émanés d'une source dont la température est, par exemple, de 15°, tombe sur un élément de la surface d'un corps, dans une direction quelconque ; supposons qu'en représentant par a la quantité de chaleur apportée par ce faisceau, il y en ait $2/7\,a$ de réfléchie, et par conséquent $5/7\,a$ d'absorbée par l'élément : cet élément, à son tour, lorsque le corps sera à la même température 15°, émettra, dans la même direction et dans le même temps, une quantité de chaleur identiquement égale à la quantité $5/7\,a$ qu'il absorbait primitivement. Ce principe est d'une très-grande importance.

Il faut remarquer ici que le pouvoir absorbant ne dépend pas du degré de poli de la surface, quand la lame est partout de même densité, comme on l'a dit en parlant du pouvoir émissif.

Identité des pouvoirs émissif et absorbant.

Équilibre
mobile
température.

295. *Applications.* — Lorsque, dans une même enceinte, se trouvent placés des corps à des températures inégales, il est impossible que cet état subsiste, à moins qu'une cause étrangère ne vienne à chaque instant le rétablir. Voici, en effet, ce qui doit se passer : d'abord, les corps les plus chauds rayonneront du calorique vers ceux dont la température est plus basse. Mais il y a plus : ce n'est pas seulement parce que la température d'un corps est plus élevée que celle d'un autre corps, que le premier rayonne vers le second. Le rayonnement n'est pas une propriété relative des corps, mais bien une propriété absolue, qui leur appartient, quel que soit leur degré de chaleur; seulement, comme nous l'avons démontré, l'*intensité* de la chaleur rayonnée est proportionnelle à la température de la source calorifique. Il faut donc concevoir qu'un corps *froid* rayonne de la chaleur dans tous les sens de la même manière qu'un corps chaud, mais que cette chaleur a une intensité moindre. De là il résulte que, dans l'enceinte dont j'ai parlé, et, en général, toutes les fois que des corps à températures inégales sont en présence, il s'opère entre les uns et les autres un échange mutuel et constant de rayons calorifiques. Seulement, les rayons perdus par les corps chauds étant plus intenses que ceux qu'ils reçoivent, et au contraire les rayons calorifiques reçus par les corps froids étant plus intenses que ceux qu'ils perdent, il s'ensuit que la température des premiers doit s'abaisser, et celle des seconds s'élever par degrés, jusqu'à ce qu'il y ait égalité ou, comme on dit, équilibre de température.

Cet équilibre une fois établi par le rayonnement mutuel des corps placés dans la même enceinte, le rayonnement subsiste encore, bien que ces corps soient parvenus au même degré de température. Ils continuent à émettre de la chaleur les uns vers les autres, mais ils émettent des quantités de chaleur égales; et l'équilibre se maintient, non parce que l'émission du calorique cesse (ce repos absolu ne saurait s'expliquer dans aucune hypothèse sur la nature du fluide calorifique), mais parce que les corps reçoivent à chaque instant autant de chaleur qu'ils en émettent. Cet échange continuel, d'où résulte la fixité de température dans l'enceinte, a fait dire qu'il y a alors *équilibre mobile de température.*

Ce principe admis, on démontre par des raisonnements, trop élevés pour trouver place dans ces éléments, que, lorsque tous les points d'une enceinte fermée sont à la même température, il passe constamment par un point quelconque de l'enceinte la même quantité de chaleur; de telle sorte qu'un thermomètre placé où l'on voudra dans l'enceinte, indiquera partout la même température. Ce théorème est vrai, soit que la surface intérieure de l'enceinte ait un pouvoir absorbant absolu et un pouvoir réflecteur nul, soit que différentes parties des parois aient un pouvoir réflecteur absolu et un pouvoir absorbant nul, soit enfin qu'elles aient un pouvoir réflecteur quelconque.

La présence d'un écran de nature quelconque, pourvu qu'il soit à la même température que l'enceinte, n'influe en rien sur la température stationnaire du thermomètre.

296. La théorie de l'équilibre mobile de température explique parfaitement un phénomène remarquable, connu sous le nom de *réflexion apparente du froid*.

Réflexion apparente du froid. Fig. 133.

Deux miroirs sphériques concaves étant placés vis-à-vis l'un de l'autre, de manière que leurs axes coïncident, on place au foyer principal du premier un thermomètre très-sensible, et au foyer du miroir opposé un corps très-froid, par exemple un matras rempli d'un mélange de glace et de sel. Aussitôt on voit le thermomètre descendre de plusieurs degrés.

Pour expliquer ce fait, remarquons qu'avant que le corps froid eût été placé au foyer F', le miroir *hf* réfléchissait sur le miroir *kg*, et de là sur le thermomètre F, des rayons calorifiques tels que *nf*, *mh*, émanés de l'enceinte, et dont l'intensité était égale à celle des rayons de chaleur émis par le corps F; et il y avait équilibre. Mais la présence du corps froid substitue à ces rayons d'autres rayons directement émis par lui, dans les mêmes directions, et dont l'intensité est beaucoup moindre. Il y a donc perte de chaleur pour le thermomètre F, qui par conséquent doit baisser.

En recouvrant la surface du matras d'une couche de noir de fumée, qui augmente son pouvoir émissif, on rend l'abaissement du thermomètre plus considérable. Cela tient à ce qu'en augmentant le pouvoir émissif du matras, on a augmenté aussi son pouvoir absorbant et diminué son pouvoir réflecteur, de sorte que, si d'un côté il émet plus de chaleur, il en absorbe davantage et en réfléchit moins, et comme les rayons qu'il émet ont moins d'intensité que ceux qu'il absorbe, il y a perte plus grande de chaleur pour le thermomètre.

Les lois de la chaleur rayonnante trouvent des applications directes, soit dans diverses théories physiques qui se présenteront plus tard à notre étude, soit dans les procédés usuels de chauffage.

Transmission de la chaleur rayonnante à travers les corps solides et les liquides.

297. La chaleur qui tombe sur la surface d'un corps n'est pas toujours uniquement absorbée et réfléchie par ce corps. Il

Corps diathermanes.

arrive souvent qu'une partie de la chaleur incidente se transmet au travers de son épaisseur. De même qu'on nomme
diaphanes les corps perméables à la lumière, on a nommé *diathermanes* ceux qui livrent passage aux rayons de chaleur.

L'air et les gaz sont éminemment diathermanes; ils n'absorbent qu'une très-faible partie de la chaleur qui les traverse.

Les rayons calorifiques se transmettent aussi au travers
d'une couche liquide; on peut s'en assurer, en faisant tomber
une nappe d'eau très-mince entre le réflecteur de Leslie et un
corps chaud placé au-devant de ce réflecteur. Le thermoscope
focal indiquera une élévation de température.

Enfin, parmi les corps solides, la plupart des corps transparents pour la lumière sont aussi transparents pour la chaleur.
En substituant à la nappe d'eau de l'expérience précédente
une lame de verre, le thermoscope est influencé malgré la
présence de la lame : on sait encore que les rayons du soleil
échauffent un appartement dans lequel ils pénètrent par les
fenêtres closes.

Mais ces faits avaient été, jusqu'à ces derniers temps, peu
connus et mal étudiés. M. Melloni a développé, dans un travail remarquable, les lois de la transmission de la chaleur; à
l'aide d'un appareil très-sensible et très-ingénieux, qui est en
outre aujourd'hui l'instrument thermométrique le plus délicat
dont on puisse se servir, pour rechercher les lois de la chaleur
rayonnante, celles de la réflexion du calorique, et mesurer
les pouvoirs rayonnants, absorbants et réflecteurs des corps.

298. Cet appareil porte le nom de *thermo-multiplicateur.* —
Sa construction repose sur des propriétés électriques auxquelles nous sommes forcé de renvoyer le lecteur. (*Voyez*
thermo-électricité.)

Le thermo-multiplicateur se compose de deux parties essentielles : 1o une pile thermo-électrique, qui constitue véritablement le corps thermoscopique ; 2o un galvanomètre à fil court,
à deux aiguilles, qui sert d'indicateur.

La pile se compose d'une cinquantaine de petits barreaux
d'antimoine et de bismuth, soudés alternativement les uns aux
autres sous des angles très-aigus, de manière à former une
chaîne continue, dont les diverses pièces, disposées sur plusieurs rangs parallèles, forment un faisceau prismatique FF′,
ayant 30 millimètres de longueur et environ 4 centimètres de
côté. Ce faisceau est situé dans un cercle de cuivre AA′ qui
l'embrasse dans sa partie moyenne. Il est inutile de dire que
les éléments ne se touchent entre eux que par les endroits soudés, et que partout ailleurs ils sont électriquement isolés les
uns des autres et du cercle qui les soutient. Par cette disposition, les soudures impaires 1, 3, 5.... se trouvent toutes d'un

même côté, dans un plan parallèle à celui de l'anneau AA', et forment l'une des faces de la pile ; les soudures paires 2, 4, 6... sont tournées du côté opposé et forment la seconde face.

A la partie supérieure de l'anneau, on trouve deux petites chevilles c, c' légèrement coniques, qui sont isolées de cet anneau, mais qui communiquent par des fils de cuivre, l'une avec le premier, l'autre avec le dernier élément de la pile. Pour mettre l'instrument en activité, il n'y a qu'à fixer sur chaque cheville une des clefs F, F', à ouverture conique, sur lesquelles s'enroulent les fils de cuivre destinés à établir la communication avec le galvanomètre.

Au commencement des expériences, le cadre galvanométrique doit être orienté de manière que l'aiguille supérieure s'arrête d'elle-même sur le diamètre correspondant au zéro du limbe gradué, parallèlement aux fils du multiplicateur. Alors, aussi longtemps que les deux faces de la pile auront des températures égales, l'aiguille du galvanomètre restera immobile à zéro ; mais pour peu qu'une différence de température entre les faces terminales s'établisse, il se développera à l'instant un courant thermo-électrique qui, parcourant le fil du galvanomètre, fera dévier rapidement l'aiguille à droite ou à gauche. La sensibilité de cet instrument est telle, qu'il suffit de présenter la main, à un mètre de distance, au-devant d'une des faces de la pile, pour obtenir une déviation de plusieurs degrés.

299. Voici maintenant quelques détails sur les autres parties de l'appareil, sur leur emploi, et sur la graduation de l'instrument.

Le galvanomètre doit être posé à demeure sur un appui immobile M. Le reste de l'appareil est disposé sur une table, portant une règle de cuivre divisée XY, parallèle à sa longueur, sur laquelle glissent et se fixent, à l'aide de coulisses et de vis de pression, les supports des écrans, de la pile et de la source de chaleur qui doit agir sur elle. Chacun de ces supports peut s'élever ou s'abaisser à volonté. L'axe de la pile est disposé horizontalement, dans une direction parallèle à XY. A chaque côté de l'anneau AA' est adapté un tube en cuivre de 6 centimètres de longueur, poli à l'extérieur et noirci à sa surface interne. Les ouvertures de ces tubes peuvent être fermées par de petites plaques métalliques de même dimension qu'elles, qui glissent sur leurs bords en tournant à frottement dur autour d'axes horizontaux.

La pile est près d'une des extrémités de la table. Au-devant, à l'extrémité opposée, est la source de chaleur. C'est où la flamme d'une lampe d'Argant, à double courant d'air, munie d'un verre et alimentée par un courant constant d'huile très-

Fig. 262.

Galvanomètre.

Fig. 135.

Fig. 135.

Supports et armures de la pile.
Fig. 135 et 261.

Sources de chaleur.

pure, qui peut lui faire conserver pendant deux heures une
température constante ; ou la flamme d'une lampe Locatelli,
Fig. 136. sans verre, munie de son réflecteur (*fig.* 136) ; ou une spirale de platine rendue incandescente par la flamme d'une
Fig. 135. lampe à alcool, passant dans son intérieur (*fig.* 135) ; ou bien
une plaque de cuivre noirci, recouvrant une lampe à alcool
qui l'échauffe de manière à fournir une source de chaleur
obscure dont la température moyenne est évaluée à 400° ; ce
peut être enfin un cube en cuivre noirci rempli d'eau bouil-
Fig. 157. lante (*fig.* 157).

Supports
des écrans.
Fig. 135. Entre la pile et la source de chaleur sont des supports destinés à recevoir deux écrans. L'un E, près de la source, consiste en une double plaque métallique, polie, complètement
opaque ; il est muni d'une charnière qui permet de l'abaisser
dans un plan vertical, perpendiculaire à la règle XY. Il sert à
établir ou à intercepter la communication entre la source de
chaleur et la face antérieure de la pile. Le second E′, plus
voisin de la pile, est fixe. Il est percé d'une ouverture égale à
celle des tubes, et disposé de manière à former un diaphragme
qui ne laisse parvenir à la pile que des rayons calorifiques à
peu près parallèles à son axe. Enfin, derrière la pile est un
troisième écran E″, opaque et mobile comme le premier. Il
sert à abriter la pile des rayonnements latéraux et à abréger
la durée des expériences.

Graduation
de l'appareil. 300. Avant d'arriver aux applications, observons que, pour
que le thermo-multiplicateur pût servir d'instrument de mesure, de comparaison entre les intensités de la chaleur rayonnante, il était nécessaire de savoir déterminer la relation existante entre les déviations du galvanomètre et les intensités des
courants qui les produisent, intensités qui sont elles-mêmes
proportionnelles aux températures, au moins dans une grande
étendue de l'échelle.

Cette relation ne peut pas être obtenue d'une manière générale, car elle varie d'un galvanomètre à un autre, suivant la
sensibilité du système astatique et la distribution du fil sur le
châssis ; mais il est facile de former dans chaque cas particulier des tables de graduation, par la méthode suivante qu'a
employée M. Melloni.

Cet habile physicien a commencé par reconnaître que, dans
les 20 premiers degrés de son appareil, les angles de déviation
de l'aiguille sont proportionnels aux forces qui les produisent.
Pour le prouver, il expose la face antérieure de la pile, *seule,*
à l'action d'une source de chaleur qui dévie l'aiguille du galvanomètre de 20° à droite, je suppose. Il soumet ensuite la
face postérieure de la pile, *seule,* à l'action d'une autre source
de chaleur qui donne une déviation de 10° à gauche. Alors,

ayant laissé reprendre à l'aiguille sa position d'équilibre, il soumet *simultanément* les deux faces de la pile aux deux sources de chaleur déjà employées séparément. L'aiguille ne sera plus déviée qu'en vertu d'une force égale à la différence des intensités des deux sources. Or, il arrive que la déviation est de 10° à droite, différence des deux déviations primitives. On doit en conclure qu'il faut la même intensité de courant pour dévier l'aiguille de 0 à 10°, que pour la dévier de 10 à 20 ; que par conséquent si on appelle 1 l'énergie du courant qui chasse l'aiguille de 0 à 1°, celles des courants qui la chasseront à 5, 10, 15, 20° seront représentées par les nombres 5, 10, 15, 20.

Mais, au-delà de cette limite, cette proportionnalité cesse d'exister. Ainsi, en soumettant simultanément les deux faces de la pile à deux sources de chaleur qui, agissant séparément, donnaient l'une 44° de déviation à droite, l'autre 42° de déviation à gauche, l'effet des deux sources réunies a été de chasser l'aiguille à 8° au lieu de 2 ; en sorte que la différence des intensités de ces deux courants équivalait à huit fois l'intensité du courant pris pour unité.

D'après cela, M. Melloni a étudié la marche de l'aiguille de 4 en 4°, à partir du 20e, en déterminant, comme dans l'exemple que nous venons de citer, la différence d'intensité des courants capables de produire les deux déviations séparées par chaque intervalle de 4 degrés. Il a été ensuite facile, par une méthode très-simple d'interpolation, de calculer les forces correspondantes à tous les degrés de déviation, depuis 20 jusqu'à 45°. Dans les observations, la déviation n'a jamais atteint cette limite.

Je passe aux expériences.

304. 1er Théorème. — *La chaleur rayonnante passe immédiatement, en quantité plus ou moins grande, au travers d'une certaine classe de corps solides ou liquides.*

On prend pour source de chaleur une lampe d'Argant, qu'on place à une certaine distance de la pile, telle que la chaleur transmise par l'ouverture du diaphragme fasse dévier l'aiguille du galvanomètre à 30°. La table de M. Melloni indiquait alors 35,3 pour la force correspondante du courant.

Alors l'écran opaque E ayant été relevé et l'aiguille étant retombée à 0°, on établit du côté du diaphragme opposé à la pile un support, sur lequel on fixe une plaque de verre à glace, assez grande pour masquer l'ouverture ; on abaisse l'écran E, et à l'instant les rayons de chaleur qui traversent le verre font mouvoir l'aiguille du galvanomètre. En 5 ou 6″, elle est chassée à près de 21°,5 ; mais elle revient un peu sur elle-même, oscille, et au bout de 90″ (une minute et demie),

Principe général.

Fig. 135.

elle se fixe à 20°. Lorsqu'on répète l'expérience sur d'autres lames de verre ou d'une substance diaphane quelconque, d'épaisseurs différentes, on obtient des déviations plus ou moins grandes que 20°; mais il faut toujours 90″ pour que l'aiguille du galvanomètre atteigne sa position fixe d'équilibre.

— Et si on laisse tomber directement les rayons de la lampe sur la pile, l'aiguille met encore 90″ pour se fixer à sa position primitive de 30°.

La constance de cet intervalle est une des meilleures preuves que les déviations du galvanomètre sont exclusivement dues à la chaleur qui arrive sur la pile en traversant instantanément la plaque transparente, et que l'échauffement propre du corps diaphane n'exerce aucune action appréciable sur l'instrument. On peut du reste s'en assurer directement, en masquant l'ouverture du diaphragme par une lame de verre noircie vers la lampe, ou bien par une plaque de cuivre, également noircie, ou même par une simple feuille de papier. L'aiguille reste alors stationnaire, quoique dans ces circonstances, le corps interposé doive s'échauffer et rayonner beaucoup plus que la lame transparente des expériences précédentes.

Nous verrons bientôt que des auges en verre, pleines de divers liquides, se laissent également traverser par la chaleur rayonnante.

Influence du poli des surfaces.

302. 2ᵉ Théorème. — *La quantité de chaleur qui se transmet au travers d'une plaque diaphane est d'autant plus grande que sa surface est plus polie.*

M. Melloni soumit au rayonnement de 30° du thermo-multiplicateur plusieurs pièces d'un même verre à glace, ayant une épaisseur commune de 8ᵐᵐ,374, les unes polies, les autres usées avec du sable, de l'émeri...., de manière à former une série de plaques plus ou moins finement travaillées, depuis le premier dégrossage jusqu'au poli le plus parfait. Les déviations de l'aiguille du galvanomètre varièrent de 5° à 19°. Ce qui confirme le principe énoncé.

Nombre des écrans diaphanes.

303. 3ᵉ Théorème. — *La chaleur rayonnée qui a traversé une première lame de verre est absorbée en moindre proportion quand elle en traverse une seconde, etc.*

Ce fait, déjà trouvé par Delaroche, a été confirmé par M. Melloni de la manière suivante : il prit 4 lames tirées d'un même verre, dont l'épaisseur commune était de 2ᵐᵐ,068. En les soumettant au rayonnement constant de 30° (qui représente une force égale à 35,3), il obtint successivement, avec 1, 2, 3, 4 écrans, les déviations 21°62; 18°,75; 17°10; 15°,90, qui correspondent aux forces 21,85; 18,75; 17,10; 15,90. On trouve alors, en représentant par 1000 le nombre des rayons incidents, que les rayons transmis sont successivement 619, 534, 485, 450, et les rayons arrêtés, 384, 469, 515, 550. En effet, on a les proportions 35,3 : 1000 : : 21,85 : x : : 18,75 : y, etc. D'où $x = 619$, $y = 534$... Les quantités de chaleur qui tombent sur les écrans successifs sont donc : sur le 1er 1000, le 2e 619, le 3e 534, le 4e 485 ; les quantités perdues dans les traversées successives des quatre intervalles : 384, 88, 46, 35 ; et les rapports des pertes aux quantités incidentes $\frac{384}{1000}$, $\frac{88}{619}$, $\frac{46}{531}$, $\frac{35}{485}$, ou bien 0,384 ; 0,142 ; 0,086 ; 0,072.

Ces pertes vont en décroissant, comme nous l'avons annoncé.

304. 4e Théorème. — *La quantité de chaleur transmise diminue quand l'épaisseur de la substance diaphane augmente ; mais, en supposant l'écran de plus grande épaisseur partagé en plusieurs couches égales, les pertes subies par la chaleur, en se transmettant d'une couche à l'autre, vont en diminuant rapidement.*

Épaisseur des écrans.

M. Melloni se servit de 4 pièces d'un beau verre, dont les épaisseurs étaient entre elles comme les nombres 1, 2, 3, 4, savoir : 2mm,068 ; 4mm,136 ; 6mm,204, et 8mm,272. Les déviations obtenues, en les soumettant à un rayonnement de 30°, furent 24°,625 ; 20°,312 ; 19°,687 et 19°,375. On calcule alors que, sur 1000 rayons incidents, il y avait 619, 576, 558, 549 rayons transmis, et 384, 424, 442, 451 rayons arrêtés. La première partie du théorème est donc prouvée.

Mais, si l'on suppose le dernier écran partagé en 4 couches égales de 2mm,068, il est évident que les quantités de chaleur qui tombent successivement sur chacune d'elles sont 1000, 619, 576 et 558 ; et il est facile de calculer, comme dans l'exemple précédent, que les pertes successives ont pour valeur 0,384 ; 0,074 ; 0,031 et 0,016. Ainsi ces pertes vont en décroissant, et on remarquera (ce qu'il était facile de prévoir) qu'elles sont moins fortes pour les 4 couches égales de l'écran d'épaisseur quadruple que pour 4 écrans séparés d'épaisseur simple.

305. 5e Théorème. — *La nature de la substance dont l'écran est formé influe beaucoup, et suivant des lois inattendues, sur la transmission calorifique.*

Nature de la substance.

Les expériences ont été faites sur des liquides, sur des corps cristallisés, sur des substances amorphes, diaphanes, incolores, colorées, opaques.

1° Une même auge de 9mm,21 de largeur interne fut successivement remplie de divers liquides et placée devant l'ouverture du diaphragme. Les déviations du galvanomètre, toujours sous un rayonnement de 30°, furent très-variables ;

ainsi on a trouvé que, sur 100 rayons incidents, le carbure de
soufre en transmet 63, l'essence de térébenthine, 34 ; l'huile
d'olive, 30 ; l'éther, 24 ; l'acide sulfurique, 24 ; l'alcool, 15 ;
l'eau sucrée ou salée, 12 ; l'eau distillée, 11.

2º Une autre série d'expériences fut faite sur un grand
nombre de corps solides réduits en lames de 2mm,62 d'épaisseur commune ; elle a fourni : sur 100 rayons incidents, le
sel gemme en transmet 92 ; le spath d'Islande, 62 ; le verre à
glace, 62 ; le cristal de roche enfumé, 57 ; la baryte sulfatée,
33 ; la tourmaline verte, 27 ; la chaux sulfatée, 20 ; la chaux
fluatée, 15 ; l'alun diaphane, 12.

3º Enfin, M. Melloni étudia encore la transmission calorifique à travers un grand nombre de verres diversement
colorés.

On reconnaît aisément, par les résultats de ces expériences,
que *la faculté que possèdent les corps de se laisser traverser par
la chaleur rayonnante n'a aucun rapport avec leur degré de
transparence.* Rien n'est plus propre à mettre cette proposition
en évidence que la comparaison de l'alun avec le cristal de roche enfumé. M. Melloni, en soumettant à l'épreuve une lame
d'alun bien polie et parfaitement diaphane, d'un seul millimètre et demi d'épaisseur, et une plaque de cristal de roche
enfumé, épaisse de 86 millimètres, et d'une couleur brune
très-prononcée, a trouvé que le cristal de roche transmettait 19
rayons, tandis que l'alun n'en laissait passer que 6. Enfin des
plaques de mica noir et de verre noir, complètement opaques,
ont donné des transmissions calorifiques très-marquées. Ainsi
*des substances entièrement opaques pour la lumière peuvent
être transparentes pour la chaleur.*

C'est en raison de cette indépendance entre les deux trans-
parences calorifique et lumineuse, que M. Melloni a nommé
diathermanes les substances qui se laissent traverser par le
calorique rayonnant, et *athermanes* celles qui l'interceptent.

Influence
de la source de
chaleur. 306. 6e Théorème. — *La faculté que possède la chaleur de
rayonner à travers les substances diathermanes diminue rapidement avec la température de la source. — Une seule substance, le sel gemme, fait exception à cette loi.*

Les sources de chaleur dont M. Melloni s'est servi pour
cette nouvelle série d'expériences étaient : 1º la flamme de la
lampe Locatelli ; 2º le platine incandescent ; 3º le cuivre
chauffé à 400º ; 4º enfin, le cuivre noirci, chauffé à 100º.
Chacune de ces sources était suffisamment rapprochée de la
pile pour produire une déviation constante de 30º. Entre
elles et la pile ont été interposées des substances de 2mm,62
d'épaisseur commune ; voici le tableau des principales transmissions obtenues :

NOMS DES SUBSTANCES INTERPOSÉES.	TRANSMISSIONS SUR 100 RAYONS PROVENANT DE			
	la lampe Locatelli.	le platine incandescent.	le cuivre à 400°.	le cuivre à 100°.
Sel gemme.	92	92	92	92
Chaux fluatée.	78	69	42	33
Spath d'Islande.	39	28	6	0
Verre à glace.	39	24	6	0
Cristal de roche.	37	28	6	0
Tourmaline verte. . . .	18	16	3	0
Chaux sulfatée.	14	5	0	0
Alun.	9	2	0	0

Ainsi la chaleur rayonnante des différentes sources est absorbée en proportions variables, en traversant les corps diathermanes ; mais, pour un même corps, l'absorption croît rapidement quand la température de la source diminue. La transmission a été nulle pour presque tous quand la chaleur venait de l'eau bouillante.

Une seule substance présente une exception bien remarquable à cette loi : le sel gemme, en plaque de 2^{mm},62 d'épaisseur, exposé au rayonnement de la flamme, du platine incandescent, du cuivre à 400°, ou de l'eau bouillante, transmet toujours les $^{92}/_{100}$ de la chaleur incidente. La même constance de transmission s'observe même en opérant avec des sources de chaleur encore plus faibles, telles que des vases pleins d'eau chaude à 40 ou 50°. Enfin, elle se vérifie encore sur des morceaux de sel gemme ayant 15, 20, 30 millimètres d'épaisseur, comme sur ceux d'un millimètre.

307. 7e Théorème. — *La chaleur, en passant à travers des substances diaphanes, acquiert la propriété de se transmettre plus ou moins facilement à travers des substances nouvelles.*

Si l'on compare les nombres contenus dans la 1re colonne du tableau précédent (n° 306), qui expriment les transmissions calorifiques à travers certains corps soumis au rayonnement de la lampe Locatelli (sans verre), aux nombres qui, dans le n° 305, expriment les transmissions calorifiques à travers ces mêmes corps, mais soumis au rayonnement de la lampe d'Argant (munie d'un verre), on reconnaîtra que, sauf le sel gemme, qui transmet toujours la même proportion de chaleur incidente, les premiers nombres sont en général moindres que

Influence des écrans que la chaleur a déjà traversés

14

lés seconds. Il faut conclure de là que la chaleur qui a déjà traversé une lame de verre, se transmet plus aisément à travers la plupart des corps diathermanes.

Pour étudier d'une manière générale la modification qu'un corps diaphane fait éprouver aux rayons qui le traversent, M. Melloni interpose, entre la flamme de la lampe Locatelli et le diaphragme, une lame de cette substance. Puis il approche la lampe de la pile jusqu'à ce que le rayonnement qui s'opère à travers la lame fasse dévier l'index de 30°. Il présente enfin, de l'autre côté du diaphragme de l'écran fixe, les plaques diathermanes des précédentes expériences. Voici quelques résultats ainsi obtenus :

1° Les rayons qui sortent du sel gemme se comportent exactement comme les rayons directs de la source ;

2° Les rayons qui émergent d'une lame d'alun de $2^{mm},6$ d'épaisseur, se transmettent abondamment à travers les substances diaphanes incolores, et éprouvent une grande absorption en traversant la tourmaline verte et surtout une plaque de verre noir. Ainsi, sur 100 rayons sortant de l'alun, le sel gemme en transmet 92 ; le spath d'Islande et le cristal de roche, 94 ; la chaux fluatée, le verre et l'alun, 90 ; la tourmaline, 18 ; le verre noir opaque, $1/2$;

3° Observation analogue pour les rayons émergents d'une lame de chaux sulfatée. Sur 100 de ces rayons, le sel gemme en transmet 92 ; la chaux fluatée, 94 ; le spath, 89 ; le cristal de roche et le verre, 85 ; la chaux sulfatée, 54 ; l'alun, 47 ; le verre noir opaque, 18 ; la tourmaline, 4 ;

4° Enfin, les rayons qui sortent d'une lame de verre noir opaque sont presque tous transmis par les corps diathermanes incolores ; une seconde lame de verre noir en laisse passer plus de la moitié ; la tourmaline en arrête les $2/3$, et l'alun les intercepte tous. Voici les nombres : sur 100 rayons, le sel gemme en transmet 92 ; la chaux fluatée, 94 ; le spath d'Islande et le verre, 55 ; le cristal de roche, 54 ; le verre noir opaque, 52 ; la tourmaline, 30 ; l'alun, $1/3$ de rayon.

308. Conséquences. — *Il existe différentes espèces de rayons calorifiques, comme il existe des rayons lumineux de diverses couleurs ; ces rayons sont tous lancés simultanément et en proportions diverses par les corps enflammés ; il en manque certaines espèces dans la chaleur des autres sources, et d'autant plus que leur température est moindre ; les corps diathermanes possèdent tous une certaine teinte ou coloration calorifique, en vertu de laquelle ils interceptent certains rayons et transmettent ceux qui correspondent à leur thermochrose ; le sel gemme est le seul corps diathermane universel.*

Il est aisé de se convaincre que le principe théorique que

nous venons d'énoncer est le seul qui permette d'expliquer tous les phénomènes rapportés plus haut, savoir :

1º L'inégalité de transmission, à travers diverses substances, de la chaleur émise par une même source (nos 305 et 306). — Les rayons de chaleur sont inégalement absorbés, comme une même lumière est absorbée en quantités inégales par des verres diaphanes ou diversement colorés, qui ne laissent passer que les rayons correspondant à leur teinte propre.

2º L'inégalité de transmission, à travers les mêmes substances, de la chaleur émanée de diverses sources (nº 307); il en est alors du milieu diathermane par rapport à la chaleur qu'il reçoit, comme d'un verre coloré exposé à des lumières de différentes couleurs. Les lumières qui possèdent la même teinte que le verre passent en abondance, les autres sont presque totalement interceptées.

3º Le décroissement des pertes que le rayonnement calorifique d'une source à haute température éprouve en traversant les couches successives d'une lame épaisse d'un corps diathermane, et leur convergence vers une limite constante (nos 303 et 304). Ceci est encore analogue à ce qui arrive à un faisceau de lumière blanche qui entre dans un milieu coloré; les rayons de couleur dissemblable à celle du milieu s'éteignent dans les premières couches, les pertes d'intensité du faisceau lumineux sont d'abord très-fortes : elles diminuent ensuite graduellement et finissent par devenir très-faibles, mais constantes lorsqu'il ne reste plus que les rayons d'une couleur pareille à celle du milieu.

4º Enfin, les propriétés que possèdent les rayons de chaleur qui ont déjà traversé une substance diathermane (nº 307). Ces rayons subissent alors une sorte d'épuration; à leur émergence ils sont aptes à se transmettre aisément au travers des substances d'une *thermochrose* ou coloration calorifique semblable à la leur; tandis que des corps d'une thermochrose différente les arrêtent. De même des rayons lumineux, sortant d'une lame colorée, passent en abondance à travers une seconde lame colorée ou y éprouvent une grande absorption, selon que la couleur de cette seconde lame est plus ou moins analogue à celle de la première.

Quant au sel gemme, il doit être considéré comme un corps *athermochroïque*, c'est-à-dire qui est par rapport à la chaleur ce qu'un corps diaphane est par rapport à la lumière. Il agit de la même manière sur toutes les espèces de rayons calorifiques, n'exerce sur eux aucune absorption intérieure, et les laisse tous passer dans des proportions égales. Tous les autres corps sont *thermochroïques*, c'est-à-dire qu'on y trouve à divers

degrés cette espèce de coloration calorifique invisible, bien dis
tincte de la coloration proprement dite, que M. Melloni appelle
thermochrose, et dont nous venons d'étudier les effets. Les propriétés du sel gemme donnent à ce corps une grande importance dans l'étude de la chaleur. C'est de ce cristal qu'on doit
se servir pour former des prismes ou des lentilles destinées à
réfracter ou à concentrer les rayons calorifiques.

309. Je terminerai ces applications en montrant avec quelle
facilité le thermo-multiplicateur se prête à l'étude des pouvoirs
émissifs et absorbants des corps, de la réflexion ou de la
réfraction de la chaleur, et combien il est supérieur au réflecteur de Leslie pour l'analyse des lois relatives à la chaleur
rayonnante.

Pouvoirs émis-
sifs.

Fig. 137.

Pour étudier les pouvoirs émissifs des corps, on se sert d'un
vase cubique, analogue à celui de Leslie, dont les faces latérales sont recouvertes de substances différentes. On entretient
de l'eau en ébullition dans cet appareil, au moyen d'une lampe
à alcool masquée par un écran, et on tourne successivement
vers la pile chacune des faces du cube. On obtient ainsi des
déviations différentes qui servent de mesure aux pouvoirs
rayonnants que l'on cherche. On a obtenu les nombres suivants : noir de fumée, 100 ; carbonate de plomb, 100 ; colle
de poisson, 94 ; encre de Chine, 85 ; gomme-laque, 72 ; surface métallique, 12.

Pouvoirs absor-
bants.

340. Quand on veut mesurer les pouvoirs absorbants, on
place successivement près de la pile des disques de cuivre
minces, dont les faces qui regardent la pile sont toutes noir-
cies, tandis que les faces qui regardent la source sont recouvertes de substances différentes d'un disque à l'autre. On
observe pour chacun d'eux la déviation de l'aiguille provenant
de la chaleur qu'il absorbe, ou plutôt de celle qu'il émet ensuite
vers la pile quand il est suffisamment échauffé. Cette déviation
augmente graduellement, dès qu'on a baissé l'écran, et en 5
à 6 minutes elle atteint un maximum invariable. C'est ce
maximum que M. Melloni prend pour mesure du pouvoir
absorbant de la substance qui recouvre le disque.

On trouve ainsi que, lorsque la source de chaleur est un
cube plein d'eau bouillante, les pouvoirs absorbants des corps
sont identiques avec leurs pouvoirs émissifs, mesurés aussi à
la température de 100°. Pour d'autres sources, les pouvoirs
absorbants varient avec l'origine des rayons calorifiques, ou
la température de la source.

En voici le tableau :

SUBSTANCES.	LAMPE.	PLATINE incandescent.	CUIVRE à 400°.	CUBE à 100°.
Noir de fumée.	100	100	100	100
Carbonate de plomb.. .	53	56	89	100
Colle de poisson.. . . .	52	54	64	91
Encre de Chine.. . . .	96	95	87	85
Gomme-laque.. . , . .	43	47	70	72
Surface métallique. . .	14	13,5	13	18

Ces variations de pouvoir absorbant dans un même corps, pour des rayons de chaleur de sources diverses, et par suite de coloration calorifique différente, sont analogues aux absorptions très-inégales qu'éprouvent des rayons lumineux de diverses couleurs en tombant sur un même corps coloré.

341. Pour démontrer les lois de la réflexion de la chaleur et mesurer les pouvoirs réflecteurs des corps, on opère de la manière suivante : derrière l'écran percé, on fixe un support P terminé par un limbe horizontal divisé ; sur ce limbe on place verticalement les plaques réfléchissantes G, dont le plan doit passer par le centre. Enfin le support P porte une règle de cuivre TZ dont on peut faire varier à volonté l'obliquité sur XY, et sur laquelle on fixe la pile thermo-électrique AA'. Le limbe divisé permet de mesurer les angles formés par le plan réfléchissant G avec les rayons incidents émanés de la source calorifique, et avec la direction TZ de l'axe de la pile. On constate aisément que ces angles doivent être égaux, et que la pile et la source doivent être à la même hauteur, pour que les rayons réfléchis arrivent à la pile et influencent le galvanomètre.

Quant à la mesure des pouvoirs réflecteurs des corps, elle est très-facile. Il suffit de placer successivement sur le support G diverses plaques réfléchissantes, et de comparer les déviations maximum qu'impriment au galvanomètre les rayons de chaleur qui, émanés de la même source, sont réfléchis par les corps, sous une même incidence. Ces déviations donneront les rapports des pouvoirs réflecteurs.

M. Melloni a aussi indiqué une méthode ingénieuse pour trouver le rapport qui existe entre la quantité de chaleur qu'un corps réfléchit à sa première surface et la quantité incidente. Mais il serait trop long de l'exposer ici.

342. Enfin, M. Melloni a démontré que les rayons de chaleur de toute origine se réfractent comme les rayons lumineux.

Pouvoirs réflecteurs.
Fig. 136.

Réfraction de la chaleur.

Fig. 137.

— A cet effet, il remplace, dans l'appareil de la fig. 136, le réflecteur G par un prisme de sel gemme S, fig. 137, ayant son arête verticale et son angle réfringent tourné du côté de l'angle que forme la direction de l'axe de la pile avec celle des rayons incidents. Avant l'interposition du prisme, la pile ne reçoit aucun rayon de chaleur et l'index du galvanomètre reste immobile. Quand le prisme est placé et l'axe de la pile convenablement dirigé, le galvanomètre indique une forte déviation. Les rayons de chaleur tombent donc sur la pile en vertu de l'action réfringente du prisme. L'effet n'est point dû à l'échauffement du sel ; car, si on retourne l'angle réfringent du prisme en sens contraire, l'aiguille retombe immédiatement à zéro. — Du reste on peut, à l'aide de lentilles de sel gemme, concentrer la chaleur obscure en un foyer, de même qu'avec les lentilles de verre on concentre la lumière et la chaleur lumineuse.

Je pourrais multiplier beaucoup les exemples des applications que l'on peut faire du thermo-multiplicateur et des propriétés du sel gemme à la théorie de la chaleur ; mais les détails dans lesquels je suis entré suffisent pour donner un idée des immenses services que cet admirable appareil est susceptible de rendre à la science.

CHAPITRE VIII.

PROPAGATION DE LA CHALEUR AU CONTACT. — CONDUCTIBILITÉ.

Propagation de la chaleur ans les corps solides.

313. Nous examinerons successivement la propagation intérieure de la chaleur dans les corps solides, dans les liquides et dans les gaz.

La chaleur se propage dans les corps solides par un rayonnement intérieur de molécule à molécule.

Des expériences directes prouvent que la chaleur rayonnée à l'*extérieur* par un corps chaud n'est pas seulement émise par les molécules de la couche superficielle, mais qu'elle l'est aussi par les molécules des couches intérieures, jusqu'à une très-petite profondeur au-dessous de la surface. — En effet, si sur l'une des faces du cube de Leslie on étend une couche excessivement mince de vernis transparent, d'un 20000e de pouce d'épaisseur, la quantité de chaleur émise vers le réflecteur change; l'application d'une seconde couche de vernis, puis d'une 3e, d'une 4e... influe de la même manière sur le rayonnement. Il faut en conclure que la chaleur émane, non-seulement des couches superficielles, mais aussi de celles qui sont au-dessous. Quand l'épaisseur du vernis a atteint un 1000e de pouce, l'application d'une couche nouvelle devient sans influence sur le rayonnement; il est alors uniquement dû à la substance dont la face métallique est revêtue. D'où il faut conclure que, jusqu'à une profondeur d'un millième de pouce environ, les molécules intérieures du vernis influent sur le rayonnement extérieur. Quant aux couches plus profondes, elles rayonnent aussi; mais le calorique qu'elles émettent est absorbé et éteint par les molécules environnantes, avant d'arriver au-dehors. On peut en dire autant de tous les corps : seulement l'épaisseur de la couche superficielle, qui influe sur le rayonnement extérieur, varie.

Ce rayonnement moléculaire admis, considérons une barre métallique dont l'extrémité soit en contact avec un foyer de chaleur, et divisons, par la pensée, la longueur de cette barre en couches extrêmement minces. La première couche va d'abord, par communication directe, prendre la température du foyer; alors elle rayonnera du calorique vers la seconde, qui s'échauffera à son tour; celle-ci rayonnera de la même manière vers la 3e, la 3e vers la 4e..., et la chaleur se transmettra ainsi, de proche en proche, avec plus ou moins de vitesse, et jusqu'à une distance plus ou moins grande.

Fig. 138.

On reconnaît alors que la chaleur de la barre diminue d'intensité, à mesure qu'on s'éloigne du foyer. Cette diminution d'intensité tient à deux causes : 1° la barre métallique, étant plongée dans l'air, perd, soit par son contact avec ce fluide, soit par son rayonnement vers les corps voisins, une partie de la chaleur qui lui est communiquée, et une partie d'autant plus grande que sa température est plus élevée; 2° mais, en outre, la chaleur communiquée par la source calorifique aux premières tranches de la barre éprouve, pour se transmettre de la 1re à la 2e, de la 2e à la 3e..., une résistance plus ou moins grande qui dépend de la nature des corps; car, en prenant des barres prismatiques de même longueur, de même section, les recouvrant d'un vernis qui rende leurs pouvoirs rayonnants extérieurs égaux, le décroissement de la température à partir du même foyer de chaleur ne sera pas également rapide pour tous les corps.

On a donné le nom de *conductibilité* à cette faculté plus ou moins grande que possèdent les corps de transmettre la chaleur, de proche en proche, dans leur masse.

Les meilleurs conducteurs du calorique sont les métaux; la

chaleur communiquée à l'une de leurs extrémités se propage jusqu'à une grande distance. Après viennent le marbre, le verre, la porcelaine, qui sont beaucoup moins bons conducteurs; un tube de verre étant en fusion, on peut, sans se brûler, tenir les doigts très-près des parties incandescentes. Enfin, la brique, les poteries, et surtout le bois sec et le charbon, conduisent très-mal la chaleur.

Fig. 139.

L'appareil le plus simple dont on puisse se servir pour déterminer l'*ordre* des pouvoirs conducteurs des corps est celui d'Ingenhouz. Il se compose d'une caisse rectangulaire en cuivre, sur l'une des faces de laquelle sont implantées extérieurement, sur une même rangée, des tiges cylindriques de même longueur et de même diamètre, mais de substances différentes. Tous ces cylindres sont recouverts d'une couche mince de cire. On remplit la caisse d'eau bouillante; la chaleur communiquée aux extrémités des tiges cylindriques se transmet dans leur intérieur et fond la cire qui les entoure. Il est évident que la distance à laquelle s'étendra la fusion de la cire sera en rapport avec le pouvoir conducteur de la substance qu'elle revêt.

Propagation de la chaleur dans les liquides.

314. Le mouvement de la chaleur dans les liquides est dû presque entièrement aux courants qui s'établissent dans leur masse et qui en mélangent toutes les parties; le rayonnement de molécule à molécule est excessivement faible.

Fig. 140.

Considérons un vase en verre V, qui ne soit en communication avec une source de chaleur que par la partie inférieure. Les couches liquides immédiatement échauffées, devenant moins denses que les autres, monteront à la partie supérieure du liquide et formeront un courant ascendant. Les couches latérales moins échauffées et plus denses formeront des courants descendants, par suite desquels toutes les particules du liquide viendront tour à tour au fond du vase recevoir l'impression de la chaleur.

Si le vase était en métal et chauffé par une flamme qui enveloppât ses parois latérales, les courants ascendants auraient lieu le long de ces parois, et les courants descendants seraient au centre. — Ces courants peuvent être rendus sensibles, en mêlant avec le liquide des corps solides réduits en poudre, d'une densité à peu près égale à la sienne (poudre de buis, de lycopode); ces parcelles solides montent ou descendent avec les couches liquides, et indiquent à l'œil la direction des mouvements qui s'y établissent.

Si, au lieu de chauffer un liquide par sa partie inférieure, on le chauffe par le haut, la communication de la chaleur ne s'étend qu'à une très-petite profondeur au-dessous de la surface, et on peut tenir la main très-près du point où une partie du liquide est en ébullition. L'expérience peut se faire avec un tube de verre plein d'eau, dont on présente la partie supérieure à la flamme d'une lampe à alcool.

Cette expérience prouve que la conductibilité des liquides ou la transmission de la chaleur de couche en couche, lorsqu'on s'oppose à la formation des courants, est extrêmement faible; elle n'est cependant pas tout-à-fait nulle, comme le prouve l'expérience suivante : Un thermomètre horizontal est fixé dans la paroi d'un vase en verre; on remplit ce vase d'eau, jusqu'à ce que la surface du liquide s'élève à deux ou trois lignes au-dessus de la boule thermométrique; puis on verse sur l'eau une petite couche d'éther, à laquelle on met le feu. Le thermomètre monte alors d'une quantité sensible, quoique très-faible.

Fig. 141.

Le mercure est le meilleur conducteur de tous les liquides; aussi éprouve-t-on une sensation de froid en y plongeant la main.

315. Les gaz s'échauffent et se refroidissent, comme les liquides, par des courants intérieurs, à l'établissement desquels il est impossible de s'opposer.

Propagation de la chaleur dans les gaz.

Quelques expériences conduisent néanmoins à admettre que, si l'on pouvait empêcher les courants de s'établir dans une masse gazeuse, sa conductibilité propre serait presque nulle. On reconnaît, en effet, que toutes les substances filamenteuses, la laine, le coton, la plume, l'édredon... qui divisent en une multitude de parties la masse d'air dont elles sont remplies et en gênent les mouvements, empêchent de se dissiper au-dehors la chaleur des corps qu'elles enveloppent, et ralentissent beaucoup leur refroidissement. C'est ce qui explique les propriétés des fourrures et leur usage dans les pays froids. Les doubles fenêtres doivent à la même cause leur faculté préservatrice contre la déperdition de la chaleur intérieure des appartements.

CHAPITRE IX.

CALORIMÉTRIE.

L'objet de ce chapitre est de mesurer les quantités de chaleur que les corps absorbent ou émettent : 1° quand ils subissent un changement connu de température ; 2° quand ils changent d'état.

§ 1. — *Capacités calorifiques.*

316. La quantité de chaleur qu'un corps absorbe ou émet, quand sa température monte ou baisse de $t°$, dépend de plusieurs éléments :

1° *Masse du corps.* — On regarde comme évident, *à priori*, que deux masses égales d'une même matière exigent des quantités égales de chaleur pour s'élever d'un même nombre de degrés, à partir d'une même température ; que, par conséquent, une masse double, triple..., exigera une quantité de chaleur double et triple..., quelle que soit d'ailleurs la source qui la lui fournit.

2° *Température.* — Il est évident encore que, pour élever de 2° la température d'un même corps, il faut plus de chaleur que pour l'élever d'un degré. Or, l'expérience prouve que, entre certaines limites, la quantité de chaleur nécessaire pour élever la température d'un corps de $t°$ est proportionnelle au nombre t.

En effet, si cette loi est vraie, il faudra autant de chaleur pour élever 1$^{kil.}$ d'eau de 10 à 25° par exemple, que pour l'élever de 25 à 40. Par conséquent, si l'on mélange 1$^{kil.}$ d'eau à 40° avec 1$^{kil.}$ d'eau à 10°, de manière que toute la chaleur perdue par la première masse d'eau passe dans la seconde, la température du mélange devra être exactement égale à la moyenne des deux températures initiales, ou $\dfrac{40+10}{2}=25°$. Or, c'est ce qui arrive toujours lorsque la température du liquide employé ne surpasse pas un certain degré.

3° *Capacité calorifique.* — Mais si les masses égales que l'on mêle ensemble, au lieu d'être de même nature, sont de nature différente, la température du mélange s'éloigne considérablement de la moyenne. Ainsi, qu'on agite ensemble 1$^{kil.}$ d'eau à 5° avec 1$^{kil.}$ de mercure à 100°, la température commune des deux liquides après le mélange, au lieu d'être $\dfrac{100+5}{2}=52°,5$, ne sera environ que de 8°. Ainsi, la quantité de chaleur perdue par le mercure, qui s'est abaissé de 92°, a été absorbée par l'eau dont la température ne s'est élevée que de 3°. — On voit, par cette expérience, que *tous les corps, à poids égal, n'exigent pas la même quantité de chaleur pour s'élever d'un même nombre de degrés.* Cela posé :

Capacité calori-
fique.

On appelle *capacité* d'un corps *pour la chaleur*, ou *chaleur spécifique*, la quantité de chaleur nécessaire pour élever d'un degré la température de l'unité de poids de ce corps.

Il résulte des trois principes précédents que, si un corps, dont la masse est m, la capacité calorique c, s'élève ou s'abaisse de t^o centigrades, la quantité de chaleur qu'il aura absorbée ou émise sera exprimée par le produit $m.\,c.\,t$.

Il est presque inutile de dire que, la capacité calorifique des corps ne pouvant être évaluée d'une manière absolue, on ne peut en avoir de mesure qu'en la comparant à une unité, dont le choix est d'ailleurs arbitraire. On a pris pour unité de chaleur spécifique celle de l'eau distillée, c'est-à-dire la quantité de chaleur nécessaire pour élever d'un degré la température d'un gramme d'eau. ·

347. *Mesure des capacités calorifiques des solides et des liquides.* — Nous indiquerons les deux méthodes les plus simples dont on fait usage.

Méthode des mélanges. — On porte à une température T, d'environ 100°, un poids connu m du corps dont on veut déterminer la capacité calorifique c; on le plonge dans une masse d'eau froide M dont la température initiale est t. Soient m' et c' le poids et la capacité calorifique du vase qui la contient et qui a la même température qu'elle. — On agite le mélange jusqu'à ce qu'il ait atteint sa température maximum, que je désignerai par θ. — Si nous négligeons, pour un moment, les effets du rayonnement, toute la chaleur perdue par le corps chaud, en s'abaissant de $T—\theta$ degrés, aura été absorbée par l'eau et par le vase pour s'élever de $\theta—t$ degrés. Or, d'après ce qui précède,

La quantité de chaleur perdue par le corps est $mc\,(T—\theta)$;

La quantité de chaleur reçue par l'eau, $M\,(\theta—t)$;

La quantité de chaleur absorbée par le vase, $m'c'\,(\theta—t)$. On aura donc la relation $M\,(\theta—t)+m'c'\,(\theta—t)=mc\,(T—\theta)$.

Cette équation renferme deux inconnues c et c'; mais il est facile de déterminer l'une d'elles. Supposons que le vase soit en cuivre, et que le corps plongé soit aussi un morceau de cuivre : on aura $c'=c$, et la relation précédente fera connaître sa valeur. La capacité calorifique du vase une fois connue, on pourra le remplacer dans les calculs par une masse d'eau $\mu=m'c'$ qui absorberait la même quantité de chaleur que lui pour les mêmes accroissements de température; on aura alors la relation $(M+\mu)\,(\theta—t)=mc\,(T—\theta)$, qui servira à calculer la chaleur spécifique c d'une substance quelconque.

Dans ce qui précède, nous n'avons pas tenu compte des pertes de chaleur dues au rayonnement. On peut en effet se dispenser d'y avoir égard, en opérant de la manière suivante :

1º On prendra la masse d'eau M assez considérable, par rapport au poids du corps immergé; pour que sa température ne s'élève que d'un petit nombre de degrés;

2o Ce nombre étant approximativement connu par une expérience préalable, on prendra l'eau à une température plus basse que celle de l'air d'un nombre de degrés à peu près égal à celui dont elle doit la surpasser à la fin de l'expérience. La perte de chaleur qu'elle fera pendant la seconde moitié de l'opération sera compensée par le gain qu'elle aura fait dans la première, et le rayonnement n'aura ainsi aucune influence sensible sur les résultats.

On pourrait encore évaluer par le calcul les pertes de chaleur faites par le rayonnement extérieur du vase. A cet effet, on observerait ses variations de température de degré en degré, ou de dixième en dixième, en notant sur une bonne montre à secondes les temps correspondant à chaque observation. On pourra alors supposer que, pendant l'intervalle de deux observations consécutives, l'appareil a conservé une température constante égale à la moyenne des deux températures initiale et finale. La vitesse du refroidissement, ou la perte de chaleur dans chaque instant infiniment court, se calculera d'après la loi de Newton ; et, en la multipliant par le nombre de secondes pendant lesquelles on regarde l'excès de température comme stationnaire, on aura la chaleur perdue dans l'intervalle de chaque couple d'observations consécutives. La somme de toutes ces pertes partielles donnera la chaleur perdue totale.

318. *Méthode par la fusion de la glace.* — Cette méthode est fondée sur le principe suivant : lorsqu'on mélange $1^{kil.}$ de glace pilée à 0o avec un $1^{kil.}$ d'eau à 79o, toute la glace se fond et l'on obtient toujours $2^{kil.}$ d'eau à zéro. Il résulte de là que la quantité de chaleur nécessaire pour fondre un poids donné de glace est nécessaire et suffisante pour élever un égal poids d'eau de 0 à 79o. (*Voy.* no 323.)

Cela posé, si, par un moyen quelconque, on peut déterminer la quantité de glace qu'un corps serait capable de fondre en s'abaissant d'une température donnée à zéro, il sera facile de calculer la capacité de ce corps pour la chaleur. En effet, soit m le poids de ce corps, c sa capacité, t sa température initiale ; soit enfin P le poids de la glace qu'il fond, en s'abaissant de t^o à 0. La quantité de chaleur perdue par le corps sera $m. c. t$; la quantité de chaleur nécessaire pour fondre P^{gr} de glace est la même que pour élever P^{gr} d'eau de 0 à 79o : elle a donc pour expression P. 79, puisque la chaleur spécifique de l'eau est prise pour unité. On aura donc $mct = P.79$,

d'où $c = \dfrac{79.P}{m.t}$.

Il reste à déterminer P par expérience. On peut se servir pour cela du *calorimètre de Lavoisier et Laplace.*

Fig. 142.

Cet appareil se compose de trois enveloppes métalliques, dont la plus petite sert à recevoir le corps chaud. On remplit de glace pilée à 0° l'intervalle compris entre cette enveloppe centrale et la seconde; c'est cette glace dont la chaleur du corps doit fondre une partie; l'eau provenant de la fusion, dont on doit déterminer le poids P, est recueillie avec soin par un tuyau à robinet. L'intervalle entre la seconde enveloppe et l'enveloppe extérieure est également rempli de glace pilée; cette couche de glace fondante est destinée à arrêter toute la chaleur que l'air pourrait céder au calorimètre en circulant dans les parties centrales, et qui contribuerait, avec le corps chaud, à la fusion de la glace intérieure. Chaque vase est fermé par un couvercle recouvert de glace.

Le calorimètre présente plusieurs inconvénients dans la pratique. D'abord il exige que l'on opère sur des quantités de matière assez considérables; de plus, l'opération dure très-longtemps, et il est impossible d'empêcher l'air extérieur de pénétrer dans l'appareil et de mêler les effets de sa chaleur propre à ceux du corps soumis à l'expérience. Enfin, les gouttes d'eau qui adhèrent toujours aux morceaux de glace en fusion jettent de l'incertitude sur les résultats.

349. L'expérience est plus courte et moins sujette à erreurs, en substituant au calorimètre un *puits de glace*. C'est un morceau de glace bien compacte, dans lequel on creuse un trou assez profond, dont on aplanit les bords en les polissant avec un fer légèrement chaud. On plonge dans cette cavité le corps, préalablement chauffé, dont on veut mesurer la capacité calorifique, et on recouvre le tout d'un épais morceau de glace, qui a été poli comme le premier. Quand le corps est parvenu à la température zéro, on recueille exactement l'eau provenant de la fusion, et on en détermine le poids P pour le substituer dans la formule $c = \dfrac{79.P}{m.t}$.

La méthode précédente est applicable aux liquides, pourvu qu'on les enferme dans un vase qu'on portera à la même température qu'eux, et dont on appréciera séparément l'influence pour la déduire du résultat final.

320. Les expériences de MM. Dulong et Petit ont prouvé que la capacité calorifique d'un même corps augmente en général avec la température; de telle sorte que, pour élever un même corps de 100 à 150°, il faut plus de chaleur que pour le porter de 0 à 50. — On a trouvé, par exemple, que

La capacité moyenne du fer est	de 0 à 100°..........	0,1098
	de 0 à 200°..........	0,1150
	de 0 à 300°..........	0,1218
	de 0 à 350°..........	0,1255

Ce serait ici le lieu de parler des chaleurs spécifiques des atomes et des capacités calorifiques des gaz; mais ces questions élevées sortiraient des bornes de ce programme. M. Regnault a publié en 1840 un beau travail sur les chaleurs spécifiques. Il est inséré dans les *Annales de physique et de chimie*, t. 73, an. 1840. (*Voir* note 2.)

§ 2. — *Mesure du calorique latent.*

321. Toutes les fois qu'un corps passe de l'état solide à l'état liquide, ou de l'état liquide à l'état gazeux, il absorbe une certaine quantité de chaleur, qui devient insensible au thermomètre, et que nous avons nommée *chaleur latente*. Nous allons apprendre à la mesurer.

Mesure
u calorique de
liquidité.

322. *Mesure de la chaleur latente de fusion.* — La chaleur absorbée par un corps, quand il fond, étant évidemment égale à celle que ce corps liquéfié dégage, quand il se solidifie, il reviendra au même de déterminer l'une ou l'autre.

Méthode des mélanges. — Supposons qu'il s'agisse de mesurer le calorique de fusion de l'étain. — Après avoir fait fondre un poids connu m d'étain et déterminé exactement sa température t, on le versera dans une assez grande masse d'eau froide m', dont la température initiale sera t'. On agitera le mélange jusqu'à ce que la température soit devenue uniforme; je l'appellerai θ. Alors il est évident que la quantité de chaleur reçue par l'eau (on sait que le vase peut être remplacé par un certain poids de ce liquide) sera égale à la quantité de chaleur perdue par l'étain. Or, la masse d'eau m' en passant de t' à θ acquiert $m'(\theta-t')$ unités de chaleur. En second lieu, la perte faite par l'étain se compose : 1° de la chaleur qu'il abandonne en s'abaissant de t à θ, et qui a pour expression $mc(t-\theta)$; 2° de la chaleur latente qu'il dégage en passant de l'état liquide à l'état solide. Si on désigne par x le calorique dégagé dans ce passage par l'unité de poids du corps, la quantité de chaleur dégagée par la masse totale sera mx, et on aura l'égalité

$$mx + mc(t-\theta) = m'(\theta-t').$$

Cette relation fera connaître la valeur de x que l'on cherche. — La méthode du calorimètre ou du puits de glace pourrait aussi être employée dans la mesure des chaleurs latentes de fusion.

Calorique
c fluidité de la
glace.

323. *Calorique de fusion de la glace.* — Pour déterminer le calorique de liquidité de la glace, le plus important que nous ayons à connaître, c'est à la méthode des mélanges que l'on doit recourir de préférence.

On mélange un poids m de glace à $0°$ avec un poids m' d'eau tiède à $t°$, poids qui doit être suffisant pour que l'eau fonde toute la glace sans s'abaisser au degré de congélation : soit 0 la température du liquide après la fusion. L'eau chaude aura perdu $m'(t-0)$ unités de chaleur. La glace aura gagné: 1° une quantité $m0$ de chaleur pour passer de 0 à $0°$; 2° une quantité mx de chaleur pour se fondre, en appelant x la chaleur absorbée par la fusion de l'unité de poids. Si l'on a pris les précautions nécessaires pour qu'il n'y ait pas de chaleur perdue au-dehors, on aura l'égalité $mx+m0=m'(t-0)$.

On avait admis jusqu'à ces derniers temps, pour le calorique de fusion de la glace, le nombre 75 donné par Laplace et Lavoisier et obtenu à l'aide de leur calorimètre. MM. de La Provostaye et Desains ont tout récemment démontré (*Ann. de ch. et de phys.*, 1843, tome VIII) que ce chiffre est inexact et doit être augmenté de 4 unités. Voici leur méthode : (*Comptes rendus*, tome XVI, p. 977.)

Un petit vase en laiton très-mince était rempli d'une certaine quantité d'eau (150 à 700 grammes) ayant une température supérieure de 10 degrés environ à celle de l'air ambiant. On le pesait avec l'eau qu'il contenait et le thermomètre qui en indiquait la température; puis on le transportait rapidement sur un support en bois qu'il ne touchait que par trois points. Un des observateurs agitait le liquide et observait la température, tandis que l'autre essuyait soigneusement, avec du papier Joseph, un morceau de glace taillée à l'avance, qu'il introduisait ensuite dans l'eau du vase. On suivait alors la marche du thermomètre, en maintenant l'eau continuellement en agitation, et mesurant le temps sur une montre à secondes.

La température finale, après la fusion complète de la glace, était toujours peu différente de celle des corps environnants (1 à 2 degrés au-dessous). Cette température *observée* avait besoin d'être corrigée des pertes et gains de chaleur que subissait le vase, par suite de ses différences de température par rapport à l'air ambiant. Les éléments de cette correction étaient fournis par l'observation des températures descendantes, faite dans chaque expérience pendant la fusion de la glace, et par quelques expériences directes sur les vitesses de refroidissement dans l'air pour un excès donné de température.

On obtenait le poids de la glace en replaçant de nouveau, après l'expérience, le vase sur le plateau de la balance : l'augmentation de poids par rapport à la première pesée donnait nécessairement le poids de la glace fondue; ce poids subissait une petite correction provenant de ce que l'eau du vase éprouvait, dans l'intervalle des deux pesées, une petite perte par évaporation, dont on tenait compte par des essais préliminaires.

Enfin, on évaluait encore la petite couche d'eau dont la glace, au moment de son immersion, était mouillée à sa surface. Mais la principale cause d'erreurs tient à la lecture des températures, surtout lors de l'établissement du minimum. Cette observation doit être faite avec un très-grand soin, à l'aide d'un thermomètre excessivement sensible, qu'on regarde avec une lunette, et qui puisse donner au moins des centièmes de degré. — Il est inutile de dire que le vase et le thermomètre étaient convertis en un poids d'eau équivalent, qu'on ajoutait à l'eau de l'appareil pour calculer les effets thermométriques produits.

La moyenne de 17 observations très-concordantes a donné, pour la chaleur latente de fusion de la glace, le nombre 79,1.

D'un autre côté, M. Regnault s'était déjà occupé à plusieurs reprises de la même détermination. Il avait suivi une méthode analogue, et avait opéré, soit sur des fragments de glace compacte, soit en plongeant dans l'eau une petite corbeille métallique pleine de neige cristalline très-pure, qui avait l'avantage de se fondre complétement en 1′ ou 1′ 1/2. — Ses expériences l'avaient conduit précisément au même nombre que celui trouvé par MM. La Provostaye et Desains.

324. *Chaleur d'élasticité.* — On appelle *calorique d'élasticité* la chaleur latente que l'unité de poids d'un liquide absorbe pour se transformer en vapeur, ou que l'unité de poids de cette vapeur dégage en se convertissant en liquide.

alorique d'élasticité.

Supposons qu'il s'agisse de déterminer le calorique d'élasticité de l'eau. — On met dans une cornue un poids connu d'eau. Le col de la cornue est adapté à l'orifice d'un serpentin en cuivre entouré d'eau froide. Quand on fera bouillir l'eau, la vapeur circulant dans le serpentin se condensera et abandonnera de la chaleur. La température de l'eau et du serpentin s'élèvera progressivement. On arrêtera l'opération lorsque la température de l'eau, préalablement abaissée à 3 ou 4° au-dessous de celle de l'air, la surpassera du même nombre de degrés. De cette manière on sera sûr que toute la chaleur absorbée par le serpentin et l'eau environnante sera égale à celle qu'a perdue la vapeur.

Cela posé, soient m le poids de la vapeur qui s'est condensée (on a dû la recueillir avec soin, et son poids doit égaler ce que la cornue a perdu); x le calorique de vaporisation de l'unité de poids d'eau; t la température de la vapeur à son entrée dans le serpentin; m' le poids de l'eau froide, y compris le serpentin dont l'effet peut être remplacé par celui d'une masse d'eau convenable ; t' la température initiale ; θ la température finale.

La quantité de chaleur gagnée par l'eau et le serpentin aura pour expression $m'(\theta-t')$. — La quantité de chaleur perdue par la vapeur se composera : 1º de la chaleur latente mx qu'elle dégage en se condensant ; 2º de la chaleur qu'elle perd en s'abaissant de tº d'abord à t', puis à θº. Or, on peut admettre que l'eau provenant de la condensation, au lieu de sortir à une température qui varie de t' à θº, est constamment sortie à la température moyenne $\frac{t'+\theta}{2}$. La chaleur perdue par l'eau dans cet abaissement de température sera donc $m \left(t - \frac{t'+\theta}{2} \right)$. De là l'égalité $mx+m\left(t - \frac{t'+\theta}{2}\right)=m'(\theta-t')$. On tirera de cette égalité la valeur de x. On opérerait de la même manière pour les autres liquides.

L'expérience précédente ne donne que la chaleur latente d'élasticité que l'eau absorbe en se vaporisant à la température d'ébullition, sous la pression ordinaire de $0^m,76$. On a trouvé que la quantité de chaleur nécessaire pour vaporiser alors 1^{kil} d'eau, est capable d'élever un égal poids d'eau liquide de 0 à 540º, ou bien d'élever 540^{kil} d'eau de 0 à 1º. — Le calorique d'élasticité de l'eau varie avec la température t à laquelle se fait la vaporisation. D'après Watt, la chaleur latente λ de la vapeur aqueuse serait exprimée par la formule $\lambda=640-t$. *(marge : Résultats.)*

325. La chaleur latente de la vapeur d'eau est utilisée dans beaucoup de circonstances. Ainsi en faisant, à l'aide d'un seul foyer et d'un générateur commun, arriver un courant de vapeur dans des vases remplis d'eau, on élèvera facilement cette eau à la température d'ébullition. — Dans le chauffage des lieux d'habitation par la vapeur, l'air reçoit sa chaleur de tuyaux métalliques dans lesquels la vapeur d'eau se condense pour retourner à l'état liquide dans la chaudière où elle a pris naissance. — Enfin les propriétés de la vapeur, outre son emploi comme force motrice, trouvent une application utile dans une foule d'industries. *(marge : Chauffage à la vapeur.)*

326. Je signalerai encore ici, comme applications de la théorie du rayonnement, de la conductibilité, des capacités calorifiques et du calorique latent, quelques faits dont je laisse au lecteur le soin de donner l'explication. *(marge : Applications diverses.)*

Les vases métalliques à surface polie sont ceux qui conservent le plus longtemps la chaleur des corps qu'ils renferment. Les vases à surface terreuse et noire sont ceux qui s'échauffent le plus vite et se refroidissent de même. — Si l'on plonge la main dans l'intérieur d'un vase métallique poli, sans le toucher, on éprouve une sensation de chaleur ; cependant, au contact, le métal paraît froid.

Beaucoup de corps paraissent froids au toucher ; les uns (métaux) parce qu'ils sont bons conducteurs du calorique ; les autres (marbre, verre) parce qu'ils ont une grande capacité pour la chaleur. — Dans les hivers rigoureux, la terre nue est plus froide que la terre couverte de neige, parce que la neige conduit mal la chaleur ; elle préserve les végétaux qu'elle recouvre d'un refroidissement meurtrier.

La glace exige pour se fondre une grande quantité de calorique latent : c'est ce qui permet de la conserver longtemps dans les glacières, à la condition toutefois qu'elle soit entourée de substances peu conductrices, qui la protégent contre le rayonnement des corps voisins.

L'emploi des vêtements de laine, de l'ouate, des fourrures, pour conserver en hiver la chaleur de notre corps, repose sur le même principe. Ces diverses substances filamenteuses ne nous donnent point de chaleur ; elles ne font que rendre moins prompte la déperdition de la chaleur produite par l'action vitale, soit par leur défaut de conductibilité propre, soit parce qu'elles emprisonnent dans leurs tissus une couche d'air dont la mobilité est gênée par une foule d'obstacles.

Enfin, la théorie générale de la chaleur fournit une multitude de données indispensables dans toutes les questions relatives au chauffage des établissements privés ou publics, à la ventilation, et à l'établissement des cheminées, poêles et calorifères de toute sorte. Nous renverrons, à cet égard, au *Traité de la Chaleur* considérée dans ses applications, par M. Péclet ; ouvrage où se trouvent traitées diverses questions importantes que nous ne pouvons aborder ici, telles que les lois du refroidissement, la mesure de la chaleur animale et de celle que produisent les divers combustibles.

LIVRE IV.

MAGNÉTISME.

CHAPITRE PREMIER.

DES AIMANTS ET DES SUBSTANCES MAGNÉTIQUES.

327. On appelle *aimant* toute substance qui jouit de la propriété d'attirer le fer et d'être attirée par lui.

Les aimants se divisent en aimants *naturels* et aimants *artificiels*.

Les aimants *naturels*, appelés autrefois *pierres d'aimant*, sont ainsi nommés parce qu'on les trouve, et même très-abondamment, dans la nature. Ils sont exclusivement composés d'un oxyde de fer que les chimistes désignent sous le nom d'oxyde magnétique, et qui est intermédiaire, sous le rapport de la quantité d'oxygène qu'il contient, entre le protoxyde et le peroxyde de fer.

Les aimants artificiels sont, en général, des barreaux ou des aiguilles d'acier, auxquels on a communiqué les propriétés magnétiques à l'aide de procédés dont il sera parlé plus loin.

On désigne sous le nom de *magnétisme* (du mot grec μάγνης), tantôt la cause même à laquelle sont dues les propriétés des aimants, tantôt l'ensemble des phénomènes qui se rapportent à cet agent, et des lois qui les régissent.

328. L'attraction mutuelle de l'aimant et du fer s'exerce à distance, mais elle décroît rapidement quand la distance augmente. Elle s'exerce en outre à travers le vide, à travers l'air, le bois, le carton, et généralement à travers toutes les substances qui ne sont pas magnétiques elles-mêmes ; il est facile de s'en assurer par l'expérience.

329. Un aimant n'agit pas sur le fer avec une égale intensité par tous les points de sa surface. On peut s'en assurer par plusieurs expériences.

Des aimants.

Aimants naturels.

Aimants artificiels.

Magnétisme.

Attraction magnétique.

Des pôles et de la ligne neutre dans les aimants.

1re *Expérience.* — On prend un petit *pendule magnétique ;* c'est tout simplement un cylindre de fer doux soutenu par une chape de papier suspendue à un fil sans torsion. On présente à ce pendule un barreau aimanté que l'on fait descendre verticalement, de manière à amener successivement en regard du fer doux toutes les sections du barreau, depuis l'extrémité inférieure jusqu'à l'extrémité supérieure. On reconnaît alors que l'attraction, d'abord très-forte, va en diminuant jusqu'à vers le milieu du barreau, où elle est nulle ; dans la seconde moitié, l'attraction se fait sentir de nouveau et va en augmentant jusque vers l'extrémité supérieure.

Fig. 148.

2e *Expérience.* — Si l'on roule dans de la limaille de fer un petit barreau aimanté, la limaille refusera de s'attacher à sa partie moyenne ; de part et d'autre de cette ligne, elle adhèrera plus ou moins fortement à sa surface, et formera des filaments hérissés qui deviendront plus longs et plus épais aux deux extrémités.

Fig. 149.

3e *Expérience.* — On recouvre un barreau aimanté d'un carton blanc, sur lequel on tamise de la limaille très-fine. En imprimant quelques légers chocs au carton, on voit la limaille se distribuer avec une sorte d'intelligence, de manière à dessiner régulièrement le contour du barreau, en formant autour de cette trace des courbes parfaitement symétriques. Ces courbes sont pressées et allongées vers les extrémités du barreau, mais elles semblent fuir la ligne du milieu, au point de former au-dessus d'elles des espèces de voûtes qui vont s'appuyer sur les deux régions extrêmes que cette ligne sépare.

Ces deux parties, dans lesquelles semble se concentrer l'attraction magnétique d'un aimant, s'appellent *pôles,* et la ligne qui les sépare et où l'attraction est nulle est la *ligne neutre.* Les expériences qui précèdent prouvent que *tout aimant a au moins une ligne neutre et deux pôles*

Action mutuelle des pôles des aimants.

330. *Dans les deux pôles d'un aimant résident des forces de nature contraire.* Pour le prouver, on rend mobile un barreau aimanté en le posant, par son centre de gravité, sur un pivot vertical. A ses deux pôles, que je désignerai provisoirement par A et B, on présente successivement le même pôle d'un second aimant que l'on tient à la main. On reconnaît alors que si le pôle A est attiré, le pôle B est repoussé ; ce qui prouve le principe énoncé.

Qu'on prenne un second aimant mobile et qu'on désigne par les mêmes lettres accentuées, A′ et B′, les deux pôles dont le premier est attiré et le second repoussé par le pôle de l'aimant fixe qui attirait A et repoussait B. Alors, en présentant les pôles A et B aux pôles A′ et B′, on reconnaîtra que *les pôles de même nom se repoussent, et les pôles de nom contraire s'attirent.*

331. On attribue la cause des phénomènes magnétiques à un fluide particulier, et voici pour quelles raisons :

1º Le magnétisme n'est pas inhérent à l'aimant ni aux éléments qui le constituent ; car il suffit de chauffer au rouge un aimant naturel ou artificiel pour lui faire perdre ses propriétés magnétiques ; il existe d'ailleurs plusieurs moyens de les lui restituer.

2º Le magnétisme est impondérable ; car si l'on pèse un barreau d'acier aimanté, qu'on le pèse de nouveau après l'avoir désaimanté, il aura exactement le même poids avant et après la perte de son pouvoir magnétique.

Le magnétisme peut donc être assimilé à un fluide impondérable ; mais il faut admettre, en outre, que ce fluide est double, qu'il est composé de deux fluides élémentaires qui résident à la fois dans le même aimant, dont l'un domine dans l'un des pôles et l'autre dans le pôle opposé ; qu'enfin chaque fluide agit par répulsion sur lui-même et par attraction sur le fluide contraire.

332. Le magnétisme n'existe pas seulement dans les aimants, mais aussi dans les substances simplement magnétiques, comme le fer.

En effet, quand on présente à l'un des pôles d'un barreau aimanté un petit cylindre de fer doux, soit au contact, soit à distance, ce cylindre de fer devient lui-même, sous l'influence du pôle auquel il est soumis, un véritable aimant, attirant la limaille et possédant deux pôles et une ligne neutre. — Ce premier cylindre de fer doux, une fois aimanté par influence, peut, à son tour, aimanter et soutenir un deuxième cylindre de fer qu'on lui présente ; celui-ci un troisième... jusqu'à ce que l'action par influence soit trop affaiblie ; et le dernier attirera encore la limaille.

Fig. 150.

Fig. 151.

Il est facile de prouver que dans cette expérience le magnétisme développé dans le fer doux ne lui est pas transmis par le barreau aimanté ; en effet :

1º L'état magnétique développé dans le fer doux ne subsiste que pendant le temps que dure l'influence de l'aimant qui agit sur lui. Aussitôt qu'on sépare le premier cylindre, tous les autres se détachent, et aucun ne conserve la moindre trace du magnétisme qui s'y était momentanément manifesté.

2º L'expérience peut être renouvelée un nombre de fois indéfini, sans que l'aimant perde rien de sa force. (Je dirai, en passant, que cette force peut s'estimer approximativement par le poids qu'un aimant est capable de porter, et qu'elle n'est point proportionnelle à sa grosseur.)

3º Enfin , si le fer doux avait reçu du magnétisme du barreau aimanté, il n'en aurait pris que d'une espèce, tandis qu'il possède simultanément les deux fluides.

Aimantation
i fer doux par
influence.

Il faut donc admettre que : 1º le fer, à l'état naturel, possède les deux fluides magnétiques ; 2º comme un morceau de fer doux est également attiré par tous ses points et par les deux pôles d'un aimant, les deux fluides magnétiques s'y trouvent à l'état de combinaison et de neutralisation mutuelle ; 3º sous l'influence du pôle A d'un aimant, ces deux fluides sont décomposés ; le fluide B′ du fer est attiré, comme étant de nom contraire, le fluide A′ repoussé ; 4º cette décomposition est instantanée ; mais aussitôt que l'influence qui les a séparés est détruite, les deux fluides se recomposent instantanément et reforment du *fluide neutre*.

Fig 152.

Cette neutralisation mutuelle des deux fluides de nom contraire peut être rendue sensible par une expérience fort simple : suspendez au pôle A d'un barreau aimanté une clef d'un assez grand poids, puis approchez lentement du pôle A le pôle B′ d'un second aimant aussi fort que le premier ; avant d'arriver au contact, la neutralisation mutuelle des deux pôles A et B′ sera suffisante pour que la clef se détache et tombe.

De la force
coercitive de
l'acier.

333. La décomposition et la recomposition des deux fluides, qui sont instantanées dans le fer doux, ne le sont pas dans toutes les substances magnétiques. Dans l'acier trempé, par exemple, la séparation des deux fluides exige ou des frictions répétées, ou un contact plus ou moins prolongé avec l'aimant, pour atteindre tout le développement dont elle est susceptible ; mais, en revanche, une fois que les deux fluides magnétiques ont subi cette décomposition, ils restent séparés même après que l'influence du barreau aimanté est supprimée ; l'acier reste aimant après avoir été soustrait à l'action de l'aimant qui l'a formé. Il y a donc dans l'acier une force capable de deux effets distincts : 1º s'opposer à la séparation des deux fluides magnétiques ; 2º s'opposer à leur recomposition, une fois qu'ils ont été séparés ; on l'appelle *force coercitive*. — En tant que s'opposant à la décomposition du fluide neutre, elle peut être vaincue par la friction, par un contact prolongé avec les aimants ou par l'action de l'électricité. En tant que s'opposant à la recomposition des deux magnétismes, elle cède à l'action de la chaleur.

La force coercitive est maximum dans l'acier trempé : elle est d'autant plus forte que la trempe est plus dure. Aussi tous les aimants artificiels, les aiguilles de boussole sont en acier, et doivent à la force coercitive de ce métal la conservation de leur magnétisme. — Cette force est nulle dans le fer doux ou fortement recuit. Le fer qui est battu, tordu, limé, écroui, oxydé, contracte une certaine force coercitive.

334. La décomposition des deux fluides magnétiques, soit dans l'acier où elle est permanente, soit dans le fer doux où elle n'est que passagère, est simplement *moléculaire*. Ainsi il ne faudrait pas croire que les pôles d'un aimant possèdent exclusivement, l'un du fluide A, l'autre du fluide B. — En effet, que l'on casse en deux un barreau d'acier aimanté, chaque moitié sera encore un aimant complet, ayant deux pôles et une ligne neutre; que l'on brise encore chaque moitié, chaque quart, chaque huitième, les plus petits fragments conserveront toujours les deux magnétismes. Les pôles et la ligne neutre n'auront fait que se déplacer. Il en serait de même d'un cylindre de fer doux, soumis à l'influence d'un aimant.

La décomposition du magnétisme n'est que moléculaire.

Aimants brisés

Ainsi, non-seulement le fluide magnétique ne se transmet pas d'un aimant à un morceau de fer doux, mais, sur une même substance magnétique, il ne se transporte pas d'une région à une autre. Le fluide neutre n'éprouve de décomposition que dans l'étendue des molécules matérielles qui composent ces substances.

335. Les principes précédents permettront toujours de distinguer une substance simplement magnétique d'une substance aimantée. La première possède deux fluides magnétiques à l'état neutre, elle attire indifféremment les deux pôles d'une aiguille aimantée : un aimant, au contraire, possède les deux fluides à l'état libre; chacun de ses pôles exerce sur les deux pôles d'une aiguille aimantée deux actions, l'une attractive, l'autre répulsive.

Moyen de distinguer un aimant d'une substance magnétique.

Le fer est de tous les corps celui qui possède les propriétés magnétiques au plus haut degré; la plupart de ses composés, acier, oxydes de fer, plombagine, etc., sont aussi plus ou moins magnétiques. — Le nickel, le chrôme, le cobalt et le manganèse possèdent aussi des propriétés magnétiques.

D'après M. Pouillet, le manganèse n'agit sur l'aiguille aimantée qu'à une température de 15 ou 20° au-dessous de zéro.

336. Il arrive quelquefois qu'un barreau ou une aiguille aimantée a plus d'une ligne neutre, et par conséquent plus de deux pôles magnétiques. On dit alors qu'elle possède des *points conséquents*. Chaque ligne neutre sépare toujours deux pôles de nature contraire. — L'existence des points conséquents peut être constatée, soit avec le pendule magnétique, soit à l'aide de la limaille de fer; elle suppose en général une distribution irrégulière du magnétisme dans les barreaux; nous verrons cependant qu'on peut souvent faire naître ces points conséquents à volonté. On doit les éviter avec soin dans la construction des aiguilles de boussole.

Points conséquents.

Fig. 153.

CHAPITRE II.

MAGNÉTISME TERRESTRE.

337. Une aiguille non aimantée, en cuivre, en bois, en acier même, suspendue par son centre de gravité à un fil sans torsion, ou posée sur un pivot, reste en équilibre indifféremment dans toutes les positions.

Mais une aiguille aimantée, mobile autour d'un axe vertical passant par son centre de gravité, s'arrête toujours d'elle-même dans une position fixe, à laquelle elle revient, si on l'en écarte, par une série d'oscillations. De plus, dans nos climats, l'un de ses pôles se dirige toujours vers le nord, l'autre toujours vers le sud, de sorte que, si l'on retourne l'aiguille de manière à changer les pôles de place, elle décrira une demi-circonférence pour reprendre sa première position d'équilibre, la seule qui soit stable et qu'elle puisse conserver.

On voit par là que la force directrice qui sollicite l'aiguille aimantée émane nécessairement d'un aimant fixe, agissant par attraction sur un des pôles, et par répulsion sur l'autre.

La direction de l'aiguille aimantée est un fait général ; elle n'est point l'effet d'une cause locale ; elle a lieu sur tous les points de la surface terrestre, et à toutes les distances connues du centre du globe.

338. En discutant les observations faites sur l'aiguille aiman-tée, dans une multitude de lieux différents, sous les latitu-des les plus diverses, on est arrivé à reconnaître que la puis-sance magnétique, qui agit sur l'aiguille aimantée, a son siége dans le globe terrestre lui-même ; que la terre peut être assi-milée à un vaste aimant naturel, dont la ligne neutre serait située dans les régions équatoriales, et dont les pôles ou les deux centres d'action magnétique seraient voisins des pôles de rotation.

Le fluide magnétique qui domine au pôle nord de la terre, et le point où son action paraît concentrée, s'appellent fluide ma-gnétique boréal et pôle magnétique boréal de la terre. Le fluide et le pôle magnétiques opposés prennent les noms de fluide austral et pôle magnétique austral. Les deux fluides et les deux pôles magnétiques des aimants sont aussi l'un austral, l'autre boréal ; et comme les pôles de même nom se repoussent et les pôles de nom contraire s'attirent, il s'ensuit que le pôle d'une aiguille aimantée, qui regarde le nord ou le pôle boréal de la terre, doit contenir du fluide austral; le pôle boréal de l'aiguille est au contraire celui qui se dirige vers le sud.

339. La direction de l'aiguille aimantée, mobile autour d'un axe vertical, ne coïncide pas exactement avec la méridienne astronomique.

Déclinaison.

On appelle *méridien magnétique* d'un lieu, le plan vertical qui passe par la direction de l'aiguille aimantée mobile autour d'un axe vertical, ou, ce qui revient au même, par les deux pôles magnétiques du globe, de même qu'on nomme *méridien astronomique* le plan vertical qui passe par les deux pôles de rotation. Au lieu de considérer ces deux plans, on prend souvent leurs traces sur un même plan horizontal; l'une est la méridienne magnétique, l'autre la méridienne astronomique.

Méridien magnétique.

Cela posé, on appelle *déclinaison magnétique* l'angle formé par ces deux plans; ou bien l'angle que fait la direction de l'aiguille aimantée avec la méridienne. La déclinaison est dite occidentale quand le pôle austral de l'aiguille passe à l'ouest de la méridienne, orientale quand il se trouve à l'est.

Tout appareil propre à mesurer la déclinaison s'appelle *boussole* de déclinaison. L'aiguille des boussoles est très-légère; elle est posée sur un pivot vertical, par une chape en agate; elle a généralement la forme d'un losange très-allongé, les extrémités de ce losange se meuvent sur un cadran divisé, qui permet de calculer l'angle formé par la direction de l'aiguille avec la méridienne astronomique du lieu.

Boussole de déclinaison

Fig. 154.

La déclinaison magnétique varie avec les latitudes. On trouve à la surface de la terre des lieux où elle est occidentale, d'autres où elle est orientale, et entre eux il existe des points où elle est nulle. Ces points, pour lesquels la direction de l'aiguille de déclinaison coïncide avec la méridienne, forment à la surface du globe des courbes plus ou moins sinueuses qu'on a nommées *lignes sans déclinaison*. — Nous verrons bientôt que la déclinaison varie aussi dans le même lieu, avec le temps.

340. Au lieu de suspendre une aiguille aimantée autour d'un axe vertical, on peut la rendre mobile autour d'un axe horizontal, passant encore par son centre de gravité. Une pareille aiguille est, comme la première, soumise à une force directrice qui lui impose une direction fixe, à laquelle elle revient sans cesse, quand on l'en écarte, en exécutant autour d'elle des oscillations isochrones. On l'appelle *aiguille d'inclinaison*. La position fixe, à laquelle elle s'arrête toujours, varie avec la direction du plan vertical dans lequel elle se meut. Lorsque ce plan coïncide avec le méridien magnétique, le plus petit des angles que forme l'aiguille aimantée avec l'horizon s'appelle

Inclinaison magnétique.

Fig. 155.

inclinaison magnétique. A Paris et dans nos climats, c'est le pôle austral de l'aiguille qui tombe toujours au-dessous de l'horizon. — Tout appareil propre à mesurer l'inclinaison magnétique s'appelle boussole d'inclinaison ; ses parties essentielles sont un limbe vertical en cuivre divisé en parties égales, et une aiguille aimantée dont le centre correspond au centre du limbe ; elle est traversée par un axe supporté par deux tourillons, sur deux plans d'acier ou d'agate qui n'exercent sur eux qu'un très-léger frottement.

L'inclinaison, comme la déclinaison, varie avec les latitudes. Imaginons que l'on fasse le tour du globe en s'avançant dans le même sens, toujours sur un même méridien, avec une boussole d'inclinaison. On trouvera, vers le pôle boréal de la terre, un point où l'aiguille se tiendra verticale, son pôle austral en bas ; l'inclinaison sera de 90°; on se trouvera placé au-dessus du pôle boréal de la terre. En continuant de marcher vers l'équateur, le pôle austral toujours incliné vers l'horizon se relèvera progressivement, et près de l'équateur l'aiguille finira par être horizontale; l'inclinaison sera nulle. Passé ce point, le pôle boréal de l'aiguille s'inclinera à son tour de plus en plus, et vers le pôle austral de la terre elle sera exactement verticale; puis, en achevant le tour, l'aiguille se relèvera, redeviendra horizontale en un point des régions équatoriales opposé au premier, et au-delà duquel le pôle austral s'inclinera de nou-

veau vers l'horizon. Quel que soit le méridien que l'on ait parcouru, on trouvera toujours, vers l'équateur, deux points à peu près opposés de ce méridien où l'inclinaison sera nulle. En réunissant tous ces points par une ligne continue, on obtiendra une courbe sans inclinaison que l'on appelle *équateur magnétique.* Elle coupe en deux points l'équateur terrestre, dont elle ne s'écarte pas de plus de 15 à 16°, d'un côté en dessus, de l'autre en dessous.

344. *Points d'application, direction et intensité de la force magnétique du globe.* — Considérons une aiguille aimantée dont le centre de gravité seul soit fixe, et qui puisse se mouvoir dans tous les sens autour de ce point. — Appelons A le pôle magnétique austral du globe, et B son pôle magnétique boréal. Ces deux points étant à une distance infinie de l'aiguille par rapport à sa longueur, toutes les lignes menées de l'un de ces points aux différentes molécules magnétiques de l'aiguille seront parallèles. Cela posé, le pôle boréal B du globe exercera, sur tous les éléments de fluide austral de l'aiguille, des forces attractives parallèles, dont la résultante f sera égale à leur somme, et appliquée en un point particulier a qui en sera le centre, ce point situé vers l'une des extrémités de l'aiguille en est le *pôle austral.* Ce même pôle boréal B du globe exercera,

sur tous les éléments de fluide boréal de l'aiguille, des forces
répulsives parallèles, dont la résultante — f sera égale à leur
somme et appliquée au *pôle boréal b* de l'aiguille. Ces deux
résultantes sont évidemment parallèles et égales, puisqu'il y
a dans l'aiguille autant de molécules de fluide austral que de
fluide boréal. On trouverait de même que l'action du pôle austral A de la terre sur l'aiguille se composerait de deux forces
parallèles égales et contraires, f' et — f', l'une répulsive appliquée au pôle austral a, l'autre attractive appliquée au pôle
boréal b de cette aiguille aimantée. Les deux forces appliquées
au pôle austral a de l'aiguille se composeront, d'après le parallélogramme des forces, en une résultante unique F ; les deux
forces appliquées au pôle boréal b de l'aiguille se composeront
aussi en une résultante unique — F, et, à cause de la symétrie
de la figure, les deux résultantes finales F, — F, seront nécessairement parallèles, égales et de sens contraire ; donc
elles constitueront un *couple.*

Ainsi, l'action magnétique de la terre sur une aiguille aimantée est représentée par un couple ; les deux forces qui le composent ne peuvent être en équilibre qu'autant que leur direction coïncide avec l'*axe magnétique* de l'aiguille, c'est-à-dire
avec la ligne qui joint les deux pôles mathématiques a et b. Ce
sont ces deux forces qui imposent, soit à l'aiguille de déclinaison, soit à l'aiguille d'inclinaison, une direction fixe ; aussi
doit-on en conclure qu'elles sont situées dans le plan du méridien magnétique, et qu'elles sont parallèles à l'aiguille d'inclinaison. Il résulte encore de là que, quand l'aiguille de déclinaison est suspendue par son centre de gravité, son pôle austral
doit pencher vers l'horizon, et son pôle boréal se relever ; aussi
est-il nécessaire de donner un peu plus de poids à la partie
boréale de l'aiguille, pour lui conserver son horizontalité.

La force magnétique du globe étant une simple force directrice représentée par un couple, l'aiguille qu'elle sollicite ne
doit éprouver aucune tendance à se mouvoir d'un mouvement
progressif, ni horizontalement, ni verticalement. On s'en
assure, *à posteriori*, par des expériences directes.

La mesure de l'intensité magnétique du globe et de celle des
aimants fera l'objet du chapitre suivant.

342. Quand la distribution du magnétisme dans une aiguille
aimantée est régulière, l'axe magnétique de cette aiguille se
confond avec son axe de figure : mais cela n'arrive presque
jamais ; de sorte que, dans la mesure de la déclinaison, par
exemple, on pourrait commettre des erreurs graves en prenant l'angle que fait l'axe de figure de l'aiguille avec le méridien
astronomique. On a recours alors à la méthode très-simple du
retournement : supposons que, dans une première observation,

Méthode du retournement.

on ait trouvé une déclinaison de 23°, mais que l'axe de figure de l'aiguille fasse avec la direction de l'axe magnétique un angle de 3° à droite. — On retournera l'aiguille de manière que la face qui regardait la terre regarde le ciel, et réciproquement; dans cette seconde observation, l'axe magnétique de l'aiguille étant resté parallèle à lui-même, l'axe de figure fera encore avec lui un angle de 3°, mais à gauche, cette fois; de sorte que la déclinaison observée sera 23°+6°. Cette seconde mesure sera trop forte d'une quantité égale à celle dont la première était trop faible. D'où il suit qu'en prenant la moyenne des deux observations (la demi-somme), on aura la déclinaison véritable. — Le même procédé s'applique à la mesure de l'inclinaison. Seulement, comme il pourrait se faire que l'axe de l'aiguille ne passât pas rigoureusement par son centre de gravité, il faut, pour se soustraire à cette cause d'erreur, désaimanter l'aiguille, l'aimanter en sens contraire, à saturation, et faire deux observations d'inclinaison semblables aux deux premières que l'on avait déjà faites avant le renversement des pôles, en suivant la méthode du retournement.

Variations de l'aiguille aimantée. 343. L'aiguille d'inclinaison varie de position, non-seulement avec les latitudes, mais dans le même lieu elle en change avec le temps. Ses variations ont été peu étudiées; il paraît que, depuis 1671, à Paris, l'inclinaison a diminué progressivement, mais avec une extrême lenteur.

L'aiguille de déclinaison éprouve aussi, dans un même lieu, des variations marquées :

1° *Variations séculaires.* — En 1580, la déclinaison à Paris était de 11° 30′ à l'orient. En 1663, elle était nulle; la direction de l'aiguille coïncidait avec la méridienne. Depuis lors, la déclinaison a été constamment occidentale, mais elle a augmenté progressivement jusqu'en 1819, où son maximum a été de 22° 29′ à l'ouest. Maintenant l'aiguille paraît revenir lentement vers l'est. Cela permet de conclure qu'elle exécute autour de la méridienne des oscillations dont l'amplitude n'est pas encore connue, et dont la durée également indéterminée embrasse plusieurs siècles.

2° *Variations diurnes.* — L'aiguille de déclinaison éprouve, en outre, des variations diurnes que l'on ne peut observer qu'à l'aide d'instruments spéciaux et très-précis. Stationnaire pendant la nuit, elle marche vers l'ouest au lever du soleil jusque vers 3ʰ, et revient alors à l'est jusqu'à 9ʰ, 10ʰ ou 11ʰ du soir. L'étendue de ces excursions varie. Le maximum de l'amplitude moyenne a lieu d'avril en septembre; il est de 13 à 15 minutes. — Le minimum est de 8 à 10 minutes; il a lieu d'octobre en mars. — L'amplitude des variations diurnes augmente en s'avançant vers le nord; diminue en allant vers

l'équateur magnétique ; et ces excursions s'exécutent en sens
inverse dans l'hémisphère austral. Ces diverses observations
indiquent dans l'équateur magnétique un double mouvement
d'oscillation, l'un diurne et de peu d'étendue, l'autre beaucoup plus grand et dont la période comprend plusieurs centaines d'années.

3º *Perturbations.* — Outre ces variations régulières, l'aiguille aimantée éprouve des variations accidentelles qu'on a
nommées *perturbations.* L'aurore boréale est une des causes
qui les provoque le plus puissamment ; les tremblements de
terre, les éruptions de volcans, et surtout la chute du tonnerre dans le voisinage d'une aiguille aimantée, exercent sur
sa direction une influence plus ou moins sensible. On a vu
souvent la foudre, en tombant sur un vaisseau, détruire le
magnétisme des aiguilles de boussole, ou du moins l'altérer
profondément, quelquefois même renverser les pôles et aimanter l'aiguille en sens contraire. Les résultats d'un pareil renversement peuvent devenir très-funestes aux navigateurs
qui, sur la foi d'indications trompeuses, iraient se jeter dans
des écueils.

344. On a souvent besoin, dans les recherches relatives au
magnétisme, d'aiguilles aimantées soustraites, soit en totalité,
soit en grande partie, à l'influence directrice du globe terrestre. Ces aiguilles sont appelées *astatiques ;* ce qui veut dire que,
tout en conservant leur mobilité, elles n'ont plus de position
fixe d'équilibre.

Aiguilles astati-
ques.

Pour rendre une aiguille astatique, il faut chercher à annuler l'action que le couple terrestre exerce sur ses deux pôles ;
on peut y parvenir de plusieurs manières :

1º Supposons que l'on ait rendu une aiguille mobile autour
d'un axe parallèle à l'inclinaison magnétique. Les deux forces
du couple terrestre, étant parallèles à l'axe de rotation dans
toutes les positions de l'aiguille, tendront uniquement à briser
cet axe, seront détruites par sa résistance, et ne pourront
exercer sur l'aiguille aucune force directrice. Elle sera complètement astatique.

Fig. 157.

2º On peut encore rendre une aiguille astatique en lui laissant la liberté de se mouvoir, comme l'aiguille de déclinaison,
autour d'un axe vertical.

Pour cela, remarquons que les deux forces qui composent
le couple terrestre, étant appliquées aux deux pôles de l'aiguille de déclinaison, dans des directions obliques à l'horizon,
peuvent se décomposer chacune en deux autres : l'une verticale, l'autre horizontale. Les composantes verticales tendent
à faire pencher l'aiguille en inclinant son pôle austral vers la
terre. On reconnaît, en effet, qu'une aiguille d'acier, qui était

parfaitement équilibrée avant d'être aimantée, cesse de l'être après l'aimantation ; et pour lui rendre son horizontalité, il suffit de donner un poids un peu plus fort à la moitié boréale de l'aiguille. Ce contre-poids détruisant l'effet des composantes verticales du couple terrestre, il reste à anéantir l'influence des composantes horizontales, qui imposent à l'aiguille sa position fixe d'équilibre dans le plan du méridien magnétique. On y parvient en disposant, dans ce plan méridien, à une assez grande distance de l'aiguille, un aimant puissant dont le pôle le plus voisin agisse sur elle en sens contraire du couple terrestre. Si cet aimant est trop près de l'aiguille, il renversera ses pôles et lui donnera une position d'équilibre inverse de celle que la terre lui fait prendre ; s'il est trop éloigné, l'action de la terre restera prépondérante ; elle sera affaiblie, mais non détruite. Entre ces deux positions extrêmes, on en trouvera une intermédiaire, dans laquelle l'influence terrestre sera exactement contre-balancée par l'influence du barreau ; et sous ces deux actions qui se neutralisent, l'aiguille sera astatique. — Pour que son indifférence soit complète, il faut que l'aiguille soit très-courte, l'aimant très-puissant, et placé assez loin d'elle pour que les actions qu'il exerce sur les deux pôles puissent être regardées comme égales et parallèles.

ig. 158.

3º Enfin, on peut se procurer aisément un système astatique ou qui ne conserve qu'une force directrice très-faible, en suspendant à un fil de coton un brin de paille traversée parallèlement, en sens contraire, par deux aiguilles aimantées, d'égale force ou à peu près, dont les pôles opposés se trouveront ainsi en regard. Un pareil système éprouvera de la part de la terre une action, ou nulle, ou *extrêmement faible*.

345. *De l'action de la terre sur le fer doux.* — L'analyse que nous avons faite de l'action que le couple terrestre exerce sur une aiguille aimantée nous permet de prévoir ce qui doit arriver lorsqu'à l'aiguille aimantée on substituera une barre de fer doux, simplement magnétique. La terre, en effet, doit agir sur le fluide neutre du fer doux, comme elle agit sur les fluides libres et déjà décomposés d'un barreau d'acier. Ainsi :

1º Si l'on dispose parallèlement à l'aiguille d'inclinaison une longue barre de fer doux, ses deux fluides naturels devront être décomposés ; il se formera un pôle austral à la partie inférieure, un pôle boréal à la partie supérieure de la barre. C'est ce que l'expérience justifie.

2º Mais le fer doux n'ayant aucune force coercitive, et n'opposant aucune résistance au mouvement interne de ses deux fluides, dès qu'on retournera la barre, les deux fluides décomposés se recombineront et se sépareront de nouveau en

sens inverse. De sorte que, quelle que soit la rapidité du
retournement, le pôle austral de l'aimant passager, dans lequel
se constitue le fer doux, sera toujours en bas, et le pôle boréal
en haut. — L'expérience démontre encore ce fait.

3° La décomposition du magnétisme neutre du fer n'est sensible que lorsque la barre a une assez grande longueur, et
qu'elle est à peu près parallèle à l'aiguille d'inclinaison. — Plus
elle s'éloigne de cette direction, plus l'aimantation devient faible ; et si la barre était placée dans un plan perpendiculaire
à l'aiguille d'inclinaison, l'aimantation ne pourrait plus avoir
lieu que dans le sens de son épaisseur, ce qui la rendrait
entièrement insensible.

346. Si, pendant qu'une barre ou un fil de fer est aimanté
par l'influence du globe terrestre, on lui communique une force
coercitive, ces deux pôles, d'abord mobiles et changeants, s'y
fixeront d'une manière permanente. Or, pour cela, il suffit de
frapper un ou deux coups de marteau sur l'une des extrémités
de la barre; on en fera alors un aimant à pôles fixes, dans
lequel les deux fluides décomposés par la terre resteront séparés. Mais si, après avoir retourné la barre, on la frappe de
nouveau, on détruira son magnétisme et on y développera la
polarité magnétique en sens inverse. Toutefois la force coercitive communiquée ainsi au fer doux n'est pas de longue durée ;
elle disparaît au bout de quelque temps, mais il est facile de
la faire renaître.

La torsion produit sur le fer doux le même effet que la percussion. Si l'on tord, l'un après l'autre, à l'aide d'une pince et
d'un étau, une trentaine de fils de fer doux, de 15 à 18 pouces de long, en les tenant dans une position verticale, ou
mieux encore parallèle à l'inclinaison magnétique, chacun
d'eux deviendra un aimant, et en les réunissant par les pôles
de même nom, on en formera des faisceaux aimantés d'une
grande puissance.

En général, toutes les actions mécaniques ou chimiques,
l'action de la lime, l'écrouissage, l'oxydation, développent la
force coercitive dans le fer. C'est par là qu'on explique l'aimantation plus ou moins prononcée de tous les outils de fer ou
d'acier, dans les ateliers ; les traces de magnétisme polaire
qu'on rencontre dans la plupart des pièces de fer qui entrent
dans la construction des édifices et qui sont toujours plus ou
moins rouillées ; enfin la formation des aimants naturels, qui
ne sont autre chose que du fer oxydé, dans lequel l'oxydation
a dû fixer d'une manière durable les fluides magnétiques développés par l'action générale du globe.

CHAPITRE III.

MESURE DE L'INTENSITÉ MAGNÉTIQUE DU GLOBE ET DES AIMANTS.
— LOIS DES ACTIONS MAGNÉTIQUES. — DISTRIBUTION DU
MAGNÉTISME DANS LES BARREAUX AIMANTÉS.

347. Trois éléments caractérisent le magnétisme terrestre
en chaque lieu : la déclinaison, l'inclinaison et l'intensité
magnétique du globe. — L'observation de ces trois coordon-
nées en un grand nombre de points est nécessaire pour parvenir à la connaissance de la distribution du magnétisme à la
surface terrestre, c'est-à-dire à la détermination : 1° des lignes
d'égale déclinaison ou *isogones*, et, en particulier des courbes
sans déclinaison; 2° des lignes d'égale inclinaison ou *isoclines*,
et en particulier de la courbe *sans inclinaison* ou *équateur
magnétique*; 3° des lignes d'égale intensité ou *isodynamiques*;
4° des méridiens magnétiques, ou courbes ayant la propriété
d'être les méridiennes magnétiques de tous les lieux par lesquels elles passent; 5° enfin des *pôles magnétiques* superficiels,
ainsi que des centres d'action intérieurs du globe.

348. On doit à MM. Duperrey, Sabine, Barlow.... des cartes
magnétiques représentant ces divers éléments. Mais ces cartes,
outre qu'elles sont incomplètes, ne peuvent servir que pour
l'époque à laquelle elles ont été dressées ; parce que les diverses
courbes magnétiques que je viens d'énumérer éprouvent, avec
le temps, un déplacement très-marqué, soit progressif, soit
oscillatoire, dont la loi n'est pas encore connue. Ces cartes
doivent donc être renouvelées. Elles sont d'ailleurs indispensables, pour qu'on puisse, sur les faits qu'elles représentent,
asseoir une théorie du magnétisme terrestre qui s'accorde avec
eux et les coordonne. Déjà des essais de théorie, dus à M. Biot,
à M. Gauss, célèbre géomètre de Gœttingue, ont été faits.
M. Biot explique les phénomènes du magnétisme terrestre, en
admettant un aimant intérieur très-petit, dont les deux centres
d'action seraient très-voisins du centre de la terre. Il déduit de
cette hypothèse une formule qui donne la latitude magnétique λ d'un lieu (distance de ce lieu à l'équateur magnétique),
en fonction très-simple de l'inclinaison correspondante i. Cette
formule est tang. $\lambda = \dfrac{\text{tang. } i}{2}$. Elle donne des résultats exacts,

dans toute la zone dont les latitudes ne dépassent pas 30°. Cette même hypothèse conduit à admettre, dans chaque hémisphère, un seul pôle superficiel, qui est le point où l'aiguille d'inclinaison se tient verticale. M. Hansteen avait cru nécessaire d'admettre, dans chaque hémisphère, deux pôles magnétiques de même nom. M. Gauss a repoussé cette supposition, qui est abandonnée aujourd'hui.

Quoi qu'il en soit, on voit de quelle importance est la détermination exacte des trois éléments principaux du magnétisme terrestre. J'ai parlé dans le chapitre précédent de la déclinaison et de l'inclinaison. Les bornes de cet ouvrage ne me permettent pas de décrire les grandes boussoles qui servent à les mesurer, ni d'entrer dans les détails des méthodes d'observation. Il me reste à exposer le principe sur lequel repose la mesure de l'intensité magnétique terrestre.

Intensité magnétique du globe.

349. Concevons une aiguille aimantée qui conserve toujours les mêmes pôles et la même quantité de magnétisme libre. L'action que la terre exerce sur elle ne variera qu'avec l'intensité magnétique du couple terrestre lui-même, soit dans le même lieu à deux époques différentes, soit dans des lieux différents. Or, si nous suspendons cette aiguille, pour en faire, soit une aiguille d'inclinaison, soit une aiguille de déclinaison, lorsque nous viendrons à l'écarter de sa position d'équilibre, elle oscillera comme un pendule, en vertu d'une force qui sera en raison composée de l'intensité magnétique de l'aiguille et de l'intensité magnétique de la terre. Or, la première étant constante, les oscillations ne varieront qu'avec la seconde, d'après cette loi connue des mouvements pendulaires : *Les intensités des forces, qui produisent le mouvement pendulaire, sont proportionnelles aux carrés des nombres d'oscillations effectuées dans le même temps.* On pourra, d'après cela, comparer les intensités magnétiques du globe, soit à l'aide de l'aiguille d'inclinaison, soit à l'aide de l'aiguille de déclinaison.

1° *Oscillations de l'aiguille d'inclinaison.* — Si l'on fait osciller une aiguille d'inclinaison dans le plan du méridien magnétique, la force magnétique terrestre agira avec toute son intensité, et en désignant par n le nombre d'oscillations effectuées dans un temps donné, lorsque l'intensité magnétique terrestre est m, et par n' le nombre correspondant à une intensité magnétique différente m', on aura $\dfrac{m}{m'} = \dfrac{n^2}{n'^2}$.

Dans chaque observation, il faudra faire usage de la méthode du retournement. Mais il ne sera pas permis, comme pour la mesure de l'inclinaison, de renverser les pôles; car on changerait la distribution du magnétisme dans l'aiguille, ainsi que son intensité; or, l'aiguille doit toujours rester identique avec elle-même.

2º *Oscillations de l'aiguille de déclinaison.* — Si l'on fait osciller une aiguille horizontale de déclinaison, à droite et à gauche du méridien magnétique, en la suspendant à un assemblage de fils de soie sans torsion, ce n'est pas l'action totale du globe, mais seulement sa composante horizontale, qui produira le mouvement oscillatoire. Désignant donc par i et i' les angles d'inclinaison, on aura la formule $\frac{m \cos i}{m' \cos i'} = \frac{n^2}{n'^2}$, ou $\frac{m}{m'} = \frac{n^2 \cos i'}{n'^2 \cos i}$, qui fera connaître, à volonté, ou le rapport des composantes horizontales, ou celui des intensités totales du globe dans les deux circonstances.

350. *Résultats.* — En transportant à diverses latitudes une même aiguille et la faisant osciller, on a trouvé :

1º Que l'intensité magnétique terrestre est minimum à l'équateur magnétique; qu'elle va en augmentant progressivement jusqu'aux pôles magnétiques, où elle est double de ce qu'elle est à l'équateur.

2º Que l'intensité magnétique décroît sensiblement dans le même lieu, quand on s'élève au-dessus de la surface de la terre. (M. Gay-Lussac, dans son ascension en ballon, n'avait pas trouvé de diminution sensible; mais cela tenait à ce qu'il n'avait pas eu égard à l'influence de la température sur le magnétisme de son aiguille.)

3º Dans le même lieu, l'intensité magnétique éprouve des variations sensibles, souvent même rapides, comme les variations d'un baromètre. Aussi, dans les observations magnétiques, recommande-t-on de faire des observations régulières d'intensité, comme de déclinaison et d'inclinaison. M. Gauss prescrit surtout ces mesures à l'époque des solstices et des équinoxes.

Intensité magnétique des barreaux aimantés.

351. Autrefois on se contentait, pour mesurer l'intensité magnétique des barreaux, de mettre en contact avec leurs pôles une pièce de fer doux, qu'on chargeait progressivement jusqu'à ce qu'elle finît par se détacher. Ce moyen grossier d'estimation a été le seul en usage jusqu'en 1780, époque à laquelle Coulomb fit connaître des moyens extrêmement précis

de comparer les forces magnétiques. Il a employé pour cela deux méthodes : 1° la méthode des oscillations ; 2° celle de la balance de torsion.

1° *Méthode des oscillations.* — On suppose essentiellement qu'il s'agit d'un même barreau, dont l'intensité magnétique a pu varier par une cause quelconque, l'action de la chaleur, par exemple, mais dont les pôles sont restés invariables.

On suspend ce barreau (s'il en est susceptible) à des fils de soie sans torsion. On le fait osciller sous l'influence terrestre ; il fait n oscillations dans un temps θ. On le fait osciller de nouveau, quand son intensité magnétique a changé ; il fait n' oscillations dans le même temps. Si l'intensité magnétique du globe n'a pas varié (ce qu'on peut admettre, si les expériences sont faites à des époques peu éloignées), les intensités de l'aimant mobile F et F' seront entre elles comme les carrés de n et n' ; $\dfrac{F}{F'} = \dfrac{n^2}{n'^2}$.

Si l'aimant ne peut pas être suspendu, on le fait agir dans le plan du méridien magnétique sur une petite aiguille aimantée mobile, douée d'une grande force coercitive, afin de ne pas éprouver de décomposition par influence.

Soit n le nombre d'oscillations qu'effectue l'aiguille dans un temps θ sous l'influence de la terre F ;

n' le nombre d'oscillations effectuées, dans le même temps, sous l'influence combinée F' des composantes horizontales du globe et de l'aimant ;

n'' le nombre d'oscillations effectuées, dans le même temps, sous l'influence combinée F'' des mêmes forces, mais dans un autre état de l'aimant ; on aura

$$\frac{F'}{F} = \frac{n'^2}{n^2} \; ; \; \frac{F''}{F} = \frac{n''^2}{n^2} \text{ et } \frac{F'-F}{F''-F} = \frac{n'^2-n^2}{n''^2-n^2}.$$

Or, F'—F et F''—F sont évidemment les forces magnétiques de l'aimant qu'il s'agissait de mesurer.

2° *Méthode de la balance de torsion.* — La balance magnétique de torsion consiste en une grande cage carrée ou cylindrique en verre, au centre de laquelle est suspendu un long fil d'argent muni d'une chape dans laquelle on place les barreaux aimantés soumis à l'expérience. Ce fil est saisi, à sa partie supérieure, par une pince qui fait corps avec un disque métallique mobile. Ce disque peut tourner sur un limbe gradué ; il porte une aiguille de repère qui en parcourt les divisions, et indique par conséquent les angles de torsion que l'on a fait faire au fil. Cet appareil constitue le *micromètre*. Le limbe gradué peut tourner lui-même sur le cylindre de verre qui le porte. La cage porte en outre sur ses parois une division

Fig. 173.

correspondante à la hauteur du barreau aimanté qui s'y trouve suspendu. — Cela posé, l'aiguille du micromètre étant amenée sur le zéro du limbe, on suspend au fil d'argent un barreau non magnétique, et on fait tourner le cylindre entier jusqu'à ce que la position d'équilibre de ce barreau corresponde au zéro de la division inférieure. Le fil est alors sans torsion. On remplace le barreau de cuivre par le barreau aimanté, et on fait tourner la cage elle-même, jusqu'à ce que le zéro de sa division corresponde au pôle nord de l'aimant. L'aimant est alors dans le plan du méridien magnétique, et le fil suspenseur est sans torsion.

On fait tourner l'aiguille du micromètre de manière à amener le barreau aimanté à 10°, je suppose, de sa position d'équilibre dans le méridien magnétique. On sait que la force de torsion est proportionnelle à l'angle de torsion. S'il a fallu tourner de 150°, la force directrice sera donc 150—10 ou 140°, et la force directrice pour 1° sera $\frac{150-10}{10}=14$. — L'aimant ayant reçu une autre quantité de magnétisme, supposons qu'il faille, pour lui imprimer la même déviation de 10°, tourner le micromètre supérieur de 570°, la force directrice sera alors $\frac{570-10}{10}=56$ ou 4×14. On en conclura que les intensités magnétiques du barreau sont entre elles : : 1 : 4.

Lorsque les aimants ne peuvent pas être suspendus dans la balance, on suspend à leur place une petite aiguille aimantée. On détermine alors, à l'aide du micromètre, les torsions n, n', n'', qu'il faut donner au fil, pour imprimer à l'aiguille une même déviation : 1° quand elle est soumise à l'influence seule de la terre ; 2° quand l'action attractive de la terre est combattue par le pôle répulsif d'un premier barreau, placé verticalement dans le méridien magnétique, en regard et à la hauteur de l'aiguille ; 3° quand le premier aimant est remplacé par un second. De là on déduira, par un calcul facile, les intensités relatives des deux aimants.

On a reconnu que l'intensité magnétique des barreaux aimantés diminue à mesure que leur température s'élève.

Lois des actions magnétiques.

352. Coulomb a démontré que *les attractions et les répulsions magnétiques sont en raison inverse du carré des distances.*

1° *Méthode des oscillations.* — Une petite aiguille aimantée, douée d'une grande force coercitive, oscille sous l'influence de la terre seule, F, et fait n oscillations en $1'$. — Oscillant sous l'influence combinée F′ de la terre et du pôle attractif d'un long fil d'acier aimanté, placé verticalement à une distance δ dans le plan du méridien magnétique, elle fait n'·oscillations en $1'$. — L'aimant étant porté à une distance Δ, l'action combinée F″ de l'aimant et de la terre lui fait faire n'' oscillations en $1'$;

on a $\dfrac{F'}{F}=\dfrac{n'^2}{n^2}$, $\dfrac{F''}{F}=\dfrac{n''^2}{n^2}$, $\dfrac{F'-F}{F''-F}=\dfrac{n'^2-n^2}{n''^2-n^2}$, et l'on trouve

$\dfrac{n'^2-n^2}{n''^2-n^2}=\dfrac{\Delta^2}{\delta^2}$. Ce qui démontre le principe énoncé.

Dans les expériences de Coulomb, l'aiguille mobile avait un pouce de long, et le fil d'acier aimanté 24 pouces, afin que son pôle·répulsif fût sans influence sensible.

2° *Méthode de la balance de torsion*. — Un long fil d'acier aimanté est suspendu dans la balance, et se dirige dans le plan du méridien magnétique sans que le fil suspenseur éprouve de torsion. — On descend verticalement un long fil pareil, de manière à amener en regard·leurs pôles de même nom. Ils doivent se croiser à 10 lignes environ de leurs extrémités. — Il y a une vive répulsion. — On a déterminé d'avance quelle est la force directrice de la terre sur l'aimant mobile; par exemple, elle sera représentée par une torsion de 35° pour une déviation de 1° du méridien magnétique. (*Voy.* n° 351.)

La répulsion des deux aimants chasse celui qui est mobile à n°; la force de torsion est alors n·, et la force directrice de la terre $35 \times n$.

On tourne le micromètre afin de rapprocher les aimants à la distance n'; soit a' le nombre·de degrés dont on a tourné. La force de torsion sera $a'+n'$, et·la force directrice du globe sera $35 \times n'$.

On tourne enfin de a'' pour·· amener les aimants à la distance n''. La force de torsion est $a''+n''$, et·la force directrice·de. la terre $35 \times n''$. Ainsi les distances des aimants étant successivement n, n', n'', les répulsions qu'ils exercent l'un sur l'autre font équilibre aux trois forces, $35 \times n+n$·; $35 \times n'+n'+a'$; $35 \times n''+n''+a''$. — Et l'on reconnaît que la loi du·carré des distances est vérifiée.

Distribution·du magnétisme dans les aimants.

353. Coulomb a étudié.cette distribution par les deux méthodes des oscillations et de la balance de torsion. J'indiquerai seulement la première.

On suspend à des fils de soie sans·torsion une petite aiguille d'épreuve de 6 lignes de longueur qui, sous l'influence seule de la terre exécute n oscillations par minute. — On lui présente, à quelques lignes de distance, un fil vertical aimanté, situé dans le méridien magnétique, qui la fait osciller plus vite, et accélère plus ou moins ses oscillations, suivant la section qui se trouve en regard de l'aiguille mobile. Si cette section est éloignée des extrémités de la tige, les actions décroissant rapidement avec l'obliquité, on peut admettre que la force qui produit l'oscillation est proportionnelle à l'intensité magnétique de la section que l'on considère. Les intensités magnétiques des diverses sections du barreau seront alors données par la formule $\dfrac{F'-F}{F''-F}=\dfrac{n'^2-n^2}{n''^2-n^2}$.

Pour les sections extrêmes, l'aiguille ne ressentant que l'influence des sections situées au-dessus ou au-dessous des extrémités, Coulomb pensait qu'il fallait doubler les intensités trouvées.

Résultats. — La force magnétique est nulle au milieu des barreaux aimantés. Si l'aimant n'a pas une longueur de plus de 6 ou 8 pouces, l'intensité magnétique commence à croître lentement à droite et à gauche du milieu, puis elle augmente avec rapidité vers les extrémités, où elle est maximum. Si l'on représente les intensités magnétiques des diverses sections de l'aimant par des perpendiculaires à son axe, les sommets de ces perpendiculaires formeront une ligne continue appelée *courbe des intensités*, qui sera tangente à l'axe au milieu du barreau, et aura dans chaque moitié la forme représentée (*fig.* 159).

Fig. 159.

Lorsque la longueur de l'aimant surpasse 6 ou 8 pouces, la courbe ne change pas de forme, elle se transporte parallèlement à elle-même aux extrémités, et alors il y a au milieu un espace où l'intensité est nulle. Il en résulte qu'au-dessus de 6 à 8 pouces, tous les aimants ont leurs pôles situés aux mêmes points. Coulomb a fait voir par le calcul que ces pôles sont alors à 18 lignes des extrémités. — Pour les aimants très-courts, ils sont au 6e de la longueur totale. — Pour les aimants moyens, ils sont à une distance un peu plus grande.

Ces lois ne s'appliquent qu'aux aimants prismatiques ou cylindriques dont la longueur est très-grande par rapport aux dimensions transversales. Elles supposent l'aimantation régulière.

CHAPITRE IV.

THÉORIE DU MAGNÉTISME. — PROCÉDÉS D'AIMANTATION.

§ 1er. — *Théorie du magnétisme.*

354. L'examen attentif des propriétés des aimants nous a conduit à considérer l'aimantation comme le résultat de la décomposition du fluide magnétique neutre, mais dans l'étendue seule des molécules de l'aimant (nos 332, 334).

Dans leur état naturel, les deux fluides forment, autour de chaque particule, comme une atmosphère magnétique. Ils peuvent être séparés quand la force qui les sollicite est capable de vaincre leur attraction mutuelle et la force coercitive : ils se distribuent alors autour de la particule, suivant des lois déterminées, mais sans quitter la petite étendue à laquelle ils sont invariablement attachés. Dans un aimant, chaque particule d'acier m, dont les fluides magnétiques ont été séparés par une influence quelconque, est donc un aimant qui possède deux pôles, l'un austral en a, l'autre boréal en b, et une ligne neutre qui les sépare. Si cette molécule était isolée, la quantité de fluides libres qu'elle renfermerait devrait être telle qu'il y eût équilibre entre leur attraction mutuelle qui tend à les recomposer, et la force coercitive qui s'oppose à leur recomposition.

Fig. 160.

Voyons maintenant comment, dans un barreau aimanté, c'est-à-dire dans une série de molécules magnétiques, se forment les pôles et la ligne moyenne, et essayons de faire voir que l'action de l'aimant sur un corps extérieur doit être la même que si chacune de ses moitiés ne contenait qu'un seul fluide.

Considérons d'abord deux éléments magnétiques m, m', placés à la suite l'un de l'autre, leurs pôles contraires en regard, et examinons à quelles actions les pôles a et b de la molécule m sont soumis.

Fig. 161.

Quatre forces sont évidemment en présence. Deux tendent à recomposer les fluides séparés dans la particule m, savoir : la répulsion du pôle b' sur le fluide b, et l'attraction de ce même pôle b' sur le fluide a. Deux autres forces tendent à maintenir séparés les fluides de la particule m, savoir : l'attraction du pôle a' sur le fluide b, et la répulsion de ce même pôle a' sur le fluide a. — Les deux forces répulsives, de a' sur a et de b' sur b, ont lieu à des distances égales, entre des masses égales de fluide; et comme elles tendent à produire des effets opposés, elles se détruisent. — Les deux forces attractives, de a' sur b et de b' sur a, tendent aussi à produire des effets contraires. Mais, comme la première agit à une bien moindre distance que la seconde, elle est prédominante, et son excès s'ajoute à la force coercitive pour retenir les fluides de la molécule m décomposés.

Une analyse semblable prouvera que la présence de la molécule m a pour effet d'augmenter la quantité de magnétisme libre de la particule m'. D'ailleurs, il est clair que l'influence d'une particule magnétique sur une autre est d'autant plus grande que la distance qui les sépare est moindre.

Fig. 162.

Prenons maintenant une série de particules aimantées, placées à la suite les unes des autres, à des distances égales : limitons-en le nombre à 7 pour fixer les idées, et admettons qu'elles aient reçu des quantités égales de magnétisme et que leurs pôles contraires soient en regard.

La première particule m' sera influencée par toutes les autres, qui toutes agiront, mais avec des forces décroissantes, pour s'opposer à la recomposition des fluides libres a' et b'. Ces actions étant d'ailleurs égales à celles que subit la molécule m_1, les deux particules extrêmes m', m_1, auront des doses égales de fluides libres. — Considérons maintenant la seconde molécule m'. Toutes les autres particules agissent encore pour maintenir ses fluides décomposés; et l'influence qu'elles exercent est évidemment la même que celle qu'éprouverait la molécule m', si l'on enlevait la molécule m_1, qui est à l'extrémité de droite, pour la porter à la gauche de la file. Mais, par ce déplacement, la molécule m_1, s'étant rapprochée de m', agirait plus énergiquement sur elle; donc la puissance décomposante des fluides est plus grande pour m'' que pour m'. La symétrie de la figure montre que la particule m_2 aura le même état magnétique que m''.

En raisonnant d'une manière analogue, on verra que les molécules m''', m_3, ont des états magnétiques égaux, et que la quantité de fluides libres qu'elles possèdent est plus grande que pour m'', m_2. En un mot, l'intensité des fluides libres augmente de chaque côté en s'approchant de la particule du milieu. Voici donc le tableau des énergies des pôles moléculaires de la série :

$$a', \; b' < a'', \; b'' < a''', \; b''' < A \; ; \; B > a_3, \; b_3 > a_2, \; b_2 > a_1, \; b_1.$$

On voit par là que le fluide boréal des éléments b', b'', b''', qui se trouve dans la première moitié de la file, a moins d'énergie que le fluide austral a', a'', a''', A, et, par suite, que son effet est comme dissimulé, ou que cette partie de l'aimant doit agir sur les corps extérieurs comme si elle ne renfermait que du fluide austral. On voit de même que le fluide austral de la seconde moitié de la file d'éléments magnétiques est dissimulé par le fluide boréal, et que cette partie du barreau doit se comporter comme si elle ne contenait que du fluide boréal.

Ce que nous venons de dire d'une simple ligne de particules sera évidemment vrai pour un assemblage de lignes pareilles juxtaposées, ou pour un barreau aimanté. — Il est facile en outre de s'expliquer, d'après l'analyse qui précède, la formation de nouveaux pôles dans un aimant que l'on brise (n° 334).

§ 2. — Procédés d'aimantation.

355. Le globe terrestre recèle dans son sein des masses considérables d'aimants naturels, tout formés. Nous avons vu, en outre, que la seule influence des pôles magnétiques de la terre peut développer dans le fer doux de grandes quantités de magnétisme libre (n° 345), qu'on peut y fixer en communiquant au fer une force coercitive par la percussion, la torsion, etc. Mais les aimants naturels, et les aimants artificiels en fer tordu, battu, écroui, se prêteraient difficilement aux usages auxquels on fait servir le magnétisme; en outre, la force coercitive de ces derniers est faible et se perd avec le temps. Il nous faut des aimants plus homogènes, plus faciles à façonner et en même temps plus durables. L'acier trempé nous offre à cet égard toutes les conditions désirables; aussi tous les aimants artificiels sont en acier. *(Aimantation par le globe terrestre.)*

La force coercitive de l'acier a une limite : elle ne peut maintenir, dans un même barreau, qu'une certaine quantité de fluides magnétiques à l'état de séparation. Quand ce maximum est atteint, on dit que l'acier est aimanté à *saturation;* et si, par un procédé quelconque, on développait dans le barreau plus de magnétisme que la force coercitive ne peut en retenir, cet état ne serait que passager; une portion des deux fluides se recomposerait bientôt pour former du fluide neutre, et il ne resterait à l'état de liberté que la quantité de fluides dont la tendance à la recomposition serait équilibrée par la force coercitive. *(Point de saturation.)*

356. La manière la plus simple de développer dans un barreau d'acier la puissance magnétique, consiste à mettre, pendant un temps assez long, l'extrémité de ce barreau en contact *(Méthode du simple contact.)*

Fig. 163.

avec le pôle A d'un aimant. Le barreau éprouve alors peu à peu la décomposition par influence, et finit par prendre, comme les aimants, deux pôles et une ligne neutre. L'extrémité du barreau voisine du pôle A de l'aimant prend un pôle de nom contraire b, et l'extrémité opposée un pôle de même nom a. Seulement, comme l'action décomposante de l'aimant A décroît à mesure que la distance augmente, le pôle b a plus d'intensité que le pôle a, et la ligne moyenne est plus près de b. — Si même le barreau avait une trop grande longueur, ou s'il possédait une force coercitive trop grande, l'action décomposante de l'aimant ne s'étendrait pas jusqu'à son extrémité; elle cesserait à une certaine distance du point de contact, et au-delà elle ne développerait pas de magnétisme sensible. — Si on eût mis le pôle A de l'aimant en contact avec le milieu du barreau,

Fig. 165.

au lieu de l'extrémité, on aurait eu un pôle b au milieu et deux pôles a aux deux bouts. Il y aurait alors un point conséquent. — Le simple contact avec un aimant développe peu de magnétisme; aussi a-t-on recours à diverses méthodes pour obtenir une aimantation énergique.

357. Le procédé des simples frictions consiste à faire glisser, sur toute la longueur du barreau d'acier que l'on veut aimanter, le pôle d'un aimant puissant, et à répéter plusieurs fois, dans le même sens, les frictions sur les deux faces. Il se forme alors, à l'extrémité de l'aiguille que le pôle de l'aimant quitte la dernière, un pôle de nom contraire, et à la première extrémité un pôle de même nom.

Pour concevoir l'effet de cette méthode, il faut considérer l'aimant mobile dans la série de ses positions successives. Soit

Fig. 164.

A le pôle décomposant. Quand il est mis en contact avec l'extrémité antérieure de la tige d'acier (fig. 464), il agit comme dans la méthode de simple contact; il produit en ce point un pôle de nom contraire b, et à l'autre bout un pôle plus faible a. Quand l'aimant glisse sur le barreau (fig. 465), il se forme à l'extrémité qu'il quitte un pôle de même nom a, au-dessous même du barreau mobile un pôle contraire b, et à l'extrémité dont il s'approche un pôle austral a'. Ainsi, en réalité, la tige d'acier a un point conséquent sous le pôle du barreau mobile et deux pôles semblables à ses extrémités. Quand le pôle A continue à s'avancer, le point conséquent se transporte avec lui; l'état magnétique des parties du barreau successivement frottées est renversé; et au moment où le pôle mobile arrive à l'extrémité a', le pôle austral qui s'y trouvait est anéanti, et remplacé par le pôle boréal b qui y arrive également. L'aimant, ayant accompli sa course, laisse donc un pôle austral en a, un pôle boréal en a'.

Une seconde friction, si elle n'influençait que la même file de molécules magnétiques, ne ferait que détruire l'effet déjà produit pour le reproduire de nouveau, et la charge magnétique serait la même. Mais de nouvelles files de particules, qui ne se trouvaient pas directement au-dessous du pôle A dans la première friction, éprouvent une influence plus forte dans la seconde et les suivantes. — Toutefois l'effet maximum est borné à un petit nombre de frictions. En outre la méthode est sujette à donner des points conséquents, pour peu que la marche du barreau mobile ne soit pas régulière. On peut en créer presque à volonté, en tenant l'aimant plus longtemps appuyé en certains points de la tige que dans les autres.

358. En 1745, le physicien anglais Knight fit un pas important vers des méthodes plus efficaces. — Au milieu du barreau à aimanter, il réunit les pôles contraires de deux aimants d'égale force; puis il les fait glisser simultanément chacun vers une extrémité du barreau; il reporte ensuite en son milieu les deux aimants mobiles, qu'il fait glisser de nouveau, de manière que chaque moitié de l'aiguille soit toujours frottée dans le même sens, par le même pôle. Plusieurs frictions semblables sur les deux faces d'une aiguille d'acier suffisent d'ordinaire pour l'aimanter à saturation.

Méthode de la touche séparée.
Fig. 166.

Il est évident que, dans cette méthode, les deux pôles mobiles conspirent pour former un pôle austral à une extrémité, un pôle boréal à l'autre; tandis que, dans le milieu, leurs effets se détruisent.

On peut abréger l'opération et faciliter le développement du magnétisme, en adoptant la modification qu'a faite Duhamel à la méthode précédente. On fait reposer les extrémités du barreau que l'on veut aimanter sur les pôles contraires de deux aimants fixes, placés en regard sur la même ligne droite. On opère ensuite les frictions à l'aide des barreaux glissants, comme dans l'expérience précédente. On a reconnu qu'il était avantageux de les tenir inclinés d'environ 20° à l'horizon. Chacun d'eux doit reposer sur la lame d'acier par le pôle de même nom que celui du barreau fixe vers lequel il s'avance.

Méthode de Duhamel.

Fig. 166.

L'avantage de ce procédé est évident. Les barreaux glissants agissent comme dans la méthode de Knight; mais leur action est favorisée par celle des pôles fixes, qui maintiennent aux deux extrémités du barreau le magnétisme libre qui y a été développé, et empêchent que, pendant les frictions subséquentes, l'effet déjà obtenu soit détruit.

Ce procédé est le meilleur pour aimanter les aiguilles de boussole; c'est celui qui donne l'aimantation la plus régulière.

359. Quand il s'agit d'aimanter à saturation des barreaux très-forts, les méthodes précédentes sont insuffisantes. Celle qui développe le plus de magnétisme est la méthode de la

Méthode de la double touche.

double touche imaginée par Mitchell et perfectionnée par OEpinus. — Les extrémités du barreau à aimanter reposent encore sur les pôles contraires de deux aimants puissants; les barreaux glissants, d'une grande énergie, sont inclinés en sens inverse de 15 à 16°, et leurs pôles contraires, séparés l'un de l'autre par une petite pièce de bois, sont placés au milieu de la lame à aimanter. On les fait alors glisser simultanément vers une même extrémité, puis on les ramène ensemble vers l'extrémité opposée en leur faisant parcourir toute la longueur du barreau, et enfin on les ramène encore au milieu d'où ils étaient partis. On répète plusieurs fois ces frictions sur les deux faces, en ayant soin de revenir toujours au milieu par l'extrémité opposée à celle par laquelle on a commencé.

Pour analyser cette méthode, considérons d'abord l'action des pôles A et B sur un élément magnétique o, situé dans l'intervalle qui les sépare. Le fluide boréal de cet élément attiré par le pôle austral A et repoussé par le pôle boréal B, se trouve soumis à deux forces obliques oA, Bo, qu'on peut remplacer par deux composantes verticales, qu'il est inutile de considérer, et par deux composantes horizontales qui s'ajoutent et tendent à chasser à gauche le fluide boréal de la molécule o. On verra de même que le fluide austral de cette molécule est chassé à droite par la somme des composantes horizontales de la répulsion du pôle A et de l'attraction du pôle B. Ainsi les actions des deux pôles sur le fluide neutre de l'élément magnétique intérieur o tendent à séparer les deux fluides en tournant le fluide boréal vers le point b, et le fluide austral vers le point a.

Considérons, au contraire, une molécule o' extérieure. L'action décomposante du pôle A et celle du pôle B seront évidemment de sens contraire. Celle du pôle le plus voisin A sera prépondérante; elle tendra à tourner le fluide austral de la molécule à gauche, et le fluide boréal à droite; mais cette influence aura moins d'énergie que lorsque la molécule était dans l'intervalle des deux barreaux, puisqu'alors la décomposition était due à la somme des actions des deux pôles, et qu'actuellement la recomposition ne tend à s'effectuer qu'en vertu de la différence de leurs actions. Ainsi, quand les barreaux, après avoir intercepté une molécule, la laisseront, en glissant, hors de leur intervalle, leur influence, devenue moindre, sera insuffisante pour détruire l'effet qu'ils auront produit. L'état définitif du barreau sera donc, pour chacune de ses parties, celui qu'elle prend lorsqu'elle est comprise dans l'intervalle des deux pôles mobiles, c'est-à-dire que tous les éléments magnétiques formeront de petits aimants dont chacun tournera son pôle boréal vers l'extrémité *b*, et son pôle austral vers l'extrémité *a*.

La méthode d'OEpinus est la plus énergique, mais elle ne donne pas toujours une aimantation régulière; quelquefois même elle fait naître des points conséquents.

360. Nous verrons enfin, dans le livre suivant, que les courants électriques peuvent servir à former de toutes pièces des aimants très-réguliers et très-énergiques. Aimantation par l'électricité.

361. On obtient des aimants artificiels très-puissants, en juxtaposant de minces barreaux d'acier aimantés à saturation. —On fait ordinairement trois couches, composées d'un même nombre de lames. Les lames du milieu ont environ 2 pouces ½ à 3 pouces de plus que les autres, qui sont disposées symétriquement sur les deux faces de la couche centrale, de manière à former de chaque côté un retrait de 15 à 18 lignes. Ces lames sont fortement unies les unes aux autres à l'aide de deux talons en fer doux. *Faisceaux magnétiques. Fig. 169.*

362. Les armures sont des pièces de fer doux que l'on met en contact avec les pôles des aimants, soit pour conserver leur puissance magnétique, soit pour en augmenter, dans certains cas, les effets. *Armure des aimants.*

Pour en concevoir l'utilité, imaginons que l'on suspende verticalement une aiguille aimantée ou même un barreau d'acier, en mettant son pôle boréal en bas, son pôle austral en haut. Cette aiguille ou ce barreau éprouvera certainement, de la part de la terre, une influence qui tendra à affaiblir son magnétisme, en appelant le fluide austral dans la partie inférieure et repoussant, dans la partie supérieure, du fluide boréal. Dans toute autre position, la terre exercera aussi une influence plus ou moins forte, dont l'effet sera d'altérer, sinon de détruire, l'état magnétique du barreau. C'est pour prévenir ce résultat qu'on a imaginé les armures des aimants.

Les aiguilles qui sont en activité n'ont pas besoin d'armure; car elles sont toujours placées de manière à obéir à l'action des pôles terrestres, et dès-lors ces pôles leur servent eux-mêmes d'armure. *Aiguilles.*

Pour armer les barreaux aimantés, on les dispose par couple dans une boîte, en mettant d'un même côté les pôles de nom contraire. On ajoute transversalement, aux extrémités, deux prismes quadrangulaires de fer doux qui complètent le rectangle. Ces pièces de fer doux, s'aimantant par l'influence commune des barreaux, deviennent des aimants qui réagissent sur les barreaux eux-mêmes pour y fixer les fluides décomposés. *Barreaux. Fig. 170.*

Les aimants en fer-à-cheval, simples ou en faisceaux, conservent très-bien leur magnétisme à cause du rapprochement *Aimants en fer-à-cheval.*

Fig. 171.

et de l'action mutuelle des deux pôles. Leur armure consiste en une pièce triangulaire de fer doux, qu'on nomme le *portant* ou le *contact*, et qui reste constamment en prise avec les deux pôles contraires de l'aimant. Un crochet fixé au portant sert à suspendre les poids.

Enfin, pour armer les aimants naturels, on commence par tailler l'aimant en parallélipipèdes rectangle, de telle manière que, si on conçoit un plan vertical qui passe à égale distance des deux faces latérales opposées où se trouvent les pôles, et qui leur soit parallèle, les deux moitiés séparées par ce plan soient dans deux états différents de magnétisme, comme celles d'un barreau aimanté. On applique alors sur ces deux faces deux lames minces de fer doux, qui les recouvrent en entier, et qui sont terminées chacune par un talon. Les deux talons s'appuient sur la face inférieure, qu'on peut considérer comme la base de l'aimant, et ne la recouvrent que dans une étendue de quelques centimètres en longueur.

Il est facile de voir que les deux talons deviennent, par l'influence de l'aimant, l'un un pôle austral, l'autre un pôle boréal, tandis que les deux *ailes* de l'armure se constituent dans un état magnétique opposé et réagissent sur les deux pôles de l'aimant, dont chacun possède le même magnétisme que le pied correspondant de l'armure. Un portant, adapté aux deux talons, permet d'y suspendre des poids. La réaction des armures sur l'aimant naturel, et le poids qu'elles supportent, ont pour effet, non-seulement de conserver à l'aimant son magnétisme, mais même d'en augmenter l'intensité, au point qu'au bout de quelque temps l'aimant devient capable de soutenir un poids plus considérable.

LIVRE V.

ÉLECTRICITÉ.

CHAPITRE PREMIER.

ÉLECTRICITÉ DÉVELOPPÉE PAR LE FROTTEMENT. — HYPOTHÈSE
DES DEUX FLUIDES ÉLECTRIQUES.

363. Il existe certaines substances, telles que le verre, la cire d'Espagne, l'ambre, le soufre... qui, lorsqu'on les frotte avec un morceau de laine ou une peau de chat, acquièrent la propriété d'attirer les corps légers qu'on leur présente, comme des morceaux de papier, des barbes de plume, des feuilles métalliques... Cette propriété ayant été observée pour la première fois dans l'ambre jaune, dont le nom grec est ἤλεκτρον, a reçu le nom d'*électricité*.

Phénomènes fondamentaux.

Le *pendule électrique* offre un des moyens les plus simples qui puissent servir à constater qu'un corps s'électrise par le frottement. C'est une petite boule de moëlle de sureau, suspendue à l'extrémité d'un fil très-fin. Pour peu qu'un corps soit électrisé, si on le présente au pendule, il attire à lui la boule de sureau et l'écarte de sa position d'équilibre.

Fig. 174.

On peut encore se servir de l'*aiguille électrique*, qui se compose d'une petite aiguille de cuivre terminée par deux boules légères, et suspendue par son centre de gravité, à l'aide d'une chape, sur un pivot vertical.

Outre ce phénomène d'attraction, on observe en général que, si on approche la main ou le visage de la surface d'un corps électrisé, on sent sur la peau une impression légère, analogue au frôlement d'une toile d'araignée. Enfin, lorsqu'on opère dans l'obscurité, on voit une lueur bleuâtre suivre le frottoir à mesure qu'on le promène sur le corps qu'on électrise ; et, si on le touche avec le doigt, on entend le pétillement d'une faible étincelle. Nous verrons bientôt comment tous ces effets peuvent être agrandis.

364. Lorsqu'on soumet tous les corps à l'épreuve du pendule

Corps bons et mauvais conducteurs.

ou de l'aiguille électrique, ces corps semblent au premier coup d'œil devoir être divisés en deux classes. Les uns (verre, ambre, résine, pierres précieuses...) s'électrisent toujours par le frottement ; les autres (métaux...) ne donnent aucune apparence d'électricite. Mais cette distinction ne serait pas fondée. En effet, placés dans des circonstances convenables, les métaux deviennent électrisables comme les autres corps. Pour le prouver, on n'a qu'à fixer, à l'aide d'une virole, une tige métallique à l'extrémité d'un tube de verre, et à électriser le verre en le frottant avec de la laine. On reconnaîtra que l'électricité développée sur le verre passe sur le métal, se répand sur toute sa surface, de telle sorte que, si longue que soit la tige métallique, tous ses points, même les plus éloignés, manifestent les propriétés électriques au même instant.

Cette propriété des métaux de transmettre la vertu électrique, de s'électriser dans toute leur étendue aussitôt qu'ils sont mis en contact par un seul point avec un corps déjà électrisé, a reçu le nom de *conductibilité* électrique. Le résine, au contraire, le verre, le soufre et tous les corps qui s'électrisent par le frottement direct, n'acquièrent les propriétés électriques que dans l'étendue à peu près de la surface frottée ; les points éloignés n'en jouissent pas. Ainsi ils opposent une résistance au passage de l'électricité ; ils ne *conduisent* pas, ou du moins ils conduisent mal l'électricité. De là la division des corps de la nature en deux classes, savoir : les corps *bons conducteurs* et les corps *mauvais conducteurs* de l'électricité.

Toutefois il ne faut pas regarder la conductibilité et la non-conductibilité des corps pour l'électricité comme des propriétés absolues. Les plus mauvais conducteurs (gomme-laque, verre, soie, résine) n'ont qu'une conductibilité très-faible ; les meilleurs conducteurs (métaux, charbon calciné, mercure, eau, acides), quoique conduisant très-bien l'électricité, opposent cependant une certaine résistance à son écoulement ; et entre ces deux classes de corps, il en est une infinité (charbon non calciné, oxydes, terres, huiles, gaz secs) dont la conductibilité présente presque tous les degrés intermédiaires.

365. Quand un corps conducteur électrisé est mis en contact avec une sphère métallique, on remarque que les propriétés électriques du corps sont d'autant plus affaiblies que la sphère a un plus grand volume. De sorte que, si le volume de la sphère était infiniment grand, par rapport à celui du corps électrisé avec lequel elle est mise en contact, tous les signes d'électricité disparaîtraient aussitôt. C'est précisément ce qui arrive quand on met un corps électrisé en communication avec la terre, parce que le globe terrestre est composé

éservoir commun.

de substances qui conduisent assez bien l'électricité et que son volume est immense. Aussi donne-t-on à la terre, dans les théories électriques, le nom de *réservoir commun*.

366. Pour qu'un corps conducteur conserve son électricité, il faut qu'il soit séparé de la terre par un corps mauvais conducteur, tel que la soie, le verre ou la résine. Le corps est dit alors *isolé*, et le corps qui lui sert de support est appelé *isoloir* ou *corps isolant*. Puisqu'un corps isolé conserve pendant assez longtemps son électricité, il faut nécessairement que l'air dans lequel il est plongé et qui le touche de toutes parts soit un corps mauvais conducteur. Il remplit en effet assez bien les conditions d'un corps isolant, quand il est sec; mais on observe qu'il conduit d'autant mieux l'électricité qu'il est plus chargé de vapeur d'eau. Voilà pourquoi les expériences électriques réussissent difficilement dans les jours chauds et humides de l'été, tandis que les signes d'électricité sont beaucoup plus stables pendant les jours froids et secs de l'hiver. Cela est si vrai, que l'électricité paraît n'être retenue à la surface des corps conducteurs que par la pression de l'air qui les entoure. Dans le vide, sous le récipient de la machine pneumatique, les corps électrisés perdent instantanément leur électricité, que l'on voit s'écouler sous forme de jets lumineux dans l'obscurité. Les corps mauvais conducteurs perdent également, dans le vide, leurs propriétés électriques, mais avec plus de lenteur.

Corps isolants.

Le corps humain, celui des animaux, est composé de substances solides et liquides qui conduisent assez bien l'électricité, ce qui le rend lui-même assez bon conducteur. On conçoit maintenant pourquoi un métal qu'on tient à la main ne s'électrise jamais par le frottement, tandis qu'il devient facilement électrisable quand il est soutenu par un manche de verre. Dans le premier cas, l'électricité développée sur sa surface s'écoule, aussitôt qu'elle est engendrée, dans le sol avec lequel elle communique; dans le second cas, elle est retenue par le corps isolant. On voit par là que tous les corps, sans exception, sont susceptibles d'être électrisés.

367. Considérons deux pendules *isolés* A et B, c'est-à-dire composés chacun d'une petite boule de sureau suspendue à un fil de *soie*. Si, après avoir frotté un tube de verre avec de la laine, on l'approche du pendule A, la boule de sureau sera attirée, et l'attraction persistera tant qu'il n'y aura pas eu contact entre cette boule et le tube électrisé; mais dès que la boule et le tube se seront touchés, l'attraction se changera en une répulsion très-vive. Il est d'ailleurs facile de se convaincre que la boule A est électrisée, car elle est attirée par les corps conducteurs à l'état naturel. Donc 1º la boule A est repoussée par le tube de verre qui lui a communiqué son électricité.

Des deux électricités.

De même, si l'on présente à la boule du second pendule B un bâton de résine frotté avec une peau de chat, il y aura d'abord attraction; mais quand la boule B aura touché le bâton de résine et partagé son électricité, l'attraction se changera en répulsion. Donc 2º la boule B est repoussée par le bâton de résine qui lui a communiqué son électricité.

Enfin, si au pendule A, électrisé par le verre et repoussé par lui, on présente le bâton de résine électrisé, ce pendule sera vivement attiré. De même, si au pendule B, électrisé par la résine et repoussé par elle, on présente le tube de verre électrisé, il y aura une attraction très-forte. Tous les autres corps électrisés d'une manière quelconque attirent aussi l'un des pendules et repoussent l'autre. De là, nous tirons les conséquences suivantes :

1º Il existe deux électricités de nature différente. Celle qui se développe sur le verre, quand on le frotte avec de la laine, a reçu le nom d'électricité *positive* ou *vitrée;* celle qui se développe sur la résine, quand on la frotte avec de la laine ou une peau de chat, s'appelle électricité *négative* ou *résineuse.*

2º Deux corps chargés de la même espèce d'électricité se repoussent, et deux corps chargés d'électricités contraires s'attirent.

Dans les expériences précédentes, il est nécessaire de se servir de pendules *isolés;* car, sans cela, la boule de moëlle de sureau, ne conservant jamais l'électricité qui lui serait communiquée, serait constamment attirée par les corps électrisés qu'on lui présenterait, quel que fût le signe de leur électricité. C'est ce qui arrive quand le fil suspenseur est de lin ou de chanvre, au lieu d'être en soie.

Loi de l'électrisation par le frottement.

368. Toutes les fois que deux corps de nature quelconque, isolés si cela est nécessaire, s'électrisent par leur frottement mutuel, ils prennent, l'un de l'électricité positive, l'autre de l'électricité négative en quantité égale.

Pour démontrer ce fait, qui est sans exception, on prend deux disques isolés de métal ou de toute autre substance, que l'on frotte l'un contre l'autre et qu'on sépare rapidement; puis on les présente successivement à un pendule isolé, que l'on a préalablement électrisé, positivement je suppose; on reconnaît alors que toujours l'un des corps frottés repousse le petit pendule et que l'autre l'attire. Mais si on remet les deux disques en contact, ils perdent à l'instant leurs propriétés électriques, de sorte que les deux électricités, dont ils étaient chargés, se neutralisent l'une l'autre.

Les circonstances qui déterminent l'espèce d'électricité dont un corps se charge sont extrêmement variables. Ainsi : —

1º La nature du corps a d'abord une influence marquée : le verre frotté avec la laine prendra toujours l'électricité positive ; la résine au contraire prendra toujours l'électricité négative. — 2º Le degré de poli : un tube de verre poli étant frotté avec un tube de verre dépoli, le premier s'électrise positivement, le second négativement. — 3º Le sens des frictions : deux morceaux d'un même ruban de soie étant frottés en croix, celui qui est frotté transversalement prend l'électricité négative, le ruban frotté longitudinalement prend l'électricité positive. — 4º La température : deux corps identiques étant frottés l'un contre l'autre, il suffit que l'un ait une température plus élevée pour qu'ils se chargent d'électricités contraires. — Ces lois, comme on le voit, ne sauraient être formulées généralement.

369. En résumant les faits qui précèdent, on est conduit à admettre, pour l'explication des phénomènes électriques, l'hypothèse théorique suivante :

Hypothèse des deux fluides électriques.

1º L'électricité peut être assimilée à un fluide impondérable s'écoulant avec facilité sur la surface de certains corps, tandis que d'autres opposent une résistance plus ou moins grande à son mouvement ;

2º Il existe deux fluides électriques : le fluide positif et le fluide négatif ; chacun d'eux agit par répulsion sur ses propres molécules, et par attraction sur l'autre ;

3º Tous les corps possèdent, en quantités égales et indéfinies, les deux fluides électriques à l'état de combinaison ou de neutralisation mutuelle. Cette combinaison des deux fluides prend le nom d'*électricité naturelle* ou de *fluide neutre*. — L'électrisation de deux corps *à l'état naturel*, quand on les frotte l'un contre l'autre, n'est autre chose que le résultat de la séparation des deux fluides ; ils se partagent alors inégalement entre les deux corps : celui de ces corps dans lequel le fluide positif est en excès est électrisé positivement ; celui qui possède un excès de fluide négatif est électrisé négativement, et leur double électrisation est toujours simultanée.

La décomposition du fluide naturel des corps peut se faire par un grand nombre de causes. L'une des plus remarquables, celle que nous venons d'étudier, est le frottement ; mais l'électricité peut aussi être développée par la pression, par la chaleur, par le simple contact des corps et par toutes les actions chimiques.

L'électricité développée par le frottement, et qui forme, à la surface des corps électrisés, une couche plus ou moins épaisse à l'état de *tension* et de repos (*Voy.* nº 372), est appelée électricité *statique*, par opposition à l'électricité des piles voltaïques, qui ne produit ses remarquables effets qu'à l'état de mouvement, et qu'on a nommée électricité *dynamique* (*Voy.* nᵒˢ 410 et suivants).

CHAPITRE II.

LOI DES ATTRACTIONS ET DES RÉPULSIONS ÉLECTRIQUES. — DISTRIBUTION DE L'ÉLECTRICITÉ SUR LES CORPS CONDUCTEURS.

Balance de Coulomb.

Fig. 175.

370. La loi à laquelle sont soumises les attractions et les répulsions électriques se démontre à l'aide de la balance de Coulomb.

La balance électrique de torsion se compose d'une grande cage en verre, dont le couvercle est un plateau de verre percé de deux trous : l'un près de la circonférence, sert à introduire une boule métallique isolée *b* ; l'autre, placé au centre, est surmonté d'un tube de verre vertical, dans l'axe duquel est suspendu un fil métallique très-fin. Ce fil est saisi, à sa partie supérieure, par une pince qui fait corps avec un tambour métallique. Ce tambour est mobile et s'emboîte à frottement dur dans un autre tambour fixe sur lequel il peut tourner, et dont le limbe supérieur est gradué sur ses bords. Le premier porte avec lui un repère à l'aide duquel on peut compter le nombre de degrés qu'il a parcourus dans sa rotation. A la partie inférieure du fil de métal, et au milieu de la cage en verre, est suspendu un levier horizontal formé d'une aiguille de gomme-laque, dont l'extrémité porte un petit disque de clinquant ou de papier doré. Enfin, sur les parois latérales de la cage, sont tracées des divisions angulaires, dans le plan horizontal qui contient le centre du disque de clinquant et le centre de la boule *b* ; ces deux points doivent se trouver à la même distance du fil métallique qui est le centre de rotation.

Lois des attractions et des répulsions électriques.

Pour se servir de la balance, on commence par tourner le tambour mobile de manière que, le fil métallique étant sans torsion, le levier horizontal qui porte le disque de clinquant soit dirigé vers le zéro de la division, et que ce disque soit en contact avec la boule métallique *b* dont le centre doit aussi correspondre au zéro. Alors on électrise cette boule ; le disque de clinquant, partageant son électricité, est repoussé et va prendre une position nouvelle telle, qu'il y ait équilibre entre la force répulsive que la boule exerce sur lui, et la force de torsion du fil métallique qui tend à le ramener à sa position primitive. Supposons qu'il s'arrête à 36° de distance de son point de départ. On sait que la force de torsion d'un fil métallique est proportionnelle à l'angle de torsion (n° 146); donc, à la distance actuelle, la répulsion électrique, qui est égale à la force de torsion, sera représentée par 36. — Pour évaluer la force répulsive à une distance moindre, on fera tourner le limbe supérieur, de manière à tordre le fil, jusqu'à ce que le disque de clinquant se trouve vis-à-vis la division 18, puis en face de la division 9. Les distances de la boule au disque seront ainsi successivement 1, $\frac{1}{2}$, $\frac{1}{4}$. Dans chacune de ces positions d'équilibre, il y aura toujours égalité entre la force répulsive de l'électricité et la force de torsion du fil. Or, la torsion du fil se compose évidemment de l'angle 18° ou de l'angle 9°, plus du nombre de degrés dont on aura, dans chacun de ces deux cas, fait tourner le tambour mobile. — Dans une expérience de Coulomb, il fallut tordre, pour la seconde position du disque, de 126°, et pour la troisième, de 567. De sorte que les distances du disque à la boule étant successivement 1, $\frac{1}{2}$, $\frac{1}{4}$, les torsions du fil ou les forces répulsives correspondantes furent entre elles comme les nombres 36, 18+126=144, 9+567=576, ou bien comme les nombres 1, 4, 16. — D'où l'on conclut cette première loi : *La force répulsive de deux corps électrisés est en raison inverse du carré de la distance qui les sépare.* Cette loi serait également vraie pour les attractions électriques.

371. Les actions électriques ne dépendent pas seulement de la distance des corps entre lesquels elles s'exercent, elles varient aussi avec la quantité d'électricité dont ils sont chargés. — En effet, reprenons la seconde expérience où le disque est repoussé à 18° de distance de la boule b, la torsion étant de 144°. Touchons alors cette boule avec une autre boule métallique parfaitement égale, isolée comme elle, mais à l'état naturel. L'électricité de la boule b se partageant également entre les deux, cette boule ne conservera que la moitié de la charge électrique qu'elle possédait d'abord. Alors on reconnaîtra que la force répulsive est devenue deux fois plus faible ; car, pour maintenir le disque de clinquant à 18° de distance, il faudra diminuer de moitié la torsion totale. — De même, si on enlève au disque de clinquant la moitié de son électricité en le touchant avec un disque égal et isolé, la force répulsive deviendra encore deux fois moindre, et, pour maintenir le disque à sa première position, il faudra encore détordre de moitié; d'où il suit que la torsion finale et la force répulsive correspondante ne seront plus que le quart de ce qu'elles

étaient primitivement. — De là cette deuxième loi : *Les actions électriques sont en raison composées des quantités d'électricité des deux corps qui réagissent l'un sur l'autre.*

perdition de électricité.

372. La démonstration des lois précédentes suppose que, pendant toute la durée des expériences, la boule et le disque ne font aucune perte d'électricité, ou que l'on peut tenir compte de la déperdition, s'il y en a.

Or, deux causes tendent à affaiblir, à chaque instant, la charge électrique des deux corps électrisés, savoir : 1º le contact de l'air plus ou moins humide et par suite plus ou moins conducteur qui les entoure; 2º l'imparfait isolement des supports qui laissent écouler un peu d'électricité, soit par leur substance propre, soit par la conductibilité de la couche d'humidité dont ils se recouvrent, pour peu qu'ils soient hygrométriques.

Coulomb a démontré que la perte par l'air est extrêmement faible dans un air calme et parfaitement desséché. Aussi on peut se dispenser d'en tenir compte quand les expériences durent peu et qu'on a eu le soin de faire séjourner pendant longtemps, dans la cage de verre, de la chaux vive ou du chlorure de calcium.

Quant à la perte par les supports, elle dépend de la charge électrique du corps ainsi que de la longueur du support isolant. Coulomb a fait voir que, pour une charge électrique donnée, il existe toujours une longueur pour laquelle un tube de verre enduit de gomme-laque isole parfaitement. On le reconnaît à ce qu'une boule métallique électrisée ne perd pas plus vite son électricité, quand elle est soutenue par deux, trois supports, suffisamment longs et égaux, que par un seul.

Distribution fluide électrique sur les corps conducteurs.

373. 1er principe. — Quand un corps conducteur est électrisé, le fluide électrique libre qu'il possède, obéissant à la force répulsive que ses molécules exercent les unes sur les autres, abandonne l'intérieur du corps pour se porter en entier à sa surface, où il vient former une couche d'une épaisseur excessivement petite.

En effet, si, dans l'expérience du nº 374, on touche la boule *b*, que je suppose massive, avec une boule égale, la première perd la moitié de son électricité. Si on la met en contact avec une boule métallique de même rayon, mais creuse au lieu d'être pleine, elle perdra encore la moitié de son électricité. Enfin, le partage aurait encore lieu exactement de la même manière, si on la mettait en contact avec une boule de verre non conductrice, d'un rayon égal au sien, et seulement recouverte d'une feuille d'or d'une épaisseur moindre qu'un millième de pouce. Cette égalité de partage prouve que, dans la boule métallique pleine, comme dans la boule de verre revêtue d'une feuille d'or, l'électricité réside entièrement à la surface et y forme une couche de très-peu d'épaisseur. Cette couche est uniquement retenue par la pression de l'air extérieur; car, dans le vide, l'électricité répandue sur les corps conducteurs s'écoule et se dissipe instantanément.

On démontre encore le principe précédent à l'aide d'une boule métallique creuse isolée qu'on électrise. Si l'on touche les parois avec un plan d'épreuve isolé, on prend de l'électricité à l'extérieur; mais on n'en trouve pas dans l'intérieur de la boule.

374. 2e *principe.* — Sur une sphère conductrice et isolée, l'épaisseur de la couche électrique est la même dans tous les points. — Car, tout étant symétrique autour du centre, il n'y a pas de raison pour que le fluide électrique s'accumule dans un point plus que dans un autre. Cette couche électrique exerce, contre l'air qui s'oppose à sa diffusion au-dehors, une pression d'autant plus forte que son épaisseur est plus grande; elle est proportionnelle au carré de cette épaisseur. Dans le cas actuel, la *tension électrique* est la même sur tous les points de la surface sphérique.

Sur une sphère

Fig. 176.

375. 3e *principe.* — Si le corps conducteur isolé a la forme d'un ellipsoïde plus ou moins allongé, l'épaisseur de la couche électrique ne sera plus uniforme. — L'expérience prouve qu'aux extrémités a et b du petit axe, l'épaisseur de la couche électrique est *minimum*, et qu'elle augmente à partir de cette section moyenne, jusqu'aux extrémités c et d du grand axe, où elle est *maximum* et d'autant plus grande que l'ellipsoïde est plus allongé.

Sur un ellipsoïde.
Fig. 177.

Pour le démontrer, on se sert d'un *plan d'épreuve* (petit disque de papier doré, fixé à l'extrémité d'une aiguille de gomme-laque), que l'on applique tangentiellement sur la surface du corps électrisé, et qu'on enlève ensuite perpendiculairement. Ce petit plan d'épreuve enlève à chaque point touché une quantité d'électricité proportionnelle à l'épaisseur électrique en ce point (Coulomb). — En le portant dans la balance électrique, on peut facilement mesurer les diverses charges électriques qu'il a prises et vérifier ainsi la loi énoncée.

Fig. 178.

376. Un corps conducteur terminé en cône peut être considéré comme le pôle d'un ellipsoïde infiniment allongé: il résulte alors de l'extension du principe précédent que l'épaisseur de la couche électrique, au sommet du cône, doit être infiniment grande. Mais, comme la résistance de l'air qui s'oppose à l'écoulement du fluide électrique est limitée, on conçoit qu'à l'extrémité d'une pointe métallique électrisée, quelque faible que soit sa charge, la tension électrique surpassera toujours la pression de l'air environnant, et le fluide s'écoulera, se disipera

Sur un cône. Pouvoir des pointes.
Fig. 179.

tout entier. C'est ce que l'expérience justifie. Aussi un corps terminé en pointe ou présentant des arêtes saillantes et vives, ne peut-il jamais conserver la moindre trace de l'électricité qu'on lui communique. Une pointe métallique aiguë, adaptée au conducteur d'une machine électrique, l'empêche de se charger et laisse écouler, au fur et à mesure qu'il se développe, le fluide électrique que la source répand sur sa surface. Dans l'obscurité, cet écoulement du fluide électrique est signalé par une gerbe lumineuse, si c'est du fluide positif qui s'écoule, et par un point brillant, si c'est du fluide négatif. En mettant la main au-devant de la pointe, à une petite distance, on éprouve sur la peau la sensation d'un souffle léger. — Nous verrons, dans le chapitre suivant, d'autres applications de ce *pouvoir des pointes* qu'a découvert Franklin.

CHAPITRE III.

ÉLECTRICITÉ PAR INFLUENCE.

377. Un corps électrisé décompose par influence le fluide neutre d'un corps conducteur placé dans sa sphère d'activité.

Electrisation par influence. Fig. 180.

Pour étudier la loi de l'électrisation par influence, au-devant d'un corps A qu'on peut électriser à volonté, on place un cylindre métallique isolé B, aux extrémités duquel sont des tiges métalliques supportant chacune un petit pendule formé d'une boule de moëlle de sureau suspendue à un fil de lin.

Aussitôt qu'on électrise le corps A, on voit les petits pendules s'écarter des tiges qui les supportent; et cette divergence prouve que les extrémités du cylindre conducteur possèdent de l'électricité libre. — De plus, en supposant le corps A électrisé *positivement*, on reconnaîtra : 1° que la partie du cylindre B, la plus voisine de A, est chargée d'électricité négative; car la boule de sureau *b* est repoussée par un bâton de résine électrisé négativement; 2° que la partie du cylindre la plus éloignée de A est chargée d'électricité positive, comme le corps A lui-même; car la boule du second pendule *b'* est repoussée par un tube de verre électrisé positivement. — Ainsi le cylindre B se trouve partagé en deux parties électrisées inversement l'une de l'autre; de sorte qu'en passant de la région positive à la région négative, on passe nécessairement par une ligne *xy* où il y a zéro d'électricité libre, et à partir de laquelle la tension électrique augmente, positivement d'un côté, négativement de l'autre, jusqu'aux sommets du cylindre où elle est maximum.

378. Si l'on décharge instantanément le corps A de son électricité en le mettant en communication avec le sol, les petits pendules retombent brusquement, et tous les signes d'électricité que présentait le cylindre isolé B disparaissent.

Si l'on éloigne lentement le cylindre B du corps électrisé A, la divergence des pendules décroît peu à peu, et à une certaine distance elle devient nulle ; tous les signes électriques du cylindre disparaissent encore.

On conclut de ces faits que l'électricité du corps A n'a pas passé sur le cylindre B ; car ce cylindre ne possèderait qu'un seul fluide libre, et il le conserverait après la décharge ou l'éloignement du corps A. Pour expliquer les phénomènes précédents, il faut donc admettre que le fluide positif du corps A décompose par influence l'électricité naturelle du cylindre isolé, attire le fluide de nom contraire dans la partie la plus voisine, et refoule dans la partie la plus éloignée le fluide de même nom que lui. La quantité d'électricité naturelle décomposée dans le cylindre dépend de la charge électrique du corps A et de la distance à laquelle la réaction a lieu. On concevra aisément pourquoi et à quel moment la décomposition s'arrête, si on analyse les forces qui agissent sur une molécule quelconque m de fluide neutre du cylindre. Le fluide négatif de cette molécule est attiré vers la partie antérieure du cylindre par le corps A ; mais il tend à se porter vers la partie postérieure du même cylindre : 1° par la répulsion qu'exerce sur lui l'électricité négative déjà accumulée en b ; 2° par l'attraction de l'électricité positive accumulée en b'. Le fluide positif de la molécule m éprouvera des actions semblables ; d'où il suit que la décomposition par influence s'arrêtera lorsqu'il y aura équilibre entre la première force qui agit dans un sens, et les deux autres qui agissent en sens contraire.

Lorsque l'influence du corps A vient à être détruite, soit par l'éloignement du cylindre, soit par la décharge du corps A lui-même, les deux fluides momentanément séparés sur le cylindre se recomposent et reforment du fluide naturel. Dans le premier cas la recomposition est lente, dans le second elle est instantanée. Cette recomposition subite, quand elle se fait dans les organes d'un être vivant, est accompagnée d'une commotion à laquelle on a donné le nom de *choc en retour*.

379. Un premier cylindre conducteur isolé ayant été électrisé par influence, si derrière lui on place un second cylindre semblable, il s'électrisera de la même manière, mais plus faiblement ; ce second cylindre pourrait encore agir par influence

sur un troisième... jusqu'à ce qu'on ait dépassé le rayon de la sphère d'activité du corps A.

380. Supposons maintenant que, pendant que le cylindre isolé B est soumis à l'influence du corps électrisé A, on mette ce cylindre en communication avec le sol, en le touchant par un point quelconque de sa surface. — Alors, *quel que soit le point touché*, qu'il soit à la partie antérieure, à la partie moyenne ou à la partie postérieure du cylindre, on verra toujours le pendule *b'* descendre subitement vers sa tige, tandis que le pendule *b* restera éloigné de la sienne, et même *s'élèvera davantage*, et il ne restera sur le cylindre que de l'électricité négative. En effet, si on touche la partie postérieure du cylindre B, le fluide positif, qui y est refoulé par l'influence répulsive du corps A, s'écoulera dans le sol. Si on touche la partie antérieure du cylindre, l'électricité neutre du fil conducteur, qui établit la communication avec le réservoir commun, est décomposée par le corps A. Son fluide vitré est repoussé dans le sol; son fluide résineux attiré passe sur le cylindre et neutralise, en s'y répandant, tout le fluide vitré qui s'y trouve. Le résultat est le même que si le cylindre avait été en communication avec le sol avant de subir l'influence du corps électrisé A. — L'électricité positive du cylindre ayant disparu, l'action décomposante du corps A sur le fluide naturel du cylindre a une force de moins à vaincre; dès-lors une nouvelle quantité d'électricité neutre est décomposée : son fluide positif s'écoule dans le sol; son fluide négatif, attiré dans la partie antérieure du cylindre, s'ajoute à celui qui y était déjà accumulé, et augmente la divergence du pendule.

Si maintenant ou supprime la communication du cylindre B avec le sol, ce corps conservera un excès de fluide négatif libre, même lorsqu'on l'éloignera du corps A, à l'influence duquel il était précédemment soumis. Dans cette expérience, il est essentiel de se rappeler que l'électricité libre, dont se charge par influence le cylindre conducteur isolé, est toujours de *nom contraire* à celle du corps électrisé qui a exercé cette influence.

381. Les lois de l'électrisation par influence supposent que le corps influencé est bon conducteur et ne sont pas applicables aux corps mauvais conducteurs, dont les molécules opposent une résistance au mouvement des fluides électriques.

Il résulte de cette différence entre les bons et les mauvais conducteurs, que les mauvais conducteurs ne s'électrisent, par communication avec un corps électrisé, qu'au contact, et presque dans l'étendue seule des points touchés, tandis que les bons conducteurs peuvent s'électriser à distance. Cette communication à distance est, en outre, accompagnée du phénomène remarquable de l'étincelle électrique. — Supposons, par exemple, qu'à un corps A électrisé positivement on présente un corps conducteur quelconque. Le fluide positif de ce conducteur sera refoulé dans la partie la plus éloignée, le fluide négatif sera attiré dans la partie voisine du corps électrisé, où il fera effort contre l'air environnant pour se combiner avec le fluide positif du corps A. Alors, si la tension électrique est assez forte, et la distance assez petite, la recomposition des deux fluides contraires aura lieu à travers l'air, en donnant naissance à une étincelle plus ou moins vive, accompagnée d'un craquement particulier. On peut donc poser en principe général, que toutes les fois qu'une étincelle part entre deux corps électrisés, c'est qu'il y a neutralisation de deux masses égales de fluides contraires, qui se sont accumulées dans les parties les plus voisines des deux corps, au point de vaincre, par leur attraction mutuelle, la résistance de l'air qui les sépare.

L'étincelle électrique est capable de produire divers effets physiologiques, physiques ou chimiques, que nous analyserons plus tard (n° 405).

382. Passons aux applications diverses des lois de l'électrisation par influence, et d'abord à la théorie de la *machine électrique.*

Machine électrique.

Fig. 181.

La machine électrique se compose d'un plateau de verre circulaire que l'on fait tourner, à l'aide d'une manivelle, autour d'un axe passant par son centre. Dans sa rotation, il frotte contre deux paires de coussins en cuir, rembourrés de crin, et fixés aux deux extrémités d'un même diamètre. Les surfaces arrondies de ces coussins pressent, en s'aplatissant, les deux faces du plateau de verre, et développent sur lui, par leur frottement, de l'électricité positive. L'expérience a prouvé que, pour augmenter la quantité de fluide développé, il était convenable de revêtir les surfaces frottantes d'une couche d'or *mussif* (deuto-sulfure d'étain), ou d'un amalgame de zinc et d'étain. L'électricité positive du plateau de verre est reçue par le *conducteur* de la machine. Ce conducteur se compose ordinairement de deux cylindres creux en laiton, supportés par des pieds isolants en verre, revêtus d'un vernis à la gomme-laque. Ces deux cylindres, qui communiquent entre eux, sont terminés, dans le voisinage du plateau, par deux branches à fer-à-cheval, qui embrassent, de chaque côté, toute la largeur du plateau que le frottement des coussins électrise ; ces deux branches sont en général armées de pointes métalliques placées en regard du plateau. Alors l'électricité positive, développée sur le plan de glace, décompose par influence le fluide neutre du conducteur, repousse le fluide positif et attire le fluide négatif qui, s'accumulant dans les pointes, y acquiert une tension toujours capable de vaincre la résistance de l'air, se répand sur le plateau de verre, et vient à chaque instant neutraliser le fluide positif que le mouvement de rotation y développe. Quand les branches du conducteur ne sont pas armées de pointes, la même décomposition a lieu, et le fluide négatif du conducteur se porte, par une série d'étincelles, sur le fluide positif du plateau qui l'attire.

Dans le frottement mutuel du verre contre les coussins, le plateau se chargeant d'électricité positive, les coussins se chargent nécessairement d'électricité contraire (n° 368); si ce fluide négatif restait sur les coussins, son attraction pour le fluide positif du verre s'opposerait à la puissance décomposante du frottement, et la charge électrique du plateau serait très-limitée. Aussi, pour obtenir la plus grande charge possible, est-il essentiel de faire communiquer les coussins avec le sol, par une chaîne de métal qui livre à chaque instant passage à leur électricité négative.

Il importe également que les parties de la surface du verre, qui sont successivement frottées, arrivent devant le conducteur après avoir perdu le moins possible de l'électricité qu'elles ont acquise. Pour cela, on adapte aux frottoirs deux *armatures* de taffetas gommé, qui enveloppent le verre dans toute l'étendue des deux cadrans opposés que le plateau décrit en allant des coussins au conducteur, et le préservent ainsi du contact de l'air humide.

Maximum de charge du conducteur. 383. Malgré toutes ces précautions, la charge électrique du conducteur a toujours un maximum qu'elle ne peut dépasser et qui dépend de plusieurs causes. En effet :

Le plateau de verre tournant avec une vitesse donnée ne peut prendre qu'une charge électrique finie ; par conséquent, la quantité d'électricité neutre qu'il peut décomposer sur le conducteur est également limitée. La décomposition doit s'arrêter lorsque le fluide positif et le fluide négatif d'une même molécule d'électricité neutre éprouvent, le premier des répulsions égales, le second des attractions égales, de la part de l'électricité positive du plateau et de l'électricité positive déjà accumulée sur le conducteur. Cette tension maximum, à laquelle parvient alors le conducteur, augmente avec la vitesse de rotation du plateau.

Mais, quand bien même le plateau pourrait être animé d'une vitesse de rotation extrêmement grande, la tension électrique du conducteur ne pourrait augmenter au-delà d'une certaine limite ; cette limite serait alors la résistance maximum que l'air oppose à la déperdition du fluide électrique. Cette résistance sera d'autant plus grande que l'air sera plus sec; aussi a-t-on le soin de chauffer les conducteurs et leurs supports.

Si l'on cessait de faire tourner le plateau de verre, le conducteur aurait bientôt perdu toute sa charge électrique, soit à cause du contact de l'air, soit à cause des pointes (s'il y en a), par lesquelles son électricité s'écoulerait rapidement. Aussi doit-on imprimer au plateau une rotation constante et uniforme, si l'on veut à chaque instant réparer ces pertes.

384. Quand on présente au conducteur d'une machine électrique un corps métallique communiquant avec le sol, on en tire des étincelles très-vives, qui jaillissent à des distances d'autant plus grandes que la tension et la charge du conducteur sont plus fortes. Or, la tension de l'électricité sur un corps conducteur restant la même, la *quantité* d'électricité qu'il possède augmentera évidemment avec l'étendue de sa surface. Aussi, en faisant communiquer avec les conducteurs principaux de la machine de grands cylindres isolés, servant de *conducteurs secondaires*, on pourra verser sur cette vaste surface une grande quantité de fluide électrique, dont la *tension*, en chaque point, ne sera pas plus forte que sur un conducteur ordinaire; et alors, si on décharge d'un seul coup toute cette masse d'électricité, en mettant le système des conducteurs en communication avec le sol, l'écoulement du fluide sera signalé, non plus par de simples étincelles, mais par de véritables lames de feu.

> Conducteurs secondaires.

385. L'*électrophore* a été imaginé par Volta. Il se compose d'un *gâteau de résine* coulé dans un moule en métal. Sur la surface de ce gâteau, qui doit être aussi unie que possible, on pose un plateau métallique soutenu par un manche de verre. Son diamètre est un peu moindre que celui de la résine. Pour charger l'électrophore, on commence par électriser la résine en la battant fortement avec une peau de chat; si l'on pose alors sur elle le plateau métallique, la non-conductibilité de la résine s'opposera à ce que son électricité passe sur le métal. Cette électricité négative agit alors par influence sur le fluide neutre du plateau, attire le fluide positif dans la face inférieure, et repousse dans la face supérieure le fluide négatif. Si on touche le plateau avec le doigt, le fluide négatif s'écoulera dans le sol en produisant une faible étincelle; en même temps, la quantité de fluide positif latent, qui reste sur le plateau, augmentera (n° 384); et quand on soulèvera ce plateau par son manche isolant, le fluide qu'il possède, devenu libre, se manifestera, à l'approche du doigt, par une vive étincelle. En recommençant la même série d'opérations, on pourra, sans recharger la résine, tirer du plateau des milliers d'étincelles consécutives. — L'électrophore est souvent employé en chimie.

> Électrophore.
> Fig. 182.

386. On appelle *électroscopes* ou *électromètres* des instruments destinés à constater la présence d'une très-petite quantité d'électricité sur un corps et la nature de cette électricité.

Fig. 183 et 184.

Ces appareils se composent d'un bocal en verre, à la partie supérieure duquel est mastiqué un conducteur métallique, terminé au-dehors par une boule et au-dedans par deux crochets mobiles ou par une pince. On suspend aux crochets deux pailles, ou deux boules de moëlle de sureau attachées à des fils de lin; ou bien on suspend à la pince deux feuilles d'or qui tombent parallèlement dans l'intérieur de la cloche.

On aura ainsi, suivant la nature du conducteur mobile, un électroscope à *boules de sureau*, à *pailles* ou à *lames d'or*.

Si on approche du bouton de l'électroscope un corps électrisé, ce corps décomposera par influence l'électricité naturelle du conducteur, attirera dans le haut le fluide de nom contraire, et repoussera, dans les pailles, les boules de sureau ou les lames d'or, le fluide de même nom qui les fera diverger. La divergence sera d'autant plus grande que le corps influent aura une charge électrique plus forte. Pour éviter que, dans leur écartement mutuel, les deux petits pendules ne viennent toucher les parois de la cage de verre, et ne contractent avec elles une adhérence, en lui communiquant leur électricité, on colle sur ces parois intérieures deux lames d'étain, que les pendules atteignent dans leur plus grande divergence, et sur lesquelles ils se déchargent de leur électricité. L'intérieur de la cage de verre devant être parfaitement sec, on a soin d'y faire séjourner de la chaux vive ou du chlorure de calcium.

387. Mais, quand on veut se servir de l'électroscope pour reconnaître l'espèce d'électricité que possède un corps, il faut préalablement communiquer à l'appareil une électricité connue. Pour cela, on présentera, à distance, au bouton de l'électroscope, un bâton de résine électrisé négativement; touchant alors le conducteur avec le doigt, pendant qu'il est soumis à l'influence de la résine, on lui enlèvera le fluide négatif (n° 384); et si alors on retire *d'abord* le doigt, *ensuite* le bâton de résine électrisé, l'électroscope restera chargé d'électricité positive. Si on eût présenté à l'électroscope un tube de verre électrisé positivement, il se serait chargé d'électricité négative.

Cela posé, quand on présentera à un électroscope électrisé positivement un corps électrisé de la même manière, ce corps repoussera l'électricité positive de l'électroscope dans les pailles ou les feuilles d'or dont la divergence sera ainsi augmentée. L'augmentation de divergence dans les pailles accusera donc toujours, dans le corps éprouvé, la présence d'une électricité de même nature que celle dont l'électroscope est chargé. — Si le corps présenté à l'électroscope est chargé d'électricité négative, il attirera dans le bouton l'électricité positive du conducteur et déterminera un rapprochement dans les pailles. Mais il pourra arriver qu'en approchant le corps davantage, son influence soit assez grande pour opérer, dans le fluide neutre du conducteur de l'électroscope, une décomposition dont le résultat serait de refouler dans les pailles du fluide négatif qui, après les avoir rapprochées jusqu'au contact, les ferait diverger de nouveau. Cette divergence, qui succède alors à la convergence primitive, est même nécessaire pour qu'on soit certain que le corps éprouvé possède une électricité contraire à celle de l'électroscope. Car un corps conducteur *à l'état naturel*, présenté au bouton de l'appareil, produirait le premier effet, mais ne produirait pas le second. — Aussi, quand l'électricité d'un corps présenté à l'électroscope est inconnue, l'épreuve de la répulsion ou de l'augmentation de divergence dans les pailles est la plus décisive, la moins sujette à erreur. — Au lieu de prendre pour inconnue l'électricité du corps que l'on fait agir sur l'électromètre, on pourrait, au contraire, prendre pour inconnue celle de l'appareil lui-même.

388. L'explication des phénomènes d'attraction ou de répulsion des corps électrisés est, comme nous allons le voir, une conséquence de la théorie de l'électricité développée par influence.

Mouvement des corps électrisés.

Prenons d'abord le cas le plus simple : deux petites boules non conductrices sont chargées de la même électricité ; ces deux boules se repoussent. Ici, le fluide électrique étant adhérent, en quelque sorte, aux molécules de matière pondérable autour desquelles il a été développé, on conçoit que la répulsion des deux boules mobiles a pour cause une action directe du fluide électrique sur la matière pondérable, et provient de ce que les deux masses fluides qui se repoussent, entraînent avec elles les particules matérielles dont elles ne peuvent se séparer. — On expliquerait de même l'attraction de deux boules mobiles, non conductrices, électrisées, l'une positivement, l'autre négativement.

389. Mais, si maintenant on considère deux boules *conductrices* électrisées, leur réaction mutuelle ne peut plus être attribuée à la même cause ; car on sait que, sur la surface d'un corps bon conducteur, le fluide électrique n'est retenu que par la pression de la couche d'air qui l'entoure comme une enveloppe imperméable, mais que, dans le vide, ce fluide s'écoule à

l'instant : d'où il suit qu'il n'y a aucune action directe entre lui et la matière pondérable du corps conducteur. Pour concevoir ici ce qui se passe, rappelons-nous ce principe d'hydrostatique : Si un vase ABCD contient un liquide en équilibre, les parois opposées *m* et *n* éprouveront des pressions égales et contraires qui se détruiront mutuellement ; mais, si au point *n* on pratique un orifice, la pression qui s'exerçait en ce point n'existant plus, la pression opposée en *m* aura tout son effet, et imprimera au vase un mouvement de recul en sens contraire de l'écoulement. Cela posé, chacune de nos deux boules conductrices AB, CD, peut être considérée comme un vase contenant un fluide en équilibre, c'est le fluide électrique, et comme ayant pour paroi la couche d'air enveloppante. — Si les deux boules possèdent la même électricité, et qu'on les rapproche l'une de l'autre, les deux fluides semblables se repoussant, la tension électrique diminue dans les deux hémisphères en regard A et C ; elle augmente, au contraire, dans les deux hémisphères éloignés B et D. Les couches d'air en contact seront donc beaucoup plus pressées en B et D que dans les points intérieurs ; ces couches qui restent imperméables au fluide électrique, obéissant aux pressions les plus fortes, se mouvront en sens contraire et entraîneront les deux boules dans ce mouvement répulsif. — Si les boules étaient électrisées, l'une positivement, l'autre négativement, il est facile de voir que les masses fluides s'attirant, les tensions les plus fortes auraient lieu dans les hémisphères en regard A et C, et que les boules devraient se rapprocher par l'effet des pressions intérieures.

390. Il serait également facile d'analyser l'action attractive d'un corps électrisé sur un corps conducteur à l'état naturel. Supposons que ce soit une boule de sureau isolée par un fil de soie. Son fluide naturel étant décomposé par influence, le fluide contraire à celui du corps sera attiré dans la partie antérieure, le fluide de même nom repoussé dans la partie postérieure de la boule. Alors cette boule sera soumise à deux forces, l'une attractive, l'autre répulsive ; mais la première, agissant à une distance moindre, l'emportera sur la seconde, et la boule sera attirée. — Si, au lieu de prendre un pendule isolé, nous eussions pris un pendule conducteur, le fluide repoussé de la boule se serait écoulé dans le sol, et, la force attractive agissant alors sans obstacle, l'attraction eût été beaucoup plus vive.

391. La réaction de deux corps électrisés de la même manière, mais ayant des charges électriques inégales, présente une sorte d'anomalie qu'il est aisé d'expliquer. En général, si à un pendule isolé, électrisé je suppose positivement, on

Fig. 18.

Fig. 185.

Fig. 186.

as d'attraction
ntre des corps
électrisés de la
ême manière.

présente un tube de verre chargé aussi d'électricité positive, il y a une vive répulsion. Mais si, surmontant cette première force répulsive, on approche le tube de verre très-près de la boule du pendule, alors l'électricité du verre, qui est en excès, réagissant sur le fluide naturel de la boule, chassera dans l'hémisphère le plus éloigné tout le fluide positif, et attirera dans l'hémisphère voisin du fluide négatif. A la vérité, la masse de fluide positif répandu sur la boule sera plus grande que la masse du fluide négatif; mais, d'un autre côté, la distance à laquelle s'exerce la force attractive étant moindre que celle à laquelle agit la force répulsive, il pourra arriver que cette différence de distance compense la différence des masses, et même qu'en définitive, au lieu d'une répulsion, il y ait réellement attraction. Mais alors, aussitôt après le contact, le fluide négatif de la boule sera neutralisé, et il y aura une répulsion constante.

392. Le principe du n° 389, par lequel nous avons expliqué les attractions et les répulsions des corps conducteurs électrisés, avait été invoqué, mais à tort, pour expliquer l'expérience suivante : imaginons qu'à une chape de cuivre A soient adaptés 5 ou 6 rayons métalliques recourbés dans le même sens à leurs extrémités et terminés en pointes. Cette espèce de roue étant posée sur un pivot métallique, si on électrise le pivot, l'électricité, se portant vers les pointes, s'écoule rapidement, à mesure que la source la fournit, et aussitôt l'appareil prend un mouvement rapide de rotation, en sens contraire de l'écoulement du fluide électrique. Cette expérience est absolument semblable à celle que nous avons vue en hydrostatique (n° 69), et on l'expliquait d'une manière analogue; mais l'analogie paraît ici trompeuse. Car M. Aimé a fait voir qu'un *tourniquet électrique* enduit de vernis dans toute son étendue, excepté à l'extrémité des pointes, cesse de tourner dans le vide, quoique l'électricité s'écoule alors librement par ces pointes. Ce même appareil fonctionne quand il est plongé dans un liquide mauvais conducteur tel que l'huile, et s'arrête dans l'eau. Il paraît donc probable que le mouvement de recul vient ici de la répulsion exercée sur les pointes par l'air que le courant électrise.

393. Il y a plusieurs expériences qui dépendent de l'électricité par influence, mais que je crois devoir me borner à mentionner. Ce sont les expériences du *carrillon électrique*, du *carrillon à pointe métallique*, de la *grêle électrique* et du *choc en retour.* — Pour cette dernière, on se sert d'une grenouille fraîchement dépouillée, ou même vivante, que l'on suspend par un fil métallique au-devant du conducteur électrisé d'une machine; à chaque fois que l'on décharge le conducteur, en

margin notes: Roue à réaction. Fig. 187. Expériences diverses.

tirant une étincelle, la grenouille qui en subissait l'influence éprouve une commotion, ses muscles se contractent vivement par le choc en retour, à l'instant où cette influence cesse. (*Voy.* n° 378.)

CHAPITRE IV.

DE L'ÉLECTRICITÉ LATENTE OU DISSIMULÉE.

Accumulation de l'électricité.
Fig. 188.

394. Concevons que l'on ait mis en contact avec une source constante d'électricité, telle que le conducteur d'une machine, un disque métallique isolé C ; ce disque se chargera d'une quantité *finie* d'électricité positive, qui dépendra de l'étendue de sa surface et de l'énergie de la source. En regard de ce plateau, disposons un plateau semblable C', séparé du premier par une lame mince de verre, et communiquant avec le sol ; dès ce moment le premier plateau pourra recevoir une charge électrique beaucoup plus forte.

En effet, le fluide positif répandu sur le plateau C, exerçant son influence, au travers de la lame non conductrice, sur les électricités combinées du plateau C', en décomposera une partie, repoussera dans le sol l'électricité positive, et attirera sur la surface antérieure de ce disque l'électricité négative. Ce fluide négatif ne sera pas libre, il n'aura aucune tension à l'extérieur, il sera neutralisé par l'attraction du fluide positif du disque C ; en un mot, il sera *latent* ou *dissimulé*. — Mais, comme il n'y a jamais d'action sans réaction, le fluide négatif du plateau C', agissant par attraction, à travers la lame de verre, sur le fluide positif du plateau C, neutralisera à son tour *une partie* de ce fluide, lui fera perdre son état de tension ou de liberté, en un mot la dissimulera, la rendra latente. — Dès-lors le plateau C, n'ayant plus sa tension *maximum*, pourra recevoir de la source, avec laquelle il est en contact, une nouvelle charge électrique. Ce nouveau fluide positif se comportera comme le premier, décomposera par influence une certaine quantité d'électricité naturelle du plateau C', repoussera dans le sol l'électricité positive, et attirera dans le disque du fluide négatif qui sera totalement latent ou dissimulé, comme celui qui y existe déjà, mais qui dissimulera à son tour une partie du nouveau fluide positif que le plateau C a reçu. Ainsi le disque C pourra se charger encore, et à chaque fois qu'il

sera mis en communication avec la source, il s'accumulera
du fluide positif sur ce disque et du fluide négatif sur le disque
opposé.

395. J'ai dit qu'à chaque contact du plateau C avec la source Loi et limite
de cette
accumulation.
électrique, le fluide négatif qui devient latent sur le plateau
C' ne dissimule qu'*une partie* du fluide positif ajouté au premier, de sorte que le plateau C contient un excès d'électricité
positive libre, qui augmente avec la charge de l'appareil. Ce fait,
qui impose une limite à l'accumulation de l'électricité, positive
sur C, négative sur C', se démontre aisément. En effet, supposons que le disque C, mis tout seul en communication avec le
conducteur de la machine, reçoive une charge maximum
d'électricité positive représentée par 100. Quand le disque C'
sera placé en regard, la quantité de fluide négatif qui y deviendra latente sera nécessairement moindre que 100 ; car, si la
distance qui sépare les deux disques était *nulle*, l'électricité
positive du premier neutraliserait une quantité *égale* d'électricité négative du second (mais alors les deux fluides se recombi-
neraient par une étincelle, et reformeraient du fluide neutre).
On conçoit donc que, quand les deux disques seront placés *à
distance*, le fluide négatif du disque C' ne pourra être *totalement* dissimulé qu'autant que le plateau C contiendra *plus*
d'électricité positive que le plateau C' ne contient d'électricité
négative. Admettons que la quantité de fluide négatif dissimulé
sur le plateau C' soit les $99/100$ de 100, ou 99. On démontrera
de même que ce fluide négatif ne peut, en réagissant sur l'électricité positive du plateau C, en dissimuler qu'une quantité
moindre que 99. Or, comme tout est symétrique de part et
d'autre, la portion de fluide positif neutralisé devra être les
$99/100$ de 99 ou $9801/100$, environ 98. Il restera donc $2/100$ ou $1/50$
de fluide positif libre sur le plateau C. Ainsi, ce plateau ne
conservera à chaque fois, à l'état de tension, que la 50me partie de sa charge effective, et pourra continuer à recevoir de la
source du fluide positif, soit par une série d'étincelles consécutives, soit par une communication non interrompue; mais seulement jusqu'à ce que la 50me partie de sa charge totale soit
devenue égale à la quantité qu'il prendrait naturellement aux
mêmes conducteurs, s'il était seul et soustrait à l'influence du
second plateau. Telle est la limite vers laquelle son état électrique converge sans cesse. On voit qu'avec les nombres arbi-
traires que nous avons adoptés, la charge du disque C, sous
l'influence du disque C', tend à devenir 50 fois plus grande
que dans l'état de séparation.

Ce rapport entre la charge électrique du premier plateau,
quand il est isolé, et sa charge quand il est soumis à l'influence
d'un plateau secondaire, dépend de la distance qui sépare ces

deux plateaux ; car la dissimulation est d'autant plus parfaite que cette distance est moindre. Mais, comme les deux électricités dissimulées répandues sur les disques font effort pour se rejoindre et pressent avec énergie les deux faces de la lame de verre, il en résulte que, si l'on rend la lame non conductrice très-mince, on augmentera, il est vrai, la charge dont l'appareil est susceptible, mais on courra le risque que les deux fluides ne brisent la lame, trop faible pour résister à leur attraction, et ne se combinent par une forte étincelle ; de là, par conséquent, une nouvelle limite à l'accumulation de l'électricité.

Condensateur.   396. L'appareil que nous venons de décrire se nomme *condensateur*. Une fois qu'il a été chargé et isolé, on peut le décharger de deux manières : *lentement* ou *instantanément*.

Décharge lente.   Pour concevoir d'abord la décharge *lente* ou *successive*, rappelons-nous que le fluide négatif du plateau C′ est complétement dissimulé, tandis qu'il reste sur le plateau opposé C un excès de fluide positif libre ; de sorte que, si à chaque plateau était adapté un petit pendule, celui du plateau négatif serait vertical, et celui du plateau positif serait plus ou moins élevé. Alors, si l'on touche le plateau positif, on obtiendra une petite étincelle, provenant de l'excès de l'électricité libre de ce plateau, qui s'écoulera dans le sol ; ce qui restera sur le disque C étant, dès ce moment, entièrement neutralisé par le fluide négatif du disque C′, il est évident que ce dernier disque contiendra à son tour plus d'électricité négative que le disque C ne contient d'électricité positive ; donc il devra y avoir sur C′ un excès d'électricité négative à l'état de tension : aussi, à l'instant du contact, on voit à la fois le pendule *p* s'abaisser et le pendule *p′* s'élever subitement. — En touchant à son tour le disque C′, on lui enlèvera par une étincelle tout l'excès de fluide libre qu'il contient ; le pendule *p′* tombera et le pendule *p* s'élèvera aussitôt ; ce qui indiquera un nouvel excès de fluide positif libre sur le disque C. On pourra alors recommencer ces contacts alternatifs, et, chaque fois, on ôtera à chacun des plateaux une partie du fluide dont il est chargé. On obtiendra ainsi une longue série d'étincelles de plus en plus faibles, jusqu'à ce que la décharge soit complète.

Si on abandonnait le condensateur isolé au contact de l'air, le plateau positif commencerait par perdre un peu de son électricité libre, et le pendule *p* s'abaisserait lentement. Mais, en même temps, du fluide négatif serait mis en liberté sur le disque C′, et le pendule *p′* s'élèverait. Quand les deux pendules seraient à la même hauteur, la perte due au contact de l'air devenant égale sur les deux plateaux, leur électricité s'affaiblirait graduellement et simultanément, et les pendules retomberaient ensemble jusqu'à ce que l'air eût entièrement déchargé l'appareil.

397. Lorsqu'au lieu de toucher alternativement les deux plateaux du condensateur, on établit entre eux une communication non interrompue à l'aide d'un arc conducteur, alors les deux fluides électriques accumulés se recombinent instantanément par une vive étincelle qui, lorsqu'elle passe à travers un corps organisé, lui imprime une forte secousse.

Décharge instantanée.

On peut se servir, pour opérer la décharge, d'un excitateur métallique dont les deux branches, mobiles autour de leur point de jonction comme charnière, sont soutenues par des manches en verre. On peut également faire usage d'un simple conducteur en métal dont on tient les deux branches avec les mains. L'électricité, suivant toujours le meilleur des conducteurs qui lui sont offerts, traversera le métal sans imprimer le moindre choc aux mains qui le portent. Cependant, si le conducteur était un simple fil de métal, et la charge un peu forte, le fil n'offrant pas à l'écoulement de l'électricité une surface suffisante, une partie du fluide électrique passerait par le corps de l'expérimentateur et lui imprimerait une commotion. — Quand la charge du condensateur est forte, il se décharge quelquefois spontanément, la lame de verre qui sépare les deux plateaux étant alors tournée par l'étincelle.

Fig. 189.

398. Quand un condensateur est fortement chargé, une première étincelle ne suffit pas pour lui enlever toute son électricité. En effet, en approchant de nouveau de l'un des disques une des branches de l'excitateur, tandis que l'autre branche touche le disque opposé, on obtient une seconde, puis une troisième étincelle, et quelquefois un plus grand nombre, qui vont en s'affaiblissant. Cela tient à ce que les deux fluides positif et négatif s'attirent au travers de la lame de verre qui les sépare, avec une force telle qu'ils quittent les plateaux métalliques pour venir se coller sur les deux faces de la lame. Pour le prouver, il suffit de séparer les trois parties du condensateur en les tenant toujours isolées. Alors, si on touche les plateaux métalliques, on y trouve à peine une quantité d'électricité sensible; ainsi ils n'ont rien conservé de leur électricité. Mais ces deux électricités sont adhérentes aux deux faces de la lame de verre; car, en remettant l'appareil dans son état primitif, et établissant une communication métallique entre les disques, on en tire une vive étincelle, qui indique que le condensateur est presque aussi fortement chargé qu'auparavant.

Décharge incomplète.

399. Le condensateur, dont nous venons de développer la théorie, peut recevoir différentes formes. Celui que nous avons décrit porte le nom de *condensateur à lame de verre*. Dans

Condensateur à lame de verre.

la pratique, pour la facilité des expériences, on remplace les deux plateaux mobiles par deux simples feuilles d'étain, collées sur les deux faces opposées d'un carreau de verre plus large qu'elles.

Électromètre condensateur.

Fig. 190.

400. La théorie de l'électricité latente a fourni à Volta l'idée d'un instrument d'une sensibilité extrême, propre à faire découvrir dans les corps les plus faibles traces d'électricité : c'est l'*électromètre condensateur*. — Il consiste en un électroscope ordinaire, à feuilles d'or, dont le conducteur est terminé au-dehors de la cage de verre par un plateau métallique horizontal. Ce plateau est recouvert d'une couche très-mince de vernis à la gomme-laque. Au-dessus on place un autre disque de même diamètre, isolé par un manche de verre, et revêtu d'un semblable vernis. Quand on veut se servir de l'appareil, on touche le plateau inférieur avec le doigt pour le faire communiquer avec le sol, et on met en contact avec le plateau supérieur le corps dans lequel on veut démontrer la présence de l'électricité. Le fluide qui se répand sur le disque supérieur agit par influence à travers la couche mince de vernis pour séparer les deux électricités combinées du disque inférieur, repousser dans le sol l'électricité de même nom, et attirer dans le plateau l'électricité contraire. On enlève alors, bien perpendiculairement, le plateau supérieur, après avoir d'abord ôté le doigt, et les deux plateaux se trouvent chargés. Leurs électricités n'étant plus en présence, chacune d'elles devient libre et se manifeste avec la tension que la dissimulation lui a communiquée. On conçoit aisément combien cet appareil doit être sensible, puisque la couche de vernis, à travers laquelle la séparation des électricités s'opère, possède à peine un 10e de millimètre d'épaisseur.

Bouteille de Leyde.

Fig. 191.

401. La *bouteille de Leyde* n'est autre chose qu'un condensateur dans lequel la lame de verre est courbe au lieu d'être plane. C'est un flacon de verre, à parois minces, recouvert extérieurement d'une feuille d'étain, qu'on appelle l'*armature extérieure*, et qui s'étend jusqu'à une certaine distance au-dessous du col de la bouteille : la partie excédante, qui n'est pas revêtue de feuille d'étain, est recouverte d'un vernis à la gomme-laque, parce que le verre seul est très-hygrométrique et n'isole qu'imparfaitement. L'intérieur est rempli de feuilles d'or ou de clinquant qui constituent la seconde armature. Une tige métallique, recourbée en forme de crochet et terminée au-dehors par un bouton, est scellée dans le bouchon qui ferme le goulot, et communique avec l'armature intérieure.

Pour charger la bouteille de Leyde, on la saisit de la main par l'une de ses armatures, et l'on met la seconde en commu-

nication avec le conducteur de la machine électrique. Cette
dernière armature prend alors de l'électricité positive, tandis
que l'autre se charge de fluide négatif.

Toute la théorie du condensateur est applicable, mot pour
mot, à la bouteille de Leyde, l'armature intérieure remplaçant
le disque C, et l'armature extérieure le disque C'. — Elle
peut être déchargée, soit instantanément, en donnant naissance à une forte étincelle, soit successivement, lorsque, après
l'avoir isolée, on touche alternativement chacune de ses
armatures. — Dans le cas de la décharge instantanée, une
seule étincelle ne suffit généralement pas pour remettre complètement la bouteille à l'état naturel. Cela tient, comme pour
le condensateur, à ce que les deux fluides électriques quittent
les deux armatures, pour se porter sur les deux faces du verre
à travers lequel ils s'attirent. On le démontre à l'aide d'une
bouteille de Leyde à armatures mobiles, formée d'un cylindre
en fer-blanc dans lequel entre un bocal en verre; enfin, dans
ce bocal en verre, on introduit une espèce de bouteille métallique terminée par un crochet. Après avoir chargé et isolé
l'appareil, on enlève avec un tube isolant l'armature intérieure,
puis le bocal en verre; on touche successivement les deux
armatures sur lesquelles on trouve à peine une quantité sensible d'électricité; puis, replaçant les trois parties de l'appareil
dans leur état primitif, on le trouve encore très-fortement
chargé.

Fig. 192.

402. La bouteille de Leyde prend le nom de *jarre électrique*
quand elle est formée d'un bocal en verre à large goulot, dont
les deux faces, intérieure et extérieure, sont tapissées de
feuilles d'étain jusqu'à une certaine distance des bords. — Une
réunion de plusieurs jarres, dont toutes les armatures intérieures communiquent entre elles d'une part, et dont toutes
les armatures extérieures sont aussi de leur côté en communication, constitue une *batterie électrique*.

*Jarres
et batterie.*

Une batterie électrique n'est autre chose qu'un condensateur
d'une vaste surface. En multipliant les jarres, c'est-à-dire en
augmentant les surfaces des armatures, on peut augmenter
considérablement la charge; c'est même le seul moyen d'y
parvenir. En effet, trois causes seulement influent sur la
charge d'un condensateur, savoir : 1° la puissance de la machine électrique qui sert à opérer la charge, puissance qui est
toujours limitée; 2° l'épaisseur de la lame de verre qui sépare
les deux plateaux, épaisseur qu'on ne peut pas réduire au-
dessous d'une certaine limite, parce que les fluides électriques
accumulés sur les deux faces briseraient, pour se recomposer,
la lame trop mince pour opposer un obstacle à leur attraction;
3° enfin, l'étendue de la surface des armatures, le seul de ces

trois éléments dont nous puissions disposer ; et encore, à mesure que cette surface s'agrandit, la déperdition de l'électricité due au contact de l'air augmente dans la même proportion : aussi la machine électrique qui sert à charger une batterie indique toujours, même au maximum de la charge, une tension électrique moindre que lorsqu'elle n'a à électriser que son conducteur. Pour estimer cette tension électrique du conducteur et de l'armature intérieure de la batterie avec laquelle il communique, on adapte à ce conducteur un *électromètre à pendule*, appelé électromètre de *Henley*, dont la tige s'écarte de plus en plus de sa position verticale, et indique par son ascension les progrès et la limite de la charge. Pour décharger une batterie, il est toujours prudent de faire usage d'un excitateur à manches isolants.

Fig. 193.

403. La charge d'une batterie est d'autant plus lente que sa surface a plus d'étendue. Aussi une forte batterie exige pour se charger une machine très-puissante. Mais on peut, au moyen de la *charge par cascade*, accélérer l'opération. On dispose plusieurs bouteilles ou jarres, de manière que l'armature extérieure de la première communique avec l'intérieur de la seconde, l'armature extérieure de la seconde avec l'intérieur de la troisième, et ainsi de suite jusqu'à la dernière, dont l'armature extérieure communique avec le sol. En mettant la garniture intérieure de la première jarre en contact avec le conducteur de la machine électrique, toutes se chargeront à la fois d'électricité positive à l'intérieur, et d'électricité négative à l'extérieur. Un semblable appareil constitue une *pile électrique*. — Si l'on isole chacune des jarres dont elle se compose, on pourra les réunir pour en former une batterie, en joignant par des tringles métalliques toutes les garnitures intérieures, que l'on fera communiquer avec le conducteur de la machine, et joignant de même les garnitures extérieures que l'on mettra en communication avec le sol. Puis on complètera la charge par quelques tours de plateau. On pourrait aussi laisser les jarres de la pile électrique dans leur ordre primitif, et décharger tout l'appareil en mettant en communication la garniture intérieure de la première avec la garniture extérieure de la dernière. Mais, dans ce cas, on n'obtiendrait qu'une étincelle plus faible que celles qu'on eût tirées des jarres prises individuellement, parce qu'il s'opère une série de recompositions intérieures qui sont perdues pour l'effet général.

404. De 1745 à 1750, on essaya, en Angleterre, de faire servir la bouteille de Leyde à mesurer la vitesse avec laquelle l'électricité se propage à la surface des corps conducteurs. Mais cette vitesse est tellement grande, que les expériences furent

sans résultat. M. Wheatstone a repris et résolu le problème par un procédé fort ingénieux.

Concevons un miroir métallique, plan, vertical, poli sur ses deux faces, et pouvant prendre, autour d'un axe vertical qui le traverse dans son épaisseur, un mouvement de rotation rapide et régulier. Au-devant de ce miroir tournant, plaçons un point lumineux fixe : l'image de ce point tournera avec le miroir; mais elle aura évidemment une vitesse de rotation angulaire double de la sienne; elle décrira *deux* circonférences pendant *une* révolution complète du miroir. — Si le point lumineux ne brille que pendant un instant excessivement court, son image ne décrira dans le miroir mobile qu'un petit arc de cercle, dont l'amplitude dépendra du temps pendant lequel a brillé l'étincelle et de la vitesse de rotation du miroir. — Enfin, imaginons que le point lumineux, au lieu d'être fixe, soit entraîné, suivant une verticale, d'un mouvement très-rapide, sur une longueur de 2 centimètres, je suppose. L'image aura parcouru, non un arc horizontal, comme dans le cas précédent, mais un arc oblique dont les deux extrémités seront à 2 centimètres de distance verticale. Ajoutons qu'en vertu de la persistance des impressions lumineuses sur la rétine, cet arc oblique paraîtra entièrement éclairé. Mais, pour que l'obliquité de cet arc soit sensible, il faut que, le miroir tournant très-vite, la lumière ait mis un temps appréciable pour parcourir les deux centimètres. Or, si l'on dispose deux boules *a* et *b* l'une au-dessus de l'autre, de manière à faire jaillir entre elles une étincelle électrique, on n'aperçoit dans le miroir qu'une ligne brillante parfaitement verticale. Donc le temps nécessaire pour le passage de l'étincelle est infiniment petit.

Supposons maintenant que deux traits lumineux semblables, verticaux, placés l'un au-dessus de l'autre, apparaissent à $1/100$, $1/1000$.... de seconde d'intervalle. L'image du second sera en arrière sur l'image du premier de tout l'espace angulaire que la lumière réfléchie décrit dans le miroir tournant pendant $1/100$, $1/1000$.... de seconde. Par exemple, si le miroir fait 50 tours par seconde, et que les étincelles soient à 4 mètres de l'axe de rotation, la lumière réfléchie décrira dans une seconde 100 circonférences de 4^m de rayon, ou 36000 degrés ayant une longueur de $2513^m,28$, ce qui donne pour chaque degré une longueur de $0^m,07$. Ainsi la lumière réfléchie parcourra $1°$ en $1/36000$ de seconde. Cela posé, s'il y a un espace angulaire de $1°$, ou une distance de 7 centimètres, entre les images verticales des deux étincelles, c'est qu'il y a eu $1/36000$ de seconde d'intervalle entre leurs apparitions; une distance angulaire de 30′, correspondant à $0^m,035$, accusera un intervalle de temps égal à $1/72000$ de seconde; un angle de 3′ mesurera $1/720000$ de seconde.

Appliquons ce principe à l'électricité. Pour cela, prenons six balles métalliques *a*, *b*, *c*, *d*, *e*, *f*, rangées, à peu de distance l'une de l'autre, sur une même ligne verticale; unissons les boules *b* et *c* par un fil de cuivre de 620^m de longueur, et les boules *d* et *e* par un fil semblable; enfin, faisons communiquer la première *a* avec l'armature positive, la dernière *f* avec l'armature négative d'une bouteille de Leyde, il y aura une étincelle à chaque solution de continuité, et les trois étincelles formeront dans le miroir mobile trois images verticales; mais les deux images extrêmes se trouvent seules sur une même ligne, et l'image du milieu s'en écarte sensiblement. Cet écart indique que l'étincelle *cd* est en retard d'un intervalle de temps appréciable, relativement aux deux étincelles *ab, ef* qui se manifestent au même instant; mais il est évident que cet intervalle est le temps que l'électricité a mis à parcourir les 620 mètres du fil de cuivre *bc* ou *de*. Ce temps sera mesuré par l'espace angulaire qui, dans le miroir tournant, séparera l'étincelle du milieu de la ligne des deux autres. Dans une expérience faite par M. Wheatstone, la vitesse du miroir étant réglée à 50 tours par seconde, l'intervalle angulaire dont il s'agit ne surpassait pas 3′ de degré. Donc, le temps mis par l'électricité à parcourir un fil de 620^m était au plus de $1/72000$ de seconde. On en conclut que, *dans* 1″ *l'électricité parcourt au moins* $620^m \times 720000 = 446400000^m$, *ou plus de 110 mille lieues de 4 kilomètres.* Cette vitesse surpasse celle de la propagation de la lumière dans le vide.

Effets de l'étincelle électrique.

405. Les effets de l'étincelle électrique peuvent se diviser en trois grandes classes : les effets *physiologiques*, les effets *physiques* et les effets *chimiques*. Je donnerai, sans le développer, un tableau des expériences principales qui servent à les constater.

* Effets
physiologiques.

Lorsqu'une personne présente la jointure du doigt au conducteur électrisé d'une machine, elle en tire une étincelle qui lui fait éprouver une commotion plus ou moins vive, accompagnée d'un sentiment de piqûre. — On peut faire l'expérience d'une autre manière, en montant sur un tabouret à pieds de verre, et se mettant en communication avec le conducteur de la machine électrique. Alors tout le corps s'électrise, les cheveux se hérissent, laissant écouler le fluide électrique comme tous les corps terminés en pointe, et toutes les parties du corps donnent des étincelles à l'approche des substances conductrices.

La commotion donnée par la bouteille de Leyde, lorsque, tenant d'une main l'armature extérieure, on touche de l'autre la garniture intérieure, est beaucoup plus forte que celle des machines ; elle se fait sentir dans les bras, principalement aux articulations, et peut même ébranler la poitrine. Si plusieurs personnes formant la *chaîne*, la première touche la panse extérieure d'une bouteille de Leyde, tandis que la dernière touche l'armature intérieure, toutes les personnes reçoivent simultanément et instantanément la commotion. — Enfin, la commotion produite par la décharge d'une batterie est toujours dangereuse ; elle est suffisante pour foudroyer des animaux assez forts, et, en multipliant le nombre des jarres, on pourrait certainement la rendre assez puissante pour donner la mort à un homme.

406. Les effets physiques produits par l'étincelle électrique sont de diverses natures. On peut les partager en effets calorifiques, mécaniques, lumineux.

Effets physiques.

Parmi les effets de chaleur nous citerons : l'inflammation de l'éther, de l'alcool, de la poudre à canon, de la résine pulvérisée par l'étincelle ordinaire ou par celle des bouteilles de Leyde ; — la détonation d'un mélange de gaz hydrogène et oxygène (pistolet de Volta, eudiomètre). — Les fils métalliques très-fins sont fondus et volatilisés par la décharge d'une batterie. — Les feuilles d'or et d'argent sont également brûlées, et laissent sur les corps avec lesquels elles sont en contact une trace d'un brun noirâtre qui n'est autre chose qu'un dépôt de métal très-divisé (empreintes électriques). — Quand on fait passer la décharge à travers un fil de soie recouvert d'or ou d'argent, le métal est brûlé et le fil de soie reste intact.

Calorifiques.

407. L'étincelle électrique produit dans l'air, au milieu duquel elle jaillit, une expansion subite (thermomètre de Kinnersley). — Les substances non conductrices, que les fluides électriques sont obligés de franchir pour se recomposer, sont ou brisées ou percées. Ainsi, par exemple, un cylindre de bois vole en éclats quand on le fait traverser dans le sens de son axe par la décharge d'une batterie. Une lame de verre, une carte est percée par l'étincelle d'une bouteille de Leyde ; dans l'expérience du *perce-carte*, on remarque que le trou présente de chaque côté un bourrelet, comme si les molécules de la carte avaient été arrachées dans deux directions contraires ; en outre, si la carte a été placée entre deux pointes servant à livrer passage à l'électricité, le trou est toujours plus rapproché de la pointe négative que de la pointe positive, ce

Mécaniques.

qui semble indiquer que le fluide positif éprouve, de la part de l'air, moins de résistance que le fluide contraire. Et, en effet, quand on fait l'expérience dans un air raréfié, le trou s'éloigne de la pointe négative, et d'autant plus que l'air devient plus rare.

M. Fusinieri a observé un phénomène de transport très-remarquable : si l'étincelle d'une forte batterie jaillit entre deux boules métalliques, par exemple l'une d'argent, l'autre de cuivre, l'électricité entraîne avec elle des particules métalliques en fusion, et il y a transport des particules d'argent sur le cuivre, et réciproquement du cuivre sur l'argent.

En faisant tomber sur des plaques métalliques polies la décharge d'une puissante batterie, Priestley a obtenu des taches très-curieuses formées de plusieurs anneaux concentriques de diverses nuances. Des taches circulaires analogues s'obtiennent très-aisément, en faisant tomber la décharge d'une simple bouteille de Leyde sur des plaques daguerriennes iodées.

Jets lumineux.

Dans le vide:
Fig. 195.

408. Les effets de la lumière électrique sont extrêmement variés. On peut les observer dans le vide ou dans l'air.

L'électricité lumineuse dans le vide peut être observée à l'aide d'un tube de verre cylindrique, ou bien d'un vase en verre de forme ovoïde qu'on nomme *œuf électrique*. Les deux extrémités du tube ou de l'œuf électrique sont garnies de viroles en métal. Quand le vide est fait dans l'intérieur, on met une des viroles en communication avec la machine et l'autre avec le sol, et, aussitôt que la machine est mise en activité, tout l'intérieur de l'appareil est sillonné par des traits de lumière, qui forment des gerbes ou des arcs de diverses courbures et colorés de diverses nuances. En laissant rentrer un peu d'air, la lumière électrique paraît se resserrer et acquérir un éclat plus vif.

L'électricité fournit de la lumière dans le vide barométrique, qui est le plus parfait que l'on connaisse, puisque la seule matière pondérable qu'il puisse renfermer, c'est un peu de vapeur de mercure. C'est à l'électricité développée par le frottement du mercure intérieur contre le verre qu'il faut attribuer la lueur qui remplit la chambre d'un baromètre, quand on l'agite dans l'obscurité.

Dans l'air.

Fig. 196.

409. Tous les jeux de lumière électrique, dans l'air, reposent sur un même principe, qui consiste à multiplier les étincelles en faisant parcourir au fluide électrique une série de conducteurs discontinus, de parcelles métalliques séparées par des intervalles très-petits, et formant des dessins plus ou moins variés. Pendant le passage de l'électricité, chaque solution de continuité est signalée par une étincelle, et le dessin

est illuminé dans tous ses détails. C'est l'expérience du carreau étincelant.

La couleur de l'étincelle électrique, dans l'air, paraît dépendre de sa pression, de son degré d'humidité, de la nature des corps entre lesquels part l'étincelle; enfin, de la charge électrique de ceux qui lui donnent naissance. L'étincelle des batteries est toujours d'une blancheur éblouissante.

L'écoulement de l'électricité par les pointes, dans l'obscurité, donne des résultats différents, suivant que c'est le fluide positif ou le fluide négatif qui s'écoule. Si l'on adapte une pointe au conducteur de la machine électrique, le fluide positif qui s'écoulera par la pointe formera autour d'elle une belle *aigrette* de lumière. Mais si l'on présente à distance, au conducteur électrisé, une pointe communiquant avec le sol, le fluide neutre de la pointe sera décomposé, son fluide positif refoulé dans le sol, et son fluide négatif s'élancera sur le conducteur : alors au sommet de la pointe on apercevra seulement une petite *auréole* lumineuse. Cette différence, entre les propriétés des deux fluides électriques, s'accorde avec la remarque que nous avons faite plus haut à l'occasion du perce-carte.

Une autre expérience, connue sous le nom de *figures de Lichtemberg*, vient encore la confirmer. Sur un gâteau de résine, on trace des caractères ou des dessins, les uns avec l'armature intérieure d'une bouteille de Leyde, les autres avec son armature extérieure; puis on saupoudre la surface du gâteau d'un mélange de soufre et de *minium* (oxyde rouge de plomb) pulvérisés. Le soufre et le minium se séparent; le premier se porte sur les dessins formés avec l'électricité positive, et toute la ligne jaune qui en résulte paraît hérissée de filets divergents; le minium s'accumule sur les dessins formés avec l'électricité négative, et tous les contours de la ligne rouge correspondante sont parfaitement arrondis.

410. Les effets chimiques de l'électricité statique sont assez bornés, tandis que ces effets sont, au contraire, un des attributs les plus remarquables de l'électricité dynamique. Cependant l'étincelle électrique peut, dans beaucoup de circonstances, provoquer des combinaisons ou des décompositions chimiques. Ainsi :

Effets chimiques.

L'étincelle électrique a la propriété de déterminer la combinaison de certains gaz mélangés en proportions convenables, tels que l'oxygène et l'hydrogène, l'hydrogène et le chlore.....
Ce fait sert de base à l'eudiométrie. — Quand une longue série d'étincelles traverse l'air atmosphérique, son volume diminue, et il se forme une petite quantité d'acide nitrique. C'est à cette origine électrique que l'on rapporte la présence de quelques traces de cet acide dans les pluies d'orage.

Quand on fait passer une suite d'étincelles à travers certains gaz, on parvient à les décomposer, soit partiellement, soit en totalité. L'hydrogène carboné, l'hydrogène sulfuré, le gaz ammoniac sont dans ce dernier cas.

Les substances salines peuvent aussi être décomposées par une série de petites étincelles, comme l'a fait voir M. Faraday. Si l'on met un petit losange de papier coloré avec du sirop de violettes et humecté d'une dissolution saline, en contact par ses deux extrémités avec deux pointes communiquant, l'une avec la machine électrique, l'autre avec le sol, on obtient la réaction acide à la pointe positive, la réaction alcaline à la pointe négative.

M. Wollaston est même parvenu à décomposer l'eau, en faisant déboucher dans ce liquide de très-petites étincelles, à l'aide de fils très-fins de métal, isolés par des tubes de verre qui les enveloppaient et qui ne laissaient de libres que les extrémités de leurs pointes. Dans cette décomposition, qui est extrêmement lente, l'oxygène se dégage toujours à la pointe positive.

Enfin, j'ai fait voir dernièrement (1) que les composés haloïdes de l'argent (brômure, iodure, chlorure.....) sont aisément décomposés à sec par de très-petites étincelles électriques. Par exemple, si l'on prend une feuille de papier dont la surface soit enduite d'une couche d'iodure d'argent, et qu'on fasse écouler sur ce papier, à l'aide de deux pointes métalliques, du fluide positif et du fluide négatif, on obtient une tache violette d'iode à la pointe positive, une tache noire d'argent revivifié à la pointe négative. Avec le brômure d'argent, la coloration en noir par une pointe négative est très-prompte, et l'on peut tracer sur le papier des caractères et des dessins. L'électricité positive n'y laisse aucune trace visible à cause de la volatilisation du brôme; mais si, sur un papier brômuré, noirci par l'électricité négative ou par une exposition directe aux rayons du soleil, on fait écouler l'électricité positive d'une pointe communiquant avec la machine, la couleur du papier est ramenée au blanc, et il se forme en regard de la pointe une tache blanche étoilée très-gracieuse. — En faisant glisser sur un papier sec, recouvert de brômure ou d'iodure d'argent, la décharge d'une bouteille de Leyde, à l'aide des pointes d'un excitateur, le papier est coloré sur tout le trajet de l'étincelle, et il s'y forme une empreinte sinueuse, semblable à une égratignure, qui reproduit exactement, malgré tout ce qu'il y a de fugitif dans son apparition, la forme si capricieusement

_____

(1) *Comptes-rendus de l'Académie des sciences de Paris*, tome XVII, page 761.

brisée de l'étincelle électrique. — On peut encore poser un carreau étincelant sur une feuille de papier enduit de brômure d'argent, et faire passer à travers le ruban métallique la décharge d'une bouteille de Leyde ; chaque solution de continuité est marquée par une étincelle qui laisse son empreinte sur le papier, et l'on a ainsi une reproduction exacte du dessin tracé sur le carreau.

CHAPITRE V.

GALVANISME. — PILE DE VOLTA.

411. La découverte du galvanisme et de la pile de Volta date de la fin du xviiie siècle. Voici l'expérience fondamentale qui en a été l'origine :

Expérience fondamentale

On coupe par le milieu du corps une grenouille vivante : on dépouille rapidement les membres postérieurs, et l'on met à nu les deux nerfs lombaires que l'on voit paraître, comme deux cordons blanchâtres, le long des dernières vertèbres de la colonne dorsale. Prenant alors un arc métallique composé d'une lame de cuivre et d'une lame de zinc, mobiles à charnière autour de leur point de jonction, on met en contact l'un des métaux avec les nerfs lombaires de la grenouille, et l'on touche ses muscles cruraux avec l'autre métal. A chaque contact, les membres de l'animal éprouvent de vives convulsions. Ces mouvements convulsifs peuvent être reproduits longtemps après la mort, pourvu que l'irritabilité de la grenouille n'ait pas été trop souvent excitée.

Fig. 197.

Ce phénomène remarquable fut observé pour la première fois, en 1789, par Galvani, médecin et professeur d'anatomie à Bologne. Pour l'expliquer, le célèbre anatomiste admit dans la grenouille l'existence et le développement spontané des deux fluides électriques ; il assimilait l'animal à une petite bouteille de Leyde, toujours prête à se décharger ; les muscles et les nerfs en étaient les deux armures, et la décharge avait lieu aussitôt qu'on les réunissait par un arc conducteur ; le passage instantané de l'électricité faisait naître alors des commotions.

Galvani.

Volta, professeur de physique à Pavie, qui répétait avec une attention scrupuleuse les expériences de Galvani, fut conduit par ses recherches à une explication toute différente.

Volta.

Il constata d'abord que les convulsions de la grenouille sont infaillibles et très-prononcées, quand l'arc conducteur, qui établit la communication entre les muscles et les nerfs, est composé de *deux métaux hétérogènes* ; tandis qu'en employant un seul métal, il est très-difficile d'obtenir des commotions sensibles, et il est nécessaire que l'animal soit mort récemment et doué d'une très-grande irritabilité. Volta crut dès-lors pouvoir poser en principe que les contractions de la grenouille sont dues en effet à de l'électricité ; mais que la grenouille joue simplement le rôle d'un électroscope éminemment sensible, tandis que la cause génératrice de l'électricité existe au contact des deux métaux hétérogènes ; que, par le seul fait du contact, les métaux se constituent dans deux états électriques opposés ; l'un d'eux (le zinc) se chargeant d'électricité positive ; l'autre (le cuivre), d'électricité négative ; qu'enfin ces deux fluides contraires se recomposant à travers les organes de la grenouille, et se reproduisant sans cesse à mesure qu'ils se neutralisent, sont la seule cause des commotions.

Une lutte scientifique s'engagea entre les deux savants. Galvani combattit de tous ses efforts la nécessité de deux métaux différents ; il parvint à obtenir des convulsions en jetant une grenouille, fraîchement préparée, sur un bain de mercure bien pur ; il réussit même à en exciter d'assez vives en mettant simplement en contact direct l'un des muscles cruraux avec les nerfs lombaires ; mais ces faits extraordinaires ne servirent qu'à donner plus d'extension à l'hypothèse de Volta, et il en généralisa le principe, en soutenant que le contact de deux substances hétérogènes quelconques suffit pour développer de l'électricité.

Preuves directes du développement de l'électricité au contact.
Fig. 190.

412. Voici les expériences directes sur lesquelles Volta ne tarda pas à appuyer sa théorie. — Il se servit, pour cet objet, de l'électromètre condensateur, qu'il venait d'inventer, et que nous avons décrit au n° 400 (*fig.* 190).

L'appareil étant parfaitement sec et à l'état naturel, on touche le plateau inférieur, qui est en cuivre, avec une lame de zinc qui communique avec le sol ; on touche en même temps le disque supérieur avec les doigts mouillés. Après ce simple contact, les communications sont détruites, on enlève le plateau supérieur, et aussitôt les lames d'or divergent d'une quantité sensible. On reconnaît en outre que la divergence est due à de l'électricité négative. — En substituant à la plaque de zinc une plaque de cuivre de même nature que le disque du condensateur, il n'y a aucun effet produit.

Volta conclut de cette double expérience qu'au contact des deux métaux hétérogènes il s'exerce une force qui décompose leur fluide neutre ; que cette force chasse sur le zinc le fluide positif qui s'écoule dans le sol, et qu'elle refoule sur le cuivre le fluide négatif qui s'accumule dans le condensateur en quantité suffisante pour faire diverger les lames d'or.

Pour démontrer directement que, dans son contact avec le cuivre, le zinc prend de l'électricité positive, Volta se servit d'une plaque double formée d'une lame de zinc soudée avec une lame de cuivre. La partie cuivre fut mise en communication avec le sol, et la plaque zinc avec le plateau du condensateur ; mais, si le contact eût été immédiat, cette plaque zinc se fût trouvée placée entre deux métaux de même nature ; aux deux points de contact se seraient développées des forces égales et contraires, et l'effet aurait été nul : c'est ce que prouve l'expérience. Pour faire passer sur le disque inférieur du condensateur l'électricité positive du zinc, il fallait interposer entre eux un corps conducteur qui, par son contact avec les deux métaux, ne développât aucune quantité sensible d'électricité. Volta choisit pour corps intermédiaire un morceau de drap imbibé d'eau, et aussitôt l'électromètre accusa une charge de fluide positif.

Fig. 198.

Ces expériences furent variées d'une infinité de manières : elles réussirent avec tous les métaux ; seulement les uns développaient plus d'électricité que les autres, et l'espèce d'électricité dont ils se chargeaient, dans leur contact mutuel, dépendait de la nature de ces substances métalliques.

413. Volta établit, d'après ces faits, le système suivant : il donna le nom de *force électromotrice* à cette force qui naît du contact de deux corps hétérogènes, qui a son siége dans leur surface de jonction, et qui, décomposant continuellement le fluide naturel, fait passer le fluide positif sur l'un des corps, et le fluide négatif sur l'autre.

Système de Volta.

La force électromotrice a deux effets : 1° elle décompose les deux fluides naturels ; 2° elle s'oppose à leur recomposition. — En tant qu'elle agit pour décomposer les deux électricités, la force électromotrice est instantanée et permanente ; car il ne lui faut qu'un temps inappréciable pour se développer, et son action persiste aussi longtemps que le contact. En tant qu'elle s'oppose à la recomposition des deux électricités développées, la force électromotrice a une limite, elle donne à chacun des deux métaux en contact (si ce sont des métaux) une tension maximum ; de telle sorte que : 1° si les deux métaux sont isolés, l'un d'eux aura une tension maximum+e d'électricité positive, et l'autre une tension maximum—e d'électricité négative ; 2° si l'un des métaux communique avec le sol, sa tension électrique devient nulle, et celle de l'autre devient double, + $2e$ ou — $2e$, suivant que c'est le métal négatif ou le métal positif qui est en communication avec le réservoir commun.

La force électromotrice, d'après Volta, conserve son action, même lorsque le système des deux métaux en contact est artificiellement électrisé ; de manière que, si on leur communique une quantité 2P d'électricité positive, le zinc possèdera toujours une charge $P + e$ de fluide positif, et le cuivre aura seulement une charge égale à $P - e$; et la différence des deux tensions sera constante et égale à $2e$. Si les deux métaux étaient en communication avec une source d'électricité négative, l'excès $- 2e$ serait en faveur du métal négatif.

Enfin, tous les corps mis en contact ne prennent pas des tensions électriques égales. Les métaux sont, selon Volta, *de bons électromoteurs*, parce qu'ils prennent des tensions assez marquées, quoique variables ; mais les autres corps, l'eau et même les acides..., ne sont pas ou ne sont que très-faiblement électromoteurs ; car il faut des appareils beaucoup plus sensibles que l'électromètre condensateur pour manifester les effets électriques qui résultent de leur contact, soit entre eux, soit avec des métaux.

Pile de Volta. 414. Ce sont les principes précédents qui ont suggéré à Volta l'idée de la pile qui porte son nom. La théorie de cet admirable instrument, dont la découverte a exercé une si grande influence sur les progrès de la physique et de la chimie, est encore fort incertaine, par les raisons que je dirai plus loin (n° 420). Je vais donc, sans rien préjuger à cet égard, décrire sa construction, ses diverses formes et ses effets.

Construction de la pile. *Fig. 199.* Concevons un disque de cuivre communiquant avec le sol, posons sur la surface supérieure un disque de zinc, au-dessus du disque de zinc, une rondelle de drap humectée avec de l'eau salée ou acidulée ; au-dessus de ce premier assemblage, disposons dans le même ordre un disque de cuivre, un disque de zinc et une rondelle humide ; en continuant ainsi, nous formerons une pile voltaïque.

Chaque disque métallique est un *élément* de la pile ; elle sera donc terminée : d'un côté, par un élément cuivre ; de l'autre, par un élément zinc. Les éléments zinc et cuivre sont ordinairement soudés deux à deux ; ils constituent alors les *couples* de la pile. On donne au zinc une plus grande épaisseur, parce que les acides qu'on mêle avec l'eau, pour la rendre plus conductrice, le corrodent très-vite.

415. Cela posé, la pile peut être isolée ou communiquer avec le sol :

1° Si la pile de Volta communique avec le sol par l'extrémité cuivre, la théorie de Volta indique et l'*expérience prouve* que toute la pile est uniquement chargée de fluide positif, et que la tension électrique augmente depuis la base où elle est zéro, jusqu'au sommet zinc où elle est maximum. Seulement, d'après la théorie de Volta, la tension devrait croître proportionnellement au nombre des couples, ce qui n'a pas lieu.

2° Si c'est l'extrémité zinc qui communique avec le sol, toute la pile sera chargée d'électricité négative; et la tension, nulle à sa base, augmentera avec le nombre des couples jusqu'au sommet cuivre, mais non proportionnellement.

3° Enfin, imaginons que la pile soit entièrement isolée : dans ce cas, elle contiendra simultanément les deux électricités positive et négative; toute la moitié correspondante à l'extrémité zinc sera électrisée positivement; l'autre moitié négativement. Au milieu, la tension électrique sera zéro, et elle croîtra à partir de ce point jusqu'aux deux extrémités. L'état de la pile isolée est donc assez bien représenté par l'assemblage de deux piles d'un nombre égal de couples, communiquant avec le sol, montées en ordre inverse, et dont on aurait formé une seule pile, en les juxtaposant base à base et en séparant les éléments en contact par une rondelle humide. Ces deux piles, ainsi assemblées, conserveraient, chacune, l'état électrique qu'elles possédaient séparément avant leur réunion.

416. On appelle pôle positif de la pile isolée l'extrémité zinc, et pôle négatif l'extrémité cuivre.

Si on réunit les deux pôles par un fil conducteur, les deux fluides contraires, accumulés aux extrémités de la pile, se recomposeront à travers ce corps; l'équilibre électrique de l'appareil sera détruit; mais à chaque instant la force électromotrice tendra à le reproduire, et le fil conjonctif sera incessamment traversé par deux courants contraires, l'un d'électricité positive, l'autre d'électricité négative.

Dès ce moment, l'électricité cesse d'exister à l'état de *tension* dans la pile; elle n'est plus sensible aux électroscopes les plus délicats. Avant la réunion des pôles, la pile isolée agit par attraction ou par répulsion sur les corps électrisés qu'on lui présente; elle peut même donner des étincelles, si sa tension est assez forte; elle charge instantanément une bouteille de Leyde, dont les garnitures sont mises en communication, l'une avec le pôle positif, l'autre avec le pôle négatif; mais, dès que les pôles sont réunis, tous ces phénomènes disparaissent. C'est alors, c'est pendant ce mouvement intérieur de décomposition et de recomposition continuelle, que les fluides électriques acquièrent des propriétés toutes nouvelles. Nous étudierons bientôt les effets de cette électricité en mouvement, qu'on a nommée électricité *dynamique*, par opposition à l'électricité *statique* précédemment étudiée.

417. La forme de la pile que nous venons de décrire lui a fait donner le nom de *pile à colonne*. C'est celle qui fut imaginée par Volta. On s'aperçut bientôt que le poids des disques

Pile isolée.

Pile en activité.

Pile à colonne

supérieurs, comprimant les rondelles de drap humide, en faisaient sortir le liquide; par là, la conductibilité intérieure diminue, et, en outre, il s'établit entre les disques éloignés une communication extérieure qui nuit à l'intensité des effets. On a alors imaginé diverses dispositions, qui toutes présentent des avantages suivant les effets qu'elles sont destinées à produire.

Pile à auges.
Fig. 200.

418. La *pile à auges* est formée d'une caisse rectangulaire en bois épais, sur les faces intérieures et opposées de laquelle sont pratiquées des rainures parallèles et verticales. Dans ces rainures on dispose des couples rectangulaires, formés chacun d'une plaque de cuivre soudée avec une plaque de zinc, et on les assujettit à l'aide d'un mastic isolant. L'intervalle qui sépare deux couples est une *auge*. C'est dans toutes cés petites auges que l'on verse le liquide acidulé, qui doit servir de conducteur et qui remplace les rondelles de drap humide de la pile à colonne. Pour faire communiquer les deux pôles, on met dans les deux dernières auges des plaques de cuivre armées de fils métalliques. Ces fils reçoivent quelquefois le nom de *réophores* ou celui d'*électrodes*.

le de Wollaston.
Fig. 201.

419. La pile de Wollaston est disposée d'une autre manière. AB est une traverse en bois soutenue horizontalement par deux supports; *as* est une plaque de cuivre recourbée, qui est soudée en *s* avec une large plaque de zinc *z*. Autour de cette plaque rectangulaire en zinc est une lame mince de cuivre, de même largeur, contournée de manière à l'envelopper entièrement sans la toucher, *ccc*. Après s'être attachée à la traverse de bois, elle se recourbe encore verticalement pour se souder à une seconde plaque de zinc semblable à la première et entourée, comme elle, d'une plaque mince de cuivre qui ne la touche pas. Tous les autres couples sont formés de la même manière et se succèdent dans le même ordre. — Au-dessous de ces couples sont des bocaux en verre V, V, dans lesquels on met de l'eau acidulée; puis, on descend lentement la pile pour faire plonger les éléments dans le liquide conducteur et la mettre en activité.

Action mique dans la pile.

420. Il est facile de voir que, dans toutes ces dispositions, le système est toujours le même; il y a toujours trois corps, zinc, cuivre, conducteur liquide, qui se succèdent régulièrement, et chaque couple métallique communique avec celui qui le précède ou qui le suit, par une couche d'eau plus ou moins acidulée. Mais quel est le véritable rôle que joue cette couche liquide dans les phénomènes galvaniques? Volta la considérait comme faisant uniquement l'office de corps conducteur, et regardait comme insensible la quantité d'électricité dégagée, soit dans le contact de l'eau avec les métaux, soit dans l'action chimique que les acides exercent sur eux. Selon

lui, la force électromotrice existerait tout entière au contact des substances métalliques.

Une théorie aussi exclusive ne tarda pas à être contestée. On reconnut d'abord que l'énergie des phénomènes voltaïques était d'autant plus grande que l'action chimique était plus vive entre les métaux et les liquides conducteurs. On démontra bientôt après, par des expériences directes et décisives, qu'il y a dégagement d'électricité dans toutes les actions chimiques : dans la combustion, dans la combinaison des acides avec les bases, dans l'action des acides sur les métaux, etc.; que, dans ces circonstances, l'électricité due aux actions chimiques l'emporte généralement sur celle qui est due au contact des métaux; on alla même jusqu'à expliquer, par des actions chimiques, les expériences fondamentales de la théorie de Volta, et à nier que le simple contact de deux métaux fût une source d'électricité.

Wollaston paraît être le premier qui ait avancé que les phénomènes de la pile étaient uniquement dus à l'action chimique; les travaux de MM. Becquerel et Delarive ont donné un grand poids à cette opinion, et ce dernier a fait une théorie de la pile, dans laquelle il n'attribue au contact des métaux aucune part dans les phénomènes.

Cependant la question n'est pas encore complètement résolue. Quoi qu'il en soit, il est hors de doute que l'action chimique a une influence très-grande sur les effets de la pile voltaïque, si elle n'en est pas la seule cause.

424. Les effets de la pile de Volta peuvent se diviser en trois classes : les effets physiologiques, physiques et chimiques.

Effets de la pile

Physiologiques.

Si l'on touche avec les mains mouillées les deux pôles d'une pile isolée, on éprouve une commotion qui peut être aussi forte et aussi dangereuse que celle d'une bouteille de Leyde : cette commotion se fait sentir moins avant dans les bras; mais elle se renouvelle à chaque instant pendant toute la durée du contact, et devient insupportable par sa continuité. En mettant les réophores de la pile en contact avec les tempes, on éprouve une piqûre plus ou moins vive, et à chaque contact une lueur instantanée passe devant les yeux.

La commotion voltaïque augmente avec le nombre des éléments de la pile. On conçoit, en effet, qu'elle doit dépendre de la tension des fluides électriques aux deux extrémités, et l'on sait que cette tension croît avec le nombre des couples. Aussi la pile à colonnes et la pile à auges paraissent offrir la disposition la plus convenable pour les effets physiologiques.

En soumettant à l'action du courant voltaïque des animaux, tels que des lapins ou des cochons d'Inde, asphyxiés depuis près d'une heure, on est parvenu à les rappeler à la vie. Dans les corps organisés, récemment privés de la vie, ce même courant excite des contractions et des mouvements extraordinaires que l'on a étudiés plus d'une fois sur des cadavres de suppliciés. Enfin on a fait un grand nombre d'essais pour appliquer l'électricité voltaïque à la médecine; mais jusqu'à présent le succès a été rare, et le remède presque toujours impuissant.

Effets calorifiques et lumineux.
422. Les effets physiques du courant de la pile sont extrêmement variés; nous étudierons, dans les chapitres suivants, ceux qui sont relatifs à son action sur le magnétisme; pour le moment, je me bornerai aux principaux phénomènes de chaleur et de lumière que l'électricité voltaïque peut produire.

Si l'on réunit les pôles d'une pile de Wollaston par un fil métallique suffisamment court et très-mince, ce fil s'échauffe, rougit, et, suivant sa nature, il peut se fondre ou brûler. Ainsi :

Un fil de fer entre en fusion, et tombe sous forme de globules incandescents qui s'oxydent au contact de l'air.

Un fil de platine rougit et peut même devenir blanc de lumière : s'il est assez fin et la pile assez puissante, il peut fondre, au moins en partie; dans le cas contraire, il conserve son état d'incandescence aussi longtemps qu'il est traversé par le courant.

Les feuilles d'or, d'argent, de cuivre... brûlent en donnant naissance à de vives étincelles diversement colorées.

Lorsqu'on met en présence, en les laissant à une petite distance l'un de l'autre, deux fils métalliques communiquant avec les pôles d'une pile à auges d'un grand nombre d'éléments, on voit briller, dans l'intervalle qui les sépare, de vives étincelles qui peuvent même se succéder avec assez de rapidité pour produire un jet continu de lumière.

Mais ce phénomène se reproduit avec son plus grand éclat dans l'expérience suivante, qui est due à Davy : dans l'intérieur d'un globe en verre, semblable à celui de la figure 195, et où l'on peut faire le vide, on fait passer, à travers des boîtes à cuirs, deux fortes tiges de cuivre aux extrémités desquelles on a fixé deux petits cônes de charbon. Ces cônes de charbon ont été fortement calcinés dans un creuset, au feu de forge, et éteints dans le mercure, afin de rendre leur conductibilité électrique plus parfaite. Le vide étant fait dans l'appareil, et les pointes des deux cônes étant placées en regard à une petite distance, on fait communiquer les tiges de cuivre avec les pôles d'une forte pile; à l'instant on voit briller entre les cônes de charbon une lumière éblouissante, dont l'éclat est comparable à celui du soleil. Les charbons deviennent incandescents, mais, comme ils sont plongés dans un espace vide d'air, ils conservent leur incandescence sans se consumer. On peut alors écarter l'un de l'autre les deux charbons, et l'espace qui les sépare est rempli par des arcs lumineux d'une intensité remarquable. On obtient ainsi une lumière qui peut durer pendant plusieurs heures, sans qu'il y ait combustion ni déperdition de substance. Cette lumière est attirable à l'aimant. Elle partage avec la lumière solaire la propriété de faire détoner un mélange à volumes égaux de chlore et d'hydrogène. — Dans l'air le phénomène se produit encore, mais les charbons se consument avec rapidité.

423. Toutes les piles ne sont pas également propres à produire ces divers phénomènes de chaleur et de lumière. Dans l'expérience de Davy, on conçoit que les fluides électriques qui se recomposent entre les deux cônes de charbon doivent avoir une forte tension pour vaincre, soit la résistance de l'air, soit le défaut de conductibilité du charbon lui-même. Aussi faut-il employer une pile d'un grand nombre d'éléments.

Conditions de la pile pour les effets physiques.

Il n'en est pas de même dans l'expérience de la combustion des fils métalliques. Ces fils conduisent très-bien le fluide électrique, quoiqu'ils aient des pouvoirs conducteurs variables; il paraît même que leur incandescence s'opère avec d'autant plus de facilité que leur conductibilité est moindre, et que la chaleur dégagée par le passage du courant électrique dépend de la résistance que ce courant éprouve en passant d'un fil métallique dans un autre, ou d'une molécule d'un même corps aux molécules suivantes. En effet, si on réunit les deux pôles d'une pile avec un assemblage de deux fils métalliques de même diamètre, de même longueur, mais de nature différente, soudés ou attachés bout à bout, on reconnaît que le fil le moins conducteur devient seul incandescent, tandis que l'autre s'échauffe à peine.

Il résulte de là que, pour devenir incandescents, les fils de métal exigent, non une pile d'une forte tension, mais un courant dont le fluide électrique se meuve avec une très-grande rapidité, afin que la grande quantité d'électricité qui traverse le fil dans un temps donné compense le défaut de résistance de ce fil conducteur. Or, la vitesse du courant électrique dans la pile est évidemment d'autant plus grande que les éléments sont moins nombreux, les alternatives de couples et de liquide plus rares, et les surfaces de ces couples plus étendues. Aussi une pile de six couples à la Wollaston, qui ne donnerait pas la plus légère commotion, un seul couple même, suffit pour faire rougir et fondre les fils métalliques.

424. Il nous reste à parler des effets chimiques de la pile.

Effets chimiques.

voltaïque. Ces phénomènes étant extrêmement nombreux, je décrirai les plus importants.

Décomposition de l'eau.

Fig. 202.

La décomposition de l'eau est le premier des phénomènes chimiques produits par le courant galvanique, qui ait été observé (an 1800). Pour en faire l'expérience, on se sert d'une espèce d'entonnoir en verre, dont le fond est fermé par un bouchon de liége, enduit d'un mastic isolant. Deux tiges de platine, traversant ce fond, s'élèvent dans l'intérieur du vase, et se terminent au-dehors par deux crochets. Le vase étant rempli d'eau acidulée, et les deux lames de platine recouvertes chacune par une petite éprouvette renversée, également pleine de liquide, on met les lames en communication avec les pôles d'une pile à auges, et à l'instant on voit se dégager, tout autour du platine, des bulles de gaz qui s'élèvent dans les éprouvettes. Le gaz qui se dégage autour du fil positif est de l'oxygène pur; celui qui se dégage autour du fil négatif est de l'hydrogène pur, et son volume est double de celui de l'oxygène. Ce fait est général; et toutes les fois que les réophores d'une pile plongent dans une masse d'eau, il y a décomposition de l'eau en ses deux éléments, transport de l'oxygène au pôle positif et transport de l'hydrogène au pôle négatif.

La décomposition de l'eau par la pile n'est abondante et rapide qu'autant qu'on a augmenté sa conductibilité par l'addition de quelques gouttes d'acide. L'eau distillée et pure donnerait à peine des traces de décomposition. — On se sert, pour transmettre le courant, de deux lames de platine, métal qui ne s'oxyde pas directement; si l'on se servait de fils de cuivre, on obtiendrait la même quantité d'hydrogène, mais il y aurait moins d'oxygène recueilli au pôle positif, parce qu'une partie oxyderait le métal.

Décomposition des oxydes et des alcalis.

Les oxydes métalliques sont, comme l'eau, décomposés par la pile. — L'oxygène se porte toujours au pôle positif, et le métal revivifié paraît au pôle négatif. Cette expérience réussit très-aisément avec les oxydes facilement réductibles, tels que les oxydes d'argent, de plomb, de cuivre, etc. Davy, en 1807, est parvenu à décomposer même les oxydes des métaux alcalins, la potasse et la soude. On prend un fragment d'hydrate de potasse, légèrement humide, que l'on pose sur une feuille de platine communiquant avec le pôle positif d'une pile de 100 à 150 couples, fortement chargée. Le pôle négatif est mis en communication par un fil de platine avec la potasse. L'alcali est alors décomposé; l'oxygène se dégage au pôle positif, et le métal, le potassium, se porte au pôle négatif; mais, comme il a une très-grande affinité pour l'oxygène, il brûle au contact de l'air, à mesure qu'il se forme, en donnant naissance à de vives étincelles.

Pour éviter cette combustion et recueillir le potassium, on creuse dans le fragment de potasse une petite cavité où l'on met du mercure et dans laquelle on fait plonger le fil négatif de la pile. A mesure que le potassium se forme, il se combine avec le mercure et forme avec lui un amalgame persistant que l'on distille dans l'huile de naphte, en vase clos, pour en séparer le potassium.

Enfin, tous les sels sont décomposés par l'action de la pile voltaïque. Quelquefois l'acide et la base sont seulement séparés ; alors l'acide se porte constamment au pôle positif et la base au pôle négatif. Si la base est un oxyde facilement réductible, cet oxyde est lui-même décomposé ; son oxygène se porte avec l'acide au pôle positif et le métal au pôle négatif. *Décomposition des sels.*

On peut faire la première expérience avec une dissolution de sulfate de potasse ou de soude, et la seconde avec toutes les dissolutions des sels de plomb, de cuivre, d'argent, et une foule d'autres. Nous verrons plus loin les applications *galvanoplastiques* de ce fait.

Ce petit nombre d'exemples suffit pour montrer que, dans toutes les décompositions chimiques opérées par la pile, l'action du courant a, pour effet de transporter à l'un des pôles certains éléments du composé, et les autres au pôle contraire. Les corps qui sont transportés à l'électrode positive sont appelés corps *électro-négatifs* ; ceux qui sont transportés à l'électrode négative sont au contraire *électro-positifs.* — Ainsi l'oxygène, dans toutes ses combinaisons, et les acides jouent toujours le rôle de corps électro-négatifs ; l'hydrogène et les bases, le rôle de corps électro-positifs. Cette loi est sans exception. — On a formé les mots *électrolyte, électrolyser,* action *électrolytique,* pour désigner les corps qui subissent la décomposition électro-chimique, le fait même de cette décomposition et la puissance qui la provoque.

CHAPITRE VI.

ÉLECTRO-DYNAMIQUE.

425. Le fait fondamental qui a provoqué la découverte des phénomènes *électro-dynamiques* date de 1820 ; il est dû à OErsted. Depuis cette époque, les découvertes se sont tellement multipliées, que l'*électro-dynamique* est devenue une *Introduction.*

des branches les plus étendues et les plus importantes de la science. Ne pouvant en donner ici que les principes les plus simples, nous essaierons du moins de le faire dans un but philosophique : celui de faire ressortir de l'exposé des faits les rapports qui existent entre les fluides électrique et magnétique, et qui paraissent en établir l'identité. Pour cela, laissant de côté l'ordre chronologique des découvertes, nous étudierons d'abord l'action que les courants fixes exercent sur les courants mobiles ; ensuite l'action réciproque des courants sur les aimants, et des aimants sur les courants. Dans cette seconde partie qui porte plus spécialement le nom d'*électro-magnétisme*, nous adopterons exclusivement, pour l'explication des faits, l'hypothèse d'Ampère qui assimile les barreaux aimantés à des assemblages de courants électriques.

Avant d'entrer en matière, il est nécessaire de bien préciser le sens que l'on doit attacher au mot *courant*, qui va se reproduire à chaque instant dans notre langage.

u courant dans
la pile.
Fig. 200.

426. Quelle que soit la théorie que l'on adopte pour expliquer les effets de la pile voltaïque, il faut admettre, conformément à l'expérience, que, lorsque la pile est isolée, il y a un excès d'électricité positive libre au pôle zinc, et un excès égal d'électricité négative libre au pôle cuivre ; de sorte que, si on réunit ces deux pôles par un fil métallique, les deux fluides contraires qui y sont accumulés se recomposeront à travers ce conducteur. Mais la cause qui développe l'électricité dans la pile agissant continuellement, les fluides neutralisés se reproduiront sans cesse, et le *fil conjonctif* sera incessamment sillonné par deux *courants* contraires, l'un d'électricité négative, allant du pôle cuivre au pôle zinc ; l'autre d'électricité positive, allant du pôle zinc au pôle cuivre. Un mouvement électrique semblable aura nécessairement lieu dans la pile elle-même ; et par suite d'une série de décompositions et de recompositions électriques partielles, aussi nombreuses qu'il y a de couples, le fluide positif se mouvra *dans la pile*, de l'extrémité cuivre à l'extrémité zinc, et le fluide négatif dans une direction opposée. Il faut concevoir, d'après cela, que la pile et le fil conjonctif forment un circuit complet, dans lequel les deux électricités positive et négative se meuvent en quelque sorte circulairement, l'une dans un sens, l'autre dans le sens contraire.

Conventions.

On est convenu de ne considérer, dans la pile en activité, que le mouvement de l'électricité *positive*, et l'on dit que le courant (en entendant par là le courant positif) va du pôle zinc au pôle cuivre en passant par le fil conducteur, et du pôle cuivre au pôle zinc en passant par la pile elle-même. — Si le fil conjonctif est rectiligne, sinueux, circulaire, vertical..., on donne au courant qui le traverse les noms de courant *rectiligne*, *sinueux*, *circulaire*, *vertical*, etc.

427. Nous désignerons généralement par courant *fixe* ou *immobile*, celui que l'on obtient en réunissant les deux pôles d'une pile, ou même d'un seul couple à la Wollaston, tel que celui qui est représenté dans la figure 203, par un long fil de cuivre que nous pourrons plier comme nous le voudrons, pour le faire agir sur un courant mobile.

Courants fixes

Fig. 203.

Pour rendre les courants *mobiles*, nous adopterons la disposition suivante, que j'ai décrite dans les *Annales de Physique et de Chimie*, qu'il est facile de réaliser à peu de frais, et qui permet de suivre sans peine la direction des courants. Elle est représentée dans les figures 204, 205, 206, 207, 208, 216... Dans une plaque de liége AB, on implante une lame de zinc z et une lame de cuivre cc qui l'enveloppe sans la toucher ; un fil de cuivre *mnpq*, plié de différentes manières, selon que les expériences l'exigent, est soudé par ses extrémités à ces deux lames. Cet appareil, étant posé sur un bain d'eau acidulée, constitue un couple voltaïque flottant et mobile, dans lequel le courant d'électricité positive, passant du zinc au cuivre par l'intermédiaire du liquide, traverse, dans la direction indiquée par les flèches, le fil conducteur qui lui sert de véhicule.

Courants mobiles.

Fig. 204.

Si l'on veut avoir un courant mobile d'une plus grande énergie, on pourra adopter cette autre disposition : c et c' sont deux colonnes métalliques recourbées en potence et terminées par deux petites capsules dont le fond est une lame de verre. Les centres des deux capsules sont situés sur une même verticale. Dans chacune d'elles on met un peu de mercure. Sur le fond de la capsule supérieure repose, par une pointe d'acier, l'un des bouts d'un fil de cuivre plié en cercle, en carré, en hélice, etc. ; l'autre bout de ce même fil touche le mercure de la capsule inférieure. La colonne c étant mise en communication avec le pôle positif d'une pile, la colonne c' avec le pôle négatif, le courant montera par la première et descendra par la seconde, après avoir traversé le conducteur mobile. En intervertissant l'ordre des communications, on changera le sens des courants dans l'équipage mobile.

Fig. 209.

Ces appareils fort simples sont suffisants pour répéter la plupart des expériences et démontrer les lois qui vont suivre.

Action des courants sur les courants.

Principes fondamentaux.

428. 1er *Principe.* — Si l'on présente un courant fixe, rectiligne et vertical, à l'un des côtés verticaux *mn, pq,* du courant
mobile de la figure 207, on obtiendra une attraction ou une
répulsion, suivant la direction relative des courants en présence ; et on reconnaîtra les deux lois suivantes :

1o Deux courants parallèles et de même sens s'attirent.

2o Deux courants parallèles et de sens contraire se repoussent. L'attraction et la répulsion sont d'autant plus fortes que
la distance est moindre.

429. 2e *Principe.* — Substituez au conducteur mobile de la
figure 207 celui de la figure 208, dans lequel le courant,
après s'être élevé verticalement de *m* en *n* et de *q* en *p,* redescend, soit par une ligne sinueuse, soit par une ligne
droite, et vous reconnaîtrez qu'un courant fixe est sans action
sur un pareil conducteur. Il faut en conclure que l'action du
courant ascendant est égale et contraire à celle du courant
descendant, rectiligne ou sinueux.

De là cette loi : l'action d'un courant rectiligne est identiquement la même que celle d'un courant sinueux qui s'écarte
peu du premier, et qui se termine aux mêmes extrémités.

430. 3e *Principe.* — Si l'on présente un courant fixe, rectiligne et horizontal au côté supérieur et horizontal *np* du
courant mobile de la figure 206, ou au côté inférieur du courant de la figure 209, en les disposant de manière qu'ils forment un angle dont le sommet soit à l'une des extrémités *n*
ou *p* de ce dernier, le courant mobile s'approchera ou s'éloignera du courant fixe ; et ces mouvements mettront en évidence les deux lois suivantes :

1o Deux courants rectilignes, formant entre eux un angle
quelconque, s'attirent s'ils sont dirigés tous les deux vers le
sommet de l'angle, ou s'ils s'en éloignent tous les deux.

2o Au contraire, ils se repoussent si l'un d'eux marche vers
le sommet de l'angle, tandis que l'autre s'en écarte (1).

On peut faire l'expérience, en disposant les courants de
manière qu'ils se croisent au milieu *o* du côté horizontal *np,*

_____

(1) Nous expliquerons plus tard (no 445) pourquoi, dans les expériences qui précèdent, nous nous servons d'un fil métallique plié comme
l'indiquent les figures 206 et 207.

comme l'indique la figure 210 : alors le courant mobile, quelle que soit sa position, tourne sur lui-même jusqu'à ce que la partie supérieure *np* soit devenue parallèle au courant fixe XY et qu'en outre l'électricité s'y meuve dans le même sens. Cet effet résulte des actions concourantes qui s'exercent dans les quatre angles formés autour du point *o*, actions attractives dans les deux angles opposés X*on*, Y*op*, et répulsives dans les deux autres X*op*, Y*on*. Ces effets tendent évidemment au même but.

431. Si, dans les expériences précédentes et dans celles qui vont suivre, l'action d'un simple fil métallique sur les courants mobiles n'était pas assez marquée, on pourrait prendre, pour courant fixe rectiligne, l'un des côtés d'un rectangle en bois, sur lequel on aurait enroulé plusieurs fois de suite une longue lame de cuivre recouverte de soie, et dont les extrémités seraient mises en communication avec les pôles d'une pile à la Wollaston. Par ce moyen, on augmentera beaucoup l'énergie du courant.

Des trois principes fort simples qui viennent d'être établis, nous allons déduire toutes les lois générales de l'électro-dynamique.

Conséquences.

432. Soit XY un courant rectiligne horizontal indéfini, et *nm* un courant vertical mobile autour de l'axe *fo* qui lui est parallèle et qui coupe la ligne XY au point *o*. Soit KG la plus courte distance des deux conducteurs, c'est-à-dire la perpendiculaire commune aux deux lignes XY et *nm* prolongée. Supposons enfin que le courant mobile *nm* soit descendant (*fig.* 211).

Si l'on compare la direction du courant mobile *nm* à celle de la portion XK du courant fixe située à gauche du point K, on reconnaît que les deux courants s'approchent du sommet de leur angle, et conséquemment s'attirent. Je représente la force d'attraction par la droite IA appliquée vers le milieu de *nm*. — La portion du courant fixe située à droite du point K agit, au contraire, par répulsion sur le courant mobile; et, comme tout est symétrique à droite et à gauche du point K, la force répulsive, que je représente par IR, sera égale à IA, appliquée au même point I, et placée symétriquement de l'autre côté de l'horizontale IT qui divisera leur angle AIR en deux parties égales. — Donc ces deux forces se composeront en une résultante unique IT, horizontale, et dirigée en sens contraire du courant fixe. — On démontrerait de même que l'action du courant fixe sur un courant vertical *ascendant qp* (*fig.* 212)

Action directrice d'un courant rectiligne horizontal sur un courant vertical mobile autour d'un axe vertical aussi. Fig. 211.

Fig. 212.

se réduit à une force horizontale I'T', dirigée dans le même sens que le fixe.

Fig. 211.

433. Il résulte de là que, si deux courants nm, qp (fig. 211), mobiles autour de l'axe fo, placé à égale distance de chacun d'eux, sont tous deux ascendants ou tous deux descendants, le courant fixe XY exercera sur eux des actions IT, I'T', égales, parallèles, de même sens, qui seront détruites par la résistance de l'axe fo, de chaque côté duquel elles sont symétriquement placées. L'ensemble des deux courants mobiles nm, pq, sera donc indifférent à l'influence du courant XY.

Fig. 212.

Mais si l'un des courants nm est descendant et l'autre qp ascendant (fig. 212), l'action du courant horizontal XY se composera de deux forces IT, I'T', égales, parallèles et de sens contraire, qui constitueront un couple ayant pour bras de levier II'; ce couple ne pourra être en équilibre que quand il sera développé, et il forcera l'équipage mobile à se fixer dans le plan vertical du courant fixe, la partie ascendante qp étant en avant dans la direction de ce dernier. — Alors, si on faisait faire à l'équipage mobile une demi-révolution, il pourrait être en équilibre dans sa position nouvelle; mais ce serait un état d'équilibre instable, qu'il abandonnerait sans retour pour reprendre sa position première, dès le plus léger déplacement.

Action sur un courant rectangulaire u circulaire mobile autour d'un axe vertical. Fig. 213.

434. Considérons en dernier lieu l'action du courant XY sur un courant rectangulaire nmqp (fig. 213) mobile autour de l'axe vertical fo. Nous connaissons déjà l'influence du courant fixe sur les portions verticales nm, qp du conducteur mobile. Quant aux courants horizontaux mq, pn, ils subissent de la part du courant fixe des influences opposées (3e principe); mais, comme le côté inférieur mq est le plus rapproché de xy, l'action qu'il éprouve est prépondérante; et cette action conspire évidemment avec celle des courants verticaux pour imposer à l'équipage mobile une position stable d'équilibre, dans un plan parallèle au courant fixe, et dans un sens tel que le courant le plus voisin mq marche dans la même direction que lui.

Fig. 214.

Ce que nous venons de dire d'un courant rectangulaire est applicable à un courant circulaire mobile autour d'un diamètre vertical (fig. 214); car, d'après le 2e principe, chaque élément xy du courant circulaire peut être remplacé par les deux éléments xz et zy, l'un horizontal, l'autre vertical. On rentre ainsi dans le cas précédent. — Toutes les conséquences que nous venons de développer sont vérifiées par l'expérience.

Remarque. — Si le courant fixe était placé à une assez grande distance du courant mobile, pour que ses actions sur les parties horizontales de ce dernier pussent être regardées comme égales, la position d'équilibre de l'équipage mobile résulterait uniquement de l'action du courant fixe sur les courants verticaux.

435. Ce qui vient d'être dit d'un courant circulaire mobile autour d'un axe est nécessairement vrai pour un ensemble de courants circulaires juxtaposés, situés dans des plans parallèles, et mobiles autour d'un même axe vertical. Un pareil assemblage porte le nom de *Solénoïde* ou *cylindre électro-dynamique*.

Fig. 215.

Pour réaliser cette disposition, on enroule en hélice un long fil de cuivre. Le courant, étant supposé dirigé de B en A et parcourant toutes les spires de l'hélice, décrira évidemment une série de cercles parallèles, perpendiculaires à l'axe de l'hélice, et en même temps il s'avancera en ligne droite de B en A dans le sens de cet axe. Alors, si l'on fait revenir le courant sur lui-même, en repliant les deux bouts du fil parallèlement à l'axe de l'hélice, jusqu'en son milieu, le courant total se composera de trois parties : 1° un courant rectiligne dans le sens AB; 2° un courant rectiligne dans le sens BA, qui détruira le premier; 3° une série de cercles parallèles, parcourus tous dans le même sens.

Fig. 216 et 217.

La figure 216 représente un solénoïde flotteur, mobile autour d'un axe vertical; la figure 217, un solénoïde destiné à être suspendu aux potences de l'appareil (*fig.* 209). Chacun de ces solénoïdes éprouve, de la part de la terre, une force directrice dont il sera parlé plus loin. J'ai fait construire un solénoïde double (*fig.* 218), dont les spires sont parcourues en sens inverse par l'électricité et qui est exempt de cette influence. — Cela posé, l'expérience démontre les faits suivants, qui se déduisent théoriquement de ce qui précède :

Fig. 209.

Fig. 218.

436. Si un courant rectiligne, *d'une grande énergie*, est tendu horizontalement au-dessus d'un solénoïde mobile et parallèlement à sa longueur, le solénoïde tourne sur lui-même, et *tend* à se fixer dans un plan perpendiculaire au courant fixe, de telle sorte que les courants, dans la partie supérieure de chacun des cercles ou de chacune des spires du solénoïde, soient dirigés dans le même sens que le courant fixe.

Il résulte encore des principes établis que si, quand le solénoïde a pris sa position d'équilibre, on met le courant fixe *au-dessous*, le solénoïde doit faire une demi-révolution pour se placer encore dans une position perpendiculaire, mais où ses deux extrémités auront changé de place. Dans ce cas, en effet, ce sont les courants de la partie inférieure des spires, et non plus ceux de la partie supérieure, qui doivent être dirigés dans le même sens que le courant fixe.

Dans chacune des expériences qui précèdent, le solénoïde,

soumis à la fois à l'action directrice du courant fixe qui agit sur lui et à celle de la terre, ne se fixe point dans un plan perpendiculaire au courant; il s'arrête dans une position intermédiaire entre celles que les deux forces qui le sollicitent tendent à lui imposer. Mais, si l'on place le courant rectiligne horizontal entre les deux rangées de spires de mon double solénoïde astatique (*fig.* 218), ce courant agit seul alors sur le solénoïde ; d'ailleurs, les actions qu'il exerce sur les deux parties de l'équipage mobile sont évidemment conspirantes, et cette fois l'axe du solénoïde se met rigoureusement en croix avec le courant, dont l'influence directrice agit en toute liberté et a en outre doublé d'énergie.

437. Au lieu de tendre horizontalement un courant rectiligne au-dessus ou au-dessous d'un solénoïde, on peut présenter à l'une de ses extrémités un courant vertical très-puissant. On obtiendra alors des attractions ou des répulsions, dont il sera facile de se rendre compte en cherchant quel est le sens des courants dans la face verticale du solénoïde la plus rapprochée du courant fixe. Du reste, on obtient dans ce cas, comme dans le suivant, des changements de signe dans l'action du courant fixe sur le solénoïde, qui ne peuvent être complètement analysés que par le calcul.

438. Enfin, au lieu de faire agir un courant fixe sur un solénoïde mobile, on peut faire agir un solénoïde fixe, c'est-à-dire un solénoïde qu'on tiendrait à la main, et dont les fils seraient en communication avec les pôles d'une forte pile, sur un courant mobile. On obtiendra encore des attractions ou des répulsions très-prononcées ; et on reconnaîtra toujours que l'attraction a lieu quand les courants, dans le fil conducteur mobile et dans la face du solénoïde qui en est la plus voisine, sont dirigés dans le même sens, et la répulsion quand les courants dans les deux parties réagissantes sont dirigés en sens contraire.

On conçoit ici, comme dans le cas précédent, que, l'action mutuelle des courants dépendant essentiellement de la distance qui les sépare, un petit déplacement dans le solénoïde suffira souvent pour changer l'attraction en répulsion; car les courants, qui vont de bas en haut dans une moitié de cercle, allant de haut en bas dans l'autre moitié, le solénoïde agira par attraction ou par répulsion sur un même courant mobile, suivant celle des deux moitiés du cercle qui sera la plus voisine du fil et qui agira le plus fortement sur lui. Toutefois, quand le fil conducteur qui agit sur un solénoïde mobile, ou sur lequel agit un *solénoïde à main,* sera placé entre les deux extrémités du cylindre électro-dynamique, et non au-dehors, et qu'il en sera peu éloigné, on pourra toujours prédire s'il doit y avoir attraction ou répulsion, en considérant la direction relative des courants réagissants.

439. Prenons maintenant deux solénoïdes : l'un mobile autour d'un axe vertical (*fig.* 216 et 217) ; l'autre fixe, que l'on tiendra à la main et dont les fils seront en communication avec une forte pile (*fig.* 219). Concevons ces solénoïdes disposés parallèlement de manière que le courant électrique les parcoure dans le même sens. Les extrémités semblables B, B′ ou A, A′ pourront être appelées pôles de même nom, tandis que les extrémités A, B′ ou A′, B seront des pôles de nom contraire. Cela posé, que l'on présente les extrémités du solénoïde à main à celles du solénoïde mobile, on obtiendra des attractions ou des répulsions très-marquées, qui mettront en évidence cette loi : *Dans deux solénoïdes, les pôles de même nom se repoussent, et les pôles de nom contraire s'attirent.* — Ce résultat est d'ailleurs une conséquence de la direction relative des courants dans les pôles réagissants.

Action mutuelle des solénoïdes.
Fig. 216 et 217.
Fig. 219.

Rotation des courants par les courants.

440. Pour terminer l'étude de l'action des courants sur les courants, il nous reste à parler des mouvements de rotation continue auxquels elle peut donner naissance.

Considérons un courant fixe horizontal XY, et dans le même plan horizontal un courant rectiligne *oa* pouvant tourner autour de l'une de ses extrémités *o*, de manière à décrire un cercle. Supposons d'abord que l'électricité aille du centre à la circonférence. Il est facile de voir que le courant mobile devra tourner d'un mouvement de rotation continue en rétrogradant sur le courant fixe. Pour s'en convaincre, il suffit de prendre le courant mobile dans une position quelconque *om* qui, prolongée, rencontre XY au point R. Le sens des courants prouve qu'il y aura répulsion dans l'angle *o*RY, attraction dans l'angle adjacent *o*RX ; ainsi le courant mobile devra tourner. Arrivé à la position verticale *oa*, il tournera encore par les mêmes raisons. Devenu horizontal en *ob*, il sera repoussé par le courant fixe qui lui est parallèle et de sens contraire ; en un mot, il ne saurait être en équilibre dans aucune position, et il devra tourner uniformément autour de son centre. Si le courant mobile était dirigé de la circonférence au centre, on démontrerait de même que, sous l'influence du courant fixe, il doit tourner d'un mouvement continu, mais cette fois dans le même sens que lui.

Ces effets de rotation deviendront plus marqués, si, au lieu de laisser le courant XY rectiligne, on le plie en cercle autour

Fig. 220.
Action révolutive d'un courant horizontal sur un courant horizontal.

Fig. 221.

du point *o*. Dans ce cas, en effet, le courant fixe agira toujours avec la même intensité sur le courant mobile, dans toutes ses positions. La figure 221 représente un courant dirigé du centre à la circonférence, qui tourne en rétrogradant sur le courant circulaire XMY; la figure 222 représente un courant dirigé de la circonférence au centre et tournant dans le même sens que le courant circulaire.

Fig. 223.

Enfin, supposons que le courant mobile, au lieu de tourner autour d'une de ses extrémités, tourne autour de son milieu. — Si dans les deux moitiés *bo*, *oa* le courant va dans le même sens, il restera immobile; car les deux parties tendront à se mouvoir en sens contraire avec des forces égales.— Mais si le courant, arrivant par le centre *o*, se divise en deux, suivant les rayons opposés *oa*, *ob*, ou bien si, arrivant des deux points opposés *a* et *b* de la circonférence, les courants viennent se réunir au centre, alors chaque moitié du diamètre éprouvera de la part de XY des actions concordantes, et la force de rotation, soit dans un sens, soit dans l'autre, sera doublée.

Action révolutive d'un courant circulaire horizontal sur un courant vertical.

Fig. 224.

441. Je viens de montrer comment un courant horizontal circulaire imprime un mouvement de rotation à un courant fini mobile dans un plan horizontal parallèle et peu éloigné. Mais le courant circulaire fixe exerce une action du même genre sur un courant vertical mobile autour d'un axe vertical passant par le centre du premier. Soit, en effet, *nm* (*fig.* 224) le courant mobile que je suppose descendant, et HKIG le courant fixe. Il est clair que, dans l'angle HK*mn* il y aura attraction, dans l'angle adjacent IK*mn* répulsion; et que ces deux forces, symétriquement placées, se composent en une résultante unique horizontale (*Voyez* n° 432) qui tend à faire rétrograder le courant mobile sur le courant fixe, et qui, dans toutes ses positions, aura la même intensité. — Si le courant était ascendant, la rotation aurait lieu dans le même sens que le courant fixe.

Fig. 224.

Il résulte de là que, si deux courants verticaux *nm*, *pq* (*fig.* 224), mobiles autour de l'axe commun *fo*, sont placés l'un à droite, l'autre à gauche de cet axe, et dirigés dans le même sens, ils éprouveront de la part du courant circulaire fixe des actions conspirantes, et la force de rotation sera doublée. — Si, au contraire, les deux courants verticaux sont, l'un ascendant, l'autre descendant (*fig.* 225), le courant fixe exercera sur eux des actions égales et inverses qui se détruiront.

Fig. 225.

Fig. 226.

Enfin, soit un équipage mobile tel que *mnpq* (*fig.* 226), composé de deux branches verticales et une horizontale. Il pourra arriver deux cas : ou le courant, partant du centre, se dirigera, suivant *an* et *ap*, vers les deux points opposés de la circonférence, et descendra dans les deux branches verticales; ou bien, le courant, montant par les deux conducteurs verticaux, ira des deux points opposés de la circonférence se réunir au centre. Or, il est clair que l'action du courant circulaire fixe sur les branches verticales conspirera toujours avec celles qu'il exerce sur la partie horizontale du courant mobile; et que l'équipage tournera d'un mouvement continu, en rétrogradant sur le courant fixe dans le premier cas, et en marchant suivant le même sens que lui dans le second.

442. C'est cette dernière conséquence que l'on vérifie par l'expérience. VV est un vase annulaire en cuivre, évidé en son centre, et contenant de l'eau acidulée. Dans l'axe s'élève verticalement une colonne en cuivre, surmontée d'une petite capsule dont le fond est garni d'une lame de verre. On met dans la capsule un peu de mercure, et on pose sur son fond, par la pointe d'acier *a*, un équipage formé d'un fil de cuivre horizontal, recourbé verticalement à ses extrémités, et terminé inférieurement par un anneau de cuivre. Cet anneau de cuivre doit plonger dans l'eau acidulée du vase VV. Le pied de ce vase, communiquant avec le pôle positif d'une pile, et le pied de la colonne avec le pôle négatif, le courant monte dans le vase VV, passe dans les deux montants verticaux de l'équipage mobile, puis va des deux extrémités du diamètre *np* au centre *a*, et descend par la colonne. Les communications étant établies en ordre inverse, le courant monte par la colonne, va du centre *a* aux deux extrémités de la circonférence, et descend par le vase V. Ce vase est entouré d'un long ruban de cuivre recouvert de soie, formant un grand nombre de révolutions, et servant à la fois à transmettre le courant fixe et à augmenter son énergie.

Aussitôt que toutes les communications sont établies, on voit le courant mobile tourner d'un mouvement continu, en rétrogradant sur le courant circulaire fixe, ou en marchant dans le même sens que lui, suivant que la direction du courant mobile va du centre à la circonférence ou de la circonférence au centre.

Expérience.

Fig. 227.

Fig. 228.

Fig. 229.

CHAPITRE VII.

ÉLECTRO-MAGNÉTISME.

§ 1. — *Action de la terre sur les courants.*

Action de la terre sur un courant mobile autour d'un axe vertical. Fig. 204, 205 et 214.

443. Lorsqu'un courant rectangulaire ou circulaire (*fig.* 204, 205 et 214), mobile autour d'un axe vertical, est abandonné à lui-même, il se place spontanément, après quelques oscillations, dans une position fixe. Quand il a pris cette position d'équilibre, son plan est exactement perpendiculaire au méridien magnétique ou bien à la direction de l'aiguille de déclinaison, et, en outre, l'électricité se meut, dans le fil conducteur, de l'est à l'ouest, en passant par la partie inférieure. —Si l'on renverse le sens du courant, l'équipage mobile fait une demi-révolution sur lui-même, et s'arrête encore lorsque, son plan étant perpendiculaire au méridien magnétique, la partie inférieure du courant est dirigée de l'est à l'ouest.

Dans cette expérience, il est clair que l'action magnétique de la terre est l'unique influence à laquelle soit soumis le courant mobile ; et en rapprochant le résultat actuel du principe et de la remarque développés dans le n° 424, on reconnaît que la terre agit sur le courant mobile exactement comme si elle était sillonnée à sa surface par des courants électriques dirigés de l'est à l'ouest, perpendiculairement au méridien magnétique, dans le sens du mouvement diurne du soleil.

Action de la terre sur un courant mobile autour d'un axe perpendiculaire au méridien magnétique.

444. Concevons maintenant que l'on ait rendu un courant rectangulaire mobile autour d'un axe horizontal perpendiculaire au méridien magnétique ; ce courant, qui déjà est dans un plan perpendiculaire au méridien, comme l'exige l'influence terrestre, s'arrêtera, en outre, dans une position fixe, et telle que son plan soit perpendiculaire à l'aiguille d'inclinaison.

On voit par là que le globe terrestre peut être assimilé à un vaste courant, traversant sa surface de l'est à l'ouest, dans un plan perpendiculaire à l'aiguille d'inclinaison.

Courants astatiques.

445. De même qu'on forme des aiguilles aimantées *astatiques*, c'est-à-dire qui n'éprouvent de la part du globe terrestre aucune force directrice, on peut aussi disposer des fils métalliques de telle manière que le globe terrestre soit sans action sur les courants auxquels ils servent de conducteurs. Ainsi les figures 206 et 207 représentent des *courants astatiques ;* car il est facile de voir que les courants horizontaux dirigés de gauche à droite sont détruits par les courants dirigés de droite à gauche, et que l'effet des courants verticaux ascendants détruit celui des courants descendants. On comprend maintenant pourquoi, dans les expériences électro-dynamiques du chapitre précédent, nous nous sommes servis de préférence de ces courants, qui n'ont aucune tendance à prendre une position fixe sous l'influence terrestre.

446. Considérons maintenant un solénoïde mobile autour d'un axe vertical et traversé par un courant énergique ; chacun des cercles parallèles dont il se compose tendra, d'après l'expérience du n° 443, à se placer dans un plan perpendiculaire au méridien magnétique, et de telle sorte que la partie inférieure des courants soit dirigée de l'est à l'ouest. Toutes ces tendances partielles concourant évidemment au même but, le solénoïde, après quelques oscillations, se fixera dans une position telle, que les plans des cercles qui le constituent soient perpendiculaires au méridien magnétique ; il est évident alors que l'axe du solénoïde sera situé dans le méridien lui-même, ou bien sera parallèle à l'aiguille de déclinaison. C'est ce que l'expérience vérifie.

Un solénoïde mobile autour d'un axe vertical se comporte donc, sous l'influence terrestre, comme une aiguille aimantée. Appliquant à ses deux extrémités les dénominations que nous avons adoptées pour les pôles d'un aimant, nous appellerons pôle austral du solénoïde celle de ses extrémités qui, dans la position d'équilibre, est tournée vers le nord, et pôle boréal l'extrémité tournée vers le sud.

Si l'on renversait le sens des courants dans un solénoïde mobile, il ferait une demi-révolution sur lui-même pour retrouver sa position d'équilibre stable, exactement comme un aimant dont on aurait instantanément renversé les deux pôles. — On voit maintenant pourquoi le solénoïde double (*fig.* 218) est astatique.

Si l'on pouvait suspendre un solénoïde autour d'un axe perpendiculaire au méridien magnétique et passant par son centre de gravité, et donner à la fois à ce courant une grande énergie et une grande mobilité, il n'y a aucun doute que ce solénoïde se fixerait dans une position parallèle à l'aiguille d'inclinaison, son pôle austral en bas, son pôle boréal en haut.

447. Nous voilà donc conduits, non-seulement à assimiler le globe terrestre, considéré jusqu'à présent comme un vaste

Action de la terre sur un solénoïde.

Fig. 218.

Théorie d'Ampère sur le magnétisme.

aimant, à un ensemble de courants électriques, mais, en outre, à reconnaître une analogie frappante entre les solénoïdes et les barreaux aimantés. Même action de la part du globe terrestre : même action mutuelle entre les solénoïdes (nº 439) qu'entre les aimants.

Si l'on a bien saisi les expériences qui précèdent, on se sera déjà fait cette question : les aiguilles et les barreaux aimantés, qui ont tant d'analogie avec les solénoïdes, ne pourraient-ils pas, au lieu de devoir leurs propriétés magnétiques à un fluide particulier, n'être réellement autre chose que des assemblages de courants électriques absolument semblables aux solénoïdes, c'est-à-dire dirigés dans des plans parallèles, et perpendiculaires à l'axe magnétique de l'aimant? Cette hypothèse toute naturelle est due à M. Ampère. Ce savant physicien suppose que les courants électriques dont se compose, suivant lui, un aimant, tournent, non-seulement autour de sa surface, mais autour de chacune de ses molécules. Chaque section de l'aimant, perpendiculaire à l'axe, présenterait donc un ensemble de courants moléculaires dirigés tous dans le même sens, à peu près comme l'indique la figure 230. Du reste, la réunion de tous ces courants élémentaires se comporterait à l'extérieur comme un courant unique et fermé (*fig.* 231), dont l'intensité se composerait de la somme de toutes leurs intensités partielles.

Fig. 231.

Fig. 232.

Désormais, nous supposerons qu'on ait tracé au crayon blanc, sur la surface des aimants, des flèches indiquant la direction des courants dont nous admettrons, avec Ampère, que le barreau aimanté se compose. Cela est facile en comparant le barreau aimanté à un solénoïde mobile en équilibre sous l'influence terrestre (nº 446).

En adoptant l'hypothèse d'Ampère, conjointement avec celle par laquelle le globe terrestre a déjà été assimilé à un vaste courant électrique, on voit que le phénomène de la direction des aimants par le globe terrestre, et ceux des attractions ou des répulsions que les pôles des aimants exercent les uns sur les autres, sont des conséquences immédiates de l'action des courants sur les courants et de la théorie des solénoïdes.

Mais, pour ne pas nous contenter de cette simple probabilité, nous allons soumettre notre hypothèse à de nouvelles épreuves, en étudiant l'action que les courants exercent sur les aimants et les aimants sur les courants.

§ 2. — *Action des courants sur les aimants.*

448. Je placerai en première ligne l'action mutuelle des aimants et des solénoïdes, afin de la rapprocher des expériences qui viennent d'être décrites. Deux mots suffiront pour la caractériser et pour montrer son accord parfait avec la théorie d'Ampère.

Action mutuelle des aimants sur les solénoïdes.

Présentez l'un des pôles d'un aimant fixe à un solénoïde mobile, ou bien l'un des pôles d'un solénoïde à main à un aimant mobile, et vous reconnaîtrez :

1º Que les pôles d'un aimant repoussent les pôles de même nom d'un solénoïde, et attirent les pôles de nom contraire;

2º Que les pôles d'un solénoïde repoussent les pôles de même nom d'un aimant mobile, et attirent les pôles de nom contraire.

En un mot, un solénoïde et un aimant agissent l'un sur l'autre comme un aimant sur un autre aimant, ou comme un solénoïde sur autre solénoïde.

449. Etudions actuellement l'action des courants rectilignes sur les aimants mobiles.

Action directrice des courants sur les aimants

Concevons que l'on ait réuni les deux pôles d'une pile de Volta par un long fil métallique, et qu'on présente une portion rectiligne de ce courant à une aiguille aimantée, librement suspendue par son centre de gravité; l'aiguille se déviera aussitôt de sa position d'équilibre, pour en prendre une nouvelle; et voici les lois de cette déviation, lois que nous pouvons dès à présent prévoir, et qui sont parfaitement d'accord avec celles du nº 436, relatives à l'action des courants sur les solénoïdes.

Si le courant va du *sud au nord* et qu'il soit placé horizontalement *au-dessus* et dans la direction de l'aiguille aimantée, le pôle austral de cette aiguille sera chassé *à l'ouest*. — Si le même courant passe *au-dessous* de l'aiguille, le pôle austral sera dévié *à l'est*.

Fig. 157.

Le courant étant toujours dirigé parallèlement à l'axe de l'aiguille, mais se mouvant cette fois *du nord au sud*, le pôle austral de l'aiguille est dévié *à l'est*, quand le fil conjonctif est *au-dessus* de l'aiguille, et ce même pôle est chassé *à l'ouest*, quand le fil est *au-dessous*.

Cette expérience est due à OErsted; c'est celle à laquelle nous avons fait allusion au nº 425.

Dans cette double expérience, l'aiguille aimantée est soumise à l'action simultanée de deux forces, savoir : la force *électro-magnétique* que le courant exerce sur elle, et la force magnétique du globe terrestre qui la rappelle sans cesse à sa position d'équilibre dans le plan du méridien magnétique. Aussi la position fixe qu'elle prend, sous cette double influence, est intermédiaire entre celle que lui fait prendre la force magnétique de la terre agissant seule sur elle, et celle que le courant, s'il agissait seul, lui imposerait à son tour.

Pour connaître la véritable action du courant électrique sur l'aiguille, il faut donc faire agir ce courant sur une aiguille soustraite à l'influence terrestre, sur une aiguille astatique; par exemple, sur une aiguille mobile autour d'un axe parallèle à l'inclinaison magnétique, ou bien soumise à l'influence d'un barreau puissant qui contrebalance et neutralise l'action que la terre exerce sur elle. Dans ce cas, on reconnaît que le courant électrique force toujours l'aiguille à se mettre *en croix* avec lui, c'est-à-dire à se fixer dans une direction perpendiculaire à la sienne.

Quant aux diverses positions que prend le pôle austral de l'aiguille aimantée, suivant le sens du courant, M. Ampère est parvenu à les formuler d'une manière simple et ingénieuse. Il imagine que, dans l'intérieur du fil métallique qui conduit le courant, est étendu un homme ayant les pieds vers le pôle positif et la tête vers le pôle négatif, de telle sorte que le courant entre par ses pieds et sorte par sa tête; il suppose, en outre, que cet homme ait toujours la face tournée vers la portion de l'aiguille sur laquelle agit directement le courant voltaïque. Cette hypothèse adoptée, l'action d'un courant sur une aiguille aimantée sera toujours, comme il est facile de s'en convaincre, exactement et complètement définie, en disant que *le courant tend à mettre l'aiguille en croix avec lui, en poussant son pôle austral à gauche.* Nous verrons plus loin (chap. VIII) les importantes applications qui découlent de ce principe.

Action attractive ou répulsive des courants sur les aimants. Fig. 234.

450. Les courants, outre l'action directrice qu'ils exercent sur les aimants, exercent aussi sur eux des actions attractives ou répulsives. Il est facile de s'en convaincre en présentant un courant rectiligne horizontal à une petite aiguille aimantée, une aiguille à coudre, par exemple, suspendue à un fil sans torsion. Ces attractions et ces répulsions confirment encore la théorie d'Ampère, et s'accordent avec les expériences du n° 437.

On peut encore, comme l'a fait M. Boisgiraud, faire agir un courant rectiligne horizontal sur une petite aiguille aimantée flottant à la surface de l'eau. Supposons le courant placé perpendiculairement à l'aiguille, au-dessus de son milieu; alors il peut se présenter deux cas:

1° Si le pôle austral de l'aimant est à gauche du courant,

c'est-à-dire si l'électricité suit la même direction dans le fil conducteur et dans la partie supérieure des spires du solénoïde
que l'aiguille aimantée représente, l'équilibre sera stable. Car,
si on transporte le fil parallèlement à lui-même hors du milieu
de l'aiguille, il exercera des attractions inégales sur les deux
portions de l'aimant qui sont l'une à sa droite, l'autre à sa
gauche ; mais, l'attraction exercée sur la portion la plus longue étant nécessairement la plus forte, l'aimant sera attiré de
manière à reprendre, après quelques oscillations, sa position
primitive. — 2° Mais si l'électricité marche en sens contraire
dans le fil et dans l'aimant, l'équilibre sera instable, pour deux
raisons : d'abord l'aiguille tendra à faire une demi-révolution
sur elle-même, pour que son pôle austral vienne à gauche du
courant ; ensuite, en supposant qu'on maintienne le courant
perpendiculaire à la direction actuelle de l'aiguille, dès que le
fil cessera de se projeter en son milieu, la répulsion qu'il exercera sur la portion de l'aiguille qui est à sa droite ne sera plus
égale à celle qu'il exerce sur la portion de gauche ; la partie la
plus longue sera plus vivement repoussée ; la répulsion augmentera donc de plus en plus, et l'aiguille aimantée s'éloignera
indéfiniment du fil conducteur.

451. Enfin, les courants électriques peuvent imprimer à un
aimant un mouvement de rotation continue. L'expérience en
est représentée dans la figure 235. AB est un barreau d'acier
aimanté, lesté par un contre-poids C en platine, et flottant
dans un bain de mercure. Un courant électrique arrive par la
potence FG, descend le long de l'aimant ; parvenu à la surface
du mercure, il se divise en une foule de courants rectilignes
qui rayonnent vers la circonférence de l'éprouvette V et sortent par le ruban métallique HK. Aussitôt on voit l'aimant
tourner sur lui-même. Si le pôle austral est en haut, la rotation s'effectuera de l'est à l'ouest par le midi.

Pour expliquer ce phénomène, il suffit de jeter les yeux sur
la figure 236, où sont représentés les courants propres de
l'aimant MIN et les courants divergents qui glissent sur la surface du mercure. En considérant, par exemple, le courant IR,
on voit que, dans l'angle MIR, il y a répulsion, et dans
l'angle RIN attraction ; ces deux forces concourent à faire tourner l'aimant dans le sens indiqué. — Le sens de la rotation
serait renversé, si l'on mettait le pôle boréal de l'aimant à la
partie supérieure, ou si l'on changeait la direction du courant
électrique.

Rotation
des aimants par
les courants.

§ 3. — *Action des aimants sur les courants.*

452. L'action que les courants exercent sur les aimants étant nécessairement réciproque, il sera facile de prévoir et de comprendre l'influence que les aimants à leur tour exercent sur les courants.

Action directrice. — Au-dessus du côté horizontal *np*, du courant astatique de la figure 206, ou au-dessous du courant de la figure 209, disposez horizontalement, et dans une direction parallèle à *np*, l'axe d'un fort barreau aimanté. Vous verrez aussitôt l'équipage mobile tourner sur lui-même, jusqu'à ce qu'il se soit mis en croix avec le barreau, et vous reconnaîtrez que, dans la position d'équilibre stable à laquelle il se fixera, le courant *np* sera dirigé dans le même sens que les courants électriques qui, selon l'hypothèse d'Ampère, sillonnent la face de l'aimant la plus voisine du courant mobile. — Renversez les pôles de l'aimant, l'équipage fera une demi-révolution pour retrouver une position stable d'équilibre. — Cette expérience est l'inverse de celle du n° 449.

453. *Actions attractives et répulsives.* — Au côté vertical *mn* de l'équipage mobile de la figure 207, présentez l'un des pôles d'un barreau aimanté, vous obtiendrez ou une attraction ou une répulsion très-vive, selon que les courants, dans le fil *mn* et dans la face du barreau la plus voisine de lui, seront parallèles et de même sens, ou parallèles et de sens contraire. La figure 237 représente un cas d'attraction.

Cette expérience peut être faite d'une manière assez piquante, à l'aide d'un aimant à fer-à-cheval. Je supposerai qu'on ait indiqué, par des flèches tracées au crayon blanc, le sens des courants électriques sur la surface de l'aimant. Ces flèches auront évidemment le même sens dans les deux faces intérieures et opposées du fer-à-cheval. Qu'on place alors le côté vertical *mn* du courant mobile de la figure 207 dans l'intervalle qui les sépare. Si le courant va dans le même sens que les flèches, chaque partie de l'aimant l'attirera, et, pour peu que le fil soit plus près de l'une des faces que de l'autre, il viendra se fixer contre elle. Mais si le courant mobile est dirigé en sens contraire des flèches, il sera également repoussé par les deux parties de l'aimant, et restera en équilibre stable à égale distance des deux faces intérieures.

On peut encore exercer des attractions ou des répulsions très-vives sur les courants flotteurs des figures 204 et 205, en présentant le pôle d'un aimant à l'intérieur du conducteur mobile, de manière que l'axe magnétique soit perpendiculaire au plan *mnpq*. Il y a répulsion, si les courants marchent en sens contraire dans le barreau aimanté et dans le fil conducteur, et le flotteur fuit l'aimant ; il y a attraction, si les courants marchent dans le même sens. — Si l'on introduit brusquement le milieu du barreau aimanté au centre du conducteur mobile, il y aura équilibre instable dans le cas de la répulsion, mais le plan du courant restera perpendiculaire à l'axe de l'aimant : il y aura équilibre stable dans le cas de l'attraction, mais le plan du conducteur mobile ne restera pas perpendiculaire à l'axe du barreau ; pour peu qu'il s'incline, il tournera jusqu'à ce que le fil soit venu se coller contre les faces latérales du barreau. — Les attractions et les répulsions sont extrêmement prononcées, quand on fait réagir le pôle d'un aimant sur la spirale astatique de la figure 239.

454. *Action révolutive.* — Enfin, les courants électriques peuvent, soit sous l'influence du globe terrestre, soit sous l'influence des aimants, prendre un mouvement de rotation continu, comme par l'action des courants circulaires.

Qu'on se reporte à l'expérience du nº 442, et il sera facile d'expliquer les phénomènes suivants que je me bornerai à énoncer, et qui tous s'accordent, d'une part avec les lois de l'action des courants sur les courants, de l'autre avec la théorie d'Ampère sur la constitution électrique des aimants.

1º Le courant mobile de la figure 227, qui, lorsque l'électricité y est dirigée du centre à la circonférence, tourne d'un mouvement continu en sens inverse d'un courant circulaire horizontal qui agit sur lui, prend, sous l'influence terrestre, un mouvement continu de rotation de l'ouest à l'est en passant par le sud, c'est-à-dire en sens contraire du courant électrique dont nous admettons l'existence à la surface de la terre.

Si l'électricité, dans le courant mobile, allait de la circonférence au centre, l'équipage prendrait aussitôt un mouvement continu de rotation de l'est à l'ouest, toujours en passant par le sud.

2º Si, au-dessus ou au-dessous de ce même courant, on dispose verticalement un faisceau magnétique, à l'instant même l'équipage mobile se mettra à tourner uniformément, comme il le ferait sous l'influence d'un courant circulaire horizontal, dans lequel le mouvement de l'électricité serait semblable à celui des courants électriques dont nous admettons, avec Ampère, que la surface et l'intérieur de l'aimant sont sillonnés. En traçant d'avance sur ce barreau des flèches indiquant le sens de ces courants, il sera facile de prévoir toutes les circonstances de cette action remarquable.

Suivant que l'action de l'aimant sur l'équipage mobile concourt avec l'action terrestre, ou est combattue par elle, la vitesse de rotation de l'appareil est ou plus grande ou plus faible.

Fig. 239.
Rotation
des courants par
l'influence du
globe terrestre.

Rotation
des courants par
l'influence des
aimants.

Fig. 240.

L'expérience vient encore à l'appui de cette conséquence théorique. Le cas représenté dans la figure 240 est celui où l'action de l'aimant BA concourt avec l'action terrestre à imprimer au courant mobile un mouvement de rotation continue de l'ouest à l'est par le midi.

nséquence gé-
nérale.

455. Malgré tout ce qu'il y a nécessairement d'incomplet dans l'exposé que nous venons de faire des phénomènes électro-dynamiques et électro-magnétiques, les principes que nous avons établis sont suffisants pour montrer l'intime liaison qui existe entre le magnétisme et l'électricité. L'hypothèse de l'identité des aimants avec les solénoïdes nous paraît suffisamment justifiée, et nous pouvons admettre avec Ampère que l'électricité et le magnétisme, au lieu d'être deux fluides distincts, doivent être considérés comme ayant une origine commune et n'étant que deux modifications, deux manières d'être différentes d'un seul et même agent. — Voici du reste de nouvelles analogies par lesquelles nous terminerons ce chapitre.

§ 4. — *Aimantation par les courants voltaïques.*

Action
s courants sur
le fer doux.

456. Les courants voltaïques n'agissent pas seulement sur le magnétisme libre des aiguilles aimantées ; leur action s'étend sur le fluide neutre des substances *magnétiques*, mais non aimantées, telles que le fer et l'acier.

1re *Expérience.* — Un fil de cuivre traversé par un courant électrique est présenté à de la limaille de fer ; la limaille, attirée avec force, s'enroule autour du fil en formant une espèce de gaîne de plusieurs millimètres d'épaisseur. Cette couche de limaille adhère au fil métallique tant que le courant subsiste, mais à la moindre interruption elle se détache et tombe à l'instant même.

L'attraction de la limaille de fer par le fil conducteur prouve déjà que le courant exerce sur le magnétisme neutre une force décomposante. En outre, l'action connue de ce courant sur les aimants nous permet de conclure que, dans cette décomposition du magnétisme neutre, le fluide austral est poussé à gauche du courant, et le fluide boréal à droite.

2e *Expérience.* — Pour vérifier cette conséquence, imaginons que, perpendiculairement à un barreau de fer doux, on dispose, vers son milieu, un courant rectiligne. Le barreau de fer doux devra s'aimanter par influence et prendre un pôle austral à gauche du courant, un pôle boréal à droite. L'aimantation sera plus prononcée, si nous faisons faire au fil conducteur une révolution autour du barreau de fer doux ; car les diverses parties de ce courant circulaire agiront de la même manière sur les sections transversales du cylindre. — Enfin, si, au lieu d'un seul tour, nous faisons faire au fil métallique un grand nombre de révolutions, si, en un mot, nous l'enroulons en hélice sur toute la longueur du cylindre de fer, toutes les spires de l'hélice ainsi formée exerceront sur son magnétisme neutre des actions concourantes, et l'aimantation par influence sera d'autant plus forte que les spires seront en plus grand nombre.

Toutes ces conséquences sont vérifiées par l'expérience. On a donné au barreau de fer doux aimanté par influence le nom d'*électro-aimant*.

457. Pour mieux juger de l'intensité du magnétisme développé dans le fer doux par l'influence du courant voltaïque, on prend ordinairement une pièce de fer doux contournée en fer-à-cheval ou en étrier, et on enroule sur les deux jambes de cet étrier un long fil de cuivre revêtu de soie. Dès que le fil est traversé par le courant, le fer doux se transforme instantanément en un aimant puissant, dont le pôle austral est à gauche et le pôle boréal à droite du courant voltaïque, l'un à l'entrée, l'autre à la sortie. En adaptant au fer-à-cheval un *portant*, on peut lui faire soutenir, suivant l'énergie de la pile, un poids de plusieurs centaines de kilogrammes.

Electro-aimants.

Fig. 241.

Si le courant est interrompu, le fer doux, qui n'a pas de force coercitive, perd à l'instant son état magnétique et repasse à l'état naturel; et si l'on fait passer le courant en sens contraire, aussitôt le fer redevient un aimant, dans lequel les pôles sont disposés en ordre inverse.

En plaçant l'un au-dessous de l'autre deux électro-aimants en fer-à-cheval, dont les pôles contraires soient en regard, et suspendant des poids à l'aimant inférieur, on pourra obtenir une force de plus de 1000 ou 1200 livres.

458. La promptitude avec laquelle les électro-aimants en fer doux acquièrent ou perdent la polarité magnétique, a donné l'idée de les faire servir à engendrer des mouvements de rotation continue, et a fait naître l'espoir de les utiliser dans l'industrie comme force motrice. Voici un petit appareil propre à faire comprendre le principe de cette importante application qui paraît pleine d'avenir.

Force
motrice des électro-aimants.

BCA est un étrier en fer doux dont les deux branches sont entourées d'un long fil de cuivre destiné à transmettre un courant. A peu de distance des sommets A et B est suspendu un électro-aimant horizontal *ab* mobile autour d'un axe vertical Y. Les deux bouts libres de l'hélice qui l'entoure plongent dans le mercure d'une capsule MN, partagée en deux compartiments par une cloison médiane non conductrice et servant de *commutateur*. Le courant d'une pile voltaïque entre par le fil D, parcourt les spires de l'électro-aimant fixe, fait naître un

Fig. 245.

pôle austral en A, un pôle boréal en B, passe dans la case M, monte par le fil hb, aimante l'électro-aimant mobile qui prend en b un pôle boréal, en a un pôle austral, enfin descend par le fil ai, par la case N, et va rejoindre le pôle négatif de la pile. Il y a alors une attraction très-vive entre les pôles magnétiques B et a d'une part, A et b de l'autre ; l'aimant mobile tourne autour de son axe ; arrivé au-devant de l'aimant fixe, il dépasse sa position d'équilibre en vertu de sa vitesse acquise ; au même instant les fils h et i passent d'un des compartiments de la capsule MN dans l'autre ; par suite, les pôles de l'électro-aimant mobile sont instantanément renversés, l'attraction qu'ils éprouvaient se change en répulsion, et le mouvement de rotation continue. Après une demi-révolution, les communications sont renversées de nouveau par le commutateur ; le mouvement de rotation continue dans le même sens, et persiste aussi longtemps que le courant électrique qui lui donne naissance.

On voit que, dans cet ingénieux instrument, le principe de la rotation continue consiste à renverser la position des pôles de l'aimant mobile à chaque fois qu'il passe devant l'aimant fixe. Le commutateur peut recevoir bien des dispositions différentes. — M. Jacoby de Dorpat a fait exécuter, à Saint-Pétersbourg, en 1839, une machine électro-magnétique rotative, fondée sur ce principe ; elle a été capable de faire mouvoir les roues à palettes d'une chaloupe de 10 rames, et de lui faire remonter le cours de la Newa, malgré un vent contraire.

Action des courants sur l'acier.

459. L'action des courants électriques sur l'acier, qui est doué de force coercitive, n'est pas moins remarquable que sur le fer doux. En outre, en raison même de cette force coercitive, le magnétisme développé par les courants dans l'acier, l'est d'une manière permanente et peut y être distribué presque à volonté.

Hélices dextrorsùm et sinistrorsùm.

Fig., 242 et 243.

Expériences. — Sur un tube de verre est enroulé en hélice un fil de cuivre, dont les spires sont assez espacées pour ne pas se toucher. Si le fil est enroulé de droite à gauche, comme les spires d'un tire-bouchon ou les filets d'une vis, l'hélice est dite *dextrorsùm* ; si le fil est enroulé de gauche à droite, l'hélice est dite *sinistrorsùm*.

Dans l'axe d'une hélice *dextrorsùm*, on place une aiguille à tricoter, en acier, à l'état naturel. On fait communiquer, pendant un seul instant, les deux bouts de l'hélice avec les pôles d'une pile ; l'aiguille d'acier, soumise à l'influence du courant, est instantanément aimantée, et aimantée *à saturation*. Le pôle boréal est à l'entrée, le pôle austral à la sortie du courant. — Avec une hélice *sinistrorsùm*, le phénomène est le même; seulement le pôle boréal est à la sortie et le pôle austral à l'entrée du courant, c'est-à-dire que le premier correspond au pôle négatif, et le second au pôle positif de la pile.

Si, après avoir aimanté une aiguille d'acier, avec une hélice *dextrorsùm*, ou avec une hélice *sinistrorsùm*, on la replace dans la même hélice, en renversant ses pôles, et qu'on fasse passer le courant dans le même sens que précédemment, un seul instant suffira pour détruire le magnétisme qui s'était développé dans l'aiguille, et pour l'aimanter en sens contraire, à saturation. — On obtiendrait le même renversement, en plaçant l'aiguille aimantée par l'hélice *dextrorsùm*, sans la retourner, dans l'hélice *sinistrorsùm*, ou réciproquement.

Non-seulement on peut ainsi développer du magnétisme dans une aiguille d'acier, à l'aide du courant de la pile, mais on peut le développer arbitrairement dans telle ou telle région de cette aiguille.

Hélice à renversements.

Pour le concevoir, il suffit de se rappeler qu'en aimantant une aiguille avec une hélice *dextrorsùm*, il se forme un pôle boréal là où commence l'hélice, et un pôle austral là où elle finit; que c'est l'inverse pour l'aimantation par une hélice *sinistrorsùm*. — Cela posé, imaginons qu'après avoir enroulé sur un tube de verre une moitié d'hélice *dextrorsùm*, on enroule la seconde moitié *sinistrorsùm*; quand on viendra à faire passer un courant dans une pareille hélice, l'aiguille d'acier, soumise à son influence, prendra trois pôles magnétiques : le premier, boréal, à l'entrée de la première hélice; le second, austral, au point où l'hélice *dextrorsùm* finit et l'hélice *sinistrorsùm* commence; enfin, un troisième, boréal, à l'extrémité de cette dernière. Ainsi les deux extrémités seront deux pôles nord, le milieu un pôle sud; il y aura *un point conséquent*.

Fig. 244.

Si l'on fait passer le courant dans une hélice à deux renversements, dont le 1er tiers soit *dextrorsùm*, le 2e *sinistrorsùm* et le 3e *dextrorsùm*, il y aura, dans l'aiguille d'acier, un pôle boréal à l'entrée, un pôle austral au premier renversement, un pôle boréal au deuxième renversement, et un pôle austral à la sortie; en tout, quatre pôles et deux points conséquents. — Tout cela se vérifie en plongeant l'aiguille d'acier, après l'aimantation, dans de la limaille de fer, ou en la présentant à une petite aiguille aimantée mobile.

Enfin, au lieu d'aimanter de simples aiguilles, on peut, à l'aide d'un courant énergique, aimanter d'épais barreaux d'acier; mais c'est à la condition qu'ils n'aient pas une grande force coercitive. S'ils sont trempés dur, ils deviennent très-difficiles à aimanter par le courant galvanique.

Aimantation
par la décharge
de la bouteille
de Leyde.

460. L'aimantation des aiguilles d'acier, produite instantanément par le passage du courant voltaïque, s'obtient aussi en faisant passer dans l'hélice la décharge instantanée d'une bouteille de Leyde. L'armature intérieure (+) se comporte comme le pôle positif de la pile, l'armature extérieure (—) comme le pôle négatif. — Toutefois, l'action de l'électricité ordinaire sur le magnétisme présente des irrégularités qui n'ont pas toutes été expliquées jusqu'à ce jour.

461. Pour expliquer, dans la théorie d'Ampère, l'aimantation du fer doux ou de l'acier par le courant de la pile, il suffit d'admettre avec lui que, dans une substance simplement magnétique et non aimantée, il circule autour de chaque molécule une infinité de courants électriques; mais que ces courants, étant dirigés dans tous les sens imaginables, se détruisent mutuellement. L'influence d'un courant voltaïque sur une substance magnétique aurait alors pour effet de tourner tous ces courants intérieurs, et de les disposer dans le même sens et dans des plans parallèles. Cette distribution régulière ne serait que momentanée dans le fer doux; dans l'acier, elle serait permanente.

De même que les courants électriques peuvent développer du magnétisme polaire dans des barreaux de fer doux ou d'acier, les aimants, à leur tour, peuvent faire naître des courants électriques, sans aucun secours étranger, dans des hélices en fil de cuivre. Mais, avant d'étudier ces phénomènes qui sont connus sous le nom de courants par induction, il est nécessaire d'apprendre d'abord par quels moyens on peut constater l'existence des plus faibles courants électriques et en mesurer l'énergie.

CHAPITRE VIII.

GALVANOMÉTRIE.

462. Peu de temps après la découverte d'OErsted, M. Schweiger imagina de faire servir l'action directrice des courants voltaïques sur l'aiguille aimantée à la construction d'un appareil propre à constater l'existence d'un courant, même très-faible, dans un conducteur métallique, et, en outre, à en mesurer l'énergie. Cet instrument a reçu le nom de *multiplicateur ou galvanomètre*.

Au centre d'un cadre en bois, disposé verticalement dans le plan du méridien magnétique, est librement suspendue, par son centre de gravité, une aiguille aimantée horizontale. Sur le cadre est enroulé un long fil de cuivre, recouvert de soie, faisant un grand nombre de révolutions, et destiné à transmettre un courant électrique. Les deux extrémités du fil sont libres, dans une longueur d'un ou de deux pieds; le courant entre par l'une d'elles et sort par l'autre; l'appareil est recouvert d'une cloche qui le garantit des agitations de l'air. — Dans l'état de repos, l'aiguille est parallèle aux côtés horizontaux du cadre. Mais, aussitôt que le courant est établi, l'aiguille est déviée de sa position d'équilibre, et il est facile de voir que toutes les parties des courants qui circulent autour d'elle tendent à chasser son pôle austral du même côté. Ainsi, pour un courant d'une intensité donnée, et pour un fil conducteur d'une longueur donnée, l'action de la force *électro-magnétique*, et, par suite, la déviation imprimée à l'aiguille croîtra avec le nombre des tours que fera le fil du galvanomètre.

Ce moyen fort simple de multiplier l'énergie de l'action électro-magnétique a cependant une limite. Cela tient à ce que l'intensité d'un courant s'affaiblit à mesure que la longueur du fil qu'il parcourt augmente.

463. Lorsqu'on emploie une seule aiguille aimantée, la force électro-magnétique est combattue par la force directrice de la terre, qui tend sans cesse à ramener cette aiguille dans le plan du méridien. D'une autre part, si l'on faisait agir le courant du galvanomètre sur une aiguille complètement astatique, ce courant, quelque faible que fût son intensité, mettrait toujours l'aiguille en croix avec lui, et toute comparaison entre les forces de plusieurs courants deviendrait impossible. Il fallait donc trouver le moyen d'affaiblir, sans la rendre nulle, l'influence magnétique de la terre sur l'aiguille, en conservant à la force électro-magnétique du courant toute son énergie, en l'augmentant même si c'était possible. M. Nobili y est parvenu de la manière suivante : au lieu d'une seule aiguille, on en prend deux (deux aiguilles à coudre) que l'on aimante à peu près également, et que l'on implante en sens contraire dans une même paille, ou que l'on attache à un même fil de métal, de manière que leurs axes soient parallèles et leurs pôles contraires en regard. Ce système d'aiguilles, dont la force directrice peut être rendue extrêmement faible, est suspendu à un fil de soie sans torsion, l'aiguille inférieure au-dedans du cadre, l'aiguille supérieure au-dessus. D'après cette disposition, le fil du galvanomètre exerce sur les deux aiguilles des actions qui tendent à faire tourner le système dans le même

Fig. 246.

Fig. 247.

sens; et la question d'accroître l'action électro-magnétique , en affaiblissant l'influence terrestre, se trouve résolue.

Entre l'aiguille supérieure et le cadre galvanométrique , on a soin de placer un disque horizontal de laiton, dont la circonférence est divisée en 360°. Quand on veut faire une observation , on doit mettre l'aiguille sur le zéro, en tournant convenablement le cadre. Alors le sens et l'étendue de la déviation produite par un courant indiquent à la fois et sa direction et, comme on va le voir, son intensité.

464. Il ne suffit pas d'avoir construit un appareil propre à constater l'existence et la direction d'un courant voltaïque ; il importe encore de pouvoir mesurer son énergie , et pour cela de connaître la relation qui existe entre l'intensité du courant et la déviation qu'il imprime à l'aiguille aimantée. Cette relation dépend de plusieurs éléments qui varient dans chaque galvanomètre, savoir : la longueur et la disposition du fil autour du cadre de l'appareil, sa distance à l'aiguille, la grandeur, la forme de cette aiguille et la distribution du magnétisme dans son intérieur. Ces éléments étant fort difficiles à calculer, on préfère graduer directement le galvanomètre par des méthodes expérimentales. Je me bornerai à décrire une des plus simples.

465. Concevons que, sur le cadre d'un galvanomètre, on ait enroulé simultanément deux fils de cuivre revêtus de soie, ayant exactement le même diamètre et la même longueur. Admettons, en outre, que l'on puisse se procurer des courants électriques de diverse puissance, capables de conserver une intensité constante pendant un certain temps (nous verrons qu'on y parvient très-aisément à l'aide des appareils thermoélectriques). — Faisons passer dans un des fils un courant d'une certaine intensité que j'appellerai 1 ; l'aiguille sera déviée, je suppose, d'un petit nombre de degrés a. Si maintenant nous faisons passer dans le second fil un courant égal au premier et dans le même sens , l'aiguille éprouvera une déviation b qui correspondra évidemment à une intensité de courant double. Faisons traverser actuellement le premier fil par un courant qui seul produise la déviation b et soit par conséquent égal à 2, et faisons circuler en même temps, dans le second fil, d'abord un courant égal à 1 , puis un courant égal à 2; nous obtiendrons deux nouvelles déviations c et d, dont la première correspondra à une intensité de courant égale à 3 , la seconde à une intensité 4. — Combinons de même un courant qui seul ait une intensité 4 et donne la déviation d avec des courants successivement égaux à 1, 2, 3, 4; nous aurons les déviations de l'aiguille relatives aux intensités 5, 6, 7 et 8; et ainsi de suite. Il sera facile de con-

struire ainsi une table des déviations et des intensités correspondantes.

L'expérience prouve que les déviations de l'aiguille du galvanomètre sont proportionnelles aux intensités des courants
dans les premiers degrés de l'échelle. Au-delà, l'intensité du
courant croît dans un plus grand rapport que la déviation.

L'appareil que je viens de décrire pourrait encore être gradué par différences, en faisant passer dans les deux fils des
courants inégaux, simultanément et en sens contraire. C'est
ce qui lui a fait donner le nom de galvanomètre différentiel.
— Une fois qu'il est gradué, on peut souder les extrémités du
conducteur deux à deux, et s'en servir comme d'un multiplicateur à un seul fil. — Nous avons vu, en parlant du thermo-
multiplicateur, un autre mode de graduation très-exact, dû à
M. Melloni (n° 300).

466. Le galvanomètre à deux aiguilles ne sert ordinairement
que pour mesurer des courants électriques qui n'ont pas une
grande intensité. Pour des courants plus forts, on peut employer des galvanomètres à une seule aiguille aimantée, et
voici une loi générale qui donne une mesure directe de l'énergie
du courant auquel le fil du multiplicateur sert de véhicule.

Imaginons que le cadre ou le cercle vertical, sur lequel est
enroulé le fil du multiplicateur, puisse tourner autour d'un axe
vertical, et qu'une alidade mobile avec lui sur un cercle horizontal gradué permette de mesurer exactement l'angle décrit.
Supposons, en outre, que l'axe de rotation coïncide avec l'axe
de suspension de l'aiguille aimantée placée au centre du cadre
galvanométrique. On commence par fixer le plan du cadre
parallèlement à l'aiguille aimantée, c'est-à-dire dans le plan du
méridien magnétique. Alors on fait passer dans le fil un courant qui dévie l'aiguille; mais en même temps on fait tourner
le plan du multiplicateur dans le même sens que l'aiguille,
afin qu'il lui reste constamment parallèle. Ce courant agira
sur elle avec toute son énergie, pour chasser son pôle austral
à sa gauche; mais la force directrice de la terre tendra à la
rappeler dans le méridien magnétique avec une énergie qui
croîtra avec la déviation. Si le courant qui dévie l'aiguille n'a
pas une intensité égale à la force directrice horizontale de la
terre, il arrivera un moment où l'aiguille s'arrêtera à une déviation maximum, pour laquelle l'intensité du courant qui lui
est parallèle, et qui agit par conséquent dans une direction
perpendiculaire à son axe magnétique, sera égale à la composante de la force directrice terrestre perpendiculaire à ce même
axe. Or, soit OM le méridien magnétique; OA la position d'équilibre de l'aiguille correspondante à la déviation α; AK$=i$ l'intensité électro-magnétique du courant, et AH$=f$ la force direc-

Boussole de
Sinus.

Fig. 249.

trice horizontale de la terre. La composante effective de cette force sera AG$=f$ sin. α, et on aura, à cause de l'équilibre, $i=f$ sin. α. — D'où il résulte que l'intensité du courant est proportionnelle au sinus de la déviation, et indépendante de l'état magnétique de l'aiguille aimantée.

Les appareils où se trouve réalisée cette disposition mobile du plan du galvanomètre sont appelés, en raison de la loi précédente, *boussoles de sinus*.

Usages du galvanomètre.

467. La sensibilité extrême du galvanomètre à deux aiguilles en fait l'instrument le plus précieux pour découvrir les moindres traces de courant électrique développé par une cause quelconque, comme la chaleur, le contact des métaux, les actions chimiques... J'en citerai seulement ici un exemple.

Le fil du galvanomètre étant supposé en cuivre, on soude à l'un de ses bouts une lame de zinc, à l'autre une lame de cuivre, et on plonge ces deux lames dans de l'eau ordinaire. A l'instant même l'aiguille est déviée de plus de 50 degrés, et le sens de cette déviation indique la présence d'un courant voltaïque dirigé de la lame zinc à la lame cuivre en passant par le liquide. Si, au lieu d'eau, on prend de l'eau légèrement acidulée, au moment de l'immersion des lames métalliques, l'aiguille est vivement chassée à près de 180° de sa position d'équilibre, et, après quelques oscillations, elle se fixe à 80 ou 85 degrés du point de départ. — Nous consacrerons bientôt un chapitre spécial à l'étude de ces courants électro-chimiques.

Le galvanomètre différentiel et la boussole de sinus ont servi à M. Pouillet à déterminer les lois de l'intensité des courants électriques, et à comparer la conductibilité des métaux. Voici les principaux résultats de ses recherches :

1° L'intensité d'un courant est la même dans tous les points du circuit qu'il traverse;

2° L'intensité du courant est en raison inverse de la longueur totale du circuit, et en raison directe de la section du fil qui le transmet et de sa conductibilité;

3° L'ordre des conductibilités des métaux pour l'électricité voltaïque est le suivant : palladium, argent, or, cuivre, platine, laiton, fer, mercure.

CHAPITRE IX.

DES COURANTS PAR INDUCTION.

468. M. Faraday a donné le nom de courant par *induction* à des courants développés dans un conducteur métallique par l'influence d'un courant voltaïque voisin, ou par celle d'un aimant. Voici les principales circonstances de leur production :

1re Expérience. — Sur une bobine en bois M on enroule simultanément deux longs fils de cuivre revêtus de soie, de manière à former deux hélices égales. On met en communication les bouts A′ et B′ d'une de ces hélices avec les fils d'un galvanomètre très-sensible, et les bouts A et B de la seconde avec une forte pile à la Wollaston. — A l'instant où l'on ferme le circuit AB, l'aiguille aimantée du galvanomètre est déviée, et le sens de cette déviation indique que l'hélice AB a été traversée par un courant instantané, dirigé en sens contraire de celui qui parcourt l'hélice AB. Ce courant développé par influence ne dure qu'un instant; l'aiguille, après quelques oscillations, revient à sa première position d'équilibre. — Si maintenant on interrompt la communication de l'hélice AB avec la pile, à l'instant où l'on ouvre le circuit, il se développe dans l'hélice A′B′ un nouveau courant, instantané comme le premier, mais de même sens que celui de l'hélice AB; l'aiguille du galvanomètre, déviée en sens inverse de son premier mouvement, oscile et revient à sa position d'équilibre. — Le courant temporaire développé dans l'hélice A′B′ s'appelle courant *induit;* celui qui s'établit ou qui cesse dans l'hélice AB est appelé courant *inducteur;* et la loi de cette *induction volta-électrique* est celle-ci : le courant induit est *inverse* du courant inducteur au moment où l'on ferme le circuit, et *direct* à l'instant où on l'ouvre.

Induction volta-électrique. Fig. 250.

469. *2e Expérience.* — L'appareil étant disposé comme précédemment, on introduit dans l'intérieur de la bobine un cylindre de fer doux. Au moment où l'on ferme le courant AB, l'aiguille du galvanomètre est déviée par un courant induit *inverse,* mais avec beaucoup plus de force que dans la première expérience. Elle revient à sa position d'équilibre, et est de nouveau déviée très-vivement par un courant induit *direct,* quand on ouvre le circuit AB. — On conçoit aisément pourquoi la déviation est beaucoup plus énergique avec l'hélice armée

Influence d'un électro-aimant.

d'un électro-aimant, qu'avec l'hélice toute seule. Le cylindre de fer doux s'aimante, en effet, par le passage du courant inducteur et devient lui-même semblable à un puissant solénoïde, sillonné par un courant électrique de même sens que celui dont il subit l'influence. L'action de cet électro-aimant qui, en raison du défaut de force coercitive dans le fer doux, se forme et se détruit en même temps que le courant inducteur, doit donc s'ajouter à celle de ce dernier pour faire naître dans l'hélice A'B' un courant induit d'une plus grande énergie.

470. 3e *Expérience.* — Il est facile de prévoir, d'après ce qui précède, que les aimants tout seuls peuvent donner naissance à des courants d'induction.

Induction magnéto-électrique.

Pour le prouver, on réunit les deux bouts semblables A et A' des deux hélices pour les mettre en rapport avec un des fils du galvanomètre; on réunit de même les bouts B et B' pour les mettre en communication avec l'autre fil du galvanomètre. (On pourrait aussi réunir les deux hélices de manière à ajouter leurs longueurs, en mettant en contact le bout A' avec le fil B, et les bouts A et B' avec le multiplicateur.) — Alors on introduit brusquement dans la bobine un barreau aimanté; à l'instant, il se développe dans les spires de l'hélice un courant induit *inverse* par rapport à la direction des courants dans le solénoïde que le barreau aimanté représente. Tant que le barreau reste immobile, l'aiguille du galvanomètre n'éprouve plus aucune agitation; mais, si on retire brusquement le barreau aimanté de la bobine, aussitôt l'aiguille est de nouveau déviée par un courant induit *direct.* — Ainsi la loi de cette induction *magnéto-électrique* est celle-ci : un aimant, quand il s'approche d'un conducteur métallique, y fait naître un courant induit *inverse*, et au contraire un courant induit *direct* quand il s'en éloigne.

471. 4e *Expérience.* — Les électro-aimants sont merveilleusement propres à manifester les effets de l'induction magnéto-électrique.

Fig. 251.

Une pièce cylindrique de fer doux contournée en fer-à-cheval est environnée d'un long fil de cuivre qui la constitue à l'état d'électro-aimant. Les bouts de l'hélice sont unis à un galvanomètre. Au-dessous de cet électro-aimant on approche tout-à-coup un aimant en fer-à-cheval, dont les deux pôles sont en regard des jambes de l'étrier; à l'instant il y a un courant induit inverse du courant inducteur qui parcourt l'étrier de fer doux. En retirant brusquement le faisceau aimanté, le fer doux perd son magnétisme, et il se développe un second courant induit direct dans les spires de l'hélice. A chaque fois qu'on approchera et qu'on éloignera rapidement le faisceau aimanté, on donnera naissance à des courants induits de sens contraire.

472. *Machine électro-magnétique.* — Les courants induits, engendrés dans une hélice par l'influence d'un aimant qui s'approche ou s'éloigne d'un étrier en fer doux, peuvent se succéder avec assez de rapidité pour devenir continus. On a donné le nom de machines électro-magnétiques aux appareils propres à en manifester les remarquables effets. En voici le principe : Machine électro-magnétique.

mcn est un électro-aimant immobile au-dessous duquel est placé un faisceau aimanté puissant, en fer-à-cheval, pouvant tourner avec vitesse autour d'un axe vertical. Dans ce mouvement de rotation, les pôles *a* et *b* de l'aimant mobile passent alternativement au-dessous et à une très-petite distance des deux jambes *m* et *n* de l'étrier en fer doux. Il est aisé de voir qu'il doit se développer alors dans le fil de cuivre de l'hélice un courant induit continu, qui change de sens à chaque demi-révolution. — Soit en effet (*fig.* 252) *m* et *n* la section des pôles de l'électro-aimant fixe, et *a*, *b*, *a′* et *b′*, celle des pôles de l'aimant mobile dans deux positions, l'une parallèle, l'autre perpendiculaire au plan de l'électro-aimant. Saisissons par la pensée le moment où les pôles *a* et *b* de l'aimant mobile passent l'un au-dessous de la branche *m*, l'autre au-dessous de la branche *n* de l'étrier. Le fer doux sera alors au maximum d'aimantation, et il y aura en *m* un pôle boréal, en *n* un pôle austral. L'aimant mobile, tournant dans le sens des grandes flèches, décrit un quart de cercle pour venir en *a′* et *b′* ; pendant ce mouvement, le pôle *a* s'éloigne de *m* et le pôle *b* de *n* ; l'état magnétique de l'électro-aimant conserve la même polarité ; mais son intensité diminue, et il y a dans l'hélice enveloppante un courant induit direct. — L'aimant continuant sa rotation, le pôle *a* vient se placer sous la branche *n*, le pôle *b* sous la branche *m* ; pendant ce mouvement, la polarité magnétique du fer doux devient inverse de la précédente, et son intensité augmente ; alors à la diminution du fluide boréal en *m* succède un accroissement de fluide austral : c'est la continuation d'un même effet, et le courant induit qui en résulte pour l'hélice enveloppante est donc toujours de même sens que pendant le premier quart de révolution. — Mais, l'aimant continuant à tourner, le fluide austral développé en *m*, et le fluide boréal en *n*, diminuent d'intensité ; le courant induit qui traverse l'hélice change alors de direction, et conserve cette direction nouvelle pendant la seconde demi-révolution de l'aimant fixe pour reprendre la direction première pendant la troisième, et ainsi de suite. — C'est ce qu'il fallait prouver.

Le maximum d'intensité du courant induit correspond évi-

Fig. 251.

Fig. 252.

demment à l'instant où sa direction change, c'est-à-dire ou
les pôles de l'aimant mobile passent au-dessous des branches
de l'étrier fixe; et l'intensité de ce courant croît avec la rapidité des inversions ou avec la vitesse de rotation. — On conçoit que les résultats seraient identiquement les mêmes, si
l'aimant était fixe et que l'électro-aimant tournât au-devant de
lui avec l'hélice qui l'environne.

Effets de la machine électro-magnéti-que.

473. Parmi les machines électro-magnétiques fondées sur le
principe précédent, les plus simples sont celle de M. Pixii fils,
dans laquelle un aimant mobile tourne au-dessous d'un électro-aimant fixe; et celle de M. Clarke, où c'est, au contraire,
un électro-aimant mobile qui tourne au-devant d'un aimant
fixe. Les bornes de cet ouvrage ne me permettent pas d'entrer
dans la description de ces appareils; mais j'en indiquerai au
moins les principaux effets.

Si l'on soude aux deux fils de l'hélice qui entoure l'électro-
aimant, deux cylindres de cuivre servant de poignées, et qu'on
les saisisse avec les mains mouillées, on éprouvera, pendant
que l'appareil sera mis en activité, de très-vives commotions.

Quand on réunit les bouts de l'hélice par un fil de platine
très-fin et très-court, ce fil rougit par le passage continu du
courant induit. Il faut pour cela tourner très-vite.

En faisant plonger les deux bouts du fil de cuivre dans un
petit flacon plein de mercure, et s'arrangeant de manière que
l'un des fils y soit constamment immergé, tandis que l'autre
est alternativement dans le mercure et au-dehors, on voit, à
chaque fois que le circuit est interrompu, jaillir une vive
étincelle au point de rupture.

Si l'on a versé sur la surface du mercure, que le fil atteint
et quitte alternativement, une petite couche d'éther, les étincelles, qui naissent de l'interruption du circuit, enflamment
bientôt ce liquide.

Enfin, qu'on attache aux bouts de l'hélice deux fils de platine et qu'on les fasse plonger dans de l'eau acidulée, cette
eau sera décomposée. Mais comme le courant passe alternativement dans un sens et dans l'autre, les gaz oxygène et
hydrogène se dégagent successivement autour de chaque électrode, et ils se trouvent mélangés dans les éprouvettes destinées à les recevoir. On peut adapter à l'appareil un commutateur qui change l'ordre des communications à chaque demi-
révolution, et on obtient alors les gaz séparés.

On voit, par ces exemples, que les courants induits peuvent
donner naissance à tous les effets physiologiques, physiques
ou chimiques des piles ordinaires.

Induction d'un conducteur sur lui-même.

474. *Induction d'un fil conducteur sur lui-même.* — De même
qu'un fil métallique, traversé par un courant électrique, exerce

une puissance inductive sur un conducteur voisin, il est facile de prévoir que ce fil doit exercer sur lui-même une influence semblable, et même beaucoup plus énergique en raison de la moindre distance. Voici les faits très-remarquables qui justifient cette prévision.

. On sait que, lorsqu'on réunit les deux pôles d'une pile à la Wollaston de six ou huit couples par deux fils courts en cuivre plongeant dans le mercure, on n'obtient qu'une très-faible étincelle, soit en ouvrant, soit en fermant le circuit. — Si l'un des fils est très-long, l'étincelle obtenue en ouvrant le circuit devient un peu plus vive; celle que l'on a en le fermant s'affaiblit. — Mais, au lieu de laisser le fil tendu, qu'on l'enroule sur une bobine de manière à former une hélice à plis serrés; l'étincelle obtenue en fermant le circuit deviendra nulle, tandis qu'en l'ouvrant elle sera très-brillante. — Enfin, dans l'intérieur de la bobine, introduisez un cylindre de fer doux, vous aurez à l'ouverture du circuit une large étincelle d'un éclat extraordinaire.

Imaginez maintenant qu'aux extrémités des fils conducteurs on ait soudé deux poignées métalliques; en saisissant ces poignées avec les mains humides et les mettant en contact, on n'éprouvera rien à l'instant de leur jonction. Mais qu'on les sépare alors, le courant qui traversait l'appareil sera interrompu; un contre-courant passera aussitôt dans les bras et le corps de l'observateur, et lui imprimera une secousse presque foudroyante. La continuité de pareilles commotions serait non-seulement insupportable, mais dangereuse.

On attribue ces énergiques effets au courant d'induction produit par la réaction des plis de l'hélice sur eux-mêmes et sur les spires voisines. On conçoit, en effet, qu'au moment où l'on ferme le circuit, l'induction des spires de l'hélice les unes sur les autres donne naissance à un courant instantané inverse du courant principal, qui par conséquent tend à le détruire, et anéantit ainsi et la commotion et l'étincelle. Mais, quand on ouvre le circuit, la cessation du courant principal donne naissance à un courant induit de même sens, qui s'ajoute à lui, et qui exalte puissamment les effets d'étincelle et de commotion. On comprend d'ailleurs que les effets de ce contre-courant sont d'autant plus énergiques que le fil conducteur est plus long; les spires de l'hélice plus nombreuses et plus serrées; enfin, que la présence d'un électro-aimant en fer doux dans le circuit augmente encore leur puissance.

475. M. Masson a étudié, plus complètement qu'on ne l'avait fait avant lui, l'effet que produisent sur l'économie animale des commotions électriques qui se succèdent à de courts intervalles. Il s'est servi d'une roue dentée métallique ab, tra-

Appareil à secousses intermittentes.

Fig. 253.

versée par un axe également en métal *cd*. Une lame mince de laiton *b* forme ressort et reçoit le choc des dents de la roue. Dans le godet plein de mercure *g* plongent deux fils, l'un communiquant avec la poignée *h*, l'autre avec l'un des pôles d'une pile par l'intermédiaire d'un électro-aimant. Les extrémités *c* et *d* de l'axe sont mises en rapport, l'une avec le second pôle de la pile, l'autre avec une deuxième poignée *h'*. On saisit les poignées *h* et *h'* avec les mains. Quand la lame de ressort *b* presse une dent de la roue, le courant est établi et passe par le métal qui est le meilleur conducteur. Mais aussitôt que la roue tourne, la dent qui touchait le ressort échappe, et pendant le temps que met le ressort à tomber sur la dent suivante, le courant principal est interrompu ; le courant secondaire passe alors à travers le corps de l'observateur, et lui imprime une violente secousse. La roue continuant à tourner, les commotions se renouvellent à chaque intermittence du courant.

Voici alors ce qu'on éprouve : si l'on tourne lentement, les secousses sont isolées, très-vives et difficiles à supporter. En tournant plus vite, la sensation devient continue et tellement douloureuse, qu'elle finirait par provoquer un évanouissement ; en même temps les bras se tordent, et les mains contractées serrent les poignées avec une force qui ne permet pas à l'expérimentateur de les abandonner. — Enfin, quand on augmente la vitesse de rotation, la douleur, après avoir atteint un maximum, s'affaiblit par degrés ; ce n'est bientôt plus qu'un frémissement qui disparaît lui-même par une vitesse plus grande. En ralentissant le mouvement, les commotions reprennent leur énergie.

M. Masson a constaté qu'avec une pile assez faible, il suffit de quelques minutes pour tuer un chat vigoureux, en le soumettant aux secousses répétées de l'appareil que nous venons de décrire.

Télégraphes électriques.

475 bis. Une des applications les plus remarquables de l'électro-magnétisme est celle des télégraphes électriques, qui prennent aujourd'hui une extension rapide. Entre les stations que doivent traverser les signaux sont tendus des fils de cuivre soutenus et isolés, au moyen de perches placées de distance en distance. Les fils peuvent être mis en communication avec une pile par une de leurs extrémités, de manière à constituer un circuit fermé, qui passe à l'autre station par des appareils qui varient. Tantôt ce sont des espèces de galvanomètres, dont l'aiguille est poussée dans un sens ou dans l'autre, suivant le sens même donné au courant ; tantôt le courant anime un électro-aimant qui attire l'extrémité d'un levier en fer, dont l'autre extrémité pousse alors une dent d'une roue portant des signes, de sorte qu'en donnant passage au courant et l'inter-rompant successivement, on peut faire passer toutes les dents de la roue, le levier s'éloignant de lui-même de l'électro-aimant par le moyen d'un ressort, quand le courant est interrompu. Les signes écrits sur la roue circulent ainsi successivement devant un index, devant lequel on arrête celui que l'on veut. Quelquefois on n'emploie pas de pile, et l'on produit les courants intermittents au moyen d'un aimant tournant en face d'un électro-aimant, dont les fils vont passer à l'autre station.

CHAPITRE X.

DES COURANTS THERMO-ÉLECTRIQUES. — DU THERMO-MULTIPLICATEUR.

476. Nous avons déjà vu que les courants électriques peuvent développer de la chaleur; la chaleur à son tour peut donner naissance à des courants électriques. Les phénomènes relatifs à cette action du calorique sur l'électricité, outre l'intérêt qu'ils présentent par eux-mêmes, ont une grande importance en ce qu'ils établissent, entre deux agents distincts, des rapports mutuels desquels, plus tard, ressortira peut-être leur identité.

Pour étudier ces faits avec ordre et en faire saisir le caractère, nous examinerons d'abord les courants électriques produits par la chaleur dans un circuit d'un seul métal, et ensuite ceux qu'elle engendre dans un circuit composé de métaux hétérogènes.

477. Considérons un long fil de platine, sans solution de continuité, partout d'égal diamètre, et dont une partie soit enroulée autour du cadre d'un galvanomètre. Présentons à la flamme d'une lampe à alcool un point quelconque a de la partie libre de ce fil. Tout étant symétrique autour de ce point, la chaleur se propagera avec la même facilité à droite et à gauche. Dans ce cas, les fluides électriques du métal resteront en équilibre, et l'aiguille du galvanomètre demeurera en repos; il n'y aura pas la moindre trace d'électricité développée sous forme de courant.

478. Maintenant enroulons en hélice, à spires très-serrées, une partie du fil de platine, et chauffons ce fil en un point b situé à droite et très-près de l'hélice. Aussitôt l'aiguille du

Courants thermo-électriques dans un circuit composé d'un seul métal.

Fig. 255.

galvanomètre est déviée, et le sens de la déviation indique l'existence d'un courant dans lequel l'électricité positive va du point *b* à la masse *m* de l'hélice. — En portant le foyer de chaleur au point *b′*, situé à gauche et à peu de distance de l'hélice, on aurait obtenu un courant électrique dirigé cette fois de gauche à droite, du point *b′* à la masse *m*, comme l'indiquent les flèches ponctuées.

Cette expérience réussit de la même manière, lorsque le fil de platine est plongé, sous une cloche de verre, dans une atmosphère d'hydrogène sec, et qu'on chauffe le point *b* en concentrant sur lui les rayons solaires à l'aide d'une forte lentille. L'électricité développée dans cette circonstance ne peut donc être attribuée ni à un effet de contact, ni à une action chimique. Elle ne peut provenir que d'une différence dans la propagation de la chaleur à droite et à gauche du point *b*. Nous voyons, en outre, par le sens des courants, que lorsque, pour se propager dans un circuit métallique, la chaleur a un obstacle à surmonter, la rupture d'équilibre qui en résulte dans les fluides électriques est telle que l'électricité positive franchit le plus facilement cet obstacle.

L'expérience que nous venons de décrire est de M. Becquerel. Il n'est pas nécessaire, pour la reproduire, d'avoir un galvanomètre dont le fil soit tout entier en platine; il suffit de souder un fil de platine assez long aux deux bouts d'un multiplicateur ordinaire d'une grande sensibilité.

On peut même faire naître des courants d'une manière fort simple dans un circuit formé d'un fil de cuivre. Les deux bouts du galvanomètre ayant été bien décapés, on les réunit
Fig. 256.
par deux crochets passés l'un dans l'autre; puis on chauffe, à la lampe, le point *b*, par exemple, situé à gauche du point de jonction. On obtient aussitôt un courant continu qui suit la direction *bcd*. — On pourrait encore souder ensemble deux fils d'inégale grosseur et chauffer à gauche ou à droite de la soudure.

Pouvoirs
thermo-électri-
ques.

479. L'énergie du courant, produit par la propagation de la chaleur dans un métal homogène, constitue le *pouvoir thermo-électrique* de ce métal. Ce pouvoir varie d'un métal à un autre, pour une même différence de température entre les deux extrémités qui se touchent; et, pour un même métal, il augmente avec l'échauffement, mais non suivant la même loi pour tous.

480. Les courants thermo-électriques se distinguent des courants électriques ordinaires, en ce qu'ils ne se propagent avec facilité que dans des circuits métalliques, et sont arrêtés par des conducteurs liquides. Cette propriété permet de séparer l'un de l'autre un courant thermo-électrique et un cou-

rant voltaïque qui suivraient un même conducteur. On donne généralement le nom de courants *hydro-électriques* à ceux qui ne sont pas interceptés par les liquides.

En outre, l'intensité des courants thermo-électriques s'affaiblissant rapidement quand la longueur du fil métallique qu'on leur fait parcourir augmente, on fait usage, pour les rendre sensibles, de galvanomètres à fil court et assez gros.

.481. S'il suffit d'enrouler en hélice une portion d'un fil métallique homogène, ou de réunir ces deux bouts par des crochets, pour déterminer une différence dans la propagation de la chaleur autour du point échauffé, et donner naissance à un courant électrique, les effets devront être beaucoup plus marqués en prenant un circuit composé de deux ou plusieurs métaux hétérogènes soudés entre eux, et en portant le foyer de chaleur à l'un des points de soudure.

Courants thermo-électriques dans un circuit composé de métaux hétérogènes.

Pour constater le développement des courants électriques par la chaleur, dans un circuit de deux métaux hétérogènes, M. Seebeck, à qui l'on doit les premières découvertes à ce sujet, s'est servi d'un appareil composé d'un cylindre de bismuth SS' aux extrémités duquel était soudée une lame de cuivre en fer-à-cheval. Lorsque tout le circuit est à la même température, il n'exerce aucune action sur l'aiguille aimantée. Mais si l'on chauffe l'une des soudures, S par exemple, il suffira de placer le côté MS' au-dessus d'une aiguille de déclinaison pour la dévier de sa position d'équilibre; en outre, le sens de la déviation indique que le courant va, du bismuth au cuivre, dans la direction SMS'. — Le courant change de sens quand on chauffe la soudure S' toute seule. — Le courant disparaît si les deux soudures sont également échauffées; on conçoit en effet, qu'aux deux points S, S', doivent s'exercer alors deux pouvoirs thermo-électriques égaux et contraires; mais, si l'on refroidit l'une des soudures, le courant renaît aussitôt. C'est donc à la différence de température des soudures qu'il faut attribuer l'existence du courant; son intensité augmente en outre avec cette différence, et reste constante tant que celle-ci ne varie pas.

Fig. 257.

Si au cylindre de bismuth on substitue un cylindre d'antimoine, le courant engendré par l'échauffement de la soudure S va du cuivre à l'antimoine dans le sens SS'M.

482. L'expérience précédente peut être variée de bien des manières. Par exemple, que l'on construise un rectangle métallique, dont trois côtés, *a*, *b*, *c*, soient en argent, et le quatrième, *d*, en platine; après avoir suspendu ce rectangle à un fil de soie sans torsion, qu'on chauffe la soudure S, il s'établira, dans le circuit, un courant assez intense pour qu'en présentant au côté vertical *c* le pôle d'un aimant, on obtienne

Fig 258.

des attractions ou des répulsions très-vives, comme dans l'expérience du n° 422.

Fig. 259.

483. Enfin, si aux deux fils de cuivre d'un galvanomètre très-sensible on soude un fil de fer, qu'on plonge l'une des soudures dans un bain de glace pilée, pour maintenir sa température à zéro, et qu'on porte successivement l'autre soudure à 5, 10, 15, 20.... degrés, on obtiendra des courants électriques de plus en plus énergiques, dont l'intensité sera mesurée par les déviations croissantes de l'aiguille du galvanomètre (chap. VIII).

Une conséquence importante se déduit de ce fait. Supposons que, par des expériences préalables, on ait déterminé la relation qui existe entre la différence de température des soudures et l'intensité du courant thermo-électrique qui en résulte (la plupart du temps il y a proportionnalité); comme l'on sait d'une autre part mesurer l'intensité des courants par les déviations de l'aiguille du galvanomètre, il s'ensuivra que, lorsque l'une des soudures étant maintenue à une température fixe, l'autre sera plongée dans une source de chaleur d'une température inconnue, la déviation qu'indiquera l'aiguille du galvanomètre fera connaître cette température. Un circuit galvanométrique, composé de deux métaux soudés, et gradué d'avance, deviendra donc un des appareils les plus propres à mesurer les températures.

484. De tous les appareils thermométriques fondés sur les pouvoirs thermo-électriques des métaux, le plus parfait et le plus sensible est celui de M. Melloni, auquel on a donné le nom de *thermo-multiplicateur*.

Fig. 260.

Pour en concevoir le principe, qu'on se représente une chaîne continue, formée de barreaux soudés les uns aux autres, les uns en bismuth, les autres en antimoine, se succédant régulièrement; supposons en outre que les barreaux soient recourbés de manière que toutes les soudures d'ordre pair soient d'un côté, toutes les soudures d'ordre impair du côté opposé; enfin, concevons que les deux derniers barreaux soient mis en communication avec les fils d'un galvanomètre qui ferme le circuit.

Si l'on maintient la soudure 1 à zéro, et qu'on porte la soudure 2 à 10°, on aura un courant d'une certaine intensité. Mais il est clair qu'en portant simultanément à 10° les soudures 2 et 4, pendant que les soudures 1 et 3 seront maintenues à zéro, on obtiendra un courant plus énergique. En un mot, en multipliant convenablement les soudures, et en élevant toutes les soudures d'ordre pair à une certaine température, tandis que toutes les soudures d'ordre impair seront entretenues à une température différente, on aura un véritablé *pile thermo-électrique*, capable d'agrandir les effets d'un courant électrique même très-faible, et assez sensible pour accuser, par les déviations de l'aiguille du galvanomètre, des différences de température, non-seulement de plusieurs degrés, mais même d'une fraction de degré ; d'un 10ᵉ, d'un 20ᵉ de degré, entre les deux faces terminales.

M. Melloni a porté le thermo-multiplicateur à un degré de perfection qui fait de cet instrument le plus délicat de tous les appareils thermoscopiques. Nous avons donné, dans le chapitre du rayonnement de la chaleur, la description complète du thermo-multiplicateur, la graduation du galvanomètre, et les principales applications de cet ingénieux appareil à l'étude des propriétés du calorique rayonnant.

CHAPITRE XI.

ÉLECTRO-CHIMIE. — PILES A COURANT CONSTANT. — GALVANOPLASTIE.

485. L'*électro-chimie* a pour objet d'étudier : 1º le développement de l'électricité qui a lieu dans les actions chimiques ; 2º et réciproquement le pouvoir qu'a l'électricité de détruire ou d'opérer des combinaisons. *Electro-chimie.*

Cette partie de la science a acquis aujourd'hui une si grande importance, qu'il est impossible de la passer sous silence. Mais en même temps elle est tellement vaste, elle se lie par tant de points à l'étude des affinités, et par suite à celle de la chimie, que nous devons nous borner ici à en exposer les principes et les faits les plus généraux, en les envisageant surtout du point de vue de leurs applications à la physique proprement dite.

§ 1ᵉʳ. — *Electricité dégagée dans les combinaisons chimiques.*

486. 1ᵉʳ *Principe.* — Dans la combinaison de l'oxygène avec un autre corps, il y a de l'électricité développée ; l'oxygène prend l'électricité positive, et le corps combustible, l'électricité négative. *Combustion.*

Nous prendrons pour exemples la combustion du charbon et celle de l'hydrogène. Voici comment M. Pouillet dispose l'expérience :

Sur le plateau supérieur d'un électromètre condensateur on pose un cylindre conducteur de charbon allumé seulement à son sommet ; le plateau inférieur communique avec le sol. En dirigeant sur le haut enflammé du cylindre un courant d'oxygène, à l'aide d'une vessie pleine de ce gaz, on entretient la combustion ; l'acide carbonique qui se forme emporte avec lui l'électricité positive, et le charbon prend et communique au condensateur une charge très-sensible d'électricité négative.

— On pourrait aussi recueillir l'électricité positive de l'acide carbonique, en plaçant le cylindre de charbon au-dessous et à une petite distance d'un des plateaux du condensateur, le charbon et l'autre plateau communiquant avec le sol. L'appareil se charge en peu d'instants.

Pour constater le développement d'électricité dans la combustion de l'hydrogène, on adapte à l'un des plateaux de l'électromètre une spirale en platine, l'autre plateau communiquant avec le réservoir commun. On dirige alors dans l'axe de la spirale de platine un jet d'hydrogène enflammé. — Si la spirale est assez grande pour envelopper entièrement la flamme et ne toucher que les couches qui lui sont extérieures, elle prendra et communiquera au plateau du condensateur de l'électricité positive. — Si, au contraire, la spirale est assez étroite pour être entièrement plongée dans l'intérieur de la flamme de l'hydrogène, et, par conséquent, dans la partie de ce gaz qui n'éprouve pas de combustion, elle prend l'électricité négative. Cette expérience confirme la précédente et s'accorde avec le principe énoncé qui paraît général.

Action mutuelle des acides et des alcalis. 487. 2e *Principe.* — Dans la combinaison des acides avec les bases, il y a développement d'électricité ; l'acide prend toujours l'électricité positive, et la base l'électricité négative.

C'est le galvanomètre qui va nous servir ici pour constater cette loi importante. M. Becquerel dispose ainsi l'expérience :

Aux deux fils du multiplicateur on adapte deux lames de platine que l'on fait plonger, l'une dans une capsule pleine d'acide nitrique, l'autre dans une capsule contenant une dissolution de potasse caustique. On réunit ces deux liquides par une troisième lame de platine. Il n'y a pas jusque-là le moindre signe de courant électrique. — Mais, si l'on pose sur la lame de platine intermédiaire une mèche d'amiante, les deux dissolutions entrent en communication l'une avec l'autre, et, à l'instant où leur réaction mutuelle commence, l'aiguille du galvanomètre est déviée. Le sens de cette déviation indique en outre que le courant électrique produit va de l'acide à l'alcali en passant par le fil conducteur du galvanomètre, c'est-à-dire que l'acide a pris à l'alcali l'électricité positive.

On peut faire plus simplement l'expérience. On adapte à l'un des fils du galvanomètre une cuiller de platine, à l'autre une pince de platine. Dans la cuiller on met un peu d'acide nitrique ou autre ; avec la pince on saisit un petit fragment de potasse ou de soude. Dès qu'on plonge l'alcali dans l'acide, il se développe un courant électrique semblable au précédent. — Si l'alcali est à l'état liquide, on remplace la pince par une éponge de platine attachée à un fil du même métal, et on trempe cette éponge dans la dissolution alcaline que l'on veut essayer. L'expérience se fait ensuite de la même manière.

Les deux modes d'expérimentation que nous venons de décrire peuvent servir à étudier les phénomènes électriques qui se passent dans l'action chimique de deux dissolutions quelconques l'une sur l'autre. — On arrive de cette manière aux lois suivantes :

488. 3e *Principe.* — Dans l'action de l'eau distillée sur un acide ou un alcali, il y a développement d'électricité ; avec un acide, l'eau joue le rôle de base et prend l'électricité négative ; avec un alcali, l'eau joue le rôle d'acide et prend l'électricité positive. *Action de l'eau sur les acides ou les alcalis.*

Les acides sont positifs avec les dissolutions salines neutres.

Quand deux acides réagissent l'un sur l'autre, quand deux dissolutions salines sont en contact mutuel, les effets électriques varient en intensité et en direction, suivant la nature des substances réagissantes. Par exemple : l'acide nitrique du commerce est positif par rapport à l'acide sulfurique étendu, et le sulfate de cuivre positif avec le sel marin. *Action de deux dissolutions quelconques.*

Dans les doubles décompositions de sels neutres, il n'y a jamais développement d'électricité.

489. 4e *Principe.* — Dans l'action chimique d'un acide sur un métal, le métal prend l'électricité négative, et l'acide l'électricité positive. *Action des dissolutions sur les métaux.*

Il est en général assez difficile d'analyser les effets électriques qui se manifestent au contact des acides avec les métaux, parce qu'ils se compliquent toujours des réactions des dissolutions entre elles. Ainsi :

Dans une capsule pleine d'acide nitrique on plonge deux lames d'or ou de platine, mises en communication avec les fils d'un galvanomètre. L'action chimique est nulle, et il n'y a pas de courant électrique produit. Près de l'une des lames d'or on ajoute quelques gouttes d'acide chlorhydrique ; il y a formation d'eau régale, action chimique sur l'or qui se dissout, et développement d'un courant électrique, dirigé du métal attaqué à celui qui ne l'est pas, en passant par le liquide ; c'est-à-dire que l'acide prend au métal l'électricité positive.

Mais il ne faudrait pas se hâter de conclure que l'électricité vient réellement de l'action de l'acide sur le métal; car elle peut être due à la réaction du chlorhydrate d'or qui se forme sur l'acide nitrique environnant. Et, en effet, si, au lieu d'ajouter près d'une des lames d'or de l'acide chlorhydrique, on y verse quelques gouttes de chlorhydrate d'or, les effets électriques observés sont à peu près les mêmes pour l'intensité comme pour la direction.

Voici un autre fait analogue. — Dans une capsule pleine d'acide nitrique on plonge, *l'un après l'autre*, les fils de cuivre bien décapés d'un galvanomètre; il y a un courant électrique dirigé du bout plongé le dernier au bout plongé le premier en passant par le liquide. Cet effet peut provenir, soit de l'action directe de l'acide nitrique sur le cuivre, soit de celle de l'oxyde de cuivre qui se forme sur l'acide auquel il se combine, soit enfin de l'action du nitrate de cuivre résultant sur l'acide nitrique qui l'environne.

Mais on peut alors opérer de la manière suivante : — Plongez les deux fils du galvanomètre dans deux capsules pleines de nitrate de cuivre et communiquant l'une avec l'autre par une mèche d'amiante. Dans l'une d'elles ajoutez un peu d'acide nitrique; aussitôt le fil de cuivre qui y plonge deviendra négatif. Ce résultat doit bien ici être attribué à l'action de l'acide sur le métal; car il ne saurait y avoir d'action entre le nitrate de cuivre qui se forme et celui qui existe déjà.

— Le sens du courant s'accorde d'ailleurs avec le principe énoncé.

Action d'un liquide sur deux métaux différents.

490. L'action des liquides sur les métaux peut encore être étudiée en plongeant, soit dans une même dissolution, soit dans deux dissolutions différentes, deux métaux hétérogènes mis en rapport avec les extrémités d'un galvanomètre. Ainsi : dans une capsule contenant de l'eau avec $1/50$ d'acide sulfurique, on plonge une lame de cuivre et une lame de zinc unies aux fils du multiplicateur. La déviation imprimée à l'aiguille est de plus de 80° et le courant va du zinc au cuivre, c'est-à-dire du métal le plus attaqué à celui qui l'est le moins, en passant par le liquide. — On obtient des effets analogues, mais moins énergiques, en remplaçant la dissolution d'acide sulfurique par une dissolution de sulfate de zinc. — Enfin, on obtient encore un courant très-fort, en plongeant une lame de cuivre dans une dissolution de nitrate de cuivre, et une lame de zinc dans une dissolution de sulfate de zinc, mettant les capsules en communication l'une avec l'autre et les métaux avec le multiplicateur. Dans ce cas, l'action mutuelle des dissolutions, dans laquelle le nitrate de cuivre est positif par rapport au sulfate de zinc, entre pour beaucoup dans les effets électriques produits. Et, en effet, on obtient un courant

de même sens, mais moins fort, en remplaçant les deux lames cuivre et zinc par deux lames de platine.

491. Dans les derniers phénomènes que nous venons d'analyser (n° 490), l'électricité développée peut être attribuée, soit aux réactions chimiques des dissolutions sur les métaux, soit à une force électromotrice engendrée, conformément aux idées de Volta, au contact des métaux hétérogènes. Ce serait ici le lieu d'examiner ces deux systèmes, entre lesquels les physiciens sont encore partagés, et d'en faire l'application à la théorie de la pile voltaïque. M. de la Rive s'est surtout distingué en défendant exclusivement la théorie électro-chimique; M. Pfaff, d'un autre côté, a soutenu la théorie de Volta avec beaucoup de sagacité. Je n'entrerai point ici dans cette discussion; car je dois, fidèle à l'esprit de cet ouvrage, m'interdire l'exposition des théories encore controversées. — Je ferai observer seulement que, s'il est vrai qu'il y ait de l'électricité dégagée au contact des métaux hétérogènes, il est également incontestable, d'après toutes les expériences qui précèdent, que les actions chimiques en développent aussi et abondamment; et que, quel que soit le principe sur lequel on cherche à l'avenir à asseoir une théorie de la pile, il est impossible de négliger l'influence des actions chimiques exercées au contact des dissolutions avec les métaux, ou des dissolutions entre elles.

Nous allons faire mieux comprendre l'importance de ces principes électro-chimiques, en montrant comment ils ont conduit à construire des piles différentes des piles voltaïques ordinaires, et bien supérieures à celles-ci pour l'énergie comme pour la constance des effets.

§ 2. — Des piles à courant constant.

492. M. de la Rive a découvert le fait suivant, qui est très-important pour l'explication de l'affaiblissement qu'éprouve le courant dans les piles ordinaires. — Deux fils de platine A et B plongent dans une dissolution saline et servent à transmettre à travers ce liquide un courant électrique dirigé de A en B. Le sel se décompose; l'acide entraîné par le courant négatif se porte sur le réophore positif A, et l'alcali entraîné par le courant positif se porte sur le réophore négatif B. On interrompt alors le courant, et on met les deux fils de platine, toujours plongés dans la dissolution, en communication avec un galvanomètre; aussitôt l'aiguille du galvanomètre est déviée et annonce un courant dirigé de B en A, en sens inverse du premier. Ce *courant secondaire* persiste assez longtemps; il a une énergie et une durée d'autant plus grandes que l'action chimi-

Polarité électrique.

que qui l'a précédé et qui a *polarisé* les deux fils de platine a été plus intense et plus prolongée. Cette *polarité électrique* n'appartient du reste qu'aux portions des deux fils qui ont été immergées dans la dissolution.

M. Becquerel a prouvé, par le fait suivant, que le courant secondaire provient de la couche acide qui s'est déposée sur le fil A et de la couche alcaline qui s'est portée sur le fil B. Il attache aux fils d'un galvanomètre deux lames de platine parfaitement nettes : il plonge l'une d'elles A′ dans une dissolution saline aiguisée d'un peu d'acide azotique ; il plonge l'autre B′ dans la même dissolution rendue alcaline à l'aide d'un peu de potasse. Retirant alors ces lames métalliques, il les plonge simultanément dans la dissolution neutre ; aussitôt il obtient un courant qui marche, à travers le liquide, de la lame B′ à la lame A′, comme le courant secondaire de M. de la Rive. Ce courant est donc bien le résultat d'une réaction entre les particules acides adhérentes à l'un des fils et les particules alcalines adhérentes au second.

493. Les principes qui précèdent expliquent l'affaiblissement rapide qu'éprouve une pile ordinaire que l'on maintient long-temps en activité.

Causes d'affaiblissement du courant dans les piles ordinaires.

Dans les piles que nous avons décrites précédemment, les deux métaux, zinc et cuivre, plongent dans un même conducteur humide. La pile étant amorcée avec une dissolution acide ou saline, l'eau et les sels sont décomposés par le courant. L'hydrogène et les bases, entraînés dans le sens du courant positif, se transportent jusqu'à ce qu'ils rencontrent les lames métalliques négatives, sur lesquelles ils se fixent ; l'oxygène et les acides, entraînés en sens contraire, se portent sur les lames positives. Ainsi les éléments négatifs se recouvrent de bases et d'hydrogène qui adhèrent fortement à leur surface ; les éléments positifs s'entourent d'acides, et de là doit résulter un courant secondaire allant en sens contraire du courant principal. Ce dernier sera donc d'autant plus affaibli que la prolongation de l'action de la pile aura accumulé sur les lames métalliques une plus grande quantité de principes étrangers.

On peut, en outre, assigner une autre cause très-énergique de diminution d'intensité dans les piles dont le zinc est l'élément positif. — Si l'on plonge, l'un après l'autre, dans l'acide nitrique les fils de cuivre d'un galvanomètre, le courant électrique obtenu n'est évidemment que la différence de deux courants de sens contraire et d'inégale intensité. Le fil plongé le dernier est le plus vivement attaqué, et c'est le courant résultant qui prédomine. Mais, au bout de quelques instants, l'action chimique devenant égale des deux côtés, le courant s'affaiblit et devient bientôt nul. — On peut le faire renaître et varier sa direction comme son intensité, en agitant un des fils dans le liquide et modifiant la longueur de la partie immergée.

On observe un phénomène semblable quand, après avoir soudé deux lames de zinc aux fils d'un galvanomètre, on plonge successivement ces deux lames dans l'acide sulfurique étendu. Le courant électrique s'affaiblit rapidement et devient nul dès que l'action chimique est la même de part et d'autre.

Quand on plonge dans une même dissolution d'acide sulfurique une lame de zinc et une de cuivre, le courant électrique est très-énergique, parce que (abstraction faite de l'électricité attribuée au contact des métaux) l'action chimique est vive sur le zinc et nulle sur le cuivre; ce métal fait alors simplement l'office de conducteur. Néanmoins ce courant électrique diminue rapidement d'énergie et finirait aussi par devenir à peu près nul. En voici la raison : Le zinc se dissout peu à peu et passe à l'état de sulfate; le courant électrique, traversant une dissolution composée d'eau, d'acide sulfurique et de sulfate de zinc, décompose à chaque instant l'eau et le sel formé. L'oxygène et l'acide sulfurique se portent sur le réophore positif, zinc, qui continue à se dissoudre; l'hydrogène et l'oxyde de zinc se portent ensemble vers le réophore négatif; mais le premier, étant à l'état naissant, s'empare de l'oxygène de l'oxyde de zinc, et de cette action *secondaire* résulte un dépôt de zinc métallique sur la lame cuivre. De là une diminution progressive dans l'intensité du courant, parce que le liquide se trouve placé entre deux couches de zinc, dont les effets électriques dirigés en sens contraire tendent à se détruire.

La même chose arrive dans toutes les piles voltaïques où les deux métaux zinc et cuivre plongent dans la même dissolution. Dans une pile à auges ou à la Wollaston, par exemple, dès que la pile est en activité, le zinc qui se dissout sur une des parois, et qui passe à l'état de sulfate dans la dissolution, va se revivifier à l'état métallique sur la paroi cuivre par l'action secondaire de l'hydrogène naissant. M. Daniell a recueilli, sur une lame de platine, une croûte de zinc ainsi formée, dont le poids allait jusqu'à 45 décigrammes par pouce carré. Il résulte de là que le zinc devient opposé au zinc dans le circuit, et que le courant se trouve tout-à-fait arrêté.

Pour prévenir ces graves inconvénients, on a eu l'heureuse idée de prendre deux dissolutions différentes convenablement choisies, que l'on sépare l'une de l'autre par un diaphragme poreux, et dans lesquelles on fait plonger le métal ou les métaux destinés, soit à transmettre seulement, soit à engendrer à la fois et à transmettre le courant. L'un des métaux est alors seul actif; l'autre n'éprouve pas d'action chimique et sert simplement de conducteur. Enfin, les deux liquides doivent être tels, que le courant qui résulte de leur action mutuelle au travers de la cloison, soit de même sens que celui qu'engendre le métal attaqué et s'ajoute avec lui. Ceci va s'éclaircir.

haîne simple à oxygène.

494. La première pile à courant constant a été construite avec un seul métal et deux dissolutions, par M. Becquerel. Voici cet appareil, auquel il a donné le nom de *chaîne simple à gaz oxygène.*

Fig. 263.

On prend un tube de verre recourbé en U ; dans la partie coudée on met un bouchon d'argile très-fine et bien pure, humectée avec une dissolution de sel marin. On remplit une des branches du tube d'acide nitrique concentré, l'autre d'une dissolutions de potasse caustique ; enfin, deux lames de platine plongent, l'une dans l'acide, l'autre dans l'alcali, et sont mises en communication entre elles ou avec le fil d'un galvanomètre. — Il y a aussitôt un courant électrique produit par la réaction de l'acide sur l'alcali à travers la cloison poreuse d'argile humide. L'alcali prend à l'acide l'électricité négative ; les lames métalliques sont inactives et simplement conductrices ; et le mélange des deux liquides ne se faisant qu'avec une extrême lenteur, l'action électrique est faible, il est vrai, mais elle conserve une intensité constante pendant plus de 24 heures. Cette uniformité se soutient jusqu'à ce que le nitrate de potasse formé cristallise dans les pores de l'argile et obstrue ce diaphragme.

Fig. 264.

On peut encore disposer ainsi l'expérience : un tube droit est fermé à sa partie inférieure par un tampon d'argile humide, retenu par un linge fin lié autour du tube. On y verse une dissolution de potasse concentrée, et on le plonge dans un petit bocal plein d'acide nitrique concentré aussi. Dès que les lames de platine qui plongent dans les liquides sont mises en contact, le courant s'établit et va de l'acide à l'alcali en passant par le métal. Tout faible qu'il est, ce courant est assez intense pour décomposer l'eau ; l'oxygène se dégage sur la lame de platine immergée dans la potasse ; l'hydrogène se porte sur la lame de platine immergée dans l'acide, et là, se trouvant à l'état naissant en contact avec l'acide nitrique, il s'empare d'une portion de son oxygène et le fait passer à l'état d'acide hypoazotique qui colore la liqueur.

Autre pile imple à courant constant.

495. L'acide nitrique, la potasse et les lames de platine de la chaîne simple à oxygène, peuvent être remplacés par d'autres dissolutions et d'autres métaux, qui donnent lieu à des réactions différentes, mais également constantes dans leurs effets chimiques. — Par exemple :

Dans l'un des compartiments séparés par la cloison poreuse on met une dissolution concentrée de sulfate de cuivre et une lame de cuivre; dans l'autre compartiment, une dissolution de chlorure de sodium et une lame de zinc. Aussitôt que les deux métaux sont en contact, il y a un courant électrique produit par deux causes agissant dans le même sens, savoir : 1° l'action de l'eau salée sur le zinc, dans laquelle le zinc prend au chlorure de sodium l'électricité négative; 2° l'action, à travers la cloison poreuse, du sulfate de cuivre sur le sel marin, qui prend à son tour l'électricité négative au sulfate. Quant au cuivre, il est ici inactif et sert seulement de conducteur. Voici maintenant de quelles réactions provient la constance du courant. D'abord la cloison poreuse empêche la dissolution de zinc de passer dans la case où est le cuivre, et prévient le dépôt sur la lame conductrice de cuivre d'une couche de métal actif, dépôt si nuisible, comme on l'a vu, à l'uniformité du courant. En second lieu, le sulfate de cuivre se trouvant décomposé en même temps que l'eau par le passage du courant électrique, l'oxygène et l'acide sulfurique sont transportés par lui à travers la cloison jusqu'au réophore zinc qui s'oxyde et se dissout; tandis que l'oxyde de cuivre et l'hydrogène, transportés en sens contraire vers le réophore négatif, réagissent l'un sur l'autre en raison de l'état naissant de ce gaz; et cette action secondaire détermine sur la lame de cuivre le dépôt d'une couche de cuivre métallique, inactif comme le premier, et qui en renouvelle perpétuellement la surface.

On obtiendrait le même résultat en remplaçant la dissolution de sel marin où plonge le zinc par de l'acide sulfurique étendu de beaucoup d'eau.

496. Le *couple cloisonné*, que je viens de décrire, peut être exécuté en grand de la manière suivante (*fig.* 265) : Dans un bocal en verre V on met un manchon de zinc Z soudé à une patte de cuivre; dans l'intérieur du manchon est suspendu un sac en baudruche ou en vessie, dans lequel plonge un cylindre creux de cuivre lesté à sa partie inférieure et terminé supérieurement par un évasement conique percé de trous latéraux. Dans le sac de baudruche, on verse une dissolution concentrée de sulfate de cuivre, entretenue à l'état de saturation par des cristaux du même sel dont on remplit la partie supérieure du cylindre de cuivre; dans le vase de verre, autour du zinc, on verse une dissolution de sel marin, ou de sulfate de zinc, ou d'acide sulfurique très-étendu. Enfin, le cylindre de zinc et celui de cuivre sont mis en communication par un fil conducteur.— On peut réunir plusieurs éléments de ce genre pour en former une pile, en mettant en communication le zinc du premier avec le cuivre du second, le zinc du second avec le cuivre du troisième, et ainsi de suite. Une pile de six couples pareils peut agir pendant plusieurs heures avec une intensité

Couple cloisonné.

Fig. 265.

constante et capable de maintenir à la chaleur rouge un fil de platine de 12 à 15 centimètres de long sur $\frac{1}{10}$ de millimètre de diamètre.

Diverses espèces de diaphragmes.

497. Dans la pile cloisonnée qui vient d'être décrite, on peut remplacer la cloison membraneuse qui sépare les deux dissolutions, par un vase ou diaphragme poreux quelconque : cylindre en terre cuite, en porcelaine dégourdie, en terre de pipe, en plâtre même, en cuir, ou simplement un sac en toile à voile très-serrée. Le diaphragme doit remplir deux conditions : être perméable au courant, et prévenir néanmoins autant que possible le mélange des deux liquides. Les diaphragmes minces et poreux (vessie, toile à voile....) donnent des courants plus forts, mais moins constants; les cloisons épaisses (cuir, porcelaine....) donnent des courants moins énergiques, mais plus longtemps uniformes. — Il importe d'entretenir la dissolution de sulfate de cuivre concentrée, parce qu'à chaque instant elle est destinée à être décomposée par l'action secondaire de l'hydrogène naissant qui provoque sur le cuivre un dépôt de cuivre métallique. Voilà pourquoi on a le soin de mettre en contact avec la dissolution des fragments de sulfate cristallisé.

Propriétés du zinc amalgamé.

498. *Du zinc amalgamé.* — Enfin, on substitue avec un grand avantage au zinc du commerce, du zinc amalgamé. — Pour amalgamer le zinc, on n'a qu'à bien le décaper, à le laver avec un peu d'eau acidulée, et à étendre le mercure à sa surface à l'aide d'un tampon de coton. — Voici les singulières propriétés du métal ainsi préparé.

Le zinc du commerce plongé dans l'acide sulfurique étendu d'eau décompose l'eau avec vivacité, s'oxyde et donne un dégagement abondant d'hydrogène. — Le zinc amalgamé plongé seul dans ce même liquide est sans action sur lui. Mais dès qu'on touche ce zinc avec un fil de cuivre ou de platine, plongeant aussi dans la dissolution, l'eau est décomposée; son oxygène s'unit au zinc qui se dissout, et son hydrogène se dégage abondamment, mais seulement à la surface du métal négatif. — On explique ainsi ces faits : le zinc du commerce n'est pas pur ; il est allié avec différents métaux étrangers, fer, cadmium.... et même du charbon qui, dans le cours de l'opération, ne tarde pas à recouvrir le zinc d'une croûte noirâtre. Ces corps, rendus négatifs par leur contact avec le zinc, forment une multitude de petits couples moléculaires qui décomposent l'eau, chassent son oxygène sur le zinc, tandis que l'hydrogène, qui se dégage en apparence sur ce métal, prend en réalité naissance sur les particules métalliques étrangères alliées avec lui. On conçoit que toute l'électricité qui se développe dans ces petites actions locales, se recomposant autour des groupes moléculaires eux-mêmes sur lesquels elle prend naissance, est perdue, ainsi que le zinc, pour le courant principal..— Dans l'amalgamation du zinc, il paraît que le mercure amène la surface du métal dans des conditions uniformes qui préviennent la formation de ces petits couples moléculaires.

Il en résulte que, avec le zinc amalgamé, on a les trois avantages suivants : 1º un courant plus énergique pour une même dépense de zinc; 2º une quantité constante d'électricité produite par l'oxydation d'un même poids de métal; 3º l'inactivité du zinc tant que la communication n'est pas établie entre les électrodes.

Ces principes posés, quelques mots suffiront pour la description des grandes piles à courant constant, dont la première découverte est due à M. Daniell, et qui ont été depuis avantageusement modifiées.

499. *Pile de Daniell.* — Cette pile à courant constant est représentée dans la figure 266. *abcd* est un cylindre de cuivre dans lequel est placé un cylindre plus petit *ef* de poterie poreuse; à la partie supérieure du cylindre de cuivre sont des godets percés de trous *i*, *k*; *lm* est une tige coulée de zinc amalgamé, appuyée sur le fond du cylindre intérieur au moyen d'une pièce de bois en croix, et formant l'axe du dispositif. On verse dans le cylindre de poterie de l'eau acidulée avec un huitième de son volume d'acide sulfurique. L'espace compris entre le tuyau de poterie et le cylindre de cuivre est rempli de la même eau acidulée sursaturée de sulfate de cuivre, et des fragments de sulfate de cuivre sont placés dans les godets percés de trous. — Une pile de 10 couples produit les plus grands effets d'incandescence, et conserve pendant 10 ou 12 heures la même énergie d'action. — En substituant à l'eau acidulée, dans les cylindres de poterie, une dissolution concentrée de sel marin, j'ai obtenu une pile un peu moins énergique, mais d'une uniformité d'action remarquable.

Autre pile de Daniell. — On peut remplacer les cylindres en poterie par des sacs en toile à voile, la charge de la pile se faisant de la même manière. La pile produit des effets constants pendant 5 ou 6 heures.

500. *Pile de Grove.* — Dans cette pile on prend pour métal inactif le platine au lieu du cuivre, et alors la dissolution de sulfate de cuivre est remplacée par de l'acide nitrique concentré. M. Grove prend pour diaphragmes des têtes de pipe fermées par en bas; dans l'intérieur se trouve du zinc amalgamé plongeant dans l'eau salée; à l'extérieur, du platine plongeant dans l'acide nitrique. Cette pile a une très-grande énergie; 10 ou 12 couples donnent de puissants effets d'incandescence et de décomposition. Elle a d'ailleurs très-peu de volume.

Pile à courant constant de Daniell.
Fig. 266.

Autre pile de Daniell.
Fig. 267.

Pile de Grove.
Fig. 268.

501. *Pile de Bunsen ou pile à charbon.* — Enfin, M. Bunsen a substitué aux cylindres de platine des cylindres creux de charbon obtenus par la calcination, dans un moule en tôle, d'une partie de coke et deux parties de houille grasse, pulvérisées très-fin et intimement mélangées. Les effets sont aussi énergiques que ceux de la pile de Grove, et le prix est beaucoup moindre. La disposition de chaque élément est représentée dans la figure 269 : V, vase de verre ; C, cylindre de charbon soutenu par un collet garni d'un cercle de cuivre et d'une patte du même métal ; V′, vase en porcelaine poreuse ; Z, cylindre de zinc amalgamé auquel est soudée une lame de cuivre. Autour du charbon, on verse de l'acide nitrique du commerce jusqu'à la hauteur du collet à peu près, et dans le diaphragme de l'eau contenant $1/10$ d'acide sulfurique. — On réunit 20, 30, 40 de ces couples, en faisant communiquer le charbon de l'un avec le zinc de l'autre.

Fig. 269.

On voit que le principe de la construction de ces différentes piles est toujours le même. Il nous reste à en étudier les effets.

§ 3. — *Effets des piles.* — *Applications.*

502. Je n'ai presque rien à ajouter ici à ce que j'ai déjà dit sur les effets physiologiques et physiques des piles en général (*Voy.* no 421).

Une pile à charbon de 30 à 40 couples donne des commotions assez vives, qui acquièrent une intensité effrayante quand on introduit un électro-aimant dans le circuit (no 474).

Les effets physiques des piles à courant constant sont aussi éminemment remarquables. — Une pile à charbon de 40 couples brûle et fond les métaux avec la plus vive énergie. Rien n'est plus aisé que de fondre des fils de platine de un à deux millimètres de diamètre. — Une pile à charbon de 25 couples ayant été réunie avec une pile de Daniell de 12, un fil de platine d'un demi-millimètre de diamètre et de $1^m 50$ de long devint rouge dans toute sa longueur quand je le mis en communication avec les deux pôles de cet appareil. Il aurait pu conserver pendant plusieurs heures cet état d'incandescence. — En plongeant un des réophores dans le mercure et mettant l'autre à une très-petite distance de la surface liquide, on obtient une série d'étincelles du plus vif éclat, et le mercure se vaporise avec bruit. — Enfin, une pile à charbon de 50 à 100 couples reproduit, avec la plus brillante intensité, l'expérience de la lumière électrique entre deux cônes de charbon, dans le vide ou dans l'air (*Voy.* no 422).

503. Il me reste à compléter ce que j'ai dit déjà sur les effets chimiques des piles voltaïques (*Voy.* nº 424). Effets chimiques.

Les décompositions et les combinaisons chimiques opérées par les piles sont, ou des effets directs du courant galvanique (nº 424), ou des effets secondaires produits par la réaction de certains éléments que ce courant met en présence à l'état naissant (nº 495).

La décomposition directe de l'eau, quand on se sert de piles à auges ordinaires, exige un assez grand nombre d'éléments. Mais en se servant d'une pile à charbon, trois ou quatre couples suffisent; une pile de 20 éléments donne de vrais torrents de gaz. — M. Faraday a démontré que, quand un corps est ainsi décomposé directement par le courant voltaïque, la quantité pondérale des éléments séparés est en proportion directe avec la quantité absolue d'électricité qui passe. C'est ce qui arrive, par exemple, pour l'eau rendue conductrice par quelques gouttes d'acide. Il en résulte que l'appareil à décomposer l'eau par la pile est un des instruments à la fois les plus simples et les plus précis que l'on puisse prendre pour mesurer l'énergie électro-chimique d'un courant. C'est pourquoi on lui donne alors le nom de *voltamètre;* et on peut l'interposer dans un circuit électrique puissant, pour en mesurer la constance et l'énergie, comme on introduit le galvanomètre dans les circuits galvaniques d'une faible intensité. — Le voltamètre peut recevoir des dispositions différentes, suivant l'objet spécial qu'il est destiné à remplir, mais dans tous les cas les électrodes, par lesquelles le courant pénètre dans l'eau acidulée, doivent être en platine, et les cloches où on recueille les gaz, graduées avec soin. Quelquefois on recueille les gaz hydrogène et oxygène dans une même éprouvette; d'autres fois dans deux éprouvettes séparées. Ce dernier moyen est préférable, parce que l'hydrogène ne forme dans cette circonstance aucun produit secondaire, et devient libre en totalité, tandis que l'oxygène peut, ainsi que M. de la Rive l'a démontré, se combiner en petite quantité avec le platine. — Cela est si vrai qu'en faisant passer le courant en sens contraire, l'hydrogène s'empare, par un effet secondaire, de l'oxygène qui s'était uni au platine, et, si l'on renouvelle pendant longtemps ces courants alternatifs, la combinaison du platine avec l'oxygène, qui se forme et se détruit tour-à-tour, désagrége le métal et le réduit en parcelles pulvérulentes que l'on peut recueillir. Voltamètre.

Fig. 202.

504. *Equivalents électro-chimiques.* — Lorsqu'on fait passer un même courant électrique à travers deux composés électrolysables, et qu'on peut mesurer les poids exacts des éléments qui ont subi la décomposition, ces poids forment leurs équivalents électro-chimiques; et l'on reconnaît cette Equivalents électro-chimiques.

loi importante : les équivalents électro-chimiques sont les mêmes que les équivalents chimiques obtenus par les analyses directes.

Je citerai l'exemple le plus remarquable donné par M. Faraday : On prend du protochlorure d'étain ne contenant point d'eau. Ce composé est soumis, à une température élevée, à l'action décomposante d'une pile, à l'aide de deux électrodes de platine; un voltamètre est en même temps interposé dans le circuit. Le protochlorure est décomposé; le chlore se porte au réophore positif et forme un bichlorure d'étain qui se volatilise; l'étain réduit s'allie avec le réophore négatif. On pèse l'alliage formé, et on en déduit le poids d'étain qui a été déposé. On mesure d'une autre part le volume des gaz dégagés dans le voltamètre. Le résultat est le suivant : pour 3,2 grains d'étain réduit, il y a 3,85 pouces cubes de gaz hydrogène et oxygène, ce qui équivaut à 0 grains, 49742 d'eau décomposée. Or, on a la proportion 0,49742 : 3,2 :: 9 équivalent de l'eau : 57,9 équivalent de l'étain. On n'obtient pas toujours des résultats aussi précis, parce qu'il est souvent difficile d'éviter la formation des produits secondaires qui compliquent le phénomène.

Réduction des oxydes.

505. *De la réduction des oxydes.* — On a déjà vu avec quelle facilité les oxydes des métaux qui n'appartiennent pas aux deux premières sections sont réduits par la pile, soit qu'on agisse sur ces oxydes eux-mêmes ou sur leurs dissolutions salines. — On sait aussi comment Davy est parvenu à décomposer les oxydes alcalins, et comment le docteur Seebeck a réussi à isoler le potassium, le sodium..., en les amalgamant avec le mercure au moment où ils sont séparés de leur combinaison avec l'oxygène par le courant voltaïque. La pile à charbon produit ces diverses décompositions avec une grande énergie. Il suffit de 40 éléments pour fondre et décomposer la potasse avec une vivacité extrême.

Amalgame ammoniacal.

L'ammoniaque a été soumise au même mode d'expérimentation que la potasse et la soude. M. Berzélius met pour cela un peu de mercure au fond d'une capsule de verre, verse dessus de l'ammoniaque liquide concentrée, fait plonger le fil de platine négatif dans le mercure, le fil positif dans l'ammoniaque à une ligne au-dessus de la surface mercurielle. Des gaz se dégagent abondamment, le mercure se gonfle, devient peu à peu épais comme du beurre, prend une couleur blanc-d'argent, et prend un volume 5 à 6 fois plus grand. On obtient encore aisément cet amalgame ammoniacal en creusant dans un fragment de sel ammoniac une petite cavité où l'on met du mercure, et en mettant les parois de cette capsule en communication avec le pôle positif, tandis que le mercure communique avec le réophore négatif. — L'amalgame formé ne subsiste que sous l'influence du courant : dès qu'il est interrompu, l'amalgame se déforme spontanément, se convertit en ammoniaque avec dégagement d'hydrogène, et le mercure reprend son volume primitif. — M. Berzélius explique le phénomène, comme la réduction des alcalis fixes, en admettant l'existence de l'*ammonium*, radical non encore isolé, Az^2H^8, s'unissant directement au mercure, et formant avec l'oxygène un *oxyde d'ammonium*, Az^2H^8O, qui joue le rôle de base. — MM. Gay-Lussac et Thénard regardent l'amalgame ammoniacal comme composé d'hydrogène, d'ammoniaque et de mercure.

506. *Décomposition des sels.* — C'est un principe constant que, toutes les fois qu'une dissolution saline est soumise à l'action d'un courant voltaïque, par l'intermédiaire de deux lames de platine, l'eau et le sel sont décomposés ; l'oxygène et l'acide sont transportés au pôle positif, ce qui suppose qu'au moment de la décomposition ils s'électrisent négativement, et sont repoussés par le courant négatif ; l'hydrogène et la base, prenant au contraire l'électricité positive, sont entraînés par le courant positif vers le réophore négatif de la pile (n° 424).

Décomposition des sels.

507. Ce transport des éléments acides à l'un des pôles et des éléments alcalins à l'autre peut s'effectuer à travers des dissolutions avec lesquelles ces corps ont une grande affinité, sans que la combinaison ait lieu. Il faut pour cela que la combinaison qui en résulterait soit soluble. C'est ainsi que l'acide sulfurique peut être transporté par le courant au travers d'une solution d'ammoniaque. Mais, si le composé qui tend à se former était insoluble, alors il prendrait naissance, à moins que le courant n'eût une extrême énergie. C'est ce qui arriverait à de l'acide sulfurique transporté par un courant au travers d'une solution de baryte.

Transport des éléments.

508. La décomposition d'un sel dont l'acide et la base sont fixes est facile à rendre sensible aux yeux. On prend un tube recourbé en U, dans lequel on met une dissolution de sulfate de potasse colorée avec de la teinture de choux rouge, qui a la propriété de passer de la nuance bleuâtre qu'elle possède au rouge par l'action d'un acide, et au vert par l'action d'un alcali. On fait plonger le réophore positif dans une des branches du tube, le réophore négatif dans l'autre, et au bout de quelques instants les couleurs rouge et verte se manifestent, la première au pôle positif, la seconde au pôle négatif.

509. Quand la base d'un sel n'est pas stable comme un alcali, que c'est un oxyde des métaux appartenant aux quatre dernières sections, l'action de la pile a généralement pour effet, non-seulement de séparer l'oxyde et l'acide, mais de décom-

Réduction de la base du sel.

poser l'oxyde lui-même, dont l'oxygène se porte avec celui de l'eau décomposée et avec l'acide à l'électrode positive, tandis que le métal revivifié est transporté avec l'hydrogène de l'eau à l'électrode négative. — Quand on fait cette expérience avec une forte pile, le métal réduit se présente toujours sous la forme d'une poudre sans cohésion. Mais, si l'action électrique est lente et la dissolution saline convenablement choisie, les molécules métalliques qui se déposent sur l'électrode négative s'arrangent symétriquement en obéissant librement à la force d'attraction qui tend à les unir, et le métal se présente sous la forme d'une couche homogène cohérente, ayant tout le brillant et l'éclat métalliques. Cette précipitation des métaux sur d'autres métaux, par l'action des courants électriques faibles, est une des plus belles conquêtes industrielles de la science moderne ; nous allons faire connaître les principes généraux de cet art, connu aujourd'hui sous le nom de *galvanoplastie*.

§ 4. — *Galvanoplastie.* — *Dorure et argenture galvaniques.*

510. On sait depuis longtemps que plusieurs dissolutions de sels métalliques jouissent de la propriété que, si l'on y plonge un métal plus oxydable que celui qui fait partie de la base du sel, et pouvant se dissoudre plus aisément que lui dans l'acide, ce métal se substitue à l'autre qui est aussitôt revivifié, et qui se précipite sur tous les points de la surface du métal immergé.

Précipitation spontanée du cuivre par le fer.

Ainsi le fer, plongé dans une dissolution de sulfate de cuivre, se recouvre instantanément d'une couche de cuivre métallique, dont l'épaisseur augmente graduellement, tandis que le fer passe à sa place dans la dissolution.

De l'argent par le mercure.

Le mercure, mis en contact avec une dissolution de nitrate d'argent, présente un phénomène analogue ; seulement, l'action étant plus lente, les molécules d'argent revivifié se groupent les unes sur les autres et forment, après un temps plus ou moins long, une sorte de cristallisation arborescente, connue sous le nom d'*arbre de Diane*.

Du plomb par le zinc.

Il en est encore de même du zinc plongé, à l'aide d'un fil de cuivre, dans un bocal plein d'une dissolution d'acétate de plomb. Le zinc se substitue peu à peu au plomb qui apparaît à l'état métallique, et dont les molécules, groupées les unes sur les autres, forment comme une végétation cristalline, appelée *arbre de Saturne*.

Ces divers phénomènes de réduction sont dus à une action électrique qui a lieu, d'abord, entre le métal et la dissolution dans laquelle on le plonge, action qui continue et augmente d'intensité, lorsqu'il se dépose sur le métal immergé des molécules du métal dissous, qui forment avec le premier de petits couples voltaïques, propres à entretenir et à régulariser la décomposition.

511. Dans les circonstances qui précèdent, le métal, qui provoque la décomposition électro-chimique de la dissolution saline, est détruit par sa substitution dans cette dissolution au métal revivifié. Mais on conçoit que, si l'on soumet la dissolution métallique à un courant galvanique faible, prenant naissance hors de cette dissolution elle-même, le métal réduit se déposera sur le réophore métallique négatif qui sert à transmettre le courant, sans que ce réophore éprouve d'altération. La surface du réophore négatif se recouvrira alors d'une couche cohérente de métal revivifié qui se moulera sur elle, et que l'on pourra, à volonté, ou y laisser comme un vernis mince et adhérent qui n'en altérera en rien les contours, ou en détacher après lui avoir laissé acquérir une épaisseur suffisante, de manière à reproduire tous les détails du moule dont elle aura pris l'empreinte. Cette découverte date de 1838, elle est due à M. Jacoby de Dorpat; depuis lors elle a fait d'immenses et rapides progrès, principalement entre les mains de MM. de la Rive et de Ruolz. Je me bornerai ici à exposer les principaux faits relatifs à la précipitation du cuivre, de l'or, de l'argent et du platine.

Précipitation galvanique des métaux.

512. *Précipitation du cuivre.* — Le cuivre peut être précipité de ses dissolutions, soit sur des moules métalliques, soit sur des moules non métalliques.

Moules métalliques.

L'appareil dont M. Jacoby s'est servi se compose d'un seul couple cloisonné, dont les deux réophores plongent dans une dissolution pure et très-concentrée de sulfate de cuivre. Le moule métallique, sur lequel on veut faire déposer le cuivre, est attaché au conducteur négatif; au conducteur positif est fixée une plaque de cuivre destinée à remplacer le cuivre précipité et à maintenir la dissolution de sulfate au même point de saturation. Voici, en effet, ce qui se passe : le sel et l'eau sont décomposés; l'acide sulfurique et l'oxygène se combinent avec le cuivre qui forme l'électrode positive; l'hydrogène et l'oxyde de cuivre du sulfate se trouvant en présence à l'état naissant, il y a formation d'eau et dépôt de cuivre sur tous les points de la surface de l'électrode négative. Ce cuivre déposé est pur, élastique, et doué d'une belle couleur rose et d'un éclat soyeux. Il importe que la dissolution du sulfate soit toujours très-concentrée; sans cela le métal réduit serait dépourvu de cohésion et presque friable.

513. En faisant déposer galvaniquement du cuivre sur la

Copie des médailles, bas-reliefs, etc.

surface d'une médaille, d'un bas-relief métallique, d'une planche gravée, en un mot d'un moule métallique quelconque, et laissant acquérir au dépôt une épaisseur suffisante, on pourra ensuite le détacher facilement du moule, dont il reproduira une empreinte rigoureusement fidèle. Seulement les saillies correspondront à des creux, et réciproquement. On pourra ensuite prendre pour moule la première empreinte galvanique, et obtenir un second dépôt qui sera exactement pareil au moule original. — Il convient de recouvrir de cire toute la partie du moule métallique sur laquelle on ne veut pas que le cuivre se dépose en pure perte; on peut aussi, pour prévenir l'adhérence du moule au dépôt, étendre sur le métal, à l'aide d'un pinceau, une couche très-mince de plombagine pulvérisée.

Galvanotype de M. Boquillon.

Fig. 270.

544. M. Boquillon a construit un petit appareil fort simple pour la reproduction des médailles. Ce *galvanotype* se compose d'un vase en verre destiné à contenir la dissolution de sulfate de cuivre. Une espèce de soucoupe en verre sans fond se pose sur les bords du vase et sert à supporter un manchon fermé inférieurement par une membrane tendue. Autour du manchon on met des fragments de sulfate de cuivre pour maintenir la dissolution saturée, et dans le manchon une dissolution faible d'acide sulfurique. Une lame de zinc amalgamé plonge dans cet acide, et est mise en communication par un fil de cuivre avec le moule métallique qui plonge dans la dissolution saline.

Reproduction des épreuves daguerriennes.

545. On peut prendre pour moule une épreuve daguerrienne, derrière laquelle on aura soudé à la plaque un fil conducteur; on aura en outre le soin de recouvrir le tout de cire, à l'exception seule du dessin. La planche du cuivre galvanique, qui se déposera sur la plaque daguerrienne, en étant détachée, présentera une reproduction admirable de perfection du dessin fait au daguerréotype. L'image se trouvera redressée.

Moules en métalliques.

546. On peut obtenir également des dépôts de cuivre métallique sur des moules quelconques, quelques mauvais conducteurs qu'ils soient. Il suffit pour cela de rendre leur surface conductrice, en la recouvrant, à l'aide d'un pinceau, d'une couche très-mince de plombagine. On pourra ainsi reproduire en cuivre un médaillon, un bas-relief quelconque, dont on aura préalablement pris l'empreinte avec de la cire, de la stéarine, du plâtre même, pourvu qu'on ait le soin de *métalliser* en quelque sorte la surface du moule par l'application d'une couche mince de graphite. Le plâtre ne peut servir qu'autant qu'il a été rendu non-absorbant par la pénétration dans ses pores d'une substance grasse, huileuse ou résineuse. La stéarine, l'huile de lin, la cire, une dissolution de colophane et de térébenthine.... peuvent servir à cet objet.

Il est facile, à l'aide du même artifice préparatoire, de faire déposer du cuivre sur toute espèce de corps. C'est ainsi que l'on est parvenu à bronzer des noix, des branches d'arbres, des lézards, des fruits.

517. *Dorure.* — Une des applications les plus importantes de la galvanoplastie a été de substituer la dorure galvanique à la dorure au mercure, qui était si insalubre. M. de la Rive est le premier qui soit parvenu à dorer le cuivre et l'argent au moyen de l'électricité. Il se servait pour cela d'une dissolution de chlorure d'or qui remplaçait, dans un appareil analogue à celui de M. Boquillon, le sulfate de cuivre. Depuis lors, M. de Ruolz a trouvé un moyen beaucoup plus prompt et plus infaillible de dorer galvaniquement tous les métaux.

La dissolution qu'il emploie est indifféremment : du cyanure d'or dissous dans un cyanure simple de potassium ; du chlorure d'or dissous dans un cyanure ou dans un ferrocyanure alcalin ; du chlorure double d'or et de potassium dissous dans la potasse ; du sulfure d'or dissous dans le sulfure de potassium. Par exemple, dans 100 parties d'eau distillée, on dissoudra 10 parties du cyanure de potassium, et on ajoutera à la dissolution 1 partie de cyanure d'or bien pur. On agitera le mélange et on filtrera avec soin la liqueur. Alors on plongera dans la dissolution deux fils de platine mis en communication avec une pile à courant constant de deux ou trois couples. L'objet que l'on veut dorer aura été attaché au fil négatif, après avoir été parfaitement décapé et même poli. L'or se déposera uniformément sur tous les points de sa surface. L'épaisseur de la couche d'or déposée sera proportionnelle au temps employé ; en outre, cette couche sera parfaitement adhérente et pourra recevoir le polissage, le brunissage, le passage en couleur, en un mot toutes les préparations qu'exigent les besoins de l'industrie. L'opération est faite en quelques minutes.

Tous les métaux peuvent être dorés par ce procédé. L'argent forme ainsi un très-beau vermeil ; le platine, le cuivre, le laiton réussissent directement. Pour l'étain et l'acier, il est avantageux de les recouvrir préalablement d'une légère pellicule de cuivre à l'aide d'une solution de cyanure de cuivre dans le cyanure de potassium.

518. *Argenture.* — Le cyanure d'argent, dissous dans le cyanure de potassium (mêmes proportions que pour l'or) permet d'argenter tous les métaux avec une extrême facilité. Cette argenture offre une solidité égale à celle du plaqué, et s'applique à des objets de toute espèce de forme. On conçoit aisément les importantes applications que l'on peut faire de cet art nouveau.

519. *Platinure.* — La dissolution dont M. de Ruolz se sert

Dorure.

Procédé de M. de la Rive.

Procédé de M. de Ruolz.

Argenture.

Platinure.

pour platiner les métaux se compose de chlorure double de platine et de potassium dissous dans la potasse caustique. — Outre les applications qui en résulteront pour la bijouterie, l'horlogerie...., les chimistes eux-mêmes trouveront là un moyen de se procurer de grandes capsules de laiton platinées qui réuniront au bon marché toute la résistance nécessaire aux dissolutions salines ou acides.

520. Enfin, les mêmes procédés permettent de précipiter de leurs dissolutions de cuivre, l'étain, le plomb, le zinc, les alliages même, tels que le bronze et certains oxydes. En un mot, ils fournissent le moyen de résoudre cet important problème industriel : précipiter un métal quelconque sur un autre métal, soit afin de le revêtir d'un vernis précieux, soit afin de le soustraire à l'action destructive des agents extérieurs.

Je n'insisterai pas davantage sur ces applications électro-chimiques dont j'ai suffisamment développé le principe ; je renverrai, pour les détails, aux mémoires mêmes de MM. de la Rive et de Ruolz, au rapport remarquable fait par M. Dumas à ce sujet à l'Académie des Sciences de Paris, et aux derniers travaux de M. Becquerel.

LIVRE VI.

OPTIQUE.

CHAPITRE PREMIER.

PROPAGATION DE LA LUMIÈRE. — MESURE DE SA VITESSE
ET DE SON INTENSITÉ.

521. La *lumière* est l'agent qui établit une communication entre notre œil et les objets extérieurs, et nous les rend visibles.

Parmi les corps de la nature, les uns sont lumineux par eux-mêmes (soleil, étoiles....); les autres ne le sont pas, mais nous deviennent visibles en nous renvoyant la lumière qu'ils reçoivent des premiers (lune, planètes.....).

Les corps lumineux émettent de la lumière autour d'eux, dans tous les sens (exemple : flamme d'une bougie). En outre, si on les conçoit divisés en fragments aussi déliés que possible, chacune de ces particules élémentaires émet aussi de la lumière dans tous les sens et constitue *un point lumineux*.

Les corps non lumineux par eux-mêmes se subdivisent en quatre groupes : 1° les corps *opaques*, qui sont imperméables à la lumière ; 2° les corps *diaphanes* ou *transparents incolores*, qui se laissent traverser par la lumière, et au travers desquels on distingue nettement la couleur, la forme...... des objets (air, eau, verre poli.....) ; 3° les corps *transparents colorés*, qui donnent une teinte particulière à la lumière qui les traverse (verre coloré, diverses dissolutions......) ; 4° enfin, les corps *translucides* ou doués seulement d'une demi-transparence, qui, s'ils laissent passer de la lumière au travers de leur épaisseur, ne permettent pas de distinguer les couleurs, les distances, ni les formes des objets (papier huilé, verre dépoli......).

522. Tous les corps pondérables deviennent lumineux, au moins dans l'obscurité, quand ils sont portés à une température suffisamment élevée (500 à 600 degrés). D'après M. Pouillet,

Lumière.

Corps lumineux.

Corps opaques, transparents, translucides.

Sources de lumière.

le rouge naissant correspond à 525°, le rouge sombre à 700°, le rouge cerise à 900°, l'orangé à 1200°, le blanc à 1300°, et le blanc éblouissant à 1500 ou 1600°. Ainsi la chaleur, à partir d'un certain degré, se transforme en lumière, et toute source calorifique peut devenir une source de lumière, si elle possède assez d'énergie.

Phosphores-cence. Nous avons vu que l'électricité peut aussi donner une lumière très-vive. — Enfin, certains corps ont la propriété de devenir lumineux dans l'obscurité, sans chaleur sensible, ou du moins à des températures peu élevées. On désigne cette faculté sous le nom de *phosphorescence*. Elle est tantôt spontanée, comme dans le phosphore, le lampyre ou ver luisant, le bois pourri.... ; tantôt artificielle, quand elle a besoin d'être provoquée par une cause étrangère, telle que la chaleur, l'insolation ou l'électricité : ex. : spath fluor, phosphore de Canton, phosphore de Bologne, etc.

Hypothèses sur la nature de la lumière. Pour expliquer les phénomènes de la lumière, on a eu recours, dans tous les temps, aux mêmes hypothèses que pour expliquer les phénomènes de la chaleur, c'est-à-dire au système de l'émission et au système des ondulations, que nous avons déjà fait connaître. La chaleur et la lumière ont tant d'analogie dans leurs effets, qu'il est impossible de ne pas les attribuer à une même cause ; en sorte que la théorie que l'on adoptera pour un de ces agents devra nécessairement être adoptée pour l'autre. Pour nous, les bornes de cet ouvrage ne nous permettent que d'exposer les faits et leurs lois, sans entrer dans l'analyse de leurs causes immédiates.

Propagation de la lumière dans un milieu homogène. 523. — *Dans un milieu homogène, la lumière se propage en ligne droite.* — Placez, les uns à la suite des autres, plusieurs écrans opaques, percés d'un petit trou chacun en son centre, et disposez-les de manière que tous les trous soient sur une même ligne droite. (Cette ligne droite aura été déterminée, par exemple, à l'aide d'un fil à plomb, indépendamment de toute considération relative à la marche de la lumière.) On apercevra alors, à travers les centres des écrans, la flamme d'une bougie placée à une grande distance. Qu'une seule des ouvertures sorte de la ligne droite qui va de l'œil au point lumineux, à l'instant la lumière sera interceptée.

On démontre encore le principe dont il s'agit, par une expérience fort simple. Si l'on pratique au volet d'une chambre obscure un orifice très-étroit, par lequel on laisse pénétrer la lumière solaire, cette lumière laisse dans les parcelles de poussière, qui flottent sans cesse au milieu de l'air, une trace brillante et parfaitement rectiligne de son passage.

Rayon de lumière. 524. On donne le nom de *rayon lumineux* à toute direction suivant laquelle se propage la lumière. — Un ensemble de rayons lumineux, émanés d'un même point ou d'un même corps, s'appelle un *pinceau* ou un *faisceau* de lumière. Un faisceau lumineux peut être composé de rayons *parallèles*, *convergents* ou *divergents*.

Un rayon de lumière ne reste rectiligne que quand il se propage dans un milieu homogène. — Si, sur sa route, il rencontre une surface polie, il se *réfléchit* et suit une ligne brisée. — S'il passe d'un milieu diaphane dans un autre (de l'air dans l'eau), le rayon lumineux se brise ou se *réfracte*, suivant une certaine loi, et suit encore une ligne brisée. — Et, lorsque le milieu qu'il traverse est composé de couches dont la densité va en croissant ou en décroissant d'une manière continue, le rayon de lumière qui tombe sur la première s'infléchit de plus en plus en traversant les suivantes ; et il résulte de la continuité de ces inflexions que la lumière décrit en réalité une *trajectoire* curviligne. C'est ainsi qu'un rayon de lumière, émané du soleil, après avoir parcouru en ligne droite l'espace vide qui sépare cet astre du globe terrestre, s'infléchit en pénétrant dans les couches de plus en plus denses de notre atmosphère, et arrive à la surface de la terre après avoir décrit une ligne courbe. C'est ce qui fait que les astres nous sont visibles un peu avant leur lever sur l'horizon et quelque temps après leur coucher, et que nous ne les voyons jamais au lieu où ils sont réellement, sauf le cas très-particulier où ils passent au zénith.

Fig. 271.

525. Un corps opaque ne peut jamais être *éclairé* qu'*en partie* par un corps lumineux ; l'espace privé de lumière, qui est situé du côté de la partie non éclairée, s'appelle *ombre*.

Ombre et pénombre.

Lorsque le corps opaque est éclairé par *un seul point lumineux*, la forme de l'ombre que ce corps projette derrière lui s'obtient de la manière suivante : du point lumineux menez une ligne tangente au corps opaque, et faites-la tourner autour de lui en l'assujettissant à s'appuyer constamment sur sa surface. Vous décrirez ainsi une surface conique dont le point lumineux sera le sommet, dont le contour du corps opaque sera une section, et dont toute la partie située derrière cette section sera dans l'ombre (1).

Fig. 272.

(1) Toutefois la construction précédente donne seulement ce qu'on peut appeler l'*ombre géométrique*, qui succéderait à la lumière par un passage brusque et nettement tranché. Dans la réalité il n'en est pas ainsi. Supposons, en effet, qu'on ait concentré, à l'aide d'une lentille convergente (n° 552), un faisceau de rayons solaires dans un espace très-petit F, que nous pourrons considérer comme un point lumineux à partir duquel la lumière se propage en décrivant un cône très-ouvert. Plaçons un corps opaque dans ce cône de lumière, et recevons son ombre

Fig. 302.

Considérons actuellement un corps opaque éclairé, non plus par un seul point, mais par un corps lumineux. Il y aura à distinguer dans ce cas l'*ombre* et la *pénombre*. Pour simplifier nos raisonnements, supposons que le corps éclairant et le corps éclairé soient deux sphères O et O′, et coupons-les par un plan quelconque conduit suivant la ligne des centres. Menons aux deux cercles d'intersection la tangente commune AB qui coupe en S la ligne des centres. Si nous concevons que cette ligne tourne autour du point S en s'appuyant toujours sur les surfaces des deux sphères, elle décrira un cône dont toute la partie BSE, située derrière le corps opaque, sera dans l'ombre. Mais on peut mener aux deux cercles A et B deux autres tangentes qui se croisent entre ces cercles. Tous les points situés au-dessus de la première CL recevront de la lumière de toutes les parties du globe lumineux O ; il en sera de même de tous les points de l'espace situés au-dessous de la seconde tangente AM. Mais, dans l'intervalle compris entre les lignes BL et BS, se trouveront des points qui ne recevront de la lumière que d'une partie du corps éclairant, et d'une partie d'autant plus petite que ces points seront situés plus près de la ligne BS, limite de l'ombre géométrique. On en dira autant de l'espace qui s'étend entre les lignes EM et ES. On voit donc que, dans les espaces LBS, MES, l'éclat de la lumière ira en s'affaiblissant graduellement depuis les lignes BL, EM, jusqu'aux limites BS, ES de l'ombre pure, où la lumière sera complètement éteinte. Ces portions de l'espace, qui offrent les dégradations de teintes dont nous venons de parler, constituent la *pénombre*.

Dans le cas précédent, le globe éclairant était supposé plus grand que le globe opaque, et l'ombre a pris la forme d'un cône limité ; si, au contraire, le corps éclairant était moindre que le corps opaque, l'ombre projetée par ce dernier serait un tronc de cône s'étendant indéfiniment dans l'espace. — Si les deux globes étaient égaux, l'ombre serait cylindrique et indéfinie.

La théorie des éclipses est fondée tout entière sur les considérations que nous venons d'exposer.

---

sur un carton blanc perpendiculaire à son axe. Si l'on a déterminé d'avance la limite de l'espace que devrait occuper l'ombre *géométrique*, on reconnaîtra qu'en dedans et en dehors de cette limite, au lieu d'une ombre pure ou d'une lumière pure, il y a des franges alternativement brillantes et obscures, qui s'étendent jusqu'à une certaine distance. Cette différence entre l'ombre *physique* et l'ombre *géométrique*, dans le cas d'un seul point éclairant, tient à ce que les rayons émanés de ce point éprouvent, en rasant les bords du corps opaque, une déviation à laquelle on a donné le nom de *diffraction*, et dont l'effet est de jeter des franges lumineuses dans l'ombre géométrique, et de l'ombre dans les parties éclairées.

526. Les phénomènes d'ombre et de pénombre que présente un corps opaque éclairé par un point ou par un corps lumineux se reproduisent, lorsque des rayons de lumière pénètrent dans une chambre obscure par une ouverture étroite. On observe en outre, dans ce cas, deux phénomènes dignes de remarque.

Effets
de la lumière
pénétrant par u[n]
orifice étroit
dans une
chambre obs-
cure.

1° Supposons que, par une ouverture étroite o, pratiquée au volet d'une chambre obscure, on reçoive les rayons du soleil sur un tableau blanc placé à distance. Chaque point de cet astre, infiniment éloigné de la terre, enverra un faisceau de rayons parallèles qui viendront découper sur l'écran une petite surface éclairée de même forme et de même étendue que l'ouverture par laquelle ils pénètrent.

Fig. 274.

Si l'on veut avoir l'image produite, non par un seul point, mais par le soleil tout entier, il faudra imaginer un cylindre qui, s'appuyant sur l'ouverture o, tournerait autour du disque du soleil. La trace de ce cylindre prolongé sur l'écran donnera la forme de l'image. Il résulte de cette construction que, quelle que soit la forme de l'ouverture, qu'elle soit ronde, carrée ou triangulaire, l'image lumineuse projetée sur l'écran aura toujours, à une distance suffisante de l'orifice, une forme semblable au contour de la partie visible du disque solaire. S'il n'y a pas d'éclipse au moment de l'observation, l'image sera toujours circulaire. S'il y a une éclipse partielle ou annulaire, l'image du soleil au fond de la chambre noire aura la forme d'un croissant ou d'un anneau. Tous ces faits sont vérifiés par l'expérience.

2° Tous les corps éclairés, placés au-devant de l'orifice étroit pratiqué dans le volet d'une chambre obscure, présentent sur l'écran leur image renversée.

Fig. 275.

Pour le concevoir, supposons l'orifice o très-petit, et soit amb le corps éclairé. Le point a envoie un petit pinceau de lumière et vient former en a' son image, un peu diffuse; le point m forme la sienne en m', au-dessus de a', et le point b en b', plus haut encore. Si l'orifice est large, les images des différents points de amb seront des cercles empiétant plus ou moins les uns sur les autres, et se confondant par leur superposition; l'image de l'objet amb sera mal définie. Mais si l'orifice est très-étroit, et les images reçues à peu de distance, tous ces cercles éclairés se détacheront les uns des autres, l'image du corps éclairé sera parfaitement nette et distincte. La construction que nous venons de faire montre en outre que cette image est nécessairement renversée.

527. La lumière a une vitesse de propagation, dans le vide, d'environ 80000 lieues par seconde. Elle parcourt en 8' 13'' la distance du soleil à la terre. — Cette belle découverte date de

1676. Elle est due à Roëmer, qui y est parvenu par l'observation des éclipses du premier satellite de *Jupiter*. Voici une idée de la marche qu'il a suivie.

Jupiter est une planète opaque, autour de laquelle tournent uniformément quatre *satellites*, à peu près comme la lune autour de la terre. Si, dans sa révolution, l'un de ces satellites traverse le cône d'ombre que Jupiter projette derrière lui, il s'éclipsera à des intervalles réguliers, et un observateur pourra, de la terre, déterminer, soit l'instant de son *immersion* dans le cône d'ombre, soit le moment de son *émersion*. Par exemple, soient, à une époque quelconque de l'année, S le lieu du soleil, T la position de la terre dans l'écliptique qu'elle parcourt dans le sens TT'T''; enfin I le centre de Jupiter, et MN le cercle que décrit autour de lui son premier satellite. Dans la première moitié de l'orbite terrestre, on pourra observer les instants précis où le premier satellite s'éclipse, et, dans la seconde moitié, il sera facile de noter les moments exacts où il sort du cône d'ombre. On pourra donc obtenir aisément l'intervalle qui s'écoule, dans le premier cas, entre deux *immersions;* dans le second, entre deux *émersions* consécutives. Or, on trouve toujours que ce temps est invariablement égal à 42^h 28' 35''. Cette période une fois déterminée, il sera facile de calculer combien il doit y avoir d'immersions pendant le temps que mettra la terre à se transporter du point T au point T' de son orbite; et s'il y en a 100, par exemple, on saura quel doit être le moment exact de la centième immersion. Or, on trouve que la 100e éclipse observée du point T' arrive un peu *plus tard* qu'on ne l'avait calculé, et ce *retard* ne peut évidemment provenir que du temps qu'a mis la lumière à parcourir l'espace TT', compris entre les deux positions T et T' de la terre dans son orbite. De même, dans la seconde moitié, si du point TT'' on observe une première émersion, et que l'on calcule l'époque précise à laquelle doit avoir lieu la 100e émersion qui la suivra, on trouve, par l'observation faite du point T''' où s'est alors transportée la terre, que l'émersion arrive un peu *plus tôt* que ne l'indiquait le calcul ; cette *avance* est évidemment la différence entre les temps qu'a mis la lumière à parcourir les deux distances T''E et T'''E, ou bien le temps qu'elle a employé à parcourir l'espace T''T'''.

Or, comme l'orbite de la terre est parfaitement connu, rien n'est plus facile que de calculer la distance exacte des deux positions T et T', ou des deux autres T'' et T'''. Divisant cette distance par le nombre de secondes que la lumière a mises à la parcourir, on aura l'espace que la lumière parcourt en 1'', ou bien sa vitesse. C'est ainsi que Roëmer a trouvé que, pour parcourir le diamètre moyen de l'écliptique, la lumière met 16′ 26″, ou bien qu'elle emploie 8′ 13″ pour franchir la distance moyenne du soleil à la terre, environ 35 millions de lieues.

528. Il résulte de ce fait des conséquences importantes. La première, c'est que, abstraction faite de la réfraction qu'éprouvent les rayons lumineux en traversant l'atmosphère, nous ne voyons jamais le soleil à sa véritable place, mais au lieu où il était 8′ 13″ auparavant. Il en est de même pour les autres astres. Par exemple, *Uranus*, qui est éloigné du soleil de 752 millions de lieues, ne reçoit sa lumière qu'après 4ʰ 9′ 48″. Pour venir ensuite d'*Uranus* à la *Terre*, il faudra à la lumière tantôt plus, tantôt moins; et, terme moyen, l'astronome, qui dirige sa lunette vers Uranus, voit cette planète dans la position qu'elle occupait 4 heures auparavant. — Les étoiles sont infiniment plus éloignées de nous que le soleil; la plus rapprochée est au moins à une distance 200000 fois plus grande que celle du soleil à la terre : par conséquent, la lumière d'une étoile met, pour parvenir à la terre, au moins 200000 fois 8′ 13″, ce qui fait 1144 jours, ou 3 ans 45 jours. Il est certain qu'il y a des étoiles incomparablement plus éloignées de nous que celle dont je viens de parler, et dont la lumière met, par conséquent, plusieurs milliers d'années à venir jusqu'à la terre. On conçoit, d'après cela, qu'il pourrait exister des étoiles dont la lumière ne nous serait pas encore parvenue, et que des milliers d'astres pourraient être instantanément anéantis, le firmament pourrait se dépeupler, sans que rien nous avertit de cette disparition. Ces astres éclipsés continueraient, pendant des siècles, à briller pour nous du même éclat.

Conséquences.

Intensité de la lumière.

529. 1ʳᵉ *Loi.* — L'intensité de la lumière n'est pas la même à différentes distances du point d'où elle émane. Cette intensité décroît comme le carré de la distance augmente.

Considérons, en effet, un point lumineux L placé au centre de deux sphères concentriques dont les rayons soient entre eux comme les nombres 1 et 2. De ce point, pris pour sommet, décrivons un cône qui découpe sur leurs surfaces les segments AB, CD. Chacun d'eux, recevant évidemment la totalité des rayons lumineux compris dans le cône, sera éclairé par la même *quantité* de lumière. Mais, si la surface du premier segment est 1, celle du second sera 4; ainsi, sur la seconde sphère, la même quantité de lumière se trouvant répandue sur une

Variation de l'intensité de la lumière avec la distance.

Fig. 277.

surface quadruple, chaque unité de surface sera quatre fois moins éclairée que l'unité de surface de AB.

Variation
l'intensité de
lumière avec
inclinaison.

530. *2ᵉ Loi.* — L'intensité de la lumière varie avec l'inclinaison de la surface qui l'émet. — La loi de cette variation est la même que pour la chaleur rayonnante. Si l'on considère un faisceau de rayons lumineux émis dans une direction *bs* oblique à la surface éclairante *bc*, l'intensité de ce faisceau, à une distance quelconque, sera la même que celle d'un faisceau émis par la projection *ba* de la surface oblique sur un plan perpendiculaire à la ligne *bs*. — Il doit résulter de ce principe que la surface d'une sphère lumineuse rayonne, dans une direction quelconque, la même quantité de lumière que la surface d'un grand cercle perpendiculaire à cette direction.

Fig. 278.

Ce principe est, en effet, confirmé par plusieurs expériences. Un boulet de fer chauffé au rouge apparaît dans l'obscusité comme un simple cercle lumineux. La surface de la lune, celle du soleil vue à travers un verre noirci, se présentent sous la forme d'un disque plan, sans que rien dans l'éclat de la lumière nous avertisse de la convexité de ces astres.

Photométrie.

531. Les principes précédents servent à déterminer les intensités relatives de deux lumières. Tout instrument, destiné à ce genre de comparaison, porte le nom de *photomètre*. Je décrirai uniquement le suivant, comme étant le plus simple des procédés photométriques.

Fig. 279.

Après avoir tracé sur le plancher une longue ligne droite, à l'aide d'une corde tendue et blanchie à la craie, on en trace deux autres de la même manière et formant avec la première des angles égaux, l'un à droite, l'autre à gauche. Au sommet de l'angle, où au point de jonction des trois lignes, on fixe verticalement une tige cylindrique de métal, derrière laquelle on place, *à très-peu de distance,* un écran vertical de papier huilé, dans une direction perpendiculaire à la ligne du milieu. Alors on place les deux lumières qu'il s'agit de comparer, l'une sur la ligne AD, l'autre sur la ligne AC, à la même hauteur. La tige métallique opaque étant éclairée par deux lumières, sous des angles égaux, projette derrière elle sur l'écran deux ombres très-voisines, dont l'une (celle de droite) est éclairée par la lumière de droite, et dont l'autre (celle de gauche) est éclairée par la lumière de gauche. Un observateur, placé derrière l'écran de papier huilé, sur le prolongement de la ligne du milieu AB, à égale distance des deux ombres, pourra juger très-exactement si l'une est plus ou moins sombre que l'autre. Alors, l'une des lumières étant fixe, il fera déplacer la seconde, en la laissant toujours sur la même ligne, jusqu'à ce qu'il trouve que les deux ombres projetées sur l'écran sont également éclairées.

Les deux lumières éclairant *également* les deux ombres voisines, *sous des angles égaux*, leurs intensités seront en raison directe des carrés de leurs distances au corps éclairé ou au sommet de l'angle A. Il ne restera donc qu'à mesurer ces distances.

On a essayé, à l'aide d'autres procédés photométriques, de comparer l'intensité de la lumière du soleil à celle de la lune ; mais ces méthodes sont loin d'être exactes. Je citerai néanmoins les résultats suivants qui ont été donnés par Leslie. Selon lui, l'intensité de la lumière solaire est à celle de la lune comme 94500 : 1 ; il trouve encore que le soleil, regardé en face, a un éclat égal à celui de 12000 bougies dont les flammes seraient réunies en un seul faisceau et placées à 4 pieds de distance de notre œil.

CHAPITRE II.

RÉFLEXION DE LA LUMIÈRE.

532. Lorsqu'un rayon de lumière tombe sur la surface polie d'un miroir, ce rayon est *réfléchi*, au moins en partie, dans une direction déterminée.

Réflexion. de la lumière sur un plan.

Considérons d'abord la réflexion de la lumière sur une surface plane AB ; du point d'incidence élevons une perpendiculaire ou *normale* IN à la surface réfléchissante ; l'angle SIN, formé par le rayon incident avec la normale, est appelé *angle d'incidence ;* l'angle RIN, formé par la normale avec le rayon réfléchi, est l'*angle de réflexion.* Cela posé, la réflexion de la lumière est soumise aux deux lois suivantes :

Fig. 280.

1º Le rayon incident et le rayon réfléchi sont dans un même plan perpendiculaire à la surface réfléchissante ;

2º L'angle de réflexion est égal à l'angle d'incidence.

Ces deux lois se démontrent par l'expérience suivante : on dispose dans un plan vertical un cercle répétiteur dont le limbe est gradué. Une lunette mobile autour d'un axe horizontal, passant par le centre, est dirigée d'abord vers une étoile E ; puis on fait tourner la lunette jusqu'à ce qu'on aperçoive la même étoile par réflexion sur la surface d'un miroir plan horizontal (ce sera, par exemple, la surface d'un bain de mercure bien pur). L'expérience prouve que l'on trouve toujours l'image vue par réflexion dans le plan vertical que

Fig. 281.

décrit la lunette ; et qu'en outre l'angle EOI, compris entre la direction primitive de son axe et sa direction nouvelle, est exactement double de celui qu'elle formait avec le diamètre horizontal AB. On conclut de là les deux lois énoncées ; car : 1° les rayons incidents EO et EI, évidemment parallèles, à cause de la distance infinie de l'étoile, sont, avec le rayon réfléchi IO, dans un même plan vertical, le plan du limbe ; 2° les deux rayons EI, IO forment deux angles égaux, soit avec l'horizon, soit avec la normale IN, élevée au point d'incidence sur le miroir.

Miroirs plans. 533. Les lois de la réflexion étant connues, il est facile d'en déduire toutes les apparences que présentent les *miroirs plans*.

Fig. 282. Soit S un point lumineux ou seulement éclairé, placé au-devant d'un miroir plan AB. Abaissons de ce point la perpendiculaire SH sur le miroir, et prolongeons-la d'une quantité HS′ égale à elle-même. Soit SI un rayon incident quelconque, la ligne S′I prolongée sera la direction du rayon réfléchi IR. Cela résulte des triangles égaux SHI, S′HI qui donnent l'angle SIH=S′IH=RIB. On voit par là qu'après la réflexion tous les rayons IR, I′R′..... suivront les mêmes directions que s'ils étaient partis du point S′ symétrique du point S. L'ouverture de la pupille ayant un diamètre qui varie de 3 à 7 millimètres, l'œil placé au-devant du miroir recevra un pinceau de rayons réfléchis, qui tous iront converger au point S′ ; et comme l'œil rapporte toujours la position d'un point lumineux au lieu où les rayons qu'il en reçoit vont se rencontrer, il en résulte que l'observateur verra l'image du point S au point symétrique S′. — La distance du point lumineux à son image sera toujours double de sa distance au miroir.

Si un objet lumineux ou éclairé SM est placé au-devant du miroir plan AB, on obtiendra son image en abaissant de tous les points de l'objet des perpendiculaires à la surface du miroir et les prolongeant de quantités égales à elles-mêmes. Les extrémités de ces perpendiculaires détermineront le lieu de l'image S′M′ qui sera placée derrière le miroir, dans une position symétrique de celle de l'objet éclairé. — Si une ligne droite est inclinée de 45° à la surface d'un miroir plan, son image fera aussi avec ce miroir un angle de 45°, et les deux lignes seront perpendiculaires l'une à l'autre. On peut dire encore qu'un miroir plan, incliné de 45° à l'horizon, rend verticaux tous les rayons de lumière qui le frappent horizontalement dans des plans verticaux et perpendiculaires à la surface de ce miroir.

Réflexion sur deux plans parallèles. 534. Quand un objet éclairé est situé entre deux miroirs plans parallèles, il donne naissance à une infinité d'images situées toutes sur une même ligne droite perpendiculaire aux deux surfaces réfléchissantes. Il est facile de s'en rendre compte.' Supposons, à cet effet, que l'objet L ait une face blanche b et une face rouge r. La face blanche formera derrière le miroir AB une première image b'; celle-ci formera derrière le miroir CD une seconde image blanche b'' symétrique de b'; l'image b'' donnera lieu à une troisième image b''', située symétriquement derrière AB, et ainsi de suite. Par la même raison, les rayons émanés de la face rouge r, et successivement réfléchis par les deux miroirs, formeront une infinité d'images rouges r', r'', r'''... symétriques les unes des autres. Si la lumière, dans cette série de réflexions successives, ne perdait rien de son éclat, les images se multiplieraient à l'infini. Mais, à chaque réflexion, les rayons perdent de leur intensité, les images pâlissent à mesure qu'elles s'éloignent, et elles finissent par s'éteindre complètement pour notre œil.

Fig. 283.

535. Un objet lumineux, placé entre deux miroirs plans, inclinés l'un à l'autre, forme aussi plusieurs images dont il est facile de déterminer le nombre et les positions relatives, quand on connaît l'angle des miroirs. Supposons, par exemple, que les deux miroirs AB, AC fassent entre eux un angle droit. Le point lumineux L, placé dans cet angle, formera derrière le miroir AB une première image L', derrière le miroir AC une deuxième image L''; enfin, les rayons tels que LI, qui, réfléchis par le plan AB, sont dans le même état que s'ils émanaient du point L', iront en tombant sur AC former derrière ce miroir une nouvelle image L''' symétrique de L'. De même les rayons qui, réfléchis par le plan AC, sont dans le même état que s'ils partaient du point L'', formeront, en tombant sur AB, une image symétrique de L'' par rapport à ce miroir, image qui viendra évidemment coïncider avec L'''. L'œil, placé près de l'arête de jonction des deux miroirs et assez loin de l'objet L, pourra donc voir et cet objet et ses trois images. — Si l'angle des deux miroirs, au lieu d'être le quart de la circonférence, en était le 5e, le 6e....., il est facile de voir que la réflexion donnerait lieu à 5, à 6..... images, en y comprenant l'objet lui-même. — C'est sur ce principe qu'est fondé le *kaléidoscope*, instrument de curiosité inventé par M. Brewster, et qui a rendu des services aux arts du dessin.

Réflexion sur deux miroirs inclinés.

Fig. 284.

536. Tout ce qui vient d'être dit est relatif à la partie *régulièrement réfléchie* des rayons lumineux. Mais quand un pinceau de lumière tombe sur la surface d'un corps, quelque poli qu'il soit, il y a toujours une partie de cette lumière *irrégulièrement réfléchie*. — C'est cette portion de lumière, dis-

Réflexion irrégulière.

séminée dans tous les sens autour des points d'incidence, qui nous fait voir la surface réfléchissante, comme par l'effet d'une radiation directe. Un miroir qui réfléchirait en totalité et régulièrement la lumière qui vient le frapper, serait entièrement invisible; on verrait seulement derrière lui les images symétriques des objets environnants.

La quantité de lumière qu'un corps réfléchit régulièrement dépend : 1° de la nature de sa substance ; 2° de son degré de poli ; 3° du milieu dans lequel le corps est plongé ; 4° enfin, de l'inclinaison sous laquelle les rayons lumineux rencontrent la surface réfléchissante. — Ainsi, le verre réfléchit moins bien que les métaux ; ceux-ci réfléchissent d'autant mieux la lumière que leur poli est plus parfait ; un morceau de verre poli, plongé dans l'eau ou dans l'huile, perd presque toute la puissance réfléchissante qu'il avait au contact de l'air ; enfin, quant à l'inclinaison des rayons, une foule d'expériences prouvent que la quantité de lumière régulièrement réfléchie, minimum sous une incidence perpendiculaire, augmente à mesure que les rayons approchent de devenir parallèles à la surface réfléchissante. Ainsi, un plan de marbre, vu de face, ne donne aucune image des objets placés devant lui ; mais, regardé obliquement, il fait l'office d'un miroir assez parfait.

Doubles images dans les miroirs de verre.

537. Les miroirs métalliques ne donnent jamais qu'une seule image des objets ; les miroirs de verre en présentent toujours deux : l'une, très-éclairée, provient de la réflexion des rayons lumineux qui pénètrent dans le verre et tombent sur la face postérieure qui est étamée ; l'autre, beaucoup plus pâle, qui semble être un reflet ou plutôt une ombre de la première, la déborde de quelques millimètres ; elle est due à la réflexion qu'éprouvent les rayons de lumière sur la face antérieure du miroir. — En regardant obliquement la flamme d'une bougie réfléchie par une glace très-voisine, on aperçoit même un très-grand nombre d'images de la flamme, qui décroissent progressivement d'intensité. Il est aisé d'expliquer ce fait.

Réflexion sur une surface courbe.

Fig. 285.

538. La réflexion de la lumière sur une surface courbe est soumise aux mêmes lois que la réflexion sur un plan ; car, au point I, où un rayon lumineux vient frapper une surface courbe quelconque AB, on peut toujours concevoir un plan tangent à la surface, qui se confonde avec elle dans l'étendue d'un petit élément mm'. La réflexion sur la courbe au point I s'opérera donc de la même manière que sur l'élément plan qui lui est commun avec le plan tangent TT'.

Miroirs sphériques.

Fig. 286.

539. La théorie des miroirs courbes se déduit de ce principe. Nous ne parlerons ici que des miroirs sphériques.

Faites tourner l'arc de cercle MA autour du diamètre MO

qui passe par une de ses extrémités, vous engendrerez une calotte sphérique. Si ce segment de sphère est en verre ou en métal, et poli à l'intérieur, il constituera un miroir sphérique *concave* ; poli à l'extérieur, il formera un miroir sphérique *convexe*. Toute section faite par un plan, passant par l'axe de révolution MO, est une *section principale* ou *méridienne*. L'angle AOB est l'*ouverture* du miroir ; le diamètre MO prolongé est son *axe principal*. Toute autre ligne, passant par le centre, est un axe secondaire.

Fig. 290.

540. Considérons d'abord un faisceau de rayons lumineux SI, tombant sur le miroir concave AMB, dans une direction *parallèle à son axe principal*. Tous ces rayons, après leur réflexion, viendront couper l'axe sensiblement au même point F, situé au milieu du rayon MO ; ce point est le *foyer principal* du miroir. En effet, soit, dans la section méridienne AMBO, un rayon incident SI très-voisin de l'axe, IO la normale au point d'incidence, et IF le rayon réfléchi qui fait l'angle FIO=OIS. Le triangle OIF sera isocèle et donnera IF=FO. Mais, l'arc IM étant très-petit, la distance IF ne diffère pas sensiblement de FM. Donc le point F sera le milieu du rayon MO, ou du moins s'en rapprochera d'autant plus que le rayon lumineux SI sera plus voisin de l'axe principal. Si l'ouverture du miroir n'est pas très-grande, tous les rayons réfléchis viendront concourir sensiblement au foyer principal (1). —

Foyer principal dans les miroirs con- caves. Fig. 286.

(1) Il est facile de se convaincre que les rayons lumineux, réfléchis par un miroir sphérique concave, ne rencontrent pas rigoureusement l'axe en un même point. Considérons un rayon de lumière SI, qui, d'abord éloigné de l'axe principal du miroir, s'en rapproche prodigieusement, en lui restant parallèle. Joignons le centre au point d'incidence, et traçons le rayon réfléchi qui coupe l'axe au point R. Le triangle isocèle ROI diminue en surface à mesure que le rayon SI s'abaisse ; mais son grand côté OI reste constant, les deux angles égaux diminuent et les deux côtés égaux aussi. Mais, en décroissant, ils convergent vers une limite qui, pour les angles, est zéro, et pour les côtés $\frac{1}{2}$ OM. On voit par là que le premier rayon réfléchi IR coupe l'axe à gauche du point F, milieu du rayon du miroir ; le second rayon réfléchi le coupe un peu plus près du point F, le troisième un peu plus près encore.... et ainsi de suite, mais le point F est la limite de ces intersections. Il résulte encore de là que tous les rayons réfléchis, considérés consécutivement, se coupent les uns les autres, et que la série de leurs rencontres *successives* forme une vé- ritable courbe à laquelle ils sont tangents. On a donné à cette courbe le nom de *caustique* par réflexion. Elle a au-dessous de l'axe une partie symétrique de la première ; et comme les raisonnements que nous avons faits pour une section principale AMB du miroir sont vrais pour toutes les autres, il s'ensuit que les rayons réfléchis forment réellement dans l'espace, par leurs intersections, une surface de révolution, sur laquelle se concentre le maximum de lumière. C'est, du reste, vers le sommet F de cette courbe que se réunissent le plus grand nombre de rayons lumi- neux, et c'est ce point qui constitue le foyer principal.

Fig. 287.

Réciproquement, si un point lumineux est placé au foyer principal d'un miroir concave, tous les rayons qu'il émet seront réfléchis parallèlement à son axe.

541. Supposons actuellement que les rayons lumineux émanent d'un point P situé sur l'axe principal à une distance finie du miroir, et d'abord au-delà du centre O. PI étant un rayon incident quelconque (mais toujours voisin de l'axe), OI la normale au point d'incidence, et IP′ le rayon réfléchi, il est facile de voir que l'angle OIP′ est moindre que l'angle OIF formé par la normale avec la ligne IF menée du point d'incidence au foyer principal. Par conséquent, le rayon réfléchi IP′ coupe l'axe entre le foyer principal et le centre du miroir. Tous les rayons partis du point P viendront, après leur réflexion, concourir sensiblement au même point P′ qui en sera le foyer conjugué.

Pour déterminer la position relative des foyers P et P′, j'observe que la ligne OI, qui divise l'angle I du triangle PIP′ en deux parties égales, partage la base PP′ en deux segments tels que l'on a la proportion OP : OP′ :: IP : IP′. Désignons par p la distance PM, par $p′$ la distance P′M, et par $2f$ le rayon OM du miroir. Si l'on suppose que le rayon lumineux PI s'abaisse de plus en plus de manière à se coucher sur PM, le point I tendra à se confondre avec le point M, et le point P′ s'approchera d'une position limite qui sera facile à déterminer ; car, l'angle IPM étant très-petit, on pourra poser $IP = MP = p$; $IP′ = MP′ = p′$; d'ailleurs $OP = p - 2f$, $OP′ = 2f - p′$; donc, en substituant dans la proportion ci-dessus, il viendra : $p - 2f : 2f - p′ :: p : p′$; d'où l'on tire : $2p′f + 2pf = 2pp′$; et, en divisant par $2pp′f$, on obtient la formule :

$$\frac{1}{p} + \frac{1}{p′} = \frac{1}{f} \text{ ou } p′ = \frac{pf}{p-f}.$$

Telle est la relation qui existe entre les deux foyers conjugués P et P′. Cette formule est facile à discuter.

1° Si le point lumineux P est situé à une distance extrêmement grande, on a $p = \infty$, d'où l'on tire $p′ = f$. Nous retrouvons ainsi le foyer principal, déjà déterminé directement, pour le cas des rayons incidents parallèles à l'axe.

2° Le point lumineux P se rapprochant du centre O, le foyer P′ s'en rapproche également ; car, p diminuant, $p′$ augmente ; mais, tant que l'on a $p > 2f$, on trouve $p′ > f$ et $< 2f$. Le foyer P′ reste donc entre le foyer principal F et le centre O du miroir.

3° Quand le point lumineux se confondra avec le centre O, tous les rayons qu'il émet, étant perpendiculaires à la surface du miroir, reviendront sur eux-mêmes, et le foyer conjugué P' coïncidera aussi avec le centre. C'est ce que prouve encore la formule, car l'hypothèse $p=2f$ donne aussi $p'=2f$.

4° Si le point lumineux, continuant de s'approcher du miroir, passe entre le centre et le foyer principal, il est clair, en raison de la symétrie de la formule, que le point lumineux ayant pris la place du foyer P', ce foyer, à son tour, occupera la place du point P. C'est ce qui a fait donner aux deux points P, P' le nom de foyers réciproques ou *conjugués*. Le point lumineux, qui est maintenant P', s'avançant du centre O au point F, le foyer P s'éloigne, sur l'axe principal, depuis le centre jusqu'à l'infini.

5° Quand le point lumineux arrive au foyer principal, on a $p=f$, $p'=\infty$, et les rayons réfléchis forment un faisceau parallèle à l'axe.

6° Supposons enfin que, dans sa marche progressive, le point éclairant P passe entre le foyer principal F et le miroir. Il est clair alors qu'à un rayon incident quelconque PI, correspondra un rayon réfléchi IR qui ne rencontrera plus l'axe. Tous les rayons réfléchis formeront un faisceau *divergent*. Mais, si l'on prolonge ces rayons derrière le miroir, on trouve encore qu'ils vont concourir sensiblement en un même point P' situé sur le prolongement de l'axe principal.

Fig. 288.

En effet, en prenant IK=IP et joignant KO, on aura comme précédemment IK : IP' : : KO : OP', ou bien, à cause de IK=IP et KO=OP, IP : IP' : : OP : OP'. D'où, en supposant l'angle IPM très-petit, et adoptant les mêmes notations que ci-dessus, $p : p' : : 2f-p : 2f+p'$. On déduit de la $\dfrac{1}{p}-\dfrac{1}{p'}=\dfrac{1}{f}$. Cette formule ne diffère de la précédente que par le signe de p'. Elle fait voir que la formule $\dfrac{1}{p}+\dfrac{1}{p'}=\dfrac{1}{f}$ peut servir encore dans le cas dont il s'agit, pourvu que l'on convienne de porter les valeurs de p', qui sont maintenant négatives, sur le prolongement de l'axe principal, à gauche du point M.

Foyer virtuel dans les miroirs concaves.

Le point P' n'est pas un foyer *réel*; il n'existe que par la force des suppositions; on lui donne le nom de *foyer virtuel*. A mesure que le point lumineux se rapproche du miroir, son foyer virtuel s'en approche également : ces deux foyers marchent donc toujours en sens contraire.

Quoique, dans le cas actuel, le foyer n'existe réellement pas, l'œil qui serait placé au-devant du miroir, et qui recevrait un pinceau de rayons réfléchis divergents, verrait en P' l'image du point lumineux d'où ils émanent, parce que cet organe, ne tenant jamais compte des obstacles qui sont devant lui, rapporte toujours la position d'un point lumineux au lieu où convergent les rayons qui lui parviennent, quelles que soient d'ailleurs les modifications qu'ils aient éprouvées avant d'arriver jusqu'à lui.

Si l'on raisonne pour les miroirs sphériques convexes, comme nous venons de le faire pour les miroirs concaves, et qu'on jette les yeux sur les figures 289 et 290, on reconnaîtra les faits suivants :

1º Les rayons réfléchis par un miroir convexe sont divergents et ne peuvent former que des foyers *virtuels.*

Fig. 289.
2º Le foyer principal, ou foyer des rayons parallèles, est encore situé au milieu F du rayon du miroir (*fig.* 289).

Fig. 290.
3º Le foyer conjugué P' d'un point lumineux P, situé sur l'axe principal, à une distance finie d'un miroir convexe, est placé entre le foyer principal et le miroir (*fig.* 290).

Si, comme précédemment, on désigne par p la distance PM, par p' la distance P'M, et par $2f$ le rayon OM, la droite OIN qui partage l'angle RIP en deux parties égales donnera encore la proportion OP' : OP : : IP' : IP ; et si l'angle IPM est supposé très-petit, ou le point I très-rapproché du point M, on pourra remplacer IP et IP' par MP et MP', ce qui donnera :

$$2f-p' : 2f+p :: p' : p, \text{ d'où } \frac{1}{p'}-\frac{1}{p}=\frac{1}{f}.$$

Cette formule fait voir que p', toujours plus petit que p, diminue à mesure que p diminue, et que le foyer conjugué P' se rapproche d'autant plus du miroir que le point lumineux P en est plus près lui-même.

Les miroirs sphériques convexes, qui ne forment jamais que des foyers virtuels, quand les rayons qu'ils reçoivent émanent d'un même point, peuvent donner naissance à des foyers *réels,* quand les rayons qui tombent sur leur surface forment un faisceau suffisamment convergent. Il est clair, par exemple, que, si l'on dirige sur le miroir convexe AMB un faisceau de rayons lumineux qui, prolongés, iraient se rencontrer au point P', les rayons réfléchis iront se rencontrer au foyer conjugué P, et le miroir n'aura fait que diminuer leur convergence. Si les rayons incidents RI, R'I' formaient (*fig.* 289) un faisceau convergent dont le point de croisement fût le foyer principal F, les rayons réfléchis IS, I'S' seraient parallèles à l'axe.

542. Tout ce que nous avons dit d'un point lumineux situé sur l'axe principal d'un miroir serait également vrai pour un point lumineux A, situé en dehors de cet axe. Pour avoir son foyer conjugué, il faudrait alors tracer une ligne passant par le point éclairant et par le centre du miroir. C'est sur cet axe

secondaire AN que se formera le foyer. Cela est une conséquence de la symétrie de la sphère par rapport à tous ses diamètres. Il ne faudrait pas cependant que le point lumineux s'écartât trop de l'axe principal ; car une partie des rayons incidents faisant avec AN des angles considérables, les rayons réfléchis par le miroir ne se couperaient plus sensiblement en un même point. On dit alors qu'il y a *aberration de sphéricité*.

543. La formation des images dans les miroirs courbes se déduit aisément des considérations qui précèdent.

Des images.

Miroirs concaves.

1° Un objet lumineux, placé sur l'axe principal d'un miroir concave à une distance assez grande pour que les rayons que chacun de ces points envoie puissent être regardés comme parallèles, forme une image renversée au foyer principal du miroir. Exemple, le soleil, ou une bougie allumée, éloignée du miroir de 80 ou 100 fois son rayon. On sait que le disque du soleil, vu de la terre, a un diamètre apparent moyen de 30′ ; aussi, son image au foyer principal d'un miroir concave est un cercle dont le diamètre, vu du centre du miroir, sous-tend le même angle de 30′. Il est facile d'en conclure que le diamètre de cette image est proportionnel au rayon de courbure du miroir.

2° Un corps éclairé AB, étant situé au-devant d'un miroir concave et au-delà du centre, le point B, placé sur l'axe principal, forme son foyer en *b* sur ce même axe entre le foyer principal et le centre ; le point A forme son foyer conjugué en *a* sur l'axe secondaire AO ; les points compris entre B et A auront leur image entre *b* et *a*. Ainsi l'image *ab* sera *renversée* et plus petite que l'objet. L'expérience se fait avec la flamme d'une bougie allumée, dont on reçoit l'image sur un plan de verre dépoli. — Le rapport de la grandeur de l'image à la grandeur de l'objet est, à cause des triangles semblables AOB, *aOb*,

Fig. 291.

$$\frac{ab}{AB}=\frac{ob}{OB}=\frac{2f-p'}{p-2f}.$$ En remplaçant, dans cette fraction, p' par sa valeur $p'=\frac{pf}{p-f}$ tirée du n° 541, il vient enfin $\frac{ab}{AB}=\frac{pf}{p-f}$. Cette formule est aisée à discuter.

3° Supposons que *ab* soit l'objet éclairé, AB sera son image ; donc, quand l'objet est entre le foyer principal et le centre, son image est au-delà du centre, elle est réelle, renversée, et plus grande que l'objet. Dans ce cas, en se plaçant sur la direction des rayons réfléchis, on peut voir une image aérienne de l'objet, les points où se rencontrent les rayons lumineux devenant eux-mêmes des centres de rayonnement.

4° Enfin, l'objet étant situé en *ab*, entre le foyer principal et le miroir, le point *b* forme un foyer virtuel en B, le point *a* un foyer virtuel en A, sur le prolongement de l'axe secondaire

Fig. 292.

Oa; l'image est virtuelle, droite et plus grande que l'objet. — Dans le cas de c 's images virtuelles, l'œil peut les voir directement, mais il est impossible de les réaliser sur un écran. C'est ce qui arrive quand on se place près d'un miroir concave :· si l'on est très-près du miroir, on voit sa propre image droite et agrandie ; en s'éloignant, l'image grandit encore et devient confuse ; quand on est au foyer, elle disparaît, et quand on est au-delà du centre, on la voit de nouveau, mais plus petite et renversée.

544. Dans les miroirs convexes, les images sont toujours virtuelles, droites et plus petites que les objets. Cela se voit sur la figure 293, où l'on supposera le miroir MN poli à l'extérieur ; AB sera l'objet éclairé, et ab son image. C'est ce qui explique pourquoi, quand on se regarde dans un miroir convexe en verre, on se voit toujours en quelque sorte en miniature. — Le rapport de la grandeur de l'image à la grandeur de l'objet est ici $\dfrac{ab}{AB} = \dfrac{ob}{OB} = \dfrac{2f-p'}{2f+p}$; et en remplaçant p' par la valeur $p' = \dfrac{pf}{p+f}$ tirée de la formule du n° 543, ce rapport devient $\dfrac{ab}{AB} = \dfrac{f}{p+f}$.

545. Il importe souvent de savoir déterminer par expérience le rayon d'un miroir concave ou convexe. — S'il est concave, on le présente aux rayons solaires, on cherche le foyer principal à l'aide d'un écran dépoli sur lequel vient se peindre le disque du soleil, et le rayon est alors le double de la distance du foyer au miroir. — S'il est convexe, on recouvre sa surface d'une feuille de papier dans laquelle on a laissé deux petits trous M et N, également distants du milieu K du miroir, et assez rapprochés l'un de l'autre pour que l'arc MKN se confonde sensiblement avec sa corde. On fait tomber sur le miroir un faisceau de rayons solaires parallèles à son axe principal, et on reçoit les deux faisceaux réfléchis par les ouvertures M et N, sur un écran perpendiculaire à l'axe, et percé en son centre pour laisser passer les rayons incidents. On éloigne alors l'écran, jusqu'à ce que la distance des deux images M' et N' soit exactement double de la distance MN. La quantité dont l'écran se trouvera distant du miroir sera évidemment égale à la distance focale principale ou à la moitié du rayon.

CHAPITRE III.

RÉFRACTION DE LA LUMIÈRE.

546. On appelle *réfraction* le changement de direction qu'un rayon de lumière éprouve en passant d'un *milieu* diaphane dans un autre ; par exemple, de l'air dans l'eau, de l'air dans le verre, ou réciproquement. Quand le rayon lumineux est perpendiculaire à la surface de séparation des deux milieux, il continue toujours sa route en ligne droite et n'éprouve aucune déviation ; mais, s'il se présente obliquement, *il se brise,* et tantôt il se rapproche, tantôt il s'éloigne de la normale au point d'immersion. Dans le premier cas, le second milieu est dit *plus réfringent* que le premier ; dans le second cas, il est au contraire *moins réfringent.* On dit ordinairement que le *rayon réfracté* se rapproche de la normale, quand il passe d'un milieu *moins dense* dans un milieu *plus dense,* et réciproquement ; mais cet énoncé n'est pas toujours exact, car un milieu peut être moins dense qu'un autre, et cependant plus réfringent : témoin l'air atmosphérique et l'oxygène.

Le phénomène de la réfraction est facile à constater. Jetez une pièce d'argent *mn* au fond d'un vase en terre ABCD, et placez-vous de manière que ses bords vous empêchent d'apercevoir la pièce. Il suffit pour cela que votre œil soit au-dessous de la ligne *n*AL, qui, partant du point *n* de la pièce, rase le bord du vase. Faites alors remplir le vase d'eau, aussitôt la pièce deviendra visible, et en même temps elle semblera s'être relevée ; l'œil placé en *o* l'apercevra, par exemple, dans la position *m'n'.* Il faut donc de toute nécessité que le rayon *mi,* qui rend le point *m* visible dans la direction du prolongement de la ligne *oi,* se soit brisé au point d'émergence, de sorte que le rayon émergent *oi* fasse avec la normale au point *i* un angle plus grand que celui du rayon incident *im.* — On explique de la même manière pourquoi un bâton plongé dans l'eau paraît rompu au point d'immersion.

547. Le phénomène de la réfraction étant maintenant bien défini, il faut en étudier les lois. On peut, à cet effet, se servir de l'appareil suivant imaginé par Descartes : AN'B est un vase hémisphérique en verre, à parois minces, rempli d'eau jusqu'à la hauteur du centre ; ANB est un demi-grand

Phénomène de la réfraction.

Fig. 295.

Lois de la réfraction.
Fig. 296.

cercle divisé, dont le plan est vertical. Au centre I on fait tomber, dans le plan vertical du limbe, un rayon solaire LI, et l'on mesure l'*angle d'incidence* LIN qu'il fait avec la normale au *point d'immersion;* on cherche ensuite le point R où le rayon réfracté IR émerge de nouveau dans l'air; ce point se trouve toujours dans le plan vertical ANBN', et l'on peut mesurer l'*angle de réfraction* RIN' formé par le rayon réfracté avec la même normale. Cela posé, si des points L et R où les deux rayons incident et réfracté rencontrent la circonférence, on abaisse les perpendiculaires LP, RQ sur le diamètre vertical NIN', ces lignes seront ce qu'on appelle, l'une, LP, le *sinus* de l'angle d'incidence LIN; l'autre, RQ, le *sinus* de l'angle de réfraction. En faisant tomber au même point I un rayon solaire L'I sous une autre incidence, on aura un nouveau rayon réfracté IR'; le sinus d'incidence sera L'P', le sinus de réfraction sera R'Q'. Or, voici les lois auxquelles l'expérience conduira :

1º Le rayon incident et le rayon réfracté sont toujours dans un même plan perpendiculaire à la surface de séparation des deux milieux.

2º Quand l'incidence varie, les milieux restant les mêmes, le rapport du sinus d'incidence au sinus de réfraction demeure constant. Ainsi l'on a $\frac{LP}{RQ} = \frac{L'P'}{R'Q'}$; ce rapport a reçu le nom d'*indice de réfraction.* — L'indice de réfraction varie avec la nature des milieux dans lesquels la lumière pénètre. Pour la lumière qui passe de l'air dans l'eau, sa valeur est $4/3$; pour celle qui passe de l'air dans le verre, l'indice de réfraction est $3/2$.

3º Enfin, quand la lumière *rebrousse chemin*, elle suit les mêmes directions dans un ordre inverse. C'est-à-dire que, si le point lumineux, au lieu d'être L, est R, le rayon incident sera RI, et, quand il passera de l'eau dans l'air, il se réfractera dans la direction du rayon incident primitif IL. D'après cela, l'indice de réfraction sera $3/4$ pour la lumière qui passe de l'eau dans l'air, et $2/3$ pour celle qui passe du verre dans l'air atmosphérique.

Formule. En désignant généralement par i l'angle d'incidence, par r l'angle de réfraction, et par l la valeur constante du rapport de leurs sinus, pour deux milieux donnés, on aura la relation $\frac{sinus\ i}{sinus\ r} = l$, ou $sin.\ i = l\ sin.\ r$.

Angle limite. 548. Considérons un rayon lumineux qui passe de l'air dans l'eau, ou en général d'un milieu moins réfringent dans un milieu plus réfringent. A mesure que l'angle d'incidence augmentera, l'angle de réfraction augmentera aussi, mais jusqu'à une limite. En effet, la plus grande valeur qu'on puisse attribuer à l'angle d'incidence, c'est $i=90°$. Dans cette hypothèse, le rayon incident fait un angle droit avec la normale IN ; il est donc couché sur BI ou parallèle à la surface de l'eau ; le sinus de l'angle d'incidence est alors égal au rayon BI lui-même que je supposerai égal à l'unité. La formule deviendra donc $1=l$ $sin. r$, ou bien $sin. r = 1/l$.

A ce sinus correspond un angle dont il sera facile de calculer la valeur : on l'appelle *l'angle limite* ; c'est le *maximum* de l'angle de réfraction. Par exemple, pour l'air et l'eau on a $l=4/3$, $sin. r = 1/l = 3/4$, et on en déduit pour l'angle limite la valeur $r=48°$ $35'$. Ainsi, quand la lumière passe de l'air dans l'eau, l'angle de réfraction ne peut jamais surpasser $48°$ $35'$. Concevez donc un vase plein d'eau ABCD, dont une partie AE soit couverte. Par le bord E du couvercle, menez un plan EF, incliné de $48°$ $35'$ à la verticale, aucun rayon de lumière ne pénétrera dans l'espace ABFE.

Fig. 297.

Réflexion totale.

Réciproquement, si un point lumineux est placé dans ce même espace ABFE, les rayons qu'il émettra vers la partie libre ED de la surface liquide (le rayon LI, par exemple) se présenteront tous sous un angle plus grand que $48°$ $35'$. Or, la lumière, qui tend à sortir de l'eau pour passer dans l'air, devant suivre les mêmes directions en rebroussant chemin, il n'y a aucun angle d'émergence qui corresponde à un angle d'incidence plus grand que l'angle limite $48°$ $35'$. Le rayon LI ne pourra donc pas émerger, il éprouvera alors à la surface du liquide le phénomène remarquable de la *réflexion totale*. — Dans le cas de l'air et du verre, l'indice de réfraction étant $3/2$, l'angle limite déduit de la formule $sin. r = 2/3$ est $r=41°$ $49'$. Ainsi, tout rayon de lumière qui, après avoir pénétré dans une masse de verre, se présentera à la surface d'émergence sous une obliquité plus grande que $41°$ $49'$ par rapport à la normale, ne pourra pas sortir ; il sera *totalement réfléchi* à l'intérieur, sans rien perdre de son intensité.

Réfraction
à travers un
milieu terminé
par deux plans
parallèles.
Fig. 298.

549. Quand un rayon lumineux traverse un milieu réfringent, terminé par deux plans parallèles, le rayon émergent est toujours parallèle au rayon incident. Considérons, en effet, un rayon de lumière LI tombant sur une lame de verre AB à faces parallèles. Le rayon réfracté IK fera évidemment avec la seconde normale KG le même angle qu'avec la première IN ; donc l'angle d'émergence EKG' sera égal à l'angle d'incidence LIN (3e loi). Les deux rayons LI, KE seront donc parallèles. — Si la lame de verre n'a que peu d'épaisseur, le rayon émergent pourra être regardé comme le prolongement du rayon incident, et les objets vus au travers de cette lame ne seront pas sensiblement déplacés. Le déplacement

deviendrait sensible si les objets étaient vus au travers d'une lame épaisse, ou sous une grande obliquité. Du reste, leurs formes, leurs couleurs, leurs positions relatives ne sont nullement altérées.

550. *Des prismes.* — On désigne, en optique, sous le nom de *prisme*, un milieu diaphane terminé par deux faces planes inclinées l'une à l'autre sous un angle quelconque. — Pour la théorie, on suppose le prisme indéfini ; mais, dans la pratique, il est toujours coupé par un plan qui en limite l'étendue et l'assimile aux prismes que l'on étudie en géométrie. La section faite dans le solide par ce plan coupant s'appelle la *base* du prisme. La ligne opposée, suivant laquelle se coupent les deux faces, en est l'*arête* ou le *sommet*. L'angle dièdre compris entre ces deux faces est l'*angle réfringent* du prisme. Toute section faite dans le prisme par un plan perpendiculaire à son arête constitue une *section principale*. L'angle de cette section mesure évidemment l'angle réfringent du prisme.

Ces définitions établies, voici les phénomènes que présentent les prismes, lorsqu'on fait passer à travers leur épaisseur, soit la lumière ordinaire, soit les rayons du soleil. — Lorsqu'on regarde au travers d'un prisme les objets environnants éclairés par la lumière diffuse, on observe toujours ces deux faits remarquables : 1° une déviation plus ou moins prononcée ; 2° une vive coloration vers les bords. — De même, si dans la chambre obscure on fait pénétrer un pinceau de lumière solaire, et qu'on le reçoive sur un prisme, le faisceau émergent sera dévié de la direction primitive du faisceau incident, et il ira projeter sur un écran convenablement disposé, une image du soleil qui, loin d'être ronde et blanche, sera allongée et colorée de toutes les nuances de l'arc-en-ciel. — Négligeons pour le moment, dans ces expériences, le phénomène de la coloration que nous étudierons plus tard, et bornons-nous à expliquer celui de la déviation.

Soit ASB une section principale d'un prisme de verre, LI un rayon incident contenu dans le plan de cette section ; le rayon réfracté y sera également contenu (1re loi). Pour déterminer sa marche, élevons au point I la normale IN à la face SA. Le rayon réfracté, devant s'approcher de la normale en passant de l'air dans le verre, suivra une direction, telle que IK, dépendant de l'incidence du rayon LI et de l'indice de réfraction du verre. Au point K d'incidence sur la surface SB élevons la normale KN′ ; le rayon émergent, passant du verre dans l'air, s'écartera de la normale et prendra, par exemple, la direction KE. Si l'on prolonge le rayon émergent, il rencontrera quelque part en D le rayon incident prolongé aussi, et l'angle LDL′, formé par ces deux lignes, constituera ce que l'on nomme la *déviation*. En faisant la même construction pour d'autres rayons, partis du point L et voisins de LI, on reconnaîtra que les rayons émergents qui leur correspondent iront, après leur prolongement, se couper quelque part, en un point L' relevé au-dessus du point L. On déduit de là les conséquences suivantes :

Quand un rayon lumineux tombe sur un prisme, il se brise, et il émerge en se rapprochant toujours de la base du prisme. — Ou bien : quand on regarde un objet quelconque au travers d'un prisme, on le voit toujours dévié d'une certaine quantité vers le sommet du prisme. Si l'arête est horizontale, et le sommet en haut, les objets vus par réfraction sont relevés par le prisme; si l'arête est horizontale, et le sommet du prisme en bas, les objets seront abaissés. Enfin, l'arête étant verticale, les objets observés au travers du prisme paraîtront déviés à gauche si l'arête est à gauche, et déviés à droite si l'arête est à droite.

551. Nous venons de parler de la déviation que les rayons lumineux éprouvent en traversant un prisme. Il y a à cet égard un principe remarquable que l'analyse démontre et que l'expérience confirme : c'est que cette déviation, qui varie avec l'incidence du rayon de lumière, est susceptible d'un *minimum*, et que ce minimum a lieu lorsque l'angle d'émergence est égal à l'angle d'incidence. C'est sur ce principe qu'est fondée la mesure des indices de réfraction de toutes les substances transparentes. Mais cette question, malgré son importance, ne saurait trouver place dans ces éléments. *Déviation minimum.*

552. La direction des rayons émergents, au sortir d'un prisme, dépend non-seulement de l'incidence des rayons directs, mais en outre de la grandeur de l'angle réfringent du prisme. On conçoit, d'après cela, que cet angle réfringent puisse être tel, que l'émergence des rayons qui se sont réfractés à la première face, soit impossible à la seconde. Cela arrivera toutes les fois que ces rayons réfractés se présenteront à la surface d'émergence sous une incidence plus grande que l'angle limite. Cherchons donc quel doit être l'angle réfringent du prisme, pour que les rayons une fois réfractés éprouvent, à la surface de sortie, une réflexion totale. *Condition d'émergence des rayons lumineux.*

Il est clair que, plus l'angle d'incidence LIN du rayon LI avec la première normale IN augmente, plus l'angle IKP formé par le rayon réfracté IK avec la seconde normale KP diminue. Ainsi, quand le rayon incident LI sera parallèle à la face AS, le rayon réfracté se présentera à la deuxième face SB dans les conditions les plus favorables à son émergence. Si néanmoins l'angle réfringent du prisme est tel, que le rayon réfracté IK fasse avec la normale KP un angle égal à l'angle *Fig. 299.*

limite θ ou un angle plus grand, ce rayon ne pourra pas émerger, et *à fortiori* tous les autres rayons correspondants à une incidence moindre que 90° ne pourront pas non plus sortir. Or, dans l'hypothèse où LI est parallèle à AS, l'angle de réfraction PIK est égal à l'angle limite θ; et, puisqu'on admet que le rayon IK ne peut pas sortir, l'angle IKP est aussi au moins égal à θ. Cela posé, le quadrilatère PISK ayant deux angles droits en I et K, les deux angles opposés S et P sont supplémentaires. Mais, dans le triangle PIK, l'angle P est aussi le supplément des deux angles PIK et PKI dont la somme est 2θ. Donc l'angle réfringent S du prisme est égal à 2θ. — Ainsi, toutes les fois que l'angle réfringent d'un prisme sera double ou plus que double de l'angle limite θ du dernier rayon réfracté, aucun rayon ne pourra traverser ce prisme en passant de la face SA à la face SB. Tous les rayons qui pénétreront dans le prisme seront réfléchis en totalité à la surface d'émergence, et le prisme sera complètement opaque. — Pour l'air et le verre, l'angle limite θ=41° 49′. Donc un prisme de verre, dont l'angle réfringent serait de 84 à 85°, serait entièrement imperméable aux rayons lumineux. — Si l'angle réfringent du prisme est moindre que 2θ, une partie des rayons réfractés pourra émerger, une autre partie sera totalement réfléchie, et il serait facile de déterminer la ligne de démarcation qui sépare l'une de l'autre.

Réfraction dans un milieu terminé par des surfaces courbes.

Fig. 300.

Fig. 301.

553. *Des lentilles.* —On appelle *lentille*, en optique, la portion d'un corps réfringent, terminée par deux surfaces sphériques, ou par une surface sphérique combinée avec une surface plane. On les divise en deux classes qui comprennent chacune trois combinaisons différentes, savoir :

1re *Classe* : Lentilles *convergentes*, bords tranchants, épaisseur plus grande au milieu que vers les bords. — 1° Lentille *bi-convexe*, terminée par deux portions de sphère qui se coupent, et dont les centres sont sur une même ligne droite appelée *axe principal* de la lentille. — 2° Lentille *plan-convexe*, terminée par un plan et une surface sphérique. — 3° *Ménisque convergent*, espèce de croissant formé de deux surfaces sphériques, dont l'intérieure a une courbure moindre que l'extérieure.

2e *Classe* : Lentilles *divergentes*, bords larges, épaisseur plus grande vers les bords qu'au centre. — 1° Lentille *bi-concave*, formée de deux surfaces sphériques opposées par leur convexité. — 2° Lentille *plan-concave*; un plan et une surface sphérique qui lui tourne sa convexité. — 3° *Ménisque divergent*; deux sphères dont l'intérieure a une courbure plus grande que l'extérieure.

554. La dénomination de lentilles convergentes affectée aux

trois premières, et celle de lentilles divergentes donnée aux
trois dernières, peuvent être facilement justifiées. Pour cela,
je raisonnerai seulement sur les lentilles bi-convexes et bi-
concaves. — Considérons un faisceau de rayons lumineux qui
tombent sur une lentille bi-convexe, parallèlement à son axe
principal. Celui de ses rayons qui tombera sur la lentille dans
la direction même de son axe pénètrera et émergera en ligne
droite ; car la réfraction, sur une surface courbe, s'opère
comme sur le plan tangent à cette surface au point d'incidence ; or, aux points A et B, les plans tangents sont perpendiculaires à l'axe, et par conséquent parallèles. Pour un autre
rayon quelconque SI, si, au point d'incidence et au point
d'émergence, on substitue à la surface courbe le petit élément
plan qu'elle a de commun avec son plan tangent, la réfraction
s'opèrera comme au travers du prisme que ces deux plans
détermineront, et dont le sommet serait évidemment en haut ;
or, on sait que, dans un prisme, le rayon réfracté émerge en
se rapprochant de la base du prisme ; ce rayon ira donc ici
couper l'axe de la lentille. Il en sera de même des autres
rayons, qui tous, après leur réfraction, iront se concentrer
vers un même point de l'axe principal.

Considérons, au contraire, une lentille bi-concave et un faisceau de rayons tombant sur une de ses faces. On pourra encore remplacer la surface courbe de la lentille par une infinité
d'éléments plans tangents à cette surface. Ces plans formeront
alors de véritables prismes, dont les arêtes seront tournées
cette fois vers le centre de la lentille et les bases vers les bords.
Les rayons, après la réfraction, devant se rapprocher de la
base des prismes s'éloigneront de l'axe principal, et le faisceau
réfracté sera divergent.

555. La détermination des foyers et des images dans les
lentilles n'offre aucune difficulté, quand on donne les rayons
de courbure des surfaces, qui terminent la lentille et l'indice
de réfraction de sa substance. Je mettrai en note le calcul qui
donne la position du foyer principal ou celle des foyers conjugués, et je présenterai ici les résultats de ce calcul d'une
manière purement graphique, en me bornant toujours aux
lentilles bi-convexes et bi-concaves, qui sont le plus fréquemment employées.

Si, sur une lentille bi-convexe AB, on fait tomber un faisceau de rayons parallèles à son axe principal, les rayons
réfractés iront, au sortir de la lentille, couper cet axe sensiblement au même point F (1). Ce point est appelé *foyer prin-*

Fig. 302.

Fig. 303.

Des foyers
dans les lentilles
convexes.

Foyer principal.

Fig. 302.

(1) Pour établir les formules qui font connaître la position des foyers
dans les lentilles, il faut remarquer que les rayons lumineux réfractés

cipal, et la distance FB est la *distance focale principale*. L'angle FMN formé par les droites FM, FN, menées du foyer principal aux bords opposés de la lentille, s'appelle l'*ouverture* de la lentille. Si cette ouverture est petite, ce qui suppose la lentille très-peu épaisse, le foyer sera assez éloigné, et le concours des rayons réfractés aura lieu, à peu près pour tous, au foyer principal. Si l'ouverture est d'un grand nombre de degrés, ce qui suppose une lentille épaisse et d'un *court foyer*, les rayons voisins de l'axe seront les seuls qui se rencontreront sensiblement au même point; cela n'aura pas lieu pour les autres, surtout pour ceux qui tombent près des bords : on dit alors qu'il y a *aberration de sphéricité*. — Le foyer principal d'une lentille convexe se détermine, par expérience, en recevant sur elle un faisceau de rayons solaires, et en cherchant, à l'aide d'un verre dépoli, le point où les rayons réfractés donnent l'image la plus vive du soleil. En ce point, il y a à la fois concentration de rayons de lumière et de chaleur ; ce qui permet de conclure que les rayons calorifiques sont soumis à la même loi de réfraction que les rayons lumineux.

oyers conju-
gués.
Fig. 304.

556. Supposons actuellement que les rayons qui tombent sur la lentille émanent d'un point P, situé sur son axe à une distance finie plus grande que la distance focale princi-

Fig. 302.

par les lentilles, comme ceux qui sont réfléchis par les miroirs sphériques, ne se rencontrent pas rigoureusement au même point, mais que le foyer n'est que le *point limite* où l'axe est coupé par les rayons qui s'en écartent infiniment peu. Pour de pareils rayons, les angles d'incidence et de réfraction SIN=i, EIK=r ou N'EF=i', IEK=r' (*fig. 302*) sont fort petits, et on peut substituer aux sinus de ces angles les arcs même qui les mesurent. Ensuite les hauteurs IA, EB des points d'incidence et d'émergence, ne pouvant différer que d'une quantité insensible, doivent être regardées comme égales. Enfin, tous les angles faits avec l'axe, tels que EFB=β, EO'B=γ, IOA=δ, étant aussi très-petits, peuvent être remplacés par leurs tangentes trigonométriques, ou par les rapports $\frac{FB}{BF}$, $\frac{EB}{O'B}$, $\frac{IA}{OA}$.

Cela posé, dans le faisceau de rayons parallèles à l'axe qui tombent sur la lentille AB, considérons le rayon SI très-voisin de l'axe. Menons aux points d'incidence et d'émergence les normales OIN, O'EN' : soit EF le rayon émergent, et faisons, OA=R, O'B=R' et BF=f. Nous aurons évidemment $i=\delta$, $i'=\beta+\gamma$, $\gamma+\delta=r+r'$. Mais les relations *sin. i*=*l sin. r*, *sin.i'*=*l sin.r'* deviennent, d'après les remarques précédentes, $i=lr$, $i'=lr'$ d'où $i+i'=l(r+r')$ ou bien $\beta+\gamma+\delta=l(\gamma+\delta)$. On déduit de là $\beta=(l-1)(\gamma+\delta)$. Remplaçant les angles β, γ, δ, par leurs tangentes $\frac{EB}{f}$, $\frac{EB}{R'}$, $\frac{IA}{R}$, et supprimant le facteur commun EB=IA, il restera, enfin,

$$\frac{1}{f}=(l-1)\left(\frac{1}{R}+\frac{1}{R'}\right) \text{ ou } f=\frac{RR'}{(l-1)(R+R')}.$$

f est appelée distance focale principale.

pale. Ces rayons iront, après leur émergence, couper l'axe en un même point P', qui sera le *foyer conjugué* du point P, et qui sera placé au-delà du foyer principal (1). — Plus le point lumineux s'approchera de la lentille, plus son foyer conjugué s'éloignera ; et, quand le point radieux arrivera au foyer principal lui-même, les rayons émergents seront parallèles à l'axe. — Enfin, si le point lumineux passe entre le foyer principal et la lentille, les rayons émergents ne seront plus assez fortement brisés pour rencontrer l'axe, ni même pour lui être parallèles ; ils divergeront encore, mais leur divergence sera moindre qu'en partant du point lumineux ; et, si on prolonge ces rayons émergents du côté du point qui les a émis,

Fig. 308.

---

(1) La position du foyer conjugué P' s'obtient par un calcul analogue à celui de la note précédente. En adoptant les mêmes conventions, et jetant les yeux sur la figure 304, on obtiendra sans difficulté les relations Fig. 304.

$$i=\alpha+\delta, \quad i'=\beta+\gamma, \quad \gamma+\delta=r+r'$$

d'ailleurs on a toujours $i=lr$, $i'=lr'$ et $i+i'=l\ (r+r')$, ce qui donne $\alpha+\beta+\gamma+\delta=l\ (\gamma+\delta)$ ou $\alpha+\beta=(l-1)\ (\gamma+\delta)$. Si l'on fait $PA=d$, $P'B=d'$, $OI=R$ et $O'E=R'$, on aura, en remplaçant les angles α, β, γ, δ par leurs tangentes $\frac{IA}{d}$, $\frac{EB}{d'}$, $\frac{BR}{R'}$, $\frac{IA}{R}$, et supprimant le facteur commun $IA=EB$, la relation

$$\frac{1}{d}+\frac{1}{d'}=(l-1)\ \left(\frac{1}{R}+\frac{1}{R'}\right)$$

et comme on a trouvé précédemment $(l-1)\ \left(\frac{1}{R}+\frac{1}{R'}\right)=\frac{1}{f}$, la formule nouvelle peut s'écrire

$$\frac{1}{d}+\frac{1}{d'}=\frac{1}{f}.$$

Cette formule est aisée à discuter.
1º $d=\infty$ donne $d'=f$. On retrouve ainsi le foyer principal.

2º d diminuant, $\frac{1}{d}$ augmente, $\frac{1}{d'}$ diminue, et par conséquent d' augmente. Le foyer conjugué s'éloigne du foyer principal.

3º $d=2f$ donne $d'=2f$. Le foyer conjugué et le point lumineux sont à la même distance de la lentille, l'un en avant, l'autre en arrière.

4º $d=f$ donne $\frac{1}{d'}=o$ ou $d'=\infty$. Le point lumineux étant au foyer principal, son foyer conjugué est à l'infini, c'est-à-dire que les rayons émergents sont parallèles à l'axe.

5º Enfin, si $d<f$, le point lumineux passe entre le foyer principal et la lentille, alors d' est négatif ; le foyer conjugué est virtuel (*fig.* 308) ; car les rayons réfractés ne se rencontrent plus ; mais leurs prolongements vont couper l'axe en deçà du point lumineux, à une distance dont la valeur absolue est $d'=\frac{df}{f-d}$ et qui diminue à mesure que d lui-même décroît, c'est-à-dire à mesure que le point lumineux se rapproche de la lentille. Fig. 308.

on trouve que leurs prolongements vont rencontrer l'axe en un même point et y former un *foyer virtuel*. Le point lumineux s'approchant de la lentille, son foyer virtuel s'en rapproche également de plus en plus.

557. Le point lumineux pourrait être placé hors de l'axe principal de la lentille. Dans ce cas, pour savoir où se forme son foyer conjugué, on s'appuie sur le principe suivant que le calcul démontre : dans toute lentille il y a intérieurement, sur l'axe principal, un point particulier C qu'on nomme *centre optique*, et qui jouit de cette propriété : que tout rayon incident qui, en se réfractant dans la lentille passe par le point C, émerge parallèlement à lui-même (1). Soit donc M un point lumineux pris hors de l'axe principal; parmi les rayons qu'il émet, considérons celui qui se réfracte en passant par le centre optique et qui émerge parallèlement à lui-même. Si la lentille n'a pas une grande épaisseur, la ligne MOX sera sensiblement droite, et c'est sur cet *axe secondaire* MX que se formera le foyer conjugué du point M.

558. Tel est le principe de la formation des images dans les lentilles convexes. Soit LM un objet éclairé placé au-devant d'une lentille; le point L de cet objet qui se trouve sur l'axe principal formera son image quelque part en P sur cet axe; le point M fera son foyer en G sur l'axe optique secondaire MG. Les points compris entre L et M auront leurs foyers sur les axes secondaires intermédiaires, entre LO et MO, et l'on obtiendra, en PG, une image renversée de l'objet ML. — Si cet objet est d'abord très-éloigné, son image sera plus petite que lui, et située à peu près au foyer principal. — L'objet LM se rapprochant de la lentille, son image, toujours réelle et renversée, s'éloigne en grandissant. — Si l'objet est situé au-devant de la lentille, à une distance $2f$ double de la distance focale principale, son image sera située de l'autre côté à la même distance $2f$, et lui sera égale en grandeur. — S'il est placé au foyer principal, son image sera à l'infini et n'existera plus. — Enfin, supposons l'objet *ab* entre le foyer principal et

(1) La position du centre optique C est facile à déterminer. Ce point doit être tel, qu'en menant par ce point une droite quelconque CIK, les plans tangents en I et K aux deux faces de la lentille soient parallèles. Car, alors, il est évident que tout rayon lumineux LI qui, en se réfractant, passera par le point C, émergera suivant une droite KE parallèle à LI, comme s'il avait eu à traverser un milieu terminé par deux plans parallèles. Or, en menant les normales IO, O'K qui sont nécessairement parallèles, les deux triangles OIC, O'KC sont semblables et donnent la proportion CO : CO' : : OI : O'K ou : : R : R', d'où CO : OO' : : R : R+R'. La valeur de CO et la position du point C sont donc indépendantes de la direction de la ligne ICK.

la lentille ; dans ce cas, les rayons réfractés émergeant dans des directions divergentes, il n'y a plus de foyer réel ; mais, chaque point du corps éclairé donnant naissance à un foyer virtuel placé derrière lui sur l'axe optique qui lui correspond, on aura, en arrière de la lentille, une image de l'objet qui sera droite et très-amplifiée. Cette image virtuelle est précisément celle qui nous fait voir les objets agrandis, quand nous les regardons au travers d'une loupe. L'œil reçoit alors le faisceau de rayons divergents qui traverse la lentille et rapporte la position des points lumineux, qui les envoient aux lieux où leurs prolongements vont se couper.

Fig. 308.

559. Il me reste à dire quelques mots des foyers et des images dans les lentilles concaves.

1º Les rayons incidents étant parallèles à l'axe principal, le faisceau émergent est composé de rayons qui divergent, mais qui, prolongés en arrière de la lentille, se rencontrent en un même point de l'axe, si elle n'a pas trop d'ouverture. Ce point est le foyer principal, mais un foyer virtuel.

Fig. 303.

2º Si le point lumineux est sur l'axe, à une distance finie, le foyer sera encore virtuel, mais plus rapproché de la lentille. Ainsi, les lentilles concaves augmentent toujours la divergence des rayons, et n'ont que des foyers virtuels (1).

Fig. 305.

Quant aux images données par les lentilles concaves, elles seront évidemment toujours virtuelles comme les foyers, et on les déterminera par la considération des axes secondaires comme pour les lentilles convexes. Ces images seront toujours droites, mais plus petites que les objets.

Nous verrons plus loin quel parti on peut tirer des lentilles concaves ou convexes, pour corriger, soit les vues trop courtes, soit les vues trop longues, et comment ces lentilles servent à la construction de presque tous les instruments d'optique.

---

(1) En examinant les figures 303 et 305, et par des calculs absolument semblables à ceux des notes précédentes, on trouvera aisément que, dans les lentilles divergentes, la position des foyers (nécessairement virtuels) est déterminée par les formules suivantes :

1º Foyer principal : $\frac{1}{f} = (l-1) \left(\frac{1}{R} + \frac{1}{R'} \right)$.

2º Foyer conjugué quelconque : $\frac{1}{d'} - \frac{1}{d} = \frac{1}{f}$ ou $d' = \frac{df}{f+d}$. Cette formule montre que le foyer est toujours plus près de la lentille que le point lumineux.

Fig. 303.
Fig. 305.

CHAPITRE IV.

DISPERSION DE LA LUMIÈRE.

560. Jusqu'ici nous n'avons considéré les prismes et les lentilles que sous le rapport de la déviation qu'ils impriment aux rayons lumineux ; nous allons étudier, dans ce chapitre, la décomposition qu'ils font éprouver, soit à la lumière blanche du soleil, soit à la lumière diffuse que les corps éclairés rayonnent dans tous les sens. Ces phénomènes sont compris sous la dénomination de *dispersion* de la lumière.

Décomposition de la lumière blanche.

1er *Principe.* — *La lumière blanche du soleil n'est pas une lumière simple ou homogène ; elle est composée d'une infinité de rayons diversement colorés, parmi lesquels on distingue sept couleurs principales.*

Au volet d'une chambre obscure on adapte un *porte-lumière* (miroir plan, mobile dans tous les sens, destiné à réfléchir les rayons du soleil dans une direction quelconque), et l'on fait pénétrer dans l'intérieur de cette chambre, par une ouverture de 4 à 5 millimètres de diamètre, un petit faisceau

Fig. 309.

de rayons solaires. Reçu à la distance de 5 ou 6 mètres sur un écran, ce faisceau va y peindre une image ronde et blanche du soleil. Au-devant, et à une très-petite distance de l'orifice, on dispose un prisme de verre dont je supposerai les arêtes horizontales et le sommet en bas. Le faisceau incident se réfracte au travers du prisme, se relève après la réfraction, et, au lieu d'une image blanche et arrondie, il va projeter sur l'écran une image allongée dans le sens vertical et vivement colorée, à laquelle on a donné le nom de *spectre solaire*. Le spectre est toujours terminé latéralement par deux droites parallèles, et à ses extrémités par deux demi-circonférences.

Quand le spectre est bien développé, on y distingue aisément *sept* nuances principales qui se succèdent par bandes horizontales dans l'ordre suivant, en allant de haut en bas : violet, indigo, bleu, vert, jaune, orangé, rouge. Ces couleurs se fondent les unes dans les autres par des dégradations insensibles, de sorte que, si l'œil ne distingue dans le spectre solaire que sept nuances bien tranchées, il est néanmoins vrai de dire qu'il y en a une infinité. — Le phénomène que nous venons de signaler se reproduit avec tous les prismes diaphanes de quelque nature qu'ils soient, même avec des prismes creux en verre remplis des liquides les plus limpides. L'ordre des couleurs est toujours le même dans tous les spectres auxquels ces divers prismes donnent naissance ; la longueur seule du spectre solaire varie ; elle dépend de la nature de la substance réfringente dont le prisme est formé, et de la grandeur de son angle réfringent.

561. 2e Principe. — *Les rayons diversement colorés du spectre solaire sont diversement réfrangibles, et cette différence de réfrangibilité est elle-même la cause de la décomposition de la lumière blanche.*

Ce principe peut se déduire déjà de la forme *dilatée* qu'affecte le spectre. En effet, dans le faisceau incident que je supposerai très-mince, les rayons rouges, violets ou autres, qui composent ce pinceau de lumière blanche, sont parallèles et tombent sur le prisme avec la même incidence. Au sortir du prisme, ils se séparent ; les rayons violets vont se projeter à la partie la plus élevée du spectre, les rayons rouges à la partie la plus basse. Cette inégalité dans les angles d'émergence prouve nécessairement que les rayons violets ont une réfrangibilité plus grande que les rayons rouges ; on voit, par la même raison, que les rayons verts, qui occupent la partie moyenne du spectre, ont un degré de réfrangibilité intermédiaire. Si tous les rayons étaient également réfrangibles, ils seraient parallèles après leur émergence, comme auparavant, et le faisceau resterait blanc au sortir du prisme. La lumière ne serait pas décomposée.

Voici, du reste, des expériences directes qui ne laissent aucun doute à cet égard :

1o On colle sur un carton deux bandes étroites de papier, l'une rouge, l'autre bleue, sur le prolongement l'une de l'autre. Quand on regarde ce carton au travers d'un prisme, les deux bandes colorées sont déviées de leur véritable position, mais inégalement déviées ; elles ne sont plus sur le prolongement l'une de l'autre ; et le sens du déplacement indique que la lumière rouge, envoyée par la première, est moins réfrangible que la lumière bleue émise par la seconde.

Fig. 310.

2o On reçoit le spectre formé par un premier prisme sur un écran percé d'un petit trou qui ne laisse passer qu'une seule des couleurs du spectre. Derrière l'orifice on place un second prisme qui fait éprouver à ces rayons une seconde réfraction. Alors, en faisant tourner le premier prisme sur le pied qui le porte, on fait passer successivement par l'orifice toutes les couleurs du spectre. Ces diverses couleurs tombent sur le second prisme, suivant une direction commune, et par suite avec la même incidence ; or, on reconnaît qu'elles vont au-delà former leurs images à diverses hauteurs : les rayons violets au point le plus élevé ; au-dessous, les rayons indigos , bleus, verts... et au point le plus bas, les rayons rouges.

3º L'expérience des *prismes croisés* de Newton démontre la même vérité de la manière la plus concluante. — Un trait de lumière blanche, pénétrant horizontalement dans la chambre noire, y peint sur un écran une image blanche et ronde du soleil O. Sur la direction du trait lumineux on interpose un *prisme horizontal* qui relève l'image et donne un spectre allongé verticalement RU. Au-devant de ce premier prisme on en dispose un second, *vertical*, qui reçoive sur sa surface tout le faisceau réfracté. Celui-ci imprime aux rayons du spectre une déviation latérale. Si tous les rayons qui le composent étaient également réfrangibles, la déviation qu'éprouve le spectre ne ferait que le transporter à gauche ou à droite, parallèlement à lui-même ; son axe resterait toujours vertical ; mais loin de là , le nouveau spectre R'U' est *oblique* par rapport au premier, et leur inclinaison mutuelle donne à l'intervalle qui les sépare l'aspect d'un trapèze dont le plus petit côté horizontal est la distance des deux bandes rouges, et le plus grand la distance des deux bandes violettes. Le décroissement des distances qui séparent les couleurs semblables , depuis le violet jusqu'au rouge , est une preuve manifeste du décroissement graduel des réfrangibilités propres aux divers rayons qui les composent.

562. Les conclusions auxquelles nous sommes conduits par les expériences précédentes s'appliquent , non-seulement aux sept couleurs principales du spectre solaire, mais aussi aux diverses teintes qui composent une même nuance. Ainsi , le rouge *extrême*, le rouge *moyen* et le rouge *limite de l'orangé*, ont des degrés différents de réfrangibilité. Un rayon de lumière blanche doit donc être considéré comme un assemblage d'une infinité de rayons diversement colorés, possédant chacun une réfrangibilité particulière. La forme et la génération du spectre solaire sont alors faciles à expliquer. En effet , supposons que l'on ait isolé un seul rayon de lumière blanche , infiniment délié, et qu'on le reçoive sur un prisme horizontal. Les rayons élémentaires, de couleurs graduellement changeantes, qui le composent et qui sont inégalement réfrangibles, iront après leur émergence dessiner, sur un écran, chacun une image circulaire correspondante, dont le centre sera d'autant plus haut que le rayon considéré sera plus réfrangible. Mais, la réfrangibilité variant d'une manière insensible, tous les cercles colorés empiéteront les uns sur les autres, se recouvriront en partie, et il en résultera une fusion de couleurs, sans ligne de démarcation tranchée. La distinction des couleurs sera d'autant plus nette que le pinceau de lumière incidente sera plus délié. Mais

en diminuant son étendue ; on affaiblit l'éclat de la lumière : on peut remédier à cet inconvénient en concentrant les rayons solaires dans un très-petit espace, à l'aide d'une lentille convergente, avant de les faire tomber sur le prisme. On obtient ainsi un spectre très-beau et très-développé.

563. 3e *Principe. — Les couleurs élémentaires qui composent le spectre solaire sont des couleurs simples ou inaltérables.*

On le prouve, en soumettant isolément des rayons de chaque couleur à toutes les actions possibles ; leur lumière reste identiquement la même ; ils sortent de toutes les épreuves auxquelles on les assujettit avec les mêmes propriétés. Par exemple, qu'on reçoive le spectre solaire sur un écran percé d'un trou assez petit pour ne laisser passer qu'une seule couleur, le rouge, je suppose. On pourra faire passer ce pinceau de rayons rouges à travers un nouveau prisme, ou une lentille, ou toute autre substance réfringente ; jamais on ne pourra y découvrir d'autre nuance que le rouge primitif.

La réflexion n'altérera pas davantage ce pinceau de rayons rouges. Qu'on le fasse tomber sur un corps d'une couleur différente, bleu, vert, jaune, etc., ce corps éclairé uniquement par des rayons rouges, paraîtra rouge aussi, et perdra totalement la couleur primitive qui lui semblait inhérente. Pour concevoir parfaitement cette expérience, il faut observer que les corps non lumineux par eux-mêmes n'ont point de couleur qui leur soit propre ; qu'ils ne font que réfléchir vers nous, en la décomposant, une partie de la lumière blanche qui les éclaire. Si différents corps éclairés par une même lumière blanche nous paraissent avoir chacun une couleur déterminée, c'est uniquement parce qu'ils renvoient plus abondamment les rayons, soit simples, soit composés, dont la réunion produit sur l'œil la sensation de cette espèce de couleur. Si donc on les expose à une lumière *simple*, ils n'auront plus à réfléchir que des rayons d'une seule espèce, et il faudra nécessairement qu'ils paraissent tous d'une même couleur, celle qui est propre à ces rayons.

564. *On peut recomposer de la lumière blanche en ramenant au parallélisme tous les rayons qui forment le spectre solaire, ou en les faisant tous concourir en un même point.*

Recomposition de la lumière blanche.

Quand un faisceau de rayons lumineux a traversé un prisme et que ses couleurs élémentaires ont été dispersées, il suffit, pour les ramener au parallélisme, de recevoir le faisceau réfracté sur un second prisme, de même substance et de même angle réfringent que le premier, mais tourné en sens inverse. Le faisceau, qui est coloré dans l'intervalle qui sépare les deux prismes, est d'une parfaite blancheur au sortir du second. — Cette expérience se fait aisément à l'aide d'un double prisme à liquide, formé par une cuve rectangulaire en glace, divisée en deux compartiments par une cloison diagonale. Si un seul des compartiments est rempli d'eau, le faisceau qui traverse le prisme forme un spectre après son émergence ; si les deux compartiments sont remplis du même liquide, la lumière traverse le double prisme sans éprouver ni déviation ni coloration.

On peut encore reproduire de la lumière blanche en faisant concourir en un même point tous les rayons colorés du spectre, par l'une des expériences suivantes :

1º On fait tomber sur un grand miroir concave un large spectre solaire, et l'on dirige le faisceau réfléchi hors de l'axe du faisceau incident. Alors, en promenant un écran de verre dépoli sur la direction du faisceau réfléchi, ou en projetant sur son trajet de la poussière fine qui le rende visible, on reconnaît que tous les rayons réfléchis, en se concentrant au foyer du miroir, viennent y former une image parfaitement blanche du soleil. En deçà et au-delà, les rayons lumineux qui ne sont pas encore ou qui ne sont plus concentrés, conservent leur couleur, indépendamment les uns des autres ; aussi observe-t-on que les couleurs qui brillent en deçà du foyer, reparaissent au-delà dans un ordre inverse ;

2º On peut faire une expérience analogue en recevant le spectre solaire sur une large lentille convergente, et en étudiant le faisceau réfracté dans toute son étendue, soit avant, soit après le foyer, soit au foyer lui-même ;

3º Enfin, on peut recomposer la lumière blanche par un moyen mécanique aussi simple que remarquable. — Sur un carton blanc, on peint au centre un cercle noir, à la circonférence une zone noire ; dans l'intervalle, on colle une série de petites bandes de papier alternativement rouges, orangées, jaunes, vertes....., c'est-à-dire imitant aussi parfaitement que possible les couleurs du spectre, se succédant dans le même ordre et ayant des largeurs proportionnelles à celles que ces couleurs occupent dans le spectre solaire. On imprime alors au carton un mouvement rapide de rotation autour d'un axe central ; toutes les couleurs peintes dans l'intervalle des deux zones noires, en passant successivement devant les yeux, produisent la sensation d'un blanc plus ou moins pur. Ce phénomène s'explique de la manière suivante : les impressions que nous recevons par la vue d'un objet lumineux ou éclairé ont une certaine durée ; et l'expérience a prouvé que l'œil humain est constitué de manière qu'une sensation lumineuse ne s'évanouit qu'un dixième de seconde après la disparition complète de la cause qui l'a produite. C'est pour cela qu'en faisant tourner rapidement un charbon incandescent, on aperçoit un *cercle de feu*, un *ruban continu de lu-*

mière, quoique le charbon n'occupe, à chaque instant, qu'un des points de la ligne qu'il parcourt. Si donc on fait tourner, dans le même cercle, une bande rouge, une bande orangée, une jaune, une verte..., assez rapidement pour que la sensation de la dernière couleur, le violet, succède à celle des autres couleurs avant que l'impression que celles-ci ont produite soit effacée, on apercevra à la fois un cercle rouge, un cercle orangé..., un cercle violet, et la sensation simultanée de toutes ces couleurs sera la même que celle du cercle blanc qui en serait l'assemblage.

565. Lorsqu'au lieu de réunir toutes les couleurs simples du spectre solaire pour reproduire la lumière blanche, on mélange seulement un certain nombre de couleurs élémentaires en diverses proportions, il en résulte des teintes plus ou moins composées, dont il importe de pouvoir déterminer d'avance la nature. Newton, qui a fait sur le mélange des couleurs un grand nombre d'expériences, est parvenu à résoudre le problème par un procédé fort simple et purement géométrique. Voici ce procédé, auquel Newton a été conduit par une marche dont il n'a laissé aucune trace dans ses ouvrages, mais dont l'expérience a toujours pleinement confirmé l'exactitude.

Décrivez un cercle et partagez-le en sept secteurs proportionnels aux largeurs occupées par les couleurs simples du spectre, c'est-à-dire aux nombres $1/9$, $1/16$, $1/10$, $1/9$, $1/10$, $1/16$, $1/9$. Déterminez ensuite les centres de gravité r, o, j, v, b, i, u, des arcs correspondants, dont le premier représente le rouge; le second, l'orangé; le troisième, le jaune, etc. Alors, quand on voudra connaître la nuance résultant du mélange de deux ou plusieurs couleurs simples, on appliquera aux centres de gravité des arcs qui les représentent, des poids proportionnels aux intensités des couleurs correspondantes, qui doivent entrer comme éléments dans la teinte que l'on veut former. On cherchera le point du cercle par lequel passe la résultante de tous ces poids, et on joindra ce point k avec le centre c. La couleur dominante du mélange sera celle du secteur dans lequel tombera la ligne ck. Si la ligne ck prolongée passe par le milieu de l'arc, la teinte sera simplement celle de cet arc lui-même; mais, si cette ligne se trouve plus près d'une des extrémités de l'arc, la teinte prendra la nuance de la couleur voisine. Enfin, l'intensité de cette teinte sera proportionnelle à la longueur de la ligne ck; plus le point k sera voisin du centre, plus la teinte sera faible ou *lavée de blanc.*

Quand le point k tombe au centre lui-même, la couleur du mélange est le blanc; c'est ce qui arrive quand on com-

Des nuances
produites
par le mélange
des couleurs
simples.

Fig. 312.

pose toutes les couleurs du spectre, en cherchant le centre de gravité de sept poids proportionnels aux sept arcs AB, BC....., et appliqués aux centres de gravité r, o, j.... de ces arcs.

Si l'on veut faire entrer du blanc dans le mélange, il faudra supposer qu'on applique au centre du cercle un poids proportionnel à la quantité de couleur blanche que l'on veut y introduire, et composer ce poids avec ceux qui représentent les couleurs simples. — On reconnaît, d'après ces règles, que le mélange de deux couleurs simples, distantes d'un rang, donne la couleur qui les sépare : ainsi, le rouge et le jaune donnent de l'orangé ; le jaune et le bleu forment le vert. Cependant l'indigo et le rouge donnent une couleur pourpre qui s'écarte sensiblement de la teinte violette.

Couleurs complémentaires.

566. Lorsqu'on a formé une nuance par le mélange d'un certain nombre de couleurs du spectre, le mélange des couleurs qui n'ont pas été employées forme une autre nuance qui, mêlée avec la première, devra nécessairement reproduire du blanc. Ces deux nuances sont dites *complémentaires* l'une de l'autre. Une couleur quelconque a toujours et nécessairement sa couleur complémentaire ; mais on pourra ajouter à l'une d'elles une quantité quelconque de blanc, sans qu'elles cessent d'être complémentaires ; car, mélangées, elles reproduiront toujours du blanc. Ainsi, une couleur donnée a une infinité de nuances complémentaires, qui ne sont autre chose qu'une même teinte plus ou moins affaiblie.

Lumières artificielles.

567. Au lieu de soumettre la lumière blanche du soleil à l'action décomposante du prisme, on peut analyser par le même moyen les lumières artificielles, telles que les flammes des bougies, des lampes, la lumière électrique ; on obtient alors des spectres dans lesquels on retrouve toujours les mêmes nuances que dans le spectre solaire, mais, en général, dans des proportions très-différentes. En outre, le spectre qu'on obtient se teint de la couleur dominante de la flamme que l'on regarde au travers du prisme.

Objets vus à travers les prismes.

568. Les couleurs naturelles des corps étant soumises à la même analyse, on reconnaît qu'elles sont en général composées, et la coloration des objets vus au travers des prismes s'explique alors sans difficulté. Ainsi :

· Considérons d'abord une bande très-étroite de papier blanc collée sur un fond noir : quand on la regardera à travers un prisme, la couleur blanche disparaîtra complètement, et sera remplacée par une large bande colorée présentant toutes les nuances du spectre solaire, dans le même ordre et les mêmes proportions. — En substituant à la bande étroite de papier blanc une feuille plus large, l'image restera blanche au milieu et sera colorée seulement vers les bords. Si le prisme est horizontal et a son sommet en haut, l'image sera relevée; les bords supérieurs seront, en descendant, colorés de violet, d'indigo et de bleu; les bords inférieurs, de jaune, d'orangé et de rouge. Pour expliquer ce fait, il faut concevoir la feuille de papier partagée en plusieurs bandes parallèles extrêmement étroites : chacune de ces *lignes* blanches formera un spectre complet; mais le second spectre sera un peu plus bas que le premier, le troisième un peu plus bas que le second.... ; ils se recouvriront donc en grande partie : le violet du spectre le plus élevé sera isolé; l'indigo de ce même spectre sera recouvert par le violet du suivant; le bleu sera mélangé avec l'indigo du second spectre et le violet du troisième, et ainsi de suite. Ainsi, vers le milieu de l'image, toutes les couleurs élémentaires, se trouvant superposées, reformeront du blanc; les bords seuls seront irisés. Dans ces circonstances on observe que le vert, couleur qui tient le milieu dans le spectre solaire, ne paraît jamais dans les images des objets.

Quand on regarde, au travers d'un prisme, une bande de papier noir, collée sur un fond blanc, on observe des phénomènes inverses des précédents. Le milieu reste noir, si la bande est assez large; et, à partir du milieu, les couleurs sont successivement : rouges, orangées, jaunes, en montant; et violettes, indigo, bleues, en descendant. Cela tient à ce que la coloration vient ici, non de la bande noire, qui est l'absence de toutes les couleurs, mais des espaces blancs qui la limitent en dessus et en dessous.

Supposons enfin que l'on regarde, au travers d'un prisme, un objet coloré, par exemple, en jaune, en bleu, en rouge... Si la couleur jaune de cet objet était une couleur simple comme celle du spectre, le prisme ne lui ferait subir aucune décomposition. Mais, si c'est un mélange de vert et d'orangé, ou de plusieurs autres nuances, le prisme séparera les couleurs élémentaires qui en font partie, et le corps paraîtra encore diversement nuancé vers ses bords. On reconnaît ainsi que tous les corps de la nature, ceux qui sont colorés même des plus vives nuances, n'ont jamais que des couleurs plus ou moins composées. On peut en faire l'expérience sur la neige, sur le soufre, sur les pétales des fleurs et sur toutes les substances végétales, minérales ou animales. Il sera convenable de les disposer sur un fond noir, afin de n'obtenir, à l'aide du prisme, que les nuances mêmes qui leur sont propres.

569. Les couleurs naturelles des corps s'expliquent en partant de faits et de principes analogues à ceux qui servent de base à la théorie physique de la chaleur rayonnante.

Couleurs propres des corps.

La coloration des corps est due, soit à la lumière réfléchie

(corps opaques), soit à la lumière transmise (corps transparents). Mais, quelle que soit l'opacité d'un corps, il transmet
la lumière au moins sur une très-petite épaisseur ; c'est ainsi
que l'or réduit en feuilles minces paraît translucide. Cela posé :

Quand un faisceau de rayons lumineux tombe sur un corps
opaque, ce faisceau pénètre dans la couche superficielle des
corps. Là, il est *absorbé* ou *éteint* en partie, et en partie *réflé-*
chi. La nuance dont le corps nous paraît alors coloré est le
résultat du mélange et de la proportion des divers rayons
simples qu'il réfléchit. — Si le corps est éclairé par de la lumière blanche et qu'il réfléchisse toutes les couleurs du spectre
en égale proportion, il paraîtra blanc ; s'il éteint les rayons
verts, sa teinte sera rouge ; si, au contraire, il éteint les rayons
rouges, il paraîtra coloré en vert. — Si le corps est éclairé
par une lumière artificielle, dont la composition diffère de la
lumière blanche du soleil, la teinte de ce corps pourra varier
avec la source de la lumière incidente. On explique aisément,
d'après cela, les couleurs souvent très-dissemblables que présente un même corps pendant le jour, et le soir, lorsqu'il est
éclairé par une chandelle, une bougie, une lampe ou un
bec de gaz. — Enfin, si le corps est éclairé par des rayons
simples du spectre solaire, il ne pourra paraître coloré que de
leur nuance (nº 545) ; seulement sa teinte sera plus ou moins
vive, selon sa plus ou moins grande aptitude à réfléchir ces
rayons. Un corps naturellement rouge paraîtra très-brillant
dans la lumière rouge ; il sera presque noir dans la couleur
verte, qu'il éteint ou absorbe en presque totalité.

Si le corps est transparent, la lumière pourra en traverser
une grande épaisseur ; mais une portion de cette lumière sera
encore absorbée ou éteinte dans ce passage, et une portion
d'autant plus grande que le corps sera plus épais. La couleur
du corps, vu par transmission, dépendra encore ici de la nature et de la proportion des couleurs simples qui composeront
le faisceau émergent. C'est ce qui arrive dans tous les verres
colorés. — Il y a des milieux diaphanes, incolores, qui laissent passer en égale proportion tous les rayons de la lumière
blanche incidente. — Il y a, au contraire, des verres qui laissent passer en plus grande abondance les rayons rouges,
d'autres les rayons violets, jaunes, etc. Les rayons des autres
nuances sont éteints, au moins en partie, et ils le sont d'autant plus complètement que le milieu qu'ils traversent a plus
d'épaisseur. C'est ce qui explique l'absence de couleur dans
certains corps très-minces, qui sont colorés pris en couche
épaisse ; ex. : la couleur bleue du ciel, les teintes variées des
grandes masses d'eau. — Enfin on conçoit encore très-bien
que la couleur transmise par un même corps variera avec la

nature de la lumière incidente (*Voyez* chap. VII, nᵒ 308, la transmission du calorique rayonnant).

La couleur d'un corps diaphane, vue par réflexion ou par transmission, est en général la même; il y a cependant des exceptions : et l'on trouve des corps dans lesquels la nuance de la couleur transmise varie avec l'épaisseur de la couche traversée.

570. On voit, d'après ce qui précède, que les corps réfringents, tels que les prismes et les lentilles, ne dévient jamais la lumière sans la décomposer, et que les images qu'ils donnent des objets sont toujours colorées, au moins vers les bords, des nuances de l'arc-en-ciel. Il était important pour la perfection des instruments d'optique, dont un des mérites essentiels doit être de donner des images parfaitement nettes et fidèles des objets, de faire disparaître, même vers les bords, toute trace de coloration étrangère. Ce problème est l'objet de l'*achromatisme*. Achromatiser un prisme ou une lentille, c'est lui donner le pouvoir de dévier les rayons lumineux sans les décomposer. Cette question a été résolue par la combinaison de deux ou plusieurs prismes de différentes substances et de différents angles réfringents; ou par l'assemblage de deux lentilles, l'une convexe, l'autre concave, de courbures inégales et de substances douées de pouvoirs dispersifs inégaux. De plus amples développements à ce sujet sortiraient des limites de ces éléments.

Achromatisme.

571. Lorsqu'on regarde avec un microscope un spectre solaire produit par un prisme parfaitement pur, on y distingue une multitude de petites raies noires extrêmement déliées, qui le partagent perpendiculairement à sa longueur. Ces lignes noires ont des positions fixes; en général, elles se trouvent dans les endroits les plus brillants du spectre solaire. Fraünhofer, qui les a découvertes, les a nommées les *raies du spectre*. On retrouve également ces taches dans les spectres formés par des lumières artificielles et par celle des étoiles; seulement; leur position et leur nature changent en général en passant d'une lumière à une autre. La lumière électrique donne des raies brillantes au lieu de raies obscures.

Raies du spectre.

572. Les différentes parties du spectre solaire n'ont ni la même intensité lumineuse, ni la même intensité calorifique. M. Seebeck a étudié dernièrement, avec beaucoup de soin, la distribution de la chaleur dans le spectre solaire. Il a reconnu : 1ᵒ que la chaleur commence à se montrer dans les rayons violets et non dans l'espace obscur qui les précède; 2ᵒ que la température augmente graduellement jusqu'à une certaine bande placée vers les rayons rouges; 3ᵒ qu'en partant de cette bande et en s'avançant dans l'espace obscur qui suit les rayons rouges, on trouve encore de la chaleur très-sensible; qui

Distribution de la chaleur dans le spectre.

diminue progressivement et s'éteint tout-à-fait à une certaine distance. Quant à la position exacte de la bande où se trouve le *maximum* de chaleur, M. Seebeck a prouvé qu'elle change avec la nature de la substance dont le prisme est formé. La plus grande chaleur a lieu tout près du jaune, quand on se sert d'un prisme d'eau; elle passe dans l'orangé, avec un prisme d'acide sulfurique; dans le rouge, si on emploie un prisme de crown; enfin elle se fixe au-delà du rouge, dans l'espace obscur, quand le prisme est de flint. M. Melloni a répété et confirmé ces expériences à l'aide de son thermo-multiplicateur. Il a fait voir, en outre, que le maximum de chaleur, en partant du jaune où il se trouve pour le prisme d'eau, s'en éloigne toujours dans le même sens à mesure que l'on construit le prisme avec des substances plus diathermanes. C'est ce qui arrive en substituant au prisme d'eau un prisme d'acide sulfurique, un prisme de crown, puis un prisme de flint. Enfin, quand on se sert d'un prisme de sel gemme, le plus diathermane de tous les corps connus, le maximum de température sort tout-à-fait du spectre solaire et se trouve dans l'espace obscur, à une distance de la dernière bande au moins égale à la distance qui sépare en sens contraire le vert-bleu du rouge. M. Melloni a expliqué ces changements, en faisant voir que les rayons calorifiques inégalement intenses et inégalement réfrangibles, que contient la lumière solaire, éprouvent, en traversant un corps diathermane, une absorption qui varie en sens inverse de leur réfrangibilité.

Propriétés chimiques du spectre solaire.

573. On sait qu'un grand nombre de phénomènes chimiques se produisent sous l'influence des rayons solaires. En général, cette influence peut être remplacée par une chaleur suffisante; néanmoins il est des actions chimiques qui ne peuvent être produites que par les rayons lumineux eux-mêmes. On a cherché quels sont les rayons du spectre qui possèdent ce pouvoir au plus haut degré; on a trouvé qu'il réside principalement dans le violet et les rayons voisins. La substance qui peut offrir le plus de précision pour ces recherches est le chlorure d'argent, qui, sous l'influence des rayons solaires, change sa couleur blanche contre une couleur ardoisée. On l'étend en couche mince sur une feuille de papier sur laquelle on projette le spectre solaire; il s'y forme alors une tache grisâtre qui s'étend depuis le vert jusqu'au violet, et même au-delà dans les parties obscures. La combinaison du chlore et de l'hydrogène se fait aussi beaucoup plus facilement par les rayons violets que par les autres; les rayons rouges ne détermineraient entre ces gaz aucune réaction.

D'après les faits qui précèdent, on est fondé à considérer le spectre solaire comme un assemblage de rayons doués de propriétés distinctes et susceptibles d'être isolés, jusqu'à un certain point, les uns des autres. Ainsi, déjà, il y aurait dans un même faisceau de lumière des rayons lumineux, des rayons calorifiques et des rayons chimiques. L'étude de ces propriétés ne peut manquer de devenir plus complète, quand on fera usage de la substance éminemment impressionnable à l'action de la lumière, à l'aide de laquelle M. Daguerre est parvenu à fixer, en peu d'instants, sur le tableau de la chambre obscure, les images des objets extérieurs.

CHAPITRE V.

DE LA VISION.

574. L'organe de la vue, dans l'homme, se compose de deux sortes de parties, les unes accessoires, les autres essentielles à la vision.

Structure de l'œil.

Les premières, que je me bornerai à mentionner, sont : l'*orbite* ou la cavité osseuse dans laquelle le globe de l'œil est abrité ; les *muscles* qui servent à le mouvoir ; la *conjonctive*, peau amincie qui le recouvre au-dehors ; enfin les *paupières* et l'*appareil lacrymal*, qui sont destinés à le protéger et à nettoyer sa surface. Venons maintenant aux parties essentielles.

Je suppose qu'ayant arraché l'œil de son orbite, on le fende, d'avant en arrière, par un plan conduit suivant son axe. La section ainsi faite présentera les parties suivantes :

A l'extérieur, une enveloppe ou membrane fibreuse, opaque, d'un tissu épais et serré ; on la nomme *sclérotique* ou *cornée opaque;* elle forme au-dehors le blanc de l'œil. En arrivant à la partie antérieure du globe oculaire, cette membrane s'amincit, devient d'une diaphanéité parfaite, et forme un segment sphérique dont la courbure est plus grande que celle du reste de l'enveloppe; cette partie antérieure et saillante constitue la *cornée transparente*.

Fig. 313.

Au-dedans et sur les parois internes de la sclérotique s'étend une seconde membrane que l'on nomme *choroïde :* elle est de nature vasculaire et constamment enduite d'une liqueur noirâtre appelée *pigmentum.* Au point de jonction de la cornée opaque et de la cornée transparente, la choroïde s'unit plus intimement avec la sclérotique par le *ligament ciliaire ;* puis elle se prolonge au-devant de la cornée transparente en formant une sorte de diaphragme ou voile annulaire, percé en son centre d'un petit trou qu'on appelle la *pupille*. Ce diaphragme se nomme l'*iris*. L'iris est orné de couleurs variées qui constituent la couleur des yeux ; elle est en outre contractile, ce qui permet à la pupille de se dilater ou de se resserrer, sans le concours de notre volonté, suivant la quantité de lumière qui doit être admise dans l'œil. A la face interne de l'iris, la choroïde forme un grand nombre de replis saillants, juxtaposés, qui convergent vers l'axe de l'œil en imitant assez bien le disque d'une fleur radiée. Ils ont reçu le nom de *procès ciliaires*.

Derrière la pupille, à une petite distance, est suspendu le *cristallin*, corps solide, diaphane, de forme lenticulaire, plus convexe en arrière qu'en avant. Le cristallin est enveloppé dans une capsule membraneuse et transparente, espèce de poche sans ouverture qui s'attache, par tous les points de son contour, aux procès ciliaires. L'œil se trouve divisé par le cristallin en deux chambres : l'une antérieure, comprise entre la cornée transparente, l'iris et le cristallin, est remplie d'un liquide réfringent qu'on appelle l'*humeur aqueuse ;* l'autre postérieure, circonscrite par le cristallin, les procès ciliaires et la cornée opaque, est remplie par l'*humeur vitrée*. Ce liquide est contenu dans une membrane particulière appelée *hyaloïde*.

Enfin, la sclérotique et la choroïde sont percées en arrière pour donner passage au *nerf optique*. Ce nerf, en s'épanouissant sur les parois de la choroïde, y forme une membrane ou plutôt un réseau nerveux que l'on nomme la *rétine*. La rétine est d'un gris blanchâtre, transparente ; elle est comme la toile sur laquelle viennent se peindre les objets extérieurs, et c'est elle qui, par l'intermédiaire du nerf optique, transmet au cerveau la sensation de la vue.

Marche des yons lumineux dans l'œil.   575. Après cette description sommaire de l'organe de la vue, étudions la marche de la lumière dans son intérieur.

Considérons un point lumineux placé à une certaine distance au-devant de l'œil et sur son axe. Le faisceau de lumière qu'il émet sur le globe oculaire pourra être divisé en trois parties : les rayons extérieurs tombent sur le blanc de l'œil et sont irrégulièrement réfléchis dans tous les sens ; une partie des rayons intérieurs qui traversent la cornée transparente est arrêtée par l'iris, dont elle éclaire le contour ; enfin, le faisceau tout-à-fait central, après avoir éprouvé un commencement de convergence en se réfractant à travers l'humeur aqueuse, entre par l'ouverture de la pupille, tombe sur le cristallin, est réfracté par lui comme par une lentille bi-convexe, et vient, après avoir éprouvé une dernière réfraction dans l'humeur vitrée, se concentrer définitivement en un même point situé sur la rétine. Un autre point lumineux, placé hors de l'axe principal, formera, sur l'axe secondaire qui lui correspond, un foyer semblable, une image toute pareille. Il en sera de même de tous les points d'un corps lumineux. De sorte qu'au fond de l'œil se peindra une petite image, évidemment renversée, présentant toutes les couleurs et tous les contours de l'objet éclairé. L'expérience tend à prouver que, quand l'objet est placé à une distance telle que la vision soit distincte et s'opère sans effort, son image se forme exactement sur la rétine elle-même.

Cette analyse de la marche de la lumière dans l'œil peut être vérifiée par expérience sur un œil de bœuf, fraîchement préparé. Car, si l'on amincit la sclérotique à sa partie postérieure, et qu'on place à distance au-devant de la cornée transparente la flamme d'une bougie, on voit, en regardant par derrière, se dessiner sur le fond de l'œil une petite image renversée et parfaitement nette de la bougie.

576. Cette explication, toute simple et naturelle qu'elle est, laisse néanmoins de l'incertitude sur le rôle que jouent la plupart des parties constituantes de l'œil, dans le mécanisme de la vision.

Ainsi, les rayons lumineux, malgré les réfractions qu'ils éprouvent dans l'intérieur de l'œil, et qui toutes ont lieu dans le même sens, donnent des images dont les bords sont parfaitement définis, et n'offrent pas la moindre trace de coloration étrangère, comme cela arrive dans les prismes et les lentilles. Il est difficile de dire la véritable cause de cet *achromatisme*, au moins apparent

Achromatisme de l'œil.

577. Il y a encore une difficulté dont on n'a pas donné jusqu'ici de solution parfaitement satisfaisante. — Quand un objet est placé à une très-grande distance d'une lentille convexe, son image se forme derrière la lentille, au foyer principal. Si l'objet se rapproche de la lentille, son image ou son foyer conjugué s'éloigne, d'abord lentement; mais, quand l'objet est très-près de la lentille, la distance focale correspondante grandit avec rapidité. Ainsi, à chaque position de l'objet lumineux correspond une position particulière du foyer; de sorte que, si on laissait l'écran qui reçoit l'image à la même distance de la lentille, cette image, d'abord nette et bien définie pour une position donnée de l'objet, deviendrait de plus en plus confuse, soit en éloignant l'objet, soit en le rapprochant de la lentille. Or, dans l'œil, la netteté des images est indépendante de la distance des objets. On voit aussi nettement à plusieurs pieds de distance qu'à huit ou dix pouces; on distingue même très-bien des corps éclairés à des distances énormes; car l'image d'une étoile est aussi pure au

Netteté de la vision à diverses distances.

fond de notre œil que celle de la flamme de nos bougies. Il y a plus : si nous fixons un objet quelconque, nous voyons confusément ceux qui sont sur un plan plus voisin ou sur un plan plus éloigné, et ces objets, à leur tour, deviennent distincts quand nous y arrêtons nos regards, tandis que l'image du premier perd de sa netteté. Il faut donc que l'ensemble de notre organe ait la propriété de s'accommoder à toutes les distances ; de se transformer, à notre insu, suivant que le besoin l'exige, en une lentille plus ou moins convergente, dont le foyer se forme toujours exactement sur la rétine. — Les différences de courbure et de réfrangibilité des diverses couches dont se compose le cristallin, et la faculté qu'a la pupille de se dilater ou de se contracter, de manière à laisser tomber les rayons lumineux sur des parties plus ou moins centrales de ce corps lenticulaire, doivent contribuer pour beaucoup à l'effet dont il vient d'être question.

Distance de vue distincte. 578. Le principe de la netteté de la vision à différentes distances est cependant soumis à une restriction. Placez un objet très-près de l'œil, presque en contact avec la cornée ; son image deviendra très-confuse, parce qu'elle se formera derrière la rétine. Éloignez au contraire de plus en plus cet objet de votre œil ; dans ce cas, en supposant même que le foyer ne cesse pas de se former sur la rétine, l'angle visuel sous lequel vous apercevez le corps éclairé diminuant sans cesse, ce corps semble diminuer aussi, et il devient impossible d'en saisir les détails avec la même netteté que quand il se trouvait à une moindre distance. C'est ce qui arrive, par exemple, quand on jette les yeux sur une page imprimée.

On appelle *distance de la vue distincte* la distance pour laquelle la vision se fait avec le moins d'effort et le plus de netteté. Chez les personnes qui ont une bonne vue, la distance de la vision distincte est de dix pouces environ. — Mais il est des personnes qui ont la vue *trop longue*, et qu'on appelle **Myopie et presbytie.** *presbytes*. Les presbytes ne peuvent lire une page d'impression qu'à 2 ou 3 pieds de distance ; plus près, les images sont confuses ; ils distinguent, au contraire, parfaitement les objets éloignés. On attribue cette infirmité, que l'âge amène d'ordinaire chez les vieillards, à un trop grand aplatissement de la cornée ou du cristallin. Il doit, en effet, résulter de cet aplatissement, que les rayons émanés des points rapprochés de l'œil ne convergent pas assez tôt, et vont former leur foyer au-delà de la rétine.

Les *myopes*, au contraire, ont la vue *trop courte* ou *trop basse*. Ils ne distinguent nettement les objets qu'à la distance de 5 ou 6 pouces et quelquefois moins. Tout ce qui est plus loin paraît confus et mal terminé. On attribue la myopie à une trop grande convexité de la cornée ou du cristallin. Les rayons lumineux qui partent d'un point éloigné doivent alors, en traversant le cristallin et les humeurs de l'œil, converger trop tôt et faire leur foyer en avant de la rétine.

Pour avoir une vision distincte à la distance moyenne de dix pouces, les presbytes et les myopes se servent de *lunettes* ou *bésicles*. Les premiers emploient des verres convexes, les seconds des verres concaves. Dans le premier cas, le verre convexe qu'on place devant l'œil imprime un premier degré de convergence aux rayons lumineux, qui, en tombant sur la cornée, ne sont pas plus divergents que s'ils étaient partis de la distance de 35 ou 40 pouces, qui est celle de la vue distincte chez les presbytes; leur foyer est ainsi ramené sur la rétine. — Dans le second cas, au contraire, les rayons, avant leur entrée dans l'œil, reçoivent de la lentille concave qu'ils traversent une divergence telle, qu'ils semblent être partis de la distance de cinq ou six pouces, pour laquelle le myope distingue le plus nettement les objets; le foyer se trouve donc encore ramené sur la rétine.

Bésicles.

579. Quoique, sur la rétine, les images soient renversées par rapport aux objets, nous jugeons cependant ces objets droits; et il n'y a rien là qui doive surprendre. Il suffit de remarquer que notre corps a son image renversée sur la rétine, comme celle des objets qui nous entourent. Toutes les images qui se forment au fond de notre œil subissant le même renversement, il est évident que nous devons voir les objets dans leurs véritables positions relatives. Alors la conscience que nous avons de notre propre position, par le sens du toucher, détermine la sensation qui nous fait voir tous les objets droits.

Images renversées sur la rétine.

580. Quand nous regardons un objet, son image se forme en même temps dans les deux yeux; néanmoins, bien qu'il y ait deux images, nous ne voyons qu'un seul objet. Cela tient à l'habitude que nous avons acquise, à l'aide des leçons du toucher, de rapporter à un objet unique les impressions produites par ses deux images sur des points correspondants des deux rétines. Aussi, lorsqu'on dérange l'axe optique d'un des deux yeux, en le pressant légèrement avec le doigt, les deux images cessant de se former sur les points des deux rétines où nous sommes habitués à les voir se correspondre, l'objet paraît double.

Unité de l'impression produite dans les deux yeux.

581. Toutes les parties de la rétine ne paraissent pas être douées de la même sensibilité. On sait, en effet, que, pour voir les objets avec le plus de netteté possible, il est nécessaire de diriger l'axe de notre œil vers le point même que nous voulons regarder. C'est sur une petite étendue de la rétine, cor-

Partie insensible de la rétine.

respondante à cet axe optique, qu'il faut amener les images pour que la sensation soit la plus distincte. Au-delà cependant la sensibilité existe encore; mais il y a un point particulier de la rétine sur lequel la sensibilité est nulle. Il correspond au petit espace circulaire par lequel le nerf optique pénètre dans la chambre postérieure de l'œil, et à partir duquel ce nerf se ramifie dans tous les sens pour former la rétine. L'existence de ce *point insensible*, auquel on donne quelquefois le nom de *punctum cœcum*, est aisée à constater par l'expérience suivante : Sur un carton noir, vertical, on colle à la même hauteur deux petits cercles de papier blanc, à quelques pouces de distance l'un de l'autre. On ferme ensuite l'œil gauche, et l'on fixe l'œil droit sur le disque blanc de gauche, dans une direction perpendiculaire au tableau, puis on s'approche ou l'on s'éloigne de l'écran. A une certaine distance, le disque de droite qui, en deçà ou au-delà de cette position, n'avait pas cessé d'être visible, disparaît totalement. Plus près ou plus loin, il paraît de nouveau.

Angle optique. Estimation des distances.

582. On appelle *angle optique* l'angle formé par les axes optiques des deux yeux, lorsqu'ils sont dirigés vers un même point. Suivant que le point considéré s'éloigne ou s'approche, ou bien, ce qui revient au même, selon qu'on s'éloigne ou qu'on s'approche du point éclairé, l'angle optique correspondant diminue ou augmente. Le sentiment que nous avons du mouvement que nous imprimons à nos yeux, pour fixer constamment leurs axes optiques sur un point de plus en plus éloigné, est un des éléments essentiels qui nous servent à juger de la distance des objets. Mais ces jugements n'acquièrent un certain degré de rectitude que par la longue habitude que nous avons contractée d'établir une relation entre la distance des objets et les mouvements correspondants de nos yeux. Pour montrer, en effet, combien cet organe est neuf dans l'art de voir, avant qu'il ait été instruit par le tact, et surtout lorsqu'il s'ouvre pour la première fois à la lumière, j'emprunterai à M. Haüy l'exemple suivant : « Un jeune homme de treize ans, auquel on venait de faire l'opération de la cataracte, fut d'abord si éloigné de pouvoir juger en aucune manière des distances, qu'il croyait que tous les objets indifféremment touchaient ses yeux (ce fut l'expression dont il se servit), comme les choses qu'il palpait touchaient sa peau... Il se passa plus de deux mois avant qu'il pût reconnaître des corps solides dans les objets dont il était entouré; jusqu'alors il ne les avait considérés que comme des plans diversement colorés; mais, quand il commença à distinguer le relief des figures, il s'attendait à trouver, en effet, des corps solides en touchant la toile des tableaux, et il fut très-étonné lorsque,

en passant la main sur les parties qui, par la distribution de la lumière et des ombres, lui paraissaient rondes et inégales, il les trouva planes et unies comme le reste. Il demandait quel était donc le sens qui le trompait, si c'était la vue ou le toucher. »

Lorsque les objets sont très-éloignés, les angles optiques correspondants deviennent si petits, qu'ils échappent à la comparaison. Nous apprécions alors les distances des objets par l'intensité plus ou moins grande de la lumière qu'ils envoient, le plus ou moins de netteté avec laquelle nous distinguons leurs diverses parties. Encore cette nouvelle base de nos jugements devient-elle souvent incertaine, à cause des variations qu'éprouve l'éclat de la lumière, quand l'état de l'atmosphère change. C'est ainsi que les personnes qui ont l'habitude d'estimer les distances dans des pays de plaines et sous des climats septentrionaux, portent des jugements presque toujours erronés quand elles se trouvent transportées dans des pays de montagnes, et sous des latitudes où l'humidité et la transparence de l'air sont loin d'être les mêmes.

583. On donne le nom d'*angle visuel* à l'angle formé par les lignes droites qui, partant des extrémités opposées d'un objet, viennent se croiser au centre de la pupille. Les deux rayons correspondants, réfractés par le cristallin, font, en entrant dans l'humeur vitrée, un second angle, opposé au premier, dont la base est la grandeur de l'image projetée sur la rétine. Ces deux angles, bien qu'ils ne soient pas rigoureusement égaux, diffèrent très-peu l'un de l'autre; ils augmentent ou diminuent quand l'objet considéré se déplace. L'angle visuel mesure la *grandeur apparente* des corps. Il est aisé de voir que, lorsqu'il est très-petit, il croît ou décroît sensiblement, ainsi que le diamètre apparent, en raison inverse des distances de l'objet à l'œil.

Angle visuel. Estimation des grandeurs.

Nous serions exposés à d'étranges erreurs, si nous jugions toujours de la grandeur réelle des objets par leur grandeur apparente. Mais, l'expérience nous ayant appris que les objets paraissent de plus en plus petits à mesure qu'ils s'éloignent, nous ne portons jamais de jugement sur les grandeurs réelles des objets, sans combiner leur grandeur apparente avec l'estimation de leur distance. Cependant l'habitude que nous avons de redresser, par l'idée des distances, les jugements portés sur l'apparence seule des grandeurs, ne nous suffit pas toujours pour nous mettre à l'abri de diverses *illusions d'optique*. Ainsi, quand on est à l'extrémité d'une longue avenue, on voit les deux rangées d'arbres parallèles, dont elle est bordée, converger sans cesse l'une vers l'autre, au point qu'à l'extrémité opposée elles semblent se toucher. — L'observateur placé à

Illusions d'optique.

l'entrée d'une longue galerie voit le plancher, le plafond et les murs latéraux se rapprocher de plus en plus vers l'extrémité la plus éloignée, et les objets y paraissent de plus en plus petits. — Quand du pied d'une tour élevée nous regardons son sommet, nous voyons la tour s'incliner sur nous, parce que nous rapportons ses divers points à ceux d'une ligne verticale menée par notre œil; et que la distance des uns aux autres nous apparaît sous un angle visuel d'autant moindre qu'ils sont plus éloignés. — Enfin, c'est par la même raison qu'une longue pièce d'eau, dont nous rapportons la surface à un plan de niveau passant par notre œil, semble se relever de plus en plus à l'horizon, à mesure qu'elle s'éloigne de nous.

Une des illusions d'optique les plus remarquables est celle qui nous fait voir le diamètre apparent de la lune beaucoup plus grand à son lever que lorsqu'elle est élevée sur l'horizon. J'en laisserai l'explication au lecteur.

CHAPITRE VI.

DES INSTRUMENTS D'OPTIQUE.

584. Les instruments d'optique sont en général destinés à aider la vision dans deux circonstances principales : lorsque le trop grand éloignement des objets, ou lorsque leur extrême petitesse nous rend impuissants à en saisir les détails à la vue simple. C'est à ces instruments, construits avec une admirable perfection, que deux sciences surtout, l'astronomie et l'histoire naturelle, ont dû leurs plus brillantes découvertes. Mais, avant de les décrire, il ne sera pas inutile de parler d'abord de quelques appareils d'une moindre importance, dont la théorie nous familiarisera avec la marche de la lumière et avec les applications auxquelles elle est susceptible de se prêter.

Chambre claire.

Fig. 314.

585. La *chambre claire* a été imaginée par Wollaston pour pouvoir obtenir un dessin fidèle d'un édifice, d'un paysage. La partie essentielle de cet instrument est un prisme quadrilatère dont l'angle A est droit, l'angle opposé B obtus et de 135°, les angles adjacents C et D chacun d'environ 67° ½. L'une des faces qui forment l'angle droit est verticale et tournée vers les objets. Les rayons lumineux qu'ils envoient pénètrent par cette face AD dans le prisme, éprouvent une première réflexion totale sur la face inclinée DB, une seconde réflexion totale sur

la face BC, et viennent enfin sortir à peu près verticalement par la face horizontale, très-près du sommet C de l'angle aigu. Si un observateur a l'œil placé verticalement au-dessus de cet angle, dans une position telle que la pupille soit divisée à peu près en deux parties égales par le plan vertical qui passe par le sommet, il recevra une partie du faisceau émergent qui formera une image des objets, et en même temps, sans changer de position, il pourra voir la pointe d'un crayon qu'il tiendra à la main, et avec lequel il lui sera facile de dessiner les contours de l'image, sur un carton blanc placé à la distance de la vision distincte. Les rayons partis de l'objet formant une image plus éloignée de l'œil que le papier sur lequel elle se projette, il faut placer devant le prisme une lentille bi-concave, qui donne à ces rayons le même degré de divergence que s'ils étaient partis de la surface du carton, de manière que le dessinateur voie exactement l'image et la pointe du crayon destiné à la copier se correspondre au même point.

M. Amici a modifié d'une manière avantageuse la chambre claire de Wollaston. Au lieu d'un prisme quadrilatère, il se sert d'une lame de glace inclinée, à faces parallèles, et d'un prisme triangulaire à angle droit, dont l'hypothénuse est tournée vers le bas, dont une des faces est tournée vers les objets, et dont l'autre face est perpendiculaire à la lame de verre. Les rayons lumineux émis par les objets extérieurs tombent sur la face qui les regarde, pénètrent dans le prisme en se réfractant, éprouvent sur l'hypothénuse une réflexion totale, sortent du prisme, éprouvent sur la lame inclinée une seconde réflexion totale, et arrivent à peu près verticalement à l'œil. L'œil, qui reçoit le faisceau émergent, voit l'image se projeter sur le carton disposé pour la dessiner, et en même temps il aperçoit, à travers la lame de verre inclinée, la pointe du crayon destiné à en tracer le contour. Le principal avantage de cette disposition est de permettre à la pupille des déplacements assez étendus, sans qu'on ait à craindre de perdre de vue l'image ou le crayon.

Fig. 315.

586. La *chambre obscure* est un appareil destiné à produire sur un tableau une image réduite des objets extérieurs.

Nous avons déjà fait voir (n° 506) qu'en pénétrant dans une chambre noire par un orifice très-petit pratiqué au volet, les rayons lumineux émis par les objets extérieurs vont peindre, sur un écran convenablement disposé pour la recevoir, l'image renversée de ces objets. Nous savons, en outre, que cette image est d'autant plus nette que l'orifice par lequel entrent les rayons est plus étroit; mais, à mesure que l'on diminue cette ouverture, on donne accès à une moindre quantité de lumière et on affaiblit l'éclat de l'image.

On parvient à concilier la netteté des images avec l'intensité

Chambre obscure.

de la lumière qui les éclaire, en pratiquant au volet de la chambre noire une ouverture circulaire assez large, dans laquelle on enchâsse une lentille convergente. Nous avons vu, en effet (n° 540), qu'un objet éclairé, placé au-devant d'une lentille bi-convexe, forme derrière cette lentille son image renversée, à une distance qui dépend de la courbure de la lentille et de l'éloignement de l'objet. Or, il est facile de redresser cette image : il suffit pour cela de recevoir les rayons réfractés, avant leur concentration, sur un miroir plan incliné de 45° à l'horizon. Ce miroir substituera à l'image verticale une image horizontale parfaitement symétrique, que l'on pourra recevoir sur un écran ou sur un verre dépoli, et dont il sera facile de dessiner le contour.

Fig. 316.

Ordinairement on préfère recevoir les rayons lumineux d'abord sur le miroir, puis les faire tomber sur la lentille, que l'on dispose alors horizontalement. La lentille convergente est fixée dans la paroi supérieure et horizontale d'une grande caisse en bois. Au-dehors de cette caisse est disposé un miroir plan dont on peut varier l'inclinaison et qui réfléchit sur la lentille les rayons partis des objets extérieurs. Ces rayons, après la réfraction, vont se concentrer sur le tableau placé au foyer et destiné à recevoir les images. Formes, contours, teintes et demi-teintes, couleurs des objets, perspective aérienne, tout se reproduit sur cet écran avec une admirable vérité.

Fig. 317.

On a substitué avantageusement à la combinaison du miroir plan et de la lentille convergente un *prisme ménisque* qui tient lieu de l'un et de l'autre. C'est un prisme isoscèle à angle droit ; la face verticale tournée vers les objets est légèrement convexe ; la face horizontale tournée vers le carton blanc est légèrement concave. Les rayons lumineux, après avoir pénétré dans le prisme en se réfractant sur la face verticale, éprouvent sur l'hypothénuse une *réflexion totale*, puis émergent par la face inférieure. On a de cette manière le double avantage d'un mécanisme plus simple joint à une plus grande intensité de lumière dans les images.

Dessins photographiques.

587. C'était un grand et utile problème à résoudre que celui de *fixer* sur le tableau de la chambre obscure le dessin si admirable de vérité, de fini, de perfection, que la lumière elle-même prend le soin d'y tracer. C'est cet important problème dont la solution obtenue par M. Daguerre en 1839, après un travail assidu de plusieurs années, a excité l'admiration du monde savant et de l'Europe entière.

M. Daguerre a découvert des écrans particuliers sur lesquels l'image optique de la chambre noire laisse une empreinte parfaite ; des écrans où tout ce que l'image renfermait se trouve reproduit, jusque dans les plus minutieux détails, avec une exactitude et une finesse incroyables. Sa méthode, toutefois, ne conserve pas les couleurs ; il n'y a dans les dessins du Daguerréotype, comme dans une gravure au burin, ou mieux à l'*aqua-tinta*, que du blanc, du noir et du gris ; que de la lumière, de l'obscurité et des demi-teintes. Les formes, les proportions des objets extérieurs y sont reproduites par la lumière avec une précision presque mathématique ; les rapports photométriques de leurs diverses parties sont exactement conservés. Toutes les épreuves daguerriennes supportent l'examen à la loupe, sans rien perdre de leur fini et de leur pureté, du moins pour les objets qui étaient immobiles pendant que leurs images *s'engendraient.*

Le temps nécessaire à l'exécution d'une vue, quand on veut arriver à de grandes vigueurs de ton, varie avec l'intensité de la lumière, et dès-lors avec l'heure du jour et la saison. Ce temps peut aujourd'hui être réduit à un petit nombre de secondes.

Le procédé de M. Daguerre n'a pas exigé seulement la découverte d'une substance plus sensible à l'action de la lumière que toutes celles dont les physiciens et les chimistes s'étaient déjà occupés, il a fallu encore trouver le moyen de lui enlever à volonté cette propriété. C'est ce que M. Daguerre a fait : ses dessins, quand il les à terminés, peuvent être exposés en plein soleil sans en recevoir aucune altération.

L'extrême sensibilité de la préparation dont M. Daguerre fait usage ne constitue pas le seul caractère par lequel sa découverte diffère des essais imparfaits auxquels on s'était jadis livré pour dessiner des *silhouettes* sur une couche de chlorure d'argent. Ce sel est blanc, la lumière le noircit ; la partie blanche des images passe donc au noir, tandis que les portions noires, au contraire, restent blanches. Dans les dessins du Daguerréotype, le dessin et l'objet sont tout pareils : le blanc correspond au blanc, les demi-teintes aux demi-teintes, le noir au noir.

La méthode est d'une exécution facile et conduit à des résultats infaillibles. Mais les divers phénomènes qui se passent dans le cours des opérations ne sont qu'imparfaitement connus, et l'explication en est encore incertaine. Je me bornerai à exposer sommairement le procédé, renvoyant le lecteur, pour la description complète de l'appareil et les détails de la manipulation, à la brochure publiée à ce sujet par M. Daguerre lui-même.

Les écrans, destinés à recevoir l'empreinte des images formées au foyer de la chambre noire, sont des lames rectangulaires en cuivre revêtues d'une couche d'argent plaqué.

On commence par brunir et polir la plaque, aussi parfaitement que possible, à l'aide de l'huile d'olive, de l'acide nitrique étendu d'eau, et de la pierre ponce pulvérisée, ou mieux du tripoli de Venise, substances que l'on étend alternativement et à plusieurs reprises sur la surface du métal, en la frottant légèrement avec des tampons de coton cardé très-fin.

Une fois polie, la plaque métallique est fixée par plusieurs petits clous sur une planchette en bois, puis exposée, dans une boîte close, à de la vapeur d'iode formée spontanément à la température ordinaire. On arrête l'opération, lorsque la couche d'iodure d'argent qui se forme, et qui doit être très-uniformément répartie sur la surface du métal, a acquis une belle couleur jaune-doré.

C'est dans cet état de préparation que la plaque est apte à recevoir l'impression des rayons lumineux et qu'elle doit être exposée au foyer de la chambre noire, au lieu exact où se produit l'image des objets que l'on veut dessiner.

Lorsqu'elle a été soumise, pendant le temps qu'on a jugé convenable, à l'action des rayons lumineux concentrés dans la chambre obscure, on retire la plaque, qu'on doit abriter avec soin de la lumière du jour. Le dessin existe dès-lors sur cette plaque, mais il est encore invisible. Pour le faire paraître, on expose la plaque, dans une boîte rectangulaire, sous une inclinaison de 45°, à la vapeur du mercure chauffé jusqu'à 65 ou 70° centigrades, et abandonné ensuite à un refroidissement spontané. On ne tarde pas alors à voir l'image se dessiner dans tous ses détails.

Il ne reste plus qu'à enlever la couche d'iodure qui est restée sur la plaque, afin de rendre le dessin obtenu inaltérable à l'action ultérieure de la lumière. Pour cela, on plonge la plaque métallique d'abord dans l'eau distillée, puis dans une dissolution d'hyposulfite de soude ; enfin, on verse sur elle un litre environ d'eau distillée bouillante, qui enlève les dernières traces de tout corps étranger. Le dessin doit être placé sous verre, dans un cadre ; car le moindre frottement l'efface.

Usage du brôme.   Quand on se sert de plaques simplement iodées, il faut 8 à 10 minutes pour exécuter une épreuve. On est parvenu à accélérer beaucoup l'opération en employant conjointement l'iode et le brôme. Pour cela, il faut exposer la plaque iodée à la vapeur de *l'eau brômée*, jusqu'à ce qu'elle prenne une teinte rose. La couche sensible se trouve alors tellement impressionnable, que quelques secondes suffisent pour prendre une vue. Cette rapidité d'action a permis d'obtenir le portrait au Daguerréotype. — M. Fizeau a réussi à donner plus de stabilité aux dessins et à détruire en grande partie le miroitage des plaques, en traitant les épreuves par une dissolution convenable de chlorure d'or et d'hyposulfite de soude, à l'aide de la chaleur.

588. Les effets de la *lanterne magique* sont connus de tout le monde; on les obtient au moyen d'une combinaison très-simple de lentilles convergentes. La lumière d'une lampe P est réfléchie par un miroir concave M, sur une lentille convexe L, qui concentre ses rayons sur un objet *ab*. C'est ordinairement un dessin tracé sur une lame de verre. Cet objet, fortement éclairé, est placé au-devant d'une seconde lentille convergente L′, à une distance plus grande que sa distance focale principale. Cette lentille L′ va former, sur un écran convenablement disposé, une image réelle, renversée et agrandie de l'objet éclairé. On ne doit laisser pénétrer dans la chambre où l'on fait l'expérience d'autre lumière que celle qui doit contribuer au phénomène.

Lanterne magique.

Fig. 318.

589. La *fantasmagorie* n'est autre chose qu'une lanterne magique, dans laquelle les objets et le tableau reçoivent des mouvements simultanés, combinés de manière que l'écran soit toujours exactement placé au foyer où doit se former l'image. L'objet, d'abord éloigné de la lentille, s'en rapprochant par degrés, son image apparaît d'abord comme un point très-éloigné, puis elle grandit, semble s'avancer et même se précipiter sur les spectateurs.

Fantasmagorie.

590. La théorie du *microscope solaire* est la même que celle de la lanterne magique. Les rayons du soleil, réfléchis par un miroir plan placé en dehors d'une chambre noire, tombent sur une première lentille convexe A, qui leur imprime un certain degré de convergence; ils sont reçus sur une seconde lentille convexe B, qui les concentre en son foyer; en ce point se place l'objet très-petit dont on veut avoir une image, et qui se trouve fortement éclairé. Enfin, cet objet est disposé au-devant et en deçà du foyer principal d'une lentille convergente C, qu'on appelle l'*objectif*, et qui va peindre sur un tableau éloigné une image très-amplifiée de l'objet. On peut observer, à l'aide de cet appareil, les ailes des insectes, les animalcules infusoires, les mites du fromage, la cristallisation des sels, les globules du sang, et une infinité de corps très-petits dont les détails sont remplis d'intérêt.

Microscope solaire.

Fig. 319.

Le grossissement d'un microscope solaire est le rapport entre les dimensions de l'image et celles de l'objet. Il dépend de l'éloignement du tableau, pour une même lentille objective; et, pour une même position de l'écran, il est d'autant plus grand que l'objectif a un plus court foyer. On le détermine par expérience, en plaçant au foyer de l'appareil une lame de verre sur laquelle on a tracé un certain nombre de divisions, espacées d'une quantité connue, par exemple, d'un centième ou d'un dixième de millimètre. On mesure sur le tableau l'espace que ces divisions occupent, et on en déduit immédiatement la force amplifiante du microscope.

591. Lorsqu'on veut observer de très-petits objets, comme les étamines et les pistils des fleurs, les organes d'un insecte, les rouages d'une montre, on se sert communément d'une lentille convergente d'un très-court foyer. C'est ce qu'on appelle une *loupe* ou un *microscope simple*.

Fig. 308.

Soit·*ab* un petit objet placé très-près d'une lentille bi-convexe, *entre la lentille et son foyer principal*. On a vu (n° 558) que cette lentille doit diminuer la divergence des rayons lumineux et donner naissance à une image virtuelle et amplifiée AB. C'est cette image agrandie que l'on regarde en plaçant l'œil au-devant de la lentille. Pour que la vue en soit distincte, la distance de l'image à l'œil devra être de 10 pouces environ pour une personne douée d'une bonne vue, de 6 ou 7 pouces pour un myope, de 40 ou 50 pour un presbyte. Or, la distance de l'image AB à l'œil, ou à la lentille dont il est toujours peu éloigné, dépend de la divergence des rayons émergents, et par conséquent de la distance de l'objet *ab* à la loupe : en rapprochant l'objet de la loupe, vous rapprochez, mais en même temps vous diminuez son image; en l'éloignant, vous éloignez et vous agrandissez l'image. Ainsi, chaque observateur étant obligé de faire varier la distance de l'objet à la loupe, pour l'accommoder à son genre de vue, une même loupe ne grossira pas également les objets pour tous. Elle les grossira moins pour un myope que pour un homme d'une vue ordinaire, moins encore pour celui-ci que pour un presbyte. En outre, le grossissement d'une loupe est d'autant plus fort que son foyer est plus court.

Il y a dans les loupes, ainsi que dans tous les instruments d'optique, deux imperfections graves : *l'aberration de réfrangibilité et l'aberration de sphéricité*. La première provient de ce que les rayons diversement colorés qui composent la lumière blanche, étant inégalement réfrangibles, forment leurs foyers à des distances inégales de la lentille, et le contour des images se trouve bordé de couleurs plus ou moins vives ; la seconde tient à ce que les rayons qui tombent sur les bords de la lentille ne forment pas exactement leur foyer au même point que ceux qui tombent sur les parties centrales. On remédie au premier inconvénient en achromatisant les lentilles; on corrige le second à l'aide de diaphragmes opaques qui arrêtent les rayons des bords.

592. Le microscope composé, destiné à rendre visibles les plus petits détails des objets, consiste essentiellement en deux lentilles convergentes. L'une A, placée au-devant de l'objet, à une distance un peu plus grande que la distance focale principale, s'appelle l'*objectif* ; elle forme une image réelle, renversée et agrandie de l'objet. La seconde B, appelée *oculaire*,

Fig. 320.

est une véritable loupe à l'aide de laquelle on regarde l'image amplifiée PQ, et qui sert à l'amplifier encore. L'image PQ doit, pour cela, être placée entre l'oculaire et son foyer principal, à une distance telle que l'image définitive P'Q' soit virtuelle, et éloignée de l'œil de l'observateur d'une quantité égale à la distance de la vision distincte. — Le grossissement du microscope est évidemment égal au produit des grossissements des deux lentilles dont il se compose.

Quant aux dispositions adoptées pour l'ajustement des diverses pièces du microscope, et au mécanisme que l'on emploie pour rendre les observations faciles, je ne puis entrer ici dans ce détail. Je décrirai seulement d'une manière succincte les parties principales du microscope de M. Amici, microscope le plus parfait et le plus commode que l'on ait construit jusqu'à ce jour.

Le microscope d'Amici est représenté dans la figure 321. — L'objet à observer est placé sur le *porte-objet* MM' au-dessous de l'objectif A. Les rayons qu'il émet s'élèvent verticalement, sont réfractés par l'objectif, puis ils sont reçus sur un prisme triangulaire à angle droit; ils pénètrent par la face horizontale, éprouvent une réflexion totale sur l'hypothénuse, et émergent par la face verticale pour aller former au-devant de l'oculaire B l'image amplifiée du corps soumis à l'expérience. L'objectif se compose d'une, de deux ou de trois lentilles achromatiques, de 8 à 10 millimètres de foyer, dont la première peut être employée seule, ou bien avec la seconde, ou conjointement avec la seconde et la troisième, suivant le grossissement que l'on veut obtenir. — L'oculaire est également composé d'une ou de deux lentilles achromatiques. Au-devant de l'oculaire, au point où se forme l'image réelle de l'objet, on place un diaphragme destiné à arrêter les rayons trop éloignés de l'axe de l'appareil. Enfin, les parois du tube horizontal, aux extrémités duquel s'ajustent les lentilles, sont recouvertes intérieurement d'un velours noir, dont l'objet est d'éteindre toutes les réflexions intérieures qui pourraient nuire à la netteté des images.

M. Amici se sert d'un procédé très-simple et très-ingénieux pour déterminer, par expérience, la force amplifiante du microscope. Il consiste à placer en avant de l'oculaire une simple lame de verre inclinée à faces parallèles. On place l'œil verticalement au-dessus, et on reçoit ainsi le faisceau de rayons qui composent l'image de l'objet réfléchi sur la lame de verre. En même temps qu'on aperçoit cette image par réflexion, on voit au travers de la lame une règle très-exactement divisée sur laquelle l'image se projette, comme dans la chambre claire. Il suffira alors que l'objet exposé au microscope soit une lame

Microscope d'Amici.

Fig. 321.

de verre divisée au diamant en dixièmes ou même en centièmes de millimètres, pour observer immédiatement l'espace que
ces divisions occupent sur la règle graduée et pour en déduire
le grossissement. Ce grossissement une fois connu, il devient
facile de déterminer le diamètre réel des objets que l'on soumet à l'observation.

Lunettes.

593. Les *lunettes* sont destinées à faire voir les objets très-
éloignés. Voici leurs dispositions les plus usitées :

Lunette astronomique.

La *lunette astronomique* se compose de deux verres convergents, l'objectif et l'oculaire. L'objectif est une lentille convexe
A, d'un assez long foyer, qui forme, à son foyer principal,
une image renversée des astres vers lesquels on la dirige.

Fig. 322.

L'oculaire est une autre lentille convergente B faisant l'office de
loupe, à l'aide de laquelle on regarde l'image comme dans les
microscopes. Dans cette lunette, les images restent renversées,
et la longueur de la lunette est égale à la somme des distances
focales principales de l'objectif et de l'oculaire.

Lunette de Galilée.
Fig. 323.

Dans la *lunette de Galilée*, appelée aussi *lunette de spectacle*, l'objectif A est toujours un verre convergent, mais
l'oculaire B est divergent. Si l'oculaire n'y mettait obstacle,
les rayons lumineux émis par un objet éloigné iraient former,
de cet objet, une image renversée PQ, au foyer de l'objectif.
Mais l'oculaire est interposé entre l'objectif et cette image; il
empêche alors les rayons d'aller concourir en PQ, et leur imprime une divergence telle, qu'il en résulte une image virtuelle
redressée en P'Q'. — Cette lunette a l'avantage de donner des
images droites des objets, et de n'avoir pour longueur que la
différence, ou à peu près, des distances focales principales des
deux verres. Mais elle a l'inconvénient de n'embrasser qu'un
champ fort peu étendu.

Lunette terres-tre.
Fig. 324.

La *lunette terrestre* se compose essentiellement de quatre
verres convergents. L'objectif A forme en PQ une première
image renversée d'un objet éloigné. Les rayons qui produisent
cette image, continuant leur route, tombent sur une seconde
lentille convergente B, dont le foyer coïncide sensiblement avec
le lieu de l'image. Ils émergent alors en formant des faisceaux
à peu près parallèles chacun à l'axe optique correspondant au
point de l'image d'où ils émanent. De là croisement des rayons
en avant de la lentille B. Ils sont alors reçus sur une troisième
lentille convergente C, dont le foyer principal est placé au
point de croisement H, et qui forme de l'autre côté une image
P'Q' à une distance égale. C'est cette image, évidemment
redressée, que l'on regarde avec l'oculaire D destiné à l'amplifier.

Les deux verres intermédiaires, qui ont uniquement pour
but de redresser l'image, sont fixés dans un même tuyau, à

une distance invariable l'un de l'autre. L'objectif est à l'extrémité d'un tuyau mobile, de manière à pouvoir s'approcher ou s'éloigner de la lentille B, suivant la distance de l'objet, et à former toujours son image au foyer F de cette lentille. Enfin, l'oculaire D est également mobile ; car la divergence qu'il imprime aux rayons lumineux de la seconde image P'Q' doit être en harmonie avec la portée de la vue de l'observateur.

Les astronomes préfèrent la lunette astronomique, quoiqu'elle renverse les objets, parce qu'ayant moins de verres, elle absorbe beaucoup moins de lumière.

594. Le *télescope d'Herschell* est tout simplement un grand miroir concave, dont l'axe est dirigé vers les objets très-éloignés, les corps célestes par exemple. Ces objets forment leur image renversée au foyer principal du miroir, où on l'observe à l'aide d'une loupe d'un court foyer. Le grand télescope dont Herschell s'est servi pour ses recherches astronomiques avait près de 24 pieds carrés de surface et 40 pieds de distance focale. *Télescope d'Herschell.*

Dans le *télescope de Newton*, le grand miroir concave, qui est la partie essentielle de tous les télescopes, est placé au fond d'un tuyau dont l'axe est tourné vers l'objet que l'on observe. Les rayons qui, émanés de cet objet, iraient, après la réflexion, former leur image en *ab*, sont reçus, avant leur point de concours, sur un petit miroir plan, incliné de 45° à l'axe du réflecteur, qui rejette latéralement en *a'b'* l'image *ab*, au-devant d'une loupe destinée à l'amplifier. *Télescope de Newton. Fig. 325.*

Dans le *télescope de Grégory*, le miroir concave est percé à son centre d'une ouverture circulaire, munie d'un tuyau qui porte l'oculaire. Les rayons qui, par une première réflexion sur le miroir MN, forment en son foyer l'image *ab*, sont reçus au-delà sur un petit miroir concave, placé de manière que l'image renversée *ab* soit entre son foyer principal *f* et son centre *o*. Alors ces rayons viennent, après leur seconde réflexion, former au-devant du petit miroir une nouvelle image, redressée et agrandie. C'est cette image que l'on regarde à travers l'oculaire, qui l'amplifie encore davantage. Le petit miroir est mobile à l'aide d'une vis de rappel. *Télescope de Grégory. Fig. 326.*

Enfin, au petit miroir concave du télescope de Grégory, *Cassegrain* substitue un petit miroir convexe qui reçoit les rayons lumineux, *avant* leur point de concours, entre le grand réflecteur et l'image *ab*. Ces rayons, quoique réfléchis par un miroir convexe, ne divergent pas après leur réflexion ; seulement ils convergent moins, et vont former une seconde image amplifiée au même point où elle se formait dans le télescope de Grégory. On l'observe de la même manière. *Télescope de Cassegrain.*

LIVRE VII.

MÉTÉOROLOGIE.

595. Le globe terrestre et l'atmosphère qui l'enveloppe sont le siége d'un grand nombre de phénomènes physiques, qui se reproduisent, les uns à chaque instant, les autres à des intervalles plus ou moins éloignés, et dont l'étude forme l'objet d'une des branches les plus intéressantes de la physique, la météorologie. Ces phénomènes sont relatifs, soit aux propriétés de l'air atmosphérique lui-même, soit à la chaleur, au magnétisme et à l'électricité. Nous allons présenter ici l'analyse des faits les plus généraux et les plus importants à connaître.

CHAPITRE PREMIER.

DES VARIATIONS BAROMÉTRIQUES. — DES VENTS.

Variations arométriques.

596. Si l'air atmosphérique était sans cesse dans un état de repos parfait, si ses diverses couches possédaient éternellement des températures constantes, si son degré d'humidité était invariablement le même ; en un mot, s'il n'existait aucune cause qui pût troubler l'équilibre de cette grande masse gazeuse, son poids en un lieu donné, et la pression que l'air y exerce sur la surface du sol, seraient toujours les mêmes. Le baromètre, qui mesure cette pression, aurait donc constamment la même hauteur ; et dès-lors cet instrument aurait une utilité fort restreinte, puisqu'il suffirait de l'observer une seule fois, en chaque lieu, pour savoir quelle serait toujours et quelle aurait toujours été sa hauteur. Mais il est loin d'en être ainsi. L'air atmosphérique, ce fluide éminemment mobile, que le moindre bruit ébranle dans une grande étendue, est sans cesse agité par une infinité de causes diverses qui modifient à tout moment son état et sa pression. Variations continuelles dans sa température, variations dans son degré d'humidité, action des rayons solaires, influence des nuages et de la pluie, action des

vents, depuis la brise la plus légère jusqu'aux plus violentes tempêtes, enfin attraction des corps planétaires, et principalement de la lune et du soleil, qui déterminent sans aucun doute des marées atmosphériques analogues à celles de l'Océan : tout se réunit pour bouleverser continuellement l'atmosphère. Le baromètre, dont la hauteur est l'expression fidèle de la pression de l'air, doit nécessairement être influencé par toutes ces variations, suivre tous ces mouvements, accuser ces changements de densité; et l'on conçoit, par ce simple exposé, de quelle importance devient pour nous la connaissance des variations barométriques et des lois auxquelles elles sont ou peuvent être assujetties.

Je ne parle pas ici des variations qu'éprouve la colonne barométrique, lorsqu'on s'élève à diverses hauteurs au-dessus du niveau de la mer. On sait suivant quelle loi varie la hauteur du baromètre, lorsqu'on le transporte à des stations de plus en plus élevées au-dessus de la surface du sol; et cette loi sert de principe à l'une des plus belles applications du baromètre, la mesure des hauteurs.

Mais, dans le même lieu, à la même latitude, la hauteur barométrique, ramenée à la température normale de 0°, change continuellement, soit avec l'état de l'atmosphère, soit avec l'heure du jour. Ces variations sont de deux sortes : les unes *accidentelles*, les autres *régulières*.

597. Ce qu'il importe de constater dans l'observation des variations barométriques, ce n'est pas la série de toutes les hauteurs par lesquelles passe la colonne mercurielle, mais sa *hauteur moyenne* pour chaque jour, pour chaque mois, pour chaque année et pour une longue période d'années. — Dans nos climats, à l'observatoire de Paris, par exemple, on fait chaque jour quatre observations barométriques : l'une à 9 heures du matin, la seconde à midi, les deux dernières à 3 heures et à 9 heures du soir. — La hauteur observée à l'heure de midi est, d'après les longues expériences de M. Ramond, la hauteur moyenne du jour. — La moyenne du mois s'obtient en additionnant les hauteurs moyennes des trente jours dont il se compose, et prenant le 30me de la somme. — En divisant par 12 la somme des moyennes des douze mois, on aura la moyenne hauteur de l'année.

La hauteur moyenne du baromètre pendant chaque année varie avec la position des lieux, leur latitude et surtout l'élévation au-dessus du niveau de la mer. A Paris elle est à peu près de 756 millimètres; à Toulouse elle est de 749^{mm} à 153^m au-dessus du niveau de la mer; au Mont-Cenis elle n'est que de 600^{mm}, et d'environ 500^{mm} seulement sur l'Etna et sur le Mont-Liban. — On conçoit quelle différence énorme présente,

Variations
accidentelles.

en ces divers lieux, la pression de l'air sur le corps humain, et quelle influence ces variations doivent exercer sur lui. — En outre, dans un même pays, le baromètre est en oscillation perpétuelle au-dessus et au-dessous de la moyenne de l'année. Dans ses variations accidentelles, il se déprime quelquefois en peu de temps de plusieurs millimètres; d'autres fois, au contraire, il présente des ascensions considérables. A Paris, la plus grande hauteur barométrique observée a été de 780mm,89, la plus faible de 749mm,03; la différence ou le maximum d'étendue des variations extrêmes est de 61mm. A Toulouse, le maximum de hauteur observée a été de 768mm,9 ; le minimum, de 718mm,9 ; la différence ou limite des excursions barométriques, 50 millimètres. L'étendue dans laquelle s'opèrent les variations accidentelles du baromètre diminue de plus en plus à mesure qu'on s'approche de l'équateur; si bien que, dans toute la zone équatoriale, le baromètre est absolument insensible à toutes les grandes secousses atmosphériques qui le font varier dans nos climats. Il n'éprouve que des variations régulières et périodiques qu'on a nommées *variations horaires*, et dont je vais donner une idée.

Variations
horaires.

598. Les variations horaires du baromètre ont été observées avec une très-grande exactitude par M. de Humboldt dans les régions équatoriales, où leur régularité n'est troublée par aucune perturbation accidentelle. Ce savant observateur a reconnu que le baromètre atteint sa plus grande hauteur du jour à 9 heures du matin ; passé cette heure, il descend régulièrement, parvient, à midi, à sa hauteur moyenne, et atteint son minimum d'élévation à 4 heures du soir. Il remonte ensuite jusqu'à 11 heures du soir, où il atteint un second maximum ; redescend jusqu'à 4 heures du matin, où un second minimum lui succède, puis il recommence sa période ascendante. Ces mouvements d'ascension et de dépression s'exécutent avec tant de régularité, que, d'après M. de Humboldt, ils pourraient servir à marquer les heures avec autant d'exactitude qu'une horloge. Seulement, ils s'effectuent dans de très-étroites limites ; car du maximum du matin au minimum du soir la différence n'est que de 2 millimètres.

Dans nos climats, les variations horaires sont tellement dissimulées par les oscillations accidentelles, que l'on ne peut parvenir à en fixer la période qu'en prenant les moyennes d'un grand nombre de mois, à diverses heures de la journée. C'est pour cela qu'on observe le baromètre à 9 heures du matin, à 3 et à 9 heures du soir. M. Ramond a constaté qu'en hiver, le baromètre atteint son premier maximum à 9 heures du matin, son premier minimum à 3 heures de l'après-midi, son second maximum à 9 heures du soir; en été, le premier maximum a lieu avant 8 heures du matin, le premier minimum à 4 heures du soir, le second maximum à 11 heures; en automne et au printemps, ces heures, qu'on appelle *critiques*, sont intermédiaires. Enfin, l'amplitude des variations horaires est moindre dans nos climats qu'à l'équateur.

Influence de l'état de l'air atmosphérique sur le baromètre.

599. Il est difficile de révoquer en doute l'influence que l'état de l'atmosphère exerce, au moins dans nos climats, sur la hauteur du baromètre; mais à cet égard il n'y a presque aucune loi établie, quoiqu'un grand nombre de personnes croient pouvoir lire dans les variations barométriques, ou un changement présent dans l'atmosphère, ou même la prédiction d'un changement futur. Ainsi, à l'équateur, il n'est aucune circonstance atmosphérique, ni pluie, ni vent, ni tempête, qui altère la parfaite uniformité des variations diurnes du baromètre. — Sous nos latitudes, il paraît n'en être pas de même. Par exemple, on remarque presque toujours qu'à l'approche d'un ouragan le baromètre descend beaucoup, et qu'il éprouve, pendant sa durée, de grandes oscillations en quelques heures. La direction du vent paraît aussi avoir une influence marquée sur la hauteur barométrique. En discutant les hauteurs moyennes observées à Paris pendant une période de 140 mois, on est arrivé à conclure que le minimum de hauteur correspond aux vents du sud et du sud-ouest, et le maximum aux vents du nord et du nord-est. Quant à l'influence de la pluie, elle est fort irrégulière. En théorie, la densité de la vapeur d'eau n'étant que les $5/8$ de celle de l'air, à égalité de pression et de température, il est évident que si, dans une étendue donnée de l'atmosphère, la quantité de vapeur d'eau mélangée à l'air augmente, le poids de cette portion de l'atmosphère devra diminuer, et par suite le baromètre devra baisser. Mais cette cause de variation dans le baromètre peut être modifiée par beaucoup d'autres influences. Aussi, sur un grand nombre d'observations barométriques faites par des temps pluvieux, on reconnaît, il est vrai, que le baromètre a très-souvent baissé; mais cette règle est sujette aussi à des exceptions nombreuses. Ce qu'il y a de plus rationnel, dans l'état actuel de nos connaissances, c'est donc d'accepter à cet égard le doute où nous laissent encore l'insuffisance des observations et le manque de données positives.

Des vents.

600. Le vent consiste dans le déplacement plus ou moins rapide d'une partie de l'atmosphère. On sait fort peu de chose sur ce météore. Les circonstances locales modifient singulièrement les causes générales qui peuvent lui donner naissance.

Causes
principales des
vents.

Les deux causes les plus générales des vents sont : la chaleur et la pluie ; encore la pluie n'est elle-même que le résultat des variations de la température. Qu'une partie de la surface du globe soit fortement échauffée, il en résultera une grande dilatation dans les couches d'air qui reposent sur elle. Ces couches d'air, diminuant de densité, s'élèveront vers les régions supérieures, et seront remplacées par de l'air froid qui affluera des parties latérales. — Qu'une grande quantité de vapeur répandue dans l'atmosphère vienne tout-à-coup à se résoudre en pluie, il se formera un grand vide dans les régions de l'air où cette condensation aura lieu, et l'air des parties latérales se précipitera encore pour le remplir.

Dans nos climats, les vents soufflent d'une manière fort irrégulière, et l'on ne connaît aucune loi qui permette de prédire leur retour. En outre, leur direction et leur vitesse sont souvent influencées par la disposition des localités. — Dans les zones glaciales, ils sont plus inconstants encore ; ils changent de direction en peu de minutes, souvent même ils semblent souffler à la fois de tous les points de l'horizon. — Au contraire,

ents réguliers.

dans la zone torride, il règne des vents réguliers et constants qui soufflent longtemps dans la même direction, et reviennent

Vents moussons.

périodiquement à des époques fixes. Tels sont les vents *moussons* qui soufflent pendant six mois, d'avril en octobre et d'octobre en avril, dans deux directions opposées, du nord-est et puis du sud-ouest, ou du nord-ouest, puis du sud-est. Tels sont

Vents alisés.

encore les vents *alisés*, qui règnent constamment dans les régions équatoriales et qui soufflent, entre les tropiques, dans la direction de l'est à l'ouest. Voici l'explication que l'on a donnée des vents alisés ; je la rapporte, à cause de sa simplicité, malgré les objections graves auxquelles elle est sujette.

La chaleur solaire dilate habituellement la masse d'air située à l'équateur, et le froid condense celle qui se trouve aux pôles. L'air chaud des régions intertropicales s'élève en vertu de la légèreté spécifique qu'il a acquise par la dilatation, et l'air froid des régions polaires afflue pour le remplacer. Cela posé, remarquons que l'atmosphère participe au mouvement de rotation d'occident en orient, dont la terre est animée autour de son axe ; de plus, le temps de la révolution diurne étant le même pour tous les parallèles, chacun d'eux est décrit avec une vitesse d'autant plus grande que son rayon est plus grand et qu'il est plus voisin de l'équateur. L'air qui afflue des pôles se trouve donc animé d'une double vitesse : 1° une vitesse perpendiculaire à l'équateur ; 2° la vitesse de rotation des parallèles, qui est perpendiculaire à la première. La combinaison de ces deux impulsions rectangulaires tend à faire prendre aux molécules d'air une direction intermédiaire. Mais, à mesure qu'elles s'approchent de l'équateur, elles passent d'un parallèle polaire à un parallèle équatorial, dont la vitesse de rotation, dans le sens du mouvement terrestre, est de plus en plus grande. Or, comme ces molécules d'air ne peuvent pas prendre instantanément la vitesse du nouveau cercle où elles parviennent, elles se trouveront nécessairement en retard et opposeront aux autres corps, qui sont déjà animés de toute cette vitesse, une résistance qui paraîtra venir d'orient. De là un vent constant et régulier, soufflant de l'est à l'ouest, en sens contraire du mouvement de la terre.

Les brises périodiques de terre et de mer reçoivent une explication analogue. Le matin, l'air qui baigne les côtes étant plus froid que celui qui repose sur la surface de la mer, à cause du rayonnement de la nuit, il y aura une brise venant de la terre, et produite par un courant d'air froid qui tend à descendre en raison de son excès de densité, et à se mettre en équilibre avec l'air chaud et moins dense qui repose sur la mer. Le soir ce sera l'inverse : l'air des côtes, échauffé par le soleil du jour, étant plus chaud que celui qui touche la surface des eaux, il y aura une brise de la mer à la terre, provenant du courant d'air froid qui afflue pour remplir le vide formé par l'ascension de l'air chaud du rivage.

Brises de terre et de mer.

604. Les vents paraissent avoir deux modes de propagation distincts. On dit que le vent se propage par *impulsion*, quand il souffle dans une direction et s'avance dans le même sens ; on dit qu'il se propage par *aspiration*, quand il souffle dans un sens et s'avance dans une direction contraire. Ces deux cas se présentent dans l'air qui sort de la poitrine pendant l'*expiration*, et dans celui qui y entre pendant l'*aspiration*. Ce dernier mode de propagation du vent paraît être fréquent dans l'atmosphère. Entre autres exemples, on peut citer un ouragan dont parle Franklin. Le vent soufflait avec violence du nord-est. Il commença à se faire sentir à Philadelphie à 7 heures du soir ; tandis qu'à Boston, situé à 400 milles anglais, au nord-est de Philadelphie, la tempête ne commença le même jour qu'à 11 heures du soir. Sur des points plus septentrionaux, le retard fut plus grand encore. Ainsi, le vent soufflait dans un sens et s'avançait progressivement en sens opposé.

Modes de propagation des vents.

La vitesse du vent est très-variable. On la mesure à l'aide d'instruments appelés *anémomètres*. L'expérience a fait connaître les résultats suivants : pour une vitesse de

Vitesse du vent.

0^m, 5 par seconde,	vent à peine sensible.
2^m	—	vent modéré.
10^m	—	vent frais.

15 à 20m   —   grand frais.

20 à 30m   —   tempête.

45m   —   vent qui déracine les arbres et renverse les édifices.

Les effets désastreux produits par les ouragans semblent au premier coup d'œil, incompréhensibles ; mais on les concevra aisément, si l'on remarque que l'air en mouvement gagne, par sa vitesse, la force que son peu de masse semblerait devoir lui refuser.

CHAPITRE II.

CHALEUR TERRESTRE.

602. Les questions relatives à la chaleur terrestre sont un des sujets de recherche les plus vastes et les plus importants que l'on puisse se proposer relativement à la physique du globe. Nous allons essayer de présenter en peu de mots l'analyse des principaux résultats auxquels on est parvenu par l'observation : 1º des températures à la surface du sol; 2º des températures à diverses profondeurs au-dessous de cette surface ; 3º des températures à diverses hauteurs au-dessus.

Température à surface du sol. 603. La température de l'air à la surface du sol est constamment variable. Elle varie avec les latitudes, avec la position des lieux et, dans le même lieu, avec l'heure du jour et les saisons de l'année. Ces changements ont pour principale cause les quantités diverses de chaleur que les rayons solaires versent sur le globe terrestre, et qui dépendent : 1º de leur inclinaison par rapport à la surface qui les reçoit ; 2º de la durée de la présence du soleil au-dessus de l'horizon. Je ne parle pas de sa distance à la terre, qui est trop peu variable pour apporter des différences appréciables dans l'intensité absolue de la chaleur que cet astre nous envoie.

Ainsi, le matin, lorsque le soleil se lève, le thermomètre commence à monter ; la température augmente progressivement à mesure que le soleil s'élève : 1º à cause de la durée de l'*insolation ;* 2º parce que les rayons, approchant de plus en plus d'être perpendiculaires à la surface du sol, sont absorbés par lui en quantité plus grande. Cette température atteint son maximum vers 2 ou 3 heures de l'après-midi ; puis elle commence à décroître à mesure que le soleil baisse, et, quand il

est descendu au-dessous de l'horizon, le refroidissement devient
de plus en plus intense par l'effet du rayonnement nocturne.
Le moment le plus froid de la journée est ordinairement celui
pour lequel le soleil est resté le plus longtemps absent : aussi
est-ce quelque temps avant le lever de cet astre qu'a lieu le
minimum de température. Passé ce point, la période ascendante du thermomètre recommence.

C'est également à la double influence de l'obliquité des
rayons solaires et de la durée de l'insolation qu'il faut attribuer les différences de chaleur que présentent les saisons dans
nos climats. En été, nous avons 16 heures de jour et seulement 8 heures de nuit; en outre, quoique le soleil soit alors
plus éloigné de la terre que dans l'hiver, ses rayons lui parvenant dans des directions moins obliques, il en résulte une
plus forte intensité dans la chaleur du jour. Aussi, il y a dans
l'été de nos climats, et même dans des pays beaucoup plus
septentrionaux, comme Saint-Pétersbourg, des jours presque
aussi chauds qu'à l'équateur, où la température est à peu
près uniforme, les jours étant sensiblement égaux aux nuits,
et l'inclinaison des rayons solaires variant dans d'étroites
limites.

604. Pour connaître la température moyenne d'un lieu, il
faut déterminer les températures moyennes des jours, des
mois et des années. On se sert, à cet effet, d'un bon thermomètre à mercure; il est essentiel qu'il soit exposé au nord, à
l'abri des rayons solaires et du rayonnement des corps voisins,
et que l'air puisse librement circuler autour de lui.

La température moyenne d'un jour est celle que l'on obtiendrait en observant les températures du thermomètre pendant
les 24 heures, à des intervalles égaux et très-rapprochés, par
exemple de minute en minute, et divisant la somme de toutes
ces températures par leur nombre. Mais une pareille série
d'observations serait impraticable. Or, l'expérience a prouvé
qu'il n'était pas même nécessaire d'observer le thermomètre
d'heure en heure, pour pouvoir en déduire avec exactitude
la température moyenne du jour. Il suffit de faire trois observations : la première au lever du soleil, la seconde à 2 heures
du soir, la troisième au coucher du soleil, et de prendre le
tiers de la somme. On arriverait sensiblement au même résultat, en faisant la demi-somme des températures maximum
et minimum de la journée (Voy. n° 609). — Connaissant la
température moyenne de chaque jour du mois, on obtient la
moyenne du mois en divisant la somme de toutes les températures des jours par leur nombre. — De même, il suffira de
prendre le douzième de la somme des températures moyennes
des douze mois de l'année, pour avoir la moyenne de l'année.

Température moyenne d'un lieu.

Il est à remarquer que la température moyenne de l'année diffère peu de la moyenne du mois d'octobre, ou de la moyenne des températures prises chaque jour à 9 heures du matin. — Enfin la température moyenne d'un lieu s'obtient en réunissant les moyennes annuelles d'un grand nombre d'années consécutives et divisant leur somme par leur nombre.

605. La température moyenne de l'année varie peu dans un même lieu. A Paris, elle est d'environ 10°,6. Mais le thermomètre oscille sans cesse au-dessus et au-dessous de cette température : dans l'été, il monte à plus de 35° centigrades; dans l'hiver, il descend quelquefois à 12 ou 15° au-dessous de zéro.

La température moyenne d'un lieu dépend de sa latitude et de son élévation au-dessus du niveau de la mer. Elle décroît progressivement en allant sur un même méridien de l'équateur aux pôles ; et elle décroît aussi à mesure qu'on s'élève au-dessus de la surface des mers. — A ces causes générales, qui font varier la température moyenne des divers lieux du globe, il faut ajouter une foule de circonstances locales telles que : la distance à la mer, la proximité des montagnes, la nature du sol, son inclinaison, les vents qui y règnent, et le caractère météorologique habituel du lieu.

Si, partant d'un point dont la température moyenne est connue (de Paris, par exemple, où la température moyenne est 10°, 6), on s'avance dans un même hémisphère, en passant par tous les lieux qui ont la même température moyenne, la ligne qu'on aura parcourue prendra le nom de ligne *isotherme*. L'espace compris entre deux lignes isothermes, celles de 10 et de 15°, par exemple, est ce qu'on appelle *zone isotherme* de 10 à 15°. Les lignes isothermes ne peuvent être connues que par des observations longues et multipliées. Elles diffèrent en général beaucoup du cercle parallèle de l'un quelconque des lieux qu'elles embrassent. Ce sont des courbes généralement très-sinueuses. Ainsi, de ce que deux points sont à la même latitude, il serait très-faux de conclure qu'ils ont la même température moyenne. Cela tient aux influences locales dont j'ai parlé plus haut.

606. La température moyenne d'un lieu n'est pas le seul élément qu'il soit nécessaire de connaître pour avoir une idée exacte de son *climat*. Il faut connaître encore les limites des excursions du thermomètre en deçà et au-delà de cette température moyenne, ou, si l'on veut, la température moyenne du mois le plus chaud et celle du mois le plus froid. On conçoit, en effet, qu'à température moyenne égale deux pays peuvent différer beaucoup par le mode de distribution de la chaleur dans le cours de l'année, et par suite par les produc-

tions du sol. Quelques degrés de chaleur de plus dans l'été suffisent pour faire mûrir une foule de fruits ; quelques degrés de froid de plus ou de moins dans l'hiver suffisent pour faire périr ou pour laisser vivre bien des plantes. Aussi, une île dont la température serait constamment de 10° serait une terre de désolation ; un point du continent qui aurait la même température moyenne, mais dans lequel la température s'élèverait beaucoup au-dessus et s'abaisserait beaucoup au-dessous dans le cours de l'année, présenterait, au contraire, une végétation riche et puissante.

On peut diviser les climats en trois classes : 1° les climats *constants*, ceux qui présentent peu de différence (5 ou 6°) entre la température moyenne du mois le plus chaud et celle du mois le plus froid ; 2° les climats *variables*, pour lesquels cette différence est plus grande (15 à 16°) ; 3° les climats *excessifs*, ceux dans lesquels cette différence est beaucoup plus grande encore, et s'élève à 30 ou 32 degrés, par exemple. Ainsi :

Nom des lieux.	T. moyenne de l'année.	T. m. du mois le plus chaud.	T. m. du mois le plus froid.	Dif.	Climat.
Funchal......	20°,3	24°,2	17°,9	6°,4	constant.
Saint-Malo...	12, 3	19, 4	5, 4	14, 0)	
Paris.........	10, 6	18, 5	2, 3	16, 2}	variable.
Londres......	10, 2	18, 0	2, 2	15, 8)	
New-Yorck..	12, 1	27, 1	-3, 7	30, 8}	excessif.
Pékin.........	12, 7	29, 1	-4, 1	33, 2)	

Les îles ont en général des climats peu variables.

Aux caractères tirés de la température il faut ajouter, pour compléter la physionomie du climat d'un pays, l'ensemble des phénomènes météorologiques dont il est habituellement le siége, et qui peuvent exercer une influence bienfaisante ou nuisible sur l'homme, sur les animaux, sur la végétation.

607. Lorsqu'on mesure, avec le secours des thermomètres, les divers degrés de chaleur par lesquels passent, dans le cours d'une année, non-seulement la surface même du sol, mais aussi les couches immédiatement inférieures, on trouve qu'à une certaine profondeur toutes les variations thermométriques de la surface, après s'être graduellement affaiblies, finissent par s'anéantir complètement. Arrivé à cette limite, on trouve que la chaleur solaire est sans influence sur la température intérieure du globe, et on reconnaît les deux principes suivants :

Température au-dessous de la surface du sol.

1° A une certaine profondeur au-dessous de la surface extérieure de la terre, il existe une couche de *température invariable*, dont le degré de chaleur est perpétuellement le même, indépendamment des vicissitudes qu'éprouve la température du sol.

Ce principe résulte des observations régulières faites depuis 1671, dans les caves de l'Observatoire de Paris. Ces caves sont à 85 pieds au-dessous du sol; un grand thermomètre à mercure y est établi à demeure; son réservoir est très-volumineux, son tube très-capillaire, et les degrés occupent sur l'échelle une longueur de 42 à 43 lignes, plus de 3 pouces et demi, ce qui permet d'apprécier des demi-centièmes de degré. Depuis 1671 que ce thermomètre est en expérience, il n'a pas varié d'une quantité appréciable; il a constamment indiqué la température fixe de 11°, 82. — Un phénomène aussi constant ne saurait être purement local ou accidentel. Il est donc permis d'admettre qu'en un lieu quelconque, il suffit de descendre d'une certaine quantité au-dessous de la surface du sol (60 à 80 pieds, terme moyen), pour parvenir à une couche invariable, dont la température est constante et reste totalement étrangère aux variations de chaleur de la surface.

2° Un second principe, qui confirme le premier en lui donnant de l'extension; c'est qu'au-dessous de la couche invariable, la température des couches inférieures est invariable aussi pour chacune d'elles, et qu'en outre elle augmente progressivement avec la profondeur.

Parmi les innombrables observations qui démontrent ce fait, je citerai seulement les mesures de température faites dans les mines profondes, et les observations thermométriques souterraines effectuées dans le forage des puits artésiens. — Les observateurs les plus célèbres (Gensanne, de Saussure, de Humboldt, d'Aubuisson.....) ont reconnu que, dans les mines profondes, soit actuellement encore en exploitation, soit abandonnées depuis longtemps, la température est constante et augmente avec la profondeur. — Dans les puits forés, lorsque l'eau jaillit à la surface de la terre, elle y apporte à peu près la température des couches terrestres où la sonde est allée la chercher; et cette température est d'autant plus élevée que l'eau vient d'une plus grande profondeur (1); et si, avant que l'on soit

---

(1) Voici quelques chiffres : à Paris, température moyenne +10°,6 ; température de la fontaine jaillissante de la Gare-Saint-Ouen, +12°,9 ; profondeur, 66 mètres. — A Tours, température moyenne +11°,5 à la surface du sol; température de la fontaine artésienne +17°,5 ; profondeur, 140 mètres. — Enfin, à Paris, l'eau du puits artésien de Grenelle, dont la profondeur est de 548 mètres, arrive à la surface de la terre avec une température de 27°,60.

parvenu à la nappe d'eau jaillissante, on descend dans le trou de sonde des thermomètres à maximum, on reconnaît encore qu'ils indiquent des températures d'autant plus élevées qu'ils ont été portés à une plus grande profondeur au-dessous du sol.

La loi de l'accroissement de la température avec la profondeur n'est pas exactement connue. On admet, comme terme moyen, que la chaleur augmente de 1° par 30 à 32 mètres d'abaissement.

Il résulte de ce fait que si, comme toutes les observations tendent à le prouver, la température suit jusqu'au centre du globe la même loi d'accroissement, il doit y avoir à une assez grande profondeur une température extrêmement élevée; dans des couches plus centrales encore, la température serait supérieure à celle qui est nécessaire pour la fusion des corps solides ou des métaux que nous connaissons, et le noyau central du globe pourrait être lui-même dans un état de liquidité complète. Quoi qu'il en soit, la chaleur permanente des couches souterraines du globe est évidemment une chaleur qui lui est propre. Quant à ses causes probables, l'hypothèse la plus naturelle consiste à admettre que c'est une chaleur primitive que le globe aurait conservée intérieurement, pendant et après la solidification de sa croûte superficielle. La forme aplatie de la terre vers les pôles est en effet une forte présomption pour croire qu'elle a été originairement à l'état fluide, ou au moins pâteux, et que l'écorce extérieure, qui la termine et qui participe à son aplatissement, ne s'est solidifiée qu'après que le mouvement d'impulsion qui fait tourner le globe autour de son axe lui a été donné. — On peut encore attribuer une partie au moins de la chaleur propre du globe terrestre aux combinaisons chimiques qui s'opèrent continuellement dans son sein, entre les éléments divers dont il se compose, actions chimiques dont les volcans sont encore aujourd'hui une preuve irrécusable.

608. Si la température de la terre augmente à mesure qu'on descend à de plus grandes profondeurs au-dessous de sa surface, le contraire a lieu quand on s'élève dans l'atmosphère. La température décroît progressivement à mesure que l'on parvient à une plus grande élévation.

Température au-dessus de la surface du sol.

Deux faits suffisent pour établir la preuve du froid très-vif qui règne dans les hautes régions de l'air atmosphérique : 1° l'existence des neiges perpétuelles qui couvrent le sommet des hautes montagnes, comme les Alpes, les Pyrénées dans nos climats, et même les cimes élevées du Chimborazo, de Cotopaxi, d'Antisana, dans les régions équatoriales; 2° les observations de température faites dans les ascensions aérostatiques. Dans celle de M. Gay-Lussac, le thermomètre qui, à la surface de la terre, marquait à Paris + 32° centigrades, descendit à —10° à la hauteur de 7000 mètres.

La loi du décroissement de la chaleur dans l'air atmosphérique n'est pas connue. On a émis l'hypothèse que, la hauteur croissant en progression géométrique, la température décroît en progression arithmétique ; mais cette loi ne s'est point confirmée. Quant à la hauteur dont il faut s'élever pour trouver un abaissement de 1° dans la température, on l'évalue, terme moyen, à 180 mètres, quoique, dans certains cas, elle n'ait été que de 112 mètres (minimum), et dans d'autres de 259 (maximum).

Les causes du froid intense qui se fait sentir dans les couches élevées de l'atmosphère sont faciles à assigner.

1° L'air est éminemment perméable aux rayons calorifiques ; il l'est d'autant plus que sa densité est moindre et sa transparence plus parfaite ; enfin, il se laisse traverser avec beaucoup plus de facilité par la chaleur *lumineuse* que par la chaleur rayonnante *obscure*. Il résulte de ces propriétés que l'air atmosphérique n'absorbe, surtout dans les régions élevées, où il est plus rare et plus pur, qu'une très-faible partie de la chaleur solaire qui le traverse, et qu'il ne s'échauffe sensiblement que par son contact avec le sol et dans les couches inférieures de l'atmosphère.

2° L'air échauffé qui baigne la surface du sol s'élève dans l'atmosphère, en raison de sa légèreté spécifique ; il se dilate alors à mesure qu'il parvient dans des régions de plus en plus élevées, où l'air va sans cesse en diminuant de densité. Or, on sait qu'en se dilatant, les gaz absorbent de la chaleur ; cette dilatation de l'air chaud qui monte tend donc à rendre latente la chaleur que le contact du sol lui avait communiquée, et empêche cette chaleur de se répandre dans les couches supérieures.

3° Enfin, l'air des hautes régions atmosphériques est soumis à une cause de refroidissement très-active : c'est son rayonnement vers les espaces célestes, rayonnement dont l'intensité est d'autant plus grande que l'air a une pureté plus parfaite.

On conçoit, du reste, que la présence des nuages et des brouillards, l'action des vents et des courants d'air qui ont passé ou sur un sol échauffé, ou sur les cimes neigeuses des montagnes, la masse de ces montagnes elles-mêmes, l'étendue de leurs plateaux, la direction de leurs pentes..., peuvent modifier beaucoup la température de l'air, à une même hauteur au-dessus de la surface du sol.

Neiges rpétuelles.

La diminution progressive de la température avec l'accroissement de la hauteur étant connue et expliquée, l'existence des neiges perpétuelles sur le sommet des montagnes n'est plus un problème. Quant à la hauteur qu'il faut atteindre pour parvenir à ces neiges éternelles, elle dépend essentiellement de la latitude. Cette limite a son maximum d'élévation dans les régions équatoriales, à partir desquelles elle baisse progressivement jusqu'aux régions polaires, où les mers elles-mêmes sont perpétuellement glacées.

609. Je terminerai ce chapitre par la description des thermomètres dont on fait usage pour mesurer les maximums et les minimums de température, description que j'avais différée pour ne pas interrompre l'étude de la chaleur terrestre.

Thermomètres à maxima et à minima.

On appelle *thermomètres à maxima et à minima*, des instruments qui, abandonnés à eux-mêmes pendant une période de temps quelconque, conservent la trace de la plus haute et de la plus basse température à laquelle ils soient parvenus.

Thermomètre de Rutherford.

Le thermomètre à maximum de Rutherford est un thermomètre ordinaire à mercure, dont la tige est recourbée et horizontale. Dans l'intérieur du tube est disposé un petit cylindre de fer servant d'index, et pouvant glisser le long des parois presque sans frottement. Ce cylindre de fer est toujours hors du mercure. Quand la température s'élève, le mercure pousse cet index devant lui; quand la température baisse, l'index reste à sa place, puisqu'il ne peut évidemment être entraîné dans la retraite du mercure. Ainsi, la position de l'index de fer fera connaître le maximum de chaleur qu'aura éprouvé le thermomètre. — Pour connaître le minimum de température, on dispose sur la même monture un thermomètre à alcool, à tige horizontale. Dans l'intérieur du tube est disposé un petit index en émail, qui est toujours entièrement plongé dans la colonne liquide. Si la température s'élève, l'alcool, en se dilatant, passe autour de l'index sans le déplacer, et cet index demeure immobile; mais, si la température s'abaisse, la colonne d'alcool, en se contractant, entraîne avec elle le petit cylindre d'émail, qui glisse sans effort dans le tube. Le sommet de l'index indiquera donc la plus basse des températures que l'appareil aura éprouvées. — Quand on veut remettre l'instrument en expérience, on se contente de le redresser verticalement; l'index de fer descend jusqu'au sommet de la colonne de mercure; celui d'émail remonte jusqu'au sommet de la colonne d'alcool. — Ce thermomètre doit essentiellement être placé dans une position horizontale, et à l'abri des plus légères secousses.

Fig. 143.

Thermomètre de Six, perfectionné par Bellani, ou thermométrographe de Bellani. Fig. 144.

Le thermomètre à maxima et à minima de Bellani se compose d'un grand réservoir en verre A, terminé par un tube, à deux branches recourbées. Le coude CDE est plein de mercure; l'espace CBA est rempli d'alcool; enfin, le mercure de

la branche DEF est recouvert par une colonne d'alcool EF qui
se termine au fond d'une cuvette F. Au-dessus du mercure,
dans les deux branches, flottent deux petits cylindres de fer
doux, que ce liquide pousse devant lui, en les faisant remonter, l'un dans la branche CB quand la température baisse,
l'autre dans la branche EF quand la température s'élève. Ces
deux cylindres restent stationnaires aux points où la pression
du mercure les a transportés, parce qu'ils sont entourés
chacun d'une petite boucle de cheveux qui presse contre les
parois intérieures du tube à la manière d'un ressort. On voit
par là que l'index de droite indiquera le maximum, et celui
de gauche le minimum de température. — Pour remettre l'appareil en expérience, quand il a servi à une première observation, on fait descendre les index à la surface du mercure,
en les attirant à l'aide d'un aimant assez fort pour vaincre le
frottement des boucles de cheveux contre les parois du verre.
— Quand on se sert d'un pareil instrument pour mesurer des
températures souterraines ou sous-marines, il importe d'éviter
avec soin les secousses, car elles déplaceraient infailliblement
les index.

Les thermomètres à maxima et minima auxquels on donne
aujourd'hui la préférence sont ceux de M. Walferdin.

Le thermomètre à maxima de Walferdin est représenté dans
la figure 145. C'est un thermomètre à mercure ordinaire,
portant une division arbitraire, coupé à un petit nombre de
degrés centésimaux au-dessus du zéro de son échelle, et effilé
en une pointe b qui s'ouvre dans un réservoir d'une forme
particulière. En supposant que le degré correspondant à la
pointe soit le 10e, on pourra mesurer tout maximum de température supérieur à 10°. A cet effet, on incline le tube, de
manière que le mercure de réserve, logé dans la *panse a*,
vienne submerger la pointe b; on chauffe un peu le réservoir c,
puis on le refroidit à une température inférieure à 10°; il entre
ainsi du mercure dans la tige, qui reste pleine quand on
redresse l'instrument.

Supposons actuellement que la température varie : si elle
baisse, le niveau du mercure descendra dans la tige, et le
mercure de réserve, qui est retombé dans la panse a, lors
du redressement, ne pourra pas remplir le vide laissé par la
contraction; si la température monte, le mercure dans la
tige s'élève, atteint bientôt la pointe b, et sort en partie. Si la
température était juste de 10°, ce qui resterait dans la tige et
le réservoir serait précisément la quantité de mercure pour
laquelle la graduation a été établie. Mais, que la température
monte à 10+x degrés, la nouvelle quantité de mercure qui
s'échappe est celle qui occuperait les x degrés supérieurs, si

la tige n'avait pas été coupée. D'après cela, pour trouver le maximum $10+x$, il suffira de plonger l'instrument dans un bain à 10°. Le mercure s'arrêtera à un certain point d, correspondant, par exemple, à 5°,4 : on en conclura que la quantité de mercure qui s'est échappée par la pointe, à partir de 10°, occupait à cette température l'espace $bd = 4$°,6. La température maximum que l'on cherche sera donc $10+4,6$.

Plus exactement, elle se compose de 10°, plus ce que deviennent les 4°,6 en passant de 10° à $10+x$, c'est-à-dire à très-peu près 4°,6 $\left(1+\dfrac{x}{6480}\right)$. On a donc $10+x=10+4,6\left(1+\dfrac{x}{6480}\right)$. D'où l'on tirera $x=\dfrac{4.6\times 6480}{6480-4,6}$.

Le thermomètre à minima de Walferdin est représenté dans la figure 146. — Le cylindre C est plein de mercure et surmonté d'un petit réservoir m plein d'alcool. Une tige capillaire, terminée inférieurement par une pointe b, plonge dans l'alcool du réservoir m, au-dessus du mercure. Cette tige contient une colonne de mercure recouverte elle-même d'alcool jusque dans la panse supérieure d.

Fig. 146.

Faisons varier la température. Si elle monte, la colonne de mercure est refoulée dans la tige, par la dilatation de l'alcool qui est au-dessous ; si elle baisse, la colonne mercurielle descend, et il peut arriver qu'une partie tombe par la pointe b pour se mêler au mercure du réservoir C. Alors, si la température s'élève de nouveau, la colonne de mercure restante se soulève, mais le mercure qui est tombé ne peut plus y rentrer. Or, il est clair que, toutes les fois que la température reviendra au même point, le sommet de la colonne mercurielle du tube capillaire s'arrêtera au même degré, comme si elle n'avait rien perdu ; car l'ascension résulte des dilatations de l'alcool du réservoir m et de la masse totale du mercure, dilatations qui ne peuvent pas changer de valeur par le déplacement relatif des liquides qui les subissent. On peut donc graduer ce thermomètre par la méthode ordinaire.

Cela posé, supposons qu'on veuille mesurer un minimum de température qu'on sait devoir être inférieure à 18°, par exemple : on retournera l'appareil pour que le mercure du cylindre C entoure le point b, et on chauffera jusqu'à la température de 18°. Le mercure dans la tige capillaire s'arrêtera à un point que l'on notera exactement. Alors on redressera le thermomètre, pour le mettre en expérience. Quand le minimum de température aura été atteint, on chauffera de nouveau le thermomètre jusqu'à 18°. La colonne mercurielle, qui aura diminué de longueur par la rentrée d'une partie de son liquide dans le réservoir C, montera encore jusqu'au degré 18 ; mais elle se terminera inférieurement au-dessus de la pointe 0, à 8° je suppose. On en conclura qu'à la température minimum cherchée, le sommet de la colonne mercurielle s'était arrêté sensiblement à 18 — 8, ou à 10° au-dessus de la pointe ; et si, de la pointe au zéro de l'échelle, il y a 6 degrés, on en déduira que le minimum de température a été de 10—6 ou 4°.

CHAPITRE III.

DES MÉTÉORES AQUEUX.

640. Avant d'aborder l'étude des phénomènes météorologiques auxquels donne naissance la vapeur d'eau répandue dans l'air, je rappellerai quelques principes essentiels qui servent de base à leur explication. (*Voyez* les chap. IV et V du livre III.)

La vapeur d'eau se forme dans l'air, comme dans le vide, à toute température. — A chaque température correspond un maximum de tension qu'elle ne peut dépasser. — La vapeur saturée repasse en partie à l'état liquide, pour peu qu'on la comprime ou qu'on la refroidisse (n°s 236 et suivants). — La vapeur d'eau répandue dans l'air atmosphérique ne s'y trouve jamais, ou presque jamais, à son maximum de force élastique. Si l'on refroidit un volume donné d'air humide, l'air et la vapeur mélangée avec lui se contractent simultanément, en conservant chacun leur élasticité primitive (n° 265) ; mais la température continuant à baisser, et la tension de la vapeur restant la même, il arrive un moment où la force élastique que la vapeur possède est égale au maximum de tension correspondant à sa température nouvelle ; l'air se trouve alors saturé d'humidité, et, pour peu qu'on le refroidisse encore, une partie de la vapeur se condense. — Tels sont les principes qui vont nous guider dans la théorie des *météores aqueux.*

De la rosée.   611. La *rosée* consiste dans cette infinité de gouttelettes liquides dont la surface des corps extérieurs se recouvre pendant les nuits calmes et sereines. La théorie de la rosée est due au docteur Wells. Il a prouvé que sa formation a pour cause le refroidissement que subissent les corps terrestres, par l'effet de leur rayonnement nocturne ; la température de ces corps tombant au-dessous de celle de l'air qui les baigne, il en résulte, dans les circonstances convenables, une condensation partielle de la vapeur d'eau qui y est répandue. Expliquons-nous :

Tout le monde a fait l'expérience suivante : dans un appartement dont l'air est chaud, on porte une carafe pleine d'eau fraîche, et dont les parois extérieures soient bien nettes ; en peu d'instants il se dépose sur sa surface une couche d'humidité qui en trouble la transparence. Il se passe alors la même série de phénomènes que dans l'hygromètre de Leroi ou de Daniell (265 et suivants). Cet exemple est, sauf la cause première du refroidissement, une image fidèle de ce qui arrive dans la précipitation de la rosée.

Pendant le jour, le sol et tous les corps qui sont dispersés à sa surface ont été échauffés par les rayons du soleil. La nuit vient ; je la suppose calme et sereine. Tous ces corps vont se refroidir par leur rayonnement calorifique vers les espaces célestes ; et, si la chaleur qu'ils perdent ainsi ne leur est pas restituée, leur température pourra descendre à 8° ou 10° au-dessous de celle de l'air environnant. Ce fait capital est aisé à constater, en comparant la température d'un thermomètre couché sur la terre ou sur l'herbe, pendant une belle nuit, à la température indiquée par un autre thermomètre suspendu à 3 ou 4 pieds au-dessus du sol. Le premier pourra indiquer 2° ou 3°, tandis que le second en marquera 10 ou 12. Ce refroidissement étant démontré et admis, supposons que la force élastique de la vapeur répandue dans l'air soit de 8 millimètres. La table de Dalton fait voir que cette force élastique est supérieure au maximum de tension qui correspond à la température de 7°. Il est donc évident que, dès que la température d'un corps se sera abaissée à 7°, et à fortiori au-dessous de 7°, l'air qui entoure ce corps se trouvant sursaturé de vapeur, une partie de cette vapeur se sera condensée et déposée sur sa surface. La quantité de rosée qui recouvrira les corps sera d'autant plus grande qu'ils auront perdu plus de chaleur ; et, s'il en est dont la température soit restée supérieure à 7° ou 8°, en vertu de la faiblesse de leur pouvoir rayonnant ou par d'autres raisons locales, ces corps resteront secs et devront rester tels, puisque la température de l'air ambiant n'aura pas été abaissée au point nécessaire pour précipiter la vapeur.

En résumé, les corps terrestres se refroidissent pendant la nuit, par voie de rayonnement ; ce refroidissement *précède* toujours la chute de la rosée ; la précipitation de la rosée commence à l'instant où la température des corps devient *inférieure* à celle qui correspond à la saturation de l'air ; la quantité de rosée dont les corps se recouvrent est d'autant plus grande que leur refroidissement est plus intense ; elle est nulle pour tous ceux dont la température reste *supérieure* à celle de la saturation de l'air.

612. L'origine de la rosée étant parfaitement démontrée, examinons les circonstances locales ou atmosphériques qui peuvent en faciliter ou en retarder les progrès. Puisque la rosée est due au refroidissement des corps terrestres, et le refroidissement au rayonnement de ces corps, tout ce qui favorisera ou affaiblira la perte de chaleur due au rayonnement, favorisera ou arrêtera la production de la rosée. L'examen de ces diverses influences va confirmer les principes que nous venons de développer.

Influence de l'exposition des corps.

1° *Exposition.* — Un corps se refroidit d'autant plus qu'il voit une plus grande étendue du ciel. Placez un thermomètre sur le sol, pendant une nuit sereine, dans un lieu très-découvert, il descendra d'un grand nombre de degrés ; sous un arbre, auprès d'un mur, même sous le plus léger abri, il se refroidira moins ; qu'un nuage passe dans le ciel, le thermomètre montera aussitôt. On conçoit aisément d'après cela quelle est sur le refroidissement d'un corps l'influence de sa situation, de la proximité des édifices, des arbres, des montagnes. Or, l'expérience prouve que toutes les causes qui influent, sous ce rapport, sur le rayonnement du corps, modifient dans le même sens la quantité de rosée dont il se recouvre.

Influence l'état du ciel.

2° *Etat du ciel.* — La présence des nuages dans le ciel ralentit le refroidissement des corps ; il s'établit, entre la couche de nuages et la surface terrestre, un échange de rayons calorifiques ; la chaleur que les corps émettent leur est renvoyée en grande partie. Aussi, chacun sait que le froid de la nuit est toujours en rapport avec la sérénité du ciel ; que les nuits couvertes sont beaucoup moins froides que les nuits claires. Les premières sont toujours un obstacle à la formation de la rosée.

Influence la nature des corps.

3° *Nature des corps.* — Toutes choses égales d'ailleurs, un corps se refroidit d'autant plus que le pouvoir émissif de sa surface est plus grand. Aussi les corps qui rayonnent le mieux la chaleur sont ceux qui se recouvrent le plus abondamment de rosée. Tels sont le verre, l'herbe, le bois, les tuiles.... Les métaux, au contraire, les métaux polis surtout, se couvrent rarement de rosée ; ils restent secs au milieu de l'humidité qui les entoure.

Influence l'agitation de l'air.

4° *Agitation de l'air.* — Un air fortement agité s'oppose toujours à la formation de la rosée, pour deux raisons : parce que le contact d'un air sans cesse renouvelé restitue aux corps une partie de la chaleur que le rayonnement leur fait perdre, et parce que le vent, surtout quand il est fort, favorise l'évaporation de l'eau qui pourrait se déposer sur leur surface. Cependant un vent faible et humide, qui se serait, par exemple, chargé de vapeur en passant sur la surface d'un lac ou de la mer, peut, sans réchauffer sensiblement les corps qu'il rencontre, leur apporter à chaque instant de nouvelles couches d'air humide qui favorisent et augmentent le dépôt de la rosée.

La rosée commence à se déposer dès le coucher du soleil, quelques moments avant le crépuscule. Elle porte à cette époque le nom de *serein*. La vapeur, se condensant sur les vêtements, dont le rayonnement refroidit alors la surface, les imprègne d'humidité ; c'est ce qui fait dire improprement que le serein tombe. La précipitation de la vapeur d'eau continue ensuite pendant toute la nuit ; mais c'est principalement un peu avant le lever du soleil, au moment où la température est la plus basse, que la rosée se dépose en plus grande quantité. — Dans nos climats, elle est peu abondante pendant l'hiver et l'été ; les saisons où elle se forme le plus abondamment sont le printemps et l'automne, parce que c'est alors que la température du jour et celle de la nuit présentent les plus grandes différences. *Du serein.*

613. Le *givre* ou la *gelée blanche* n'est autre chose que de la rosée congelée. Son origine est donc la même ; seulement si, pour la formation de la rosée, il suffit que la surface des corps tombe à une température plus basse que celle de la saturation de l'air, pour qu'il y ait formation de gelée blanche, il faudra que la température de ces corps descende au-dessous de zéro. Les gouttelettes de rosée qui auront pris naissance se congèleront, et formeront alors ces petites aiguilles cristallines de glace, qui s'attachent aux branches des arbres et aux feuilles des plantes. On obtient aisément une gelée blanche artificielle, en remplissant un bocal en verre d'un mélange réfrigérant. La vapeur répandue dans l'air environnant se dépose d'abord, sous forme de rosée, sur la surface extérieure du verre ; puis elle ne tarde pas à cristalliser ; la première couche de givre qui s'est formée se recouvre rapidement de couches nouvelles, et au bout d'un quart d'heure, leur épaisseur dépasse deux ou trois millimètres. — La première couche de rosée ou de givre qui se dépose sur un corps exerce une grande influence sur le dépôt des couches suivantes. Cela tient à ce que l'eau a un très-grand pouvoir rayonnant ; et par suite, tel corps qui, s'il fût resté sec, se serait abaissé seulement à 2° ou 1° par son rayonnement propre, pourra prendre une température inférieure à zéro, lorsqu'une couche de rosée s'étant déposée sur sa surface, l'intensité de son rayonnement et par conséquent de son refroidissement aura augmenté. C'est ce qui explique un fait qui se reproduit souvent dans les climats septentrionaux ; *Du givre et de la gelée.*

après la chute d'une certaine quantité de neige, on voit, au bout de quelques jours, si le froid se soutient, l'épaisseur de la neige augmenter considérablement, sans qu'il en tombe de nouvelle de l'atmosphère. Cet accroissement provient de la congélation de la vapeur répandue dans l'air, congélation provoquée par le rayonnement et le refroidissement de la neige déjà tombée.

Dans nos climats, la gelée blanche se forme principalement au printemps et en automne. On sait combien les gelées de ces deux saisons peuvent être funestes aux plantes. Mais il suffit, pour les préserver, de les recouvrir d'un abri quelconque qui s'oppose aux effets de leur rayonnement nocturne. Au Bengale, on se contente quelquefois, pour garantir les récoltes d'un refroidissement qui serait meurtrier, d'allumer pendant la nuit de grands feux de foin et de paille qui donnent naissance à de véritables nuages de fumée. Ces nuages, en se répandant sur les prairies, les préservent des effets destructeurs du rayonnement.

Tout ce qui vient d'être dit est applicable à la gelée ordinaire, c'est-à-dire à la congélation pure et simple de l'eau répandue à la surface du sol. Le refroidissement dû au rayonnement nocturne est utilisé, au Bengale, pour fabriquer de la glace. Dans une plaine découverte, on pratique des excavations dont on couvre le fond de cannes à sucre et de tiges de maïs. On place dessus de petites terrines peu profondes, remplies d'eau. La paille sur laquelle elles reposent, conduisant mal la chaleur, ne permet pas à cette eau de réparer, aux dépens de la chaleur du sol, les pertes qu'elle éprouve par son rayonnement vers le ciel. Il en résulte que cette eau finit par se congeler. Ce qui prouve que la cause de la congélation est bien le rayonnement de l'eau, c'est que l'opération ne réussit que dans les nuits calmes et sereines, et qu'un thermomètre placé à côté des terrines sur la paille peut ne pas descendre jusqu'à zéro.

Des brouillards et des nuages. 614. Jusqu'à présent, dans tous les phénomènes que nous avons étudiés, la vapeur d'eau s'est présentée à nous sous la forme d'un gaz transparent et invisible comme l'air ; et quand cette vapeur a été suffisamment refroidie, nous l'avons vue repasser, sans transition, de l'état de fluide élastique à l'état liquide. Mais, entre ces deux états, il paraît y en avoir un intermédiaire, auquel on a donné le nom de *vapeur vésiculaire*, et qui est celui sous lequel l'eau existe dans les brouillards et les nuages.

Vapeur vésiculaire. Le brouillard qui se forme à la surface d'un liquide en ébullition, ou lorsque, dans l'hiver, on chasse de la bouche un courant d'air chaud et humide, est regardé, ainsi que les brouillards de l'atmosphère et les nuages, comme un amas de *vésicules,* c'est-à-dire de petits globules arrondis, blanchâtres, qui ne seraient autre chose que de petites bulles d'air humide enveloppées par une pellicule d'eau extrêmement mince. Sauf les dimensions, les vésicules peuvent donc être assimilées à des bulles de savon. Ces vésicules peuvent être observées directement, soit à l'œil nu, soit à la loupe, en exposant au grand jour et dans un air calme une tasse remplie d'un liquide très-chaud et d'une couleur noire, tel que du café ou de l'eau mêlée d'un peu d'encre. De Saussure les a observées aussi dans les nuages eux-mêmes. Pour cela, il se place debout au milieu du brouillard, tenant d'une main, très-près de l'œil, une loupe, de l'autre une surface noire, plate et polie, comme le fond d'une boîte d'écaille. Cette surface étant placée au foyer de la loupe, l'agitation de l'air ne tarde pas à y amener les vésicules du nuage. On voit alors ces particules rondes et blanches passer avec différentes vitesses; les unes roulent sur la surface de l'écaille; d'autres, la frappant obliquement, rejaillissent comme un ballon lancé contre un mur; quelques-unes enfin viennent s'y poser et s'y asseoir en prenant la forme d'un hémisphère.

Les vésicules sont nécessairement creuses à l'intérieur; car, si on supposait que ce sont des gouttelettes d'eau, elles devraient décomposer les rayons solaires qui les traversent, et donner naissance, comme les gouttes de pluie éclairées par le soleil, au phénomène de l'arc-en-ciel. Or, cela n'arrive jamais (1). — Malgré cette constitution intérieure, les vésicules semblent devoir posséder, en raison de leur écorce liquide, une densité supérieure à celle de l'air, et leur suspension dans l'atmosphère, en amas souvent fort considérables, paraît difficile à concevoir. Mais voici des raisons qui suffisent pour l'expliquer : 1º L'air absorbe beaucoup plus facilement la chaleur rayonnante *obscure* que la chaleur *lumineuse.* Or, les nuages, interceptant la lumière en grande partie, transforment en chaleur obscure le calorique apporté par les rayons solaires. Ainsi, l'air contenu dans les vésicules et autour d'elles, s'échauffant plus que l'air transparent qui entoure le nuage, deviendra plus léger. Les nuages seront donc soutenus dans l'atmosphère à peu près comme des montgolfières, dont la densité moyenne serait égale ou inférieure à celle de l'air extérieur. 2º Il faut ajouter à cette première cause de suspension l'influence des vents, celle des courants d'air chaud qui s'élèvent continuelle-

Suspension des nuages dans l'atmosphère.

(1) Quelques physiciens considèrent néanmoins les nuages comme des amas de gouttes d'eau excessivement petites, et expliquent, dans cette hypothèse, les divers faits qui s'y rapportent. Nous avons préféré conserver ici la théorie de Saussure, qui est généralement admise.

ment de la surface du sol, enfin la résistance que l'air oppose à la chute des globules vésiculaires, par la difficulté qu'il éprouve à filtrer à travers leurs mille interstices. — L'exactitude de ces explications se trouve confirmée par un fait général : c'est que les nuages sont d'autant plus rapprochés de la surface de la terre que la température est plus basse. Dans l'hiver, leur hauteur moyenne est de 1200 à 1400 mètres ; en été, ils s'élèvent à 3000 et 4000 mètres, souvent même beaucoup plus haut.

615. Les brouillards et les nuages peuvent prendre naissance dans plusieurs circonstances qu'il est facile d'assigner.

Il y aura formation de brouillard toutes les fois qu'une masse d'air chargée d'humidité sera, par une cause quelconque, assez refroidie pour que la vapeur d'eau qu'elle contient se condense. Ainsi, un brouillard prendra naissance à la surface d'une rivière, si l'air est calme et que sa température soit plus basse que celle de l'eau ; la vapeur fournie par l'eau se condensera en partie en se mêlant à l'air froid. — Il peut encore se former un brouillard au-dessus d'une rivière ou d'un lac, si l'eau est froide et qu'un courant d'air chaud, saturé d'humidité, vienne à passer sur sa surface ; c'est ce qui arrive souvent l'été après une pluie d'orage, et l'hiver au moment du dégel. — Dans les montagnes, près des sources ou des cascades, où l'air est habituellement très-humide, on a souvent l'occasion d'assister à la naissance des brouillards ou des nuages et d'en suivre les progrès. Si l'air qui baigne les flancs humides de la montagne est échauffé par les rayons solaires, il se chargera d'une grande quantité de vapeur d'eau qui conservera son état gazeux et transparent. Que le soleil vienne à être obscurci, que ses rayons soient momentanément interceptés, ou enfin qu'il disparaisse par l'effet de son mouvement diurne, l'air qu'il échauffait se refroidira, et la vapeur dont cet air est imprégné se transformera en brouillard ou en nuage.

Enfin les nuages peuvent encore se former directement, au sein de l'atmosphère, par deux causes très-générales : 1o par la condensation subite qu'éprouvent, en s'élevant dans les hautes régions de l'air, les courants de vapeur qui prennent naissance à la surface du sol humide par la chaleur des rayons solaires ; 2o par la rencontre et le mélange de deux courants d'air saturés d'humidité à des températures différentes. Dans ce cas, une condensation doit nécessairement avoir lieu, parce que la force élastique moyenne de la vapeur des deux airs mélangés serait plus grande que le maximum de tension correspondant à la température du mélange. — Un brouillard ou un nuage est toujours d'autant plus épais que l'air où il se forme est plus humide et le refroidissement qu'il subit plus considérable.

616. La *pluie* résulte de la liquéfaction de la vapeur d'eau contenue dans les nuages et de la chute des gouttes de vapeur condensées. Cette condensation est l'effet d'un refroidissement ou d'une compression. Il serait difficile d'assigner les circonstances générales ou locales qui provoquent ce phénomène, et de découvrir la loi de ses retours. Le seul élément positif que l'on possède à cet égard se rapporte à la quantité de pluie qui tombe, soit dans divers lieux, soit dans une même localité, à diverses hauteurs, dans diverses saisons et pendant le cours d'une année.

Nous ferons d'abord observer que la quantité de pluie qui tombe dans un temps donné, à la surface du sol, dépend non-seulement du refroidissement qu'a éprouvé le nuage générateur, mais en outre de sa température initiale. Pour le faire concevoir, supposons qu'un nuage dont la température est de 27°, température moyenne des tropiques, tombe à 24°. La vapeur dont la tension maximum à 27° est de 25^{mm},88, ne pourra posséder à 24° qu'une tension au plus égale à 21^{mm},80; l'abaissement de 3° dans la température du nuage donnera donc naissance à une quantité de pluie correspondante à la différence de ces deux tensions, 4^{mm},08. — Considérons maintenant un nuage à la température de 10°, température moyenne de nos climats, et supposons qu'il descende par une cause quelconque à 7°, c'est-à-dire qu'il s'abaisse encore de 3°. La tension maximum de la vapeur d'eau est de 9^{mm},475 à 10°; elle n'est que de 7^{mm},871 à 7°; la différence est donc seulement de 1^{mm},604. Ainsi, dans ce second cas, le même abaissement de température n'amènera qu'une quantité de pluie correspondante au nombre 1,604. On voit donc qu'en se refroidissant d'un certain nombre de degrés, la vapeur donne naissance à une quantité de pluie d'autant plus grande que sa température primitive était plus élevée. — C'est ce qui explique pourquoi les pluies sont généralement plus abondantes sous l'équateur que dans la zone tempérée. C'est par la même raison que, dans nos climats, quelques heures de pluie, en été, donnent souvent plus d'eau qu'une longue série de jours pluvieux en hiver. Une pluie d'orage peut quelquefois, en un seul jour, fournir autant d'eau qu'il en tombe dans tout le reste de l'année. Aussi a-t-on reconnu, par des mesures directes dont nous allons parler, que les années réputées pluvieuses, où les jours pluvieux ont été fréquents, ne sont pas toujours celles où il est tombé le plus d'eau.

L'appareil dont on se sert pour mesurer la quantité de pluie qui tombe à la surface de la terre s'appelle *udomètre*. Il se compose d'un récipient cylindrique en métal A, terminé par un fond conique percé d'une ouverture centrale. Ce récipient s'ajuste sur un réservoir B également cylindrique, au fond duquel s'ouvre un tube de verre T recourbé verticalement, divisé en parties égales et servant à indiquer le niveau intérieur de l'eau. Le réservoir ayant été jaugé d'avance, on connaît les diverses quantités d'eau qui correspondent aux divisions du tube. Enfin, on a mesuré exactement la superficie du récipient. Il sera donc facile, connaissant le volume d'eau qu'aura reçu le réservoir pendant un jour de pluie, d'en déduire la *quantité de pluie* tombée, c'est-à-dire la hauteur de la colonne d'eau qu'elle formerait sur une surface plane et horizontale égale à la superficie du récipient.

Quantité de luie annuelle.

Lorsqu'on mesure, à l'aide de l'udomètre, la quantité de pluie qui tombe annuellement dans un même lieu, on trouve que cette quantité est à peu près constante. A Paris, il tombe chaque année, terme moyen, 56 centimètres d'eau à la surface du sol. Cela veut dire que si l'eau qui tombe dans le cours d'une année restait à la surface de la terre, sans s'y infiltrer et sans s'évaporer, elle formerait une couche de 56 cent. de hauteur. La pluie varie beaucoup suivant les saisons, comme je l'ai expliqué plus haut ; mais la quantité de pluie annuelle varie surtout avec les latitudes. Ainsi, au Cap-Français (St-Domingue) il tombe annuellement 308 centimètres d'eau ; à Calcutta, 205 ; à Gênes, 140 ; à Naples, 95 ; à Lyon, 89 ; à Paris, 56 ; à Marseille, 47 ; à Saint-Pétersbourg, 46. Les localités influent aussi beaucoup ; car à Genève, dont la latitude est presque la même que celle de Paris, mais qui est entourée de hautes montagnes, il tombe annuellement environ deux fois plus d'eau qu'à Paris.

Quantité pluie à diverses hauteurs.

L'udomètre a servi encore à constater un fait très-remarquable : à l'Observatoire de Paris on a deux udomètres semblables : l'un est établi au milieu de la cour de l'Observatoire ; l'autre est disposé au-dessus de la terrasse ; son récipient est à 28m au-dessus de celui de la cour. On a reconnu, à l'aide de ce double appareil, que la quantité de pluie qui tombe dans la cour de l'Observatoire est régulièrement plus grande que celle qui tombe sur la terrasse. La quantité d'eau qui tombe à 28m au-dessus du sol n'est que les $8/9$ environ de celle qui tombe sur le sol lui-même. On pense que ce phénomène provient en grande partie de ce que les gouttes de pluie froide, qui traversent les couches inférieures et très-humides de l'atmosphère, condensent dans leur passage une portion de la vapeur d'eau qui s'y trouve à l'état de saturation. — On doit observer cependant que, les couches inférieures de l'air n'étant généralement pas saturées, et leur température allant en augmentant à mesure qu'on s'approche de la surface du sol, les gouttes de pluie qui les traversent en descendant des nuages élevés peuvent éprouver dans le trajet une évaporation partielle, totale même dans certaines circonstances. Aussi voit-on quelquefois s'échapper d'un nuage des traînées de pluie qui n'arrivent pas jusqu'au sol ; et le même nuage qui, suspendu à une petite hauteur au-dessus d'une montagne, verse de l'eau sur son sommet, n'en verse point un peu plus bas sur ses flancs. C'est par la même raison qu'un nuage qui donne de la neige sur le haut des montagnes, ne donne souvent que de la pluie dans la plaine.

617. La *neige* résulte, comme la pluie, du refroidissement des nuages ; mais sa formation exige que la température de ces amas de vapeurs tombe au-dessous de zéro. La vapeur, en se condensant alors, se congèle et cristallise. Si la cristallisation s'opère dans un air calme, la neige se présente sous des formes parfaitement géométriques. Elle affecte presque toujours celle d'une étoile à six rayons, inclinés les uns aux autres de 60°, sur chacun desquels viennent s'implanter d'autres petites aiguilles de glace formant aussi des angles de 60° avec les premières. Cette forme type peut ensuite se modifier d'une infinité de manières, en conservant l'empreinte de l'hexagone régulier, qui paraît être la figure fondamentale des cristaux neigeux. *De la neige.*

La congélation de la vapeur d'eau répandue dans l'atmosphère, au lieu de donner naissance à de la neige, peut aussi, comme cela arrive dans nos climats, aux mois d'avril et de mars, être l'origine du *grésil*. Le grésil est formé de petites aiguilles de glace entrelacées et pressées les unes contre les autres, de manière à former des espèces de petites pelottes assez compactes. On attribue sa formation à la congélation brusque de la vapeur vésiculaire, par son mélange avec un vent froid et animé d'une grande vitesse. *Du grésil.*

Quant au *verglas*, il a une origine parfaitement connue. Le verglas est une couche de glace mince, unie et transparente, qui se forme à la surface du sol lorsque l'air est assez chaud pour que les nuages donnent naissance à une pluie très-fine, et le sol assez froid pour congeler cette pluie à mesure qu'elle tombe. *Du verglas.*

CHAPITRE IV.

ÉLECTRICITÉ ATMOSPHÉRIQUE.

Électricité des nuages orageux.

648. Dès l'année 1746, les physiciens commencèrent à être frappés de la ressemblance qui existe entre les effets de la foudre et ceux de l'électricité. La forme sinueuse est commune à l'éclair et à l'étincelle électrique ; les propriétés de briser ou de déchirer les corps mauvais conducteurs, d'enflammer les substances combustibles, de fondre et de volatiliser les métaux, de tuer les animaux, appartiennent en petit à l'étincelle de nos batteries, comme elles appartiennent en grand à la foudre. Ces analogies faisaient déjà pressentir l'identité de la matière du tonnerre avec le fluide électrique. Franklin ne tarda pas à indiquer aux savants la route à suivre pour constater cette identité, et sa première pensée fut de faire servir à ce but le pouvoir électrique des pointes de métal, pouvoir qu'il venait de découvrir.

Dalibard.

Le plan des expériences qu'il avait indiquées paraît avoir été exécuté pour la première fois, en France, par Dalibard. Il fit établir, dans un jardin, à Marly-la-Ville, une tige métallique verticale, terminée en pointe, de 40 pieds de hauteur ; cette barre de métal était isolée par sa base. En supposant qu'un nuage orageux ne fût qu'un grand réservoir d'électricité, ce nuage, en passant au-dessus de la barre métallique, devait décomposer par influence son fluide neutre ; le fluide de nom contraire, attiré dans la pointe, devait s'écouler librement dans l'atmosphère ; et le fluide de même nom, repoussé dans la partie inférieure, devait donner des étincelles à l'approche d'un corps conducteur communiquant avec le sol. L'expérience justifia ces prévisions.

Franklin.

Ces premiers résultats se changèrent bientôt en preuves irrécusables, lorsque Franklin, qui n'avait pas eu connaissance des expériences de Dalibard, conçut l'idée d'aller puiser, à l'aide d'un cerf-volant, au sein même des nuages orageux, le fluide électrique dont il y soupçonnait l'existence. Il fit cette expérience à Philadelphie, en juin 1752. Ayant attaché les quatre coins d'un mouchoir de soie à deux baguettes en croix armées d'une pointe métallique, il y ajusta une longue corde, et lança son cerf-volant au-dessus d'une plaine, par un temps d'orage. Il suspendit une clef à l'extrémité de la corde, qu'il assujettit à un poteau par un cordon de soie, afin d'isoler l'appareil. Le premier indice d'électricité qu'il obtint fut le soulèvement des filaments de chanvre que la torsion avait épargnés; puis, un nuage orageux ayant amené une légère pluie, la corde fut mouillée, devint plus conductrice et donna un libre écoulement à l'électricité. Franklin, présentant alors à la clef le dos de la main, en tira de vives étincelles avec lesquelles il put enflammer l'alcool et charger des bouteilles de Leyde. Cette belle expérience ne tarda pas à être répétée par les savants. Celui qui la reproduisit avec le plus de succès fut de Romas, assesseur au présidial de Nérac, qui eut l'idée d'entrelacer à la corde du cerf-volant un long fil de métal. Il obtint des résultats prodigieux : des lames de feu de plusieurs pieds de longueur s'élançaient avec de fortes explosions de la partie inférieure de son appareil, pour se porter ou sur la terre ou sur les corps conducteurs qu'on lui présentait.

619. Ce n'est pas seulement dans les nuages orageux que réside le fluide électrique. L'air atmosphérique lui-même en est *toujours* plus ou moins chargé; et il importait, pour l'explication des nuages orageux, de constater la présence de l'électricité dans l'atmosphère, ainsi que sa nature et ses variations d'intensité. Plusieurs appareils peuvent servir à cette étude.

Moyens d'étudier l'électricité atmosphérique.

1° *Electromètre de Saussure.* — Un des plus simples consiste en un électroscope ordinaire à pailles, dont la cloche est graduée de manière à permettre de mesurer la divergence de ces conducteurs mobiles. Le conducteur fixe est recouvert d'un chapeau conique en métal, qui préserve la cage du contact de la pluie, et qui est surmonté d'une longue tige de cuivre. En élevant verticalement cet appareil dans l'air atmosphérique, l'électricité de l'air décompose le fluide neutre du conducteur et fait diverger les pailles d'une quantité correspondante à son intensité.

2° On peut encore, pour étudier l'électricité atmosphérique, employer un appareil analogue à celui de Dalibard, c'est-à-dire une longue barre de métal pointue, que l'on fixe verticalement sur le faîte d'une maison, en isolant sa base du toit aussi parfaitement que possible. Cette tige métallique descend jusque dans le cabinet de l'observateur, où elle est mise en communication avec un électromètre. Mais il est essentiel d'avoir la précaution de disposer, près de la partie inférieure, une boule métallique communiquant parfaitement avec le sol, afin que, par un temps d'orage, si l'électricité s'accumule en trop grande quantité dans la barre, elle trouve à s'écouler dans le sol en se portant sur un corps conducteur voisin. C'est pour avoir négligé cette précaution que Richmann, de Saint-Pétersbourg, fut fou-

droyé par une lame de feu qui, s'élançant du pied de son
appareil, vint le frapper au front.

3° Enfin, on peut encore se servir du galvanomètre, dont
le fil est isolé avec le plus grand soin : l'un des bouts est
mis en communication avec la pointe métallique qui soutire
l'électricité de l'air ; l'autre bout communique avec le sol. Le
courant produit par l'électricité atmosphérique, lorsqu'elle
s'écoule dans le sol à travers le fil du multiplicateur, imprime
à l'aiguille aimantée une déviation qui permet d'en mesurer
l'énergie.

Électricité
de l'air dans les
jours sereins.

620. Voici les faits que l'on a constatés à l'aide de ces
instruments :

Quand le temps est *serein*, il existe *toujours* dans l'atmosphère un excès d'électricité *positive* libre. Cette électricité ne
commence à être sensible, en rase campagne, qu'à 3 ou 4
pieds au-dessus du sol. A partir de cette limite, elle augmente
d'intensité à mesure qu'on s'élève dans l'atmosphère. Un des
moyens les plus simples que l'on puisse employer, pour constater cet accroissement d'intensité avec la hauteur, consiste à
attacher, par un nœud coulant, à la tige pointue de l'électromètre de Saussure, un long fil de soie recouvert de clinquant,
fixé par son autre bout au fer de lance d'une flèche. L'appareil
étant établi à 2 ou 3m au-dessus du sol, on lance la flèche verticalement ; à mesure qu'elle monte, on voit les pailles diverger
de plus en plus, jusqu'à ce que le fil conducteur abandonne la
tige de l'électroscope. Dans une expérience faite par MM. Becquerel et Breschet sur un plateau du Mont-Saint-Bernard, la
divergence devint si grande, que les pailles allèrent frapper
contre les parois de la cage de verre. Lorsqu'on lance la flèche
horizontalement, on n'observe pas de divergence sensible dans
les pailles, ce qui prouve que l'effet obtenu dans le premier cas
est bien dû à l'électricité atmosphérique, et non à celle que
pourrait dégager le frottement de la flèche contre l'air qu'elle
traverse. — L'électricité positive de l'atmosphère, dans les
jours sereins, éprouve des variations diurnes dans son intensité ; elle n'est pas non plus également abondante dans l'été et
dans l'hiver. Saussure a reconnu qu'elle est en général plus
forte dans les lieux élevés et isolés, et nulle dans les maisons,
sous les arbres, dans les rues, dans les cours et généralement
dans les endroits abrités. Elle est cependant sensible dans les
villes, au milieu des grandes places, au bord des quais et
principalement sur les ponts.

Électricité
de l'air dans les
temps couverts.

L'électricité libre qui est répandue dans l'atmosphère, par
un temps *couvert*, lorsqu'il pleut ou qu'il neige, et surtout
pendant les orages, est, comme celle des nuages, tantôt positive, tantôt négative, et son intensité est plus grande que

dans les temps sereins. En comparant le nombre de jours de pluie ou de neige pendant lesquels l'électricité de l'air a été positive, à celui des jours semblables où elle a été négative, on trouve qu'il y a à peu près égalité. Ainsi, rien de constant et de régulier dans ces circonstances. Il arrive même souvent que l'électricité atmosphérique change alors de signe plusieurs fois dans la même journée. Volta a observé jusqu'à 14 changements de signe par un temps d'orage.

621. Jusqu'ici l'évaporation de l'eau à la surface de la terre est la seule cause bien constatée à laquelle on puisse attribuer la formation de l'électricité positive de l'air dans les jours sereins. M. Pouillet a, en effet, démontré que : 1º l'évaporation de l'eau *pure*, qui n'est qu'un simple changement d'état, qui n'est accompagnée d'aucune action chimique, ne trouble jamais l'équilibre des fluides électriques; 2º mais si ce liquide tient en dissolution des substances étrangères; acides, alcalis, ou sels, même en petite quantité, la vapeur d'eau emporte avec elle, en se formant, de l'électricité libre; on s'en assure à l'aide d'un électromètre condensateur. Cette électricité est négative avec un acide, et constamment positive avec un alcali ou un sel; la solution conserve l'électricité contraire. — Or, les eaux qui se trouvent à la surface de la terre, dans les lits des fleuves et des rivières, ou dans les bassins des mers, contiennent *toujours* en dissolution des substances *salines*; leur évaporation incessante doit donc porter constamment dans l'air atmosphérique de l'électricité positive. — M. Pouillet attribue aussi à la végétation un rôle actif dans la production de l'électricité atmosphérique; mais ses expériences sont sujettes à des objections sérieuses qui ne permettent pas d'en tirer des conclusions certaines.

Source de l'électricité atmosphérique.

622. Puisque l'air est, dans les jours sereins, un vaste réceptacle d'électricité positive libre, comment peut-il se faire que les nuages qui s'y forment soient électrisés tantôt positivement, tantôt négativement? La formation de ces deux espèces de nuages peut être expliquée de la manière suivante :

Formation des nuages orageux.

On se rappelle (nº 615) comment les nuages peuvent prendre naissance directement au sein de l'atmosphère. Cela posé, M. Gay-Lussac explique ainsi l'électrisation des nuages *positifs* : Considérons un nuage à l'instant même où il se forme, par exemple, par le mélange de deux courants d'air saturés d'humidité à des températures différentes. Lorsque la vapeur d'eau se transformera en globules vésiculaires, l'électricité positive qu'elle a emportée avec elle, en s'élevant de la surface terrestre, se réunira en couche mince à la surface de chaque globule, que l'on peut regarder comme assez bon conducteur. Il n'y aura pas d'autre changement, si les vésicules sont éloignées les unes

Nuages positifs.

des autres; le nuage ne sera pas orageux, seulement il paraîtra plus fortement électrisé que l'air qui l'entoure. Mais si le
nuage est très-épais, les vésicules qui le composent se trouvant fort rapprochées, leur ensemble formera un corps conducteur continu, et la majeure partie de l'électricité répandue
dans son intérieur se portant à la surface, où elle sera retenue
par la pression de l'air environnant, le nuage sera fortement
électrisé. On conçoit, en effet, quelle énorme tension doit
acquérir l'électricité qui, d'abord disséminée dans l'intérieur
d'un nuage fort étendu, se transporte tout-à-coup et presque
en totalité à sa surface.

ages négatifs. 623. Il nous reste à expliquer la formation des nuages électrisés négativement.

Pour cela, remarquons d'abord que l'état électrique habituel
de l'atmosphère, supposé sans nuage, étant positif, il doit en
résulter que la surface de la terre possède toujours un excès
d'électricité contraire, ou négative. Cet état électrique négatif
du sol a été constaté par plusieurs observations directes; il
résulte, d'ailleurs, soit de ce que, pendant l'évaporation de
l'eau, les substances salines, qui sont mêlées avec elle, conservent l'électricité négative, tandis que la vapeur emporte de
l'électricité positive, soit de ce que le fluide positif répandu
dans l'air, agissant par influence sur la terre, doit la rendre
négative. — On conçoit, d'après cela, que les brouillards qui
se forment dans les lieux bas, à la surface des fleuves et des
rivières, où ces nuages parasites qui adhèrent souvent aux
flancs des montagnes peuvent, en s'élevant dans l'atmosphère, emporter avec eux, outre l'électricité positive dont
s'est chargée la vapeur qui leur a donné naissance, une portion plus ou moins grande de l'électricité négative que possède
habituellement la terre, avec laquelle ils ont été longtemps en
contact. Alors, suivant que ces deux électricités seront en
quantités égales, ou que l'une excédera l'autre, le nuage sera
à l'état naturel, ou électrisé positivement, ou électrisé négativement.

Indépendamment de ces nuages, qui peuvent ainsi se charger d'électricité négative au moment où ils se détachent de la
terre, il arrive souvent que, lorsqu'un orage se forme dans
une atmosphère où régnait précédemment un calme parfait,
il apparaît subitement des nuages, les uns positifs, les autres
négatifs. On connaît l'origine des premiers; quant à l'apparition
presque subite des seconds, voici ce que l'on peut admettre :
Deux nuages sont l'un au-dessus de l'autre; le plus élevé, que
je suppose le plus dense, et qui, en raison de son élévation, est
le plus fortement positif, agit par influence sur le nuage inférieur, qui sera ou faiblement électrisé ou à l'état neutre. Si ce

dernier communique avec la terre, par des rochers, par des arbres, ou des vapeurs humides, son électricité positive, repoussée par celle du nuage supérieur; s'écoulera dans le sol; son électricité négative s'accumulera dans la face la plus voisine du nuage le plus dense; et si alors une cause quelconque, l'action des vents, par exemple, vient rompre la communication du nuage inférieur avec la terre, on aura un nuage électrisé négativement. La formation des nuages orageux, positifs ou négatifs, étant maintenant expliquée, examinons de plus près la foudre elle-même.

624. L'*éclair* n'est autre chose que l'étincelle électrique jaillissant, soit entre deux nuages électrisés en sens inverse, soit entre un nuage et le sol.

De l'éclair.

M. Arago en distingue trois classes. La *première classe* d'éclairs comprend ceux qui paraissent consister en un trait, en un sillon de lumière très-resserré, très-mince, très-arrêté sur les bords. Malgré leur énorme vitesse, ils ne se propagent pas en ligne droite, ordinairement ils serpentent, ils dessinent dans l'espace les zigzags les plus prononcés.

Dans les éclairs de la *seconde classe*, la lumière, au lieu d'être concentrée dans des traits sinueux, presque sans largeur apparente, embrasse, au contraire, d'immenses surfaces; ils n'ont rien de défini dans leurs contours. Leur couleur n'est ni aussi blanche ni aussi vive que celle des éclairs linéaires. La teinte bleue, rouge ou violette y domine.

Les éclairs de la 1re et de la 2e classe ne durent qu'un instant très-court. M. Wheatstone a démontré que leur durée est moindre qu'un millième de seconde.

Enfin, il y a une *troisième classe* d'éclairs, dont la science est encore impuissante à expliquer la formation et l'origine. Ce sont les *éclairs en boule*, c'est-à-dire des *globes de feu* qui sont visibles pendant une, deux, dix... secondes de temps, et qui se transportent des nuages à la terre avec assez de lenteur pour que l'œil les suive nettement dans leur marche et apprécie leur vitesse.

La lumière électrique ayant, comme la lumière du soleil, une vitesse énorme de propagation, le temps qu'elle met à venir d'un nuage orageux jusqu'à nous est inappréciable. Or, comme le son ne parcourt que 340m par seconde, il doit s'écouler, entre l'apparition d'un éclair et la détonation qui le suit, autant de secondes qu'il y a de fois 340 mètres entre l'observateur et le lieu où la foudre éclate. De là le moyen d'évaluer la distance à laquelle se trouve un orage. — Quand un éclair brille sans être suivi d'un coup de tonnerre, cela prouve que le nuage où l'éclair a pris naissance est tellement éloigné de l'observateur, que le son s'éteint avant d'arriver jusqu'à lui. —

Les éclairs dits *de chaleur*, qui apparaissent sans bruit dans un ciel sans nuages, sont des éclairs réfléchis par les couches supérieures de l'atmosphère, qui proviennent d'un orage éloigné, dont le siége est au-dessous ou très-près de notre horizon, et que la convexité de la terre ne nous permet pas d'apercevoir directement. — L'imparfaite conductibilité des nuages et la discontinuité des globules vésiculaires qui les constituent expliquent pourquoi un même nuage peut donner naissance à plusieurs éclairs consécutifs, contrairement à ce qui arrive dans les conducteurs de nos machines électriques, qu'une seule étincelle suffit pour décharger à peu près complètement. — C'est pour la même raison que l'éclair peut parcourir des distances énormes, quelquefois de plus d'une lieue, tandis que l'étincelle de nos machines est courte et ne part qu'entre des corps voisins. La différence tient à ce que l'air qui entoure nos appareils est ordinairement sec et mauvais conducteur; au contraire, l'air qui sépare deux nuages étant toujours très-humide, possède à un assez haut degré la faculté conductrice; entre ces deux nuages se trouve donc interposée une série de vésicules discontinues conduisant assez bien l'électricité et favorisant la décharge. Il est même probable que les fluides électriques se recomposent alors par une infinité d'étincelles partielles, comme cela arrive dans nos carreaux étincelants, ce qui augmente beaucoup la longueur de l'éclair.

Bruit du tonnerre

625. L'éclair à lui seul constitue la foudre; le tonnerre n'est que le bruit qui l'accompagne. — L'explication du bruit du tonnerre et de ses retentissements a été donnée par M. Pouillet de la manière suivante :

Toutes les fois qu'un ébranlement instantané a lieu dans l'air, il en résulte un bruit plus ou moins fort. Or, toute étincelle électrique, celle d'une batterie, par exemple, détermine dans l'air qu'elle traverse une expansion subite, comme le prouve le thermomètre de Kinnersley; de là le craquement particulier qui l'accompagne. Il en est nécessairement de même de l'éclair. Quand l'éclair brille, il paraît au même instant dans des points très-éloignés; sur toute cette immense étendue, l'air et la vapeur sont au même instant déchirés, dilatés; les molécules de matière pondérable, ébranlées dans ce long trajet, sont mises en vibration, et la longue détonation qui en résulte, répétée et agrandie par les échos des nuages, forme les roulements du tonnerre.

Dans cette explication, le bruit du tonnerre a lieu simultanément sur toute l'étendue de l'éclair; il n'en résulte pas néanmoins que le bruit doive être instantané; car le son se propage lentement, et le bruit, excité dans tous les points de l'éclair, n'arrive que successivement à l'oreille. Ainsi, un observateur étant placé à 340 mètres d'une des extrémités de l'éclair, et l'éclair ayant, je suppose, 3400ᵐ de long, il est évident qu'il s'écoulera 1″ entre l'apparition de la lumière et l'audition du bruit, et que le bruit excité à l'extrémité la plus éloignée de l'éclair ne parviendra à l'oreille que 10″ plus tard. Ainsi, pour cet observateur, le bruit n'éclatera qu'une seconde après l'éclair et il durera 10 secondes.

Il faut ajouter encore que le bruit du tonnerre ne saurait avoir le même éclat sur tous les points où il prend naissance, et qu'en outre il doit nécessairement changer d'intensité, se renfler ou s'affaiblir, à plusieurs reprises, en traversant des couches d'air dont la densité, la température et l'état hygrométrique sont très-variables, pour arriver jusqu'à l'oreille qui le perçoit.

626. Tous les effets de la foudre sont produits pendant la durée presque insaisissable de l'éclair; une fois qu'il a sillonné l'espace et qu'il s'est éteint, tout le reste n'est plus qu'un vain bruit. Ces effets sont d'ailleurs de la même nature que ceux de l'étincelle de nos batteries, sauf l'intensité.

Quand un nuage orageux passe au-dessus de la surface de la terre, il exerce une action, par influence, sur tous les corps qui se trouvent dans sa sphère d'activité. — Si le nuage s'éloigne sans explosion, les corps électrisés par influence repassent peu à peu à l'état naturel; dans ce cas, il n'y a aucun effet produit. — Si l'électricité du nuage se recompose par un éclair avec l'électricité contraire d'un corps placé à la surface de la terre, ce corps est foudroyé directement; on dit alors que le tonnerre est tombé. — Enfin, si l'éclair part entre le nuage orageux et un autre nuage, ou entre l'une des extrémités du premier nuage et un corps terrestre, d'autres corps souvent fort éloignés, mais qui étaient soumis à son influence, peuvent être foudroyés par le *choc en retour*, lorsque, cette influence étant tout-à-coup anéantie, ils deviennent le siége d'une recomposition instantanée des deux fluides électriques que l'action du nuage avait décomposés.

La foudre frappe toujours de préférence les corps qui conduisent le mieux l'électricité, et ceux qui sont les plus voisins du nuage orageux, comme les édifices élevés, les églises, les clochers, les arbres dont les feuilles et les branches font jusqu'à un certain point l'office de pointes et dont les racines descendent profondément dans le sol. L'imparfaite conductibilité de ces divers corps rend leur abri souvent fatal aux personnes qui le recherchent, parce que la matière électrique, ne trouvant pas dans leur substance un écoulement assez facile, se déverse sur les corps conducteurs voisins qu'elle rencontre.

Il existe dans bien des campagnes un usage qui peut devenir très-funeste, celui de sonner les cloches à l'approche d'un

Effets de la foudre.

orage, comme si l'ébranlement qu'elles excitent dans l'air était capable de le dissiper. L'expérience a prouvé, au contraire, que le tonnerre frappe tout aussi bien les clochers où l'on sonne que ceux où l'on ne sonne pas ; et, d'ailleurs, si le clocher est dans la sphère d'activité du nuage orageux, que la corde de la cloche soit humide, et que la foudre éclate, il est à peu près sûr que cette corde lui servira de conducteur et que le carillonneur qui la tient à la main sera foudroyé. On a vu malheureusement trop de victimes de ce déplorable préjugé.

La foudre, quand elle pénètre dans l'intérieur du corps des animaux, provoque dans les organes des lésions qui amènent une mort instantanée ; une prompte putréfaction est en général la suite du désordre qu'elle cause, principalement dans le système vasculaire. Cependant le tonnerre ne tue pas inévitablement tous les animaux qu'il touche ; l'électricité peut glisser sur la surface du corps sans y pénétrer ; elle y laisse alors quelquefois des brûlures, ou des escarres plus ou moins profondes. Il peut arriver qu'un simple vêtement de soie soit un préservatif suffisant contre ses atteintes.

Il est presque inutile d'ajouter que la foudre peut fondre et volatiliser les métaux, déchirer les corps mauvais conducteurs, enflammer les substances combustibles, la paille, le foin, les toits de chaume, et déclarer des incendies. Il arrive encore que, lorsqu'elle a suivi un corps conducteur qui vient à lui manquer, elle brise les corps mauvais conducteurs qui se trouvent sur son passage, pour aller frapper une autre masse conductrice. C'est alors qu'elle brise les glaces, qu'elle fend les murs, qu'elle arrache des pièces de métal de leurs scellements. — Enfin la foudre est capable de fondre et de vitrifier les substances minérales sur lesquelles elle tombe. La surface des rochers présente souvent de ces traces de fusion qui ne peuvent être attribuées qu'à l'électricité. Un des phénomènes les plus remarquables en ce genre que produise la foudre, c'est celui des *tubes fulminaires :* lorsque la matière électrique, pour parvenir jusqu'à des masses liquides ou métalliques souterraines, est obligée de traverser des couches de sable, elle y creuse des tubes qui peuvent avoir jusqu'à 20 ou 30 pieds de profondeur, dont les parois intérieures sont vitrifiées et brillantes, et dont l'enveloppe extérieure est formée d'une croûte de grains de sable, agglutinés par la chaleur que le passage de la foudre a développée.

Je terminerai cette esquisse rapide des principaux effets de la foudre, en signalant ces lumières météoriques que l'on observe souvent au sommet des mâts, et qu'on a désignées sous le nom de *Feu Saint-Elme.* Tous les corps conducteurs élevés, et principalement ceux qui sont terminés en pointe, peuvent donner naissance à ces flammes électriques, lorsqu'ils se trouvent dans la sphère d'action d'une nuée orageuse. On en observe souvent autour des flèches des paratonnerres. Ces effets s'expliquent parfaitement par les propriétés des pointes, et par l'écoulement qu'elles livrent au fluide électrique attiré par le fluide contraire des nuages orageux. Ils ont, du reste, été observés de temps immémorial.

627. Les *paratonnerres* ont été imaginés par Franklin, pour préserver les édifices et les corps terrestres des effets de la foudre. Un paratonnerre est une longue barre métallique, sans solution de continuité, dont une partie, la *tige*, ordinairement terminée en pointe, est placée sur le faîte de l'édifice et plonge dans l'air atmosphérique, et dont l'autre partie, le *conducteur*, descend depuis le pied de la tige jusque dans le sol avec lequel il est en parfaite communication. Voici l'effet qu'il est destiné à produire : Si un nuage orageux passe au-dessus d'un paratonnerre, il décompose par influence son électricité neutre, refoule dans le sol le fluide de même nom, et attire dans la tige l'électricité de nom contraire. Cette électricité, obéissant à l'attraction du nuage, s'écoule dans l'air et va, à chaque instant, neutraliser le fluide électrique qui se trouve accumulé sur ce nuage. L'action préservatrice du paratonnerre augmente avec la proximité et la charge du nuage, et si, malgré le torrent d'électricité qui s'écoule alors de sa tige, il était insuffisant pour neutraliser l'action de ce nuage et s'opposer à la chute de la foudre, il préserverait encore les corps voisins, en recevant lui seul la décharge, comme étant le meilleur conducteur et le plus propre à la transmettre au sol.

Pour qu'un paratonnerre soit efficace, il est essentiel qu'il remplisse plusieurs conditions.

1º Depuis le sommet de la tige jusqu'à l'extrémité inférieure du conducteur, il ne doit pas y avoir la moindre solution de continuité. Si le conducteur était interrompu, l'électricité, repoussée par le nuage, s'élancerait sur les corps voisins et pourrait entraîner de graves dégâts. Le paratonnerre serait alors plus qu'inutile, il serait dangereux.

2º Par une raison semblable, la communication du conducteur avec le sol doit être aussi parfaite que possible; ce point est très-important. Si l'on a, dans le voisinage, un puits ou une source qui ne tarisse pas, on y fait descendre la conduite du paratonnerre. Dans le cas contraire, on l'enfonce jusqu'à 4 ou 5 mètres de profondeur, dans un terrain humide, en ayant soin d'y creuser des tranchées dans lesquelles on fait courir le conducteur, en l'entourant de braise de boulanger. La braise de boulanger, outre l'avantage de bien conduire l'électricité, a celui de préserver le fer de l'oxydation.

Des paratonnerres.

Conditions de leur efficacité.

3º Le conducteur du paratonnerre doit avoir un diamètre suffisant pour qu'il ne soit ni fondu, ni volatilisé par le passage du fluide électrique. On lui donne en général de 17 à 18 millimètres en carré.

4º Il n'est pas indispensable que la tige du paratonnerre soit terminée en pointe. Néanmoins cette forme est préférable à toute autre, à cause de la facilité qu'elle donne à l'écoulement de l'électricité, et de l'obstacle qu'elle oppose à son accumulation. Pour concilier la solidité de la tige avec l'exiguïté de sa pointe, on lui donne la forme d'une pyramide ou d'un cône qui va en s'amincissant graduellement depuis la base jusqu'au sommet. Cette tige est en fer ; mais, pour éviter l'oxydation de la pointe par l'humidité de l'air, et sa fusion par le choc électrique, on la termine par une aiguille de cuivre de 55 centimètres de long, dont l'extrémité est, ou dorée, ou, mieux encore, surmontée d'une pointe de platine de 4 à 5 centimètres, soudée à la soudure d'argent.

Le conducteur du paratonnerre est quelquefois un assemblage de barres de fer carrées, qui se raccordent parfaitement les unes avec les autres ; souvent aussi on préfère employer des câbles métalliques, formés de fils de fer entrelacés et goudronnés séparément pour prévenir la rouille. Ces cordes métalliques ont l'avantage d'être flexibles et de permettre au conducteur de suivre tous les contours de l'édifice le long duquel il descend. Quelle que soit du reste la disposition que l'on adopte, le conducteur doit être fixé à la toiture et aux murs par des crampons placés de distance en distance.

Lorsque l'édifice que l'on veut armer d'un paratonnerre renferme de grandes masses métalliques, telles que des couvertures en plomb, des gouttières de métal, de longues pièces de fer, il faut avoir soin de les mettre en communication avec le conducteur. Car, si ces pièces métalliques étaient isolées, la foudre, qui, en raison de leur conductibilité, leur fait éprouver une décomposition électrique puissante, pourrait se porter sur elles de préférence au paratonnerre.

Sphère action d'un paratonnerre.

Un paratonnerre protège tous les corps qui sont autour de lui, dans un rayon au moins double de la longueur de sa tige. C'est un résultat d'expérience sur lequel on se fonde aujourd'hui dans l'établissement de ces appareils. Ainsi, un paratonnerre dont la tige a 5 mètres de hauteur préserve autour de lui un espace circulaire de 10 mètres de rayon. Lorsque, sur un même édifice, on établira plusieurs paratonnerres, ils ne devront donc pas être distants l'un de l'autre de plus de 20 mètres. Un même conducteur peut servir pour deux tiges ; mais, pour trois ou quatre, on doit employer deux conducteurs. D'ailleurs, ces différentes tiges elles-mêmes doivent être intimement unies par des barres métalliques qui établissent entre leurs pieds une communication continue.

628. Ce serait ici le lieu de parler de la grêle ; car ce phénomène paraît être intimement lié à l'électricité atmosphérique. Ce sont toujours, en effet, des nuages orageux qui versent sur la terre les grêlons, dont le poids est souvent considérable. Des vents violents et de fortes décharges électriques accompagnent habituellement ce météore. Mais sa théorie est encore très-peu connue ; les explications qu'on a proposées jusqu'à ce jour sont toutes incomplètes ou insuffisantes ; et le plan de cet ouvrage ne me permet pas de discuter ici les opinions plus ou moins ingénieuses qui ont été émises pour rendre compte de cet important météore.

CHAPITRE V.

DU MIRAGE ET DE L'ARC-EN-CIEL.

629. On a observé plus d'une fois, en mer et dans les pays de plaines, le phénomène suivant : les objets éloignés présentent, outre leur image ordinaire qui est droite, une seconde image qui a une position renversée, et dont les contours sont plus ou moins altérés et mal définis. Ce phénomène a reçu le nom de *mirage*. — Les circonstances nécessaires à sa production se trouvent réunies dans le sol de la Basse-Egypte, qui offre une vaste plaine se prolongeant jusqu'aux limites de l'horizon, et susceptible, par sa nature sablonneuse et son exposition au soleil, d'acquérir un haut degré de chaleur. C'est là que, pendant l'expédition de l'armée française, le mirage a été souvent observé dans tout son éclat ; le célèbre Monge, un des premiers savants de l'expédition, l'a décrit et expliqué dans tous ses détails.

Phénomène du mirage.

Le matin, l'air étant calme et pur, la plaine tout entière et les objets qui y sont disséminés se distinguent avec une netteté parfaite. Mais, vers le milieu du jour, lorsque les rayons du soleil échauffent fortement le sol, les couches inférieures de l'air participent à sa haute température ; devenues plus légères par la dilatation, elles s'élèvent ; l'air paraît alors pendant quelque temps agité d'un mouvement ondulatoire qui a pour effet de briser capricieusement les images des objets situés dans le lointain. Mais bientôt, si l'atmosphère est calme, il s'établit un équilibre entre les couches inférieures et échauffées de l'air et les couches plus élevées et plus froides. La densité de l'air va alors en augmentant progressivement depuis la surface du sol, où sa température est la plus élevée, jusqu'à une hauteur de quelques pieds; là, cette densité devient constante dans une certaine étendue, pour diminuer ensuite à des hauteurs plus grandes, conformément à la constitution de l'atmosphère. A ce moment, la surface de la plaine disparaît au loin pour l'observateur; le pays semble terminé, à une lieue environ, par une inondation générale, et présente l'aspect d'un grand lac dans lequel se réfléchiraient les éminences, les arbres et les habitations lointaines; au-dessous de ces objets, on voit leurs images renversées, dont les lignes paraissent un peu indécises, comme cela arrive sur les bords d'une nappe d'eau dont la surface est faiblement agitée. Si l'on s'approche d'un objet que l'inondation apparente enveloppe, les bords de l'eau s'éloignent, et, à mesure que le phénomène du mirage cesse pour un objet, il se reproduit pour un autre que l'on découvre dans un plus grand éloignement. Témoins de ces apparences trompeuses, les soldats de l'expédition d'Egypte, fatigués par de longues marches sur un sol desséché, et dévorés par la soif, s'abandonnaient aisément à l'illusion et poursuivaient en vain un rivage qui les fuyait toujours.

Explication de ce phénomène. Fig. 327.

630. L'explication de ce phénomène est extrêmement simple. Supposons que la ligne AB représente la surface du sol échauffé; à partir de cette surface, la densité de l'air augmente de couche en couche, jusqu'à une limite mn où elle devient à peu près constante. Un observateur, dont l'œil est placé en o au-dessus de cette limite, reçoit d'un point quelconque X d'un objet élevé des rayons directs, tels que Xo, qui lui font voir cet objet dans sa position réelle. Mais, parmi les rayons que ce même point X émet dans tous les sens, il en est qui parviennent à l'œil en suivant une tout autre marche. Considérons, par exemple, le rayon XI qui tombe obliquement sur la couche limite mn. En passant de cette couche dans la suivante $m'n'$ qui est moins dense et *moins réfringente*, il éprouvera une déviation qui l'*éloignera* de la normale; son obliquité aura donc augmenté. En passant de la couche $m'n'$ à celle qui la suit, il s'infléchira encore davantage. Son obliquité augmentant sans cesse, le rayon lumineux finira par rencontrer une couche ab, sur laquelle il tombera sous une incidence tellement voisine de l'horizontalité qu'il ne pourra plus se réfracter et sera totalement réfléchi. (On a vu, n° 548, que cela arrive à tout rayon de lumière qui, tendant à passer d'un milieu plus réfringent dans un milieu moins ré-

frmgent, se présente à leur surface de séparation sous une trop grande incidence.) Soit R le point de la couche d'air invisible *ab* où le rayon lumineux éprouve cette réflexion totale; à partir de ce point, il se relèvera de plus en plus en repassant dans les couches d'air qu'il avait déjà traversées, et émergera enfin au point K pour aller frapper l'œil dans la direction K*o*. —Les inflexions successives qu'a subies ce rayon en allant du point I au point K étant graduelles et insensibles, la ligne IRK, qu'il a suivie dans son trajet, est, non une ligne brisée, mais une courbe à laquelle le rayon incident XI et le rayon émergent K*o* sont tangents en I et en K. L'œil qui reçoit dans la direction K*o* un petit pinceau de rayons de lumière émis par le point X, verra son image sur le prolongement de *o*K, en un point X' situé symétriquement au-dessous de la couche *ab*, sur laquelle on suppose que s'opère la réflexion totale. En étendant cette construction aux autres points de l'objet X, on concevra sans peine que l'œil, outre son image directe, doit voir une image renversée, ayant la même apparence que si elle était produite par la réflexion sur une nappe d'eau.

Il est également facile de concevoir pourquoi le bord de l'inondation semble s'éloigner à mesure qu'on s'en rapproche. Sur le nombre infini de rayons qui, émanés du point X, tombent sur la surface *mn*, il y en a beaucoup qui ne sont pas assez obliques pour se relever après avoir subi plusieurs réfractions et une réflexion totale; et parmi tous ceux qui se réfléchissent, il n'y en a qu'un petit nombre qui pénètrent dans l'œil de l'observateur; quelques-uns se relèvent en avant du point *o*, beaucoup d'autres passent par derrière. A mesure que le spectateur s'approchera du point X, le nombre des rayons réfléchis qu'il laisse derrière lui augmentera; le nombre de ceux qu'il lui reste à rencontrer diminuera. Supposons donc que le rayon K*o*, représenté dans la figure, soit le dernier de ceux qui peuvent lui parvenir; à cet instant, le point X sera le plus rapproché de tous les points dont il peut voir l'image renversée; ce point sera donc au bord de l'inondation apparente; et, si l'observateur continue à marcher en avant, le point X semblera sortir de l'eau, et le rivage se transportera plus loin.

Je viens d'examiner un seul cas particulier du mirage. Ce phénomène peut revêtir une foule d'apparences plus ou moins bizarres, dont on se rendra également compte par le jeu de la lumière dans des couches d'air d'inégale densité.

Arc-en-ciel.

De l'arc-en-ciel. **631.** Pour voir un arc-en-ciel se développer dans les airs, il faut qu'un nuage, qui se résout en pluie, soit vivement éclairé par les rayons solaires, et que l'observateur, placé entre le nuage et le soleil, tourne le dos à cet astre. On aperçoit assez souvent deux arcs; dans l'arc intérieur les couleurs sont vives; l'arc extérieur est toujours beaucoup plus pâle. Tous deux présentent la même série de couleurs que le spectre solaire; mais, dans l'arc intérieur, le rouge est la couleur la plus élevée. Dans l'arc extérieur, c'est le violet. Enfin, ces deux arcs font toujours partie d'un cône dont le sommet est dans l'œil de l'observateur, et dont l'axe prolongé derrière lui va passer par le centre du soleil. Ce phénomène provient, comme nous allons le voir, de la réfraction de la lumière solaire au travers des gouttes de pluie, combinée avec sa réflexion sur leur concavité intérieure.

Fig. 328. **632.** Soit AIRB un grand cercle provenant d'une section faite dans une goutte de pluie, qui est presque exactement sphérique; et considérons un rayon lumineux SI émané du centre du soleil. Ce rayon pénétrera dans la goutte liquide en se réfractant suivant IR; au point R, le pinceau réfracté se partagera en deux parties : l'une émergera en s'écartant de la normale et sera perdue pour l'observateur, dont je suppose l'œil placé en E; l'autre partie se réfléchira sur la concavité intérieure de la goutte d'eau, en faisant l'angle de réflexion ORI' égal à l'angle d'incidence ORI. — Au point I', le faisceau RI' éprouvera encore une réfraction au-dehors et une réflexion au-dedans; par la réfraction, une partie du pinceau lumineux émergera dans l'air, suivant I'E, en faisant avec le rayon OI' un angle égal à celui que fait le rayon primitif SI avec le rayon IO; par la réflexion, la seconde partie du pinceau RI' ira tomber sur un nouveau point intérieur de la concavité de la goutte d'eau, où elle éprouvera deux effets du même genre; et ainsi de suite, jusqu'à ce que le rayon lumineux, affaibli par un certain nombre de réfractions et de réflexions successives, finisse par s'éteindre.

Arc intérieur. **633.** Considérons le rayon I'E qui, après deux réfractions et une réflexion, arrive en E à l'œil de l'observateur, et cherchons la condition nécessaire pour que ce rayon soit *efficace*, c'est-à-dire concoure à la production de l'arc-en-ciel. Prolongeons le rayon incident SI et le rayon émergent EI' jusqu'à leur rencontre au point D; cette rencontre aura évidemment lieu sur le prolongement du diamètre KR, à cause de l'égalité des angles ORI, ORI', d'une part, et des angles SIO, EI'O de l'autre. L'angle D ou SDE se nomme la *déviation*. Sa valeur est double de l'angle IDO ou AOK, et par conséquent elle a pour mesure le double de l'arc RB, en supposant le diamètre AB parallèle aux rayons solaires. — Or, on démontre que cette déviation D est susceptible d'un *maxi-mum*, c'est-à-dire que, si l'on conçoit que le rayon SI, d'abord couché sur SA, s'élève parallèlement à lui-même, l'angle SDE ira en augmentant progressivement jusqu'à une certaine limite, à partir de laquelle, le rayon SI continuant à monter, l'angle D diminuera.

Déviation maximum.

Pour *concevoir* l'existence de ce maximum, il suffit de remarquer que, si l'on prend deux rayons parallèles SI, SI' d'abord très-voisins du diamètre SAB, l'incidence étant encore presque perpendiculaire, ces rayons seront très-peu brisés; et le rayon supérieur I'R', quoique plus fortement réfracté que le rayon inférieur IR, sera cependant tout entier au-dessus de lui; il n'ira le couper qu'en dehors de la goutte d'eau. Or, comme la *déviation* pour le rayon inférieur est double de l'arc BR, que pour le rayon le plus élevé elle est double de l'arc BR', cette déviation aura été *en augmentant*.

Fig. 329.

Mais si l'on prend deux rayons voisins SI, SI', suffisam-ment élevés au-dessus du diamètre SAB, l'incidence devenant de plus en plus oblique, ces rayons plus fortement brisés fini-ront par se couper *au-dedans* de la goutte d'eau. Par consé-quent, la déviation qui, pour le rayon inférieur IR, était double de l'arc BR, sera, pour le rayon supérieur I'R', deve-nue double d'un arc moindre BR'; elle aura donc *diminué*. — Ainsi, l'angle D, après avoir augmenté jusqu'à une certaine limite, s'arrête et finit par décroître. — La valeur *maximum*, par laquelle passe cet angle, correspond évidemment au cas où les deux rayons incidents consécutifs sont tels, que les rayons réfractés auxquels ils donnent naissance ne se coupent ni au-dehors ni au-dedans de la goutte d'eau, mais sur la surface même qui la termine au point R (*fig.* 328).

Fig. 330.

634. Or, c'est un principe général et constant que toute quantité qui atteint et dépasse une valeur maximum reste sensiblement la même un peu avant d'arriver à cette limite, et un peu après qu'elle a commencé à s'en écarter. D'après cela, soit R le point où le rayon incident qui donne lieu à la déviation maximum vient, après sa première réfraction, cou-per la concavité de la goutte d'eau. Nous pourrons admettre que les rayons situés un peu au-dessous de ce rayon incident, et ceux qui sont situés un peu au-dessus, viennent aussi, après leur réfraction, converger sensiblement au même point R. Par suite, les rayons de lumière qui composent le pinceau

Rayons efficaces.

Fig. 328.

réfracté IR, et ceux qui composent le pinceau réfléchi RI', sont plus serrés, plus abondants sur un petit espace donné que tous les autres ; enfin, les rayons qui composent le faisceau émergent I'E devant former, avec les rayons correspondants du faisceau incident SI, des angles de déviation sensiblement égaux, nous en conclurons que ces rayons émergents sont parallèles dans une petite étendue. Cela résulte encore directement du concours des rayons réfractés au point R. Donc, si l'on considère actuellement l'ensemble des rayons solaires qui tombent au-dessus du point A sur le quart de cercle supérieur de la goutte de pluie, et l'ensemble des rayons correspondants qui émergent par l'hémisphère inférieur, le spectateur, dont l'œil sera placé quelque part sur la direction du faisceau émergent I'E, recevra dans cette direction plus de lumière que s'il était partout ailleurs : soit parce que les rayons, sur la direction desquels il se trouve, sont beaucoup plus épais, plus denses ; soit parce qu'en raison de leur parallélisme, ils entrent plus abondamment dans la pupille. — On a donné à ces rayons, qui s'accumulent ainsi dans le voisinage de la limite, le nom de rayons *efficaces*, parce qu'ils sont les seuls qui puissent impressionner la rétine.

Cela posé, les rayons lumineux, en se réfractant suivant I'E, se décomposent, et chaque pinceau émergent est réellement un spectre plus ou moins étalé. Les rayons diversement colorés qui le composent ont des réfrangibilités différentes. Par conséquent, l'angle maximum de déviation, pour lequel les rayons rouges sortiront parallèles, ne sera pas le même que l'angle maximum de déviation propre au parallélisme des rayons violets. Or, le calcul prouve que le maximum de déviation a lieu : pour les rayons rouges, quand l'angle D est de 42°2' ; pour les rayons violets, quand cet angle est de 40° 17'. Pour les couleurs intermédiaires, l'angle maximum a des valeurs comprises entre ces deux limites.

Fig. 331.

635. Ces faits admis, imaginons que, par l'œil O de l'observateur, on mène une ligne OX parallèle aux rayons du soleil et qui passe par le centre de cet astre, puis deux autres lignes OD, OD' formant avec la première, l'une un angle de 40° 17', l'autre un angle de 42° 2'. Il est évident que l'observateur verra le violet le plus vif dans toutes les gouttes d'eau qui se trouvent sur la direction OD, et le rouge le plus intense dans toutes celles qui sont sur la direction D'O. De plus, il ne verra que le violet dans les premières et que le rouge dans les secondes ; car les rayons verts, par exemple, dont la réfrangibilité est plus grande que celle des rayons rouges et moindre que celle des rayons violets, doivent, pour être efficaces, se réfracter de manière que leur déviation soit moindre que 42° 2', et supé-

rieure à 40° 17'. Les rayons verts ne seront donc fournis, ni par le globule a, ni par le globule b, mais par des gouttes d'eau intermédiaires. Il en sera de même de toutes les nuances comprises entre le rouge et le violet, lesquelles seront vues successivement dans les gouttes de pluie situées entre a et b, suivant l'ordre prescrit par leurs divers degrés de réfrangibilité. — Imaginons maintenant que les lignes OD, OD' tournent autour de la ligne OX, en faisant toujours avec elle les mêmes angles. Ces lignes engendreront deux surfaces coniques; toutes les gouttes d'eau situées sur la surface intérieure étant dans le même cas que le globule b, toutes celles qui se trouvent sur la surface extérieure étant dans le même cas que le globule a, ces gouttes liquides feront voir à l'œil, les unes une bande curviligne violette, les autres une bande curviligne rouge; et toutes les couleurs intermédiaires du spectre s'étendront circulairement entre ces deux zones extrêmes, dans l'ordre suivant, en allant de haut en bas : rouge, orangé, jaune, vert, bleu, indigo, violet. C'est ainsi que se forme l'arc intérieur. — Une partie de cet arc sera cachée par l'horizon, et l'étendue que l'on pourra en apercevoir dépendra de l'élévation du soleil.

636. D'après ce qui vient d'être dit, la largeur de l'arc-en-ciel intérieur serait la différence entre 42° 2' et 40° 17'; cet arc serait donc vu sous un angle de 1° 45'. — Mais nous devons observer que, dans tout ce qui précède, nous n'avons considéré que les rayons émis par le centre du soleil; nous avons regardé cet astre comme un simple point lumineux. Or, de la terre nous apercevons le disque solaire sous un angle moyen de 30'; il y a donc 15' du centre à son bord supérieur et 15' de ce même centre au bord inférieur. Si nous considérons seulement les rayons solaires émis par le bord le plus élevé, ces rayons donneront naissance à un arc-en-ciel qui débordera de 15', *en dessous*, l'arc formé par les rayons du centre; si nous considérons seulement, au contraire, les rayons émis par le bord inférieur du soleil, ces rayons formeront un arc-en-ciel qui débordera de 15', *en dessus*, l'arc produit par les rayons du centre. L'arc total, formé par l'ensemble de tous les rayons, sera donc rendu plus large de 30', et il sera vu sous un angle de 2° 15'. En outre, les arcs formés par les différents points du disque solaire se superposant en partie, les couleurs, dans l'arc-en-ciel complet, seront plus ou moins fondues, mélangées, et par conséquent altérées, surtout dans les parties centrales.

Largeur de l'arc intérieur.

637. Passons à l'arc-en-ciel extérieur. — Celui-ci résulte des rayons lumineux qui éprouvent, en traversant les gouttes de pluie, deux réfractions et deux réflexions. — La marche des rayons lumineux dont il s'agit est représentée dans la

Arc extérieur.

fig. 332. Un rayon incident SI se réfracte au point I en pénétrant dans l'hémisphère inférieur de la goutte d'eau AIBH ; au
point R, il éprouve sur la concavité intérieure une première
réflexion ; au point R′, il en éprouve une seconde ; enfin il
émerge au point I′ dans la direction I′E, et vient passer par
l'œil du spectateur. L'angle IDI′ ou SDE, formé par le rayon
émergent prolongé et le rayon incident, s'appelle encore ici la
déviation. Or, le calcul prouve que cette déviation est susceptible, dans le cas actuel, non d'un maximum, mais d'un
minimum (1) ; c'est-à-dire que, si un rayon lumineux, d'abord
couché sur le diamètre SAB, descend en demeurant parallèle
à lui-même, l'angle SDE, formé par le rayon incident et le
rayon émergent, *décroîtra* jusqu'à une certaine limite, à partir de laquelle il augmentera de nouveau. — Dans le voisinage
de la limite, les rayons émergents, correspondant à des rayons
incidents très-rapprochés, seront plus serrés, plus abondants
que partout ailleurs ; en outre, ils seront sensiblement parallèles, de sorte que l'œil, qui sera placé sur leur direction, en
recevra une impression plus vive que de tous les autres. Ces
rayons sont encore nommés *rayons efficaces.*

Mais le minimum de déviation propre à rendre parallèles les
rayons rouges ne sera pas le même que celui qui est propre
au parallélisme des rayons violets. Le calcul démontre que la
déviation minimum pour les rayons rouges est de 50° 57′, et le
minimum pour les rayons violets de 54° 7′. — Imaginons, en
conséquence, que l'on mène par l'œil de l'observateur : 1° une
droite parallèle aux rayons du soleil, et qui, prolongée, aille
passer par son centre ; 2° deux autres droites formant avec la
première, l'une un angle de 5° 57′, l'autre un angle de 54° 7′ ;
enfin, concevons que ces deux dernières tournent autour de
la précédente en faisant toujours les mêmes angles avec elle ;
elles décriront dans ce mouvement deux surfaces coniques,
dont l'œil du spectateur sera le sommet. Sur la surface *intérieure* seront répandus tous les globules d'eau propres à donner
la sensation de la couleur *rouge ;* sur la surface *extérieure,*
tous ceux qui peuvent donner l'impression de la couleur *violette ;* et, entre ces deux bandes extrêmes, seront distribuées
circulairement toutes les couleurs intermédiaires du spectre
solaire, d'après leur ordre de succession. On voit qu'elles
auront, dans l'arc extérieur, une disposition inverse de celle
qu'elles affectent dans l'arc-en-ciel intérieur.

---

(1) On pourrait prendre pour mesure de la déviation l'angle supplé-
mentaire EDI ; alors, au lieu d'un minimum, on aurait, comme précédemment, un maximum.

638. La largeur de l'arc-en-ciel extérieur serait de 54° 7′ — 50° 57′ ou de 3° 10′; si le centre du soleil envoyait seul de la lumière. La grandeur apparente du disque solaire augmentera de 30′ cette largeur qui nous apparaîtra sous un angle de 3° 40′; enfin, les couleurs seront, dans les parties centrales, plus ou moins fondues les unes avec les autres, à cause de la superposition des arcs-en-ciel formés par les différents points du disque solaire.

Comparé à l'arc intérieur, l'arc-en-ciel extérieur sera toujours plus pâle, parce que les rayons qui lui donnent naissance éprouvent une réflexion de plus. Quant à la distance des deux arcs, elle serait de 50° 57′ — 42° 2′ = 8° 55′; mais, à cause du diamètre apparent du soleil, elle sera moindre de 30′, et se présentera sous un angle visuel de 8° 25′. Newton a vérifié ces diverses dimensions par des mesures directes.

On observe quelquefois des arcs-en-ciel *lunaires*; mais, la lumière de notre satellite étant beaucoup moins vive que celle du soleil, les arcs auxquels elle peut donner naissance ont toujours peu d'éclat.

Largeur de l'arc extérieur.

Distance des deux arcs.

NOTES.

Afin de mettre les élèves à même de pouvoir résoudre les nombreux problèmes que l'on peut proposer sur les dilatations et les capacités calorifiques des corps, nous donnerons dans les notes I et II les tables qui contiennent les nombres les plus usuels.

I.

(Page 137.) 1° TABLE DES DILATATIONS LINÉAIRES (*Solidès*).

NOMS DES SUBSTANCES.	COEFFICIENT DE DILATATION de 0° à 100°	OU EN FRACTION ordinaire.	
Acier non trempé.	0,0010791	$1/_{927}$	
» trempé, jaune, recuit à 65°.	0,0012396	$1/_{807}$	
Argent au titre de Paris.	0,0019087	$1/_{524}$	
» de coupelle.	0,0019097	$1/_{524}$	
Cuivre rouge.	0,0017173	$1/_{582}$	
» jaune ou laiton.	0,0018782	$1/_{533}$	Laplace et Lavoisier.
Etain des Indes ou de Malaca. . .	0,0019377	$1/_{516}$	
» de Falmouth.	0,0021730	$1/_{462}$	
Fer doux forgé.	0,0012205	$1/_{819}$	
» rond passé à la filière. . . .	0,0012350	$1/_{812}$	
Or de départ.	0,0014661	$1/_{682}$	
» au titre de Paris, recuit. . . .	0,0015136	$1/_{661}$	
» » non recuit. .	0,0015516	$1/_{645}$	
Plomb.	0,0028484	$1/_{351}$	
Verre de France avec plomb. . . .	0,0008117	$1/_{1147}$	
» en tube sans plomb.	0,0008757	$1/_{1142}$	
» de Saint-Gobain.	0,0008909	$1/_{1122}$	
Flint-Glass anglais.	0,0008167	$1/_{1248}$	
Platine.	0,0008566	$1/_{1167}$	Borda.
Verre blanc, tubes de baromètre.	0,0008333	$1/_{1175}$	
Acier poli.	0,0011500	$1/_{870}$	
Bismuth.	0,0013917	$1/_{719}$	Smeaton.
Fil de laiton.	0,0019333	$1/_{517}$	
Métal de miroir de télescope. . . .	0,0019333	$1/_{517}$	
Zinc.	0,0029417	$1/_{340}$	

NOTES.

459

2° VARIATIONS DES DILATATIONS AVEC LA TEMPÉRATURE

(D'après Dulong et Petit).

SUBSTANCES.	DE 0° A 100°.	FRACTION.	DE 0° A 300°.	FRACTION.
Platine. . . .	0,0008842	$1/_{1131}$	0,0027548	$1/_{363}$
Fer.	0,0011821	$1/_{846}$	0,0044053	$1/_{227}$
Cuivre. . . .	0,0017182	$1/_{582}$	0,0056497	$1/_{177}$
Verre.	0,0008613	$1/_{1161}$	0,0030325	$1/_{329}$

3° DILATATION DES LIQUIDES.

NOMS DES SUBSTANCES.	DILATATION de 0° à 100°.	FRACTION.
Dilatation apparente dans le verre. Eau	0,0466	$1/_{22}$
Acide hydrochlorique (densité 1,137).	0,0600	$1/_{17}$
» nitrique (densité 1,40). .	0,1100	$1/_9$
» sulfurique (densité 1,85). .	0,0600	$1/_{17}$
Ether sulfurique.	0,0700	$1/_{14}$
Huile d'olive et de lin.	0,0800	$1/_{12}$
Essence de térébenthine.	0,0700	$1/_{14}$
Eau saturée de sel marin.	0,0500	$1/_{20}$
Alcool.	0,1100	$1/_9$
Mercure.	0,0156	$1/_{64}$
Dilatation absolue. Mercure de 0° à 100°.	0,0180180	$1/_{5550}$
» de 100° à 200°.	0,0184331	$1/_{5425}$
» de 200° à 300°.	0,0188679	$1/_{5300}$

4° DILATATION DES GAZ.

Voyez page 135, § 204.

II.

(Page 222.) 1° TABLE DES CAPACITÉS CALORIFIQUES:.

(*Solides et liquides*).

NOMS DES SUBSTANCES.	CAPACITÉS.	NOMS DES SUBSTANCES.	CAPACITÉS.
Verre............	0,19768	Mercure.	0,03332
Fer.............	0,11379	Soufre.	0,20259
Fer oligiste peroxide. .	0,16695	Phosphore.	0,18870
Fonte de fer blanche. .	0,12983	Diamant.	0,14687
Acier doux.	0,11650	Graphite naturel. . . .	0,20187
» trempé.	0,11750	Charbon de bois. . . .	0,24150
Cuivre.	0,09515	Coke de houille. . . .	0,20085
Laiton.	0,09391	Anthracite.	0,20171
Métal des cymbales aigre	0,08580	Noir animal.	0,26085
» doux.	0,08620		
Zinc.	0,09555	Eau..	1,00800
Argent.	0,05701	Essence de térébenthine	0,42593
Plomb.	0,03140	Alcool ordinaire à 36°..	0,65880
Bismuth.	0,03084	» plus étendu. . .	0,84130
Etain des Indes.. . . .	0,05623	» encore plus éten.	0,94020
Platine laminé.	0,03243	Acide acétiq. concentré.	0,65010
Or.	0,03244		

Tous ces nombres ont été déterminés par M. Regnault par la méthode des mélanges.

Acide sulfur. (d. 1,84).	0,350	Vinaigre.	0,920
» nitriq. (d. 1,30).	0,660	Ether sulfur. (d. 0,76).	0,660
» hydrochlorique		Alcool (densité 0,81). .	0,700
(d. 1,53).	0,600	Flint-Glas.	0,190

Ces nombres ont été déterminés par Dalton.

Despretz.	Alcool (d. 0,793).	0,622	**Laplace et Lavoisier par le calorimètre à glace.**	Fer battu.	0,1105
	Éther sulfurique (dens. 0,715).	0,520		Verre sans plomb.	0,1929
				Chaux vive. . . .	0,2169
	Essence de térében- thine (d. 0,872).	0,472		Huile d'olive. . .	0,3096
Meyer.	Bois de chêne. . .	0,570		Acide sulfurique (d. 1,87).	0,3346
	» de pin. . . .	0,650		» nitrique	
	» de poirier. . .	0,500		(d. 1,30).	0,6614

2° TABLE DES CAPACITÉS CALORIFIQUES DE DIFFÉRENTS GAZ SOUS UNE PRESSION CONSTANTE.

NOMS DES GAZ.	La chaleur spécifique de l'air étant prise pour unité.		La chaleur spécifique de l'eau étant prise pour unité.
	à volumes égaux.	à poids égaux.	
Air atmosphérique. . . .	1,0000	1,0000	0,2669
Hydrogène.	0,9033	12,3401	3,2936
Acide carbonique. . . .	1,2583	0,8280	0,2210
Oxygène.	0,9765	0,8848	0,2361
Azote.	1,0000	1,0318	0,2754
Oxyde d'azote.	1,3503	0,8878	0,2369
Hydrogène carboné. . . .	1,5530	1,5763	0,4207
Oxyde de carbone. . . .	1,0340	1,0805	0,2884
Vapeur d'eau. . . , . . .	1,9600	3,1360	0,8470

Ces nombres ont été déterminés par MM. de la Roche et Bérard (*Ann. de Phys. et de Chimie*, t. LXXV).

III.

NOTE SUR LA CHALEUR DÉGAGÉE DANS LES COMBINAISONS CHIMIQUES.

Personne n'a été sans remarquer qu'en jetant de l'eau sur de la chaux vive, en mélangeant de l'eau et de l'acide sulfurique, en faisant brûler du bois, de la houille, du suif, de l'huile, du gaz d'éclairage, on produisait de la chaleur. Malgré que cette remarque fût, sans doute, bien ancienne, on n'avait point songé, jusqu'à Lavoisier, à mesurer la quantité de chaleur produite dans ces phénomènes qui, tous les jours, se passent sous nos yeux. Pourtant, cette mesure est de la première importance, soit pour éclairer l'industrie sur la valeur des combustibles qu'elle emploie, soit pour expliquer un grand nombre de phénomènes chimiques ou physiologiques, comme la cause de la chaleur animale. Aujourd'hui qu'un grand nombre de travaux remarquables ont été faits pour résoudre ce problème, on peut les analyser et les faire entrer dans un cours de physique élémentaire.

Lavoisier est le premier qui, vers 1780, ait entrepris, avec l'illustre géomètre Laplace, de déterminer les quantités de chaleur dégagées dans la combustion de certains corps, et en même temps fait les premières expériences pour déterminer la chaleur qu'émettent les animaux. Leur travail, consigné dans les Mémoires de l'Académie des sciences (1780-1790),

fut fait au moyen du calorimètre à glace déjà décrit (p. 220).
Mais les causes d'incertitude sont si grandes dans cet appareil,
que l'on doit considérer les nombres qu'ils ont donnés plutôt
comme des essais qui ont ouvert la voie que comme des nombres définitifs. A peu près en même temps, Crawford, en
Angleterre, entreprit un semblable travail (1) ; et, comme sa
manière d'opérer est semblable à celle des deux immortels
physiciens français, elle présente les mêmes causes d'erreurs
et ne mérite pas de nous occuper plus longtemps.

Calorimètre de Rumford.

Plus tard, vers 1814, le comte de Rumford reprenait ces
expériences et les complétait à l'aide d'un appareil particulier
qui porte son nom.

Fig. 333.

Ce calorimètre, extrêmement simple, se compose d'une
caisse rectangulaire en cuivre rouge mince, ABCD ; dans l'intérieur se trouve placé un serpentin horizontal *abc*, venant
par l'une de ses extrémités *a* s'ouvrir en entonnoir hors la
caisse, et par l'autre *c* s'emboîter dans une cheminée. Le couvercle de la caisse est traversé par une tubulure par laquelle
passe dans un bouchon un thermomètre très-sensible destiné
à donner à chaque instant la température de l'eau contenue
dans la caisse. Lorsqu'on veut essayer un combustible, on le
place sur une grille, s'il est solide ; dans une lampe, s'il est
liquide ; et on le fait brûler sous l'entonnoir *a*. Maintenant,
connaissant le poids de l'eau échauffée, en y comprenant le
calorimètre et le serpentin réduits en eau et le poids du combustible brûlé, il est facile d'en déduire le nombre de *calories*
dégagées par le combustible essayé. Ce nombre s'obtient en
multipliant le poids de l'eau par l'élévation de la température
et divisant par le poids du combustible brûlé.

On appelle *calorie* la quantité de chaleur nécessaire pour
pour porter 1 gramme d'eau de 0° à 1° centigrade.

En examinant cette méthode, on voit de suite à quelles
erreurs elle peut conduire. En effet, Rumford néglige d'une
part la chaleur rayonnante émanant du combustible par la
partie inférieure de l'appareil ; la chaleur absorbée par la partie contenant le combustible ; et, enfin, celle emportée par
les gaz qui ont traversé le serpentin ; car il ne paraît pas avoir
évalué la vitesse d'écoulement de ces gaz. Rumford semble
avoir éprouvé de telles difficultés dans la combustion des
charbons, qu'il ne crut pas devoir s'en rapporter aux nombres qu'il avait déterminés, et qu'il accorda sa confiance aux
résultats obtenus par Crawford.

Après Rumford, Hassenfratz et Clément-Désormes se livrè-

(1) Experiments and observations on animal heat and the inflammation of combustibles bodies. London, 1779.

rent à de nouvelles recherches sur le même sujet, en employant, soit le calorimètre à glace, soit le calorimètre de Rumford.

Welter, en 1822 (1), examinant les résultats déjà obtenus, posa un principe qui, plus tard, servit de base aux recherches d'autres physiciens. Ce principe, qui consiste en ce que *les quantités de chaleur dégagées dans la combustion d'un poids égal de différents corps sont proportionnelles aux quantités d'oxigène absorbé par chacun d'eux*, est malheureusement contestable, car il s'appuie sur l'exactitude de nombres qui ne sont pas suffisamment établis. {Loi de Welter.}

Dans un Mémoire, couronné à Paris par l'Académie des sciences, en 1823 (2), M. Despretz, en étudiant la chaleur animale, a été conduit à chercher la quantité de chaleur dégagée dans la combustion de l'hydrogène et du carbone. Son appareil n'est qu'une modification de celui de Rumford. {Expériences de M. Despretz.}

Les expériences de M. Despretz, très-bien conduites d'ailleurs, laissent néanmoins quelques incertitudes, et disons qu'elles tiennent plutôt à la manière dont il a décrit son travail, très-sobre de détails, qu'à la manière d'opérer.

1° Un des reproches que l'on peut adresser à sa méthode est de n'avoir brûlé que de très-petites quantités de combustibles, ce qui produisait une faible élévation de température; et, par suite, les erreurs de lecture ou autres, en se répartissant sur une moindre étendue de l'échelle thermométrique, formaient une plus grande proportion de l'observation totale, et conséquemment nuisaient à l'exactitude des résultats.

2° M. Despretz prend bien la température des gaz à l'entrée et à la sortie du calorimètre, mais on ne voit pas comment il connaît la quantité de gaz qui a servi à la combustion et comment il calcule ses corrections.

3° Rien n'indique, dans son Mémoire, qu'il ait examiné les produits de la combustion.

4° Enfin, ce physicien recommandable ne fait point connaître par quel *moyen particulier* il enflammait les combustibles, et, par suite, on ne peut savoir quelle influence ce moyen d'allumage exerçait sur les résultats.

Après ce premier travail de M. Despretz, on trouve dans les bulletins du mois de mars de la Société d'encouragement, pour 1827, la relation des expériences de M. Marcus-Bull, faites en Amérique et consignées dans le Recueil *Franklin-Journal*, 1826. Marcus-Bull a déterminé les rapports entre les pouvoirs calorifiques des bois; ses recherches ne peuvent donc {Expériences de Marcus-Bull.}

(1) *Annales de Physique et de Chimie*, tome XIX.
(2) *Annales de Physique et de Chimie*, tome XXVI.

donner le pouvoir calorifique absolu qu'autant qu'on le suppose connu à l'avance pour l'un d'eux.

L'appareil de Marcus-Bull n'a aucun rapport avec ceux habituellement employés pour mesurer les calories. Il consiste dans une grande chambre en bois d'une capacité connue et dans laquelle on place un poêle où l'on fait brûler les combustibles. On tient compte de la pression de l'air à l'intérieur, à l'extérieur, et l'on règle le tirage de manière que les gaz sortent de la chambre emportant le moins possible de chaleur. — L'effet à obtenir, c'est de maintenir constamment la chambre à 10° au-dessus de la température ambiante, et l'effet calorifique se mesure par le temps pendant lequel un poids donné d'un combustible maintient ainsi la chambre à 10°.

Voici quelques-uns des résultats auxquels il est parvenu :

NOMS.		Densité.	BOIS SEC. Poids d'une corde = 4 mèt. cubes, en livres de 0 k. 453.	Temps pendant lequel la tempér. de la chambre a été maintenue à 10° par la combustion de 1 liv. de chaque bois.		Quantité spécifique de chaque substance comparée avec le bois de noyer à écorce écailleuse.
VULGAIRES.	BOTANIQUES.					
Noyer à écorce écailleuse....	Juglans squamosa..	1000	4469	6ʰ	40'	100
Noyer noir....	» nigra.....	681	3044	6	20	65
Chêne blanc...	Quercus alba....	855	3821	6	20	81
» rouge...	» rubra....	728	3254	6	20	69
Frêne d'Amériq.	Fraxinus Americana.	772	3450	6	40	77
Hêtre des bois..	Fagus sylvatica...	724	3236	6	00	65
Orme d'Amérique	Ulmas Americana..	580	2592	6	40	58
Érable sycomore.	Acer pseudo-platanus	535	2391	6	30	52
Bouleau-mérisier.	Betula lenta.....	697	3115	6	00	63
Châtaignier....	Castanea vesca....	522	2333	6	40.	52
Pin jaune.....	Pinus mitis.....	551	2463	6	30	54
Peuplier d'Italie.	Populus dilatata...	397	1774	6	40	40

Ces quelques nombres suffisent pour bien faire apprécier la méthode de Marcus-Bull. Il est évident que la quantité de chaleur dégagée par une corde de bois est proportionnelle au temps inscrit dans la cinquième colonne, multiplié par le poids de la corde. — En divisant ces produits par celui qui correspond au noyer à écorce écailleuse et multipliant le quotient par 100, on obtient les nombres de la sixième colonne. De telle sorte que, si on connaissait le nombre de calories dégagées par le premier des corps inscrits, on aurait tous les autres par de simples multiplications. Malheureusement, ce premier document manque et enlève au travail de Marcus-Bull une grande partie de sa valeur.

Plus tard, M. Despretz reprit ses expériences sur la combustion, et étudia plusieurs corps, tels que le carbone, l'hydrogène, le phosphore, le fer, le zinc et l'étain (1).

Après les physiciens que nous venons de citer, M. Berthier, ingénieur des mines, chercha à déterminer les rapports entre les pouvoirs calorifiques des différentes substances, par les rapports des poids de litarge réduite par un poids égal de chaque combustible (2).

Méthode de M. Berthier

Cette méthode fort ingénieuse, et que l'on peut pratiquer toutes parts avec un simple creuset, n'a qu'un inconvénient, c'est de s'appuyer sur la loi de Welter, qui n'est pas encore démontrée. Néanmoins, elle peut très-bien être employée, lorsqu'il ne s'agit, comme dans les usines, que de déterminer la valeur relative d'un combustible.

Enfin, dans les comptes-rendus de l'Académie des sciences pour 1838, on trouve les traces d'un travail sur la combustion, entrepris par Dulong, et fatalement interrompu.

Calorimètre de Dulong.

Nous ne pouvons rien dire de ses expériences, et on ne peut prévoir les résultats définitifs auxquels serait parvenu cet illustre physicien, ni juger de l'exactitude d'une méthode et d'un appareil qu'on ne connaît qu'imparfaitement. Tout ce qu'on en sait est dû à M. Cabart (3), qui l'avait secondé dans ses expériences, et à quelques notes trouvées parmi des papiers à demi-consumés. Nous donnerons pourtant l'analyse de ce travail.

Le calorimètre se compose : 1° d'une caisse rectangulaire ABCD, en cuivre rouge mince et ayant une capacité de 11 litres ; les bords du couvercle plongent dans une rainure qui borde la caisse et est remplie de mercure ; la fermeture est par ce procédé parfaite ; 2° d'une caisse *abcd*, beaucoup plus petite, de forme prismatique, également en cuivre rouge mince, sa capacité est égale à 1 litre 875 ; c'est dans cette caisse que se font les combustions ; 3° d'un serpentin *s*, qui, partant de la partie inférieure de la caisse prismatique, vient, après plusieurs contours, déboucher dans une cheminée *i* qui conduit les gaz dans un gazomètre.

Fig. 334.

Voici maintenant la manière d'opérer : On fait arriver dans la capacité *abcd* l'oxygène par les tuyaux *e* ou *e'*, suivant le

---

(1) *Annales de Physique et de Chimie*, tome XXXVII. 1828.
(2) *Traité des Essais par la voie sèche*, par Berthier. 1834. — *Annales de Physique et de Chimie*, tome LIX. 1835.
(3) *Annales de Physique et de Chimie*, tome VIII. 1843.

besoin. Les gaz combustibles arrivent par le tuyau f qui se termine par un bec, variable suivant la combustibilité du gaz. Lorsque les combustibles sont liquides, on les place dans un tube de verre fermé par un bout, et on fait plonger dedans quelques brins de coton.

On ne sait pas comment se faisait l'inflammation des liquides et des gaz.

Les corps combustibles solides se disposent diversement : le fer est roulé en spirale; les autres métaux sont contenus à l'état pulvérulent dans une capsule de cuivre ou de platine; on les mélange avec une matière inerte quand on redoute l'agglutination. Ils sont enflammés avec un morceau d'amadou.

Le charbon ne prenant pas feu de cette manière est taillé en cône; on en enflamme la pointe à une flamme d'alcool, et on le porte rapidement dans la chambre de combustion.

Une fenêtre latérale g, fermée avec une lame de verre, permet de voir ce qui se passe dans l'appareil pendant les expériences.

Le couvercle AD de la caisse est percé de plusieurs trous, soit pour laisser passer deux thermomètres T symétriquement placés, soit pour laisser passer l'agitateur h et l'ouverture H de la chambre à combustion. Les thermomètres T donnent la température de l'appareil. Quant au thermomètre t, qui plonge dans la cheminée, il est destiné à donner la température des gaz à leur sortie, afin que, connaissant leur volume et leur nature, on ait tous les éléments nécessaires pour calculer la chaleur emportée par les gaz.

Pour estimer les calories, il suffisait donc de calculer : 1° le quotient $\frac{2M\theta}{p}$, et 2° d'y ajouter la correction due aux gaz.

Dans cette formule, M représente la masse d'eau, en y comprenant l'eau versée et l'équivalent en poids d'eau de tout l'appareil; p représente le poids du combustible brûlé et 2° l'élévation de température, qui se décompose en θ^0, au-dessous de la température ambiante et à laquelle on fait descendre l'appareil au moment de commencer l'expérience, et en θ^0, au-dessus de la température ambiante, à laquelle on arrête l'expérience dès qu'on l'a atteint. Ce procédé ingénieux, dont s'est servi, le premier, Rumford et après lui Dulong, a pour effet d'annuler le refroidissement, parce qu'on admettait une sorte de compensation entre la chaleur reçue pendant la première moitié de l'expérience et la chaleur perdue dans la seconde; mais cette supposition était toute gratuite, et depuis les expériences délicates de MM. de La Provostaye et P. Desains, il n'est plus permis de l'admettre. Malgré cela, lorsque les écarts en dessus et en dessous de la température ambiante sont assez faibles, on peut regarder la compensation comme à peu près exacte.

Les grandes divergences que l'on remarque entre les nombres donnés par les physiciens qui ont étudié un même corps avaient jeté du doute sur la confiance que l'on devait accorder à ces déterminations. Aussi, dès 1841, l'Académie des sciences de Toulouse mit-elle au concours la question de *la chaleur dégagée dans la combustion*; en la circonscrivant toutefois aux corps employés dans l'éclairage et le chauffage; le prix fut décerné, en 1844, à MM. Dauriac et Sahuqué, sur notre rapport (1). L'Académie royale des sciences de l'Institut mit aussi au concours, en 1842, la même question, mais en l'étendant à toutes les combinaisons chimiques; et, dans sa séance solennelle du 16 décembre 1850, elle accorda les fonds du prix, en indemnité, aux travaux de MM. Favre et Silbermann, de MM. Dauriac et Sahuqué, et au Mémoire de M. Andrews, qui a plus particulièrement considéré les combinaisons par voie humide. Nous allons donner quelques détails sur ces diverses recherches, en suivant leur ordre de date.

Le calorimètre de MM. Dauriac et Sahuqué se compose de deux sphères métalliques creuses, en cuivre mince, concentriques l'une à l'autre. — La sphère intérieure, qu'ils nomment le foyer, parce que c'est là que le combustible doit être brûlé, a 15 centimètres de diamètre. Elle est munie intérieurement d'une grille légère en platine, destinée à recevoir les combustibles solides ou liquides, et elle ne repose sur la sphère qui l'enveloppe que par trois pieds en cuivre reliés par un fil de laiton. — Celle-ci a 30 centimètres de diamètre intérieur. L'espace compris entre ces deux enveloppes est destiné à être rempli d'eau; il peut en contenir de 14 à 15 litres; il est sillonné, dans toute son étendue, par les spires d'un double serpentin, qui vient s'ouvrir d'une part au sommet du foyer calorimétrique *a*, de l'autre au sommet de l'enceinte extérieure *b*, dans une cheminée verticale qui la traverse et s'y engage à frottement exact. — Au-dessus de cette cheminée extérieure se visse un tube de verre *cd*, surmonté d'une boule au centre de laquelle est fixé le réservoir d'un petit thermomètre à mercure très-sensible, destiné à faire connaître à leur sortie la température des gaz provenant de la combustion et qui ont traversé le serpentin. — Dans l'hémisphère inférieur des deux enceintes du calorimètre, sont disposés quatre tubes en cuivre *e*, *f*, *g*, *h*, qui en traversent hori-

Calorimètre de MM. Dauriac et Sahuqué.

Fig. 335.

zontalement les parois et s'ouvrent d'une part en dehors de l'enveloppe extérieure, de l'autre dans l'intérieur du foyer central. Dans deux de ces tuyaux *f, g,* sont mastiqués deux petits tubes en verre, dans lesquels passent deux fils de platine, terminés à l'intérieur du foyer par deux cônes de charbon opposés pointe à pointe ; et mis extérieurement en communication avec les pôles d'une pile voltaïque. Ils sont évidemment destinés à enflammer les corps combustibles soumis à l'expérience. — Les deux autres tuyaux *e, h,* qui s'ouvrent aussi au centre du foyer, se raccordent en dehors du calorimètre avec deux tubes de verre, par lesquels on amène dans l'intérieur du foyer : 1° le gaz oxygène, parfaitement purifié et desséché, destiné à brûler les corps, et qui sort d'un grand gazomètre (3 à 400 litres) gradué avec une vitesse constante ; 2° le gaz combustible, purifié, desséché et écoulé d'une manière analogue, et destiné à être brûlé dans l'intérieur du foyer. Si le corps combustible que l'on essaie est solide ou liquide, le dernier tube dont il vient d'être question est fermé ; le gaz oxygène seul a accès dans le foyer au centre duquel le combustible est placé d'avance. — Enfin, la cheminée qui termine le serpentin et par où s'écoulent les produits gazeux de la combustion, est mise en communication avec un grand gazomètre gradué, destiné à les recevoir après qu'ils ont traversé une série d'appareils propres à retenir la vapeur d'eau et l'acide carbonique dont ils peuvent être mélangés ; plus tard, on les analyse. — Le calorimètre tout entier est soutenu par trois pieds en verre, au centre d'une cave artificielle formée de deux grands tonneaux concentriques ; l'intervalle compris entre leurs parois est de toutes parts remplie d'eau froide, sans cesse renouvelée par une source alimentaire et entretenue ainsi à une température constante.

Pour mesurer la température de l'eau du calorimètre, on se sert de trois thermomètres à mercure, savoir : un thermomètre ordinaire *i* à long réservoir et deux grands thermomètres à poids *k, l,* gradués d'avance avec le plus grand soin. Leur disposition dans le calorimètre est la suivante : l'hémisphère supérieur de la sphère enveloppante est percé de trois trous, dans lesquels sont soudés trois tubes en fer, fermés par le bas, qui descendent dans l'eau du calorimètre entre les spires du serpentin. Ces tubes en fer reçoivent du mercure dans lequel plongent les réservoirs des trois thermomètres. La comparaison des températures que ces trois instruments fournissent donne à chaque instant, par une moyenne, la température très-exacte de l'eau du calorimètre, et fait connaître la loi de son échauffement progressif.

Ces dispositions prises, la manière d'opérer est très-simple à concevoir. On commence par faire passer un courant d'oxygène sec, de manière à en remplir entièrement le foyer du calorimètre. Le courant étant uniformément établi, on fait passer une étincelle électrique dans l'intérieur du foyer, pour enflammer le corps combustible qui, s'il est solide ou liquide, a été convenablement disposé sur la grille de platine, et qui, s'il est gazeux, arrive du gazomètre où il est contenu. — La température initiale a été notée avec soin ; l'heure exacte où l'inflammation a eu lieu est donnée par une bonne montre à secondes ; et, pendant que l'expérience marche, on observe, de dix en dix minutes, ou à des intervalles plus rapprochés si l'on veut : 1º la température de l'eau du calorimètre; 2º le volume des gaz écoulés ; 3º le volume et la température des gaz à leur sortie du serpentin. — Quand l'eau du calorimètre s'est élevée à une température que l'on juge suffisante, on arrête l'écoulement des gaz ; la température monte encore pendant quelques instants, mais elle atteint bientôt, la combustion cessant, un maximum que l'on note exactement.

La chaleur dégagée pendant la combustion se partage en cinq parts bien distinctes, que l'on doit mesurer séparément pour avoir la totalité du calorique développé.

1º La plus grande partie de cette chaleur est absorbée par l'eau du calorimètre et par les corps solides dont il est formé. Comme on connaît d'avance le poids de l'eau et sa densité, le poids, la densité et la chaleur spécifique des corps solides qui entrent dans la composition du calorimètre, enfin sa température initiale et sa température finale, il est aisé d'évaluer la quantité de chaleur absorbée par l'ensemble de l'appareil.

2º Une seconde et minime portion de la chaleur produite est employée à vaporiser une petite quantité de l'eau qui remplit incomplètement l'espace compris entre les deux enveloppes du calorimètre. Pour la mesurer, il suffisait de calculer la différence entre les poids de vapeur nécessaires pour saturer l'espace libre dont il s'agit aux deux températures, finale et initiale, de l'instrument. Cette correction a toujours été trouvée si faible, qu'il était permis de la négliger.

3º La troisième partie de la chaleur développée est celle qui se perdait par voie de rayonnement vers les parois de la cave artificielle où le calorimètre était plongé. Pour l'évaluer, il a fallu d'abord, par une série d'expériences préalables, calculer la vitesse du refroidissement du calorimètre dans cette enceinte. Les excès de température n'étant jamais considérables, la loi de Newton pouvait être appliquée; et c'est ainsi que l'on a pu déterminer *à priori* les pertes progressives de chaleur correspondantes à chaque température de l'appareil, et en faire la somme.

4° Une quatrième portion de la chaleur était emportée par les gaz à leur sortie du calorimètre. Ces gaz se composaient, dans l'expérience faite par les auteurs du Mémoire, d'acide carbonique et de gaz oxygène presque pur, mêlé quelquefois d'un peu d'oxyde de carbone. Leurs chaleurs spécifiques sont connues par les travaux de MM. Laroche et Bérard. Or, comme à chaque observation de dix en dix minutes, on connaissait la température et le volume des gaz écoulés, il était facile de calculer les diverses quantités de chaleur successivement emportées par eux et de les additionner.

5° Enfin, une dernière partie de la chaleur dégagée était emportée par la vapeur d'eau provenant de là combustion. Le poids de cette vapeur était donné par l'augmentation de poids des tubes desséchants, dans lesquels elle venait se condenser; et, en admettant avec Dulong que pour vaporiser 1 gramme d'eau il faille 543 unités de chaleur, on obtient aisément la quantité de chaleur correspondante à la vapeur d'eau formée.

Tels sont les éléments dont se composait la totalité de la chaleur dégagée. Il ne restait plus à connaître que le poids du combustible brûlé, pour en déduire le nombre de calories ou d'unités de chaleur que produit en brûlant l'unité de poids ou le gramme de ce corps. Ce poids du combustible était, chaque fois que cela était possible, déduit de la nature des produits de la combustion.

Ajoutons que les auteurs ont su se mettre à l'abri des reproches que l'on pouvait adresser aux précédentes méthodes, d'abord en brûlant des poids différents et assez considérables de chaque substance, ensuite en ne laissant rien échapper de la chaleur produite qui pût être mesuré, compté. Enfin, leur Mémoire volumineux donne tous les détails des expériences, tous les éléments des calculs; et a été fait avec un très-grand soin et une parfaite intelligence des grands procédés de la physique expérimentale.

Calorimètre de MM. Fabre et Silbermann.

Fig. 336.

Le calorimètre de MM. Favre et Silbermann se compose d'un vase de plaqué très-mince contenant environ 2 kilogrammes d'eau; c'est au milieu de ce bain de liquide que la chambre à combustion est comme suspendue par trois gros fils de cuivre auxquels elle est soudée, et qui, s'élevant plus haut que le niveau de l'eau, viennent, par un cran qu'ils portent, s'attacher au couvercle. Un bon thermomètre et deux agitateurs r plongent dans le bain. — La chambre à combustion se compose d'un vase de cuivre très-mince, percé de quatre ouvertures : l'une, à la partie inférieure, sert en général à l'arrivée de l'oxygène par le tube e; une seconde, traversant

obliquement le bouchon, est destinée à amener les gaz combustibles par le tuyau *f*, qui peut aussi, suivant le besoin,
conduire de l'oxygène; la troisième ouverture *c*, percée dans
la boîte, livre passage aux produits de la combustion; enfin,
la quatrième *i*, traversant le bouchon, n'est autre chose qu'un
tube droit servant de fenêtre pour voir l'intérieur; il est fermé
par une triple plaque d'alun, de quartz et de verre; et, en
haut, il reçoit un miroir représenté de profil en *m*. A leur
sortie de la boîte, les produits gazeux provenant de la combustion sont conduits par l'ouverture *c* dans un serpentin
environnant la boîte de ses spires et venant déboucher en *b*
dans une cheminée qui conduit ces produits, d'abord dans un
tube à potasse qui en absorbe l'acide carbonique, de là dans
un tube de pierre-ponce imbibée d'acide sulfurique qui en
absorbe l'eau, dans un troisième tube, mi-partie de potasse
et de ponce, qui est comme *témoin* pour empêcher au besoin
les retours d'acide carbonique, et de là enfin dans un tube de
verre chauffé, contenant de l'oxyde de cuivre, pour faire passer à l'état d'acide carbonique les portions d'oxyde de carbone
qui peuvent se former durant la combustion. Cet acide carbonique est reçu, à son tour, dans un tube de potasse, que
l'on pèse soigneusement comme les précédents, pour faire une
analyse complète des produits gazeux auxquels la combustion
donne naissance.

La chambre à combustion présente à son sommet une douille
un peu conique, recevant une virole rodée et épaisse, portant
deux pas de vis : l'un supérieur, qui reçoit le bouchon, formant clôture hermétique; l'autre inférieur, auquel viennent
s'adapter des viroles supportant une cartouche en feuille de
platine pour brûler les charbons, ou une petite lampe pour
brûler les liquides, ou enfin une capsule pour brûler la plupart des autres corps solides. On enflammait les combustibles
avant de les placer dans la chambre, puis on montait rapidement l'appareil.

Jetons maintenant un coup-d'œil sur l'ensemble. Le calorimètre étant monté sur un pied solide, l'on met en communication les tubes *f*, *e*, avec deux gazomètres contenant l'un
le gaz à brûler, l'autre l'oxygène. Ces deux gaz sortent des
gazomètres avec une vitesse constante et se rendent au calorimètre en traversant un système d'appareils épurateurs; ils y
arrivent donc purs et secs; ils se combinent, et le résidu,
passant par le serpentin et la cheminée, se rend à l'appareil à
analyse dont nous avons déjà parlé. Il est évident que nous
supposons le cas le plus compliqué, celui de la combustion
d'un gaz carburé. Pour l'hydrogène, les serpentins, la cheminée et, par suite, l'appareil d'analyse deviennent inutiles,

puisque le produit de la combustion, l'eau, se condense dans la chambre. Enfin, dans le cas d'un solide ou liquide, les communications établies sont les mêmes ; mais un des gazomètres seulement marche ; par conséquent, on peut supprimer l'un des deux tubes *e*, *f*, suivant le cas.

On le voit, les deux dernières méthodes que nous venons d'esquisser ont de très-nombreux points de contact. Une différence pourtant, c'est que, dans l'appareil de MM. Dauriac et Sahuqué, on recueille les gaz produits par la combustion ; non-seulement pour les analyser, mais encore pour tenir compte de la chaleur qu'ils ont emportée ; tandis que dans celui de MM. Favre et Silbermann, rien n'indique que l'on y ait eu égard.

Ensuite l'appareil des premiers auteurs était placé dans une enceinte d'une température invariable, et l'on faisait la correction due au refroidissement ; dans l'appareil des seconds auteurs, le calorimètre est placé, enveloppé d'une peau de cygne, dans une nouvelle enveloppe double en cuivre et contenant de l'eau : le but était évidemment d'empêcher autant que possible le calorimètre de se refroidir ; mais comme le fait observer M. Pouillet (1), « toutes ces enveloppes me semblent » superflues : on obtiendrait, à mon avis, plus d'exactitude » en mettant simplement le vase de plaqué à l'abri des courants d'air extérieur. Comme on ne peut pas l'empêcher de » perdre de la chaleur, il faut seulement s'arranger pour » qu'il fasse ces pertes avec une grande régularité, afin que » la correction se fasse avec plus de certitude. »

Enfin, les poids de combustibles brûlés par MM. Dauriac et Sahuqué sont bien plus considérables que ceux employés par MM. Favre et Silbermann. Ainsi, les premiers auteurs ont brûlé des volumes d'hydrogène variant de 54 à 82 litres, ils ont formé des quantités d'eau de 44 à 66 grammes ; les seconds auteurs n'ont obtenu en moyenne que 3 grammes d'eau. — Les premiers ont brûlé jusqu'à 43 grammes de carbone, 24 de phosphore, 32 d'arsenic, 40 de soufre, 9 d'oxyde de carbone ; tandis que les seconds n'ont guère dépassé 4 gramme $\frac{1}{2}$ à 2 grammes de combustible.

Quoi qu'il en soit, nous croyons que ces travaux sont également estimables. Les différences pour un même corps n'étant pas d'ailleurs très-grandes, il est à présumer que, de part et d'autre, les expériences ont été bien conduites ; il est à regretter seulement qu'elles ne soient pas plus étendues.

Ce serait le moment de parler des travaux de MM. Hess, Graham, Andrews sur la chaleur dégagée dans les combinai-

Lois
M. Andrews.

(1) *Eléments de physique expérimentale*, 6ᵉ édit., tom. 2, p. 624.

sons chimiques par voie humide; de dire quelques mots sur la chaleur animale; mais comme cela nous entraînerait trop loin, nous nous bornerons à énoncer les lois que M. Andrews a déduit de ses recherches sur l'action réciproque des acides et des bases.

1re *Loi des acides.* — Un équivalent des *divers acides*, combiné avec la *même base*, produit à peu près la même quantité de chaleur.

2e *Loi des bases.* — Un équivalent des *différentes bases*, combiné avec le *même acide*, produit des quantités de chaleur différentes.

3e *Loi des sels acides.* — Lorsqu'un sel neutre se convertit en sel acide, en se combinant avec un ou plusieurs équivalents d'acides, on n'observe aucun changement de température.

4e *Loi des sels basiques.* — Lorsqu'un sel neutre se convertit en sel basique, la combinaison est accompagnée d'un dégagement de chaleur.

Ces lois souffrent pourtant quelques exceptions que M. Andrews lui-même a constatées.

Nous terminerons en condensant dans une table quelques-uns des résultats obtenus par les divers physiciens dont nous venons d'analyser les travaux.

Table des quantités de Chaleur dégagées par la Combustion.

SUBSTANCES.		NOMBRE de calories produites par 1 gramme.	NOMS des expérimentateurs.
Hydrogène.		23352	LL.
		23294	CD.
		23640	Desp.
		34610	D.
		31832	DS.
		34555	FS.
Carbone.	Charbon de bois fortement calciné.	7295	D.
		8475	DS.
		8080	FS.
	Charbon de sucre.	7915	Desp.
		8487	DS.
		8040	FS.
	Diamant.	7770	FS.
		7624	LL.
	Charbon d'une nature moins bien définie.	5761	C.
		6375	H.
		7386	CD.
	Charbon de chêne.	7670	DS.
	» dit braise.	5972	

SUBSTANCES.	NOMBRE de calories produites par 1 gramme.	NOMS des expérimentateurs.
Soufre... { fondu.	2601	D.
idem.	2678	DS.
idem.	2221	FS.
cristallisé.	2258	
Phosphore.	7900	LL.
	6245	DS.
Arsenic.	1149	DS.
Protocarbure d'hydrogène.	13350	D.
	13063	FS.
Bicarbure d'hydrogène.	12203	D.
	11858	FS.
Gaz de houille.	4549	DS.
	1857	d.
Oxide de carbone.	2490	D.
	2504	DS.
	2403	FS.
Naphte.	7338	R.
Alcool absolu.	6962	D.
	7184	FS.
» à 42° B.	6195	R.
» à 33°.	5261	R.
Essence de térébenthine.	10836	D.
	10852	FS.
	8030	R.
Ether sulfurique.	9431	D.
	9027	FS.
Esprit de bois.	5301	FS.
Cyanogène.	5244	D.
Sulfure de carbone.	3400	FS.
Acide stéarique.	9820	FS.
Stéarine.	9590	DS.
Blanc de baleine.	10284	DS.
	11762	LL.
Huile d'olive.	9044	R.
	9862	D.
	9785	DS.
Huile de colza.	9307	R.
	9894	DS.
	10520	LL.
Cire blanche.	9479	R.
	10306	DS.
	7569	LL.
Suif.	8369	R.
	9438	DS.
Bois de chêne.	3146	R.

ABRÉVIATIONS.

LL.	Laplace et Lavoisier.		R.	Rumford.
CD.	Clément-Désormes.		C.	Crawford.
Desp.	Despretz.		H.	Hassenfratz.
D.	Dulong.		DS.	Dauriac et Sahuqué.
d.	Dalton.		FS.	Favre et Silbermann.

TABLE DES MATIÈRES.

Nota. On a marqué, dans cette table, du signe * les articles qni ne font point partie du programme de baccalauréat ès-lettres, et du double signe ** ceux qui ne sont pas exigés pour le baccalauréat ès-sciences.

INTRODUCTION.

Chap. V. — De l'ébullition et de l'évaporation.

Chap. VI. — Hygrométrie. —Sources de chaleur.

Chap. VII. — Chaleur rayonnante.

Livre sixième.

OPTIQUE.

FIN.

TOULOUSE, IMPRIMERIE DE A. CHAUVIN ET COMP.,
Rue Mirepoix, 3.

ERRATA.

Pages 89, 12e ligne; à la marge, fig. 66 ; *lisez :* fig. 68.
   95, chap. III, 2e ligne du § 147, variations ; *lisez :* vibrations.
   99, 12 ligne, $a'b$, $a''b$; *lisez :* $a'b'$, $a''b''$.
   109, § 173, 2e ligne, lamcs ; *lisez :* lames.
   142, à la marge en face 1o ; *lisez :* fig. 102 *bis.*
   144, à la marge 1er § ; *lisez :* fig. 102 *ter.*
   147, 10e ligne, de éléments ; *lisez :* de leurs éléments.
   189, 37e ligne, ne sont autre ; *lisez :* ne sont autre chose.
   204, à la marge, fig. 157 ; *lisez :* fig. 137.
   219, 2e ligne, calorique ; *lisez :* calorifique.
   238, 25e ligne, coton ; *lisez :* cocon.
   242, 31e ligne, observations ; *lisez :* observatoires.
   248, 29e ligne, m' ; *lisez :* m''.
   267, 7e avant dernière ligne, à fer ; *lisez :* en fer.
   282, 24e ligne, $1/72000$; *lisez :* $1/720000$.
   283, 22e ligne, après pulvérisée *placez* une virgule.

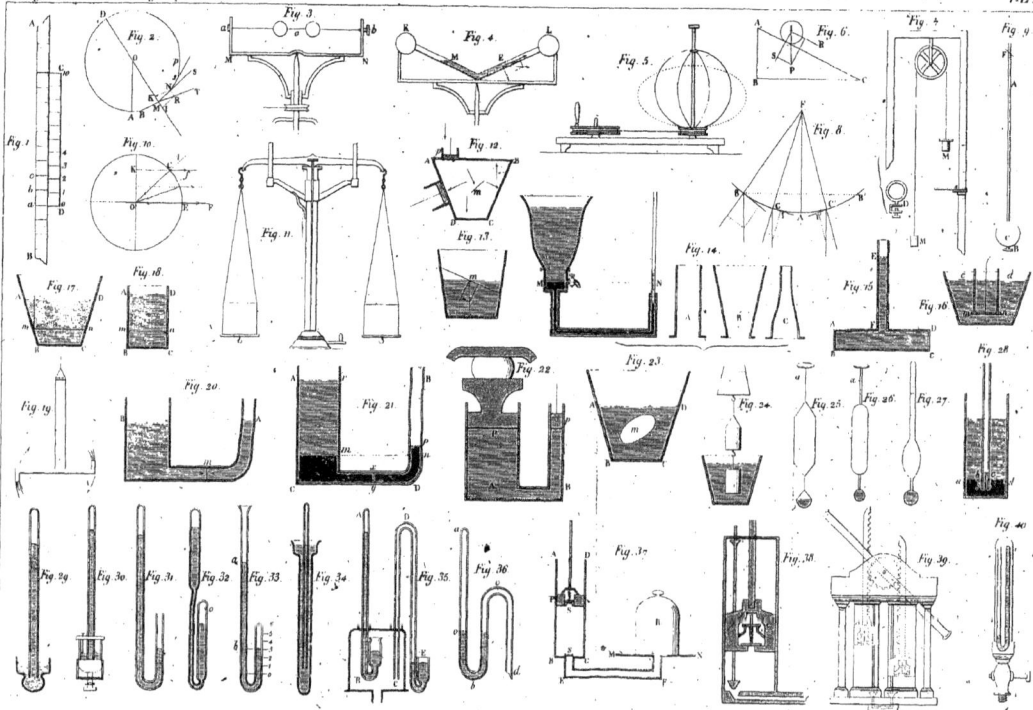

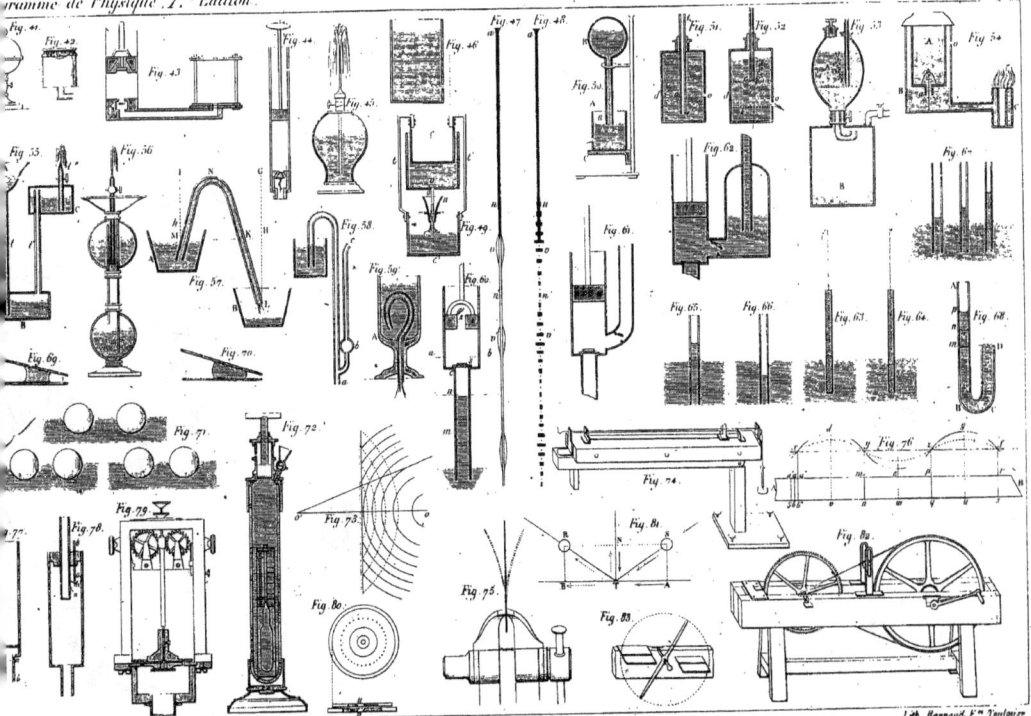

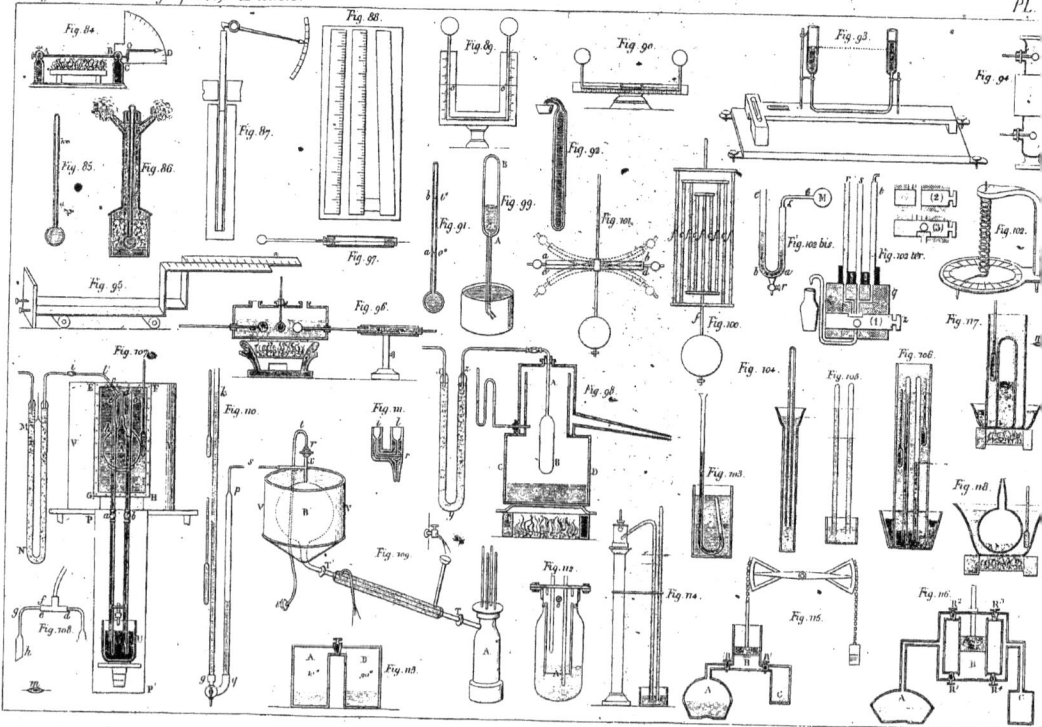

Fig. 84.

Fig. 85.

Fig. 86.

Fig. 87.

Fig. 88.

Fig. 89.

Fig. 90.

Fig. 91.

Fig. 92.

Fig. 93.

Fig. 94.

Fig. 95.

Fig. 96.

Fig. 97.

Fig. 98.

Fig. 99.

Fig. 100.

Fig. 101.

Fig. 102.

Fig. 102 bis.

Fig. 102 ter.

Fig. 103.

Fig. 104.

Fig. 105.

Fig. 106.

Fig. 107.

Fig. 108.

Fig. 109.

Fig. 110.

Fig. 111.

Fig. 112.

Fig. 113.

Fig. 114.

Fig. 115.

Fig. 116.

Fig. 117.

Fig. 118.

Lith. Raynaud Frs Toulouse.

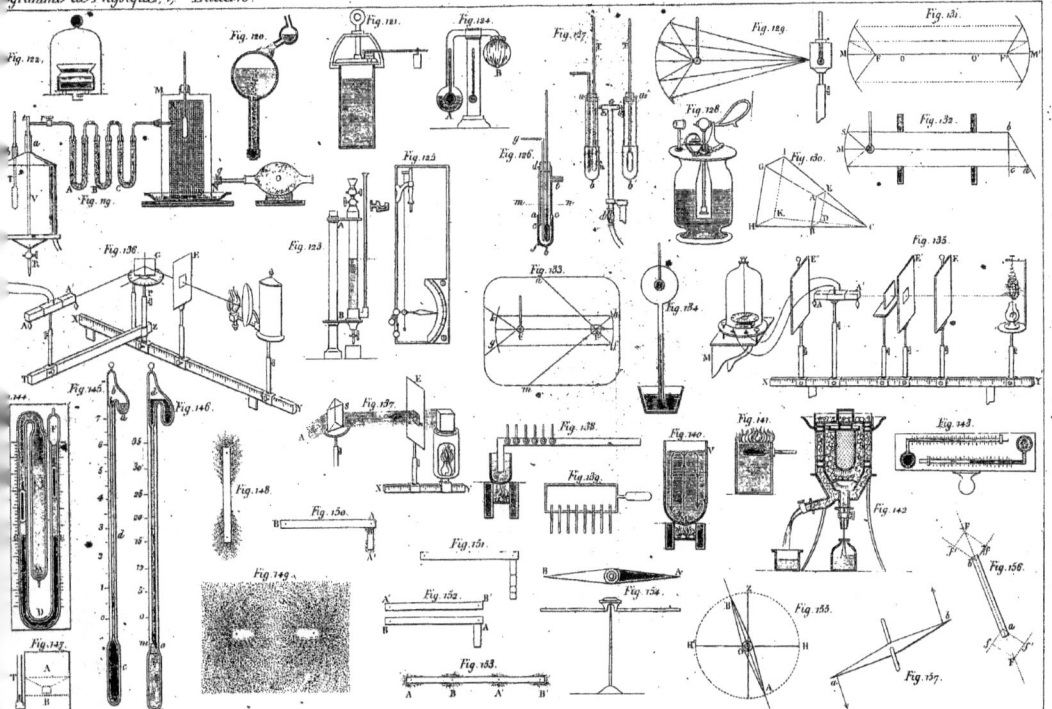

Fig. 122.
Fig. 120.
Fig. 121.
Fig. 124.
Fig. 127.
Fig. 129.
Fig. 131.
Fig. 128.
Fig. 126.
Fig. 132.
Fig. 125.
Fig. 130.
Fig. 119.
Fig. 123.
Fig. 135.
Fig. 136.
Fig. 133.
Fig. 134.
Fig. 145.
Fig. 144.
Fig. 146.
Fig. 137.
Fig. 138.
Fig. 141.
Fig. 143.
Fig. 140.
Fig. 148.
Fig. 139.
Fig. 142.
Fig. 150.
Fig. 151.
Fig. 149.
Fig. 156.
Fig. 154.
Fig. 152.
Fig. 153.
Fig. 155.
Fig. 147.
Fig. 153.
Fig. 157.

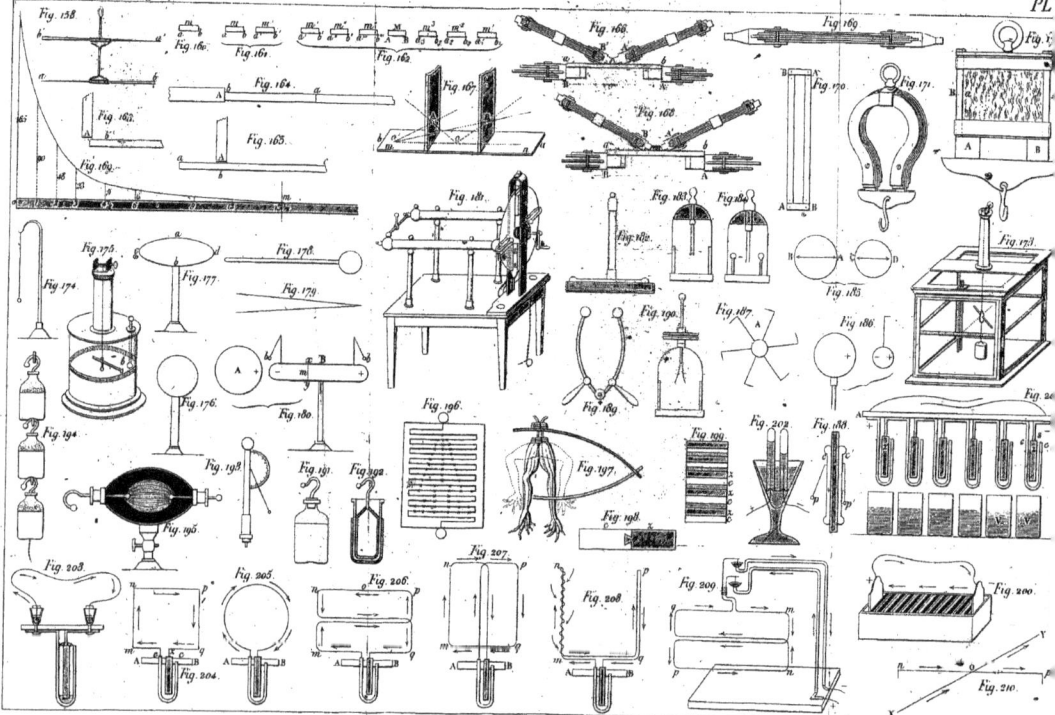

Fig. 158. Fig. 160. Fig. 161. Fig. 162. Fig. 164. Fig. 163. Fig. 167. Fig. 165. Fig. 168. Fig. 166. Fig. 169. Fig. 170. Fig. 171. Fig. 159. Fig. 174. Fig. 175. Fig. 177. Fig. 178. Fig. 179. Fig. 181. Fig. 182. Fig. 183. Fig. 184. Fig. 173. Fig. 176. Fig. 180. Fig. 185. Fig. 190. Fig. 187. Fig. 186. Fig. 194. Fig. 192. Fig. 196. Fig. 189. Fig. 188. Fig. 191. Fig. 202. Fig. 199. Fig. 195. Fig. 197. Fig. 198. Fig. 200. Fig. 203. Fig. 205. Fig. 206. Fig. 207. Fig. 209. Fig. 204. Fig. 208. Fig. 210.

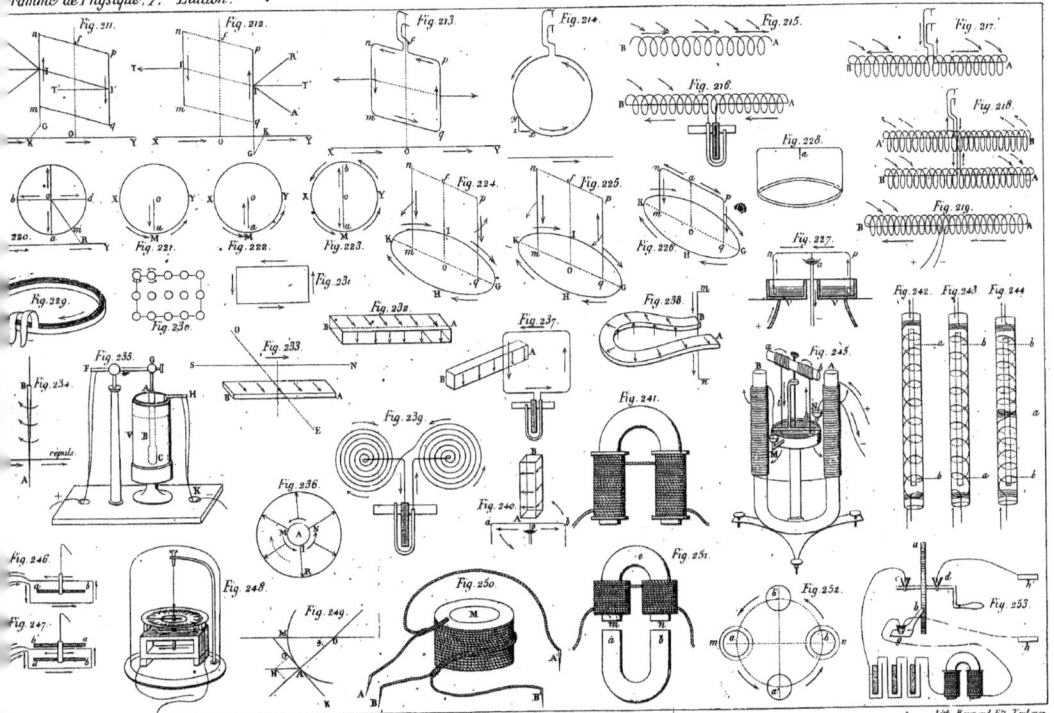

Fig. 211. Fig. 212. Fig. 213. Fig. 214. Fig. 215. Fig. 217.
Fig. 216. Fig. 228. Fig. 218.
Fig. 224. Fig. 225. Fig. 219.
Fig. 220. Fig. 221. Fig. 222. Fig. 223. Fig. 226. Fig. 227.
Fig. 229. Fig. 231. Fig. 242. Fig. 243. Fig. 244.
Fig. 230. Fig. 232. Fig. 237. Fig. 238.
Fig. 233. Fig. 245.
Fig. 234. Fig. 235. Fig. 239. Fig. 241.
Fig. 236. Fig. 240.
Fig. 246. Fig. 251.
Fig. 248. Fig. 250. Fig. 252. Fig. 253.
Fig. 247. Fig. 249.

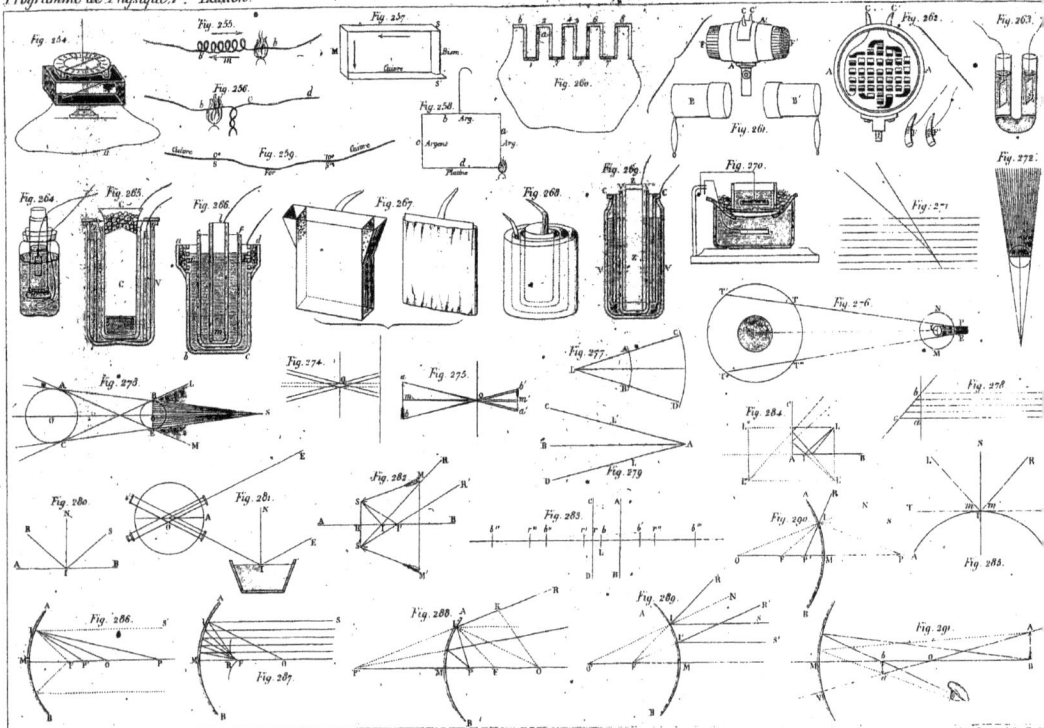

Fig. 254.
Fig. 255.
Fig. 256.
Fig. 257.
Fig. 258.
Fig. 259.
Fig. 260.
Fig. 261.
Fig. 262.
Fig. 263.
Fig. 264.
Fig. 265.
Fig. 266.
Fig. 267.
Fig. 268.
Fig. 269.
Fig. 270.
Fig. 271.
Fig. 272.
Fig. 273.
Fig. 274.
Fig. 275.
Fig. 276.
Fig. 277.
Fig. 278.
Fig. 279.
Fig. 280.
Fig. 281.
Fig. 282.
Fig. 283.
Fig. 284.
Fig. 285.
Fig. 286.
Fig. 287.
Fig. 288.
Fig. 289.
Fig. 290.
Fig. 291.

Lith. Raymond Frs. Toulon

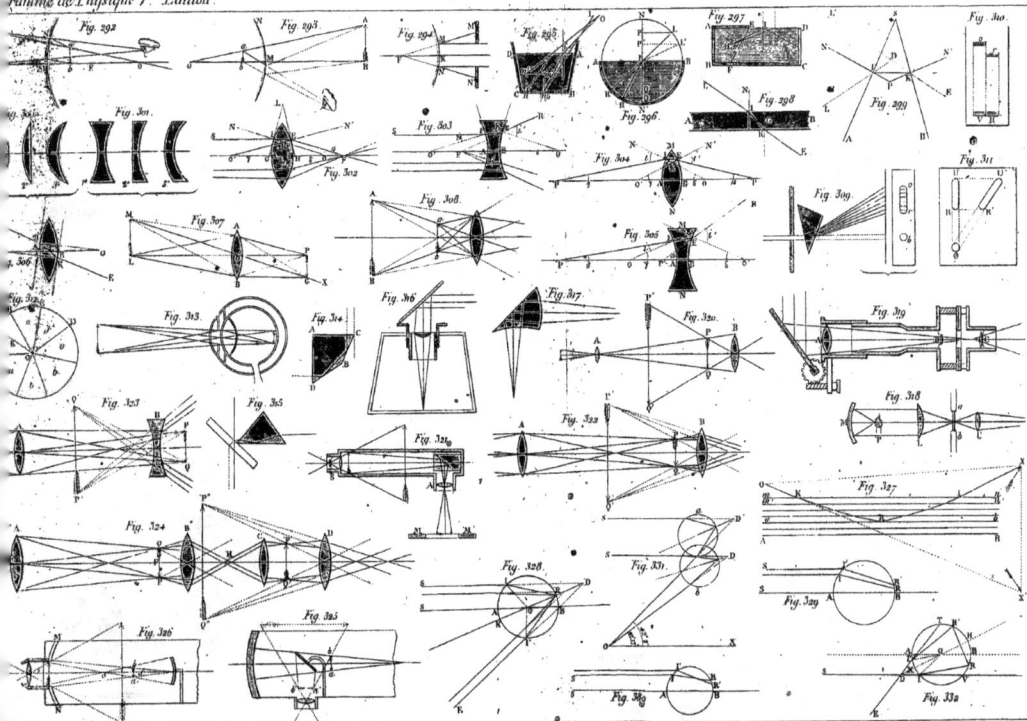

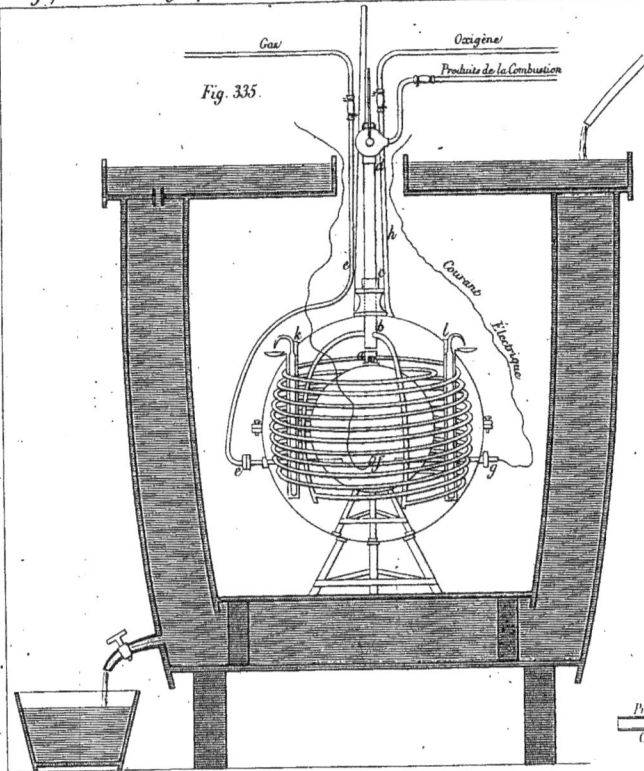

Gaz   Oxigène

Produits de la Combustion

Fig. 335.

Courant

Électrique

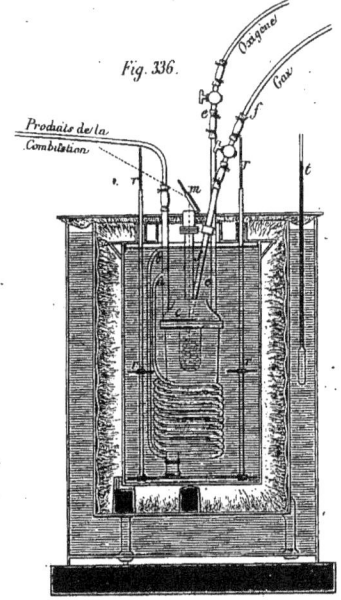

Oxigène

Gaz

Fig. 336.

Produits de la
Combustion

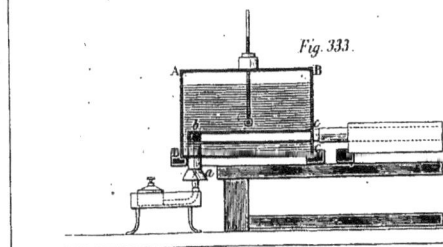

Fig. 333.

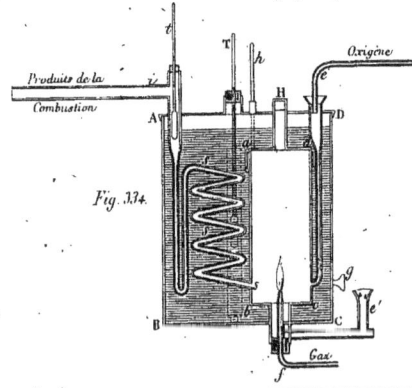

Produits de la
Combustion

Oxigène

Fig. 334.

Gaz

www.ingramcontent.com/pod-product-compliance
Lightning Source LLC
Chambersburg PA
CBHW060928220326
41599CB00020B/3054